TRAITÉ

DE

STÉRÉOTOMIE.

Ouvrages du même Auteur.

TRAITÉ DE GÉOMÉTRIE DESCRIPTIVE, suivi de la méthode des Plans cotés et de la Théorie des engrenages, avec un atlas de 69 planches. Deuxième édition. — 2 vol. in-4°.. 20 fr.

ANALYSE APPLIQUÉE à la Géométrie des trois dimensions, comprenant la Théorie générale des surfaces courbes et des lignes à double courbure. Troisième édition. — 1 vol. in-8°... 5

IMPRIMERIE DE BACHELIER,
rue du Jardinet, 12.

TRAITÉ

DE

STÉRÉOTOMIE,

COMPRENANT

LES APPLICATIONS DE LA GÉOMÉTRIE DESCRIPTIVE

A

LA THÉORIE DES OMBRES, LA PERSPECTIVE LINÉAIRE, LA GNOMONIQUE,
LA COUPE DES PIERRES ET LA CHARPENTE.

AVEC UN ATLAS COMPOSÉ DE 74 PLANCHES IN-FOLIO.

Par C.-F.-A. LEROY,

Professeur à l'École royale Polytechnique, Maître de conférences à l'École Normale
et Chevalier de la Légion d'honneur.

TEXTE.

PARIS,

BACHELIER,
IMPRIMEUR-LIBRAIRE DE L'ÉCOLE POLYTECHNIQUE, DU BUREAU DES
LONGITUDES, ETC.,
Quai des Augustins, n° 55.

CARILIAN-GŒURY ET DALMONT,
LIBRAIRES DES CORPS ROYAUX DES PONTS ET CHAUSSÉES
ET DES MINES,
Quai des Augustins, n° 39.

1844.

AVERTISSEMENT.

Nous avons réuni dans ce volume diverses applications de la Géométrie descriptive, telles que la Théorie des ombres qui est un complément de la représentation des objets en projection, la Gnomonique, la Perspective linéaire et enfin la Stéréotomie. Cette dernière partie est l'art de tailler les matériaux solides, comme la pierre et le bois, de telle sorte que leurs diverses portions, réunies dans un certain ordre, présentent un ensemble qui ait une forme assignée d'avance, et qui offre en outre une grande stabilité dans l'usage auquel il doit servir. Toutefois, il ne faut pas croire que cet art se réduise au travail manuel du compagnon qui taille la pierre ou le bois, pour en tirer des pièces qui n'ont plus qu'à être assemblées ou disposées les unes au-dessus des autres; car, auparavant, l'Ingénieur ou l'Architecte doit examiner les avantages et les inconvénients de telle forme de voussure, les raccordements qu'elle devra présenter avec d'autres ouvrages préexistants ou simultanés, le mode de division en voussoirs qui sera le plus propre à assurer la stabilité des constructions et à empêcher les effets du tassement; il doit encore combiner les diverses pièces d'une charpente de manière à rendre les assemblages invariables, et à éviter que la charge ne produise de poussée au vide. Je ne parle pas du calcul des dimensions qu'il faut donner à ces pièces, non plus qu'aux pieds-droits ou aux reins d'une voûte, attendu que ces dernières conditions peuvent être regardées comme plus spécialement relatives à un cours de constructions qu'au problème de stéréotomie proprement dit. En outre, si l'habileté des mains pour manier les outils n'est pas nécessaire à l'Ingénieur, encore faut-il qu'il connaisse les procédés par lesquels chaque ouvrier doit exécuter son travail, afin de pouvoir le guider ou le redresser au besoin. Quelquefois même, à défaut d'un conducteur de travaux bien entendu, l'Ingénieur est obligé de tracer lui-même l'épure de l'ouvrage projeté, ainsi que les panneaux, les cerces, nécessaires pour la taille des voussoirs; surtout quand la question présente des combinaisons de voûtes un peu compliquées, comme il arrive dans certains ouvrages de fortification permanente.

Il est bien probable que les anciens constructeurs, et surtout les charpentiers à qui l'usage fréquent du fil-à-plomb donne des idées plus justes sur les lignes projetantes, avaient employé dès l'origine la méthode des projections pour déterminer la forme exacte que devaient offrir les faces des voussoirs ou les assemblages des pièces de bois; mais ce n'était que d'une manière instinctive, et par des procédés particuliers à chaque question. Aussi les premiers auteurs qui ont décrit ces procédés se bornent-ils à indiquer, et d'une manière très-fastidieuse, la série d'opérations graphiques à effectuer sur l'épure, sans soulager la mémoire ni guider l'esprit par quelques considérations géométriques qui aideraient à traiter d'autres cas analogues, quoique un peu différents. C'est dans cet esprit de pratique routinière qu'ont été écrits le *Traité d'architecture* de Philibert Delorme en 1576, les *Secrets de l'architecture* par Mathurin Jousse en 1642 (ouvrage revu par Lahire en 1702), l'*Architecture des voûtes* en 1643 par le P. Derand, et le *Traité de coupe des pierres* publié d'abord en 1728 par l'architecte Delarue. Il en est de même de l'ouvrage plus moderne composé en 1786 par Fourneau, habile maître charpentier, mais qui ne s'est occupé que de *l'art du trait;* ce livre est d'ailleurs écrit et distribué d'une manière qui en rend la lecture très-fatigante. Tandis que, dès 1738, Frézier, Ingénieur en chef à Landau, et ensuite Directeur des fortifications de Bretagne, avait publié un *Traité de Stéréotomie* en 3 volumes in-4°, où il expliquait par les principes de la géométrie les combinaisons de lignes et de surfaces qui constituent réellement la coupe des pierres et des bois, ainsi que les procédés pratiques qu'il faut employer pour tailler ces matériaux. Cet ouvrage, qui eut un grand succès à l'époque où il parut, mérite bien encore d'être étudié; et pour conserver à Frézier la part qui lui revient dans les progrès de la science, il est juste de faire remarquer qu'il employait déjà les projections horizontale et verticale pour définir les voussoirs.

Enfin, à l'École du génie militaire fondée en 1748 à Mézières, Monge, qui fut chargé d'y enseigner la Stéréotomie de 1770 à 1784, et qui publia beaucoup de Mémoires sur l'application de l'Analyse à la Géométrie, médita aussi sur les moyens de réunir par un lien commun tous les procédés divers qui servaient à la fortification, au tracé des routes et des canaux, à l'appareil des ouvrages en pierre ou en bois; et de là son génie fit surgir une science nouvelle, indépendante de toute application spéciale à aucun art : c'est la Géométrie descriptive, qu'il enseigna d'abord aux Élèves de l'École de Mézières, et plus tard à ceux de l'École Polytechnique en 1794, puis aux Écoles normales temporaires formées à Paris en 1795. Ce sont ces dernières leçons qui, réunies ensuite dans un volume à part, offrirent le premier Traité de Géométrie descriptive, science dont les méthodes générales servent maintenant de bases à tous les arts graphiques.

Dans ce volume, j'ai tâché de réunir tous les problèmes intéressants et véritablement utiles que peut offrir la Coupe des pierres et surtout la construction des voûtes. Quant à la Charpente, l'altération de ma vue et le désir de ne pas retarder davantage une publication annoncée depuis longtemps, m'ont forcé de me restreindre aux questions principales sur les combles et les escaliers; tandis que cet art embrasse encore les pans de murs en bois, les planchers, les ponts, les cintres et échafaudages qui servent à monter les voûtes ou autres constructions en pierre, ainsi que la charpenterie navale. Mais, pour traiter toutes ces questions, il faudrait un ouvrage spécial; et les lecteurs qui voudront approfondir ce sujet, trouveront de quoi se satisfaire dans l'excellent *Traité de charpenterie* en 2 volumes in-4°, composé récemment par M. Emy, colonel du Génie militaire.

TABLE DES MATIÈRES.

LIVRE PREMIER.

THÉORIE DES OMBRES.

CHAPITRE Ier. — *Notions générales.*

CHAPITRE II. — *Exemples divers.*

CHAPITRE III. — *Points brillants et dégradàtions de teintes.*

LIVRE II.

PERSPECTIVE LINÉAIRE.

CHAPITRE Iᵉʳ. — *Notions générales.*

CHAPITRE II. — *Méthode des points de fuite.*

a.

LIVRE III.

DE LA GNOMONIQUE.

CHAPITRE Iᵉʳ. — *Notions générales.*

CHAPITRE II. — *Cadran horizontal.*

CHAPITRE III. — *Cadran vertical non déclinant.*

CHAPITRE IV. — *Cadran vertical déclinant.*

LIVRE IV.

COUPE DES PIERRES.

CHAPITRE Ier. — *Notions générales.*

CHAPITRE II. — *Des Murs et des Plates-bandes.*

CHAPITRE III. — *Des Berceaux et des Portes.*

CHAPITRE IV. — *Voûtes sphériques et en sphéroïde.*

LIVRE V.

DE LA CHARPENTE.

CHAPITRE Iᵉʳ. — *Détails d'assemblages.*

CHAPITRE II. — *Des combles en général.*

CHAPITRE III. — *Des fermes.*

CHAPITRE IV. — *Épure de la croupe droite.*

CHAPITRE V. — *Croupe biaise.*

FIN DE LA TABLE DES MATIÈRES.

APPLICATIONS

DE LA

GÉOMÉTRIE DESCRIPTIVE.

LIVRE PREMIER.

THÉORIE DES OMBRES.

CHAPITRE PREMIER.

NOTIONS GÉNÉRALES.

1. Nous avons dit que la Géométrie descriptive pouvait être considérée comme une *méthode de recherche,* propre à faire trouver les dimensions précises des corps qui entraient, d'une certaine manière, dans une construction projetée; et c'est ainsi que nous l'emploierons dans la Coupe des pierres et la Charpente, pour parvenir à tailler les voussoirs d'une voûte et les pièces d'un comble. Mais cette science, si indispensable à l'Ingénieur, peut encore être envisagée comme une *méthode de description ;* or, sous ce dernier point de vue, l'emploi des ombres devient le complément nécessaire de la représentation d'un objet; et, en outre, c'est un moyen d'expression fort avantageux pour faire plus promptement saisir à l'œil la disposition générale des diverses parties d'un projet de construction. En effet, quand on veut étudier un tel projet, il faut porter ses regards et son attention successivement sur la projection horizontale et sur la projection verticale de chaque objet, afin d'acquérir une idée précise de ses dimensions et de sa position; tandis que si le plan horizontal, par exemple, offrait aussi les ombres portées par les divers corps les uns sur les autres, à la vue de cette seule projection, la figure et l'étendue de ces ombres accuseraient plus clairement la forme et la situation respective de ces corps, et donneraient immédiatement une idée, au moins approchée, de la dimension verticale qui ne peut être exprimée sur ce plan. D'ailleurs nous verrons (n° **40**) que la seule projection horizontale d'un objet, accompagnée des ombres complètes portées sur ce plan, équivant réellement au système de deux projections, l'une orthogonale, l'autre oblique; d'où il suit que c'est là un mode de description qui suffirait, à la rigueur, pour définir complétement l'objet en question.

PL. I.
FIG. I. **2.** Représentons-nous donc un corps lumineux, supposé d'abord réduit à un seul point matériel S. Ce point lance autour de lui, et dans toutes les directions, une multitude de particules lumineuses, dont chacune poursuit toujours sa course en ligne droite, ainsi que le prouve l'expérience (*), tant qu'elle ne change pas de *milieu* et qu'elle ne rencontre pas d'obstacle qui l'absorbe ou la réfléchisse. Cette droite, ou plutôt la file de particules lumineuses qui suivent une même direction, forme ce qu'on appelle un *rayon lumineux;* et ce sont ces rayons de lumière qui, en venant frapper l'organe de la vue, nous avertissent de la présence de l'objet lumineux; tandis que les *rayons visuels* ne sont que des droites fictives, que l'on conçoit menées de l'œil à chaque point du corps considéré.

3. Cela posé, si un corps opaque T est mis en présence du point lumineux S, il arrêtera une partie des rayons de lumière; et pour en déterminer l'étendue, il faudra imaginer une surface conique qui ait son sommet en S, et soit circonscrite au corps T le long d'une certaine courbe AMBNA. Alors le tronc conique EAMBF, prolongé indéfiniment du côté opposé à S, renfermera tous les points de l'espace qui sont privés de lumière directe, puisque évidemment aucune droite ne saurait être menée de S à ces points intérieurs sans traverser le corps T que nous supposons opaque ou impénétrable à la lumière : ce tronc conique EAMBF est donc l'*ombre* indéfinie projetée par le corps T dans l'espace. D'ailleurs la ligne de contact AMBNA divisera la surface du corps T en deux portions bien distinctes, dont la première ACB sera éclairée par le point S, tandis que la seconde ADB ne pourra recevoir aucun rayon de lumière directe, et sera totalement obscure : aussi la courbe AMBNA se nomme la ligne de *séparation d'ombre et de lumière* sur le corps T. Il est sous-entendu ici que nous

---

(*) Nous employons ici, comme explication, le système de l'*émission;* et d'ailleurs nous faisons abstraction de diverses circonstances qui tiennent à des phénomènes délicats de l'optique, parce qu'elles n'auraient aucune influence appréciable dans les opérations graphiques.

faisons abstraction des reflets de l'atmosphère et des autres corps environnants, sans quoi l'obscurité de la portion de surface ADB serait un peu
atténuée; mais nous reviendrons plus tard (nº **236**) sur ces circonstances
accessoires.

4. Maintenant, si nous faisons pénétrer dans l'ombre projetée par le corps T
un plan VXY, ou toute autre surface, il en résultera une courbe d'intersection
ambna qui enveloppera tous les points de VXY où·n'arrive pas la lumière di-
recte·partie de S; tandis que tous les points extérieurs à cette courbe se
trouveront éclairés. Ainsi la portion embrassée par la ligne *ambn* sera l'*ombre
portée* par le corps T sur la surface VXY.

5. Quant à la construction graphique des courbes précédentes, on sait
(*G. D.*, nº **347**) que la méthode générale consiste à mener du point S divers
plans sécants dont on détermine les courbes d'intersection avec la surface T ;
puis on tire, par le même point S, des tangentes à chacune de ces courbes, et
leurs points de contact déterminent la ligne de séparation d'ombre et de lumière
AMBN. Ensuite, on cherche les intersections de ces mêmes tangentes avec la
surface VXY, et l'on obtient ainsi la courbe d'ombre portée *ambn*. Mais quand
la surface T est cylindrique, ou de révolution, ou du second degré, il y a des
méthodes plus simples, et que nous avons exposées au livre V de la *Géométrie
descriptive*.

6. Supposons à présent qu'il existe *deux* points lumineux S et S′ qui éclairent PL. 1.
simultanément le corps T. Pour chacun de ces points considéré isolément, on FIG. 2.
déterminera, comme ci-dessus, les lignes de séparation d'ombre et de lumière
AMBN et A′MB′N, puis les courbes d'ombre portée *ambn* et *a′m′b′n′*; ces dernières doivent avoir une tangente commune en *m* et *m′*, parce que c'est l'intersection du plan VXY avec le plan tangent de la surface T en M, lequel
plan touche à la fois les deux cônes circonscrits (*G. D.*, nº **395**). Alors on connaîtrait les·parties illuminées et les parties obscures du plan VXY, s'il était
éclairé tour à tour par chacun des points S et S′; mais, attendu que la lumière
vient simultanément de S et de S′, cela donne lieu à de nouvelles distinctions.
En effet, tout point qui sera dans la partie *aHb′Ga* commune aux deux courbes,
ne sera éclairé ni par le point S ni par S′; c'est donc là l'*ombre pure*. Tout
point qui se trouvera dans la partie G*a′H*a*G* ne recevra pas de lumière de S′,
mais il en recevra de S; au contraire, tout point situé dans la partie G*b′*H*bG* sera
éclairé par S′, et non par S : ces deux parties forment donc ce qu'on nomme
la *pénombre*, où l'obscurité n'est pas complète. Enfin, les parties du plan VXY
qui sont en dehors des deux courbes à la fois recevront de la lumière aussi

bien du point S que du point S′, sans que le corps T y mette aucun obstacle, et c'est là la *portion illuminée* du plan.

7. Les mêmes distinctions se représenteront sur la surface même du corps T; car on voit bien que tous les points situés entre D et les arcs MAN et MB′N ne peuvent être éclairés ni par S, ni par S′, et c'est là *l'ombre pure;* la *pénombre* est composée des deux portions de surface MANA′M et MBNB′M, car chacune ne reçoit de lumière que d'un seul des deux points lumineux; enfin la *partie illuminée* du corps T est comprise entre C et les deux arcs MA′N et MBN.

8. Des circonstances semblables à celles que nous venons de discuter se reproduiraient pour trois ou un plus grand nombre de points lumineux; et lorsqu'ils forment par leur ensemble un corps de dimensions finies, on pourrait répéter pour chaque point de ce corps lumineux les constructions précédentes; puis, en cherchant *l'enveloppe intérieure* et *l'enveloppe extérieure* de toutes les courbes *ambn, a′m′b′n′,...,* la première déterminerait l'ombre pure, et la seconde la pénombre, qui ont lieu sur le plan VXY; mais au lieu de cette marche très-compliquée, il est préférable d'employer la méthode suivante.

PL. I. **9.** Soient S le corps lumineux et T le corps opaque, qui peuvent avoir des
FIG. 3. formes quelconques. Imaginons un plan π qui soit tangent aux deux surfaces S et T à la fois; ce plan sera susceptible d'occuper une infinité de positions, à moins que l'une de ces surfaces ne soit *développable;* mais nous exclurons ici cette hypothèse particulière, attendu qu'elle ne se rencontre jamais dans les applications utiles de la théorie des ombres, et que d'ailleurs les restrictions auxquelles elle donnerait lieu sont faciles à prévoir, d'après ce que nous avons dit aux n⁰ˢ **428** et **429** de la *Géométrie descriptive.*

10. Nous pouvons donc faire rouler le plan π sur les deux surfaces S et T, de manière à les toucher *extérieurement,* c'est-à-dire en laissant ces deux surfaces toujours d'un même côté du plan mobile, et la suite des points de contact formera deux certaines courbes AB et A′B′ que nous avons appris à construire (*G. D.*, n° **425**); d'ailleurs les positions successives de ce plan mobile se couperont consécutivement selon des droites qui seront les génératrices d'une surface développable Σ, laquelle se trouvera circonscrite *extérieurement* aux deux corps S et T. Cela posé, la courbe de contact A′B′ de la surface Σ avec T sera la limite de *l'ombre pure* sur ce dernier corps, puisque évidemment tout point situé au delà de A′B′ ne pourra recevoir la lumière directe partie de quelque point que ce soit de S, tandis qu'il serait éclairé en partie s'il était situé en deçà de la ligne A′B′. De même, en cherchant les points d'intersection du plan VXY avec les diverses génératrices de la surface développable Σ, on obtiendra la courbe A″B″ qui enferme l'*ombre pure* portée par le corps T sur ce plan.

11. Mais nous pouvons mener un autre plan π′ qui soit tangent *intérieure-ment* aux deux surfaces S et T, c'est-à-dire qui les touche en laissant d'un côté l'une de ces surfaces, et l'autre du côté opposé; alors, en faisant rouler ce plan tangent π′ sur S et T, il donnera lieu à une seconde surface développable Σ′ qui se trouvera circonscrite *intérieurement* aux deux corps proposés, et les tou-chera suivant deux nouvelles courbes CD et C′D′. Or, la ligne C′D′ est la limite qui sépare la *pénombre* d'avec la *partie illuminée* du corps T; car tout point situé au delà de C′D′ ne sera éclairé que par une portion plus ou moins grande du disque lumineux, tandis que si ce point est en deçà de C′D′, il recevra la lumière directe du *disque total*, c'est-à-dire de toute la portion de S que peut circonscrire un cône dont le sommet serait au point considéré sur T. Enfin, l'intersection C″D″ du plan VXY avec cette surface développable Σ′, donnera aussi la limite de la pénombre sur ce plan.

12. Hâtons-nous d'éclaircir ces généralités, en prenant l'exemple très-simple Pl. 1. de deux corps sphériques S et T. Ici tous les plans tangents communs à ces Fig. 3. deux sphères, et qui les toucheront extérieurement, iront évidemment ren-contrer la ligne des centres STO en un même point O; donc les intersections consécutives de ces plans seront des droites qui passeront toutes par ce point, et conséquemment elles fourniront, pour la surface développable Σ, un cône AOB circonscrit *extérieurement* aux deux sphères S, T, et qui les touchera sui-vant deux petits cercles projetés sur les droites AB, A′B′. De même, la seconde surface développable Σ′ se réduira ici au cône CO′D, circonscrit *intérieure-ment* aux deux sphères, et qui les touchera suivant deux cercles projetés sur les droites CD, C′D′. Ensuite, ces deux surfaces coniques iront couper le plan VXY suivant deux courbes A″B″ et C″D″, lesquelles formeront les limites qui séparent l'ombre pure de la pénombre, et celle-ci de la portion illuminée sur le plan VXY; d'ailleurs la pénombre n'offrira pas une clarté partielle qui soit uniforme, mais cette clarté augmentera progressivement à mesure que l'on s'éloignera de l'ombre pure, ainsi que nous allons le prouver en étudiant les faits seulement dans une *section méridienne* des deux corps sphériques, parce que tout est semblable autour de la droite qui réunit les centres.

13. D'abord, tout point L″ situé en dedans de la courbe A″B″ ne peut évi-demment recevoir la lumière directe partie de quelque point que ce soit de S, puisque le point L″ est renfermé dans le cône AOB qui enveloppe extérieurement les deux sphères ; tandis que si l'on considère un point P″ placé entre les courbes A″B″ et C″D″, et que l'on tire les tangentes P″P′P, P″*p*, on voit que le point P″ sera éclairé par l'arc PB*p* du corps lumineux. Cependant ce point P″ ne reçoit pas autant de lumière que si le corps T était enlevé ; car alors il serait éclairé par l'arc lumineux *p*BP*p*′, lequel se détermine en tirant les tangentes P″*p*, P″*p*′, et forme ce que nous avons appelé ci-dessus le *disque total* du corps lumineux vu du point P″. Il résulte de là que le corps opaque T intercepte encore une portion de la lumière qui arriverait directement au point P″, et que celui-ci se trouve bien dans la *pénombre* qui est ainsi séparée de l'*ombre pure* par la courbe A″B″.

D'ailleurs la clarté partielle de cette pénombre va augmenter graduellement de P″ en Q″; car ce dernier point se trouvera éclairé par l'arc lumineux QB*q*, plus étendu que le précédent, mais néanmoins plus petit que le disque total relatif au point de vue Q″. Enfin, tout point R″ situé hors de la courbe C″D″, se trouvera éclairé par le disque total du corps lumineux, sans que la présence du corps T lui dérobe aucun rayon de lumière, parce que les tangentes menées du point R″ au corps S ne rencontrent plus la surface T. Donc la courbe C″D″ est la limite qui sépare la *pénombre* de la *partie illuminée* totalement, sur le plan VXY.

14. Tous les raisonnements que nous venons de développer, s'appliquent évidemment aussi à la surface même du corps opaque T; de sorte qu'un point L′, situé à droite de la ligne de contact A′B′, sera entièrement dans l'ombre; un point tel que P′ sera éclairé par l'arc lumineux PB*p*, et le point Q′ par l'arc plus étendu QB*q*; tandis que tout point R′ situé à gauche de l'autre courbe de contact C′D′, sera éclairé par le disque total. Donc, sur le corps opaque T, la courbe de contact A′B′ est bien aussi la limite qui sépare l'ombre pure A′E′B′ d'avec la pénombre A′B′C′D′, et cette dernière zone offre une clarté qui va en augmentant jusqu'à la seconde courbe de contact C′D′, où commence la portion D′F′C′ totalement illuminée.

15. D'après ces détails, on voit que la solution générale du problème des ombres, pour deux corps de forme quelconque, serait très-laborieuse, puisqu'elle exigerait l'emploi des deux surfaces développables Σ et Σ′ dont nous avons parlé aux n°ˢ 10 et 11. Mais, heureusement, les seuls résultats qui soient vraiment utiles dans la pratique se rapportent au cas de la lumière solaire; et comme la distance du Soleil à la Terre est extrêmement grande comparativement aux dimensions de tous les objets qui nous environnent, et même aussi par rapport au diamètre absolu du globe solaire (*), il s'ensuit que les divers rayons lumineux qui nous arrivent de cet astre, à une même époque, sont sensiblement *parallèles entre eux*. En effet, les observations directes nous montrent que le *diamètre apparent* du Soleil (c'est-à-dire l'angle A∂D sous lequel un observateur, placé au point ∂, aperçoit son disque lumineux) a pour valeur moyenne $\partial = 32'$, et que cet angle ne varie en plus ou en moins que d'une demi-minute environ; d'ailleurs, comme l'angle des deux rayons TA′, TD′, est égal à celui des tangentes correspondantes, on en conclut que

$$\text{arc A}'\text{D}' = 32' \doteq \tfrac{32}{1\,0\,8\,0\,0}\,\pi = \tfrac{1}{107}\text{ du rayon ;}$$

c'est-à-dire que sur un corps sphérique placé à la surface de la Terre, la largeur de la zone occupée par la pénombre solaire ne serait que la 107ᵉ partie du rayon de cette sphère; et cette conséquence peut être étendue à un corps de forme quelconque, si l'on prend, pour chaque point, le rayon de courbure de la section normale faite parallèlement au rayon de lumière. La petitesse de ces résultats nous permet donc de négliger la pénombre solaire; ou du moins on saura y avoir égard subsidiairement, même pour l'*ombre portée*, puisqu'il suffira de tirer un rayon lumineux qui fasse un angle de 32' avec celui de l'*ombre pure*.

16. Dans l'hypothèse des *rayons de lumière parallèles* entre eux, que nous adopterons dorénavant, la pénombre disparaît entièrement, puisque les tangentes intérieures DD′ se confondent rigoureusement avec les tangentes extérieures AA′ : en outre, il est évident que la surface développable Σ devient un *cylindre* circonscrit au corps opaque, et dont les génératrices sont parallèles à la direction assignée pour les rayons lumineux. Dès lors le problème des ombres se réduit à trouver : 1° la courbe de contact du corps T avec un pareil cylindre circonscrit, et cette courbe sera la *séparation d'ombre et de lumière* sur ce corps; 2° l'intersection de ce même cylindre avec la surface VXY qui reçoit l'ombre, et ce sera le contour de l'*ombre portée*. Or, la Géométrie descriptive

_____

(*) En appelant D la distance moyenne de la Terre au Soleil, R le rayon du globe solaire, r le rayon moyen du globe terrestre, on a

$$D = 23\,984.r,$$
$$R = \quad 110.r,$$
$$r = \quad 6\,366\,654 \text{ mètres.}$$

D'ailleurs, le rayon de la Terre à l'équateur et le rayon aux pôles, ne diffèrent du rayon moyen r, en plus et en moins, que de 10 000 mètres environ.

fournit, pour la solution des deux parties de ce problème, une méthode générale que nous allons indiquer, mais qui peut recevoir des simplifications notables, ou acquérir plus de précision suivant la forme des corps, ainsi que nous le ferons voir en parcourant divers exemples particuliers.

17. 1°. On coupera le corps opaque T par une série de plans P, P′, P″,... tous parallèles au rayon de lumière, et l'on fera bien de les choisir, en outre, perpendiculaires à l'un des deux plans de projection; par exemple, de les prendre verticaux; puis, à chacune des courbes produites par ces plans sécants P, P′,..., on mènera une ou plusieurs tangentes parallèles au rayon lumineux, et leurs points de contact détermineront la ligne de séparation d'ombre et de lumière sur le corps T.

2°. On cherchera aussi l'intersection de la surface VXY avec chacun des plans sécants, tel que P; et la rencontre de cette intersection avec le rayon lumineux qui aura déjà été conduit tangentiellement à la section de ce même plan P dans le corps T, fournira un point de la courbe d'ombre portée sur la surface VXY.

Si cette exposition générale laissait quelque obscurité, le lecteur pourrait consulter immédiatement le n° **21**, où nous avons appliqué cette méthode à l'ombre d'une sphère.

18. Observons toutefois que, dans l'énoncé des règles précédentes, nous avons admis tacitement que le corps opaque se trouvait limité par une seule et même surface *continue;* mais la plupart des corps étant terminés par des portions de surfaces courbes différentes, quoique contiguës, ou par des faces planes diversement inclinées, l'enveloppe totale de ces corps est *discontinue* sous le rapport géométrique, et elle offre des arêtes saillantes, curvilignes ou rectilignes. Donc, pour définir généralement le *cylindre circonscrit* qui détermine la séparation de lumière, il faut dire qu'il est *formé par des* LIGNES RASANTES, *toutes parallèles au rayon lumineux;* et nous entendons ici par *ligne rasante* toute droite indéfinie qui s'appuie sur l'enveloppe du corps sans la pénétrer nulle part, ou qui du moins ne coupe cette enveloppe qu'au delà du point d'appui, dans le sens où se meut la lumière; car, dans ce dernier cas, ce serait le corps en question qui porterait ombre sur lui-même, et cette circonstance ne doit pas être omise sur le dessin.

Ainsi ces lignes rasantes, parallèles au rayon lumineux, ne seront pas toujours de véritables *tangentes* dans le sens géométrique; et elles composeront, par leur ensemble, un cylindre discontinu, formé de plusieurs portions de surfaces cylindriques différentes, dont quelques-unes pourront être planes; mais ce sera toujours par leurs intersections avec les surfaces environnantes, que l'on obtiendra les ombres portées.

19. Par exemple, pour un tronçon de colonne ABCD, si l'on conçoit les deux plans tangents NMN′, QRQ′, qui sont parallèles aux rayons lumineux, il est clair que les arêtes de contact MN et RQ formeront une partie de la séparation d'ombre et de lumière, et que tous les rayons lumineux qui s'appuieront sur ces arêtes, tels que EE′, FF′, NN′, seront véritablement tangents à l'enveloppe latérale du corps. Mais l'arc de cercle NCQ sera aussi une autre branche de cette ligne de séparation, puisque la face supérieure DNCQ est éclairée, tandis que la surface latérale ne l'est pas au delà des arêtes MN et QR; or, quand le rayon lumineux glissera sur cet arc NCQ, les positions successives PP′, CC′,... qu'il occupera seront simplement des lignes rasantes, et non plus de véritables tangentes par rapport à l'enveloppe du corps; d'ailleurs ces lignes rasantes formeront une portion de surface cylindrique à base circulaire, qui ira percer le plan horizontal suivant un arc de cercle N′C′Q′ égal à NCQ, tandis que les rayons lumineux tangents le long de MN et RQ, forment deux plans verticaux qui coupent le plan horizontal suivant des droites MN′ et RQ′. Le contour de l'ombre portée est donc MN′C′Q′R, et la séparation d'ombre et de lumière est la ligne discontinue MNCQR, à laquelle on doit ajouter l'arc inférieur RAM qui repose sur le sol.

20. On voit, par cet exemple, que souvent la séparation d'ombre et de lumière se déterminera sans aucune construction géométrique, et à l'inspection seule du corps, surtout s'il est terminé par des faces planes. Car, pour un polyèdre donné, et en connaissant la direction commune assignée aux rayons de lumière, il est bien facile de distinguer immédiatement si une face est éclairée ou non; et cette distinction une fois faite pour toutes les faces, la série des arêtes qui sépareront *une face éclairée* d'avec *une face obscure*, formera la ligne de séparation d'ombre et de lumière sur le corps en question. Ainsi, dans un parallélipipède éclairé parallèlement à sa diagonale FC, chacune des six arêtes AB, BG, GH, HE, ED, DA, sépare évidemment une face éclairée d'avec une face obscure; donc ces arêtes forment bien la ligne de séparation d'ombre et de lumière, et le cylindre circonscrit à ce corps devient ici le système de *six plans*, menés chacun par une des arêtes précédentes et parallèlement au rayon lumineux. Quant à l'ombre portée, elle s'obtiendrait en cherchant les intersections de ces six plans avec les surfaces environnantes.

PL. 1, FIG. 4.

PL. 1, FIG. 5.

CHAPITRE II.

EXEMPLES DIVERS.

———

Ombres d'une sphère.

PL. 2. **21.** Soient (O, O′) le centre de la sphère, et (OA, O′A′) son rayon; en décrivant avec ce rayon deux circonférences ABD et A′C′D′, on aura le contour de la projection horizontale et de la projection verticale de ce corps. Soit aussi (OS, O′S′) la direction commune de tous les rayons lumineux; il faudra, suivant la méthode générale du n° **17**, conduire divers plans sécants qui soient verticaux et parallèles à (OS, O′S′), tels que RT, UV,...; puis, mener aux courbes qu'ils traceront dans la sphère, des tangentes parallèles au rayon lumineux. Mais comme ces courbes, projetées sur le plan vertical XY, deviendraient des ellipses qu'il faudrait construire par points, nous simplifierons beaucoup les opérations graphiques, si nous adoptons un plan vertical auxiliaire X″Y″ (*fig.* 3) qui soit lui-même parallèle aux rayons lumineux.

Sur ce nouveau plan, le centre (O, O′) de la sphère se projettera en O″, à une hauteur X″O″ = XO′; et le rayon de lumière (OS, O′S′), qui venait percer le plan horizontal en S, aura pour sa nouvelle projection O″S″. Ensuite, le plan vertical RT coupant la sphère suivant un cercle qui se projettera en vraie grandeur sur le plan auxiliaire X″Y″, il suffira de décrire une circonférence sur le diamètre R″T″ = RT, et de mener à cette circonférence deux tangentes M″m″, N″n″, qui soient parallèles à O″S″. Alors les points de contact M″ et N″, étant projetés sur la trace RT du plan sécant, fourniront deux points M et N de la projection horizontale de la séparation d'ombre et de lumière; puis, les projections verticales correspondantes M′ et N′ s'obtiendront en plaçant ces derniers points à la même hauteur au-dessus de XY que M″ et N″ le sont au-dessus de X″Y″; ou bien, on pourra mesurer ces hauteurs à partir des deux plans horizontaux B″O″b″ et A′O′D′.

22. En outre, les rayons lumineux M″m″ et N″n″, qui sont tous deux projetés horizontalement sur RT, iront percer le plan horizontal aux points m et n, lesquels appartiendront à la courbe d'ombre portée par la sphère sur le plan horizontal. D'ailleurs, comme on peut choisir un second plan vertical rt qui coupe la sphère suivant un cercle égal à celui qu'avait donné le plan RT, les points M″ et N″ fourniront en même temps deux autres points (P, P′) et (Q, Q′) de la courbe de séparation d'ombre et de lumière; et l'on en déduira aussi deux nouveaux points p et q de l'ombre portée sur le plan horizontal.

23. Si l'on applique la même marche au plan vertical UV, on devra tracer un cercle du diamètre U″V″ = ÚV, et il faudra lui mener encore, parallèlement à O″S″, deux tangentes K″k″, l″i″, dont les points de contact se trouveront évidemment en ligne droite avec M″ et N″. Par conséquent tous les points de la séparation d'ombre et de lumière seront projetés, sur le plan auxiliaire X″Y″, suivant le diamètre G″H″ perpendiculaire à O″S″; d'où l'on conclut que cette courbe est *plane*, et qu'elle est *un grand cercle perpendiculaire au rayon lumineux;* conséquence que l'on pouvait prévoir d'après le théorème connu (*G. D.*, n° **381**, *note*) sur la ligne de contact d'un cylindre circonscrit à une surface du second degré.

24. *Points remarquables.* Il est plusieurs points que l'on peut construire directement, et d'abord ceux qui se trouvent sur le contour apparent horizontal (ABD, A′D′); car les plans verticaux Ee, Ff, qui touchent évidemment la sphère aux points (E, O″) et (F, O″), renfermeront les rayons lumineux menés par ces points; donc ces rayons seront eux-mêmes tangents à la sphère, et par conséquent (E, E′) et (F, F′) sont deux points de la séparation d'ombre et de lumière.

Cette courbe a aussi deux points situés sur le grand cercle vertical (AD, A′C′D′), et qui s'obtiennent en menant les tangentes K′k′ et L′l′ parallèles à la projection O′S′; car, dans les points (K, K′) et (L, L′) ainsi déterminés, le plan tangent sera perpendiculaire au plan vertical et parallèle aux rayons lumineux.

Enfin le plan vertical Bob, parallèle au rayon de lumière, donnera, par la méthode générale du n° **21**, les points (H″, H) et (G″, G), qui seront *le plus haut* et *le plus bas* de la courbe; et l'on en déduira leurs projections verticales H′ et G′ comme précédemment, ou bien en rabattant le point H en η, lequel se projettera en η' sur le grand cercle (A′C′D′, AD), puis en tirant l'horizontale η'H′ sur laquelle devra tomber la projection H′ du point H. Pour justifier la dénomination attribuée à ces points, il faut observer qu'en (H, H″) le plan tangent de la sphère est perpendiculaire au plan vertical auxiliaire X″Y″, et qu'il en est de même du plan de la courbe qui est projetée suivant G″H″; donc l'intersection de ces deux plans, qui est la tangente, sera aussi perpendiculaire à ce plan vertical, c'est-à-dire qu'elle sera *horizontale*.

25. On trouve marqué sur notre épure le *point brillant* de la sphère, λ pour la projection horizontale, et μ′ pour la projection verticale; mais nous renvoyons l'explication de ces dernières constructions au chapitre III, où nous parlerons des recherches relatives aux points de ce genre.

Ombres d'une barrière.

PL. I,
FIG. 6.
26. Après avoir appliqué à l'exemple précédent la méthode générale du n° **17**, considérons un de ces cas assez fréquents où l'objet proposé étant terminé par des faces·planes, on aperçoit immédiatement quelles sont les lignes de séparation d'ombre et de lumière sur le corps en question, et où il ne s'agit plus que de trouver les ombres portées.

Soit donc une barrière formée par une *lisse d'appui* horizontale (ABCD, B″B′D′D″) que soutiennent deux *potelets* verticaux; ces pièces de charpente, qui ont toutes la forme de parallélipipèdes rectangles, sont supposées éclairées par des rayons de lumière parallèles à la direction (S, S′). En comparant les rayons de lumière menés par les sommets (A , A′), (A , A″), (B, B′), (B, B″) de la lisse d'appui, on aperçoit bien que les seules parties éclairées sont les faces verticales AD et CD, et la face horizontale supérieure B″D″; d'où il résulte que les lignes de séparation d'ombre et de lumière sont les six arêtes suivantes :

$$(AD, A'D'), \quad (A, A'A''), \quad (AB, A''B''), \quad (BC, B''C''), \quad (C, C''C'), \quad (CD, C'D').$$

27. Cela posé, pour obtenir l'ombre portée par la première de ces arêtes, j'imagine un rayon lumineux (AE, A′E′) qui va percer le plan horizontal en (E, E′), et qui, en glissant parallèlement à lui-même sur l'arête (AD, A′D′), formera un *plan d'ombre* dont l'intersection avec le plan horizontal sera une droite nécessairement parallèle à AD; donc en tirant la ligne EK dans cette direction, on aura l'ombre portée sur le plan horizontal par l'arête (AD, A′D′). Mais une partie de cette arête projette son ombre sur le plan vertical, puisque le point K répond au point L de l'arête; il faut donc encore chercher l'intersection du plan vertical avec le plan d'ombre déjà employé ci-dessus; or le rayon extrême (DI, D′I′) allant percer le plan vertical au point (I, I′), la droite KI′ sera évidemment la seconde partie de l'ombre portée par l'arête (AD, A′D′).

28. Maintenant, le rayon lumineux glissant parallèlement à lui-même le long de la verticale (A, A′A″), il en résultera un plan d'ombre qui sera vertical, et qui coupera le plan horizontal suivant la droite AEF; ce sera donc là

l'ombre portée par l'arête verticale (A, A'A''), mais on devra terminer cette
ombre au point (F', F) où le rayon parti du point A'' vient percer le plan
horizontal. Ensuite le rayon lumineux glissera le long de l'horizontale (AB,
A''B''), et formera encore un plan d'ombre qui coupera le plan horizontal suivant une droite FG évidemment parallèle et égale à AB; puis, de la position
(BG, B''G') le rayon de lumière glissera sur l'arête horizontale (BC, B''C''), ce
qui donnera lieu à un plan d'ombre parallèle à celui que nous avons déjà
considéré au n° **27**, et dont les traces seront ainsi les droites GH et HR'' parallèles à EK et KI'.

Enfin, le rayon lumineux parvenu dans la position (CR, C''R''), descendra
le long de la verticale (C, C''C'), et produira un plan d'ombre qui coupera le
plan vertical suivant la droite R''R' égale et parallèle à C''C'; puis, en glissant
le long de l'arête horizontale (CD, C'D'), il formera un plan dont la trace sur
le plan vertical devra être la droite qui réunit les deux points R' et I' déjà trouvés; mais, dans tous les cas, cette trace s'obtiendra directement en cherchant les points où les deux rayons lumineux (CR, C'R') et (DI, D'I') vont
percer le plan vertical.

29. Quant aux deux potelets verticaux, la direction des rayons lumineux
menés par les angles M, P, Q, T, montre clairement que les faces verticales
MN, NP, QV, VT, sont dans l'ombre; aussi nous avons couvert de hachures,
sur le plan vertical, celles de ces faces qui sont visibles. Il suit de là que les lignes
de séparation d'ombre et de lumière sont les arêtes verticales M, P, Q, T; donc
les rayons lumineux qui glissent sur ces arêtes formeront quatre plans d'ombre
qui seront verticaux, et couperont le plan horizontal suivant les droites M*m*, P*p*,
Q*q*, T*t*, parallèles à la projection S. D'ailleurs ces lignes d'ombre doivent s'é-
tendre jusqu'à l'ombre portée par la lisse d'appui, puisque cette dernière pièce
repose sur le sommet des potelets; donc, pour les deux plans d'ombre verticaux Q*q*, T*t*, il faudra aussi marquer leurs intersections avec le plan vertical,
qui seront évidemment les droites verticales *qq'* et *tt'*.

30. *Observation générale.* Toutes les fois qu'il s'agit de l'ombre portée par
une arête verticale d'un corps, telle que P, sur un plan quelconque et même sur
une surface courbe ou discontinue, *la projection horizontale* de cette ombre sera
toujours *une droite menée par le pied* P de cette arête, *parallèlement à la projection horizontale* S *du rayon lumineux;* car les rayons de lumière qui glisseront
le long de cette arête formeront toujours un plan d'ombre *vertical,* lequel pourra
bien couper les objets environnants suivant des lignes droites, brisées ou
courbes; mais toutes ces lignes se projetteront horizontalement sur *la trace*

même de ce plan vertical, et cette trace sera évidemment une droite parallèle à S et passant par le pied de l'arête en question.

Rayons de lumière particuliers.

31. Du RAYON LUMINEUX *dont. les deux projections font un angle de* 45° *avec la ligne de terre.* Cette direction du rayon lumineux (SA, S′A′) est évidemment la diagonale d'un cube qui aurait deux de ses faces respectivement parallèles au plan horizontal et au plan vertical ; et dans les dessins d'architecture, où les ombres sont employées comme un moyen d'expression, propre à rendre plus sensibles les saillies et les différences de niveau des diverses parties, on adopte souvent ce rayon particulier, parce qu'il simplifie les constructions graphiques, ainsi que nous allons l'expliquer.

32. S'il faut trouver l'ombre portée par un point (M, M′) sur un plan vertical *xy*, on prendra la verticale M′G′ égale à *la saillie* M*g* du point en question par rapport au plan *xy*; puis on tracera l'horizontale G′P′ égale à M′G′, et le point P′ sera l'ombre demandée. Il serait bien facile de justifier cette construction, en tirant par les points M et M′ les projections du rayon lumineux parallèle à (SA, SA′); mais nous n'avons pas voulu les marquer ici, afin de faire mieux voir au lecteur ce à quoi se réduit la pratique de l'opération.

33. De même, si l'on veut trouver l'ombre portée par le point (M, M′) sur un plan horizontal X′Y′, on formera l'angle droit MHQ avec deux côtés égaux chacun à *la hauteur* M′*h*′ du point en question au-dessus du plan cité X′Y′; et le point Q sera l'ombre portée sur ce plan. Cela se justifierait comme ci-dessus.

34. Les diverses moulures qui se rencontrent dans la base et le chapiteau d'un pilastre ou d'une colonne, dans les corniches, etc., offriront des occasions fréquentes d'appliquer les deux opérations que nous venons d'expliquer; et l'on doit apercevoir d'ailleurs que la simplicité de cette méthode ne sera pas diminuée, quand bien même *le plan* et *l'élévation*, c'est-à-dire la projection horizontale et la projection verticale de l'édifice considéré, seraient tracés sur deux feuilles séparées, ainsi qu'il arrive quelquefois.

35. Voici un autre avantage qu'offre le rayon particulier (SA, S′A′) que nous considérons ici. Il est souvent nécessaire, dans une épure, de recourir à un *profil*, c'est-à-dire à un plan de projection auxiliaire, dirigé perpendiculairement aux deux premiers, tel que le plan vertical AC; et alors il faut se procurer la projection S″ du rayon lumineux (SA, S′A′) sur ce profil. Pour y parvenir en général, on abaisse sur ce dernier plan la perpendiculaire (RC, R′E′), puis on rabat ce plan auxiliaire AC sur le plan vertical primitif, en le faisant tourner autour de la verticale A. Or, ici où le rayon (SA, S′A′) est la diagonale d'un cube, on voit bien qu'après ce rabattement, le point (C, E′) se transportera en (D, R′); de sorte que le rabattement S″A′ de la troisième projection du rayon lumineux coïncidera précisément avec S′A′, ce qui dispensera de toutes les opérations indiquées ci-dessus.

Ce rabattement serait venu coïncider avec SA, si l'on avait fait tourner le plan vertical AC autour de sa trace horizontale, pour le coucher sur le plan horizontal primitif.

36. Du RAYON LUMINEUX *qui est incliné à* 45° *par rapport au plan horizon-* PL. I, *tal.* Ce rayon est encore fréquemment employé dans les cas cités au n° 34, FIG. 8. parce qu'il offre aussi des simplifications dans la recherche des ombres, et qu'en outre sa définition laissant quelque latitude, on peut se donner à volonté la projection horizontale SB; puis, en adoptant B pour le point où ce rayon va percer le plan horizontal, on sera certain qu'un second point projeté en R, par exemple, se trouve élevé d'une hauteur HR′ égale à RB, et dès lors la projection verticale sera R′B′. Or cette latitude est fort importante, attendu que le Dessinateur pourra choisir la direction SB de manière à éclairer telles ou telles parties de l'objet, préférablement à d'autres parties moins intéressantes, et faire en sorte que les diverses ombres portées se détachent mieux les unes des autres : ce sont là des avantages précieux que n'offre pas le rayon SA du n° 31.

37. Cela posé, s'il faut trouver l'ombre portée par un point (M, M′) sur un certain plan horizontal X′Y′, on tracera la ligne MQ parallèle à SB, et en prenant MQ égale à *la hauteur* M′q′ du point en question au-dessus du plan X′Y′, le point Q sera l'ombre portée par (M, M′). En effet, la droite qui joindrait le point (M, M′) au point (Q, Q′), serait évidemment l'hypoténuse d'un triangle rectangle dont la base égalerait la hauteur; donc cette droite serait bien parallèle au rayon donné (SB, S′B′).

38. On voit par là que, dans l'hypothèse du rayon lumineux que nous adoptons ici, *la longueur de l'ombre* MQ, portée par une droite verticale sur un plan horizontal, *est toujours égale à la hauteur* de cette droite.

39. Il est vrai que, pour trouver l'ombre portée par le point (M, M′) sur un plan vertical donné *xy*, la marche à suivre est un peu moins simple; car il faut évidemment prolonger le rayon MP jusqu'à sa rencontre avec *xy*, puis prendre sur la verticale une longueur M′p′ égale à MP, et enfin tirer l'horizontale p′P′ égale à pP.

Mais on pourrait adopter, pour la projection verticale, un nouveau rayon lumineux qui serait incliné à 45° sur le plan vertical, et qui offrirait alors les mêmes avantages que dans le n° **37**. Les deux projections de l'objet, *le plan* et *l'élévation*, se trouveraient ainsi éclairées par des rayons de lumière différents; mais ce désaccord ne serait pas un inconvénient grave pour le but que l'on se propose dans les dessins d'architecture, d'autant mieux que ces deux projections sont quelquefois sur des feuilles séparées.

40. *Observation.* On doit sentir qu'un objet, tel que la barrière représentée dans la *fig.* 6 , se trouverait complétement défini en donnant seulement *sa projection horizontale* avec *les ombres portées* tracées dans l'hypothèse d'un rayon lumineux incliné à 45°; car la longueur des ombres AE, AF, M*m*,... indiquerait la hauteur précise (n° **38**) à laquelle se trouveraient les divers points projetés en A, M,..., et l'on aurait ainsi la troisième dimension de l'objet, qui seule n'était pas donnée par la projection horizontale.

Ajoutons même que l'objet serait encore complétement défini, quoique d'une manière moins commode, si les ombres étaient tracées dans l'hypothèse de rayons lumineux *parallèles à une direction quelconque*, pourvu qu'on étendît ce tracé à toutes les arêtes du corps, tant *obscures* qu'*éclairées*, ainsi que l'indique le parallélogramme E*b*GF de la *fig.* 6. Car alors ces rayons lumineux formeraient véritablement *une projection oblique* de l'objet en question, laquelle, jointe à *la projection orthogonale* déjà donnée, suffirait bien pour déterminer cet objet, puisqu'il serait ainsi l'intersection de deux surfaces cylindriques complétement assignées.

Ombres des Cheminées sur un comble.

PL. 3.   **41.** Le comble dont il s'agit présente quatre faces, qui sont des plans inclinés; les deux faces projetées sur les trapèzes (ABDC, A′B′D′C′) et (ABD″C″, A′B′D′C′) se nomment les *longs-pans*, et elles se coupent suivant une horizontale (AB, A′B′) qui s'appelle la *ligne de couronnement;* les deux autres faces, dont une seule (DBD″, B′F′D′) est ici visible, se nomment les *croupes.* Nous avons dit que ces quatre faces étaient planes, excepté à partir d'une ligne horizontale (EFF″E″, E′F′) voisine du bord inférieur, où le comble prend une légère courbure en forme de surface cylindrique, indiquée par une courbe F′D′ qui doit se raccorder avec les droites B′F′ et D′C′. Au-dessous est la corniche, puis les murs qui supportent le comble, lequel est traversé par deux corps de cheminées, couronnés chacun par un *bandeau* saillant. Enfin tous ces objets sont éclairés par des rayons lumineux parallèles à la direction (S*a*, S′A′), et sont représentés ici sur deux plans de projection dont la ligne de terre *xy* est parallèle à la ligne de couronnement; l'une de ces projections se nomme *le plan géométral* ou simplement *le plan*, et l'autre s'appelle *l'élévation*.

42. *Première cheminée*, à gauche. D'après la direction des rayons lumineux, on voit immédiatement que les faces verticales GI et GH sont éclairées, tandis que les deux autres ne le sont pas; donc les arêtes verticales (I, I'G″) et (H, H'H″) sont les lignes de séparation d'ombre et de lumière sur le corps de la cheminée. Pour trouver l'ombre qu'elles portent sur le comble, j'imagine un rayon lumineux mobile qui glisse parallèlement à lui-même le long de la verticale H, et qui produit ainsi un plan vertical dont la trace horizontale est la droite HP parallèle à S*a*; ce plan coupera le long-pan suivant une ligne qui sera l'ombre portée par la verticale H. Or cette intersection a déjà pour projection horizontale la droite HP elle-même, puisque le *plan d'ombre* est ici vertical; et comme ce plan va couper la ligne de couronnement au point (P, P'), il s'ensuit que H'P' est la projection verticale de la même intersection ou de l'ombre en question. Mais cette ombre ne se prolongera que jusqu'à ce que le rayon lumineux qui glisse sur la verticale (H, H'H″) ait atteint l'arête horizontale (KL, K'L') du bandeau; or le plan vertical HP va couper cette arête au point (M, M'); donc le rayon lumineux M'N' ira marquer sur H'P' le point (N', N) où doit se terminer l'ombre en question.

43. Observons, en passant, que ce rayon lumineux M'N' qui s'appuie à la fois sur le bandeau et sur la verticale (H, H'H″) fait connaître la limite G″H″ de l'ombre portée par le bandeau sur le corps de la cheminée. Au surplus, quand on voudra trouver directement cette ombre, on mènera le rayon lumineux (KS, K'S') tracé dans la *fig.* 3, et le point S où sa projection horizontale rencontre le *parement* extérieur GH de la cheminée, étant ramené sur K'S', fera connaître le point S' par lequel on doit mener l'horizontale G″S'H″.

Toutefois s'il arrive, comme dans la *fig.* 3, que ce point S' soit à droite de G″, l'ombre portée par l'arête antérieure du bandeau se terminera évidemment au point S' qui provient du dernier point (K', K) de cette arête; mais le contour de la partie obscure sera complété par la droite S'T' qui est l'ombre produite par l'arête latérale (K*k*, K'), laquelle donne lieu à un plan d'ombre qui se trouve perpendiculaire au plan vertical, et a pour trace la projection K'S' du rayon lumineux.

44. Revenons maintenant à la figure principale, et considérons le rayon lumineux parvenu dans la position (MN, M'N'); alors il glissera le long de l'horizontale (ML, M'L') qui se trouve parallèle à la face de long-pan, et produira ainsi un plan d'ombre qui coupera cette face suivant une droite (NQ, N'Q') égale et parallèle à (ML, M′L′). Ensuite le rayon lumineux arrivé dans la position (LQ, L′Q′) montera le long de la verticale (L, L′L″), et donnera lieu à un plan vertical qui coupera le long-pan suivant une droite (QR, Q′R′) parallèle à (HN, H′N′); cette ombre sera limitée par la dernière position L″R′ du rayon lumineux.

A présent, le rayon de lumière glissera sur l'arête du bandeau (L*l*, L″), et produira ainsi un plan d'ombre *perpendiculaire* au plan vertical; la trace verticale de ce plan est évidemment L″R′, et c'est en même temps la projection de son intersection avec la face de long-pan; quant à l'autre projection, j'observe que le plan d'ombre L″R′ coupe la ligne de couronnement au point (V′, V), et qu'ainsi RV est la projection horizontale de l'ombre portée par la droite indéfinie (L*l*, L″); mais cette arête se terminant au point *l*, l'ombre en question devra être limitée par le rayon lumineux *l*T, et sera enfin (RT, R′T′).

45. A partir de cette position (*l*T, L″T″), le rayon de lumière glissera le long de l'arête (*lk*, L″K″), et formera ainsi un plan qui coupera la face de long-pan suivant une droite (TU, T′U′) égale et parallèle à *lk*. Ensuite, le rayon lumineux descendant le long de la verticale (K″K′, *k*), produira une ombre (UX, U′X′) qui sera limitée par la parallèle K′X′; puis, en glissant le long de l'horizontale (K′, *k*K), il produira l'ombre (X′Y′, XY) parallèle à l'une des lignes déjà obtenues; et il en sera de même pour l'ombre (IY, I′Y′) que projette l'arête verticale (I, I′G″).

PL. 3.   **46.** *Deuxième cheminée*, à droite. On voit bien encore que les faces verticales GH et GI sont éclairées, tandis que les deux autres ne le sont pas; ainsi les arêtes verticales (H, H′H″) et (I, I′G″) formeront les lignes de séparation d'ombre et de lumière sur le corps de la cheminée. Cela posé, un rayon lumineux qui glissera le long de la verticale H, donnera lieu à un plan vertical qui coupera les faces de long-pan et de croupe suivant une ligne brisée, laquelle aura d'abord pour projection horizontale la trace HMN du plan d'ombre en question. D'ailleurs, comme ce plan va couper en (M, M′) l'arête du comble (BD, B′D′), il s'ensuit que H′M′ est la projection verticale de la portion d'ombre projetée horizontalement sur HM; quant à la partie MN, elle se confond avec la projection verticale BD de la face de croupe. Mais cette ombre doit être limitée au rayon de lumière qui, en glissant sur l'arête (H, H′H″), sera parvenu à rencontrer l'arête (KL, Y′L′) du bandeau; or le plan vertical HMN va couper cette dernière arête au point (P, P′); donc le rayon de lumière P′N′ fera connaître le point N′, et par suite le point N où se termine l'ombre en question.

47. Observons aussi, en passant, que ce rayon P'N' fournit le point H'' par lequel on doit mener l'horizontale G''H'' qui limite l'ombre projetée par le bandeau sur la face antérieure du corps de la cheminée. D'ailleurs on obtiendra toujours directement cette ombre G''H'', en tirant un rayon de lumière par un point quelconque de l'arête (KL, Y'L'); car la projection horizontale de ce rayon ira rencontrer GH dans un point qui, rapporté sur le plan vertical, appartiendra à la droite G''H''.

48. Parvenu dans la position (PN, P'N'), le rayon lumineux glisse le long de l'arête du bandeau (PL, P'L'), et forme ainsi un plan dont l'intersection avec la croupe sera une droite qui partira évidemment du dernier point (N, N'), et aboutira au point (R, R') que l'on détermine en traçant, sur le plan vertical, le rayon lumineux L'R'. D'ailleurs le prolongement de cette droite (NR, N'R') doit aussi passer par le point (Q', Q) où le plan de la croupe F' B' va rencontrer l'arête (Y' L', KL) du bandeau, puisque cette arête est dans le plan d'ombre qui nous occupe.

49. Le rayon lumineux, arrivé dans la position (LR, L'R'), remonte le long de la verticale (L, L'L''), et produit un plan vertical qui coupe la croupe suivant la droite RT, dont l'extrémité se détermine en tirant le rayon L''T'; ensuite le rayon mobile glisse le long de l'arête horizontale (LV, L''), et forme un plan qui coupe la croupe suivant une droite TX égale et parallèle à LV; puis, en parcourant l'arête du bandeau (VY, L'Y''), il produit un nouveau plan qui coupe la croupe suivant XZ parallèle à RNQ, et le long-pan suivant une horizontale (Zα, Z'α') dont l'extrémité se trouve en tirant le rayon (Yα, Y''α'). Il est à remarquer d'ailleurs que la droite indéfinie XZ doit aller passer par le point (Q'', Q'') où le plan de croupe, projeté sur F'B'Q'', va rencontrer l'arête du bandeau (Y''L'', YV) qui produit l'ombre en question (*).

(*) Observons ici que l'ombre MN portée sur la croupe par la verticale H, aurait pu s'étendre jusque sur la partie cylindrique F'D' de cette face du comble, et cela n'aurait rien changé à la forme rectiligne de la projection MN, puisque cette ombre provient d'un plan vertical (n° 50). Mais ensuite, au lieu de la droite NR, on aurait rencontré *une courbe* qui serait l'intersection du cylindre horizontal F'D' avec le plan d'ombre passant par l'arête (PL, P'L'); or cette courbe se construirait par points, en traçant des rayons lumineux intermédiaires entre les points (P, P') et (L, L'), et dont on trouverait les points de rencontre avec le cylindre F'D' sur le plan vertical, comme on l'a fait au n° 48 pour le dernier de ces rayons (LR, L'R').

Cette courbe serait encore suivie d'une droite RT, sur laquelle se projetterait la section curviligne faite par le plan d'ombre conduit suivant la verticale (L, L'L''); et celui qui passerait par l'arête (LV, L'') couperait aussi le même cylindre F'D' suivant une de ses génératrices,

50. A partir de la position (Yα, Y″α′), le rayon lumineux descend le long de la verticale (Y″Y′, Y), et forme un plan d'ombre Yα qui est vertical et coupe la ligne de couronnement au point (ϐ, ϐ′); d'où l'on conclut que son intersection avec le long-pan est la droite (αϐ, α′ϐ′) : mais cette ligne d'ombre se terminera au point (γ′, γ) déterminé par le rayon lumineux Y′γ′ passant par l'extrémité inférieure de l'arête Y″Y′ que nous considérons.

Ensuite, le rayon de lumière glissera le long de l'arête horizontale (YK, Y′) et donnera lieu à un plan d'ombre perpendiculaire à l'*élévation*, lequel aura pour trace verticale la droite Y′γ′ et ira rencontrer la ligne de couronnement au point (δ′, δ); donc l'intersection de ce plan d'ombre avec le long-pan sera la droite (γδ, γ′δ′). Mais cette ombre devra se terminer au point ε que l'on obtient en tirant le rayon lumineux Iε; parce que ce dernier s'appuie à la fois sur l'arête horizontale YK du bandeau et sur l'arête verticale (I, I′G″) du corps de cheminée, de sorte que le rayon lumineux, parvenu dans cette position, descendra le long de cette dernière arête. Il produira donc alors un plan vertical Iε qui coupera la ligne de couronnement au point (λ, λ′), et dont les intersections avec les deux longs-pans seront évidemment les droites (ελ, ε′λ′) et (λI, λ′I′), lesquelles complètent le contour des ombres projetées par cette seconde cheminée.

PL. 3.   **51.** *Du profil.* Pour obtenir directement l'ombre (αZ, α′Z′) porté sur le long-pan postérieur par l'arête du bandeau (YV, Y″L″), ce qui est utile comme vérification, et surtout dans le cas où quelques-unes des lignes d'ombres RT, TX, XZ, sortiraient de la croupe, on peut recourir à un *profil*, c'est-à-dire à une projection auxiliaire faite sur un plan vertical EAE″ perpendiculaire à la ligne de couronnement. Ce profil coupera le comble suivant un triangle isocèle ayant pour base EE″, et qui, rabattu sur l'élévation, autour de la verticale A, deviendra évidemment e′A′e″. Dans ce rabattement, le point (a, A′) du rayon lumineux primitif se transportera en a″; un second point (S, S′) de ce rayon, après avoir été projeté sur le profil en s, ira se rabattre en S″; donc S″a″ sera le rabattement de la projection du rayon lumineux sur le profil.

· Cela posé, l'arête du bandeau (YV, Y″L″) allant se projeter sur le profil en un point y qui se rabat évidemment en y″, le plan d'ombre produit par cette

---

telle que TX. Mais à la suite de cette dernière ligne d'ombre, viendrait une seconde courbe résultant du cylindre F′D′ coupé par le plan d'ombre mené suivant l'arête (VY, L″Y″); cette nouvelle courbe se construirait par points, comme la première, et elle serait suivie enfin d'une droite telle que XZ, à partir de laquelle les circonstances redeviendraient les mêmes que dans le texte.

arête aura pour trace, sur le profil rabattu, la droite $y''z''$ menée parallèlement à $S''a''$; or cette droite va rencontrer la section $A'e''$ du long-pan au point (z'', z') lequel doit être ramené en z dans le profil primitif; donc l'horizontale $(zZ, z''Z')$ sera l'intersection du long-pan avec le plan d'ombre passant par l'arête du bandeau que nous avons considérée.

52. Quant à l'ombre portée sur le *parement* du mur antérieur par l'arête inférieure du comble $(CD, C'D')$, il suffit de prendre un point quelconque (m, m') de cette arête, et de mener le rayon lumineux $(mn, m'n')$; la projection horizontale de ce rayon allant rencontrer la trace np du mur en n, on projettera ce point sur $m'n'$ en n', et l'horizontale $n'p'$ sera la limite de l'ombre cherchée.

Enfin, les ombres indiquées ici sur le plan horizontal sont censées reçues par le sol inférieur, et leurs limites seraient au delà du cadre de notre épure; c'est pourquoi il n'y a pas lieu de nous en occuper. Mais les contours de ces ombres seraient bien faciles à tracer, d'après tous les détails précédents, si l'on avait marqué sur l'élévation, la hauteur absolue du comble au-dessus du sol.

53. Nous avertissons ici le lecteur que, dans cette épure et dans les suivantes, les hachures *pointillées* indiquent des ombres qui sont *invisibles* relativement au plan de projection sur lequel elles se trouvent.

Ombres d'une Niche.

54. La niche dont il est question a pour surface intérieure un demi-cylindre PL. 4. de révolution $(ACB, A''A'B'B'')$, lequel est surmonté d'un quart de sphère $(ACB, A'D'B')$ qui est tangent au cylindre tout le long de sa base supérieure. Cette niche est entourée d'un *chambranle* $(Aa_2 ax, A''a'' a' d' b' b''B'')$ dont la partie circulaire, qui se nomme *archivolte*, présente une zone conique comprise entre les cercles qui ont pour rayons $O'A'$ et $O'a'_2$. Le chambranle est en saillie sur le *parement vxyu* du mur vertical dans lequel est pratiquée la niche; puis, dans toute la hauteur entre $w'k'$ et le sol XY, ce mur est revêtu d'une *plinthe* dont la saillie est comprise entre $vxyu$ et $wabk$. Enfin, au bas de la niche, se trouve une *tablette* $(fghi, g'g''h''h')$ qui est soutenue par deux *jambages* $(a\partial\mu, \partial'\mu'\mu''\partial'')$ et $(\lambda\pi b, \lambda'\pi'\pi''\lambda'')$.

Observons d'ailleurs qu'ici le plan horizontal représente, non pas une projection, mais plutôt une *coupe* faite à la hauteur de la tablette $A''B''$; quant à la projection verticale que l'on nomme l'*élévation*, elle est faite sur le plan XY situé en arrière de la niche; mais pour expliquer les constructions géométriques, nous emploierons souvent, comme plan vertical, *le plan de tête* AB qui passe par le centre de la sphère.

55. Occupons-nous d'abord de l'intérieur de la niche; et comme la direction (S, S'), adoptée pour les rayons lumineux, montre évidemment que la portion du cylindre ACB qui avoisine l'arête verticale (A, A″A′) sera obscure, tandis que la face Aa du chambranle sera éclairée, j'en conclus qne cette arête est une ligne de séparation d'ombre et de lumière. Pour trouver l'ombre qu'elle portera, j'imagine une droite mobile qui glisse parallèlement à (S, S') le long de l'arête (A, A″A′); cela produit un plan vertical dont la trace est AC parallèle à S, et qui doit couper le cylindre droit suivant une de ces génératrices, laquelle est évidemment la ligne (C, C″C′); mais cette ombre devra se terminer au point C′ où aboutit le rayon lumineux A′C′ mené par l'extrémité de l'arête en question.

56. A partir de la position (A′C′, AC), le rayon lumineux va glisser le long de *l'arc de tête* (A′D′B′, AB), et il produira ainsi un *cylindre oblique* dont il faut trouver l'intersection avec le *cylindre droit* de la niche. Si donc je prends un point quelconque (P, P′) sur l'arc de tête, et que je mène le rayon lumineux (PQ, P′Q′), il ira percer le cylindre vertical ACB dans un point évidemment projeté en Q sur sa base; puis, en rapportant ce dernier sur P′Q′, j'aurai un point Q′ de la courbe demandée C′Q′N′M′, laquelle devra être tangente à la verticale C′C″. En effet, cette dernière droite se trouve située à la fois dans le plan tangent du cylindre de la niche le long de l'arête (C, C′C″), et dans le plan vertical AC qui est tangent au cylindre lumineux pour le point (A, A′), et conséquemment tout le long de la génératrice (AC, A′C′): donc la droite (C, C″C′) est bien l'intersection des plans tangents aux deux cylindres, et dès lors elle est la tangente à la courbe d'intersection de ces surfaces.

57. Observons, en outre, que la courbe C′Q′N′, considérée comme ligne d'ombre, devra se terminer au point M′ où elle rencontrera le cercle horizontal (A′B′, ACB); car, au-dessus de ce plan, l'ombre portée par l'arc de tête tombera sur une surface nouvelle, qui est la sphère, et y tracera une courbe de nature différente dont nous nous occuperons plus tard. Or, comme cette limite M′ n'est pas connue d'avance, il faut savoir prolonger la courbe C′Q′N′ au-dessus de A′B′, en la construisant comme l'intersection totale des deux cylindres indiqués au numéro précédent.

Pour cela, achevons le cercle A′D′B′P″, et observons que le point P répondant à deux points différents P′ et P″ de ce cercle, il y a deux génératrices du cylindre oblique qui sont projetées sur PQ, et qui ont pour projections verticales P′Q′ et P″Q″; d'où il résulte que le point de rencontre Q fournit deux points distincts Q′ et Q″ de la courbe cherchée. D'un autre côté, à la même projection verticale E′e′ d'un rayon lumineux, correspondent deux projections différentes sur le plan horizontal, savoir, EN et en, lesquelles fournissent deux points N′ et n′ appartenant encore à la courbe d'intersection; donc cette ligne est enfin représentée sur le plan vertical par

$$C'Q'N'M'U'B'n'q'\gamma'N''Q''C'.$$

La première de ces deux méthodes revient à couper les deux cylindres par des plans verticaux PQ, EN,... qui sont parallèles à la fois aux génératrices des deux surfaces, suivant la règle donnée en Géométrie descriptive; et l'on trouverait semblablement une seconde branche d'intersection, aussi fermée, si l'on achevait le cercle ACB qui sert de base au cylindre de la niche; mais cette dernière branche n'a aucun rapport immédiat avec le problème d'ombre qui nous occupe.

58. *Ombre sur la sphère.* Cette ombre est produite par l'intersection de la PL. 4. sphère avec le cylindre oblique formé par les rayons lumineux qui rasent l'arc de tête (A′D′B′, AB); si donc nous coupons ces deux surfaces par des plans E′O′, G′H′,... qui soient parallèles au rayon de lumière et en même temps perpendiculaires au plan vertical (lequel est ici le plan de tête AB), nous n'aurons à combiner entre elles que des sections rectilignes et circulaires. Or, le premier E′O′ de ces plans sécants coupe la sphère suivant un grand cercle que, pour plus de clarté, nous transporterons parallèlement à lui-même, jusqu'à ce que son diamètre E′O′e′ ait pris la position E″O″e″; si donc nous désignons ce plan ainsi transporté sur la *fig.* 3, sous le nom de *plan auxiliaire* de projection, et que nous le rabattions autour de sa ligne de terre E″e″, le demi-cercle situé dans l'hémisphère postérieur deviendra E‴V″e″. D'ailleurs ce plan sécant E′O′ renfermait le rayon lumineux (E′O′, ES) dont il est facile de retrouver la position sur le plan auxiliaire rabattu; car ce rayon était l'hypoténuse d'un triangle rectangle qui avait pour côtés E′O′ et l'horizontale (OS, O′); donc si l'on prend sur la perpendiculaire à E″O″ une distance O″S″ égale à OS, la droite E″S″ sera le rabattement du rayon lumineux.

59. Cela posé, le rayon lumineux E″S″ et le grand cercle E″V″e″ se trouvant tous deux dans le même plan sécant E′O′, ne pourront manquer de se couper en un point qui sera celui où ce rayon va percer la sphère; or, comme ce point est évidemment projeté en F″ sur le plan auxiliaire, on en déduira sa projection

F′ sur le plan vertical primitif, au moyen d'une perpendiculaire F″F′ à la ligne de terre E″e″ relative à ces deux plans.

Ensuite, un autre plan sécant G′H′ coupera le cylindre oblique suivant un rayon lumineux qui se projettera sur G″H″ mené parallèlement à E″S″; ce même plan coupera la sphère suivant un petit cercle projeté sur la circonférence décrite avec O″G″ pour rayon; donc le point de section H″ de ces deux lignes, étant ramené sur le plan vertical primitif, fournira un nouveau point H′ de la ligne d'ombre cherchée, laquelle sera enfin F′H′K′L′. Cette courbe doit évidemment passer par le point L′ où le rayon lumineux projeté sur L′U′, devient tangent à la sphère; et la méthode précédente, si on voulait l'appliquer au point L′, conduirait aussi à cette conséquence.

60. On doit apercevoir que la courbe d'ombre qui nous occupe se trouve *projetée suivant une droite* O″K″H″F″ sur le plan auxiliaire. En effet, si l'on considère deux points quelconques F″ et H″ de cette projection, on voit qu'ils appartiennent à deux triangles isocèles O″E″F″ et O″G″H″, dans lesquels les angles à la base E″ et G″ sont égaux; d'où il résulte nécessairement que les deux angles au sommet E″O″F″ et G″O″H″ sont aussi égaux, et, par suite, les deux derniers côtés O″F″ et O″H″ doivent coïncider en direction. De là nous conclurons que l'ombre portée par l'arc de tête (A′D′B′, AB) sur la partie sphérique de la niche est une *courbe plane*, laquelle ne peut être qu'un *grand cercle* de cette sphère, puisque sa projection O″F″ passe par le centre O″; par conséquent aussi la projection L′H′F′P″ de cette ligne d'ombre sur l'élévation est *une ellipse* qui a pour grand axe le diamètre P″L′.

61. On pouvait prévoir ces résultats d'après le théorème démontré au n° **745** de la *Géométrie descriptive*; car on a vu que *quand la courbe d'entrée* d'une sphère et d'un cylindre *est plane, la courbe de sortie est aussi plane, et égale à la première;* de plus, *le plan de la courbe de sortie est perpendiculaire à* UN PLAN AUXILIAIRE *qui serait à la fois parallèle aux génératrices du cylindre et perpendiculaire à la courbe d'entrée.* Or, ici le cylindre oblique des rayons lumineux a pour ligne commune avec la sphère, ou pour courbe d'entrée, le grand cercle A′D′B′; par conséquent le théorème rappelé ci-dessus s'applique au problème actuel.

62. Si l'on veut profiter de ce théorème pour simplifier la construction de l'ombre portée sur la partie sphérique de la niche, il faudra dire immédiatement (n° **58**) que l'on adopte un plan auxiliaire E′O′ parallèle au rayon lumineux et perpendiculaire au cercle vertical A′D′B′, qui est la courbe d'entrée, parce qu'il est certain que la courbe de sortie, ou la ligne d'ombre, se projettera sur un pareil plan suivant un diamètre. Ensuite on transportera ce plan

auxiliaire parallèlement à lui-même avec le grand cercle qu'il contient, et on les rabattra suivant E″V″e″; puis, comme au n° **58**, on construira le rabattement E″S″ du rayon lumineux, qui ira rencontrer le grand cercle au point F″; et dès lors on pourra affirmer que la courbe d'ombre est projetée latéralement suivant la droite O″F″ sans tracer aucun des petits cercles que nous avions employés au n° **59**.

Maintenant, pour revenir de la projection auxiliaire O″F″ à la projection sur le plan vertical, il suffira de tracer divers rayons lumineux G′H′, I′K′,…, lesquels seront projetés sur le plan auxiliaire suivant les droites G″H″, I″K″,… parallèles à E″S″; et les points H″, K″,… où ces derniers rencontreront le diamètre O″F″, étant rapportés sur le plan vertical par des perpendiculaires à la ligne de terre E″e″, fourniront autant de points H′, K′… de la courbe ,cherchée L′K′H′F′P′.

63. *Du point de raccordement.* La courbe d'ombre portée sur la sphère par Pl. 4. l'arc de tête (A′D′B′, AB) doit évidemment se terminer au point M′ où elle rencontrera le cercle horizontal (A′B′, ACB), puisque ce cercle est la limite qui sépare la sphère du cylindre droit; et par la même raison, ce point M′ devra aussi appartenir à l'ombre portée déjà sur ce cylindre par le même arc de tête. De plus, en ce point commun M′, les deux courbes L′H′M′ et C′Q′M′ devront *se raccorder,* c'est-à-dire avoir la même tangente. En effet, pour l'une ou pour l'autre de ces courbes, la tangente sera l'intersection du plan tangent au cylindre lumineux le long de la génératrice M′D′, avec le plan tangent de la sphère en M′, ou avec le plan tangent du cylindre droit en M′; or ces deux derniers plans sont confondus pour ce point, puisque la sphère et le cylindre droit *se touchent* tout le long du cercle horizontal (A′B′, ACB); donc aussi les tangentes aux deux courbes ne formeront qu'une seule et même ligne droite. Ces diverses circonstances doivent faire sentir combien il est important de savoir déterminer ce point M′ par *une construction directe,* afin que le contour de l'ombre totale n'offre pas en cet endroit une discontinuité qui choquerait l'œil; et c'est cette recherche qui va nous occuper.

64. Le point (M, M′) qu'il s'agit d'obtenir se trouve à la fois sur deux grands cercles de la sphère, savoir: le cercle horizontal (ACB; A′B′), et le grand cercle d'ombre portée, lequel est projeté latéralement sur la droite O″F″; donc le point en question se trouvera placé sur le diamètre horizontal qui sera l'intersection des plans de ces deux grands cercles. Or ce diamètre inconnu, que je représente provisoirement par OR, serait déterminé si j'avais la distance BR à laquelle il va rencontrer la tangente horizontale (BR, B′); mais cette tangente se projette évidemment, sur le plan auxiliaire, suivant la droite B_2B' perpendiculaire à la ligne de terre; d'ailleurs, le diamètre inconnu étant dans le plan de la courbe d'ombre, il a pour projection la droite $O''F''$ qui va rencontrer B_2B' au point R''; donc la longueur B_2R'' est la portion cherchée de la tangente horizontale (BR, B'), car cette dernière droite était parallèle au plan auxiliaire, et a dû s'y projeter *en vraie grandeur*.

Ainsi, il faudra porter la longueur B_2R'' de B en R; puis, en tirant RO, ce diamètre coupera le cercle ACB en un point M que l'on projettera en M' sur $A'B'$. Dans la pratique, on pourra simplifier cette opération en l'exécutant sur le cercle $A'D'B'$, que l'on regardera comme le rabattement du cercle horizontal $(ACB, A'B')$ autour de la droite $A'B'$; mais nous n'avons pas voulu parler d'abord de ce nouveau rabattement, parce qu'il aurait rendu les raisonnements plus longs et moins faciles à saisir.

65. Il arrive quelquefois que le point R'' se trouve à une distance très-grande et incommode; alors, pour déterminer le diamètre inconnu OR, il n'y a qu'à chercher le point Z où il rencontre l'autre tangente VZ. Or le point (V, O') se projette en V'' sur le plan auxiliaire, et $V''Z''$ représente alors la distance cherchée; mais comme elle ne se projette pas ici en vraie grandeur, il faudra projeter le point Z'' sur $A'B'$ en Z', puis ramener ce dernier point sur VZ, et tirer le diamètre ZO qui fera connaître le point M.

66. *De la tangente.* Cette droite s'obtiendrait, pour un point quelconque H', par la règle générale qui consiste à combiner le plan tangent du cylindre oblique le long du rayon lumineux $G'H'$, avec le plan tangent de la sphère au point H'; mais il sera plus simple de remplacer ce dernier plan tangent par le plan même de la ligne d'ombre que nous savons être ici une courbe plane; et c'est cette méthode que nous allons appliquer spécialement au point M' qui offre le plus d'intérêt.

Le plan de la courbe d'ombre passe par le centre O' de la sphère, et aussi par le point L' qui appartient à la courbe même; donc $O'L'O''$ est la trace de ce plan sur le plan de tête AB que nous adoptons pour plan vertical de projection. Ensuite, le plan tangent du cylindre oblique pour le point M' doit passer par le rayon lumineux $M'D'$ et par la tangente $D'T'$ menée à l'arc de tête qui est la directrice de ce cylindre; donc cette tangente, qui se trouve dans le plan de tête, est précisément la trace verticale du plan tangent au cylindre oblique. Par conséquent le point T' où se couperont les deux traces $O'L'O''$ et $D'T'$, sera un point de l'intersection du plan tangent avec le plan de la courbe, et par suite un point de la tangente cherchée, laquelle sera donc projetée sur $T'M'$.

Il faudra se souvenir que cette droite doit se trouver aussi tangente à la courbe C′Q′N′M′, puisque nous avons prouvé (n° 63) que les deux courbes d'ombre se raccordaient au point M′.

67. Au reste, le plan tangent de la sphère pour le point (M, M′) était bien aisé à obtenir, puisqu'il est évidemment vertical et a pour traces MT et Tθ ; de sorte que cette dernière ligne doit aller couper la trace D′T′ précisément au point T′ déjà déterminé. Mais cette seconde méthode serait beaucoup moins simple, s'il s'agissait d'un point quelconque H′.

68. *Ombres du chambranle.* L'arête verticale (b, b″b′) est évidemment une Pl. 4. ligne de séparation d'ombre et de lumière, puisque la face Bb est éclairée, tandis que la face by ne l'est pas. Donc le rayon lumineux, en glissant le long de cette arête, va produire un plan vertical bб qui coupera le parement yu du mur suivant une droite б″б′, laquelle se terminera au point б′ où aboutit le rayon lumineux (bб, b′б′).

69. A partir de cette dernière position, le rayon lumineux va glisser le long de l'archivolte, et produira un cylindre oblique ayant pour directrice le cercle vertical (b′l′d′, ab). Donc ce cylindre ira couper le parement yu du mur suivant un cercle égal au précédent, et dont le centre (ω, ω′) se trouve en tirant une parallèle (oω, O′ω′) aux rayons lumineux. Ainsi, avec un rayon ω′б′ égal à O′b′, on décrira un arc de cercle б′λ′ qu'il faudra terminer au point λ′ correspondant au diamètre ω′λ′ qui sera perpendiculaire au rayon lumineux ; puis, à partir de ce point, le contour de l'ombre sera complété par la droite l′λ′ qui doit se trouver parallèle au rayon lumineux et tangente à la fois aux deux cercles b′l′ et б′λ′.

En effet, la saillie que présente l'archivolte sur le parement vxyu du mur a la forme d'un petit cylindre droit dont les génératrices sont perpendiculaires au plan vertical ; et c'est en glissant sur la base antérieure (b′l′d′a′, ba) de ce cylindre que le rayon lumineux trace la courbe d'ombre б′λ′. Or, quand ce rayon mobile est arrivé au point l′ et qu'il va percer alors le parement du mur en λ′, il est devenu évidemment tangent au cylindre de l'archivolte ; donc dès lors il ne continuera pas sa course sur le cercle antérieur, car il entrerait ainsi dans le solide cylindrique ; mais il glissera sur la génératrice projetée au point l′, et produira un plan d'ombre perpendiculaire au plan vertical, dont la trace sera la tangente l′λ′ elle-même.

Ces détails, et d'autres analogues qui se rencontreront dans la suite, paraîtront peut-être trop minutieux ; mais nous avons cru devoir nous y arrêter, pour apprendre au Dessinateur-Géomètre à étudier soigneusement les formes et les causes des discontinuités et des *ressauts* que présentent souvent les contours des ombres, dans les corps naturels; car ce sont là des circonstances indispensables à reproduire pour accuser les formes dans toute leur vérité.

70. *Ombres de la tablette.* L'arête inférieure (gf, g'') est évidemment une ligne de séparation d'ombre et de lumière, puisque la face latérale de la tablette, à gauche, est éclairée, tandis que la face inférieure ne l'est pas; donc le rayon lumineux, en glissant sur cette arête, produira un plan d'ombre perpendiculaire au plan vertical et dont la trace sera la droite $g''z''$ parallèle à S'. On pourrait trouver la limite z'' de cette ombre, en traçant les deux projections du rayon lumineux qui part de l'angle (g, g''); mais pour faire servir à plusieurs fins nos opérations graphiques, nous mènerons le rayon lumineux $(ht, h''t'')$ qui va percer la plinthe $wfbk$ au point (t, t'), et l'horizontale $t''z''$ sera évidemment l'ombre portée sur cette plinthe par l'arête inférieure $(gh, g''h'')$ de la tablette.

Toutefois, comme cette ombre vient tomber en partie sur les jambages qui sont en saillie, elle y éprouvera un *ressaut*. Pour le déterminer, on cherchera le point ρ où le plan vertical $\lambda\pi$ prolongé va couper le rayon lumineux $(ht, h''t'')$; puis, après avoir projeté le point ρ en ρ', on tirera par ce dernier une horizontale indéfinie.

Enfin, les rayons lumineux qui glisseront sur l'arête verticale $(h, h'h'')$ produiront un plan qui coupera la plinthe suivant la verticale $t't'$ terminée au rayon $h't'$; et puis, ceux qui s'appuieront sur l'arête horizontale (hi, h') de la tablette formeront un plan d'ombre perpendiculaire au plan vertical et dont la trace sur la plinthe sera la droite $h't'$ elle-même.

71. Quant aux deux *jambages* placés au-dessous de la tablette, il est évident que chacune des arêtes verticales μ et π sépare une face éclairée d'avec une face obscure; ce seront donc ces deux arêtes qui porteront sur la plinthe des ombres rectilignes bien faciles à trouver d'après tous les détails précédents. Ainsi, par exemple, on tirera la droite $\mu\varphi$ parallèle à la projection S du rayon lumineux, et par le point de rencontre φ on élèvera une verticale $\varphi'\varphi''$ qui devra se terminer à l'ombre horizontale de la tablette.

72. REMARQUE. On pourrait placer, dans cette niche, un vase tel que celui qui est représenté sur la *fig.* 4; et comme toutes les parties, excepté le socle qui est carré, sont terminées par des surfaces de révolution parmi lesquelles se trouvent deux piédouches analogues à celui que nous étudierons sur une plus grande échelle dans la *Pl. VI*, les lignes d'ombre du vase se construiront par les méthodes qui seront exposées aux n°⁵ 92, 93,..., 115. Il resterait seulement à ajouter l'ombre portée sur le vase par l'arête (A, A′A″), et celles que le vase projetterait sur la niche, ce qui n'offrira que des recherches analogues à celles que présenteront le piédouche et le chapiteau ; c'est pourquoi nous nous contentons ici de proposer au lecteur, comme un sujet d'étude, le système de la niche et du vase dont l'ensemble formera un dessin très-satisfaisant pour l'œil.

Ombres d'un Pont.

73. L'arche de ce pont est un *berceau* en plein cintre, c'est-à-dire que la PL. 5. surface intérieure de la voûte est formée par un cylindre droit qui a pour base un demi-cercle : mais pour laisser mieux voir les détails et les dimensions des diverses parties, on suppose ordinairement que l'arche a été coupée par un plan vertical conduit suivant la génératrice la plus élevée du *berceau*, et que la moitié antérieure est enlevée. C'est donc dans cet état fictif que nous allons chercher à déterminer les ombres, après avoir indiqué les projections des parties restantes sur deux plans fixes, l'un horizontal, l'autre vertical et parallèle aux génératrices du cylindre.

74. Sur ce dernier plan (*fig.* 1), nous avons tracé le profil des parapets, des trottoirs et de la chaussée du pont : A′B′ représente la génératrice la plus élevée du berceau de l'arche, et C′D′ la génératrice située dans le *plan de naissance*, de sorte que l'intervalle C′A′ est le rayon du cylindre. Sur le plan horizontal, ces deux génératrices sont projetées suivant les parallèles AB et CD, dont la distance AC doit être prise égale au rayon A′C′ du berceau, et les lignes XYZ et *xy*A représentent les contours des parapets du quai et du pont. Mais comme on voit par là que le mur de revêtement du quai, que nous supposons sans *talus* ou vertical, se trouve en arrière de la *pile* ou *culée*, de la quantité C*y*, il a été nécessaire de rattacher l'un à l'autre par un *éperon* formé par un cylindre vertical élevé sur le quart de cercle CO ; cet éperon est figuré sur le plan vertical par un rectangle, et à sa partie supérieure, il est ceint d'un bandeau saillant et couronné par un chapiteau conique. Au-dessous de la naissance C′D′ de la voûte, la pile est revêtue d'un socle qui se prolonge autour de l'éperon et tout le long du mur du quai ; la hauteur de ce socle est exprimée sur le plan vertical par l'intervalle arbitraire que nous avons laissé ici entre les droites C′D′ et XY. Enfin, en dehors du parapet du pont règne un *cordon* saillant dont le profil $\psi'\varphi'\theta'$ est figuré sur le plan vertical par un rectangle terminé en dessous par une *doucine* ; et c'est ce cordon qui, prolongé en retour d'équerre sur le mur du quai, rend invisibles, en projection horizontale, quelques parties des socles et de l'éperon que nous avons marquées en points ronds.

La ligne de terre générale de notre épure est la droite XY ; mais nous en changerons quelquefois pour adopter un plan horizontal ou vertical plus rapproché des constructions particulières qui nous occuperont, en ayant soin d'indiquer alors quel est le plan de projection que nous choisissons. D'ailleurs les rayons lumineux parallèles qui éclairent tous ces objets ont pour direction commune la droite (CS, C'S').

PL. 5.   **74.** *Ombre sur le berceau de l'arche.* Cette ombre est produite par l'*arc de tête* situé dans le plan vertical AC que nous choisirons pour *plan auxiliaire de projection*, attendu qu'il est perpendiculaire au berceau de l'arche ; nous rabattrons cet arc suivant CA″, en le faisant tourner autour de son diamètre horizontal (AC, C′), et il se trouvera ainsi dans le plan de naissance C′D′ qui sera ici notre plan horizontal. Dès lors il devient nécessaire de nous procurer la projection du rayon lumineux sur le plan auxiliaire AC ; or, si d'un point quelconque (S, S′) pris à volonté sur la ligne (CS, C'S'), on abaisse une perpendiculaire (SA, S′a′) sur le plan vertical AC, le pied (A, a′) de cette droite se transportera évidemment en S″ lorsqu'on rabattra ce plan autour de la droite AC ; donc, sur ce rabattement, la ligne CS″ représente la projection auxiliaire du rayon lumineux.

Cela posé, si nous considérons sur l'arc de tête un point quelconque E″ qui sera projeté en E′ sur le plan vertical, et que par ce point nous menions un rayon lumineux qui sera projeté suivant E″F″ parallèle à CS″, et suivant E′F′ parallèle à C'S', ce rayon ne pourra percer le berceau de l'arche que sur la génératrice horizontale projetée latéralement au point F″ ; or il est facile de retrouver cette génératrice sur le plan vertical, en prenant C′f égal à la hauteur du point F″ au-dessus de la naissance CA, et en tirant l'horizontale ƒF′ ; donc le point F′ où cette génératrice va couper la projection E′F′, est un point de la courbe d'ombre qu'il s'agit de tracer, et tous les autres s'obtiendront d'une manière semblable.

75. Lorsqu'on choisira pour point de départ du rayon lumineux le point H″ où sa projection latérale H″L″ est tangente à la base du berceau, ce rayon deviendra évidemment tangent à ce cylindre droit ; de sorte que son point d'entrée et son point de sortie étant confondus, le point (H″, H′) sera le premier point de la ligne d'ombre portée sur le berceau ; et au-dessous, la portion H″C de l'arc de tête cesse d'être une ligne de séparation d'ombre et de lumière.

Au contraire, quand on considérera le rayon lumineux (A″G″, A′G′) parti du sommet (A″, A′) de l'arc de tête, on obtiendra par la méthode générale le dernier point G′ de la courbe d'ombre, attendu qu'ici le cintre de l'arche est supposé terminé au sommet A″; mais si le cercle CA″ était complétement achevé, il faudrait continuer les constructions générales jusqu'au point diamétralement opposé à H″.

76. La courbe d'ombre qui nous occupe est nécessairement *une ellipse*, et conséquemment il en est de même de sa projection H′F′G′. En effet, cette courbe résulte de l'intersection du berceau de l'arche avec le cylindre oblique formé par les rayons lumineux qui s'appuient sur l'arc de tête (CA″, CA), lequel se trouve ainsi la *base commune* de ces deux cylindres; or, nous avons démontré au n° **748** de la *Géométrie descriptive* que, quand deux cylindres du second degré se coupent suivant une première courbe *plane* que l'on nomme *courbe d'entrée*, la seconde branche d'intersection, ou la *courbe de sortie*, est aussi *plane;* donc cette dernière ne peut être ici qu'une ellipse.

D'ailleurs, comme nous avons reconnu (n° **75**) que le point H″ appartenait à la courbe de sortie, et qu'il en serait évidemment de même du point diamétralement opposé à celui-là sur le cercle de tête CA″, il s'ensuit que le diamètre AH″ est l'intersection commune du plan de la courbe de sortie avec le plan de la courbe d'entrée.

77. *De la tangente.* Pour un point quelconque F′ de la courbe G′F′H′, la Pl. 5. tangente pourrait s'obtenir par la méthode ordinaire, en cherchant l'intersection des deux plans qui sont tangents dans le point (F′, F″), l'un au cylindre droit de la voûte, l'autre au cylindre oblique des rayons lumineux; mais, puisqu'ici la courbe d'ombre est plane (n° **76**), il sera plus simple de combiner *le plan de cette courbe* avec *un seul des plans tangents* aux cylindres. D'ailleurs cette seconde méthode devient la seule applicable au point (H′, H″), parce qu'en cet endroit les deux plans tangents sont confondus et laisseraient la tangente indéterminée.

En effet, le plan tangent du berceau de l'arche passe par la tangente H″L″ menée à l'arc de tête, et par la génératrice horizontale qui se projette sur le plan auxiliaire AC au point H″; donc ce plan tangent est perpendiculaire au plan auxiliaire, et a pour trace H″L″. Quant au plan tangent du cylindre oblique, il doit passer encore par la même tangente H″L″ et par le rayon lumineux qui part du point (H″, H′); mais ce rayon particulier est projeté sur le plan auxiliaire suivant la droite H″L″ elle-même; donc ce deuxième plan tangent est aussi perpendiculaire au plan auxiliaire, et il a la même trace H″L″ que le premier plan tangent; par conséquent il se confond avec lui, et leur intersection demeure indéterminée.

78. Pour obtenir la tangente au point (H′, H″) nous sommes donc obligés de combiner le plan tangent du berceau de l'arche avec le plan de la courbe d'ombre, et nous allons chercher leurs traces sur le plan vertical CD tangent à la naissance de la voûte, lequel est plus rapproché de nos constructions. Or le plan tangent du berceau, conduit par la droite H″L″, ira couper le plan vertical CD suivant une horizontale qui passera évidemment par le point rabattu en L″; donc en relevant ce point autour de AC, il se projettera en L′, et la droite L′T′ sera la projection de la trace verticale de ce plan tangent.

Quant au plan de la courbe d'ombre, il passe (n° **76**) par le diamètre AH″ qui va percer le plan vertical CD au point M″, lequel doit être évidemment relevé en M′. D'ailleurs ce même plan devra contenir une parallèle à ce diamètre, qui sera menée par un point quelconque de la courbe, tel que (G″, G′); or cette parallèle a évidemment pour projections la droite G″N″ parallèle à AH″, et la verticale G′N′; et comme elle va percer le plan vertical CD au point N″ qui doit être relevé en N′ sur G′N′, il s'ensuit que M′N′ est la projection de la trace verticale du plan de la courbe d'ombre. Donc enfin, les deux traces M′N′ et L′T′ allant se couper au point T′, la droite T′H′ est la tangente demandée.

79. Il est bon d'observer que le point K′ où la trace M′N′ va couper la génératrice (CD, C′D′) située à la naissance du berceau, appartient nécessairement à la courbe d'ombre prolongée; et que cette courbe doit être tangente à la trace M′N′ au point K′. En effet, cette trace est l'intersection du plan de la courbe d'ombre avec le plan vertical CD; et celui-ci se trouve tangent au berceau tout le long de la génératrice (CD, C′D′).

80. Pour achever le contour des ombres portées sur le berceau de l'arche, il faut reprendre la marche du rayon lumineux à partir de la position (A″G″, A′G′) où il était parvenu au point culminant du cintre; et observons que, dans cette position, ce rayon avait pour projection horizontale AG parallèle à CS; donc si l'on projette sur cette droite le point G″ en G, ce dernier point devra correspondre à G′, ce qui fournira une vérification des constructions antérieures. Ensuite, puisque l'arche est supposée terminée à la génératrice supérieure (AB, A′B′), le rayon lumineux va glisser le long de cette arête saillante, et il produira ainsi un plan d'ombre qui aura pour trace sur la *fig.* 3 la droite A″G″, et qui devra couper le berceau suivant une génératrice, laquelle sera évidemment G′Q′.

PL. 5.   **81.** *Ombres sur l'éperon* DI *et sur le mur de quai.* Le dernier point Q′ de l'ombre précédente est produit par le rayon lumineux Q′P′ qui s'appuie en P′ sur la génératrice culminante du berceau : donc la projection horizontale de ce rayon lumineux s'obtiendra en projetant le point P′ en P sur AB, et en tirant la droite PQ parallèle à CS (d'ailleurs le point Q doit évidemment correspondre à G″ et G). Maintenant, si l'on observe que ce rayon lumineux (PQ, P′Q′) ne fait que raser, au point (Q, Q′), le cintre de l'arche situé dans le plan vertical BD, on sentira que ce rayon doit poursuivre sa route et aller tomber sur l'éperon ou sur le mur de quai. Dans le cas de notre épure; la projection horizontale PQ rencontre en R le cercle DI qui est la base de l'éperon : donc R′ est le premier point de l'ombre portée sur ce cylindre ; et le dernier V′ s'obtiendra en tirant un rayon lumineux dont la projection horizontale VU soit tangente à la base de l'éperon, puis en projetant le point U en U′, et traçant la projection verticale U′V′ sur laquelle on rapportera le point V en V′.

82. Cette courbe R′V′ est un arc d'ellipse, puisqu'elle provient de l'intersection du cylindre de l'éperon avec le plan d'ombre passant par la droite (PU, P′U′), lequel a pour trace sur la *fig.* 3 la droite A″G″; et les sommets de cette ellipse se trouveront placés sur les génératrices projetées aux extrémités D et I du quart de cercle; car, d'après la position des plans tangents le long de ces génératrices, on doit voir que les tangentes à la section se trouveront l'une *parallèle* et l'autre *perpendiculaire* à la trace horizontale du plan sécant. Alors, pour déterminer ces sommets, j'observe que sur la *fig.* 3 le plan d'ombre en question est projeté suivant la droite A″G″, et les deux génératrices indiquées ci-dessus suivant les verticales CL″ et *yx*; donc les points de rencontre α et 6 de ces droites, étant relevés autour de la ligne de terre AC et rapportés en α′ et 6′, feront connaître les sommets de l'ellipse totale α′R′V′6′.

83. Le rayon lumineux (UV, U′V′), qui est tangent au cylindre de l'éperon, poursuivra sa route et ira tomber sur le socle ou sur le mur du quai. Ici, la rencontre de ce rayon avec le plan vertical qui forme le parement de ce mur, a lieu au point (W, W′) qui se trouve placé au-dessus du socle ; c'est donc bien sur le mur de quai que tombe le rayon lumineux en question, et le reste (UB, U′B′) de l'arête culminante du berceau de l'arche produira évidemment une ombre rectiligne W′*b* égale à U′B′.

Ensuite, le rayon lumineux (B*b*, B′*b*′) remontera le long du profil du parapet, et produira une surface cylindrique discontinue qui coupera le parement vertical W*b* du mur de quai suivant un contour *b*′*b*″*c*′*c*″*e*′*c*″ identique avec le profil qui sert de directrice à ce cylindre, puisque ce profil est dans un plan parallèle au mur de quai. Seulement, il y aura une petite ombre rectiligne *c*″*e*′ qui provient de ce que le rayon lumineux, parvenu au point (γ, γ′) du cordon saillant, glisse pendant quelque temps sur l'arête horizontale projetée au point γ′, et produit ainsi un plan d'ombre qui se trouve perpendiculaire au plan vertical. Mais

5

bientôt ce rayon lumineux rencontrera l'arête verticale du parapet, laquelle produira l'ombre $e'e''$ terminée au rayon lumineux $B''e''$; et enfin ce dernier rayon ($B''e''$, Bb) glissera sur l'arête horizontale B'' du parapet, et produira encore un plan d'ombre perpendiculaire au plan vertical, lequel coupera le mur de quai et le cordon saillant suivant une ligne discontinue, mais projetée sur la droite $B''e''$.

Pl. 5,
Fig. 2.
84. Revenons maintenant à l'éperon DI, sur lequel doit tomber l'ombre portée par le cintre circulaire de l'arche qui est situé dans le plan vertical BD, et que nous avons rabattu ici, autour de la verticale D, suivant un cercle $D'\omega$, décrit avec un rayon égal à BD. Si nous prenons un point arbitraire δ'' sur ce cintre rabattu $D'\omega$, et que nous le ramenions par un arc de cercle horizontal dans sa véritable position (δ, δ'), nous pourrons tracer le rayon lumineux ($\delta\varepsilon$, $\delta'\varepsilon'$); alors, ce rayon allant percer le cylindre vertical DI au point (ε, ε'), ce sera là un point de la courbe d'ombre en question, laquelle est projetée ici sur $D'\varepsilon'R'\mu'$.

Cette courbe, qui est l'intersection de deux cylindres, doit évidemment passer par le point (R, R') déjà obtenu au n° **84**, puisque nous avons dit alors que le rayon lumineux (PQR, $P'Q'R'$) s'appuyait à la fois sur l'arête culminante de l'arche et sur le cintre situé dans le plan de tête BD; et comme ligne d'ombre, cette courbe devra se terminer à ce point. Mais, comme intersection des deux cylindres, on pourra prolonger son cours par la répétition d'opérations semblables à celles que nous avons faites pour δ''; et l'on devra surtout construire le point μ' où elle devient tangente au rayon lumineux sur le plan vertical, ce qui s'effectuera en partant de la tangente $V\lambda$ menée à la base de l'éperon, puis en ramenant le point λ en λ'', et ensuite en λ', point d'où devra partir le rayon $\lambda'\mu'$ qui contient le point cherché μ'.

85. En outre il existe, sur le cylindre DI de l'éperon, une ligne de séparation d'ombre et de lumière, qui est la droite (V, $V'V''$) suivant laquelle il est touché par un plan tangent mené parallèlement aux rayons lumineux; et comme ce plan tangent vertical VW va couper le mur de quai suivant la droite $W'W''$, c'est là l'ombre portée par l'éperon sur ce mur vertical.

Pl. 5,
Fig. 4.
86. Autre cas *pour les ombres de l'éperon* DI. Suivant la direction plus ou moins inclinée qu'on aura choisie pour les rayons de lumière parallèles entre eux, il peut se faire que celui de ces rayons qui passe par l'extrémité Q' de l'ombre portée sur le berceau de l'arche, n'aille pas rencontrer l'éperon; c'est ce qui arrive dans la *fig.* 4, où nous avons conservé les mêmes notations que dans l'épure primitive, en supprimant toutefois quelques parties inutiles, et où l'on voit que la projection horizontale PQ de ce rayon ne coupe pas le cercle DI.

Dans ce cas, le rayon (PQ, P'Q') va percer le mur vertical du quai au point (q, q'), et la droite q'b' est encore l'ombre portée par la fin de l'arête culminante du berceau; mais sur l'éperon, l'arc d'ellipse R'V' n'existe plus, et la courbe D'ε'μ' se prolonge jusqu'au point μ' où le rayon lumineux (λV, λ'μ') devient tangent au cylindre vertical DI. Par conséquent ce rayon poursuivra sa route jusqu'au point (W, W') où il rencontre le mur de quai, et ce mur recevra ici une nouvelle courbe d'ombre W'q' produite par la portion λ″Q″ du cintre de l'arche : cette courbe, qui sera un arc d'ellipse, se construira en prenant sur le cintre rabattu un point intermédiaire entre λ″ et Q″, et après avoir ramené ce point dans ses projections verticale et horizontale, on tracera le rayon lumineux qui y correspond, puis on cherchera son intersection avec le plan vertical Wb, ainsi que le montre notre épure auxiliaire. Enfin, il existera toujours sur l'éperon une ligne de séparation d'ombre et de lumière qui sera l'arête de contact (V, V″μ') de ce cylindre avec le plan tangent VW parallèle aux rayons lumineux; et ce plan tangent ira couper le mur de quai suivant la verticale WW', qui sera l'ombre portée sur ce mur par le cylindre de l'éperon.

87. Revenons à l'épure principale, et observons que le socle vm qui est ter- PL. 5,
miné par un cylindre vertical présentera aussi une ligne de séparation d'ombre FIG. 2.
et de lumière, laquelle sera l'arête de contact (v, v'v″) du plan tangent vu mené parallèlement aux rayons de lumière. Ce plan ira couper, suivant la droite (u, u'u″), la face verticale mu du socle qui règne au pied du mur de quai, et cette même face recevra aussi l'ombre u'm' portée par l'arc (vm, v'm'); cette dernière ombre u'm', qui est une portion d'ellipse, se construira aisément en tirant un rayon lumineux par chaque point de l'arc (vm, v'm'), ainsi que l'indique l'épure; et la courbe u'm' devra évidemment être tangente à la droite u'u″.

88. *Ombres sur l'éperon* CO. Le fût de cet éperon recevra l'ombre portée par le cercle inférieur (pmq, p'm'q') du bandeau cylindrique, et cette ombre, qui sera l'intersection de deux cylindres, se construira en menant par un point quelconque (q, q') de ce cercle, un rayon lumineux (qr, q'r'); la projection horizontale allant percer la base CO de l'éperon au point r, on en déduira le point r' de la courbe cherchée o'r't'; et le premier point o' de cette courbe s'obtiendra en traçant la projection horizontale om du rayon lumineux qui doit rencontrer la verticale o, d'où l'on conclura le point m' par lequel on mènera une parallèle à C'S'.

Ensuite, le reste mp de l'arc du bandeau portera son ombre sur le mur de quai, et y produira une portion d'ellipse p'o'h' dont il vaudra mieux construire un point plus éloigné, tel que h', en prolongeant le rayon lumineux $(qr, q'r')$ jusqu'à ce qu'il coupe en (h, h') le plan vertical xy.·

89. *Le cordon* saillant qui règne en dehors du parapet du quai projettera sur le mur de revêtement une ombre évidemment rectiligne et que l'on trouvera en tirant par un point quelconque (k, k') de l'arête inférieure du cordon, un rayon lumineux $(kx, k'x')$; cette droite allant percer le plan vertical xy au point x que l'on projettera en x', il restera à mener une horizontale par ce dernier point. Il suffira d'ailleurs de prolonger cette horizontale vers le côté droit de l'épure, pour obtenir l'ombre semblable portée sur cette partie du mur de quai.

90. Toutefois, s'il arrivait que le point x' fût placé plus haut que l'extrémité inférieure θ' de la *doucine* $\varphi'\theta'$, cela indiquerait que l'ombre du cordon tombe, non plus sur le mur de quai, mais sur cette moulure; et comme elle est formée par un cylindre dont les génératrices sont parallèles à la fois aux deux plans qui ont pour ligne de terre XY, l'emploi de ces deux plans ne suffit plus, et il faut recourir au plan vertical auxiliaire AC. Nous avons déjà projeté le rayon lumineux $(CS, C'S')$ sur ce plan auxiliaire (n° 75), en abaissant la perpendiculaire $(SA, S'a')$; mais alors nous avions rabattu cette projection sur le plan horizontal, et ici nous la rabattrons sur le plan vertical XY, en faisant tourner le plan de tête AC autour de la verticale C; dans ce mouvement, le pied (A, a') de la perpendiculaire ira évidemment se transporter en (a, S''), de sorte que $C'S''$ sera le rabattement actuel de la projection auxiliaire du rayon lumineux. D'ailleurs, le contour $\psi'\varphi'\theta'$, qui représente le profil du cordon relatif au parapet du pont, peut aussi être considéré comme le rabattement du profil que tracerait le plan vertical $AC y$ dans le cordon du parapet du quai, attendu que ces deux cordons sont formés par des cylindres identiques dont les génératrices se coupent à angles droits. Si donc, par le point φ', on tire une droite parallèle à $C'S''$, elle ira couper la courbe $\varphi'\theta'$ en un point duquel il faudra mener une horizontale pour avoir l'ombre portée par le cordon sur la doucine. Cette construction, que nous ne faisons qu'indiquer ici, sera bien facile à exécuter par le lecteur, quand son épure offrira des données qui admettront ce résultat.

91. Enfin, il faudra tracer les ombres portées par le parapet du pont sur le trottoir, et par celui-ci sur la chaussée; mais ces détails sont indiqués dans notre épure assez clairement pour qu'il devienne superflu d'ajouter de nouvelles explications.

Ombres d'un Piédouche.

92. Un piédouche se compose principalement de trois parties, terminées toutes par des surfaces de révolution qui ont un axe commun et vertical : 1° le *bandeau* cylindrique décrit par la révolution de la verticale G′G″; 2° la PL. 6, *scotie* dont la méridienne G′H′K′ est une courbe qui tourne sa concavité à FIG. 1. l'extérieur et qui se termine par deux tangentes horizontales; 3° la *base* cylindrique décrite par la révolution de la verticale K′K″. Le piédouche fait ordinairement partie des moulures qui entrent dans les bases des colonnes; d'autres fois, et c'est le cas que nous considérons ici, le piédouche est employé comme un support isolé pour soutenir un buste ou quelque autre objet portatif. Dans ce cas, il est souvent accompagné de diverses moulures, telles que celles qui sont marquées dans la *fig.* 2; on y voit au-dessus de la scotie, deux filets cylindriques séparés par un petit tore, en forme de cordon saillant; puis, au-dessous de la scotie, se trouvent un autre filet cylindrique, un quart de rond et enfin un dernier cylindre pour base. Mais afin de manifester plus clairement aux yeux du lecteur les circonstances délicates et importantes qu'offre la détermination géométrique des ombres du piédouche, nous réduirons ce corps aux trois parties essentielles qui sont indiquées dans la *fig.* 1.

93. Pour tracer la scotie, on peut employer deux *cavets* ou quarts de cercle FIG. 2. qui se raccordent; et si l'on observe que la distance GL doit être la somme des rayons, et KL leur différence, on verra aisément qu'en élevant la verticale KO′ égale à la demi-somme KD plus la demi-différence DO′, on obtiendra le rayon O′K de l'arc inférieur KH, et le rayon OG de l'arc supérieur GH.

94. Pour donner plus ou moins de profondeur à la scotie, on peut prendre le rayon *go* arbitraire, et décrire un arc indéfini *gh*; puis élever la perpendiculaire *kd* égale à *go*, tirer la droite *od*, et sur son milieu on élèvera la perpendiculaire *io′*, laquelle ira rencontrer la verticale *kd* au point *o′* qui sera le centre de l'arc inférieur *kh*. Car on doit voir que ces deux arcs se raccorderont au point *h* situé sur la ligne des centres *oo′*.

95. Il est vrai que dans les deux méthodes précédentes, la méridienne offre PL. 6, aux points H et *h* un changement subit de courbure; pour éviter cet inconvé- FIG. 3. nient, il vaudrait mieux tracer un demi-cercle sur la droite GK comme diamètre, ou même tracer une demi-ellipse qui aurait GK pour grand axe et un petit axe arbitraire; puis, on inclinerait toutes les ordonnées de cette première courbe de manière à les rendre parallèles à l'horizontale GI, ainsi qu'on le voit dans la *fig*, 3 ; et l'on obtiendrait ainsi pour méridienne une demi-ellipse continue, laquelle serait bien terminée par deux tangentes horizontales.

PL. 6,
FIG. 1. **96.** Revenons à la figure principale que nous supposons éclairée par des rayons lumineux tous parallèles à la direction (OS, O'S'), et cherchons d'abord la ligne de séparation d'ombre et de lumière sur la scotie. Cette courbe étant la ligne de contact de la surface de révolution avec un cylindre circonscrit qui serait parallèle à la droite (OS, O'S'), il suffira d'appliquer ici la méthode exposée au n° **384** de la *Géométrie descriptive*, et nous allons seulement la rappeler d'une manière succincte.

97. Soit P*p'* un parallèle quelconque de la surface de révolution, et C'*p'* la tangente du méridien qui correspond à ce parallèle : cette tangente décrira, en tournant avec la méridienne, un cône droit auquel il faudra mener deux plans tangents qui soient parallèles aux rayons lumineux. Pour cela, transportons ce cône parallèlement à lui-même jusqu'à ce que son sommet C' vienne au point O' par lequel nous avons déjà mené le rayon lumineux (OS, O'S') ; alors la génératrice de ce cône deviendra la droite O'T' parallèle à C'*p'*, et la trace horizontale sera le cercle du rayon OT. Si donc on décrit un demi-cercle sur OS comme diamètre, les points d'intersection de ces deux circonférences feront connaître les génératrices OI et O*i* suivant lesquelles le cône est touché par les plans tangents dont nous avons parlé. Ensuite, les points M et *m* où ces génératrices rencontreront le parallèle P*p* seront deux points de la courbe cherchée, et leurs projections verticales M' et *m'* s'en déduiront immédiatement.

On peut encore trouver deux autres points sans de nouvelles opérations, pourvu qu'on choisisse un parallèle Q'*q'* pour lequel la tangente de la méridienne au point Q' soit parallèle à C'*p'* ; car on a vu, en géométrie descriptive, qu'il suffisait de prolonger les rayons OI et O*i* jusqu'aux points *n* et N où ils vont rencontrer le cercle Q*q*, puis de projeter ces points en *n'* et N'.

98. On trouve directement les deux points (D, D') et (*d*, *d'*) situés sur le cercle de gorge, parce que les plans tangents parallèles au rayon de lumière étant ici verticaux, leurs points de contact seront donnés par le diamètre D*d* perpendiculaire à OS. Par une raison semblable, on obtiendra les points situés sur la méridienne principale en menant des tangentes à cette méridienne qui soient parallèles à la projection O'S'.

99. *Le point le plus haut* de la courbe doit être évidemment dans le plan vertical OS, et il s'obtiendrait en menant à cette méridienne une tangente parallèle au

rayon lumineux. Pour effectuer cette construction, on rabattra cette méridienne sur le plan vertical, et on cherchera le point a' où la tangente est parallèle au rayon rabattu $O'S''$; puis, après avoir projeté ce point a' en a, on
ramènera celui-ci par un arc de cercle en A, et enfin on projettera ce dernier
en A' sur l'horizontale menée par le point a'. On trouvera le point *le plus bas*
(F, F') par une construction semblable, et la courbe de séparation d'ombre et
de lumière sera enfin

$$(\text{ABDMEF}emdb\text{A}, \quad \text{A}'\text{B}'\text{D}'\text{M}'\text{E}'\text{F}'e'm'd'b'\text{A}').$$

100. Observons ici que cette ligne aura quatre points (B, B'), (b, b'),
(E, E'), (e, e'), où les rayons de lumière seront tangents non-seulement à la
scotie, mais encore à la courbe de séparation d'ombre, comme nous le démontrerons plus loin (n° **108**), en donnant une méthode graphique pour les déterminer. Mais pour ne pas faire ici une digression trop longue, nous admettrons provisoirement l'existence de ces points singuliers qui sont très-remarquables, surtout parce qu'ils produiront quatre points de rebroussement dans
la courbe d'ombre portée par la scotie sur le plan horizontal.

101. Pour trouver cette ombre portée $\alpha\delta\epsilon\varphi...$, il suffit de prolonger les
rayons lumineux qui passent par les divers points de la courbe de séparation
d'ombre, et de chercher les points où ces rayons vont percer le plan horizontal. Ainsi le point (A, A') fournira le point α de l'ombre portée; le point
(B, B') donnera le point de rebroussement δ; le point (D, D') le point δ;
(E, E') donnera le point de rebroussement ε, et ainsi de suite. Mais cette
ombre sera en partie recouverte par celle du bandeau et de la base, que nous
allons construire.

102. D'abord, les rayons lumineux qui glisseront sur le demi-cercle supérieur (Lgl, L''g'') produiront un cylindre oblique qui viendra couper le plan
horizontal suivant un demi-cercle V''X''v'' dont le centre ω s'obtiendra en menant un rayon de lumière par le centre (O, O''). Ensuite le rayon lumineux
glissera le long de la verticale L'L'' qui est évidemment la séparation d'ombre
sur le cylindre du bandeau, et il produira ainsi une ombre rectiligne V'V'' qui
sera tangente au cercle précédent. Parvenu au point (L, L'), le rayon lumineux glissera le long du demi-cercle inférieur (LGl, L'G'), et produira encore
un cylindre oblique qui coupera le plan horizontal suivant une demi-circonférence V'X'v' dont le centre sera le point (S. S').

On trouvera d'une manière semblable que l'ombre portée sur le plan horizontal par le cylindre K'$k'k''$K'' se compose de deux droites UW et $u w$, et

d'un demi-cercle WYw dont le centre est donné par le rayon de lumière qui partira du point (O, O″).

103. Toutefois, il faut observer que le demi-cercle V′X′v′ venant rencontrer la courbe $\delta\delta\imath$... au point γ, cela indique que le rayon de lumière qui aboutit à ce point, s'appuie à la fois sur le cercle inférieur du bandeau et sur la scotie qu'il touche en un point ρ′ que l'on déterminera en tirant le rayon lumineux γ′ρ′; de sorte qu'à partir de cette position, l'ombre du bandeau tombera sur la scotie et y tracera une courbe ρ′λ′π′ que l'on déterminera de la manière suivante :

On coupera la scotie par un plan horizontal quelconque Q′q′, ce qui donnera un cercle facile à tracer sur le plan horizontal, puisque l'on connaît son diamètre Qq; le même plan sécant coupera le cylindre oblique des rayons lumineux qui s'appuient sur le bandeau, suivant un cercle égal à celui du bandeau, et dont le centre sera à la rencontre de Q′q′ avec O′S′; alors ces deux circonférences fourniront par leurs intersections deux points de la courbe cherchée, lesquels devront être projetés sur Q′q′. Nous n'avons pas effectué ici cette construction, par la crainte de jeter de la confusion dans l'épure; mais nous nous sommes contenté de marquer le point π′ qui correspond à ρ′, et de construire le point le plus haut par la méthode suivante :

104. Ce point le plus haut est évidemment fourni par le rayon lumineux qui part du point (μ, μ′), et qui va rencontrer la méridienne située dans le plan vertical SOμ; par conséquent, si l'on rabat cette méridienne sur le plan vertical, et que par le point G′ on mène une parallèle G′λ″ à O′S″, le point λ″, où elle coupera la méridienne principale, devra être ramené par une horizontale sur la projection μ′λ′, et donnera ainsi le point le plus haut λ′ que l'on cherchait.

Il n'est pas besoin d'observer que si l'on voulait compléter, sous le rapport géométrique, la courbe en question qui est l'intersection d'une surface de révolution avec un cylindre oblique à base circulaire, on trouverait une ligne fermée dont tous les points se construiraient par la méthode du n° **103**, et dont le point le plus bas s'obtiendrait en agissant comme nous venons d'opérer pour le point le plus haut.

105. Le cercle WYw allant couper aussi la courbe $\delta\delta\imath$ au point ζ, il s'ensuit que le rayon lumineux qui aboutit à ce point ζ s'appuie en (Z, Z′) sur la base du piédouche, et touche en même temps la scotie au point (ψ, ψ′); par conséquent la portion (ψME, ψ′M′E′) de la séparation d'ombre et de lumière sur la scotie ira projeter son ombre sur cette surface même, suivant une courbe

(EZ, E′Z′) dont on pourra trouver un point intermédiaire par la construction suivante que nous ne ferons qu'indiquer au lecteur.

Par un point (M, M′) on conduira un plan vertical qui soit parallèle au rayon lumineux, et l'on construira la courbe suivant laquelle ce plan coupera la scotie, ce qui sera bien facile à effectuer, puisqu'il n'y aura qu'à projeter sur le plan vertical les points où la trace horizontale de ce plan sécant rencontrera les divers parallèles de cette surface de révolution. Cela posé, en menant par le point (M, M′) un rayon lumineux, sa projection verticale ira rencontrer la section dont nous venons de parler, en un point qui appartiendra à la courbe (EZ, E′Z′).

106. Cette ligne d'ombre portée par la scotie sur elle-même viendra se terminer précisément au point (E, E′), parce que nous démontrerons plus loin (n° **113**) qu'en ce point singulier, le rayon lumineux a un contact du *second ordre* avec la scotie, ce qui indique qu'alors trois points de section de la droite avec la surface se sont réunis en un seul; or cette circonstance est évidemment celle qui doit se présenter pour l'endroit où la ligne d'intersection (EZ, E′Z′) se réunira à la ligne de contact (DMF, D′M′F′). On trouvera semblablement une autre branche (ez, e′z′) qui sera encore l'ombre portée par la scotie sur elle-même.

107. Ce qui précède montre que l'arc (EFe, E′F′e′) de la séparation de lumière devient tout à fait inutile comme ligne d'ombre; et pour expliquer ce résultat singulier, il faut observer que les rayons lumineux qui glissent sur la scotie, depuis le point (B, B′) jusqu'en (E, E′), sont tangents extérieurement à cette surface; tandis que depuis le point (E, E′) jusqu'en (F, F′), les rayons lumineux seraient tangents à la paroi interne de la surface, et ne peuvent pas arriver effectivement jusqu'à ces points de contact, attendu qu'ils sont interceptés par le solide opaque du piédouche qu'ils ont déjà rencontré antérieurement. Afin de bien discerner cette différence de position, le lecteur pourra construire, par la méthode du n° **105**, plusieurs sections de la scotie faites par des plans verticaux parallèles aux rayons lumineux, lesquelles auront une forme analogue à celle que nous avons représentée dans la *fig.* 4; et il reconnaîtra qu'entre les points (B, B′) et (E, E′), le rayon de lumière prend la position SMμ, où il touche la section en M et va la couper ensuite en μ; tandis qu'entre les points (E, E′) et (F, F′), le rayon lumineux prend la position $S_2\mu_2M_2$, dans laquelle il coupe cette section au point μ_2, avant de la toucher au point M_2. Mais il y aura une position intermédiaire $S_2\varepsilon$ où le rayon lumineux se trouvera tangent à la section verticale précisément au point d'inflexion ε, ce

Fig. 1 et 4.

6

qui fera réunir en cet endroit la branche d'intersection (EZ, E'Z') avec la ligne de séparation de lumière, comme nous l'avons dit n° **106**; et nous aurons prouvé suffisamment que cette réunion doit avoir lieu au point (E, E'), lorsque nous aurons démontré (n° **113**) qu'en ce point le rayon lumineux a *un contact du second ordre* avec la scotie.

Semblablement on verra que les rayons lumineux qui touchent la scotie sur l'arc (BA*b*, B'A'*b'*) se trouvent tangents à la paroi supérieure, comme S,M,, mais ne peuvent arriver effectivement jusqu'au contact, tant que le plan du cercle G*g* existe comme un corps opaque qui arrête les rayons de lumière en R. Il n'est pas besoin d'avertir le lecteur que si nous avons altéré le parallélisme des rayons lumineux dans la *fig.* 4, c'était pour ne pas avoir à construire plusieurs sections de formes analogues, quoique non identiques.

108. Nous avons annoncé au n° **100** que la séparation d'ombre et de lumière sur la scotie présentait, en général, quatre points où les rayons lumineux étaient tangents non-seulement à cette surface, mais aussi à la courbe de séparation. Pour le démontrer, posons d'abord la question dans un ordre inverse : Pʟ. 6, étant donné un point (M, M') sur la méridienne·*g'h'k'*, trouver quelle doit être Fɪɢ. 5. la direction du rayon lumineux passant par ce point, pour qu'il soit tangent à la fois à la surface de révolution et à la courbe de séparation d'ombre et de lumière.

D'après les théorèmes relatifs à la courbure des surfaces (*G. D.*, livre VIII), on sait que, dans toute surface de révolution, les sections normales de courbure maximum et de courbure minimum sont : 1° la méridienne dont je construirai ici le rayon de courbure M'G = R relatif au point M'; 2° la section perpendiculaire à ce méridien et passant par la normale GM'H de la surface, laquelle section a précisément pour rayon de courbure la portion M'H = R' de cette normale. En outre, on sait (*G. D.*, n° **698**) que l'on obtiendra un hyperboloïde gauche Σ osculateur de la scotie tout autour de M', si l'on rend l'ellipse et l'hyperbole principales de Σ osculatrices des deux sections indiquées ci-dessus. Donc, si l'on désigne par 2*c* l'axe dirigé suivant la normale M'G, et par 2*a* et 2*b* les autres axes, il faudrait choisir leurs longueurs de manière que l'on eût

$$\frac{a^2}{c} = \mathrm{R} \quad \text{et} \quad \frac{b^2}{c} = \mathrm{R}'.$$

Mais puisque *c* reste arbitraire, prenons *c* = *a*, et alors l'ellipse de gorge deviendra le cercle osculateur EM'F décrit avec M'G = R, tandis que l'axe imaginaire sera $b = \sqrt{a.\mathrm{R}'} = $ M'D qui s'obtient par une moyenne proportionnelle entre M'G et M'H, avec le soin de se représenter cet axe égal à M'D comme élevé perpendiculairement au cercle de gorge par le centre G. Par là l'hyberboloïde Σ se trouve complétement déterminé, et il sera osculateur de la scotie tout autour du point (M, M').

109. Cela posé, lorsqu'un cylindre est circonscrit à une surface quelconque, on sait (*G. D.*, n° 758) que la tangente dans un point de la courbe de contact et la génératrice du cylindre qui passe par ce point, sont deux *tangentes conjuguées* qui jouissent de la propriété d'être respectivement parallèles à deux diamètres conjugués de la section faite, parallèlement au plan tangent, dans l'ellipsoïde ou l'hyperboloïde osculateur de la surface au point considéré. Ainsi, dans le problème qui nous occupe, le rayon lumineux tangent à la scotie en M', et la tangente à ce point de la courbe de séparation d'ombre et de lumière, seront pour chaque direction assignée aux rayons lumineux, respectivement parallèles à deux diamètres conjugués de la section hyperbolique faites dans l'hyperboloïde Σ par le plan EF perpendiculaire au cercle de gorge. Or, puisque nous cherchons une direction telle que le rayon lumineux et la tangente à la courbe de séparation viennent à coïncider, il faut évidemment choisir ce rayon lumineux *parallèle à l'une des asymptotes* de l'hyperbole projetée verticalement sur EF; car, dans une telle courbe, on sait que deux diamètres conjugués qui se rapprochent de plus en plus l'un de l'autre, finissent par coïncider à la fois avec l'asymptote qui était la diagonale commune à tous les parallélogrammes formés par les divers couples de diamètres conjugués (*).

110. Effectuons cette construction. Les demi-axes de l'hyperbole projetée sur EF étant égaux à GF et M'D, j'imagine dans le plan tangent en M' un triangle rectangle qui ait pour base M'K' = GF, et dont le second côté perpendiculaire au plan vertical en K' soit égal à M'D; alors l'hypoténuse serait bien parallèle à l'asymptote. Or la projection horizontale de ce triangle s'obtient en projetant le point K' en I et prenant IK = M'D; donc MK sera la projection horizontale, et M'K' la projection verticale d'un rayon lumineux qui remplira la double condition d'être tangent à la scotie et tangent à la séparation d'ombre, pour le point assigné (M, M').

(*) On voit par ce raisonnement que le point singulier que nous cherchons ici n'existera jamais dans une surface *convexe;* car pour une telle surface, la surface osculatrice Σ du second degré serait nécessairement un ellipsoïde, dans lequel toutes les sections sont des ellipses; et pour une courbe de ce genre, il n'arrive jamais que deux diamètres conjugués puissent coïncider l'un avec l'autre.

111. Observons ici que ce rayon lumineux (MK, M′K′) se trouve tout entier sur l'hyperboloïde osculateur Σ, puisqu'il coïncide évidemment avec une des génératrices de cette surface gauche ; et par conséquent ce rayon lumineux aura aussi avec la scotie *un contact du second ordre*, relation que nous aurons besoin d'invoquer plus loin.

Pl. 6,
Fig. 5.
112. A présent, reprenons la question dans le sens primitif : Étant donnée la direction (OS, O′S′) d'un système de rayons lumineux parallèles, trouver quel est le point de la surface de révolution où le rayon de lumière sera tangent à la fois à cette surface et à la courbe de séparation d'ombre.

Pour y parvenir, je prends sur la méridienne principale *ghk* divers points M′, P′, Q′,... et pour chacun d'eux je détermine, comme ci-dessus, les rayons lumineux (MK, M′K′), (PR, P′R′), (QT, Q′T′),... qui rempliraient la double condition énoncée plus haut ; puis je leur mène des parallèles par le point (O, O′), lesquelles forment un cône dont la trace horizontale est une courbe *rkt* facile à construire ; ensuite je fais tourner le rayon lumineux (OS, O′S′) assigné par la question, autour de la verticale (O, O′Z′), ce qui forme un second cône dont la trace horizontale est le cercle du rayon OS. Or, ce cercle allant couper en *v* la trace du premier cône, il en résulte que la droite (O*v*, O′*v*′) est une génératrice commune aux deux cônes ; et conséquemment si l'on trace la tangente N′V′ parallèle à O′*v*′, puis NV parallèle à O*v*, on sera certain que le rayon lumineux (NV, N′V′) jouira pour le point (N, N′) de la propriété énoncée plus haut, et qu'en outre il fera avec la verticale *le même angle* que le rayon primitif (OS, O′S′). Alors il n'y aura plus qu'à faire tourner ce rayon (NV, N′V′) autour de l'axe vertical O, jusqu'à ce qu'il devienne parallèle à (OS, O′S′) ; et le point de contact (N, N′) allant se transporter en un point (B, B′) tel que l'angle BO*i* = VNI, on sera sûr que le rayon lumineux (BW, B′W′) parallèle à (OS, O′S′) jouira de la double propriété d'être tangent à la scotie et tangent à la courbe de séparation d'ombre pour le point (B, B′).

En faisant usage de la seconde asymptote, que nous n'avons pas employée ci-dessus, on trouvera un second point (*b*, *b*′) qui jouira de la même propriété, mais qui peut se déduire immédiatement du premier, en tirant la corde B*b*, perpendiculaire au plan méridien OS ; puis, en appliquant des procédés semblables à la méridienne *ghk*, lorsqu'elle aura fait une demi-révolution, on trouvera deux autres points analogues, qui sont ceux que nous avons désignés par (E, E′) et (*e*, *e*′) sur la *fig.* 1.

113. Dans ces quatre points, le rayon lumineux se trouvera, par les raisons énoncées au n° **111**, avoir un contact du second ordre avec la surface de révolution, ce qui justifie ce que nous avons annoncé aux nᵒˢ **106** et **107**.

114. Les points singuliers (B, B′), (E, E′),… produiront nécessairement quatre points de rebroussement 6, ε,… dans la courbe αϐδ,… qui est la trace horizontale du cylindre lumineux circonscrit à la scotie. En effet, le *plan osculateur* de la courbe de séparation d'ombre, pour le point (B, B′), par exemple, est évidemment *tangent au cylindre* lumineux, puisqu'il contient deux tangentes consécutives de cette courbe, et que l'une d'elles est précisément la génératrice (Bϐ, B′ϐ′) du cylindre en question ; donc la trace horizontale ϐθ de ce plan osculateur devra être tangente à la courbe αϐδ,…. Mais, dans une courbe gauche, le plan osculateur traverse la courbe, en laissant d'un côté l'arc BA et de l'autre l'arc BD (*voyez G.D.*, nᵈ **653**) ; donc la trace ϐθ du plan osculateur devra passer entre les arcs αϐ et ϐδ, lesquels sont d'ailleurs d'un même côté du plan vertical Bϐ ; par conséquent, il y aura au point ϐ, non pas une inflexion, mais un rebroussement de première espèce.

115. Quant à la manière de trouver ce plan osculateur, j'observe qu'il doit coïncider avec le plan tangent de la scotie au point (B, B′), puisque ce plan osculateur est tangent, comme nous venons de le dire, au cylindre lumineux, lequel est circonscrit à la scotie. On construira donc, par la méthode connue, le plan tangent de cette surface de révolution pour le point (B, B′), et la trace horizontale de ce plan sera la tangente cherchée ϐθ.

Ombres d'un Chapiteau de colonne.

116. Le profil de ce chapiteau est tracé sur un plan vertical passant par l'axe de la colonne, et ce même plan reçoit la projection qu'on nomme *élévation* en architecture ; la projection horizontale, ou le *plan*, qui est censée vue de bas en haut, afin de diminuer le nombre des lignes ponctuées ou invisibles, ne représente ici que la moitié antérieure de l'objet ; mais l'on suppléera facilement à ce qui manque, et d'ailleurs voici l'énumération et la forme des diverses parties de ce chapiteau. On y rencontre d'abord :

Le *Filet* rectangulaire A′A″, qui se compose de quatre faces verticales appartenant à un parallélipipède projeté horizontalement sur un carré quadruple de XAYO.

Le *Talon* B′C′ terminé par quatre cylindres horizontaux, respectivement parallèles à AX et AY, et dont chacun a pour *section droite* une courbe identique avec B′C′ ; il en résulte nécessairement que ces cylindres se couperont

PL. 6,
FIG. I.

PL. 8.

deux à deux, suivant des courbes *planes* projetées sur des droites à 45°, telles que BC.

Le *Tailloir* ou *Larmier* D'D″ formé par quatre rectangles verticaux qui sont les faces d'un parallélipipède projeté horizontalement sur un carré quadruple de *x*Dγ̓O ; mais toutes les moulures qui vont suivre seront terminées par des surfaces de révolution, et se trouveront ainsi projetées sur des circonférences concentriques.

Le *Quart de rond* E′F′, qui est décrit par la révolution du quart de cercle E′F′ tournant autour de l'axe O′Z′.

Le *Filet* cylindrique décrit par la révolution de la droite F′F″ autour du même axe.

Le *Cavet,* qui a pour méridienne le quart de cercle F″G′ dont la convexité est tournée vers l'axe, ce qui forme une portion de là nappe intérieure d'un tore.

Le *Gorgerin,* qui est un cylindre de révolution décrit par la verticale H′H″.

Enfin, l'*Astragale,* qui raccorde le chapiteau proprement dit avec le fût de la colonne, et qui se compose d'un petit tore, d'un filet cylindrique et d'un cavet appelé *congé.*

Quant au fût de la colonne, il a ordinairement une forme conique, parce qu'il est d'usage de rendre le rayon supérieur de la colonne plus petit que le rayon inférieur d'un sixième ; de sorte que si le *module* ou rayon inférieur a été divisé en 24 parties égales, il faut en prendre 20 pour le rayon mesuré à la hauteur du congé, ainsi que l'indique notre épure ; mais dans la faible partie que nous considérons ici, nous regarderons le fût de la colonne comme cylindrique.

117. Tous ces objets sont supposés éclairés par des rayons de lumière parallèles à la direction (OS, O′S′) ; mais comme nous aurons besoin souvent de recourir au plan vertical auxiliaire OY, nous allons chercher la projection du rayon lumineux sur ce plan OY que nous rabattrons ensuite sur le plan vertical primitif OX. Pour cela, prenons sur le rayon donné un point quelconque (S, S′), et abaissons la perpendiculaire (SY, S′*z*′) ; puis observons que le pied Y de cette perpendiculaire ira se rabattre en X, point qui doit être projeté en S″ sur l'horizontale S′*z*′ ; donc O′S″ sera le rabattement de la projection auxiliaire que nous voulions obtenir.

Pl. 7, **118.** *Ombres du talon.* Pour étudier plus clairement cette partie, nous l'a-
Fig. 1. vons tracée sur une grande échelle dans la *Pl. VII,* où la *fig.* 1 indique comment on compose le profil de ce talon, au moyen de deux arcs de cercle qui se raccordent en un point I de la droite BC. Nous ferons seulement observer

qu'il est d'usage de prendre ce point I un peu au-dessous du milieu de BC; et qu'après avoir élevé la perpendiculaire KO sur le milieu de BI, il suffira de tirer la droite OIO′, pour obtenir les centres O et O′ des deux cercles demandés.

119. Dans la *fig.* 2, nous avons rapporté la projection verticale primitive Pl. 7, Fig. 2. O′S′ du rayon lumineux, ainsi que le rabattement O′S″ de la projection auxiliaire faite sur le plan vertical OY de la *Pl. VIII*. Si donc nous menons la droite AE″ parallèle à O′S″, ce sera le rabattement de la trace *auxiliaire* d'un plan parallèle au rayon lumineux et passant par l'arête inférieure A*a* du filet rectangulaire ; or, comme ce plan ne peut couper le cylindre du talon que suivant une de ses génératrices, et comme d'ailleurs le profil de ce talon par le plan auxiliaire OY viendrait aussi se rabattre suivant la courbe BGC, il s'ensuit que le point E″ est celui par lequel il faut mener l'horizontale E″F pour obtenir l'ombre portée par le filet sur le talon. Cependant, comme le rayon lumineux qui part du point A a pour projection verticale la droite AE′ parallèle à O′S′, il en résulte que l'ombre précédente doit s'arrêter au point E′. Mais le contour de la partie obscure sera complété par la portion de droite E′*e*, laquelle provient des rayons lumineux qui glissent sur l'arête latérale du filet, projetée verticalement au point A; car ces rayons produisent un plan perpendiculaire au plan vertical, et ce plan d'ombre coupe le talon suivant une courbe qui se projette sur sa trace AE′. Il arrive donc ici qu'une partie de la face latérale du filet projette son ombre sur la face antérieure du talon, parce que dans la *Pl. VIII*, le rayon lumineux OS fait un angle plus petit avec OX qu'avec OY; mais si le contraire avait lieu, l'ombre E′*e* n'existerait plus sur la face antérieure du talon, tandis qu'une circonstance analogue se reproduirait sur la face latérale qui n'est pas visible ici.

120. La séparation d'ombre et de lumière GI sur le talon serait fournie par un plan tangent mené à ce cylindre parallèlement au rayon lumineux; or, ce cylindre et ce plan tangent seront coupés par le plan auxiliaire OY de la *Pl. VIII*, suivant une courbe et une tangente qui, après le rabattement, coïncideront évidemment avec le profil BGC et la tangente GT″ menée parallèlement à O′S″; c'est donc en traçant cette dernière tangente que l'on obtiendra le point G par lequel on doit tirer la droite GI.

D'ailleurs, cette tangente allant rencontrer la même courbe BC au point T″, il en résulte que le plan tangent le long de GI va couper le cylindre suivant la génératrice T″L qui sera ainsi l'ombre portée par le talon sur lui-même; toutefois, cette ombre devra se terminer au point T′, parce que le rayon lumineux

parti du dernier point G de la génératrice GI, a pour véritable projection la
droite GT′ parallèle à O′S′.

121. A partir de la position GT′, les rayons lumineux glisseront sur la courbe
saillante projetée sur BGC, laquelle est produite par l'intersection de la face
latérale avec la face antérieure du talon, et ils iront aboutir sur cette dernière
face suivant une courbe T′R′P′ qui se construira comme il suit. Par un point
quelconque M on concevra un rayon lumineux dont la projection verticale
sera MR′ parallèle à O′S′, tandis que sa projection sur le plan auxiliaire OY se
rabattra suivant MR″ parallèle à O′S″; puis, comme le cylindre du talon se projette sur ce plan auxiliaire OY suivant une courbe qui coïncide en rabattement
avec BGC, il en résulte que le point de section R″ fera connaître la génératrice
R″R′ sur laquelle doit aboutir le rayon lumineux considéré; et conséquemment
R′ sera le point d'ombre cherché. On agira de même jusqu'au point H où le
rayon de lumière a une projection verticale HP′ qui se trouve tangente à la
courbe BGC, et va tomber sur le talon au point P′ déterminé par la projection
auxiliaire HP″.

122. Mais le rayon lumineux arrivé dans la position HP′, se trouvera évidemment contenu dans le plan qui *touche* le cylindre latéral du talon suivant
la génératrice projetée au point H; dès lors, ce rayon lumineux va glisser le
long de cette génératrice, et produira un plan d'ombre qui, étant perpendiculaire au plan vertical, coupera le talon suivant une courbe projetée sur la
droite P′V. Cette dernière ligne provient donc de ce que la génératrice H, qui
est la séparation de lumière sur la face latérale du talon, projette une partie
de son ombre sur la face antérieure, et cela tient à la cause déjà signalée au
n° **119**; quant au reste de l'ombre portée par cette génératrice H, elle tom-
berait sur la face latérale, suivant la droite projetée en V; mais nous n'avons
pas ici à nous occuper de cette face latérale.

123. Par des considérations toutes semblables à celles du n° **119**, on verra
que l'ombre portée par l'arête inférieure C*m* du talon sur le larmier, s'étend
jusqu'à l'horizontale N″Q déterminée par le rayon auxiliaire rabattu CN″; mais
que cette ombre est limitée à gauche par le rayon primitif CN′.

PL. 8.   **124.** *Ombres portées par le larmier.* Les rayons lumineux qui vont raser l'a-
rête inférieure (D𝘺, D″𝘺′), forment un plan dont il s'agit de trouver les intersections avec le quart de rond et les moulures qui sont au-dessous. Or ce plan
d'ombre est évidemment perpendiculaire au plan vertical auxiliaire OY, sur
lequel l'arête du larmier est projetée en un seul point (𝘺, 𝘺′); si donc nous
faisons faire au système un quart de révolution autour de l'axe de la colonne,

le point (y, y') se rabattra évidemment en (x, D''), et le plan d'ombre viendra se projeter, sur le plan vertical OX, suivant la droite $D''s''$ parallèle à O'S''. Dans cette position, le plan $D''s''$ coupe un parallèle K'O'' pris à volonté sur le quart de rond, suivant une corde qui se projette verticalement au point L', et horizontalement suivant plq; de sorte que les points p et q sont ceux où la circonférence de ce parallèle est rencontrée par le plan d'ombre rabattu. Or, en ramenant le système dans sa première position, la corde plq ne changera pas de distance à l'axe et deviendra PLQ; par conséquent les points P et Q que l'on projettera en P' et Q' sur le parallèle K'O'', seront deux points de la courbe d'ombre P'R'Q'N' portée sur le quart de rond. La même méthode appliquée à d'autres parallèles fournira autant de points qu'on le désirera; mais remarquons bien à quoi se réduit la règle pratique. Pour chaque parallèle, on projettera le point de rencontre L' en l, on tracera l'ordonnée lp du cercle, et l'on portera immédiatement cette ordonnée depuis O'' jusqu'en P' et de O'' jusqu'en Q', ce qui est très-simple.

125. Le point le plus haut de cette courbe, c'est-à-dire celui où la tangente est horizontale, se trouvera nécessairement situé dans le plan vertical OY; et par une suite de la méthode générale, il s'obtiendra en rapportant en R' le point R où la méridienne principale est coupée par le plan d'ombre rabattu $D''s''$. Si l'on achevait entièrement cette méridienne circulaire E'F', elle serait coupée une seconde fois par la trace $D''s''$, ce qui fournirait semblablement un second point projeté sur O'Z' et où la tangente serait aussi horizontale; mais nous n'avons pas tracé ici les arcs de la section qui aboutiraient à ce nouveau sommet, parce qu'ils seraient situés sur la nappe intérieure du tore dont le quart de rond ne fait pas partie.

126. Le même plan d'ombre qui passe par l'arête inférieure du larmier $(Dy, D'y')$, coupe le filet cylindrique F'F'' suivant une portion d'ellipse N'θ' qui se construit par la méthode employée au n° **124**, et plus simplement encore, puisque dans ce cylindre tous les parallèles sont égaux au cercle du rayon OF. D'ailleurs le sommet de cette ellipse qui serait projeté sur O'Z', se trouverait en prolongeant la verticale F'F'' jusqu'à sa rencontre avec la trace $D''s''$.

127. Le même plan d'ombre coupe encore le cavet suivant une courbe θ'π', et le gorgerin suivant une ellipse λ's', lesquelles se construisent aussi par la méthode du n° **124**; et cette ellipse devra se terminer au point (s, s') où le gorgerin est rencontré par le dernier rayon lumineux $(Ds, D''s')$ qui s'appuie sur l'arête du larmier.

128. *Séparation d'ombre sur le quart de rond.* Cette courbe étant la ligne de PL. 8.

contact de la surface de révolution décrite par E′F′ avec un cylindre circon-‐
scrit et parallèle aux rayons lumineux, elle se construira par la méthode générale qui est exposée au n° **384** de la *Géométrie descriptive*, et que nous allons
rappeler succinctement. Après avoir choisi un parallèle arbitraire K′O″, et avoir
tracé à la méridienne la tangente K′T′ qui décrirait un cône circonscrit le long
du parallèle K′O″, il faudrait mener à ce cône un plan tangent qui fût parallèle au rayon lumineux : pour cela, je transporte ce cône parallèlement à
lui-même, jusqu'à ce que son sommet arrive au point (O, O′), et alors sa
génératrice devient la droite O′t′ parallèle à K′T′, tandis que sa base, considérée dans le plan horizontal S′z′, est le cercle décrit avec le rayon Ot. Cela
posé, comme il faut mener à ce cercle une tangente partant du point (S, S′),
je décris une demi-circonférence sur OS comme diamètre, et le point m où
elle coupe le cercle Ot étant le point de tangence, j'en conclus que l'arête de
contact du plan tangent est projetée sur le rayon Om ; puis, en prolongeant ce
rayon jusqu'à ce qu'il coupe le parallèle OK en un point M que je projetterai
en M′ sur K′O″, j'obtiendrai un point (M, M′) de la ligne cherchée. Si l'on
complétait le tore dont le quart de rond fait partie, on aurait une courbe fermée telle que

$$(\alpha 6 M \gamma \ldots, \quad \alpha' 6' M' \gamma' \alpha'' 6'' \gamma'').$$

La même méthode appliquée à d'autres parallèles fournira autant de points
qu'on le désirera ; mais il en est plusieurs qui s'obtiennent par une construction
directe et facile.

129. Le point (γ, γ′) situé sur l'équateur, se trouve en menant le diamètre Oγ perpendiculaire à OS, et projetant γ en γ′ ; car en ce point, le plan
tangent qui sera vertical se trouvera bien parallèle au rayon lumineux, et c'est
là le caractère distinctif de tous les points de la courbe de séparation d'ombre
et de lumière.

De même, en menant à la méridienne E′F′ une tangente parallèle à la projection verticale O′S′, le point de contact α′, que l'on projettera en α, sera
un point de la courbe cherchée ; car en ce point, le plan tangent du quart de
rond qui est perpendiculaire au plan vertical se trouvera bien parallèle aux
rayons lumineux.

130. Le point le plus bas (6, 6′) de la séparation de lumière, c'est-à-dire
celui où la tangente est horizontale, sera nécessairement situé dans le plan
vertical OS, attendu que la construction du n° **128** ferait trouver, pour chaque
parallèle, deux points placés sur une corde que ce plan diviserait en deux.

parties égales et à angle droit ; il suffira donc de mener à la méridienne contenue dans le plan vertical OS une tangente parallèle au rayon lumineux. Pour cela, rabattons cette méridienne sur le plan vertical OX ; observons qu'en même temps un point (σ, σ') du rayon lumineux se transporte en σ'', de sorte que $O'\sigma''$ est le rabattement de cette droite : alors il faudra conduire à la méridienne E′F′ une tangente parallèle à $O'\sigma''$, et le point de contact étant ramené dans le plan méridien OS, fournira le point $(\varepsilon, \varepsilon')$ que l'on cherchait.

131. On doit remarquer que cette courbe $\alpha'\varepsilon'M'\gamma'$ rencontrera la courbe P′R′Q′N′ en deux points dans lesquels le rayon lumineux sera tangent à cette dernière. En effet, pour le point n', la tangente doit être l'intersection du plan de la courbe P′R′Q′, qui est parallèle aux rayons lumineux, avec le plan tangent du quart de rond qui est aussi parallèle aux mêmes rayons, pour tout point de la courbe $\alpha'\varepsilon'M'$; donc l'intersection de ces deux plans sera bien parallèle à la même direction.

En outre, ce rayon lumineux $n'n''$ devra rencontrer la courbe N′θ′ en un point qui appartiendra à l'ombre portée par le quart de rond sur le filet ; donc ce point n'' devra se trouver sur la courbe $\varphi'\varepsilon'n''$... dont nous parlerons plus loin.

132. Avant de continuer la recherche des autres lignes d'ombre, il est utile d'exposer une autre méthode qui serait moins exacte pour le tracé des courbes P′R′Q′N′, N′θ′, θ′π′, λ′s′, α′ε′M′, déjà trouvées et que nous recommandons au lecteur de construire par les moyens précédents ; mais cette méthode nouvelle deviendra plus expéditive et suffisamment exacte pour les lignes d'ombre qui nous restent à trouver, attendu que ces courbes seront très-aplaties dans le sens vertical.

133. *Méthode des sections.* Si nous menons un plan vertical *dh* qui soit pa- PL. 8. rallèle au rayon de lumière, il coupera le larmier suivant la verticale $d'd''$ et le quart de rond suivant une courbe $e'k'f'$, qui se construit en projetant sur le plan vertical les points e, k, f, où la trace *dh* rencontre les divers parallèles de cette surface de révolution. Le même plan coupera le filet suivant la verticale $f'f''$, et le cavet suivant une courbe $f''g'$ qui se construira comme ci-dessus pour le quart de rond. Enfin, ce plan sécant coupera le gorgerin suivant la verticale $h'h''$, et les diverses moulures de l'astragale suivant des lignes analogues.

134. Cela posé, voici le parti que l'on tirera d'une pareille section. En menant par le point d'' une droite $d''r'$ parallèle à $O'S'$, elle ira rencontrer la courbe $e'k'f'$ en un point r' qui appartiendra évidemment à l'ombre portée par le larmier sur le quart de rond, et devra ainsi faire partie de la courbe P′R′Q′ déjà trouvée.

Si l'on mène à la courbe $e'k'f'$ une tangente parallèle au rayon lumineux, et que l'on marque approximativement le point de contact a', ce point fera partie de la séparation de lumière $\alpha'6'M'$ sur le quart de rond ; puis, en prolongeant cette tangente $a'b'$ jusqu'à ce qu'elle rencontre la verticale $f'f''$, le point de section b' appartiendra à l'ombre portée par le quart de rond sur le filet, c'est-à-dire à la courbe $\varphi'\epsilon'b'$ dont nous parlerons plus tard.

De même, en tirant le rayon lumineux $f''c'$, il ira couper la courbe $f''g'$ en un point c' qui fera partie de la ligne d'ombre $\varphi''\mu'c'$ portée par le filet cylindrique sur le cavet ; et enfin le rayon lumineux $g'h''$ ira couper la verticale $h'h''$ en un point h'' qui appartiendra à l'ombre portée par le cavet sur le gorgerin. Maintenant, revenons à la description des diverses lignes d'ombre, que nous avions interrompue.

135. *Ombre du quart de rond sur le filet.* Cette courbe $\varphi'\epsilon'n''$ s'obtiendrait généralement en menant des rayons de lumière par les divers points de la ligne $\alpha'6'M'\gamma'$, et en cherchant les points où les projections horizontales de ces rayons rencontreraient le cercle décrit avec OF ; mais nous avons déjà trouvé les points n'' et b' de cette courbe (n^{os} **131** et **134**), et il suffira bien d'y ajouter les deux points ϵ' et φ' dont nous allons indiquer la construction. Le premier, qui est le point le plus haut, se trouvera en menant le rayon lumineux qui part du point le plus bas $(6, 6')$ de la séparation de lumière sur le quart de rond ; or, comme il va rencontrer en ϵ le cercle OF, il n'y aura qu'à projeter ce point ϵ sur $6'\epsilon'$. Pour avoir le point φ', il faut tirer $F\delta$ parallèle à OS, projeter le point δ sur la courbe $\alpha'6'M'$, et tirer par ce dernier point δ' une parallèle $\delta'\varphi^{\backprime}$ à O'S', laquelle ira couper la verticale $F'F''$ au point demandé φ'.

Cette courbe $\varphi'\epsilon'n''$... devra s'arrêter au point ν' où elle coupera le cercle inférieur du filet ; mais comme on ne peut pas trouver directement ce point, on continuera les constructions précédentes comme si le cylindre du filet s'étendait indéfiniment au-dessous de l'horizontale F'', et la courbe $\varphi'\epsilon'n''$... ainsi prolongée, ira couper le cercle inférieur du filet au point ν' où elle doit se terminer comme ligne d'ombre.

136. *Ombre du filet sur le cavet.* Cette courbe $\varphi''\mu'c'$... étant l'intersection d'une surface de révolution décrite par le cercle $F'G'$, avec le cylindre oblique formé par les rayons lumineux qui glissent sur le cercle inférieur du filet $F'F''$, s'obtiendra généralement en coupant ces deux surfaces par des plans horizontaux ; car les sections ainsi produites dans le cavet seront des cercles de rayons variables dont les centres se trouveront sur la verticale $(O, O'Z')$, tandis que, dans le cylindre oblique, ces sections seront des cercles d'un rayon constant et dont les centres se trouveront placés sur une parallèle au rayon lumineux menée par le centre de la base inférieure du filet. Il serait donc facile de trouver en projection horizontale les points de rencontre de ces cercles comparés deux à deux, puis de rapporter ces points sur le plan vertical; mais attendu que cette courbe d'ombre s'abaisse très-lentement, il vaudra mieux employer la méthode des sections verticales pour trouver deux ou trois points de cette courbe, ainsi que nous l'avons fait au n° **134** pour le point c'. D'ailleurs, le point le plus haut μ' de cette ligne d'ombre s'obtiendra par une construction directe et fort simple, laquelle consiste à mener par le point F'' une parallèle au rayon rabattu $O'\sigma''$, ainsi que nous l'avons expliqué et exécuté (n° **104**) pour le piédouche. Enfin, cette courbe devra se prolonger jusqu'à ce qu'elle rencontre le cercle inférieur du cavet en un certain point.

137. Toutefois, il faudra examiner si cette ligne d'ombre $\varphi''\mu'c'$... n'est pas recouverte en partie par l'ombre que projette le quart de rond, laquelle venait déjà aboutir au point v' sur la base du filet. Pour cela, on mènera le rayon lumineux $v'v''$; et si, comme il arrive dans notre épure, cette droite va rencontrer la courbe $\varphi''\mu'c'$... en un point v'', ce sera une preuve qu'à partir de ce dernier point le cavet reçoit une nouvelle ligne d'ombre $v''w''$ qui provient du quart de rond. D'ailleurs, cette nouvelle courbe $v''w''$ se construira en faisant des sections verticales par divers points w',... pris sur la séparation de lumière du quart de rond.

138. *Ombre du cavet sur le gorgerin.* Cette courbe $\eta'\lambda'h''$... est l'intersection PL. 8. du cylindre droit $H'H''$ avec le cylindre oblique formé par les rayons lumineux qui glissent le long du cercle inférieur du cavet; ainsi, on la déterminera aisément en tirant par divers points du cercle OG des rayons lumineux, lesquels iront rencontrer le cercle OH en des points qui appartiendront à la courbe cherchée. Le point le plus haut sera d'ailleurs dans le plan vertical OS; et le premier point η' de cette ombre sera fourni par le rayon lumineux projeté sur HI.

139. Cette ligne d'ombre $\eta'\lambda'h''$... se trouve aussi recouverte en partie par l'ombre que projette le quart de rond, laquelle venait déjà aboutir sur le cavet au point w''; car le rayon lumineux mené par ce dernier point vient rencontrer en w''' la courbe $\eta'\lambda'h''$...; de sorte qu'il y aura une nouvelle courbe $w'''V''$ produite par l'ombre que projette le quart de rond sur le gorgerin. Le dernier point V'' s'obtiendra en menant le plan vertical VU tangent au gorgerin et parallèle au rayon lumineux; et par le point (U, U') où il rencontrera la séparation de lumière, on tirera le rayon lumineux U'V'' qui coupera la verticale V au point cherché V″. Pour obtenir un point intermédiaire, on mènera un rayon lumineux par un point quelconque choisi entre w' et U′, et la projection horizontale de ce rayon ira couper le cercle OH au point demandé.

140. Le rayon lumineux (UV, U′V′) qui est tangent au gorgerin, poursuit sa route et va tomber ici sur la face plane de l'astragale qu'il rencontre au point (ω', ω); il y aura donc une ombre portée par le quart de rond sur l'astragale. Or, si par un point voisin (u, u') on mène un rayon ($u\psi$, $u'\psi'$), puis si l'on construit la section faite dans le tore de l'astragale par le plan vertical $u\psi$ conduit suivant ce rayon, le point ψ' où cette section sera rencontrée par la projection verticale $u'\psi'$ sera un point de la courbe ($\omega'\psi'$, $\omega\psi$) suivant laquelle le quart de rond projette son ombre sur l'astragale.

141. Quand bien même le rayon lumineux (UV, U′V′) n'aurait pas rencontré le tore de l'astragale, il aurait toujours existé sur cette surface une ombre portée par le gorgerin, et cette ombre se serait réduite à la section que tracerait, dans ce petit tore, le plan vertical UV· qui est tangent au gorgerin suivant la séparation de lumière V′V″.

142. Nous n'ajouterons pas d'explications pour ce qui regarde le tore, le filet cylindrique et le congé qui composent l'astragale; car ces moulures sont tout à fait identiques avec celles que nous avons déjà rencontrées. Nous dirons seulement qu'il existe sur ce tore une séparation de lumière qui se construit comme celle du quart de rond; le filet reçoit une ombre portée par ce tore, et qui ne s'étend pas ici sur le congé ni sur le fût de la colonne; ensuite le filet projette sur le cavet une ombre qui se construira comme au n° **136**, et cette ombre se prolonge jusque sur le fût de la colonne, où elle se construit par la méthode du n° **138**. Enfin, le dernier point V″ de cette courbe est donné par le rayon lumineux (Vx, V″x') situé dans le plan vertical VU qui touche le fût de la colonne suivant la verticale VV″, et cette dernière droite forme la séparation de lumière sur cette surface que nous avons considérée comme cylindrique.

Ombres d'une Base de colonne.

Pl. 7,
Fig. 3. **143.** Cette base se compose de diverses moulures terminées toutes par des surfaces de révolution, et qui sont entièrement analogues à celles que nous avons rencontrées dans le chapiteau; ainsi il suffira d'indiquer succinctement la nature des diverses lignes d'ombre, et de renvoyer le lecteur à ce qui précède pour la manière de construire ces lignes. Sur le fût de la colonne, que nous

supposerons encore cylindrique dans la faible portion qui est employée ici, il existe d'abord une séparation de lumière, qui est la verticale (A, A'A''), suivant laquelle le cylindre est touché par le plan tangent AB parallèle au rayon lumineux; et cette droite A'A'' projette sur le *congé* C'F' une ombre A''α'B' qui n'est autre chose que la section faite dans cette surface de révolution par le plan vertical AB. On construira donc cette courbe en rapportant sur l'élévation les points B, a,... où la trace AB coupe les divers parallèles FB, Ia,... de la surface du congé.

144. Sur le *premier filet* cylindrique, il existe aussi une séparation de lumière qui est la droite E'E'', laquelle projette sur le tore inférieur une ombre (E''e', Ee) qui se construira comme ci-dessus, puisqu'elle est l'intersection de cette surface de révolution avec le plan vertical Ee tangent au cylindre du filet. Comme continuation de cette courbe, il s'en présente une autre (eh, e'h') qui provient de l'ombre portée sur le même tore par une portion E'H' du cercle supérieur du filet; cette dernière ligne d'ombre est donc l'intersection du tore avec un cylindre oblique à base circulaire, et elle pourrait se construire en coupant ces deux surfaces par divers plans horizontaux qui produiraient chacun deux cercles dont on chercherait les points communs. Mais il sera plus commode ici d'employer la *méthode des sections* exposée aux nᵒˢ 133 et 134; et l'on devra prolonger cette courbe E''e'h' jusqu'à ce qu'elle vienne rencontrer la séparation de lumière α'6'γ'∂' qui se construira aussi par la méthode des sections, ou plus exactement par les procédés employés déjà aux nᵒˢ 128 et suivants. Sur le plan horizontal, nous n'avons tracé que la portion hγ de cette séparation de lumière, parce que le reste est invisible en plan.

145. Sur le *second filet* cylindrique, il existe une ligne R'K'L' qui est l'ombre portée par le tore précédent, et dont on trouvera divers points par la méthode des sections, ou par les moyens indiqués (nᵒ 135) pour un cas tout à fait identique. Le point le plus haut (K, K') sera donné par le rayon lumineux qui part de (6, 6'); et l'on devra prolonger cette courbe jusqu'à ce qu'elle coupe le cercle inférieur du filet en un certain point L'., à partir duquel l'ombre projetée par le tore ira tomber sur la *scotie* F''G'φ'.

146. Cette dernière surface reçoit d'abord l'ombre U'V'l' portée par le cercle inférieur du filet précédent, ombre qui étant l'intersection d'un cylindre oblique à base circulaire avec la surface de révolution de la scotie, pourrait se construire en coupant ces deux surfaces par des plans horizontaux qui donneraient des cercles faciles à déterminer; mais comme la courbe U'V'l' s'abaisse très-lentement, il vaudra mieux employer la méthode des sections verticales du

PL. 7, FIG. 3.

n° **135**; et le point le plus haut V′ sera donné par le rayon lumineux parti du point (K, K″). Cette ligne U′V′*l*′ devra s'arrêter au point *l*′ où elle rencontrera le rayon lumineux L′*l*′ déjà trouvé, lequel touche le tore en λ′ et rase en même temps le filet au point L′; car dès lors la scotie recevra l'ombre *l*′W′M′ portée par la séparation de lumière λ′ω′γ′. Cette nouvelle ombre se construira au moyen de sections verticales faites parallèlement à OS, comme nous l'avons indiqué ici pour le rayon lumineux ω′W′, et elle se prolongera jusqu'à ce qu'elle aboutisse en un certain point M′ sur le cercle inférieur de la scotie. La projection horizontale MW*l* de cette ligne d'ombre n'est visible que dans la faible portion située en dehors du cercle O*t* qui forme le contour apparent du premier tore.

147. Le *troisième filet* cylindrique présente d'abord une séparation de lumière qui est la droite (P, P′P″); et cette droite jointe à la partie (PM, P′M′) du cercle supérieur, projette sur le second tore une ombre (P*pm*, P″*p*′*m*′) tout à fait analogue à celle que nous avons rencontrée sur le tore précédent. Mais ici la courbe P″*p*′*m*′ venant rencontrer le rayon lumineux γ′M′*m*′ déjà reconnu comme tangent au premier tore en γ′, avant d'avoir atteint la séparation de lumière ρ′ψ′ε′Q′, il en résulte que l'ombre P″*p*′*m*′ portée par le filet sera suivie d'une nouvelle courbe (*m*′*n*′, *mn*) provenant des rayons lumineux qui touchent le premier tore le long de l'arc γ′N′ et vont tomber sur le tore inférieur. Cette ombre (*m*′*n*′, *mn*) se construira aussi au moyen de sections verticales faites dans les deux tores, parallèlement à OS, et elle devra s'arrêter au point (*n*, *n*′) où elle coupera la séparation de lumière ρ′ψ′ε′Q′. Quant à cette dernière courbe, on la déterminera comme nous l'avons indiqué ci-dessus pour le premier tore; mais nous n'avons tracé sur le plan horizontal que la partie visible ε Q*n*.

148. Enfin, la *plinthe* qui présente la forme d'un parallélipipède à base carrée, recevra sur sa face supérieure l'ombre (π*q*, π′*q*′) portée par la courbe (ε Q*n*, ε′Q′*n*′), et elle projettera sur le plan horizontal des ombres rectilignes faciles à déterminer.

Ombres d'une Vis à filet triangulaire.

PL. 9.   **149.** Cette vis se compose d'un noyau cylindrique, projeté sur le cercle O*a*, et qui est revêtu d'un filet saillant engendré par le triangle isocèle *a*′A′*a*″ assujetti à se mouvoir de la manière suivante: son sommet (A, A′) parcourt une hélice (ABCD..., A′B′C′D″A″D″...) dont le pas A′A″ égale la base *a*′*a*″

du triangle générateur, tandis que ses côtés prolongés A'O' et A'O" vont toujours rencontrer l'axe vertical O avec lequel ils font des angles égaux et constants. Il résulte de là que les faces supérieure et inférieure du filet sont des portions de deux hélicoïdes gauches qui se coupent suivant une autre hélice intérieure (*nbd...*, *a"b'd'a"*...), ainsi que nous l'avons expliqué dans le chapitre V du livre VII de notre *Géométrie descriptive*; en supposant que tous ces détails sont présents à la mémoire du lecteur, nous nous bornerons à rappeler ici que le contour de la projection verticale du filet est formé par deux courbes qui ont pour asymptotes les génératrices O'A', O"A', et qui se raccordent avec un très-petit arc de l'hélice extérieure; mais on peut, sans aucune erreur appréciable dans la pratique, tracer ces portions de courbes comme des droites que l'on rend tangentes à la fois aux deux hélices A'B'D"... et *a"b'd"*.... La tête de la vis est formée par un prisme droit, projeté suivant un octogone sur le plan horizontal qui peut être considéré comme la face supérieure de l'écrou dans lequel s'engage la vis en question.

150. Les rayons de lumière sont supposés parallèles à la direction (SO, S'E"), et ceux de ces rayons qui raseront l'hélice extérieure, formeront un cylindre dont nous avons construit la trace horizontale

$$D\lambda\alpha K\gamma\delta\lambda\alpha_2\,\epsilon\varphi\gamma\delta_2\ldots$$

en cherchant les points où plusieurs de ces rayons, comme (Aα, A'α'), (Dδ, D"δ'),..., vont rencontrer le plan horizontal. Cette courbe fournirait le contour des ombres portées par la vis sur le plan horizontal, si l'on avait dessein de trouver ces ombres; mais en outre, elle va nous servir à d'autres usages.

151. La courbe (C'M'K'I'L', CMKIL) est l'ombre portée par l'hélice extérieure sur la face supérieure du filet, et par conséquent cette courbe est l'intersection du cylindre lumineux dont nous avons parlé au numéro précédent, avec la surface gauche engendrée par la droite A'*a"*O'. Pour trouver un point quelconque (M, M') de cette courbe, je construis d'abord une génératrice de cette surface gauche en menant le rayon arbitraire OB, projetant le point B en B' sur l'hélice extérieure, puis en portant sur l'axe, et à partir du niveau de B', une distance 3O" égale à la hauteur constante *o*O', et tirant enfin la droite O"B'. Maintenant, par cette génératrice je conduis un plan parallèle aux rayons lumineux, en tirant la droite (O"ω', Oω); et la trace $\omega\beta$ de ce plan allant rencontrer la trace du cylindre au point φ, j'en conclus qu'il coupe ce cylindre suivant le rayon lumineux (φF, φ'F"), lequel s'appuiera ainsi sur l'hélice extérieure

8

au point (F, F″), et ira rencontrer la génératrice (BO, B′O″) au point (M, M′) qui sera un point de la ligne d'ombre en question.

152. Le point (K, K′) de cette courbe, situé dans le plan vertical SO, s'obtiendra directement par la rencontre du rayon lumineux et de la génératrice qui sont contenus l'un et l'autre dans ce plan, et dont les projections verticales E″K′ et E′e′ se trouvent immédiatement en projetant le point E en E′ et E″, et le point e en e′.

Le point extrême (C, C′) sera donné par le rayon lumineux qui aboutit au point γ où se coupent les deux branches de la trace horizontale du cylindre considéré au n° **150**; car ce point commun γ répond à une génératrice (γCG, γ′C′G′) qui s'appuie nécessairement à la fois sur les deux spires A′D″ et A″D‴. De même, le point λ où se coupent encore les branches de la trace du même cylindre, indique un rayon lumineux (HLλ, H′L′λ′) qui s'appuie aussi sur deux spires consécutives de l'hélice extérieure, et qui fournit ainsi l'autre extrémité (L, L′) de la ligne d'ombre en question.

PL. 9. **153.** Ces résultats devront être reproduits identiquement sur les divers filets de la vis, en transportant sur les mêmes verticales les points déjà obtenus, tels que C′, M′, K′,...; toutefois, sur les filets voisins de la tête de la vis, apparaîtront de nouvelles lignes d'ombre qui pourront recouvrir les premières en totalité ou en partie. Ainsi, sur le filet A″a″, il y aura une ombre (np, n′p′) portée par l'arête horizontale (PN, P′N′), et qui sera l'intersection du plan d'ombre passant par cette droite avec la surface gauche du filet. Pour construire cette courbe, on tracera, comme au n° **151**, une génératrice de la surface gauche, et par cette droite on conduira un plan parallèle au rayon lumineux; il sera bien facile de trouver le point de rencontre de ce plan avec l'horizontale (PN, P′N′), et en menant par ce point un rayon lumineux, il ira rencontrer la génératrice considérée en un point qui appartiendra à la courbe (pn, p′n′). On trouvera semblablement l'ombre (pq, p′v′q′) qui est portée par la droite (PQ, P′Q′), et aussi l'ombre (qw, q′w′) portée par la droite (QR, Q′R′). Les limites de ces diverses courbes ne peuvent s'obtenir qu'en prolongeant chacune d'elles indéfiniment, jusqu'à ce qu'elle coupe la courbe voisine; mais l'on saura trouver directement le point (w, w′), en cherchant la rencontre du plan conduit par la droite (QR, Q′R′) parallèlement au rayon lumineux, avec la trace du cylindre DλαKγ...; pour effectuer cette recherche, il sera bon d'employer un plan horizontal plus rapproché de la tête de la vis, tel que celui qui serait mené par le point a″.

154. Ce dernier rayon lumineux (Rw, R′w′) qui ne fait que raser l'hélice extérieure, continuera sa route pour venir tomber sur le filet situé au-dessous, et il le rencontrera nécessairement au point (r, r') où il coupera la courbe déjà tracée (I″M″C″, IMC); le reste (RT, R′T′) de l'arête horizontale donnera lieu à un plan d'ombre qui coupera la surface gauche suivant une courbe (rt, $r't'$), laquelle se construira comme au nº **153**. Enfin, l'arête horizontale (TU, T′U′) produira une ligne d'ombre (tu, $t'u'$) qui se construira d'une manière semblable. Il n'est pas besoin de faire remarquer au lecteur que ces deux dernières courbes descendant plus bas que la ligne I″M″C″, elles feront disparaître une portion de cette dernière ligne d'ombre.

155. Nous n'avons rencontré ici que des ombres portées, et point de séparation d'ombre et de lumière proprement dite, formée par des rayons lumineux *tangents à la surface gauche* du filet, parce que la direction (SE, S′E′) faisait avec l'axe de la vis un angle trop petit pour que cette dernière circonstance pût avoir lieu (*voyez* nº **177**); mais comme ce cas présenterait des recherches délicates et assez difficiles, nous croyons utile de reprendre le problème des ombres de la vis, avec une direction des rayons de lumière qui donne lieu à l'existence de ces lignes de contact.

Autre cas des ombres d'une Vis triangulaire.

156. Sans rappeler tous les détails donnés aux nᵒˢ **149** et **150**, nous dirons PL. 10. seulement que le parallélipipède à base carrée qui forme la tête de la vis, a été placé ici en-dessous, afin de laisser voir un plus grand nombre des lignes importantes; la face supérieure de ce parallélipipède a été prise pour le plan horizontal de notre épure, et nous y avons construit la trace

$$AR\gamma\lambda\delta\mu\pi\alpha\rho\gamma_2\delta_2\mu_2\alpha_2 \ldots$$

du cylindre formé par les rayons de lumière qui s'appuieraient sur l'hélice extérieure (ABD..., A′B′D′A″D″...). Ensuite, pour obtenir la séparation de lumière (MN, M′N′) sur la face supérieure du filet qui est engendrée par le mouvement de la droite (AO, A′*a*′O′), il s'agit de trouver les points de cette surface gauche pour lesquels les plans tangents seront parallèles au rayon lumineux (SO, S′O″); et je vais chercher, par exemple, le point (x, x') de cette courbe qui serait situé sur une génératrice quelconque projetée suivant OB. La projection verticale B′O″ de cette génératrice s'obtiendra en projetant le point B en B′, et en prenant la hauteur $h''O''$ égale à la distance constante $h'O'$; puis si je mène la tangente BT égale à l'arc BA rectifié, et que je joigne le point T

8.

avec la trace (G, G′) de la génératrice, on sait (*G. D.*, n° **621**) que la droite GT sera la trace horizontale du plan tangent à l'hélicoïde gauche pour le point (B, B′).

157. Maintenant, par cette génératrice (OB, O″B′) conduisons un plan parallèle aux rayons lumineux, lequel aura évidemment pour trace ωG; ce plan devra être, comme on sait, tangent à l'hélicoïde dans un certain point inconnu *x*; mais pour trouver ce point, il suffira (*G. D.*, n° **627**) de prolonger ωGE jusqu'à ce qu'elle rencontre en E la tangente BT, puis de tracer E*e* parallèle à OB, et par le point *e* où elle rencontre la ligne TO, on mènera *ex* parallèle à BE. Par ce moyen très-simple, on obtiendra donc un point *x* de la projection horizontale cherchée M*x*N; et en projetant *x* en *x*′ sur B′O″, on aura un point de la projection verticale M′*x*′N′; d'ailleurs, comme ce procédé peut s'appliquer à toute autre génératrice, il suffit à lui seul pour construire autant de points qu'on le voudra de la séparation de lumière. Mais, attendu que cette portion de courbe est extrêmement aplatie, il serait très-avantageux de savoir déterminer directement les extrémités M et N situées sur les hélices extérieure et intérieure, parce que ces deux seuls points suffiraient ordinairement, dans la pratique, pour tracer d'une manière assez exacte la partie utile de cette ligne de contact; aussi nous allons nous occuper de la recherche de ces points extrêmes M et N.

PL. 10.   **158.** Observons d'abord que, pour tous les points de l'hélice (ABD, A′B′D′), les divers plans tangents de l'hélicoïde sont tous également inclinés sur l'axe de la vis; car la génératrice de cette surface et la tangente de l'hélice font entre elles et avec la verticale menée par le point de contact, trois angles qui restent évidemment constants pour les divers points de l'hélice considérée. D'où il suit que ces divers plans tangents sont tous parallèles à ceux qui toucheraient le cône de révolution dont le sommet serait en (O, O″), et qui aurait pour base le cercle décrit avec la perpendiculaire OH abaissée sur la trace GHT du premier plan tangent que nous avons construit pour le point (B, B′). En outre, on doit voir que l'angle GOH compris entre la projection OB de la génératrice que contient ce plan et la projection OH de sa ligne de plus grande pente, restera aussi invariable, tant que le point de contact (B, B′) du plan tangent ne sortira pas de la même hélice (ABD, A′B′D′).

159. Cela posé, comme la détermination du point M revient à trouver un plan qui soit parallèle au rayon lumineux, et qui touche l'hélicoïde sur l'hélice (ABD, A′B′D′), menons au cône défini ci-dessus et qui a pour base le cercle du rayon OH, un plan tangent parallèle au rayon lumineux; il devra passer par la droite ($O''\omega'$, $O\omega$), et sa trace sera la tangente ωF (*), tandis que sa ligne de plus grande pente se trouvera projetée suivant OF. Or, quoique ce plan ωFO soit simplement *parallèle au plan tangent de l'hélicoïde* qui répond au point limite M que nous cherchons, cela ne change rien à la projection horizontale de la ligne de plus grande pente, qui sera encore OF pour le plan tangent cherché; puis, afin de retrouver la génératrice inconnue que doit renfermer ce dernier plan, je rappelle que l'angle GOH demeure constant pour tous les points de l'hélice (ABD, A'B'D'); et dès lors en prenant l'arc KM égal à IB, le point M que l'on projettera en M', jouira certainement de la propriété que le plan tangent de l'hélicoïde en cet endroit se trouvera parallèle au rayon lumineux. Ce sera donc là une des extrémités de la séparation de lumière sur la face supérieure du filet; et l'autre extrémité (N, N') s'obtiendra en opérant d'une manière semblable sur le plan tangent qui touche l'hélicoïde au point b de l'hélice intérieure (*dab*, *d'a'd''*).

160. Par le rayon lumineux ($O\omega$, $O''\omega'$) on pouvait conduire un second plan tangent au cône de révolution qui a pour base le cercle du rayon OH, et la ligne de plus grande pente de ce nouveau plan tangent eût été projetée sur Of; par conséquent si, à partir de cette droite, on forme un angle égal à GOH, ou bien si l'on prend l'arc *km* égal à IB, on obtiendra l'extrémité *m* d'une autre ligne de séparation de lumière (*mn*, *m''n''*) située encore sur la face supérieure du filet de la vis. D'ailleurs, comme toutes les spires de ce filet sont identiques et que les rayons lumineux sont toujours parallèles à une même direction, il n'y aura qu'à transporter sur les mêmes verticales les points déjà trouvés, pour obtenir les séparations de lumière analogues M''N'', M'''N''', *m''n''*,... qui existent sur les autres spires.

161. Jusqu'à présent nous n'avons considéré que la face supérieure des filets, laquelle est décrite par la droite A'O'; mais la face inférieure de ces mêmes filets qui est engendrée par le mouvement de la droite A''O'', est aussi un hélicoïde gauche évidemment identique, quant à la forme, avec la seconde nappe du premier hélicoïde, laquelle serait engendrée par le prolongement $O'A_2$ de la génératrice O'A'. Toutefois, ees deux nappes décrites par A''O'' et $O'A_2$ n'ap-

---

(*) Nous n'avons point marqué ici cette tangente ωF, pour éviter de la confusion, et parce que son point de contact F s'obtient directement par la rencontre du cercle décrit sur $O\omega$ comme diamètre; ce qui suffit pour tracer la droite OF sur laquelle se projette l'arête de contact du cône avec ce plan tangent, arête qui est évidemment la ligne de plus grande pente de ce plan.

partiendront pas à un seul et même hélicoïde, si ce n'est dans le cas très-particulier où la droite A″O″, après 1 ou 3 ou 5,... demi-révolutions, viendrait coïncider avec O′A₂; mais du moins les deux hélicoïdes décrits par ces droites ne différeront que par leur hauteur au-dessus du plan horizontal, et ils se confondraient l'un avec l'autre dans toutes leurs nappes, si l'on faisait descendre l'un d'entre eux de la quantité constante A₂D″ ou A₂D″, en laissant d'ailleurs chaque point de la surface mobile sur la même verticale où ce point se trouvait d'abord. De là on doit conclure que les lignes de séparation d'ombre et de lumière sur ces deux hélicoïdes, auront les mêmes projections horizontales PQ et pq; et que pour trouver celles-ci, nous pourrons continuer d'opérer sur le premier hélicoïde décrit par la droite indéfinie A′O′A₂, mais en considérant actuellement la nappe supérieure de cette surface.

Pl. 10. **162.** Tout ce que nous avons dit au n° **158** sur les plans tangents de la nappe inférieure de l'hélicoïde, pour des points de contact tels que (B, B′) toujours situés sur l'hélice (ABD, A′B′D′), s'applique également aux plans tangents de la nappe supérieure, pourvu que l'on choisisse encore leurs points de contact sur la même hélice, comme le point projeté en B₂ et qui appartient au prolongement de la génératrice (BO, B′O″). Ainsi ces nouveaux plans tangents seront encore parallèles à ceux qui touchent le cône de révolution qui a son sommet en (O, O″) et pour base le cercle du rayon OH; et l'angle analogue à GOH sera aussi constant pour chacun d'eux, et égal à ce qu'il était pour le point (B, B′); seulement, pour le plan tangent relatif au point B₂, la ligne de plus grande pente au lieu d'être, comme OH, en deçà de OBG, se trouverait au delà, ainsi qu'on doit l'apercevoir aisément d'après la position qu'aurait le pied de la tangente à l'hélice pour le point B₂. Par conséquent, après avoir mené au cône OH les deux plans tangents qui ont été conduits par le rayon lumineux (Oω, O″ω′), et avoir déterminé leurs lignes de plus grande pente OF et Of, il faudrait porter l'arc BI en sens contraire de KM et de km, puis prolonger les rayons au delà du centre O pour obtenir les points limites P et p; mais cela se réduit évidemment à prendre l'arc K₂p égal à KM, et l'arc k₂P égal à km; ou enfin, à tracer les branches PQ et pq comme symétriques de MN et mn par rapport au diamètre OC qui est perpendiculaire sur OS.

163. Cela fait, on projettera les points P et p en P′ et p', P″ et p'',... sur l'hélice extérieure; puis, sur l'hélice intérieure, les points Q et q devront être projetés en Q′ et q', Q″ et q'',.... Avec ces points limites, un praticien habile pourra déjà tracer d'une manière exacte les courbes P′Q′, $p'q'$, P″Q″,... qui n'ont qu'une faible courbure dans la portion utile; au surplus, nous allons donner une méthode complète pour trouver ces courbes *dans toute leur étendue* sur la surface gauche indéfiniment prolongée.

164. Pour atteindre ce but, on pourrait d'abord prescrire de considérer successivement les diverses hélices situées sur l'hélicoïde, et qui ont des rayons plus petits et plus grands que OB; puis, de leur appliquer les procédés des n°⁵ 159 et 162, ce qui ferait connaître tous les points de la surface où le plan tangent est parallèle aux rayons lumineux. Mais cette marche serait assez laborieuse, et il sera bien plus simple de trouver ces points en les cherchant sur chaque génératrice de l'hélicoïde, par la méthode du n° 157 qui apprend à trouver quel est le point de contact (x, x') d'un plan mené par une génératrice quelconque (OB, O″B′), parallèlement aux rayons de lumière.

Il faudra donc construire (n° 156) diverses positions de la droite mobile indéfinie (AO, A′O′A₂); par chacune de ces positions on conduira un plan parallèle au rayon lumineux, et l'on déterminera (n° 157) le point de cette génératrice où ce plan est tangent à la surface, point qui pourra se trouver tantôt sur la nappe inférieure, tantôt sur la nappe supérieure; et la suite de tous ces points fournira les deux courbes indéfinies

$$(\text{MNOQP; M′N′z′Q}_2\text{P}_2), \quad (mnOqp, m″n″z″ \ldots),$$

comme lignes de séparation d'ombre et de lumière sur les deux nappes de la première spire de l'hélicoïde engendré par le mouvement de la droite (AO, A′O′A₂). Les spires suivantes décrites par la 2ᵉ, la 3ᵉ,... révolution de cette droite, offriront des séparations d'ombre identiques, lesquelles seront encore projetées horizontalement sur MNOQP et $mnOqp$; mais les projections verticales de ces séparations de lumière, dont nous n'avons marqué ici que les portions utiles pour les filets de la vis, savoir, M″N″, $m″n″$, M″N″,..., se trouveront plus élevées que M′N′z′ et $m″n″z″$, de 1, 2, 3,... fois le pas A′A″ de l'hélice.

165. Les points (O, z'), (O, z''),... où ces courbes vont couper l'axe de la vis, seront donnés par la rencontre de cet axe vertical avec les génératrices qui seront situées dans le plan méridien SO; car, dans ces points de rencontre, le plan tangent de l'hélicoïde qui devra passer par la génératrice et par l'axe, se trouvera bien parallèle aux rayons lumineux, puisqu'il coïncidera avec le plan vertical SO lui-même. Ainsi le premier z' de ces points s'obtiendra en construisant la première génératrice qui est projetée suivant Os; l'autre z'' en construisant celle qui est projetée suivant OS, et ainsi de suite, de manière que tous ces points $z', z'', z''',$... seront distants les uns des autres d'une quantité égale à la moitié du pas A′A″ de l'hélice directrice.

166. Toutefois, il faut observer que la branche supérieure $z'Q_2P_2$ n'appartient pas précisément aux faces inférieures des filets de notre vis, et qu'il faudrait abaisser tous ses points d'une quantité constante A_2D'' ou A_2D' pour retrouver les courbes $P''Q''$ et $P'Q'$ qui sont les vraies séparations de lumière sur ces faces du filet. Cela tient à la distinction que nous avons établie au n° **161** entre les deux hélicoïdes de même forme que décrivent les droites $O'A_2$ et $A''O''$.

PL. 10. **167.** *Des ombres portées.* Les rayons lumineux qui touchent la face inférieure du filet le long de la courbe de contact $(PQ, P'Q')$, iront tomber sur la face supérieure du filet situé au-dessous, et y traceront une ombre portée $(QY, Q'Y')$ qui se terminera au point (Y, Y') où elle coupera l'autre séparation de lumière $(MN, M'N')$; car le rayon lumineux, parvenu dans la position $(VY, V'Y')$, se trouve tangent à la fois aux deux faces du filet, et va tomber sur le plan horizontal qu'il rencontre au point (φ, φ'). Pour construire la courbe $(QY, Q'Y')$, on construira d'abord les traces horizontales $\rho\varphi\psi$ et $\lambda\varphi$ des deux cylindres formés par les rayons lumineux qui glissent sur les courbes $(PQ, P'Q')$ et $(MN, M'N')$, traces qui ont les points ρ et λ communs avec la trace $AR\gamma\delta a\delta_2$... du cylindre dont nous avons parlé au n° **156.** Cela posé, le point φ où se couperont les deux traces $\rho\varphi\psi$ et $\lambda\varphi$ fournira évidemment le rayon lumineux $(\varphi YV, \varphi'Y'V')$ qui est tangent à la fois aux deux faces du filet, et qui fait connaître le point (Y, Y') où doit aboutir l'ombre portée que nous cherchons. Ensuite, après avoir construit une génératrice de l'hélicoïde $A'a'$ qui parte d'un point intermédiaire en Q' et N', on mènera par cette droite un plan parallèle aux rayons lumineux, et on cherchera le point où sa trace horizontale rencontre la courbe $\rho\varphi\psi$; alors le rayon lumineux mené par ce point de rencontre ira couper la génératrice considérée en un point qui appartiendra à la courbe $(QY, Q'Y')$. Nous nous contentons ici d'indiquer ces opérations très-simples; et le résultat $Q'Y'$ devra être transporté identiquement sur les autres spires en $Q''Y''$, $Q'''Y'''$,....

Semblablement, de l'autre côté de la vis, il existera une ombre $(q\gamma, q''\gamma'')$ portée sur le filet par la courbe $(pq, p''q'')$, et cette ombre se déterminera comme ci-dessus au moyen des traces $\pi_2\eta_2$ et $\mu\eta_2$ des cylindres formés par les rayons lumineux qui glissent sur les deux courbes $(pq, p''q'')$ et $(mn, m''n'')$; puis il faudra transporter aussi la ligne d'ombre $q''\gamma''$ identiquement sur les autres spires du filet, suivant $q'\gamma'$, $q''\gamma''$,...; mais les extrémités supérieure et inférieure de la vis, où les filets se trouvent tronqués, exigeront quelques modifications dont nous allons parler.

168. Dans la partie supérieure, la vis est terminée par le plan horizontal $A''''d''''$, au-dessus duquel nous avons laissé subsister une petite portion du noyau cylindrique, afin de faciliter l'engagement de la vis dans son écrou. Or, ce plan horizontal $A''''d''''$ a dû couper les faces inférieure et supérieure du filet suivant deux courbes ALd et Ald qui sont deux spirales d'Archimède ($G. D.$, n° **620**), et que nous avons construites de la manière suivante : après avoir mené des rayons qui divisaient la demi-circonférence APD en huit parties égales, nous avons diminué ces rayons successivement de $\frac{1}{8}, \frac{2}{8}, \frac{3}{8}, \dots$ de l'intervalle Aa, et par tous les points ainsi déterminés nous avons fait passer la courbe ALd; pour l'autre spirale Ald, on a opéré semblablement.

169. Cela posé, sur la nappe $A''''a'''d''''$ la séparation de lumière est réduite à la portion de courbe ($Q''L''$, QL), et par suite l'ombre portée $Q''Y''$ est réduite à la portion ($Q''Z'$, QZ) dont le dernier point est fourni par le rayon lumineux ($L''Z'$, LZ); car, à partir de cette dernière position, les rayons lumineux vont glisser le long de la spirale (LU, $L''U'$), et ils iront percer le filet qui est au-dessous suivant une courbe nouvelle ($Z'W'$, ZW) qui devra se terminer au point (W, W') où elle coupera la séparation de lumière ($M''N''$, MN) déjà tracée.

Pour construire cette ombre ($Z'W'$, ZW), il faudra d'abord chercher la trace horizontale du cylindre lumineux qui aurait pour directrice la spirale (Ld, $L''d''''$); ensuite, par une génératrice quelconque de la surface gauche du filet, on conduira un plan parallèle au rayon de lumière, et par le point où la trace de ce plan rencontrera la trace du cylindre précédent, on tirera un rayon lumineux qui ira couper la génératrice considérée en un point de la courbe que l'on cherche.

170. De l'autre côté de la vis, le dernier filet présentera une séparation de lumière qui sera réduite ici à la portion (ml, $m''''l''$); et il n'y aura pas ici d'ombre portée sur ce filet. Mais le noyau cylindrique qui fait saillie, projettera sur le plan des deux spirales une ombre qui se composera évidemment de deux droites tangentes au cercle du rayon Oa, et d'une demi-circonférence égale à ce même cercle; seulement une faible partie de cette demi-circonférence subsistera ici, attendu que le plan horizontal $A''''d''''$ n'est pas prolongé au delà des deux spirales.

171. Dans la partie inférieure de la vis, le plan horizontal $A'd'$ coupe aussi le filet suivant les deux spirales ALd et Ald, et les séparations de lumière sur le premier tour du filet sont réduites aux portions (PL, $P''L'$) et (nl, $n'l'$). Encore,

9

cette dernière courbe se trouve réduite à la partie (ly, $l'y'$), à cause de l'ombre
(qy, $q'y'$) portée par la courbe (pq, $p'q'$).

Pl. 10.   **172.** *Ombres portées sur le plan horizontal.* Comme la construction de ces
ombres se réduit à trouver les traces horizontales de divers cylindres parallèles
aux rayons lumineux et dont les directrices sont des courbes connues par leurs
deux projections, nous nous contenterons d'énumérer ces ombres, en indiquant
les courbes d'où elles proviennent.

D'abord la courbe (ly, $l'y'$) projettera sur le plan horizontal une ombre $l\eta$
terminée au rayon lumineux ($vy\eta$, $v'y'\eta'$); puis, à partir de cette position, ce
rayon glissera sur la courbe (vp, $v'p'$) et produira l'ombre $\eta\pi$ dont le dernier
point π se trouvera évidemment sur la courbe

$$AR\gamma\lambda\delta\mu\pi a\rho\gamma_2\delta_2 a_2\ldots,$$

qui est la trace du cylindre lumineux ayant pour directrice l'hélice extérieure
de la vis, trace que nous avons recommandé (n° **156**) de construire d'abord.

173. Parvenu dans la position ($p\pi$, $p'\pi'$), le rayon lumineux va glisser sur
l'arc d'hélice (pm, $p'm''$) et produira l'ombre $\pi\mu$; puis, à partir de cette situation ($m\mu$, $m''\mu'$), il montera le long de la courbe (mn, $m''n''$) et produira
l'ombre $\mu\eta_2$ terminée au rayon lumineux ($vy\eta_2$, $v'y''\eta''$); car dans cette dernière
position, il aura atteint la courbe (pq, $p''q''$) sur laquelle il glissera depuis le
point (v, v'') jusqu'en (p, p''), ce qui donnera lieu à la courbe d'ombre $\eta_2\pi_2$.
Après cela, le rayon lumineux glissera sur l'arc d'hélice (pn, $p''m''$), ce
qui produira l'ombre $\pi_2\mu_2$; et ainsi de suite pour les autres spires.

174. Dans la partie antérieure de la vis, on trouvera des circonstances
analogues, mais un peu moins distinctes, à cause de la petitesse de certains
arcs; c'est pourquoi nous avons commencé l'explication par l'autre partie.
Ainsi, la séparation de lumière (PL, P''L') produira l'ombre LR; ensuite le
rayon lumineux glissera sur l'arc d'hélice (PM, P''M') et produira l'ombre R$\gamma\lambda$;
puis, en glissant sur l'arc (MY, M'Y'), il donnera lieu à l'ombre $\lambda\varphi$ terminée
au rayon lumineux (VYφ, V'Y'φ'). Mais dans cette dernière position, ce rayon
aura atteint la courbe (PQ, P'Q') sur laquelle il glissera suivant le petit arc
(VP, V'P'), et produira l'ombre $\varphi\rho$; puis, à partir de la position (Pρ, P'ρ'), il
glissera sur l'arc d'hélice (PM, P'M''), en produisant l'ombre $\rho\gamma_2\lambda_2$; et ensuite
on retrouvera successivement des courbes identiques avec les précédentes.

Pl. 10.   **175. Discussion.** Dans l'épure actuelle, la séparation d'ombre et de lumière sur l'hélicoïde gauche est composée de deux branches séparées

$$(\mathrm{MNOQP, M'N'z'Q_2P_2}) \quad \text{et} \quad (mnOqp, m''n''z''...),$$

dont chacune se prolonge indéfiniment sur les deux nappes de cet hélicoïde; et il en sera ainsi toutes les fois que l'angle ω formé par le rayon lumineux $(\mathrm{SO}\omega, \mathrm{S'O''}\omega')$ avec l'horizon, sera *plus petit* que l'angle α formé par la génératrice $(\mathrm{AO, A'O'})$ avec le même plan. Mais si l'angle ω était *plus grand* que α, les deux branches ONM et Onm iraient en se rapprochant de la droite Oω, et finiraient par se réunir en un point situé à une petite distance au delà de cette droite; il en serait de même des deux autres branches supérieures OQP et Oqp, de sorte que la séparation d'ombre et de lumière deviendrait alors une *courbe fermée*. Pour justifier ces assertions, rappelons d'abord quelques principes qui sont évidents par eux-mêmes ou par les détails précédents :

1°. La pente d'un plan quelconque, c'est-à-dire l'angle qu'il fait avec l'horizon, est toujours plus grande que la pente de toute droite contenue dans ce plan; et cette dernière devient *au plus* égale à l'autre, quand la droite considérée est perpendiculaire à la trace horizontale du plan en question.

2°. Lorsque le point de contact d'un plan tangent à l'hélicoïde gauche se meut sur une même génératrice de cette surface, en s'éloignant de l'axe vertical, la pente du plan tangent diminue depuis 90° jusqu'à ce qu'elle devienne égale à la pente α de cette génératrice, limite qu'elle n'atteindrait que si le point de contact était à l'infini. Cela deviendra évident si l'on se rappelle la manière dont nous avons construit (n° **156**) le plan tangent pour le point quelconque $(\mathrm{B, B'})$ de la génératrice $(\mathrm{OBG, O''B'G'})$; car il en résulte que l'angle BGT est nécessairement aigu.

3°. Au contraire, lorsque le point de contact du plan tangent se meut en restant sur la même hélice, la pente de ce plan (n° **158**) demeure constante.

176. Cela posé, lorsque l'angle ω sera plus grand que α, il y aura sur l'hélicoïde une certaine hélice (facile à déterminer et que j'appelle H) pour tous les points de laquelle les plans tangents auront une pente égale à ω [*]. Or si,

---

[*] Pour trouver cette hélice H, après avoir tracé le rayon lumineux $(\mathrm{O''}\omega', \mathrm{O}\omega)$, il faudra décrire avec un rayon égal à Oω, une circonférence qui sera la base d'un cône ayant son sommet en $(\mathrm{O, O''})$ et dont les arêtes auront la pente ω; puis, conduire à ce cône un plan tangent passant par la génératrice $(\mathrm{OBG, O''B'G'})$, ce qui se réduit à mener au cercle précédent une tangente partant du point G. Alors ce plan qui aura bien une pente égale à ω, devra être tangent à l'hélicoïde dans un certain point de la génératrice $(\mathrm{OBG, O''B'G'})$; donc, en cher-

pour trouver celui de ces plans qui est parallèle au rayon lumineux, on applique
à l'hélice H la méthode employée au n° **159** pour l'hélice du rayon OB, on doit
apercevoir immédiatement et sans effectuer les constructions, que les deux
tangentes ωF et ωƒ vont se réduire à une seule droite, attendu que le cône
auxiliaire ayant actuellement une pente égale à celle du rayon lumineux
(Oω, O″ω′), sa base qui était le cercle du rayon OH, deviendra une circonférence
passant par le point ω lui-même. D'où il suit que, sur l'hélice H, les deux points
analogues à M et m se réduiront à un seul; et il en sera de même des points
analogues à P et p.

Quant aux hélices d'un rayon plus grand que H, elles ne contiendront plus
de points appartenant à la séparation d'ombre, parce qu'alors la base du cône
auxiliaire embrassera le pied ω du rayon lumineux mené par le sommet; conséquence qui s'accorde avec la remarque faite plus haut (n° **175**, 1°), puisque
les plans tangents relatifs aux points de ces hélices auront tous une *pente moindre*
que ω, et ne sauraient dès lors renfermer aucun des rayons lumineux qui ont
une inclinaison égale à ω.

177. D'après ces détails, on comprend que, sur la vis de la *Pl. IX*, il devait
y avoir aussi une courbe *fermée*, représentant la séparation d'ombre et de
lumière sous le rapport géométrique, c'est-à-dire comme ligne de contact de
l'hélicoïde avec des droites parallèles aux rayons lumineux; mais cette courbe
n'ayant aucune existence physique, attendu qu'elle se trouvait alors recouverte
par les ombres portées, nous n'avons pas pris la peine de la tracer dans cette
épure.

Ombres d'une Vis à filet carré.

PL. 11.   **178.** Le noyau de cette vis est encore formé par un cylindre vertical projeté sur le cercle *abde*; mais le filet saillant est engendré par le mouvement
d'un carré (A″A″ᵃ″ᵃ″, Aa) dont les deux bases vont rencontrer toujours l'axe
de la vis sous un angle droit, tandis que l'un des sommets (A, A″) demeure
constamment sur une hélice (ABDE, A′D′A″D″...) dont le pas A′A″ est ordi-

---

chant ce point de contact par le procédé fort simple du n° **157**, on obtiendra un point de
l'hélice *limite* que nous avons désigné par H, ce qui suffit pour déterminer complétement cette
courbe.

On trouvera un exemple de cette détermination au n° **180**, mais pour un hélicoïde particulier.

nairement double du côté A″A″. Il résulte de là que les faces supérieure et inférieure du filet sont deux hélicoïdes gauches à plan directeur (*G. D.*, n° 628); mais le filet offre en outre une face latérale décrite par le côté A″A″, et composée de zones cylindriques, projetées toutes sur le cercle ABDE.

179. Sur cette face latérale, les lignes de séparation d'ombre et de lumière s'obtiennent immédiatement, puisque ce sont les portions successives des deux arêtes verticales B et E suivant lesquelles le cylindre est touché par les plans tangents qui sont parallèles au rayon de lumière (SO, S′G″). De même, sur le noyau cylindrique *abde*, les deux verticales *b* et *e* fourniront les séparations d'ombre et de lumière *b′b″*, *e′e″*,...; mais une partie de ces dernières lignes sera recouverte par les ombres portées dont nous parlerons bientôt.

180. Sur la face gauche du filet, il n'y aura pas ici de séparation de lumière, quoique la méthode du n° 157 et celle du n° 159 demeurent applicables, et même avec plus de simplicité, à l'hélicoïde actuel dont la génératrice A″a″ forme avec l'axe un angle constamment droit; mais ces méthodes conduiraient à trouver pour ligne de contact des plans tangents parallèles au rayon lumineux, une courbe fermée qui serait entièrement comprise dans l'intérieur du noyau cylindrique *abde*.

Pour justifier cette assertion, il suffit de chercher l'hélice *limite* que nous avons désignée par H au n° 176. A cet effet, menons le rayon lumineux (C′I′, OI), et décrivons le cercle IK qui sera la base d'un cône de révolution ayant son sommet au point (C′, O) et dont les génératrices auront la même pente ω que le rayon lumineux. Si alors nous menons à ce cône un plan tangent passant par la génératrice (CO, C′) de l'hélicoïde, ce plan, qui aura évidemment pour trace la droite Kθ parallèle à CO, aura aussi une pente égale à ω, et se trouvera tangent à l'hélicoïde dans un certain point γ de la génératrice (CO, C′). Or ce point inconnu γ doit être sur une hélice dont la soutangente soit égale à OK; donc, si nous menons la tangente CT égale à l'arc de cercle CA, et qu'après avoir tiré OT qui rencontre Kθ au point θ, nous abaissions la perpendiculaire θγ, nous obtiendrons le point de contact demandé γ; car il est bien évident, par suite des triangles semblables, que l'arc de cercle αγ sera égal à θγ. Il résulte de là que l'hélice projetée sur αγδ... est telle que pour tous ses points, les plans tangents de l'hélicoïde ont une pente égale à ω, et qu'ainsi (n° 176) la séparation d'ombre et de lumière ne peut s'étendre au delà de cette hélice αγδ; or, puisqu'ici cette hélice est en dedans du noyau de la vis, il n'y a donc pas de séparation d'ombre et de lumière sur le filet saillant.

181. *Ombres portées.* La courbe $l'g'p'f'$ est l'ombre portée sur le noyau cylindrique *abde* par l'hélice inférieure (DAB, $D_oA''D''$), et c'est l'intersection d'un cylindre vertical avec un cylindre oblique; on l'obtiendra donc aisément en tirant, par un point quelconque (G, G') pris sur cette hélice, un rayon lumineux dont la projection horizontale Gg ira rencontrer la base du cylindre droit en un point g, lequel devra être rapporté en g' sur la projection verticale du rayon lumineux en question. Le point p' de cette courbe s'obtiendra en menant le rayon particulier aP, et les points extrêmes l' et f' se trouveront en employant les rayons bL et eF qui sont tangents au noyau.

182. Le rayon lumineux (Lb, L'l') qui est devenu tangent au noyau, ira tomber sur la face gauche du filet en un point (M, M') qui sera déterminé par la rencontre de L'l' avec la courbe b'M'$6'$ que nous allons apprendre à construire. Cette courbe est l'ombre portée sur la face gauche du filet par le plan qui touche le noyau le long de la verticale (b, $b'b''$); ainsi on l'obtiendra en construisant diverses génératrices de l'hélicoïde, et en cherchant les points où leurs projections horizontales sont coupées par la trace $b6$ du plan tangent dont nous venons de parler. Mais cette courbe b'M'$6'$ devra se terminer, comme ligne d'ombre, au point M' où elle sera rencontrée par la droite L'l'M', attendu qu'à partir de cette dernière position, les rayons lumineux qui glissent sur l'hélice extérieure (L'R'D'', LRD), iront tomber sur la face gauche du filet et y traceront une nouvelle ombre (MN, M'N') qui se construira de la manière suivante.

183. On devra d'abord déterminer la trace horizontale du cylindre formé par les rayons de lumière qui glissent sur l'hélice (A''L'D'', ALD), courbe que nous avons déjà figurée plusieurs fois dans les vis précédentes; ensuite, par une génératrice quelconque de l'hélicoïde, on conduira un plan parallèle aux rayons de lumière, dont la trace horizontale ira couper la trace du cylindre précédent en un certain point; et si par ce point on mène un rayon lumineux, il ira rencontrer la génératrice de l'hélicoïde en un point qui fera partie de la courbe cherchée (MN, M'N'). Nous ne faisons qu'indiquer ces opérations très-faciles à effectuer, parce que la courbe dont il s'agit est extrêmement aplatie, et que le dernier point (N, N') s'obtiendra directement en cherchant l'intersection des traces horizontales des deux cylindres lumineux qui auraient pour directrices les deux hélices inférieure et supérieure A''R'D'' et A'B'D'.

184. Tous les résultats précédents devront être reproduits identiquement sur les diverses spires du filet; en outre, en arrière du plan vertical AD, il y aurait une courbe d'ombre partant du point φ, et portée sur le plan horizontal par l'arc d'hélice (FE, F′E′); puis, sur chacune des spires suivantes, une courbe partant du point e'', et qui étant l'intersection de la face gauche avec le plan tangent le long de la verticale $(e, e''e'''')$, se construirait comme la courbe $(b\text{MŚ}, b'\text{M′Ś′})$ du n° **182**. Mais toutes ces lignes étant invisibles sur l'épure, nous n'avons pas jugé utile de les tracer.

185. Quant à la tête de la vis, qui a la forme d'un prisme octogonal VXY..., elle portera ombre sur le dernier tour de filet, suivant trois arcs d'ellipse

$$(q'v', \text{E}v), \quad (v'u'x', vx), \quad (x'y', xy),$$

qui sont les intersections du cylindre vertical EABD avec les plans conduits parallèlement aux rayons de lumière suivant les trois côtés de l'octogone

$$(\text{QV}, \text{Q′V′}), \quad (\text{VX}, \text{V′X′}), \quad (\text{XY}, \text{X′Y′}).$$

Il sera donc bien facile de construire ces courbes, puisque, après avoir tiré un rayon lumineux tel que $(\text{V}v, \text{V′}v')$, il n'y aura qu'à ramener sur sa projection verticale, le point v où sa projection horizontale rencontre la base EABD du cylindre droit.

186. En prolongeant suffisamment la troisième ellipse $x'y'$, elle ira couper l'hélice inférieure du filet en un point y' tel que le rayon lumineux correspondant $(\text{Y}y', \text{Y}y)$ ne fera plus que raser ce filet; ce rayon poursuivra donc sa course, et il ira tomber sur la face gauche en un certain point (ω, ω') qui sera donné par la rencontre nécessaire de la droite $(\text{Y}y, \text{Y}y')$ avec la courbe $(\text{MN}, \text{M″N″})$, puisque cette dernière est déjà l'ombre portée par l'hélice $\text{A}''''y'$ sur la même surface gauche (n° **183**).

Enfin, le reste du plan d'ombre correspondant à la portion de droite (YZ, Y′Z′) ira couper la face gauche du filet suivant une courbe nouvelle $(\omega z, \omega'z')$ qui se déterminera en cherchant les intersections de ce plan connu avec diverses génératrices de l'hélicoïde, lesquelles sont bien faciles à construire.

187. Nous n'ajouterons pas de nouveaux exemples de la détermination des ombres, parce que ceux qui précèdent ayant offert tous les genres de surfaces que l'on rencontre ordinairement, et les circonstances les plus délicates ayant été discutées avec soin, nous pensons dès lors avoir fourni au lecteur intelligent des ressources suffisantes pour résoudre tous les cas nouveaux qui pourront se présenter à lui. Mais, en parlant ainsi, nous supposons que le lecteur aura exécuté lui-même la plus grande partie, au moins, de nos épures, et qu'il aura suivi attentivement toutes les discussions, en apparence minutieuses,

dans lesquelles nous sommes entrés quelquefois; cár c'est seulement par de semblables exercices qu'il acquerra l'habitude précieuse de savoir pressentir, avant
les opérations graphiques, quelle sera la forme approximative et l'étendue des
ombres principales sur un objet donné, quelles portions de celles-ci seront
recouvertes par les ombres accessoires, les *ressauts* qui devront avoir lieu en
passant d'une paroi à une autre non contiguë, etc. Or, ce talent de prévision,
qui est toujours utile, devient tout à fait indispensable dans les cas assez fréquents où l'absence de données géométriques, ou bien le manque de temps,
ne permet pas d'employer les méthodes rigoureuses dont nous nous sommes
servis; alors il ne reste d'autre guide que le sentiment des formes, lequel ne
s'acquiert que par des exercices nombreux, exécutés au moyen de procédés
géométriques.

CHAPITRE III.

SUR LES POINTS BRILLANTS ET LES DÉGRADATIONS DE TEINTES.

PL. 12,
FIG. 1.

188. Supposons d'abord qu'un corps opaque T, mis en présence d'un point
lumineux S, soit soustrait entièrement aux reflets de tous les objets environnants et même de l'atmosphère : ce corps n'aura d'autre partie éclairée que
la portion ABCDE située en avant de la *séparation d'ombre et de lumière* BCDE
qui est (n° 3) la ligne de contact du cône circonscrit ayant son sommet en S;
et tout le reste de la surface T sera dans une obscurité complète. Mais il ne
suffit pas qu'un élément superficiel soit éclairé pour être visible : il faut encore
qu'il puisse renvoyer la lumière reçue vers l'œil du spectateur que je suppo-
serai placé en O. Or, si l'on imagine le cône circonscrit OFCGE, tout point
situé au delà de la courbe de contact FCGE ne pourrait être joint avec O que
par une droite qui traverserait le corps T, ce qui ne peut convenir aux rayons
de lumière; donc déjà la seule partie du corps qui puisse être aperçue par
l'observateur, est la portion AFCGE antérieure à la ligne de contact FCGE
que l'on nomme, pour cette raison, le *contour apparent* du corps T vu de la
station O. Mais si l'on a égard aux limites assignées ci-dessus pour l'ombre, on
en conclura que la seule portion qui soit effectivement visible, est la *partie*
AFCDEF *commune* aux deux régions déterminées par le contour apparent et
par la séparation de lumière.

189. Toutefois, la partie visible du corps T se trouve, dans certains cas, encore plus restreinte. En effet, si outre l'hypothèse admise de l'isolement absolu, nous supposons que la surface de ce corps offre une continuité rigoureuse et un *poli parfait*, tout rayon lumineux SM qui tombera sur cette surface en un point M pour lequel la normale est figurée par MN, se réfléchira suivant une direction MR situé dans le plan SMN, et qui formera *un angle de réflexion* RMN égal à l'*angle d'incidence* SMN ; or, d'après cette loi, il n'arrivera pas généralement que la droite MR aille passer par le point O, et dès lors le point M, quoique éclairé, ne sera pas visible pour l'observateur. Celui-ci n'apercevra donc que les points de la surface, tels que A, pour lesquels la normale aura une direction qui divise en deux parties égales l'angle SAO ; or ces points sont ordinairement réduits à un seul, comme nous allons le prouver.

190. Construisons d'abord une ellipse αδγ qui ait pour foyers les points S et O, et dont le grand axe αγ ait une longueur arbitraire. En faisant tourner cette courbe autour de la droite SO, elle engendrera un ellipsoïde de révolution pour chaque point duquel la normale de cette surface se trouvera dans le plan de la méridienne elliptique et sera normale à cette courbe ; donc elle divisera bien par moitiés l'angle des rayons vecteurs menés des points S et O au point considéré sur cet ellipsoïde. Or, en faisant croître l'axe αγ par degrés insensibles, sans changer les foyers, l'ellipsoïde s'agrandira continuellement et prendra bientôt une position α'Aγ' où il *touchera* la surface T en un certain point A ; dès lors la normale An de cette dernière surface sera aussi normale à l'ellipsoïde, et comme telle, elle divisera par moitiés l'angle SAO ; donc le point de contact A sera bien le point de la surface T qui réfléchira vers l'observateur O la lumière partie de S, et conséquemment ce sera le *point visible* de ce corps, dans l'hypothèse d'un poli parfait.

Ce point sera généralement *unique*; car, à moins de supposer à la surface T des sinuosités extraordinaires, on sent bien que l'ellipsoïde variable αδγ ne pourra *toucher* cette surface qu'une seule fois, surtout avec la condition sous-entendue que le point de contact se trouve en même temps dans la partie éclairée du corps et dans la partie embrassée par le contour apparent FCGE.

191. Ainsi donc, un corps parfaitement poli et éclairé seulement par la lumière *directe* d'un point lumineux, ne présenterait de visible qu'un seul point de sa surface, lequel serait situé comme nous l'avons indiqué au numéro précédent. Cette conséquence se vérifie, quoique imparfaitement, lorsqu'on expose un globe de métal, poli avec soin, à une lumière éclatante, comme celle du soleil quand l'atmosphère est dégagée de nuages et de vapeurs. Alors une très-

10

petite portion de la surface métallique réfléchit l'*image* du corps lumineux avec un éclat que l'œil a peine à supporter, et le reste du globe paraît très-sombre; s'il n'est pas entièrement obscur et invisible, c'est que la présence de l'atmosphère et des objets environnants produit des reflets dont une partie arrive à l'œil du spectateur; aussi, sans cette lumière indirecte, nous ne pourrions pas juger de la forme des corps polis, puisque nous n'apercevrions qu'une très-petite portion de leur surface.

PL. 12,   **192.** Mais la plupart des objets qui s'offrent à nos regards, comme la pierre,
FIG. 2. le bois, etc., sont des corps *mats* ou d'un poli très-imparfait; c'est-à-dire que leur enveloppe extérieure, sans cesser d'offrir dans son ensemble l'apparence d'une surface continue, est néanmoins parsemée d'une multitude d'aspérités et de cavités, souvent insensibles par rapport aux dimensions du corps lui-même, mais très-considérables relativement aux molécules lumineuses qui sont d'une ténuité extrême. Alors ces aspérités présentent à la lumière des facettes nombreuses (*fig.* 2), inclinées dans toutes les directions, lesquelles réfléchissent vers l'œil du spectateur des rayons lumineux qui n'y arriveraient pas, s'ils tombaient sur la surface générale et non interrompue dont le corps en question nous offre l'aspect. Ainsi, dans un corps mat, chaque élément superficiel *reflète* la lumière ou la dissémine dans tous les sens; tandis qu'il la réfléchit suivant une seule direction quand le corps est parfaitement poli. Il est vrai que les corps ne se trouvant jamais rigoureusement dans ce dernier état, il y a toujours un peu de lumière disséminée; mais il y en a d'autant moins que le poli approche davantage d'être parfait; et c'est pourquoi, suivant la remarque qui termine le numéro précédent, nous jugeons mieux la forme des corps mats que celle des corps qui sont polis.

FIG. 1.   **193.** Lors donc que le corps T sera mat et éclairé par le seul point lumineux S, toute la portion AFCDEF de sa surface sera visible pour l'observateur placé en O, et il n'apercevrait la partie CDG qu'au moyen de la lumière reflétée par les objets environnants, circonstance que nous écartons ici. Mais, sur cette première partie, il y aura *un point brillant*, lequel présentera un éclat plus vif que tous les autres, et qui sera précisément le point A construit au n° **190**, comme étant le seul visible dans l'hypothèse d'un poli parfait.

FIG. 2.   En effet, dès lors que le corps T, quoique mat, présente à nos yeux une enveloppe sensiblement continue, c'est que les facettes extérieures des aspérités qui le hérissent, sont dirigées suivant la courbure de la surface géométrique BAD dont il offre l'apparence. Si donc le plan tangent de cette surface pour le point A remplit la condition du n° **189**, il y aura en cet endroit deux causes qui concourront à renvoyer de la lumière vers l'observateur : 1° les facettes extérieures qui sont situées dans ce plan tangent, et dont le nombre est toujours très-grand, parce que le plan tangent n'a pas seulement un point mathématique de commun avec l'enveloppe du corps, réfléchiront la lumière comme un miroir vers le point O; 2° les facettes intérieures et irrégulièrement distribuées, enverront aussi à l'œil O de la lumière disséminée. Or, de ces deux causes, la seconde est commune à tous les points de la partie visible, quoique elle varie un peu avec l'inclinaison du plan tangent, comme nous l'expliquerons plus loin (n° **214**); mais la première cause qui est très-prépondérante, est particulière au point A, et n'existe que pour lui; donc ce point offrira une clarté beaucoup plus grande que les autres points de la partie visible, et il est nommé avec raison *le point brillant* de la surface.

194. *Construction du point brillant.* Pour trouver la position de ce point sur une surface déterminée, nous emploierons une méthode qui se prêtera mieux aux constructions graphiques que la considération de l'ellipsoïde tangent dont nous nous sommes servi, au n° **190**, seulement comme moyen de démonstration. Supposons le problème résolu, et que S étant le point lumineux, O le point de vue, A soit le point brillant cherché sur la surface donnée Σ; en menant la normale AN de ce point, elle devra (n° **189**) partager l'angle SAO en deux parties égales, et par suite elle remplira les deux conditions suivantes; 1° cette normale AN devra se trouver dans le plan de l'angle SAO, et conséquemment *elle rencontrera nécessairement la droite donnée* OS en un certain point N *situé entre* O *et* S; 2° puisque les deux angles SAN et NAO sont égaux, *cette normale ira aussi couper la droite* OV, menée parallèle au rayon incident SA, *à une distance* OV *égale à* OA. Réciproquement, toute normale NA qui remplira ces deux conditions, divisera bien l'angle SAO en deux parties égales; donc le point A sera le point brillant cherché.

195. Cela posé, par un point *n* choisi arbitrairement sur la droite donnée OS, mais pris entre O et S, nous mènerons une normale *na* à la surface proposée, et nous chercherons le point *a* où elle va percer cette surface (*voyez* n° **197**). Ensuite, nous tirerons parallèlement à S*a* la droite O*v* qui rencontrera nécessairement la normale *an* en un certain point *v*; puis nous chercherons sur cette normale un point *α* tel que sa distance au point O soit égale à l'intervalle O*v*, ce qui s'effectuera aisément, dans une épure régulière, en rabattant sur un des plans de projection le plan des deux droites O*v* et *anv*. Alors, si le point *α* ainsi déterminé coïncidait avec *a*, on aurait trouvé le point brillant; mais comme cela n'arrivera pas généralement, on répétera de sem-

PL. 12, FIG. 3.

10.

blables constructions pour une seconde normale $n'a'$ menée d'un autre point n' de la droite OS, et sur laquelle on déterminera un point a' tel que la distance Oa' soit égale à Ov'; puis, en continuant ainsi, on se procurera deux *courbes d'erreur* dont l'une $aa'a''$... sera le lieu des points de la surface pour lesquels les normales vont rencontrer la droite SO, l'autre $\alpha\alpha'\alpha''$... le lieu des points qui, sur ces normales, sont à la même distance de l'œil O que les points v, v', v''...; par conséquent tout point A qui sera commun à ces deux courbes, remplira les deux conditions à la fois, et sera une solution du problème proposé.

196. Il faut cependant observer que, parmi les divers points de section que pourront offrir les deux courbes d'erreur $aa'a''$... et $\alpha\alpha'\alpha''$... prolongées dans tout leur cours, on ne devra admettre que ceux qui se trouveront situés dans la portion de surface qui est commune au contour apparent et à la séparation de lumière, portion que nous avons désignée par AFCDEF sur la *fig.* 1; car, au dehors de cette région, le rayon incident ou le rayon réfléchi serait obligé de traverser le corps opaque, ce qui ne peut convenir aux rayons lumineux.

Il pourra même n'y avoir aucune solution, lorsque l'enveloppe du corps sera formée, comme il arrive souvent, par diverses portions de surfaces brusquement terminées, et qui ne s'étendront pas jusqu'à la région où serait placé le point brillant sur la surface géométrique complétement achevée.

197. Quant à la manière de mener une normale à une surface, par un point donné extérieurement, problème que suppose résolu la méthode du n° **195**, il faut avouer que la Géométrie ne fournit pas de solution directe et rigoureuse, quand la surface a une forme tout à fait quelconque: aussi, dans ce cas, le moyen le plus court pour un praticien habile, sera de mener une normale approximative, et après avoir construit le plan tangent pour le point où elle ira percer la surface, d'examiner de combien et dans quel sens ce plan tangent s'éloigne de la direction perpendiculaire qu'il devrait offrir par rapport à la vraie normale; puis, en modifiant convenablement la position du point de contact, il arrivera après deux ou trois essais à la normale exacte. Toutefois, si l'on désire un procédé plus méthodique, on peut employer la marche suivante.

198. Par le point donné n on mènera une droite quelconque, par exemple une verticale, et suivant cette droite on conduira divers plans dont on cherchera les intersections avec la surface proposée; puis, à ces courbes planes on mènera des normales partant de n, ce qui s'effectuera aisément (*G. D.*, n° **324**) après avoir rabattu chacune de ces courbes sur un des plans de projection; et la suite des pieds $x, x', x'',...$ de ces normales sur la surface formera une première courbe qui contiendra évidemment le point cherché *a*. Semblablement, par une seconde droite menée du point *n*, une horizontale par exemple, on conduira une série de plans sécants qui fourniront des courbes planes auxquelles on mènera des normales partant de *n*; alors la courbe $yy'y''\ldots$ formée par les pieds de ces normales, coupera la courbe précédente $xx'x''\ldots$ en un point *a*, pour lequel la droite *na* se trouvera perpendiculaire à deux tangentes de la surface, et conséquemment elle sera normale à cette surface même.

Mais il est bien rare qu'on ait besoin de recourir à ces procédés laborieux, parce que dans les applications usuelles on ne rencontre guère que des surfaces de révolution, des cylindres et des plans, et qu'alors la recherche de la normale se simplifie beaucoup.

199. En effet, lorsque la surface est de révolution, quel qu'en soit le méridien, on conduit un plan par l'axe et par le point en question *n*, ce qui fournit une section méridienne à laquelle on mène une normale partant de *n*, et c'est la normale de la surface même. Cette opération s'effectuera aisément après avoir rabattu sur un des plans de projection la méridienne en question, et l'on obtiendra en même temps le point où cette normale perce la surface proposée.

200. Dans ce cas, on pourrait aussi ne pas prendre arbitrairement le point de départ *n* de la normale sur la droite OS (n° **195**), mais considérer un parallèle de la surface de révolution, et chercher quelle est, parmi toutes les normales correspondantes à ce parallèle, celle qui va couper la droite OS. Or, on y parvient très-facilement en conduisant un plan par la droite OS et par le sommet du cône *lieu de toutes ces normales;* car l'intersection de ce plan avec le plan du parallèle sera une droite qui coupera ce cercle en deux points par lesquels passeront les normales cherchées; mais il n'y aura ordinairement qu'une seule d'entre elles qui soit admissible ici, d'après les restrictions du n° **196**.

201. Lorsque la surface proposée est cylindrique, il suffit de mener par le point considéré *n* un plan perpendiculaire aux génératrices de ce cylindre; et après avoir construit la *section droite* produite par ce plan, on lui mène une normale partant de *n*, laquelle est évidemment la normale de la surface même.

202. Enfin, quand il s'agit d'une face plane MP, le point brillant s'obtient immédiatement par une construction connue, laquelle consiste à abaisser la perpendiculaire SB que l'on prolonge d'une quantité BC égale à elle-même; et

PL. 12,
FIG. 4.

en tirant CO, cette droite va couper le plan au point cherché A. En effet, il est bien facile de voir que le rayon incident SA et le rayon réfléchi AO ainsi déterminés, feront des angles égaux avec le plan MP, ou avec la normale AN.

Jusqu'à présent, pour résoudre le problème du point brillant dans toute la généralité qu'il comporte, nous avons supposé que le *point lumineux* et le *point de vue* étaient placés l'un et l'autre à des distances finies et données ; mais la solution se simplifie en admettant certaines hypothèses dont nous allons parler, et qui se rapprochent même davantage des circonstances où nous nous trouvons habituellement.

203. *Cas où le point lumineux est à l'infini.* Cet énoncé veut dire que *tous les rayons incidents sont parallèles entre eux*, et c'est ce qui a lieu d'une manière sensiblement exacte pour un corps exposé à la lumière directe du soleil (n° **15**).

PL. 12,
FIG. 5. Dans ce cas, si O est le point de vue et A le point brillant de la surface, la ligne OS de la *fig.* 3 sera remplacée par une droite OS′ menée du point O parallèlement à la direction donnée des rayons lumineux ; c'est alors *cette droite* OS′ qui *devra être rencontrée par la normale* AN, et la rencontre devra avoir lieu *à une distance* ON *égale à* OA. Voici donc quelles seront les opérations graphiques à effectuer pour trouver le point A.

D'un point quelconque *n* de la droite constante OS′ (mais pris au-dessus de O), on mènera une normale *na* à la surface par un des moyens indiqués n^{os} **197... 201**, et l'on déterminera en même temps le point *a* où elle va percer cette surface ; ensuite, on cherchera sur cette normale un point α dont la distance au point O soit égale à O*n*, ainsi que nous l'avons indiqué au n° **195** : puis, en répétant ces constructions pour divers points *n′*, *n″*,... pris sur OS′, on obtiendra les deux courbes *aa′a″*... et *αα′α″*... dont l'intersection fournira le point brillant A.

Il faudra d'ailleurs se souvenir que les restrictions indiquées au n° **196**, s'appliquent au cas actuel et à ceux qui vont suivre.

204. *Cas où le point de vue est à l'infini.* Dans cette hypothèse, *tous les rayons réfléchis sont parallèles* à une même direction, et c'est ce qui arrive pour un corps éclairé par un point lumineux S situé à une distance finie, mais vu *sur un dessin en projection ;* parce que ce mode de représentation suppose que l'observateur est placé à une distance infinie sur une perpendiculaire au plan de projection, afin que les rayons visuels soient les lignes projetantes du dessin (*G. D.*, n° **16**). Si donc on mène par le point lumineux S une parallèle à la direction des rayons réfléchis, on retombera sur le cas de la *fig.* 5 expliquée au numéro précédent.

205. *Cas où le point lumineux et le point de vue sont à l'infini tous les deux.*

Ici les rayons incidents seront tous parallèles à une certaine direction, et les rayons réfléchis parallèles à une autre; et d'après ce que nous avons dit aux numéros précédents, c'est le cas d'un corps éclairé directement par le soleil, et vu en projection. Alors, si par un point quelconque R on mène une droite RS parallèle à la direction assignée pour les rayons lumineux, et une autre droite RO parallèle à la direction des rayons réfléchis, c'est-à-dire perpendiculaire au plan de projection adopté, la bissectrice RN de l'angle ORS indiquera évidemment la direction que doit avoir la normale de la surface à l'endroit du point brillant cherché; de sorte que le problème primitif se trouvera réduit à celui-ci :

PL. 12, FIG. 6.

206. *Trouver, sur une surface donnée, un point pour lequel la normale soit parallèle à une droite donnée* RN. Lorsque la surface aura une forme quelconque, la méthode générale consistera à mener arbitrairement deux droites RT et RT' perpendiculaires à RN, puis à chercher (*G. D.*, n° **377**) les courbes de contact de deux cylindres circonscrits à la surface donnée, et parallèles l'un à RT, l'autre à RT'; car le point d'intersection de ces deux courbes sera tel que le plan tangent se trouvera évidemment parallèle à TRT', et conséquemment la normale sera bien parallèle à RN.

207. Quand la surface donnée sera de révolution, toute normale sera située dans un plan méridien; et dès lors si l'on conduit par l'axe un plan parallèle à RN, ce plan coupera la surface suivant la méridienne qui doit contenir le point cherché; de sorte qu'il suffira de mener à cette méridienne une normale qui soit parallèle à RN, construction facile à effectuer après avoir rabattu cette courbe sur un des plans de projection.

208. Observons ici que toutes les fois qu'on appliquera à une surface cylindrique, conique et en général *développable*, l'hypothèse du parallélisme entre les rayons incidents, d'une part, et entre les rayons réfléchis, de l'autre, cette surface présentera non-seulement un point brillant, mais une *ligne brillante*. En effet, pour tous les points de la génératrice rectiligne qui passera par le point A déterminé comme ci-dessus, *le plan tangent sera commun* (*G. D.*, n° **177**), et dès lors les diverses normales étant parallèles, elles jouiront toutes de la propriété suffisante et nécessaire qui a été énoncée au n° **206**.

Dans les autres hypothèses, il ne saurait y avoir qu'un ou plusieurs points brillants *en nombre fini*, puisque ces points seraient fournis (n° **190**) par le contact du corps proposé avec un ellipsoïde de révolution, lequel dégénère évidemment en un paraboloïde de révolution quand le point lumineux ou le point de vue est à l'infini.

Exemple du point brillant sur une sphère.

PL. 2.   **209.** Conservons les données et les résultats antérieurs de la *Pl. II*, où la sphère avait pour centre le point (O, O′), et était éclairée par des rayons lumineux parallèles à la direction (OS, O′S′); d'ailleurs on devra se rappeler que nous y avons aussi exécuté une projection auxiliaire sur un plan vertical X″Y″ parallèle au rayon lumineux, et que ce rayon s'y est projeté suivant O″S″. Cela posé, si nous nous occupons d'abord de la projection horizontale, tous les rayons réfléchis seront alors *verticaux* (n° **204**); et la normale du point brillant, qui doit être située dans le plan du rayon incident et du rayon réfléchi, et passer ici par le centre (O, O′), se trouvera nécessairement dans le plan vertical OS. Or ce plan coupe la sphère suivant un grand cercle qui se projette en vraie grandeur suivant B″ϐ″H″; donc si l'on trace le prolongement O″α″ du rayon lumineux et la verticale O″ϐ″, la droite O″λ″ qui divisera l'angle α″O″ϐ″ en deux parties égales, sera la normale du point brillant, lequel se trouvera dès lors projeté latéralement en λ″, et horizontalement en λ.

210. Quant au point brillant de la projection verticale de la même sphère, il sera entièrement distinct du précédent, car ici les rayons réfléchis devront être regardés (n° **204**) comme *perpendiculaires au plan vertical* XY : dès lors la normale du point brillant, qui doit passer par le centre (O, O′), devra se trouver dans le plan ∂′O′S′ perpendiculaire au plan vertical et parallèle aux rayons lumineux. Or ce plan ∂′O′S′ coupe la sphère suivant un grand cercle qui, rabattu autour de sa trace ∂′O′S′, vient se confondre avec A′∂′L′; le rayon lumineux (O∂, O′∂′), entraîné dans ce mouvement, va se rabattre suivant O′∂″ que l'on obtient en prenant la perpendiculaire ∂′∂″ égale à ∂ε; enfin, le rayon réfléchi (Oγ, O′) se rabat suivant la perpendiculaire O′γ″ : donc, en tirant la droite O′μ″ de manière à diviser par moitiés l'angle ∂′O′γ″, le point μ″ sera le rabattement du point brillant; et pour avoir sa vraie position, il faudra le ramener en μ′ par une perpendiculaire à la charnière ∂′O′S′.

Mais, comme nous l'avons déjà dit au commencement de ce numéro, on devra se souvenir que les points λ et μ′ ne sont pas les deux projections d'un même point de la surface sphérique.

Sur les dégradations de teintes.

211. Lorsque dans un dessin colorié ou simplement *lavé* à l'encre de Chine, on veut reproduire les divers effets de lumière qui ont lieu sur un objet en relief, il ne suffit pas de connaître les séparations d'ombre et de lumière, les contours des ombres portées, les points brillants ou les lignes brillantes de la surface; il faut encore savoir apprécier la clarté plus ou moins vive que devront offrir les parties éclairées, et les ombres plus ou moins intenses des régions qui ne reçoivent pas de lumière directe; car la partie de ces régions qui se trouve en dedans du contour apparent, reste visible pour l'observateur, et souvent d'une manière très-distincte, par suite des reflets de l'atmosphère (n° **193**).

Or, le degré de clarté qu'un élément de surface présente à l'observateur dépend de deux causes : 1° de la quantité de lumière directe ou reflétée qui est reçue par cet élément superficiel; 2° de la portion plus ou moins grande de cette lumière reçue que cet élément renvoie vers l'œil du spectateur. Nous allons donc tâcher d'apprécier successivement ces deux causes, lesquelles dépendent de circonstances assez diverses, et dont quelques-unes même échappent à toute évaluation rigoureuse.

212. *Intensité de la lumière reçue par l'objet éclairé.* Soit MN un *élément*, PL. 12, c'est-à-dire une portion infiniment petite, de la surface du corps T qui est FIG. 7. éclairé par le point lumineux S. Ce point envoie, tout autour de lui, des rayons de lumière auxquels nous supposons la même intensité dans toutes les directions; et dès lors la quantité absolue de lumière qui tombera sur l'élément MN, ne dépendra que du nombre des rayons lumineux contenus dans le cône MSN. Or, sans changer la grandeur de l'élément MN, si l'on fait varier son inclinaison ou sa distance au point S, la *capacité angulaire* du cône SMN variera; donc, pour estimer cette capacité d'une manière fixe, il faut couper ce cône par une sphère décrite du point S comme centre, avec un rayon constant SA que nous prendrons *égal à l'unité linéaire;* et alors l'*aire de la section* AB *sera proportionnelle à la quantité de lumière* reçue par MN. En effet, pour un autre élément M′N′, la quantité de lumière qu'il recevra sera évidemment double ou triple de celle qui tombe sur MN, lorsque la section A′B′ aura une aire double ou triple de la section AB.

213. Pour obtenir une mesure plus précise, désignons par *k* la quantité de lumière que le point S enverrait à une petite paroi plane, égale à l'unité super-

11

ficielle, par exemple le millimètre carré, si cette paroi plane était placée dans la position AB. k sera une grandeur constante qu'il faudra déterminer par l'expérience, et qui ne changera qu'avec la nature du point lumineux ; ce sera l'intensité de la lumière due au point S, rapportée à l'unité de surface, à l'unité de distance, et dans une direction orthogonale ; et conséquemment $k \times AB$ exprimera la quantité absolue de lumière qui se trouve renfermée dans le cône SMN, ou qui tombe sur l'élément MN.

214. Cela posé, si l'on coupe encore le même cône SMN par une sphère décrite avec un rayon égal à la distance SM que nous désignerons par R, la section MD sera une aire infiniment petite, située dans le plan tangent de la sphère, et conséquemment perpendiculaire à la droite SM, comme cela arrive déjà pour AB ; donc ces deux sections *parallèles*, faites dans le cône SMN, seront entre elles comme les carrés de leurs distances au sommet, et l'on aura la relation

$$AB = \frac{MD}{R^2}.$$

En outre, puisque toutes les génératrices du cône SMN sont normales à la sphère, on peut regarder l'aire MD comme étant la projection de MN sur le plan tangent de la sphère ; donc, en appelant α l'angle *aigu* SMN que forme le rayon lumineux SM avec l'élément superficiel MN, on aura aussi

$$MD = MN \sin\alpha, \quad \text{et conséquemment} \quad k.AB = \frac{k \sin\alpha}{R^2} MN.$$

Telle est la mesure de la quantité de lumière reçue par un élément de la surface T ; et l'on voit qu'elle est proportionnelle à l'étendue de cet élément, au sinus de l'inclinaison α, et en raison inverse du carré de la distance de cet élément au point lumineux. D'ailleurs, le coefficient de MN dans cette expression, savoir,

$$(1) \qquad\qquad L = \frac{k \sin\alpha}{R^2},$$

est ce que nous appellerons l'*intensité de la lumière au point* M *de la surface* T ; car, d'après ce qui précède, c'est bien la quantité de lumière que recevrait une paroi plane, égale à l'unité superficielle, et que l'on supposerait éclairée dans tous ses points de la même manière que l'est le point M ou l'élément MN. Au surplus, on pourrait concevoir que la surface T est partagée en éléments égaux tous à MN, et la lumière reçue par chacun d'eux ne varierait plus que proportionnellement à L.

215. Si le corps T est éclairé, non par un point S, mais par un corps lumi- PL. 12,
neux T′, on observera que chaque point d'un élément superficiel de T′ envoie FIG. 7.
à l'élément MN un faisceau lumineux identique avec SMN ; car, dans l'étendue
infiniment petite SV, la distance SM et l'angle SMN ne changent pas sensiblement. Donc la quantité de lumière envoyée par SV à MN est proportionnelle
à l'aire de SV = ds' (*); et l'intensité de la lumière au point M, provenant de
tout le corps T′, aura pour expression l'intégrale définie

$$(2) \qquad I\prime = k \int \frac{\sin \alpha}{R^2} ds' = k \iint \frac{\sin \alpha}{R^2} \sqrt{1 + p'^2 + q'^2} \cdot dx'dy',$$

laquelle devra être étendue à toute la portion de la surface T′ qui est visible
pour le point M(x, y, z). Pour préparer les calculs, il faudra déduire les différences partielles p' et q' de l'équation F$(x', y', z') = o$ de la surface T′;
exprimer les quantités R² et sin α en fonction des coordonnées x, y, z pour le
point M, et x', y', z' pour le point S, ce qui est facile d'après les formules de
l'*Analyse appliquée*; et ensuite effectuer les intégrations en regardant x, y, z
comme des constantes. Quant aux limites des deux intégrales successives, on
les déduira, comme à l'ordinaire, d'une équation $f(x', y') = o$ qui s'obtiendra
en cherchant la projection de la courbe de contact d'un cône circonscrit à T′
et ayant son sommet en M, courbe que nous avons enseigné à déterminer dans
l'*Analyse appliquée*, chap. XIV; mais on prévoit bien que les intégrations ne
pourront s'effectuer que très-rarement et dans des cas trop simples pour avoir
besoin d'être soumis à ces calculs; c'est pourquoi nous n'insisterons pas davantage sur ce problème général.

216. Lorsque tous les rayons lumineux sont supposés *parallèles*, la formule(1)
qui donne l'intensité de la lumière reçue, se réduit à

$$L = k' \sin \alpha;$$

(*) Nous ne tenons pas compte ici de l'obliquité de l'élément SV sur la droite SM, et en cela
nous différons d'opinion avec les auteurs d'un Mémoire fort remarquable, inséré dans le
1er cahier du *Journal de l'École Polytechnique*. Ils ont en effet raisonné sur le cône MSV comme
si la lumière partait de M pour tomber sur SV; tandis que les faisceaux coniques qui
ont pour base commune MN et pour sommets les divers points de SV, ne varient ni pour la
grandeur ni pour le nombre, quand l'élément VS s'incline plus ou moins; seulement ces cônes
se rapprochent, se superposent davantage, mais la quantité des rayons lumineux envoyée
par SV à MN reste toujours la même.

car, dans cette hypothèse, le point lumineux S est infiniment éloigné, et toutes les distances R étant sensiblement égales, le diviseur R^2 devient commun à tous les éléments de la surface T; de sorte qu'il peut être compris dans la constante k'. A la vérité, nous devrions supposer en même temps $R = \infty$; mais, pour s'exprimer exáctement, il ne faut pas dire que le corps T est éclairé par un *point unique*, placé à l'infini; car alors la lumière que recevrait ce corps serait vraiment nulle. On doit le regarder comme éclairé par un corps T' de dimensions finies, placé à une très-grande distance; et alors il faut employer la formule (2) où les facteurs constants $\sin\alpha$ et R^2 sortiront de l'intégrale, laquelle se réduira à l'aire A de la portion antérieure du corps T', et cette aire A devra avoir avec R^2 un rapport fini.

217. Au reste, il vaut mieux traiter directement le cas des rayons parallèles, en considérant le faisceau *cylindrique* qui tombe sur l'élément MN sous un angle α; car en appelant ω l'aire de la section orthogonale de ce cylindre, laquelle sera bien proportionnelle au nombre des rayons lumineux qu'il renferme, on aura évidemment

$$\omega = MN.\sin\alpha; \quad \text{et conséquemment} \quad k'\omega = k'\sin\alpha.MN$$

sera la quantité absolue de lumière qui tombe sur MN, si k' désigne celle que recevrait une paroi plane, égale à l'unité superficielle, et placée perpendiculairement aux rayons lumineux, à une distance qui peut être ici quelconque. D'où l'on conclura enfin, par les considérations qui terminent le n° **214**, que l'intensité de la lumière reçue, au point M de la surface T, a pour mesure

$$(3) \qquad\qquad\qquad L = k'\sin\alpha.$$

218. *Intensité de la clarté apparente.* Il faut étudier à présent la marche des rayons lumineux depuis le corps éclairé jusqu'au spectateur; mais cette seconde partie du problème général est difficile à traiter d'une manière satisfaisante, attendu le peu de notions certaines que fournit la physique actuelle sur les modifications qu'éprouve la lumière à sa rencontre avec les corps mats, et sur la contexture de leur enveloppe extérieure. Aussi les considérations que nous allons présenter doivent être regardées simplement comme un essai et un exemple de la marche à suivre pour soumettre au calcul les questions de ce genre.

Nous avons dit (n° **192**) que sur un corps mat, les molécules extérieures présentaient une multitude de facettes diversement inclinées qui, après avoir absorbé une partie de la lumière reçue, réfléchissaient le reste de cette lumière, en la disséminant dans toutes les directions; et quoique par ces deux causes cette lumière se trouve bien affaiblie, il n'en résulte pas moins que l'élément éclairé MN fait l'office d'une surface rayonnante. Dès lors chaque point, tel que M, PL. 12, enverra à l'œil O un cône de rayons lumineux MPQ dont la base sera l'ouver- FIG. 7. ture PQ de la prunelle; on sait qu'après avoir traversé le *cristallin*, ce faisceau se réunira en un seul point *m* placé sur l'axe MO de ce faisceau, et situé précisément sur la *rétine*, quand la vision est bien distincte, ce qui produira l'image de M; semblablement, le point N ira se peindre sur la rétine en *n*, et l'image totale de MN sera *mn*.

219. Cela posé, lorsque la distance MO augmentera, la capacité angulaire de chaque cône partiel MPQ décroîtra en raison inverse du carré de cette distance (n° **214**), et conséquemment l'intensité de la lumière qui arrivera en *m* variera suivant la même loi. Il en sera de même de l'image totale *mn* qui sera produite par une quantité de lumière quatre fois moindre, si la distance MO devient double; or il paraît rationnel d'estimer la sensation reçue par le nerf optique, d'après la quantité de lumière qui vient l'ébranler; d'où nous conclurons que *la clarté apparente de l'élément* MN *varie en raison inverse du carré de sa distance à l'œil* (*), lorsque d'ailleurs son inclinaison sur MO ne change pas, et qu'on fait abstraction de l'atmosphère traversée par les rayons lumineux.

220. Maintenant, ayons égard à cette inclinaison, estimée toujours par l'an-

_____

(*) Nous arrivons ici au même résultat que les auteurs du Mémoire indiqué dans la note précédente, mais par des considérations plus exactes, car ils ont raisonné sur le cône OMN comme si la lumière partait de O pour tomber sur MN. D'un autre côté, M. Brisson, dans ses additions à la Géométrie de Monge, parvient à cette conclusion : que *la clarté apparente d'un élément* MN *est indépendante de sa distance à l'œil*, parce que si l'image *mn* est produite par une quantité de lumière quatre fois moindre, quand la distance devient double, cette image a une étendue quatre fois plus petite, et qu'ainsi la clarté reste la même. Cela serait vrai pour un spectateur qui, placé à l'extérieur, considérerait cette image *mn*; mais pour l'organe de l'œil lui-même, dès qu'il reçoit de deux éléments superficiels égaux, des quantités de lumière inégales, il doit éprouver des sensations différentes, et nous conduire à juger que ces deux éléments n'ont pas la même clarté apparente. Il est vrai qu'en même temps nous jugeons qu'un des deux éléments égaux est plus éloigné, parce que son image est plus petite; mais cette conséquence n'empêche pas la première de subsister : seulement, par leur combinaison, la réflexion nous amènerait à conclure que ces deux éléments ont dû recevoir des quantités *absolues* de lumière qui étaient égales, ce qui n'entraîne pas l'identité dans la clarté apparente.

gle *aigu* ε que forme le rayon visuel OM avec le plan tangent de la surface T
en M. Lorsque cette inclinaison diminuera, il n'en résultera aucun changement
sensible dans la grandeur ni dans le nombre des cônes partiels, tels que MPQ,
qui partent des différents points de l'élément infiniment petit MN; d'où il
semble qu'on devrait conclure, comme nous l'avons fait au n° **215**, que l'intensité de la lumière ne sera pas altérée. Mais ici se présente une différence essentielle : MN n'est point une surface lumineuse par elle-même; c'est une surface
matte qui est seulement éclairée, et une grande partie de la lumière qu'elle
reflète provient des facettes diversement inclinées qui se trouvent dans les cavités dont l'enveloppe extérieure est parsemée (n° **192**); d'où il arrive qu'en
écartant MN de la direction MG perpendiculaire à MO, un grand nombre de
ces facettes intérieures se trouvent cachées par les aspérités voisines, et ne peuvent plus envoyer leur lumière à l'œil O. On doit donc admettre que, quand
l'inclinaison ε diminue, la quantité de lumière réfléchie par l'élément MN
diminue aussi dans le rapport de MG à MN, rapport qui égale évidemment
$\sin \varepsilon$.

221. En combinant ce résultat avec celui du n° **219**, on en conclura que la
quantité de lumière réfléchie par un élément MN, situé à une distance MO $= \rho$,
et incliné sur cette droite d'une quantité ε, est proportionnelle à $\dfrac{\sin \varepsilon}{\rho^2}$; et puisque
déjà l'intensité de la lumière reçue par cet élément était exprimée par la quan-
tité L, il s'ensuit que la clarté apparente, au point M sur la surface T, a pour
mesure

$$(4) \qquad\qquad \lambda = A\,\frac{\sin \varepsilon}{\rho^2} \times L,$$

expression où il faudra substituer pour L sa valeur tirée d'une des formules (1),
(2), (3), suivant le cas que l'on voudra traiter, et où A désigne une constante qui
dépendra de la nature de l'objet éclairé; car tous les corps absorbent une partie
de la lumière qu'ils reçoivent, et ils n'en réfléchissent qu'une portion plus ou
moins grande, laquelle varie avec leur couleur, leur nature et leur degré de
poli.

222. Lorsqu'on supposera le point de vue O placé à une distance infinie,
comme dans les dessins exécutés en projection, ou seulement à une distance
très-grande comparativement aux dimensions du corps éclairé, ρ deviendra une
constante qui pourra être comprise dans le coefficient A; si, en outre, on suppose que tous les rayons de lumière incidente sont aussi parallèles entre eux, ce
qui est le cas le plus ordinaire, la valeur de L qu'il faudra substituer ici se tirera

de la relation (3), et la formule (4) deviendra ainsi

$$(5) \qquad \lambda = A \sin \alpha \, \sin \mathcal{S} = A \frac{(1 - ap - bq)(1 - a'p - b'q)}{\sqrt{1 + a^2 + b^2}\sqrt{1 + a'^2 + b'^2}(1 + p^2 + q^2)},$$

en représentant la direction des rayons lumineux par $x = az$, $y = bz$, celle des rayons visuels par $x = a'z$, $y = b'z$, et par p et q les différences partielles de z tirées de l'équation $F(x, y, z) = 0$ de la surface éclairée.

223. Pour simplifier cette expression, on peut toujours choisir l'axe des z de manière qu'il divise par moitiés l'angle SAO formé par le rayon lumineux et le rayon visuel; puis, adopter le plan de cet angle pour celui des xz; alors on aura évidemment $b = 0$, $b' = 0$, $a' = -a$, et la formule (5) prendra cette forme bien simple PL. 12,
FIG. 8.

$$(6) \qquad \lambda = B \frac{1 - a^2 p^2}{1 + p^2 + q^2}.$$

224. Au moyen de cette expression analytique, cherchons *le point brillant* de la surface éclairée, c'est-à-dire celui qui offre le *maximum* de clarté apparente. On sait qu'il faut satisfaire aux deux conditions $\frac{d\lambda}{dp} = 0$, et $\frac{d\lambda}{dq} = 0$, lesquelles deviennent ici

$$(7) \qquad \frac{p[1 + a^2(1 + q^2)]}{(1 + p^2 + q^2)^2} = 0,$$

$$(8) \qquad \frac{q(1 - a^2 p^2)}{(1 + p^2 + q^2)^2} = 0.$$

Or on vérifie simultanément ces deux équations par l'hypothèse $p = 0$ et $q = 0$, ce qui donne $\lambda = B$ pour le maximum de clarté apparente, et annonce que cette circonstance aura lieu au point M de la surface où le plan tangent est parallèle au plan des xy: donc la normale en ce point sera parallèle à l'axe des z; et d'après la disposition que nous avons admise au n° **223** pour les axes coordonnés, on voit que la normale MN du point brillant est telle qu'elle divise en deux parties égales l'angle S'MO' formé par le rayon lumineux et le rayon visuel, résultat qui s'accorde parfaitement avec ce que nous avons trouvé par d'autres considérations dans le n° **193**.

Si la surface en question était cylindrique ou développable, la condition précédente fournirait non pas un point, mais *une ligne brillante*, puisque les normales seraient toutes parallèles le long d'une même génératrice.

225. Les équations (7) et (8) n'admettent pas d'autres solutions que la précédente; car, pour la question physique, il faut rejeter toutes celles qui rendraient négative la quantité λ; et par la même raison, cette variable n'admet d'autre *minimum* que zéro, valeur qui s'obtient en posant

$$(9) \qquad\qquad 1 - a^2 p^2 = 0, \quad \text{d'où} \quad p = \pm\frac{1}{a}.$$

La première de ces deux solutions indique tous les points de la surface T pour lesquels le plan tangent est *parallèle à la droite* AS qui a été représentée par $x = az$; car l'équation générale du plan tangent

$$Z - z = p\,(X - x) + q\,(Y - y),$$

dans laquelle on poserait $Y = 0$ pour obtenir la trace sur le plan des xz, donnerait une droite parallèle à $x = az$, ce qui suffit bien pour que le plan tangent soit lui-même parallèle à cette direction, quel que soit d'ailleurs q. Il s'ensuit que le lieu des points de la surface T qui répondent à la première valeur (9), est précisément *la séparation d'ombre et de lumière* sur le corps T, et il est vrai de dire que la clarté apparente y est nulle, puisque nous ne tenons pas compte des reflets de l'atmosphère, dans les calculs précédents.

Quant à la seconde racine de l'équation (9), on verra de même qu'elle indique tous les points de la surface T où le plan tangent devient parallèle à la droite AO qui a été représentée par $x = -az$; donc le lieu de tous ces points est *le contour apparent* du corps T, puisque le spectateur est supposé ici placé à une distance infinie, dans la direction AO; et pour ce contour, la clarté apparente devient effectivement nulle, puisque les points situés sur cette limite cessent d'être vus par l'observateur.

226. On peut aussi se proposer de trouver, sur la surface du corps éclairé, *les courbes d'égale teinte*, ou plutôt les zones infiniment étroites dont chacune offrira dans tous ses points *la même clarté apparente*, et devra conséquemment être recouverte d'une teinte uniforme. Il suffit, pour cela, d'égaler à une constante arbitraire la valeur de λ tirée de (4) ou (6); et si l'on s'arrête à l'hypothèse du parallélisme pour les rayons lumineux et pour les rayons visuels, la condition sera

$$(10) \qquad\qquad \frac{1 - a^2 p^2}{1 + p^2 + q^2} = c,$$

laquelle, jointe à l'équation $F(x, y, z) = 0$ de la surface éclairée, déterminera les courbes cherchées. Chacune d'elles se distinguera des autres par la valeur particulière qu'on attribuera à c; mais cette constante devra toujours rester comprise entre o et 1, parce que la quantité λ a pour minimum zéro (n° **225**), et pour maximum B (n° **224**).

227. Prenons pour exemple la sphère

$$(11) \qquad\qquad x^2 + y^2 + z^2 = r^2;$$

ici on a $p = -\dfrac{x}{z}$, $q = -\dfrac{y}{z}$,   et la relation (10) devient

$$(12) \qquad\qquad z^2 - a^2 x^2 = c r^2,$$

laquelle, étant combinée avec l'équation de la sphère, conduit à

$$(13) \qquad\qquad y^2 + (1 + a^2) x^2 = r^2 (1 - c). \cdot$$

Les équations (12) et (13) sont donc les projections des courbes d'égale teinte sur la sphère, et l'on voit que ces courbes se projettent suivant des portions d'hyperboles sur le plan parallèle au rayon lumineux et au rayon visuel, tandis qu'elles se projettent suivant des ellipses sur le plan perpendiculaire à la normale du point brillant; d'ailleurs ces ellipses seront toujours réelles, puisque nous avons dit plus haut que la constante c devait rester comprise entre zéro et l'unité.

228. Dans une surface développable quelconque, on a toujours $p = f(q)$; et cette relation combinée avec la condition

$$\frac{1 - a^2 p^2}{1 + p^2 + q^2} = c,$$

ne pourra conduire évidemment qu'à des valeurs constantes de p et q, savoir :

$$p = \varphi (c) \quad \text{et} \quad q = \psi(c);$$

d'où l'on conclut qu'ici chaque courbe d'égale teinte, correspondante à une même valeur de c, est la suite des points pour lesquels le plan tangent demeure invariable; donc les courbes d'égale teinte ne sont autre chose que les diverses *génératrices rectilignes* de la surface développable, et cette conséquence s'applique en particulier aux cylindres et aux cônes.

229. D'après ces règles, si l'on veut représenter avec précision, par un

12

dessin lavé à l'encre de Chine, la forme d'un corps éclairé, tel que la sphère considérée au n° **227**, il faudra tracer sur ce dessin, par un trait légèrement marqué au crayon, les courbes d'égale teinte qui correspondent à des valeurs de c très-rapprochées les unes des autres, comme

$$c = 1, \quad c = \tfrac{9}{10}, \quad c = \tfrac{8}{10}, \quad c = \tfrac{7}{10}, \ldots\ldots, \quad c = \tfrac{1}{10}, \quad c = 0.$$

La première de ces courbes se réduira évidemment à un point unique, qui sera le point brillant de la surface, et autour duquel il faudra ménager un petit espace entièrement blanc. A partir de cette limite, on appliquera une première couche d'encre d'une intensité très-faible, et on l'étendra uniformément sur toute la surface jusqu'à la dernière courbe. Ensuite, entre la seconde courbe et la dernière, on étendra une seconde couche d'encre; puis, une troisième entre la troisième courbe et la dernière, et ainsi de suite. Enfin, il restera à fondre ces diverses zones les unes dans les autres, avec le secours d'un pinceau imbibé d'eau pure, afin que les divisions ne soient plus marquées d'une manière tranchée. Quant à la région du corps qui se trouvera en dehors de la dernière courbe répondant à $c = 0$ (courbe qui sera ordinairement le système de deux lignes distinctes, ainsi que nous l'avons dit au n° **225**), il faudrait la couvrir d'une teinte plus sombre encore, et uniforme, si l'on ne devait pas tenir compte des reflets de l'atmosphère qui éclaircissent un peu cette région, principalement dans certaines parties, comme nous le dirons plus loin.

230. Toutefois, pour la précision géométrique, nous devons faire observer que les divers degrés de clarté correspondant aux valeurs $c = \tfrac{9}{10}, \tfrac{8}{10}, \tfrac{7}{10}, \cdots$ ne sont pas exactement rendus par l'application réitérée, sur une même zone, de 1, 2, 3,... couches d'encre, identiques entre elles; la loi qui unirait les valeurs de c avec le nombre n des couches, serait celle qui existe entre les nombres et leurs logarithmes pour une *base* très-peu inférieure à l'unité; et sur cette matière, on lira avec intérêt les combinaisons ingénieuses exposées dans le Mémoire que nous avons cité à la note du n° **215**, ainsi que les opérations graphiques fort élégantes par lesquelles les Auteurs ont construit, en n'employant que la ligne droite et le cercle, les courbes d'égale teinte sur la sphère. Mais il nous paraît inutile d'insister davantage sur les procédés qui pourraient donner plus d'exactitude aux conséquences pratiques de cette théorie; parce qu'étant fondée sur des hypothèses qui font abstraction de certains phénomènes encore peu connus et des reflets de l'atmosphère, elle ne doit être considérée que comme fournissant au dessinateur *des indications approximatives*, lesquelles auront toujours besoin d'être modifiées par le sentiment qu'il acquerra en observant les corps éclairés dans des situations diverses, et par l'habitude de manier le pinceau.

Des reflets de l'atmosphère.

231. Jusqu'ici nous avons supposé que les rayons lumineux se mouvaient librement dans le vide; mais, en réalité, ils ont à traverser l'atmosphère qui n'étant pas douée d'une transparence parfaite, arrête une partie de ces rayons en les réfléchissant à la manière des corps opaques; ainsi, lorsqu'un faisceau de rayons lumineux tombe sur un élément superficiel d'un corps éclairé, il a déjà perdu de son intensité primitive. Il est vrai que cette première diminution est peu apparente, du moins quand il s'agit de la lumière solaire, et d'ailleurs elle est sensiblement égale pour tous les objets qui nous environnent, parce que leurs distances mutuelles sont fort petites en comparaison de l'étendue de la couche d'air que les rayons solaires traversent pour arriver jusqu'à eux. Mais, dans le retour de la lumière depuis l'objet éclairé jusqu'à l'œil du spectateur, l'interposition des molécules d'air diminue notablement la clarté apparente, et la rend beaucoup plus faible qu'elle ne serait en vertu des circonstances dont nous avons tenu compte pour parvenir à la formule (5) ou (6); d'ailleurs, sans chercher à exprimer la loi rigoureuse de ce décroissement, il est évident qu'il augmentera avec la distance où nous serons de l'objet éclairé. En outre, comme les rayons lumineux que réfléchissent vers nous les molécules de l'air interposé, seront empreints de la couleur de ces molécules, le mélange de ces rayons avec ceux qui nous arriveront directement de cet objet, jettera sur ce dernier une teinte bleuâtre qui sera d'autant plus prononcée que la masse d'air intermédiaire sera plus considérable; de sorte que l'éclat et même la couleur des objets lointains se trouveront ainsi altérés.

232. Cette influence de l'air interposé se manifeste aussi sur les ombres : elles seraient d'un noir absolu et invisibles, sans la présence des objets environnants et surtout de l'atmosphère, qui réfléchissent sur ces parties des rayons lumineux au moyen desquels l'obscurité est affaiblie et leurs formes sont rendues sensibles pour nous. Mais à ces reflets que la région ombrée renvoie à notre œil, se joignent les rayons lumineux réfléchis par les molécules d'air situées entre cette région et nous; de sorte que ces rayons contribuent à éclaircir encore les ombres, et y jettent aussi une teinte bleuâtre, qui toutefois ne devient sensible que quand la masse d'air intermédiaire est un peu considérable.

12.

233. Ainsi, quand on veut faire sentir dans un tableau, l'intervalle qui sépare deux objets inégalement éloignés, il est de principe de peindre celui qui
est le plus distant de couleurs moins vives, en éteignant les clairs et en affaiblissant l'intensité des ombres; et quand il s'agit de représenter des objets très-
lointains, les couleurs doivent prendre la teinte générale de l'atmosphère.

234. « Ce principe est bien connu (*), et même on l'exagère, et on en fait
souvent un abus qu'il est utile de signaler. D'après ce que nous avons dit, ce
n'est que quand la différence entre les intervalles qui séparent divers objets de
notre œil, devient considérable, qu'il en résulte une différence sensible entre
les effets produits par les masses d'air qui occupent ces intervalles, sur la lumière que ces objets nous renvoient. Si, par exemple, on a devant les yeux une
façade d'architecture dont une partie forme une saillie ou un avant-corps d'un
mètre, la couche d'air d'un mètre d'épaisseur, que les rayons visuels venant de
la partie en arrière-corps, ont à parcourir de plus que les autres, pour arriver
jusqu'à nous, ne leur ôte rien de leur intensité, ou du moins leur en ôte trop
peu pour que la diminution soit appréciable par nos sens. En supposant donc
l'avant et l'arrière-corps parallèles entre eux et semblablement éclairés, c'est à
tort qu'on établirait une différence entre les teintes qu'il faut donner à l'un et à
l'autre, comme le font beaucoup de dessinateurs; ils nous paraissent également éclairés, et doivent être représentés avec la même clarté.

» Cependant nous distinguons parfaitement, dans la réalité, qu'une partie
forme saillie sur l'autre : il n'est pas nécessaire pour cela que l'avant-corps
porte ombre sur la partie en arrière; et lors même que la direction des rayons
solaires et la position de l'œil sont tels qu'aucune ombre n'est apparente, on
juge sans peine quel est le plan le plus voisin, et quel est le plus éloigné. Il est
essentiel de reconnaître ce qui dirige à cet égard notre jugement, pour l'imiter
s'il se peut, et que la peinture avertisse l'œil par les mêmes moyens que ceux qui
l'avertissent dans la réalité.

» Représentons-nous toujours une façade d'architecture, d'un ton de couleur parfaitement uniforme, et dont une partie forme sur l'autre un avant-
corps. Si l'on place un obstacle quelconque, tel qu'une planche, qui nous dérobe la vue de l'arête par laquelle se termine l'avant-corps, il nous devient
impossible de juger laquelle des deux parties est la plus voisine de notre œil;

(*) Cet article est extrait des leçons de *Monge* publiées par M. Brisson, à la suite de sa
Géométrie descriptive.

mais si l'obstacle est enlevé, on en peut juger à l'instant. Cette expérience fort simple nous apprend donc que c'est par la manière dont la lumière agit sur l'arête qui termine l'avant-corps, que nous sommes avertis qu'il existe une saillie. Si l'arête dont il s'agit était une ligne droite mathématique, l'action de la lumière sur l'arête serait nulle, ou parfaitement inappréciable, et nous ne pourrions pas encore distinguer quelle est la partie qui est en avant-corps. Mais cette arête n'est jamais tranchante, jamais une ligne droite mathématique : les matériaux dont elle est composée ne sont pas d'une compacité absolue : les instruments dont on a fait usage pour les tailler ne sont point parfaits : on n'a point apporté au taillage une précaution infinie; et en sortant des mains de l'ouvrier, cette arête était déjà loin d'offrir une précision rigoureuse. Depuis, tout ce qui a pu la frapper ou simplement la frotter, a dû l'émousser davantage; et, définitivement, au lieu d'être une arête tranchante, c'est une surface arrondie que l'on peut considérer comme une portion de cylindre vertical circulaire, et d'un très-petit rayon; c'est par la manière dont la lumière agit sur cette surface cylindrique, et en est renvoyée à notre œil, que l'existence de la saillie nous est indiquée. »

235. Or, d'après les principes exposés aux nᵒˢ **221** et **224**, il doit y avoir sur le petit cylindre qui représente l'arête saillante de l'avant-corps, du côté où vient la lumière, *une ligne brillante* dont la clarté surpasse celle de la façade; cette ligne se détache d'autant mieux du fond général que la dégradation des teintes est très-rapide sur un cylindre d'un aussi petit rayon, et conséquemment cette ligne brillante avertit notre œil qu'il existe une saillie en cet endroit. Au contraire, sur l'arête de l'avant-corps, du côté opposé à la lumière, toutes les génératrices de ce petit cylindre auront une clarté apparente plus faible que celle de la façade; et comme la dégradation se fera très-rapidement, cette arête offrira l'apparence d'une ligne obscure qui nous annoncera l'existence d'un retrait dans les constructions.

Ainsi, pour reproduire ces circonstances sur le tableau, il faut appliquer la même teinte sur les deux plans parallèles dont se compose la façade; mais avoir soin de ménager aux arêtes qui sont du côté de l'ombre, un filet un peu obscur, et aux arêtes qui sont du côté de la lumière, un filet plus éclairé.

236. *Du rayon atmosphérique.* Nous avons dit que les rayons lumineux qui traversent l'atmosphère, se trouvent en partie arrêtés par les molécules de l'air dont la transparence n'est point parfaite. Ces molécules réfléchissent, à la manière des corps opaques, les rayons lumineux en les disséminant dans tous les sens; et il en résulte une lumière atmosphérique dont l'intensité est encore

considérable, et qui fait voir très-distinctement les corps sur lesquels ne tombent pas les rayons solaires; c'est aussi cette cause qui produit le crépuscule
du soir et du matin. Mais, pour chaque position du soleil, l'expérience montre
qu'il y a toujours une direction dans laquelle ces reflets ont une intensité
plus grande que dans toute autre, et cette direction est ce qu'on appelle *le
rayon atmosphérique principal.*

PL. 12,   Représentons-nous un corps opaque T, de forme quelconque, placé à une
FIG. 9.   assez grande hauteur au-dessus du sol XY pour être entièrement isolé et enveloppé de toute part par une grande masse d'air. Dans cette situation, si ce corps
est éclairé par les rayons solaires parallèles à SA, les reflets de l'atmosphère
exerceront leur effet maximum parallèlement à la direction RA *précisément opposée à* SA; et c'est ce que l'on a cherché à expliquer en regardant l'air comme
composé de globules sphériques, sur lesquels chaque faisceau lumineux incident s'épanouit d'autant plus qu'il fait un angle plus grand avec la normale;
l'intensité de la lumière reflétée diminuerait donc quand cet angle augmente, et
dès lors elle atteindrait son maximum dans la direction RA (*). Quoi qu'il en soit,
nous admettrons ce résultat comme un fait constaté par l'expérience, et il en
résulte que le corps isolé T se trouvera dans les mêmes circonstances que s'il
était éclairé, d'un côté par des rayons lumineux parallèles à SA, et de l'autre
par des rayons d'une lumière beaucoup plus faible, parallèles à RA; de sorte
que la région située dans l'ombre relativement à la lumière directe, offrira aussi
des dégradations de teintes et aura son point brillant, comme la région
éclairée.

PL. 12,   **237.** Mais, le plus souvent, les corps que nous observons sont placés près du
FIG. 10.   sol, ou même à sa surface; dans ce cas, le corps T ne peut plus recevoir que
les reflets dus à la portion de l'atmosphère qui est au-dessus de XY, et parmi
ces reflets, ceux qui ont le plus d'intensité seraient dirigés parallèlement à
l'horizontale HA, attendu qu'ils se rapprochent le plus possible du maximum
absolu rA. Mais il faut observer que les globules d'air se renvoient aussi mutuellement de la lumière, et qu'ainsi la région de l'atmosphère située au-dessus de
AH, est beaucoup plus éclairée que la région inférieure qui se trouve privée,

---

(*) Voyez la *Science du dessin* par M. Vallée (page 309), ouvrage auquel nous avons emprunté les principaux résultats de ce paragraphe, et où ce savant ingénieur a traité d'une
manière neuve et approfondie des questions d'optique très-intéressantes. On y trouvera aussi
des règles et des conseils précieux pour la perspective aérienne et pour la pratique du *lavis.*

par le voisinage du sol, de cette réciprocité. En tenant compte de cette cause et des masses d'air très-inégales qui environnent la direction AH, on sentira que le *rayon atmosphérique principal* RA doit s'élever au-dessus de HA, et l'on peut estimer l'angle RAH à environ 20 degrés, tant que le soleil n'est pas à plus de 25 degrés au-dessus de l'horizon. Il est d'ailleurs sous-entendu que le rayon atmosphérique RA et le rayon solaire SA sont toujours dans un même plan vertical.

Lorsque l'angle SAD augmentera, le reflet maximum qui serait toujours dirigé suivant HA sans l'action réciproque des diverses parties de l'atmosphère, aura une intensité moindre, parce qu'il sera plus écarté du maximum absolu dirigé suivant rA; donc ce reflet HA se trouvera dominé encore davantage par la lumière de la région supérieure de l'atmosphère, et conséquemment le rayon atmosphérique principal RA sera plus élevé que dans le cas précédent. Aussi on admet ordinairement que, quand l'angle SAD est de 45°, l'angle RAH est pareillement de 45°; de sorte que dans cette position du soleil, qui est la plus favorable pour un tableau, le rayon solaire SA et le rayon atmosphérique RA sont perpendiculaires l'un à l'autre.

238. Lorsque d'après la direction adoptée pour les rayons lumineux, on aura ainsi fixé approximativement celle du rayon atmosphérique RA, on cherchera les points de la région ombrée sur le corps, pour lesquels *le plan tangent est perpendiculaire*, ou approche davantage d'être perpendiculaire à RA; ce seront là les endroits de la surface où les reflets de l'atmosphère auront la plus grande intensité. Il faudra donc, sur le dessin lavé, et dans les environs de ces points, éclaircir notablement la teinte obscure, laquelle ne devra pas d'ailleurs être trop sombre sur le reste de la partie ombrée, parce que les reflets atmosphériques y seront encore un peu sensibles.

239. Par exemple, soit (BEFG, B'B"F"F') une tour cylindrique, de 12 ou PL. 12, 15 mètres de hauteur, éclairée par les rayons solaires parallèles à SA. La sépa- FIG. 11. ration d'ombre et de lumière sera formée par les deux droites (E, E'E") et (G, E'E"), qui seront les plus obscures de la surface latérale; la génératrice (B, B'B") sera la plus éclairée, parce que le plan tangent correspondant fait le plus grand angle avec SA, et la lumière diminuera graduellement de B en E, et de B en G. La génératrice (F, F'F"), quoique située dans l'ombre, sera la moins obscure de la région EFG, parce que le plan tangent correspondant à cette droite est celui qui approche davantage d'être perpendiculaire au rayon atmosphérique principal RA. La clarté ira donc en augmentant progressivement de E en B, et de E en F, mais beaucoup plus faiblement sur cette der-

nière partie que sur l'autre; des circonstances analogues se répéteront pour la
région BGF; et d'ailleurs ce que nous disons de chaque point de la base du
cylindre subsiste, en général, pour toute la longueur d'une même génératrice,
puisque le plan tangent a la même inclinaison dans tous les points de cette
droite.

Cependant, la lumière qui tombe sur le sol antérieur L'B' étant reflétée sur
le pied de la tour, le bas de la génératrice (B, B'B'') devra être encore plus
éclairé que le haut, et cette influence des reflets du sol se fera sentir sur les
génératrices de l'arc bBg voisin du point B, et jusqu'à une hauteur d'environ un
mètre, plus ou moins suivant la nature du sol. Au contraire, le haut de la génératrice (F, F'F'') sera un peu moins sombre que le bas, parce que le sommet
de la tour éprouve, de plus que la partie inférieure, les reflets envoyés de bas
en haut par la masse d'air qui est au-dessous de F''; d'ailleurs, le rayon atmosphérique, pour le point F'', est plus près d'être opposé au rayon solaire, et
par suite plus intense que pour le point F'.

240. Quant à l'ombre portée sur le sol, elle sera très-prononcée vers le
pied (F, F') de la tour; mais, en s'éloignant de ce point, elle s'éclaircira un peu,
et progressivement, attendu que chaque point M, N,.... du sol est évidemment soumis aux reflets d'une masse d'air d'autant plus grande qu'il s'éloigne
davantage de la tour; car la portion de l'atmosphère dont ce corps arrête les
reflets pour le point M est comprise dans un cône engendré par une droite
qui glisserait sur la tour en passant constamment par ce point M. Toutefois,
ces reflets ayant une direction assez oblique, ils ne diminueront que faiblement l'intensité de l'ombre portée sur le sol.

Au reste, les remarques précédentes et toutes les règles théoriques exposées
dans ce chapitre, loin de dispenser d'étudier la nature elle-même, n'ont pour
but que de rendre cette étude plus fructueuse, en montrant au dessinateur par
quels principes il doit chercher à se rendre compte des effets de lumière qu'il
observera, et apprécier les causes accidentelles qui modifient souvent les résultats généraux; car c'est par une étude ainsi raisonnée qu'il deviendra capable
de prévoir et de reproduire ces effets divers, lorsqu'il n'aura plus sous les
yeux des modèles en relief.

LIVRE II.

————•○•————

CHAPITRE PREMIER.

NOTIONS GÉNÉRALES.

241. Un corps n'est visible pour nous, qu'autant que nos yeux sont frappés par les particules de lumière qui émanent directement de cet objet, s'il est *lumineux* par lui-même, ou qui sont reflétées dans toutes les directions par sa surface, si c'est simplement *un corps éclairé* et mat. Dans l'un et l'autre cas, l'expérience montre que chacune de ces particules de lumière se meut constamment en ligne droite, tant qu'elle ne change pas de milieu, et qu'elle ne rencontre pas d'obstacle qui l'absorbe ou la réfléchisse; cette droite est ce qu'on appelle un *rayon lumineux*, ou plutôt il faut entendre par là la série de particules lumineuses qui partent incessamment du même point de l'objet éclairé, et qui suivent la même route rectiligne. Un *rayon visuel*, au contraire, est une droite fictive que l'on conçoit menée de l'œil du spectateur à un point de l'objet considéré. Nous disons ici l'*œil* du spectateur, parce qu'il faut bien, en Géométrie, nous borner à une station unique; d'ailleurs, dans les cas ordinaires, les sensations reçues par les deux organes de la vue et transmises au cerveau, étant tout à fait semblables, elles produisent dans notre âme une seule et même impression qui nous donne l'idée d'un objet unique, excepté quand nous sommes trop près de cet objet pour que la vision soit distincte (*).

———————————

(*) La distance à laquelle se fait ordinairement la vision distincte, pour les petits objets, est d'environ 20 à 25 centimètres; mais en plaçant convenablement un très-petit corps à 3 ou 4 centimètres de nos yeux, il est vu *double*, parce qu'alors les axes optiques des deux globes oculaires étant dirigés très-obliquement et en sens opposés, les deux sensations ne sont plus semblables. En outre, il faut avouer que, sur une surface convexe, le fût d'une colonne par exemple, placée à deux ou trois mètres de distance, nous apercevons avec nos deux yeux quelques points que nous ne verrions pas avec un œil seulement; parce que le contour apparent (n° 242) n'est pas le même dans les deux cas. Mais ces différences sont très-peu sensibles ordinairement; et d'ailleurs elles sont au nombre des causes inévitables qui nous font distinguer un tableau plan d'avec un objet en relief.

PL. 13,   **242.** La première conséquence qui résulte de ces principes, c'est que d'un

FIG. 1.   *point de vue* O qui reste fixe, nous ne pouvons jamais apercevoir en totalité la surface d'un corps isolé AMBQ, quand bien même elle serait éclairée dans toutes ses parties par plusieurs foyers de lumière; car, si l'on imagine tous les rayons visuels OM, ON, OP,..., tangents à cette surface, ils formeront un cône qui la touchera suivant une ligne MNPQRM, au delà de laquelle tout point de la surface, tel que D, sera invisible, puisque les rayons lumineux qui partiraient de D ne pourraient arriver à l'œil O qu'en traversant le corps que nous supposons opaque. Cette ligne MNPQR, qui changera ordinairement avec la position assignée pour l'œil, est nommée *le contour apparent* de l'objet vu du point O; et on la déterminera, dans chaque exemple, par les méthodes exposées au chapitre Ier du livre V de la *Géométrie descriptive*.

FIG. 2.   **243.** Toutefois, observons que si l'enveloppe extérieure du corps n'est pas une surface géométrique continue, comme il arrive dans le cas d'un cylindre fermé par deux cercles, le cône circonscrit dont nous venons de parler, se composera de deux plans OPQ, OMS, tangents au cylindre, et de deux portions de surfaces coniques ayant pour bases les arcs MNP et QRS; alors le contour apparent serait la ligne mixte MNPQRSM. Si le corps proposé était un polyèdre, le cône circonscrit serait le système de plusieurs plans menés par le point O et par diverses arêtes choisies de manière qu'aucun de ces plans ne coupât le polyèdre; or, dans chaque exemple particulier, ce choix est trop facile à faire pour que nous ayons besoin d'y insister ici. Nous dirons seulement qu'en général, il faudra faire mouvoir une droite indéfinie, autour du point O, de telle sorte qu'elle s'appuie constamment sur l'enveloppe extérieure du corps, sans la pénétrer; et la suite des points communs à cette droite mobile et au corps, formera le contour apparent, ou la limite des parties visibles pour l'observateur placé en O.

PL. 13,   **244.** Un autre fait important à établir, c'est que, si nous apprécions bien la

FIG. 3.   direction sous laquelle nous arrive le rayon lumineux AO parti d'un point déterminé A d'un objet, et l'angle optique AOB sous lequel nous voyons une de ses dimensions AB, nous ne pouvons pas juger, du moins *à priori,* de la distance à laquelle cet objet se trouve placé, ni de la grandeur absolue de AB; car la droite A'B' produirait dans notre œil la même image que celle qui est produite par AB. Cette assertion semble contredite par les jugements assez exacts que nous portons sur la distance et la forme des corps qui se trouvent à la portée ordinaire de la vue; nous savons bien distinguer lequel de deux corps est en avant de l'autre, et conséquemment lequel est le plus petit, quoique vus tous deux sous le même angle optique : mais nous opérons alors par comparaison avec d'autres objets voisins, dont les dimensions ou l'éloignement nous sont connus par le toucher ou par des mesures directes. Tantôt nous apercevons qu'un corps cache en partie un autre corps, ou projette son ombre sur lui, et c'est assez pour manifester leur position relative; tantôt nous apercevons une arête obscure ou brillante, laquelle nous avertit que la première face est en avant de la seconde; d'autres fois, nous comparons la direction du rayon visuel avec des murs que nous savons être verticaux, ou avec le sol que nous savons être horizontal, et nous concluons que le point considéré, par exemple le pied d'une table, est placé précisément à la rencontre de ce rayon visuel avec le sol, et non en deçà, parce que autrement il se trouverait suspendu sans appui. Il est vrai, néanmoins, que pour des distances de quelques décimètres, nous avons un indice dans l'effort musculaire que nous faisons pour diriger, sur un même point de l'objet considéré, les *axes optiques* des deux globes de nos yeux; car cet effort, selon qu'il est plus ou moins grand, nous avertit que le point considéré est plus ou moins près de nous; mais la variation de cet angle des deux axes optiques devient tout à fait insensible, lorsqu'il s'agit de corps dont nous sommes éloignés de plusieurs mètres. Aussi, quant aux objets disséminés dans une campagne, nous jugeons de leur éloignement par l'intensité plus ou moins grande de la lumière qu'ils réfléchissent; ou bien nous comparons la direction du rayon visuel avec des alignements fixes, tels que des routes, des rangées d'arbres; et nous comptons, en quelque sorte, tous les objets intermédiaires pour apprécier la distance qui nous sépare de celui que nous considérons spécialement. On voit donc que, dans les jugements portés sur les distances au moyen de nos yeux, il entre beaucoup de notions accessoires qu'une longue habitude a pu seule nous faire acquérir, en comparant fréquemment les sensations reçues par les organes de la vision, avec les rapports de nos autres sens. Car il nous faut apprendre à regarder; et un aveugle de naissance, à qui l'on rend l'usage de ses yeux par l'opération de la cataracte, commence par porter des jugements très-faux sur l'éloignement où il se trouve des objets qui l'environnent.

Pour appuyer les remarques précédentes, il suffit d'observer que nous tombons nous-mêmes dans des erreurs semblables, lorsqu'on nous enlève les moyens de comparaison dont je parlais plus haut. Ainsi les étoiles et les planètes, quoique placées à des distances immensément inégales, nous apparaissent toutes comme situées sur une même sphère, parce que nous manquons de points intermédiaires pour apprécier leur éloignement différent. Par la même

13.

cause, le disque de la lune nous paraît plus petit au zénith qu'à l'horizon, où cependant cet astre est plus loin de nous d'environ 1500 lieues; mais c'est qu'alors nous apercevons beaucoup d'objets intermédiaires, des maisons, des arbres, des montagnes, qui nous avertissent de l'énormité de la distance; et de cette donnée notre jugement conclut, à tort néanmoins, que les dimensions absolues doivent être plus grandes à l'horizon, quoiqu'elles soient vues sous un angle optique qui est réellement moindre qu'au zénith (*). Sur le rivage d'une mer ouverte, un spectateur apprécie très-mal les distances; et si on lui fait regarder la campagne au travers d'un simple tube cylindrique, dépourvu de verres, mais qui ne lui laisse apercevoir qu'un objet à la fois, il jugera telle maison, tel arbre, beaucoup plus rapproché de lui qu'il ne le ferait à l'œil nu, lorsqu'il pourrait les comparer avec les objets voisins. Enfin, dans ces grands tableaux de perspective qu'on nomme des *Panoramas*, nous croyons placés à deux ou trois mille mètres de nous, des objets qui n'en sont qu'à quelques toises; or cette illusion, dont il est souvent impossible de se défendre, tire principalement sa force de ce que l'on a eu soin d'isoler entièrement le spectateur, et de cacher à ses regards tout ce qui est en contact immédiat avec le tableau même; aussi l'illusion disparaît dès que nous apercevons les bords du cadre, ou des objets intermédiaires qui nous font rectifier les premiers rapports de nos yeux.

PL. 13,
FIG. 3.
245. De toutes ces observations, résulte donc ce principe général : un point lumineux ou éclairé, placé où l'on voudra sur le même rayon visuel, soit en A, A′ ou A″, produira la même impression sur l'œil O; et deux droites AB, A′B′, comprises entre les mêmes rayons visuels, formeront la même image dans l'œil O, de sorte qu'elles paraîtront avoir la même grandeur et la même position; du moins, en faisant abstraction de tous les corps environnants, et de la diminution d'éclat qui résulte d'une plus grande masse d'air interposée entre l'observateur et l'objet en question.

Si donc on veut obtenir *la perspective* d'un objet ABCE, c'est-à-dire sa représentation fidèle sur une surface plane ou courbe VXY, nommée *le tableau*, il

---

(*) On pourrait objecter que la réfraction atmosphérique, qui est très-forte à l'horizon, augmente réellement le disque de la lune; mais cette cause, dont le résultat est déjà très-faible pour le diamètre vertical, parce qu'il n'y reste que la différence de deux réfractions peu éloignées, n'existe plus, ou plutôt agirait en sens contraire sur le diamètre horizontal; et néanmoins ce dernier paraît encore sensiblement plus grand à l'horizon qu'au zénith.

faudra imaginer que, du *point de vue* O, on a mené des droites à tous les points du contour apparent de cet objet, ainsi qu'aux autres points remarquables de sa partie visible, tels que les sommets, les arêtes saillantes, etc.; ensuite on cherchera les points d'intersection de ces rayons visuels avec la surface du tableau, et la suite de tous ces points formera une figure A′B′C′E′ qui sera comme le portrait de l'objet original. En effet, les rayons lumineux que les divers points A′, B′, C′,... enverront à l'œil O du spectateur, comprendront entre eux les mêmes angles que formeraient les rayons partis de A, B, C,...; donc les premiers produiront dans cet œil les mêmes images qu'auraient produites les autres; et quoique les distances absolues soient différentes, le spectateur placé en O ne s'en apercevra pas, surtout si l'on applique sur les points A′, B′, C′,... les teintes et les dégradations de lumière que présentaient les diverses parties de l'objet primitif. Car ce sont là des circonstances qui entrent pour beaucoup dans les jugements que nous portons, au moyen des yeux, sur la forme des corps et sur leurs distances : mais cette dernière opération est l'objet de *la perspective aérienne*, dont nous n'avons pas à nous occuper ici.

246. Puis donc que le tracé d'une *perspective linéaire* se réduit à trouver les points d'intersection d'un système de droites avec un plan ou une surface courbe donnée, il est évident que les méthodes générales de la Géométrie descriptive suffiront toujours pour effectuer de telles opérations; et il convient d'y avoir recours en effet, lorsque l'objet en question se termine par des surfaces courbes un peu compliquées, comme nous en citerons des exemples à l'occasion du *Tore* et du *Piédouche*. Mais dans les cas ordinaires où *le tableau est un plan vertical*, et où les objets ne présentent que des contours rectilignes ou circulaires, des faces planes ou cylindriques, alors on emploie des procédés plus commodes, en ce qu'ils dispensent d'établir deux plans de projection. Nous commencerons par exposer ces méthodes particulières, après avoir fait encore quelques remarques générales.

247. On suppose ordinairement que le tableau est placé entre l'objet original et le point de vue, parce qu'alors la pyramide formée par les rayons visuels qui aboutissent aux divers points du contour de l'objet, se trouve coupée par le tableau entre sa base et le sommet, et donne lieu à une perspective dont les dimensions générales sont moindres que celles du corps primitif; or, ce résultat convient mieux à la représentation des corps qui nous environnent, et dont la plupart ont des dimensions naturelles qui surpassent déjà la grandeur des cadres de nos tableaux. Au surplus, toutes les méthodes dont nous allons parler, s'appliqueraient également bien à un tableau placé en arrière de l'objet, ou qui couperait cet objet; il en résulterait seulement que les dimensions des parties qui seraient situées en avant du tableau, se trouveraient en général agrandies.

248. Pour qu'une perspective tracée sur un tableau quelconque produise un effet satisfaisant, il est bien évident que le spectateur doit se placer précisément au point de vue qui a été adopté par le dessinateur; mais, à son tour, celui-ci ne doit pas choisir ce point d'une manière tout à fait arbitraire.

D'abord, il convient ordinairement de placer *le point de vue sur la perpendiculaire élevée par le centre du tableau*, parce que c'est dans cette position qu'un observateur ira plus naturellement se placer pour examiner la perspective. Cependant on doit abaisser davantage le point de vue, suivant la hauteur à laquelle le tableau doit être situé au-dessus du sol, et selon la nature du sujet, comme lorsqu'il s'agit d'un monument vu d'en bas. D'autres fois aussi, on peut reculer le point de vue un peu à droite ou à gauche, quand un motif grave conseille ce déplacement; par exemple, lorsque la scène principale doit se trouver près du bord latéral, ou qu'il existe un édifice dont la façade perpendiculaire au tableau a besoin de se développer sur une plus grande étendue.

249. Quant à *la distance du point de vue au tableau,* elle doit sans doute varier avec le genre du sujet et la nature des détails qu'il renferme; mais, pour que la vision soit bien distincte, et que le spectateur puisse embrasser tout le champ du tableau, sans être obligé de tourner la tête, il est convenable que la distance en question reste *comprise entre* UNE FOIS *et* TROIS FOIS *la largeur du tableau,* ce qui donne un angle visuel maximum compris entre 50° et 20°, en supposant que le point de vue réponde au centre du tableau. Néanmoins, on peut descendre jusqu'à rendre la distance en question *égale à* LA MOITIÉ *de la largeur du tableau,* ce qui répond à un angle visuel maximum de 90°, lorsque la scène a beaucoup de profondeur, et présente des détails éloignés que l'on veut faire apercevoir, comme il arriverait pour un champ de bataille.

250. Mais, dans tous les cas, il ne faut pas que les rayons visuels rencontrent le tableau sous un angle moindre que 45°. En effet, nous avons l'habitude de nous tourner à peu près en face des objets que nous voulons considérer; et c'est même une condition nécessaire pour que l'image formée au fond de notre œil soit bien nette, et pour que la vision ne devienne pas pénible par l'effort qu'il faudrait faire pour diriger très-obliquement les *axes optiques* des deux globes de nos yeux. Si donc nos regards tombent très-obliquement sur une perspective, elle nous paraîtra défectueuse, quoiqu'elle soit bien régulièrement tracée; les dimensions des *lignes fuyantes* (c'est-à-dire des droites originales non parallèles au tableau) nous sembleront exagérées, quoiqu'elles répondent à des angles visuels exacts, parce que nous n'avons pas l'habitude de regarder les corps sous cet aspect, et que notre œil apprécie mal la longueur d'une droite qui est presque parallèle à l'axe optique. Ainsi, il faut éviter de choisir des données qui conduiraient à de semblables résultats.

C'est aussi par des causes analogues que les tableaux peints sur des plafonds, ou sur la surface intérieure d'un dôme, produisent rarement un effet agréable sous le rapport de la perspective. Car, n'étant pas habitués à tourner nos regards dans une direction presque verticale, nous apprécions mal la dimension des lignes d'après la grandeur des angles visuels, et nous rencontrons des *raccourcis* qui nous paraissent choquants; aussi faut-il qu'alors le peintre habile s'écarte quelquefois de l'exactitude géométrique, pour se plier à des modifications qui plaisent mieux à nos regards. D'après ces remarques, on doit sentir que la meilleure espèce de tableau pour une scène un peu vaste serait une zone cylindrique de médiocre hauteur, parce que les rayons visuels partis d'un point de l'axe rencontreraient partout le tableau sous des angles peu différents de 90°; et c'est, effectivement le choix qu'on a fait dans les *panoramas*.

251. Cependant on exécute quelquefois des perspectives pour lesquelles le point de vue est placé de manière que les rayons visuels tombent très-obliquement sur le tableau; mais alors on les nomme des *perspectives curieuses*. Car, en présentant un pareil tableau à un observateur, qui naturellement le regardera de face, il n'y apercevra que des contours irréguliers ou difformes, qui rendront l'objet méconnaissable; tandis que si l'on fixe l'œil de ce spectateur au véritable point de vue, par le moyen d'un petit trou pratiqué dans une cloison qui lui cache les autres corps environnants, et ne lui laisse apercevoir que la perspective en question, il la jugera tout autrement, et y reconnaîtra souvent un objet gracieux qui lui causera une surprise agréable. Nous en dirons quelques mots plus loin (n° 526), après avoir exposé les méthodes élémentaires que nous avons annoncées au n° **246.**

CHAPITRE II.

MÉTHODE DES POINTS DE FUITE.

PL. 13, **252.** Pour faire usage de cette méthode, on suppose toujours que le tableau
FIG. 3. est *un plan* VXY ; nous le regarderons comme étant vertical, et en avant sera
placé *le point de vue* O, c'est-à-dire la position qu'occupe l'œil du spectateur.
Alors, si ABM représente une droite indéfinie, située d'une manière quelconque dans l'espace, et qu'on lui mène les divers rayons visuels OA, OB, OM,...,
il suffirait évidemment de trouver les points A′, B′, M′,... où ces différents
rayons vont percer le tableau, pour obtenir la perspective A′B′M′ de la droite
proposée. Or, tous ces rayons sont nécessairement dans le plan AOB déterminé
par le point O et la droite AB; donc la perspective demandée ne sera autre
chose que l'intersection du plan OAB avec le plan VXY, et conséquemment
cette perspective sera une droite.

253. Pour la construire de la manière la plus commode, cherchons d'abord
la trace T de la droite AB, c'est-à-dire le point où elle vient percer le tableau :
ce point T appartiendra évidemment à l'intersection des deux plans OAB et
VXY, et par conséquent à la perspective cherchée. Ensuite, menons par l'œil O
une parallèle OF à la droite originale AB : cette parallèle sera évidemment comprise dans le plan OAB des rayons visuels, et conséquemment le point F où
elle ira percer le tableau, et qui s'appelle *le point de fuite* de AB, appartiendra
encore à la perspective demandée, laquelle sera ainsi TF. De là résulte cette
règle générale qui sert de base à la méthode actuelle :

Pour trouver la perspective d'une droite indéfinie AB, *cherchez* LA TRACE T *de
cette droite, et son* POINT DE FUITE F ; *puis, joignez ces deux points par une
droite* TF.

254. La dénomination de *point de fuite* attribuée au point F où le tableau
est rencontré par le rayon visuel qui est parallèle à la droite originale AB,
s'explique en observant que si l'on tire les rayons visuels OA, OB, OM,..., ils
rencontreront le tableau sur TF, en des points A′, B′, M′,..., qui approche-
ront d'autant plus de F que les points A, B, M,... s'éloigneront davantage du
tableau, dans la direction AB ; ainsi les objets semblent *fuir* dans le lointain, à
mesure que leur perspective s'approche du point F, lequel est réellement la
perspective du point situé à une distance infinie sur ABM.

255. Ce point F est aussi nommé le *point de concours* de la droite originale

AB; parce que si l'on veut obtenir la perspective d'une autre droite CE, qui soit parallèle à AB, la règle du n° **253** nous conduira évidemment à employer encore la même parallèle OF, avec la trace R de CE sur le tableau; de sorte que la perspective de CE sera la droite RF qui *concourt* ainsi avec TF, perspective de AB, vers le même point F du tableau (*). De là résulte ce principe général.

Toutes les droites de l'espace qui sont parallèles à une même direction, ont pour perspectives des droites qui concourent vers un même point, lequel se détermine en conduisant par l'œil une parallèle aux droites originales.

256. Il n'y a d'exception à ce principe que quand les parallèles originales sont en même temps *parallèles au tableau*, comme AE et BC; car alors leur point de fuite serait évidemment à l'infini, de sorte que *les perspectives* A′E′ et B′C′ *devront être parallèles entre elles*. En outre, je dis que *ces perspectives seront* aussi *parallèles aux droites originales;* car on sait, par la Géométrie élémentaire, qu'un plan OAE, qui passe par une droite AE parallèle au plan VXY, ne peut couper celui-ci que suivant une droite A′E′ parallèle à AE. Ainsi, des lignes *verticales* auront toujours pour perspectives d'autres droites qui seront pareillement *verticales*, du moins lorsque le tableau sera lui-même un plan vertical, comme nous le supposons dans tout ce chapitre.

257. La règle du n° **253** fournira donc un moyen simple de trouver la perspective d'une droite indéfinie, excepté quand elle sera *parallèle au tableau*, ou bien quand sa trace ou son point de fuite se trouveront trop éloignés. Mais, dans ces deux cas, il suffira de chercher les perspectives de deux points de la droite proposée, au moyen du procédé suivant; puis, de joindre ces perspectives par une droite indéfinie.

258. Pour obtenir la perspective d'un point isolé, on mène par ce point deux droites arbitraires (par exemple deux horizontales, et dans la direction la plus commode); puis, en construisant les perspectives de ces droites auxiliaires, leur point de section sur le tableau sera évidemment la perspective du point primitif.

259. On opérera de même pour trouver la perspective d'un point déterminé A, qui appartient à une droite indéfinie ABM dont on a déjà la perspective; mais il suffira ici de mener par ce point A une seule droite auxiliaire.

(*) Certains auteurs ont encore désigné ce point F sous le nom de *point accidentel*, ou *point évanouissant*.

14

260. Jusqu'ici nous n'avons fait qu'indiquer, dans l'espace, les constructions à employer, et il reste à montrer comment on parvient à les effectuer toutes sur le plan même du tableau.

Pl. 13,   Soit donc VXY le tableau vertical, en avant duquel est situé le *point de*
Fig. 5. *vue* O ou l'œil du spectateur. Si de ce point nous abaissons sur le tableau la perpendiculaire OP, ce sera le *rayon principal;* et le point P, qui est seulement la projection du point de vue sur le tableau, sera désigné sous le nom de *point principal.* En traçant par ce point P l'horizontale DPD′ sur le plan VXY, nous aurons *la ligne d'horizon,* qui n'est autre chose que l'intersection du tableau avec le plan horizontal conduit par l'œil O; et l'on prévoit bien que c'est sur cette ligne DD′ que seront placés *les points de fuite* de toutes *les droites horizontales*, puisque (n° 253) les rayons visuels parallèles à ces droites se trouveront nécessairement contenus tous dans le plan d'horizon ODD′.

261. Si nous prenons sur la ligne d'horizon, les deux longueurs PD et PD′ égales chacune à PO, les extrémités D et D′ seront ce qu'on nomme les *points de distance;* parce que l'intervalle PD ou PD′ indiquera bien, en rabattement, quelle est la distance de l'œil en avant du tableau. D'ailleurs, *ces points D et D′ seront toujours les points de fuite* (n° 254) *des droites horizontales qui formeront un angle de* 45° *avec le tableau;* car, pour une pareille droite, la parallèle qu'on lui mènerait du point de vue O, serait évidemment dans le plan d'horizon OPD, et elle irait rencontrer le tableau sur DPD′, en formant avec cette ligne et OP un triangle rectangle qui devrait être isocèle, comme ayant un angle égal à 45° : donc la base de ce triangle sera bien la distance PD ou PD′, selon que la droite originale se trouvera dirigée vers la gauche ou vers la droite.

262. Observons aussi que *le point principal* P *sera le point de fuite de toutes les droites perpendiculaires au tableau;* car si, d'après la règle du n° 253, on mène de l'œil O une parallèle à ces droites, ce sera précisément le rayon principal OP qui rencontre bien le tableau en P.

Fig. 5.   **263**. Maintenant, par *la base* XY *du tableau,* c'est-à-dire le côté inférieur du rectangle vertical qui limite ce tableau, conduisons un plan horizontal GXY*g* nommé le *plan géométral,* parce qu'il sert à décrire la forme et la position de l'objet original situé derrière le tableau (*). Soit alors AB une droite quelcon-

---

(*) Le plan géométral que quelques auteurs appellent *le plan objectif*, parce qu'il supporte ordinairement l'objet original, pourrait être choisi plus bas ou plus haut que *la base* XY; et alors il couperait le tableau suivant une parallèle à XY, qui s'appellerait simplement *la ligne de terre*, mais dont la distance à XY devrait être assignée.

que située dans ce plan géométral : pour en avoir la perspective, il faudrait (n° 253) prolonger AB jusqu'à la base XY, ce qui donnerait *la trace* T sur le tableau ; ensuite imaginer le rayon visuel OF parallèle à AB, lequel étant horizontal, irait nécessairement percer le tableau sur la ligne d'horizon DD', en un point F qui serait le *point de fuite* de AB ; puis enfin tracer TF qui serait la perspective de AB. Or, pour effectuer toutes ces constructions sur un seul plan, imaginons que le plan d'horizon OPD a été rabattu sur le tableau, en tournant autour de DD' dans le sens indiqué par la flèche, ce qui transportera le point de vue O en O' sur *la verticale* PZ *du tableau*, et fera prendre au rayon visuel OF la position O'F : imaginons aussi qu'en même temps le plan géométral GXY*g* a tourné autour de XY pour s'abattre sur le tableau dans le sens indiqué par la flèche, ce qui transportera la droite TAB en T*ab*. Alors, par ce double rabattement, les droites T*ab* et O'F se trouveront encore parallèles entre elles ; car les angles BTY et OFD, qui étaient égaux par suite du parallélisme des lignes TB et OF, n'ont pas changé de grandeur en tournant autour des charnières TY et FD ; ainsi les angles *b*TY et O'FD sont encore égaux et situés dans le même plan : donc les droites T*b* et O'F sont bien parallèles l'une à l'autre.

Il suit de là que, sans recourir au point de vue O situé dans l'espace, nous pourrons obtenir le point de fuite F, en traçant sur le tableau la droite O'F parallèle à T*ab* ; et d'ailleurs cette dernière ne sera autre chose que la *position donnée* de la droite originale TAB, quand le géométral aura été rabattu sur le même plan que le tableau.

264. Toutefois, comme il résulterait de là l'inconvénient que la place G'XY*g'* occupée par le géométral rabattu, se confondrait avec les résultats de la perspective, on imagine en outre que le tableau a été transporté parallèlement à lui-même, au-dessus du géométral, de manière que la base XY soit remontée à une distance arbitraire, en G'*g'* par exemple, ce qui n'altérera point encore le parallélisme de droites T*ab* et O'F. Alors ces deux plans occuperont les positions indiquées dans la *fig.* 6, où GXY*g* est le géométral et V'X'Y' le tableau ; mais il faudra bien se rappeler que la vraie position de ce dernier, en avant des objets tracés sur le géométral, est indiquée par la droite XY, qui est la véritable base du tableau. Voici donc l'ordre à suivre dorénavant dans les opérations graphiques :

265. PERSPECTIVE D'UNE DROITE, *indéfinie, située sur le géométral.* — Après avoir marqué sur le géométral la droite donnée AB, et la vraie position XY de

PL. 13,

FIG. 6.

14.

la base du tableau, on transportera cette base en X′Y′; on marquera sur le tableau V′X′Y′ ainsi déplacé, le point principal P choisi suivant les convenances du problème (n° 248), la ligne d'horizon et les points de distance D et D′, ce qui déterminera complétement la position qu'aurait le point de vue en avant du tableau. Ensuite, on rabattra ce point de vue sur la verticale PZ′ du tableau, en prenant PO′= PD, et l'on tirera O′F parallèle à la droite donnée AB, ce qui fournira le point de fuite F de AB. Enfin, on prolongera AB jusqu'à sa rencontre T avec la vraie base XY du tableau (et non pas avec X′Y′); puis, on reportera cette trace T en T′ sur X′Y′, et T′F sera (n° 255) la perspective de AB indéfiniment prolongée.

266. PERSPECTIVE D'UN POINT *assigné sur une droite.* — Soit A le point assigné sur la droite AB; il suffira de tirer par ce point *une horizontale auxiliaire* dont on cherchera la perspective, comme on l'a fait pour AB; et la rencontre des deux perspectives donnera évidemment la perspective du point A commun aux deux droites originales. Mais il importe de choisir la droite auxiliaire de manière à rendre les constructions aussi simples que possible, et voici les directions les plus avantageuses.

267. *Premier moyen.* Menons par le point A la droite AR perpendiculaire au tableau. Elle rencontrera ce plan au point R qui sera sa trace, et devra être reporté en R′ sur X′Y′(*); d'ailleurs le point de fuite de AR est connu immédiatement, car il est en P (n° 262); donc la perspective de AR est R′P qui, par sa rencontre avec T′F, fournira le point A′ perspective de A. Mais ici cette rencontre ayant lieu assez obliquement, la position du point A′ ne serait pas déterminée avec précision, et il vaudra mieux recourir au moyen suivant.

268. *Deuxième moyen.* Tirons par le point A la droite auxiliaire AC inclinée à 45° sur le tableau; elle aura pour point de fuite le point de distance D (n° 261), et pour trace le point C qu'il faut reporter en C′; donc C′D sera la perspective de AC, et par conséquent le point A′ où elle coupera T′F sera la perspective du point A.

Observons que la pratique de cette règle se réduit, sans tracer AC, à porter la distance AR de R′ en C′, et à joindre ce dernier point avec D : opération très-simple.

(*) Pour une pareille droite, il est indifférent de prolonger AR vers XY ou vers X′Y′; et comme ce dernier parti est plus court, on doit le préférer ici.

269. *Troisième moyen*. Appliquons ce nouveau procédé à la détermination du FIG. 6.
point B de la droite TAB qui a déjà pour perspective indéfinie T'F, et décrivons
avec les rayons TB et FO' deux arcs de cercle BL et O'O''. Alors, si nous tirions la corde BL, elle aurait pour trace le point L que l'on transporterait en
L'; et pour avoir le point de fuite de cette même corde, il faudrait lui mener
une parallèle partant de l'œil rabattu en O' (n° 265); mais il est clair que cette
parallèle serait précisément la corde O'O'', attendu que les triangles isocèles
BTL et O'FO'', ayant leurs angles aux sommets égaux, sont nécessairement semblables, et par suite les bases BL et O'O'' sont parallèles. Donc le point de
fuite de la corde BL sera bien en O'', et sa perspective sera ainsi O''L' qui rencontrera T'F au point B', perspective de B. C'est la méthode dite *par la corde
de l'arc* : on entend parler de l'arc que décrirait le point en question B, si l'on
rabattait la droite donnée BT sur la base XY du tableau, et le rayon visuel O'F
sur la ligne d'horizon.

Observons aussi que la pratique de cette règle fort commode se réduira,
sans tracer les arcs ni leurs cordes, aux deux opérations suivantes : 1° porter la
longueur TB de T' en L', ce qui s'appelle *rabattre la droite donnée* BT *sur la
base du tableau;* 2° porter la longueur O'F de F en O'', ce qui s'appelle *rabattre
le rayon de fuite* O'F *sur la ligne d'horizon;* puis enfin, joindre le point L'
avec O'' (*).

(*) Nous avons voulu éviter ici d'employer le rayon visuel OA (*fig.* 5) qui, par sa rencontre
avec la perspective *totale* TF de la droite TA, aurait bien fourni la perspective A' du point
original A. Car les auteurs qui ont recours à ce moyen, sont conduits, pour opérer sur un seul
plan, à rabattre le rayon principal OP sur la partie supérieure Pz de la verticale du tableau, et
le géométral sur le prolongement du tableau au-dessous de XY, comme on le voit *fig.* 7 ;
puis, ils joignent les rabattements O, et A, des points O et A, par une droite O,A, qui doit
encore couper TF au même point A' que dans la *fig.* 5. En effet, sur cette dernière figure, les
triangles semblables ATA' et OFA' montrent que *la perspective totale* TF *est divisée au point* A'
COMME *la droite originale* AT EST AU *rayon de fuite* OF. Or, sur la *fig.* 7, les triangles semblables A,TA' et O,FA' prouvent aussi que TF est divisée au point A' dans ce même rapport;
donc le point A' ainsi obtenu sur la *fig.* 7 est identique avec le point A' de la *fig.* 5, et conséquemment la droite O,A, fournit bien en A' la perspective du point proposé A,. Mais ce procédé offre plusieurs inconvénients: d'abord il occupe plus de place sur le tableau, et les objets
tracés sur le géométral G,XYg, se trouvent *renversés*, c'est-à-dire que les points les plus bas
sont les plus éloignés derrière le tableau; ensuite, les droites ainsi obtenues se coupent
presque toujours sous des angles très-aigus, ce qui rend les constructions graphiques très-
défectueuses. Il est vrai que, pour obvier à ce défaut, les auteurs conseillent un nouveau

FIG. 6.   **270.** *Autre méthode pour la perspective d'une droite* AB. La méthode du
n° **265** suppose que l'on cherche d'abord la trace et le point de fuite de cette
droite; or, sans recourir à ces points, on pourrait mener par le point A deux
horizontales auxiliaires AR et AC, l'une perpendiculaire au tableau et l'autre à
45°, et leurs perspectives R'P et C'D suffiraient bien pour déterminer le point A';
puis, si l'on appliquait le même procédé au point B, on trouverait le point B',
et par suite on aurait la perspective demandée A'B', sans avoir employé d'autres points que P et D, qui sont des données immédiates de la question. Mais
cette méthode ne doit être employée que dans le cas où la trace T et le point
de fuite F se trouvent à des distances trop considérables; parce que, 1° elle
chargerait la perspective d'un polyèdre d'un grand nombre de lignes étrangères
au résultat; 2° l'obliquité de plusieurs de ces lignes produirait souvent, dans la
détermination isolée de chacun des points A' et B', des erreurs qui influeraient
sur la direction de A'B' d'une manière choquante pour l'œil. En effet, nous
sommes beaucoup plus sensibles à un défaut de direction qu'à une erreur sur
la longueur d'une droite; et si deux arêtes d'un polyèdre, que nous sentons
devoir converger dans un certain sens, convergent en sens contraire ou sont
parallèles, ce défaut ne manquera pas de frapper désagréablement l'œil le
moins exercé. Il est donc plus avantageux d'employer, toutes les fois que cela
est praticable, la trace T' et le point de fuite F qui déterminent sûrement la
direction même de la perspective cherchée A'B'.

FIG. 8.   **271.** DES DROITES HORIZONTALES *situées hors du géométral.* Une telle droite
sera définie en donnant sa projection AB sur ce plan, et sa hauteur *h* au-dessus de ce même plan; et comme elle sera nécessairement parallèle à sa projection AB, on mènera encore par l'œil rabattu en O' sur la verticale du tableau,
une droite O'F parallèle à AB, et F sera ainsi (n° **263**) le point de fuite de
la droite proposée. Ensuite, on prolongera AB jusqu'en T, qui sera seulement

---

rabattement du rayon de fuite FO, suivant FO", et de la droite TA, suivant TA"; alors la ligne
O"A" devra encore couper TF au même point A', puisque les triangles semblables TA"A' et
FO"A' donnent

$$TA' : A'F :: TA'' : FO'' :: TA_1 : FO_1.$$

Mais tous ces rabattements successifs nous paraissent difficiles à suivre pour le lecteur; et d'ailleurs, la dernière construction revient évidemment à la méthode directe du n° **269**, laquelle est
bien plus facile à justifier.

la projection de la trace de la droite proposée ; mais cette trace devant être évidemment sur la verticale T, et à une hauteur h, on prendra sur le tableau la verticale $T'T'' = h$, et $T''F$ sera la perspective de la droite originale qui était projetée sur AB.

272. Maintenant, pour trouver la perspective d'un point particulier de cette droite, tel que celui qui est projeté en A ou en B, il suffira de tracer sur le tableau *la ligne de terre* $X''Y''$ à la hauteur h au-dessus de la base $X'Y'$, et de répéter sur cette ligne de terre toutes les opérations que nous avons effectuées précédemment sur XY, par rapport aux points A et B du géométral ; car tout ce qui a été dit de ce plan aux nᵒˢ **265**, **266**, **270**, demeure vrai pour tout autre plan horizontal, avec le soin de *changer de ligne de terre*. Ainsi, par exemple, on concevra par le point de la droite projeté en A, une horizontale inclinée à 45° sur le tableau, laquelle étant projetée sur AC, viendra percer le tableau au point (C, C''); et comme son point de fuite est encore en D(nᵒ **261**), sa perspective sera C''D, qui coupera $T''F$ au point A'', perspective du point projeté en A. De même, par le point de la droite originale qui est projeté en B, on concevra la corde horizontale projetée sur BL, et dont la trace sera ici (L, L''), tandis que son point de fuite sera toujours en O'' (nᵒ **269**) : ainsi cette corde aura pour perspective L''O'' qui coupera $T''F$ en B'', perspective du point projeté en B.

273. Mais ces constructions se simplifieront, si l'on a eu déjà besoin de construire la perspective A'B' de la droite AB située sur le géométral même, comme dans le cas où il s'agirait des côtés correspondants sur les bases inférieure et supérieure d'un prisme vertical ; car alors, les points inférieurs A' et B' étant déjà connus sur le tableau, il suffirait d'élever les verticales A'A'' et B'B'' qui, en coupant $T''F$, détermineraient les perspectives A'' et B'' des sommets supérieurs. Cela est fondé sur ce que les arêtes verticales du prisme étant des droites *parallèles au tableau*, elles doivent rester *verticales en perspective* (nᵒ **256**), et conséquemment elles sont représentées sur ce tableau par les droites A'A'' et B'B''.

274. On voit ici que ces arêtes verticales qui ont la même hauteur absolue h, n'ont pas la même grandeur en perspective ; elles diminuent à mesure qu'elles s'éloignent derrière le tableau, et les deux droites T'F et T''F forment une *échelle de dégradation* qui peut servir à trouver, pour toutes les verticales égales à $T'T'' = h$, quelles grandeurs elles doivent avoir en perspective, à raison du *plan de front* dans lequel elles sont situées : on appelle ainsi tout plan parallèle au tableau.

Fig. 8.

FIG. 8. Par exemple, soit une verticale égale à h, et projetée en M sur le géométral. Après avoir construit la perspective M′ du point M, par un des moyens précédents, je tire l'horizontale M′N′ qui représente bien sur le tableau (n° **256**) la trace MN du plan de front où est située la verticale M. Ensuite, si l'on imagine que cette dernière droite soit transportée parallèlement jusqu'en N, elle se trouvera alors comprise entre les deux horizontales projetées sur AB, et qui ont pour perspectives T′F et T″F; donc N′N″ sera la perspective de la verticale h projetée en N, et c'est aussi *la grandeur qu'il faut donner à la perspective* M′M″ de la verticale h projetée en M. Cette conséquence est fondée sur ce que ces deux verticales de même longueur étant situées dans le même plan de front, leurs perspectives N′N″ et M′M″ doivent être égales, comme nous allons le démontrer en généralisant ce théorème de la manière suivante.

PL. 13,   **275.** *Lorsque deux droites* AB *et* CD, *égales en longueur, sont situées dans un*
FIG. 4. *même* PLAN DE FRONT LMN, *leurs perspectives* A′B′ *et* C′D′ *sont égales entre elles,* quelle que soit la direction des lignes originales. En effet, puisque le plan LMN est parallèle au tableau VXY, ce dernier plan coupera les triangles OAB et OCD formés par les rayons visuels, suivant des droites A′B′ et C′D′ respectivement parallèles aux bases; ainsi le rapport de AB avec sa perspective A′B′ égalera le rapport des rayons visuels OA et O′A′, ou bien celui des perpendiculaires OP et OP′ abaissées de l'œil sur les deux plans : donc on aura

$$AB : A′B′ :: OP : OP′.$$

Mais on aura de même,

$$CD : C′D′ :: OP : OP′;$$

et puisque AB = CD, il résulte bien de ces proportions que A′B′ = C′D′.

Lorsque AB et CD seront inégales, une conséquence plus générale à tirer de ces proportions, c'est que les longueurs des perspectives seront dans le même rapport que les longueurs originales.

Ainsi, une suite de pilastres identiques, et qui correspondent à un même plan de front, doivent avoir tous sur le tableau des hauteurs égales et des largeurs égales, quoiqu'ils soient inégalement éloignés du point de vue. Mais leurs dimensions diminueraient en s'éloignant du tableau; et les proportions précédentes montrent que, pour une droite parallèle au tableau, *la grandeur perspective est à la grandeur originale, comme la distance du point de vue au tableau est à cette distance augmentée de celle du tableau à la droite primitive.*

276. En général, tout polygone situé dans un plan de front·aura pour perspective un autre polygone *semblable* au premier; car la perspective obtenue ne sera autre chose que la section faite dans la pyramide des rayons visuels par un plan parallèle à sa base. D'ailleurs, toutes les dimensions de cette perspective auront avec les dimensions du polygone original, le rapport de grandeur qui a été cité au numéro précédent.

Remarquons enfin que si un point divise une droite parallèle au tableau en deux parties qui soient :: $m : n$, la perspective de ce point divisera pareillement la perspective de la droite en deux parties qui offriront le même rapport.

277. Des droites obliques a l'horizon. Si une telle droite était définie par Pl. 13, sa projection AB sur le géométral et par sa projection A'B' sur le tableau, il Fig. 9. suffirait de prolonger AB jusqu'en T sur la ligne de terre XY, et d'élever la verticale TT' qui, par sa rencontre avec A'B', donnerait la trace T' de la droite en question. Ensuite, le rayon visuel conduit parallèlement à cette droite, aurait pour projection verticale PF' parallèle à A'B'; et sur le plan d'horizon qui est rabattu ici autour de sa ligne de terre DPF, ce même rayon visuel serait projeté suivant O'F parallèle à AB; donc, en élevant la verticale FF', elle irait couper PF' en un point F' qui serait le point de fuite de la droite (AB, A'B'), et conséquemment la perspective de cette droite serait T'F'. Mais cette marche que nous indiquons ici simplement comme un exercice pour le lecteur, ne s'emploie jamais, parce qu'elle exigerait que l'on traçât la projection de l'objet original sur le tableau même, et qu'ainsi cette projection se trouverait mêlée avec la perspective que l'on veut obtenir.

278. Définissons donc *une droite oblique* en donnant seulement sa projection Fig. 9. MN sur le géométral, avec son inclinaison ω sur l'horizon, et la hauteur h d'un de ses points projeté en M. Alors le rayon visuel mené parallèlement à la droite proposée, aura pour projection sur le plan d'horizon la ligne O'F parallèle à MN; puis, si l'on rabat FO' suivant FO", et que l'on trace l'angle FO"F' égal à ω, la ligne O"F' sera le rabattement de ce rayon visuel sur le tableau. Donc le point F' où elle ira couper la verticale élevée par F, sera la trace de ce rayon visuel, et conséquemment ce sera le point de fuite de la droite en question.

Maintenant, pour obtenir la perspective du point projeté en M, nous allons chercher d'abord celle de la projection M, en combinant les deux droites TM et RM qui ont évidemment pour perspectives tF et R'P, lesquelles se coupent en m; puis, il restera à élever par ce point une verticale mM" qui soit perspectivement égale à h. Nous prendrons donc sur le tableau R'R" $= h$, et la ligne R"P représentera une parallèle à R'P, laquelle coupera la verticale indé-

15

finie menée par *m* dans un point M″ qui sera bien à la même hauteur que R″.
Ainsi M″ est la perspective du point de la droite originale qui est projeté en M ;
et dès lors la perspective de cette droite sera enfin M″F′.

279. *Remarque.* Au lieu de donner l'inclinaison de la droite proposée, on
aurait pu assigner les hauteurs des deux points projetés en M et N ; alors en opérant pour ce dernier comme nous venons de le faire pour M, on obtiendrait
les deux points M″ et N″ qui suffiraient pour tracer la perspective demandée
M″N″, sans recourir au point de fuite F′. C'est ainsi que les questions relatives
à des lignes obliques peuvent être ramenées à la seule combinaison de droites
horizontales et de droites verticales ; et par cette méthode très-élémentaire il
est facile de tracer la perspective d'un polyèdre quelconque, quand on connaît sa projection sur le géométral, avec les *cotes* ou hauteurs de ses divers
sommets.

Voilà les principes généraux de la méthode des points de fuite, exposés sur
des droites et des points isolés ; et, pour les rendre bien familiers au lecteur,
nous allons les appliquer à quelques corps très-simples, terminés par des contours rectilignes. Mais auparavant, nous compléterons ces notions générales en
ajoutant ici quelques définitions propres à abréger le discours dans certains problèmes plus compliqués.

PL. 13, **280.** Nous appellerons *Plan principal* le plan vertical conduit par le point
FIG. 5. de vue perpendiculairement au tableau ; c'est donc le plan OPZ qui contient le
rayon principal OP, et qui servira quelquefois, conjointement avec le géométral et le tableau, à définir la position des objets au moyen de données numériques, analogues aux trois coordonnées d'un point de l'espace.

281. On désigne sous le nom de *Plan fuyant* tout plan vertical non parallèle
au tableau. Ainsi *le plan fuyant d'une droite* originale n'est autre chose que le
plan qui projette orthogonalement cette droite sur le géométral, pourvu qu'elle
ne soit pas parallèle au tableau ; car, dans ce dernier cas, son plan projetant
serait un *plan de front.*

Une *ligne fuyante* désigne généralement une droite non parallèle au tableau ;
mais on applique surtout cette dénomination aux horizontales non parallèles
au tableau, lesquelles ont toujours leurs points de fuite sur la droite d'horizon
(n° **260**).

282. Enfin, on appelle *plan de fuite* d'un plan quelconque π, le plan π′ mené
par le point de vue, parallèlement à π ; et l'intersection du tableau avec le
plan π′ est dite *la ligne de fuite* du plan π, parce que cette intersection contiendra nécessairement les divers points de fuite de toutes les droites *situées dans le*

plan π, ou simplement *parallèles* à π, attendu que tous les rayons visuels menés parallèlement à ces droites se trouveraient évidemment contenus dans le plan π′. Mais on se sert rarement de ces lignes de fuite (excepté la ligne d'horizon DPD′ qui est celle des droites horizontales), parce qu'elles exigent des constructions moins élémentaires dont nous donnerons cependant un exemple au n° **361**.

Perspective de divers Pilastres.

283. Soit ABCE le carré qui, sur le plan géométral, sert de base au premier PL. 14, pilastre : ce corps a la forme d'un parallélipipède rectangle, et il est surmonté FIG. 1. par un chapiteau que nous réduirons à un autre parallélipipède projeté sur le carré αδγι, mais qui est réuni avec le carré supérieur du pilastre par quatre faces en biseau, lesquelles présentent la forme d'un tronc de pyramide quadrangulaire, ainsi qu'on le voit indiqué dans la *fig.* 2. Soit XY la base du tableau vertical, c'est-à-dire son intersection avec le géométral; après avoir transporté ce tableau parallèlement à lui-même jusqu'en X′Y′ (n° **264**), et l'avoir rabattu sur le géométral autour de cette droite, nous y marquerons le point principal P et la droite d'horizon sur laquelle nous prendrons une longueur PD égale à la distance que l'on veut mettre entre l'œil et le tableau (*); alors D sera l'un des points de distance, et il deviendrait le véritable point de vue dans l'espace si l'on relevait la droite DP autour du point P, perpendiculairement au tableau. Il est inutile ici de rabattre ce point de vue en O′ sur la verticale PZ, parce que toutes les droites que nous aurons à combiner formeront avec le tableau des angles de 90° ou de 45°, et qu'ainsi leurs points de fuite P et D seront connus immédiatement (n⁰ˢ **261** et **262**).

284. Cela posé, les côtés AE et BC ayant leur point de fuite en P, et leurs traces en T et R qu'il faut transporter en T′ et R′, ils auront pour perspectives totales (n° **253**) les droites T′P et R′P. Ensuite, la diagonale AC venant percer le tableau en G et ayant son point de fuite en D (n° **261**), elle aura pour per-

---

(*) Cette distance PD peut sembler plus courte qu'elle ne devrait être d'après les limites indiquées au n° **249**; mais il faut observer d'abord que le cadre de nos épures, sur lesquelles nous avons réuni quelquefois plusieurs objets indépendants les uns des autres, n'est pas précisément le cadre du tableau de perspective; ce dernier n'aurait besoin d'offrir que la grandeur nécessaire pour embrasser le résultat qui se rapporte à un seul objet. Ensuite, nous avons souvent diminué cette distance PD, pour rendre sensibles certains détails qu'il importait d'étudier sous le rapport de la géométrie.

spective la droite G′D; donc cette dernière ligne, en coupant les droites T′P et R′P, déterminera les points A′ et C′ pour les perspectives des deux sommets A et C.

Quant aux sommets B et E, on pourrait obtenir leurs perspectives en tirant la diagonale BE dont le point de fuite serait à l'autre point de distance; mais, sans recourir à ce point qui fournirait d'ailleurs une droite trop oblique dans ce cas-ci, il n'y a qu'à observer que les côtés AB et EC, étant parallèles au tableau, devront rester en perspective (n° **256**) parallèles à leur direction primitive; donc il suffira de tracer les horizontales A′B′ et C′E′ qui achèveront de déterminer la perspective A′B′C′E′ du carré ABCE.

285. Les arêtes verticales du pilastre qui sont projetées en A, B, C, E, deviendront en perspective (n° **256**) les verticales indéfinies élevées par les points A′, B′, C′, E′. Mais pour trouver leurs longueurs dégradées, j'observe que la diagonale AC de la base supérieure du pilastre, ira percer le tableau en un point de la verticale G, et que ce point doit être à une hauteur G′G″ égale à la hauteur absolue h assignée pour le pilastre; donc G″D est la perspective de cette diagonale supérieure, et sa rencontre avec les verticales partant de A′ et C′ déterminera les sommets A″ et C″. Ensuite, les horizontales A″B″ et C″E″ menées par ces derniers points, couperont les autres verticales aux deux derniers sommets B″ et C″; et d'ailleurs les côtés A″E″ et B″C″ ainsi déterminés, devront converger vers le point P, puisqu'ils représentent deux droites perpendiculaires au tableau.

286. Considérons maintenant le chapiteau et d'abord le petit parallélipipède rectangle, projeté sur le carré $\alpha\beta\gamma\epsilon$. Nous pourrions nous borner à dire qu'il faut exécuter des constructions toutes semblables à celles qui ont servi pour le pilastre, avec le soin de prendre, au lieu de X′Y′, deux lignes de terre élevées à la hauteur des bases du chapiteau : mais, pour varier les méthodes, nous observerons que les deux diagonales de ces bases, qui sont encore projetées sur G$\alpha\gamma$, vont percer le tableau sur la verticale G, en deux points G_2 et G_3 dont les hauteurs au-dessus de G″ dépendront des dimensions du chapiteau, et seront assignées par la question, soit au moyen de données numériques, soit au moyen de l'*élévation* représentée dans la *fig.* 2; dès lors ces deux diagonales auront pour perspectives les lignes G_2D et G_3D. Ensuite, si l'on cherche les perspectives α' et γ' des deux angles α et γ considérés comme étant sur le géométral même, et qu'on élève par ces points α' et γ' des verticales indéfinies, elles iront couper les deux diagonales précédentes G_2D et G_3D aux points α'' et α''', γ'' et γ''', qui seront évidemment quatre sommets du chapiteau. Alors, en joignant les sommets α'' et γ'' avec le point principal P, on achèvera aisément la perspective $\alpha''6''\gamma''\epsilon''$ de la face inférieure de ce chapiteau ; et les sommets α'' et γ'' détermineront de même la face supérieure $\alpha''6''\gamma''\epsilon''$; d'ailleurs les angles correspondants de ces deux bases devront être deux à deux sur une même verticale. Enfin, on réunira les sommets inférieurs du chapiteau avec les sommets supérieurs du pilastre par les droites $A''\alpha''$, $B''6''$, $C''\gamma''$, $E''\epsilon''$, qui représenteront les arêtes obliques suivant lesquelles se coupent les quatre faces en biseau.

287. La distinction des arêtes visibles et des arêtes invisibles est trop facile à faire ici, d'après la position assignée au point de vue en avant du plan vertical XY, pour que nous ayons besoin de l'expliquer. Seulement, nous rappellerons que, suivant les conventions adoptées dans la *Géométrie descriptive* (n° **35**), il faut marquer les LIGNES PRINCIPALES avec un *trait plein* quand elles sont visibles, et en *points ronds* lorsqu'elles sont invisibles, sans que cette distinction s'étende aux LIGNES AUXILIAIRES qui doivent toujours être *pointillées*.

288. *Deuxième pilastre.* Ce pilastre, qui a pour base sur le géométral le carré PL. 14, *abce*, a ses faces latérales dans le prolongement des faces du premier ; ainsi les FIG. 1. côtés *ae* et *bc* auront encore pour perspectives indéfinies les droites T'P et R'P ; puis, comme la diagonale *ac* vient percer le tableau en *g*, elle a pour perspective la ligne *g'*D qui coupe les deux précédentes aux points *a'* et *c'*, avec lesquels il est bien facile d'achever la perspective *a'b'c'e'* du carré *abce*.

La diagonale *ac* de la base supérieure de ce pilastre ira percer le tableau XY sur la verticale *g*, mais à une hauteur *g'g''* égale à G'G'', parce que les deux pilastres sont supposés de même grandeur. Donc *g''*D sera la perspective de cette diagonale ; et elle coupera deux des quatre verticales élevées par les angles *a'*, *b'*, *c'*, *e'*, aux points *a''* et *c''*, avec lesquels on achèvera la base supérieure *a''b''c''e''*, d'autant plus facilement que les côtés *a''e''* et *b''c''* devront être les prolongements des lignes déjà tracées A''E'' et B''C''.

289. Quant au chapiteau de ce pilastre, deux de ses angles seront donnés immédiatement par la rencontre de la diagonale *g₁*D avec les prolongements des lignes $\alpha''\epsilon''$ et $6''\gamma''$, ce qui suffira pour tracer la base inférieure de ce chapiteau ; puis, on en déduira la base supérieure au moyen de verticales combinées avec les côtés prolongés du premier chapiteau.

290. Observons ici que, pour un problème aussi simple, on pouvait se passer entièrement du plan géométral. Il suffisait de connaître en nombres : 1° les dimensions des pilastres ; 2° les distances TA et T*a* de ces pilastres au tableau ; 3° la distance T'Z de la face latérale du pilastre à la verticale PZ du tableau ; car les points G' et *g'* dont on a besoin, s'obtiendraient évidemment enprenant

$$T'G' = TG = TA, \quad \text{et} \quad T'g' = Tg = Ta.$$

291. Pour *un pilastre vu obliquement,* on opérerait comme nous allons le faire pour le *socle* ABCE de la *fig.* 3, qui est aussi un parallélipipède rectangle, et ne diffère d'un pilastre que par la hauteur qui est beaucoup moins considérable. C'est ce que les artistes appellent *une vue accidentelle,* où aucune des faces ni des diagonales n'est parallèle ou perpendiculaire au tableau. *Une vue d'angle* désignerait la position où l'une des diagonales serait perpendiculaire au tableau, et enfin la *fig.* 1 offre *une vue de face.*

Perspective d'un Obélisque.

PL. 14,
FIG. 3.
292. Cet obélisque est formé par un tronc de pyramide régulière, dont les deux bases parallèles sont projetées sur les carrés *abce* et *αβγς*; mais cette pyramide repose sur un *socle* ABCE, dont nous allons d'abord chercher la perspective, en conservant pour le tableau et le point de vue les mêmes données que dans le problème précédent.

Les côtés AE et BC, situés dans le plan géométral, vont percer le tableau aux points T et R qu'il faut reporter en T' et R', sur la nouvelle base de ce tableau qui a été transporté de la position XY à la position X'Y'; ensuite, si je rabats le point de vue sur la verticale du tableau, en prenant PO' = PD, et que je tire la droite O'F parallèle à AE, on sait (n° **263**) que F sera le point de fuite des côtés AE et BC; par conséquent ces côtés auront pour perspectives T'F et R'F.

Les côtés AB et EC sont trop inclinés pour que leur point de fuite soit commode à employer; mais si je tire la diagonale EB qui vient percer le tableau en G, et que je lui mène la parallèle O'f, le point de fuite de cette diagonale sera en f (n° **263**), et elle aura pour perspective G'f, laquelle coupera les droites T'F et R'F aux points B' et E' perspectives des deux angles B et E.

293. Pour trouver l'angle A, j'emploierai la méthode *par la corde de l'arc* (n° **269**); c'est-à-dire qu'après avoir rabattu la distance AT suivant T'L', et le rayon de fuite FO' suivant FO", je tracerai la droite O"L' qui, étant la perspective de la corde AL, déterminera le point A' perspective de l'angle A. De même, en prenant R'M' = RC, la droite O"M' déterminera le point C' perspective de l'angle C; et alors A'B'C'E' sera la perspective complète du carré ABCE.

294. Quant à la base supérieure du socle, j'observe que les côtés projetés sur AE et BC iront percer le tableau en deux points projetés en T et R, mais qui seront réellement situés en T″ et R″, à une hauteur T′T″ égale à celle qu'on voudra donner au socle; par conséquent les perspectives de ces deux côtés seront les droites T″F et R″F, qui rencontreront les verticales A′A″, B′B″, C′C″, E′E″, aux quatre angles de la base supérieure A″|B″C″E″ que l'on voulait déterminer.

295. Venons maintenant à la pyramide dont la base inférieure *abce* est dans le plan horizontal qui a pour ligne de terre T″R″. Les côtés *ae* et *bc* ont leurs traces sur le tableau aux points *t″* et *r″* que l'on déduit des points *t* et *r*; donc les perspectives de ces côtés sont les droites *t″*F et *r″*F, lesquelles combinées avec la diagonale B″E″*f* déterminent les deux angles *b″* et *e″* perspectives de *b* et *e*. Pour les deux autres sommets *a* et *c*, on agirait comme au n° **293**, en rabattant les deux distances *at* et *cr* sur la ligne de terre actuelle T″R″, et joignant leurs extrémités avec le point O″; mais, pour éviter quelque confusion dans l'épure, nous nous sommes bornés à déterminer les angles *a″* et *c″* au moyen de la diagonale A″C″ du carré supérieur du socle, déjà construit sur le tableau.

296. Quant à la base supérieure *αβγε* du tronc de pyramide, elle est dans un plan horizontal dont la ligne de terre *xy* sera située à une hauteur Z*y* égale à celle que l'on veut donner à l'obélisque au-dessus du sol; ainsi nous rapporterons les traces *θ* et *ρ* en *θ′* et *ρ′* sur cette nouvelle ligne de terre, et alors *θ′*F et *ρ′*F seront les perspectives des côtés projetés sur *αε* et *βγ*. Ensuite, la diagonale *εβ* qui vient percer le tableau en (G, G″), sera représentée par la droite G″*f*, laquelle coupera les précédentes aux points *β′* et *ε′* qui seront les perspectives des angles projetés en *β* et *ε*.

Pour les deux autres sommets *α* et *γ*, on opérera comme au n° **293**; c'est-à-dire qu'après avoir rabattu les distances *αθ* et *γρ* suivant *θ′λ′* et *ρ′μ′*, on tirera les droites *λ′*O″ et *μ′*O″ qui détermineront les perspectives *α′* et *γ′* des deux derniers sommets. Enfin, l'on joindra les quatre angles de cette base supérieure *α′β′γ′ε′* avec les angles correspondants de la base inférieure *a″b″c″e″*, et l'on achèvera ainsi la perspective totale de l'obélisque, où les arêtes visibles sont trop faciles à distinguer pour que nous ayons besoin de justifier les diverses ponctuations employées dans notre épure.

Remarque. Au lieu de faire porter l'obélisque sur un simple socle, il eût été plus convenable de le poser sur un piédestal tel que celui qui est représenté en *élévation* dans la *fig.* 4, ou dans la *fig.* 5, dont toutes les moulures sont

des cylindres horizontaux qui se répètent sur les quatre faces ; et nous enga-
geons le lecteur à s'exercer sur de pareilles données, mais en ne traçant à l'encre
sur le tableau que les portions de lignes qui seront visibles.

CHAPITRE III.

PROBLÈMES DIVERS SUR LES LIGNES DROITES.

Des droites horizontales, non parallèles au tableau.

PL. 15,   **297.** *Étant donnée la perspective* A′B′ *d'une droite que l'on sait être horizon-*
FIG. 1.   *tale et à une hauteur h au-dessus du géométral,* 1° *trouver la trace et le point de*
fuite de cette droite; 2° *lui mener une parallèle ou une perpendiculaire par un*
point donné sur le tableau.

En prenant sur la verticale du tableau la hauteur $ZH = h$, l'horizontale HT′
sera la ligne de terre du plan où est située la droite proposée ; ainsi la rencontre
de HT′ avec A′B′ prolongée, fournira la trace demandée T′, c'est-à-dire le
point où la droite originale vient percer le tableau. D'ailleurs, puisque cette
dernière est horizontale, son point de fuite doit être sur la ligne d'horizon DD′ :
il doit être aussi sur la perspective A′B′ ; donc il est en F.

298. Si l'on veut retrouver la vraie direction de la droite originale, il
suffit de rabattre l'œil en O′, en prenant PO′ = PD′, puis de tirer la droite O′F
qui, étant le *rayon de fuite,* devra (n° 263) se trouver parallèle à la droite
originale ; ainsi, après avoir projeté la trace T′ en T, TAB menée parallèlement à O′F sera la projection, sur le géométral, de la droite primitive dont
la position est dès lors complétement déterminée, attendu qu'on sait d'ailleurs
qu'elle est dans le plan horizontal T′H.

Si l'on avait besoin de connaître la position originale du point A′, on tirerait
A′P qui représenterait une perpendiculaire au tableau, dont la trace serait
en R ; par conséquent cette perpendiculaire aurait pour projection, sur le géométral, la droite RA qui, avec TB, déterminerait le point demandé A.

299. Observons ici que la connaissance seule de la perspective A′B′ d'une
droite, ne suffirait pas pour déterminer complétement la position de cette
ligne originale, puisque cela ferait connaître seulement qu'elle est située dans

le plan conduit suivant A'B' et le point de vue; mais lorsqu'on donne en outre un second plan qui renferme encore la ligne cherchée, ainsi que l'exprime l'énoncé du n° **297**, alors cette ligne n'est plus susceptible que d'une seule position, que l'on pourra toujours assigner en cherchant l'intersection de ces deux plans. En général, la perspective d'un objet n'équivaut qu'à une de ses projections, et ne suffit pas pour le définir; mais si l'on avait deux perspectives du même corps, *relatives à deux points de vue différents*, et faites sur le même tableau ou sur des tableaux distincts, le corps serait l'intersection des pyramides qui auraient pour bases ces perspectives, et pour sommets les deux points de vue assignés; de sorte que sa position et sa forme seraient déterminées, quoique d'une manière moins commode que par le système de deux projections orthogonales, lesquelles se prêtent beaucoup plus facilement à la mesure des dimensions absolues.

300. Pour mener du point M' donné sur le tableau, une *parallèle perspective* à A'B', il suffit de joindre M' avec le point de fuite F; car les deux lignes M'F et A'F représenteront les perspectives de deux droites originales qui seront bien parallèles entre elles, puisqu'elles auront le même point de fuite F.

301. Si du point A' on veut mener une *perpendiculaire perspective* à A'B', on tirera O'f perpendiculaire géométrale sur O'F, et l'on joindra le point de fuite f avec A'. En effet, si l'on conçoit que le triangle FO'f soit relevé dans le plan d'horizon, autour de sa base Ff, les côtés O'F et O'f comprendront bien un angle droit dans l'espace; et puisque les droites A'F et A'f représentent (n° **300**) deux parallèles à ces côtés, il en résulte que l'angle FA'f est perspectivement droit.

Si l'on voulait que cet angle perspectif eût une grandeur quelconque ω, il faudrait mener O'f de manière à former avec O'F un angle géométral égal à ω.

302. *Diviser en deux parties égales l'angle perspectif donné* FA'f, *formé par* FIG. 1. *deux horizontales.* Les points de fuite des deux côtés de cet angle devant être sur la ligne d'horizon en F et f, il suffira de les joindre avec le point de vue rabattu en O' pour obtenir un second angle FO'f qui, relevé dans le plan d'horizon, aurait ses côtés parallèles à ceux de l'angle original; donc, en tirant la droite O'φ de manière à diviser l'angle FO'f en deux parties géométralement égales, la ligne A'φ qui représentera une parallèle à O'φ, donnera aussi deux angles FA'φ et φA'f qui seront perspectivement égaux.

303. *Étant donnée une perspective* T'P *qui fuit au point principal, et dont* PL. 15, *la trace est* T', 1° *trouver sur cette droite une profondeur* T'A' *de* 1 *mètre;* 2° à FIG. 2. *partir d'un point donné* A', *trouver une longueur* A'B' *de* 3 *mètres;* 3° *trouver la* *vraie distance de deux points donnés* A' *et* B'; 4° *diviser la portion donnée* A'B' *en* 3 *parties qui soient perspectivement égales.*

Puisque la perspective donnée a pour point de fuite le point principal P, elle représente une droite originale TB perpendiculaire au tableau, mais située à la hauteur de la ligne de terre T'H. Si donc on prend sur cette dernière une longueur T'R' égale à un mètre, ou plutôt à un *module* (*), et que l'on joigne R' avec le point de distance D, cette ligne R'D déterminera la profondeur demandée T'A'. En effet, la droite R'D sera la perspective d'une ligne à 45°, telle que RA sur le géométral; or cette dernière irait couper TB à une distance TA = TR = 1^m; donc T'A' est bien la perspective d'une portion TA qui a une longueur d'un mètre, et l'on dit alors que T'A' est perspectivement égale à un mètre.

304. A' étant un point donné, si l'on veut trouver une distance A'B' qui soit perspectivement égale à 3 mètres, on tirera DA'R', on prendra R'S' géométralement égale à 3 mètres ou à 3 *modules*, puis on mènera S'D qui déterminera la longueur cherchée A'B'. En effet, R'D et S'D sont les perspectives de deux droites parallèles, inclinées à 45° sur le tableau, et projetées sur le géométral suivant RA et SB; donc on a

$$TA = TR, \quad TB = TS, \quad \text{d'où} \quad AB = RS = 3^m;$$

par conséquent A'B' qui est la perspective de la portion AB, est perspectivement égale à 3 mètres: ou autrement dit, A'B' et R'S' sont deux lignes perspectivement égales; et comme la seconde est dans le tableau même et a une longueur absolue de 3 mètres, la première est dite aussi de 3 mètres en perspective.

305. Réciproquement, étant donnée une portion déterminée A'B' en perspective, pour trouver sa grandeur, on tirera les lignes DA'R, DB'S', et l'intervalle R'S', intercepté sur la ligne de terre qui passe par la trace T' de la droite

---

(*) Comme une perspective n'est pas toujours exécutée de grandeur naturelle, nous appelons *module* la longueur destinée à représenter la grandeur absolue d'un mètre, pour les lignes *situées dans le tableau même.* Toutefois, il faut bien observer que cette première réduction qui est arbitraire, mais invariable pour un même tableau, n'empêchera pas que les autres droites égales à 1 mètre, et qui ne seront pas dans le tableau, ne subissent une dégradation plus ou moins considérable à raison de leur position, dégradation qu'il faudra déterminer par les règles exposées dans ce chapitre.

donnée, indiquera la vraie grandeur de A′B′. Cela résulte de ce que A′B′ et R′S′ sont (n° **304**) les perspectives de deux droites égales AB et RS, dont la dernière conserve sa grandeur originale, attendu qu'elle est dans le tableau même.

306. Pour diviser la portion donnée A′B′ en trois parties perspectivement égales, il suffit de joindre les extrémités A′ et B′ avec un point quelconque f de la ligne d'horizon, par les droites $fA'a$, $fB'b$, puis de diviser l'intervalle ab en trois parties égales géométralement; alors les lignes de jonction fa, fe, fg, fb, diviseront A′B′ de la manière demandée. En effet, ces lignes sont les perspectives de droites parallèles entre elles, également écartées les unes des autres, puisqu'elles interceptent sur le tableau des intervalles ae, eg, gb, égaux entre eux; donc ces parallèles diviseraient bien AB en trois parties égales, et ces parties ont évidemment pour perspectives A′E′, E′G′, G′B′.

307. *Étant donnée une perspective* T′F *qui fuit au point quelconque* F *de la* ligne d'horizon, *et dont* T′ *est la trace sur le tableau*, 1° *trouver sur cette droite, à* partir du tableau, *une distance* T′A′ *égale à* 1 *mètre;* 2° *à partir d'un point donné* A′, *trouver une longueur* A′B′ *de* 3 *mètres;* 3° *trouver la vraie distance de deux points donnés* A′ *et* B′; 4° *diviser la portion donnée* A′B′ *en* n *parties égales.*

PL. 15, FIG. 3.

Après avoir rabattu le point de vue en O′, et avoir mené le rayon de fuite O′F de la droite proposée, on rabattra ce dernier suivant FO″; puis on prendra T′R′ = 1^m, et l'on tracera R′O″ qui fournira la distance demandée T′A′. En effet, nous savons (n° **298**) que la droite originale de T′F serait projetée sur le géométral suivant une ligne TB parallèle à O′F; or si l'on prend TA = 1^m, et qu'on décrive un arc de cercle avec ce rayon, la corde AR se trouvera parallèle (n° **269**) au rayon visuel O′O″; cette corde. qui a sa trace en R′, aura donc son point de fuite en O″, et sa perspective sera la ligne R′O″, laquelle détermine ainsi une portion T′A′, qui est bien la perspective de la longueur TA = 1^m.

Cela revient à dire que la figure A′T′R′ est la perspective d'un triangle isocèle ATR, dont un des côtés TR conserve en perspective sa grandeur originale, attendu qu'il est dans le tableau; donc T′A′ et T′R′ sont deux lignes perspectivement égales.

308. Si A′ est un point donné, et qu'on veuille trouver une longueur A′B′ perspectivement égale à 3 mètres, on joindra le point de vue rabattu en O″ avec le point A′ par la droite O″A′R′; et après avoir pris la distance géométrale R′S′ de 3 mètres, on mènera S′O″ qui déterminera le point cherché B′. En effet, si AB représente la portion inconnue de la droite originale TAB, que

16.

l'on sait devoir être parallèle à O'F, et que l'on rabatte cette ligne TAB sur le tableau autour de sa trace (T, T'), les points A et B vont décrire des arcs de cercle dont les cordes AR et BS se trouveront parallèles au rayon visuel O'O″ (n° **269**); donc O″ sera le point de fuite de ces cordes. La première AR aura ainsi pour perspective O″A', et elle viendra percer le tableau en R' sur l'horizontale T'H; la seconde corde BS qui doit aboutir à une distance de 3 mètres percera donc le tableau au point S' tel que R'S' = 3ᵐ; et alors sa perspective étant S'O″, cette dernière ira déterminer sur T'F' la portion A'B' qui sera bien la perspective d'une longueur originale AB de 3 mètres.

309. Réciproquement, si l'on demandait la vraie distance de deux points A' et B' assignés sur la perspective, on les joindrait avec le point O″ par les droites O″A'R', O″B'S', lesquelles fourniraient R'S' pour la grandeur géométrale de A'B'; car cette dernière est la perspective d'une ligne AB qui se rabattrait suivant RS, ou plutôt suivant R'S'.

310. Enfin, s'il faut diviser une portion donnée A'B' en trois parties perspectivement égales, on joindra les extrémités A' et B' avec un point quelconque *f* de la ligne d'horizon, et en divisant l'intervalle *ab* en trois parties égales, les droites *fe*, *fg*, partageront A'B' de la manière demandée, ainsi que nous l'avons prouvé au n° **306.**

PL. 15,
FIG. 4. **311.** *Trouver sur la perspective* T'F *des parties successives* B'C', C'E',... *perspectivement égales à l'intervalle donné* A'B'. On pourrait évidemment résoudre cette question par des constructions semblables à celles du n° **308**, en portant sur la ligne de terre T'H de la *fig.* 3 des intervalles égaux à R'S'; mais voici un autre procédé plus avantageux, surtout lorsqu'on a besoin d'élever des verticales par ces points de division, comme dans une façade de bâtiment où il faut placer des fenêtres, des portes, des pilastres, etc.

Après avoir élevé en A' et B' deux verticales de longueur arbitraire, mais terminées à une droite A″F qui fuit au même point F que la droite donnée, on joindra ce point F avec le milieu M de A'A″ par une ligne MF qui coupera aussi B'B″ en son milieu, et l'on tracera la diagonale A″M' qui ira déterminer le point C'. De même, on élèvera une troisième verticale C'C″, et l'on tirera B″M' qui ira déterminer le point E'; puis la verticale E'E″, et la diagonale C″M″ qui fournira le point G', et ainsi de suite. Par là, on obtiendra des intervalles B'C', C'E', E'G',... tous perspectivement égaux à A'B'; car la figure A'A″C″C' est évidemment la perspective d'un rectangle dont A″C' est la diagonale, et dont M' est *le centre*, puisque ce point est à la rencontre de la diagonale avec la droite MF menée parallèlement aux bases par le milieu M de la hauteur; donc la verticale B″M′B′ qui passe par ce centre, divise la base du rectangle en deux parties égales, et conséquemment les intervalles A′B′ et B′C′ sont bien les perspectives de deux parties géométrales de même longueur.

312. Au contraire, si l'on voulait trouver le milieu perspectif de l'intervalle donné A′B′, on tirerait la diagonale A″B′ qui couperait MF au centre du rectangle A′A″B″B′; et alors la verticale menée par ce centre diviserait A′B′ en deux parties perspectivement égales.

313. Observons, d'ailleurs, que toutes ces constructions pourraient aussi s'effectuer sur des parallèles à la base XY, telles que A′a, B′b,..., comme le montre suffisamment la *fig.* 4.

Des droites parallèles au tableau.

314. *Étant donnée une verticale* A′B′ *située dans un plan de front connu,* PL. 15. 1° *trouver son pied sur le géométral;* 2° *trouver la vraie grandeur de la portion* FIG. 5. A′B′; 3° *trouver une longueur* A′M′ *égale perspectivement à* 1 *mètre;* 4° *diviser* A′B′ *en trois parties égales.*

Si le plan de front assigné est à 1 mètre en arrière du tableau, on cherchera sur PY (n° **303**) une profondeur YQ d'un mètre perspectif, en prenant YL = 1ᵐ et tirant LD′. Ensuite, la droite QR menée parallèle à XY, sera la perspective de la trace du plan de front sur le géométral; et conséquemment sa rencontre R avec A′B′ sera le pied de la droite proposée.

315. Pour avoir la vraie grandeur de la portion A′B′, il suffit de joindre ses extrémités et le pied R avec un point quelconque F de la ligne d'horizon, par les droites FR, FA′, FB′; et ces deux dernières iront intercepter, sur la verticale élevée dans le tableau par le point r, un intervalle ab qui sera la vraie grandeur de A′B′. En effet, les lignes Fa et Fb représentent deux horizontales parallèles; ainsi la figure A′B′ba est un rectangle dont le côté ab, situé dans le tableau même, indique la vraie longueur de celui qui a pour perspective A′B′.

316. De même, si l'on a besoin de trouver sur A′B′ une longueur perspective de 1 mètre, on prendra sur la verticale rb une portion am = 1ᵐ en grandeur absolue, et la droite mF déterminera la partie cherchée A′M′: car A′M′ et am sont les perspectives de deux droites parallèles et égales, puisqu'elles sont comprises entre les parallèles Fa et Fm.

317. Enfin, pour diviser A′B′ en trois parties perspectivement égales, il suffira de diviser la ligne A′B′ elle-même en trois parties dont les grandeurs absolues soient égales, attendu qu'une droite *parallèle au tableau* conserve (n° **276**), entre toutes les parties de sa perspective, les mêmes rapports qui existaient entre ses parties originales.

PL. 15,
FIG. 6. **318.** *Étant donnée une perspective* A′B′ *qui est dans un plan de front connu, trouver,* 1° *le pied de cette droite sur le géométral;* 2° *la vraie grandeur de la portion* A′B′; 3° *une longueur* A′M′ *égale perspectivement à un mètre;* 4° *diviser* A′B′ *en trois parties égales perspectivement.*

D'abord, si le plan de front où est située la droite proposée se trouve à 1 mètre, par exemple, en arrière du tableau, on cherchera, comme au n° **303**, une profondeur XQ d'un mètre respectif, en prenant XL = 1ᵐ, et tirant LD. Ensuite, la droite QR menée parallèlement à la base XY du tableau, sera évidemment la perspective de la trace du plan de front sur le géométral; et le pied de la droite proposée se trouvera conséquemment au point R où A′B′ rencontre QR.

319. Pour obtenir la vraie grandeur de A′B′, concevons la droite originale rabattue sur la trace QR de son plan de front, autour de son pied R. On sait (n° **275**) que, dans ce déplacement, toutes les parties de cette droite conserveront la même grandeur en perspective; ainsi A′B′ deviendra $a'b'$. Maintenant, pour avoir la grandeur absolue de cette dernière, je joins ses extrémités avec un point quelconque F de la ligne d'horizon; et les droites Fa', Fb', qui représentent deux parallèles, viendront intercepter sur la base du tableau XY, un intervalle ab qui sera la vraie longueur de $a'b'$, et aussi de A′B′. Il restera donc à évaluer en mètres, ou en parties du *module* adopté, la longueur absolue de ab.

320. Si l'on veut trouver sur A′B′ une longueur A′M′ perspectivement égale à 1 mètre, il suit évidemment de ce qui précède, qu'après avoir rabattu le point A′ en a', il faudra tirer Fa', prendre $am = 1$ᵐ, puis tracer mF qui fournira la longueur dégradée $a'm'$ représentant un mètre dans le plan de front assigné; il restera ensuite à reporter $a'm'$ en A′M′.

Remarque. Au lieu de ce rabattement R$a'b'$, que nous avons voulu indiquer comme un moyen qui devient nécessaire quelquefois, il eût été plus court ici de joindre un point quelconque Fʹ de la droite d'horizon avec R, A′, B′; et par le point où FʹR aurait rencontré XY, on eût mené parallèlement à A′B′ une droite sur laquelle on aurait opéré directement, ainsi que nous l'avons fait, dans la *fig.* 5, pour la droite rb.

321. Enfin, pour diviser A′B′ en trois parties perspectivement égales, il suffit de partager A′B′ elle-même en parties dont les grandeurs absolues soient égales; car nous savons (n° **276**) que la perspective d'une droite *parallèle au* *tableau* conserve, entre toutes ses parties, les mêmes rapports qui existaient entre les parties de la droite originale.

Des droites de direction quelconque.

322. *Étant donné le plan fuyant* R′P, *mener dans ce plan, et par le point* R′, *une droite qui soit inclinée sur l'horizon d'une quantité angulaire* ω.

PL. 15, FIG. 9.

Cet énoncé veut dire (n° **279**) que R′P est la perspective de la trace horizontale du *plan vertical* qui contient la droite cherchée; ou bien, la perspective de la projection horizontale de cette droite. Or, puisque R′P passe ici par le point principal, ce plan fuyant est perpendiculaire au tableau (n° **262**); d'où je conclus que le rayon visuel mené parallèlement à la droite cherchée, aboutira sur la verticale PZ, et formera ainsi avec PZ et le rayon principal (n° **260**) un triangle rectangle dont l'angle à la base égalera ω. Mais si je rabats ce triangle sur le tableau, autour de PZ, l'œil viendra évidemment se placer au point de distance D; donc, en tirant DF′ de manière que l'angle PDF′ égale ω, DF′ sera le rabattement du rayon visuel, et F′ le point de fuite de la droite inconnue; car ce point reste immobile quand on relève le triangle DPF′ dans le *plan principal* (n° **278**) où il était d'abord. Par conséquent, la droite demandée aura pour perspective R′F′, et elle percera le tableau en T′ sur la verticale élevée par le point T.

323. *Étant donnée la perspective* A′B′ *d'une droite située dans le plan fuyant* TP, 1° *trouver les traces de cette droite et son point de fuite;* 2° *trouver une longueur* A′M′ *perspectivement égale à* 1 *mètre;* 3° *diviser la portion donnée* A′B′ *en* n *parties égales.*

D'abord, la droite originale ne pouvant rencontrer le plan géométral que sur la ligne TP, sa trace horizontale sera perspectivement en R′, et sa trace verticale en T′ sur la verticale TT′, puisque c'est là l'intersection du tableau avec le plan fuyant TP où est située la droite originale. Quant au point de fuite, il serait donné par un rayon visuel parallèle à A′B′; or ce rayon aboutirait sur la même verticale que le rayon visuel qui serait mené parallèlement à la trace TP, et qui vient évidemment percer le tableau au point P; donc c'est sur la verticale PZ que sera le point de fuite demandé, et comme il doit se trouver aussi sur A′B′ prolongée, il sera à la rencontre F′ de ces deux lignes.

324. Maintenant pour trouver, à partir du point donné A′, une longueur A′M′ qui soit perspectivement égale à 1 mètre, je conçois la droite originale de A′B′, rabattue autour du point R′ sur sa projection R′P; dans ce mouvement, les points A′ et M′ (dont le dernier est inconnu) vont décrire deux arcs de cercle dont les cordes seront parallèles, et il s'agit de trouver le point de fuite de ces cordes. Or, si je conçois deux rayons visuels, l'un parallèle à A′B′, l'autre à R′P, ces rayons, qui iraient percer le tableau évidemment en F′ et P, deviendront DF′ et DP quand je les rabattrai autour de PZ; et alors F′L sera le rabattement d'une corde qui, dans l'espace, se trouverait bien parallèle aux cordes précédentes; donc, en tirant DF″ parallèle à F′L, le point F″ sera le point de fuite cherché. D'après cela, A′F″ représente la corde de l'arc décrit par le point A′, et cette droite me fait connaître le rabattement A″ du point A′; puis, si je cherche une longueur A″M″ qui soit égale à 1 mètre perspectif (en tirant DA″G, GH = 1ᵐ, et puis DH, comme au n° 304), je n'aurai plus qu'à relever le point M″ par un arc de cercle dont la corde, qui sera représentée évidemment par F″M″, ira déterminer le point cherché M′. En effet, les perspectives A′M′ et A″M″ représentent deux longueurs égales, puisque l'une est le rabattement de l'autre.

325. Enfin, pour diviser un intervalle donné A′B′ en *n* parties respectivement égales, on pourrait, comme ci-dessus, rabattre cette droite sur R′P, et ramener ainsi le problème à celui du n° 306; mais il suffira de projeter A′B′ suivant *ab*, par deux verticales, et d'appliquer à la projection *ab* la méthode de ce n° 306; car les verticales menées par ces derniers points de division partageront A′B′ de la manière demandée. En effet, il est reconnu qu'une droite et sa projection horizontale sont toujours divisées en parties proportionnelles par des verticales quelconques; et d'ailleurs on sait (n° 256) que ces dernières lignes doivent rester verticales en perspective.

PL. 15, **326.** *Étant donné un plan fuyant dont la trace horizontale a une perspective* R′F
FIG. 10. *qui n'aboutit pas en* P, *mener dans ce plan, et par le point* R′, *une droite qui soit inclinée sur l'horizon de la quantité angulaire* ω.

Concevons deux rayons visuels, l'un parallèle à l'horizontale R′F, et qui aboutira nécessairement en F sur le tableau; l'autre parallèle à la droite cherchée, et qui devra aboutir sur la verticale FF′, au point inconnu F′, qui sera le *point de fuite* dont nous avons besoin. Ces deux rayons comprennent un angle égal à ω, et celui qui aboutit en F est évidemment l'hypoténuse d'un triangle rectangle ayant pour côtés PF et la distance PD de l'œil au tableau. Si donc, après avoir construit ce triangle FPO′, on ramène l'hypoténuse FO′ sur la ligne d'horizon en FO″; puis, si l'on tire la droite O″F′ inclinée de la quantité ω, cette droite sera le rabattement du rayon visuel qui était parallèle à la droite originale, et le point de fuite de cette dernière sera en F′, puisque ce point demeure immobile sur la verticale FF', quand on ramène l'angle F'O"F dans le plan de fuite (n° **282**) parallèle au plan fuyant R'F. Il résulte de là que R'F' est la perspec-tive de la droite demandée, et elle percera le tableau en T' sur la verticale élevée par le point T.

327. *Étant donnée la perspective* A'B' *d'une droite située dans le plan fuyant* TF, *trouver* 1° *les traces de cette droite et son point de fuite* ; 2° *une longueur* A'M' *perspectivement égale à* 1 *mètre* ; 3° *diviser la portion donnée* A'B' *en* n *parties égales.*

La trace horizontale devant être nécessairement sur TF, sera à la rencontre R' de cette ligne avec A'B' ; et la trace sur le tableau se trouvera en T', puisque la verticale TT' est l'intersection du tableau avec le plan fuyant TF qui con-tient la droite proposée. Quant au point de fuite, il sera donné par un rayon visuel parallèle à A'B' ; or ce rayon devra aboutir sur la même verticale que le rayon visuel qui serait mené parallèlement à TF, et comme ce dernier va évi-demment percer le tableau en F, c'est sur la verticale FF' que se trouvera le point de fuite demandé ; donc enfin, il est placé à la rencontre F' de cette verti-cale avec la perspective donnée A'B'.

328. A présent, pour trouver, à partir du point donné A', une longueur A'M' qui soit perspectivement égale à 1 mètre, j'imagine que la droite originale de A'B' soit rabattue, autour du point R', sur sa projection R'F. Dans ce mouvement, le point donné A' et le point inconnu M' décriront deux arcs de cercle dont les cordes seront parallèles ; et il s'agit d'abord de trouver le point de fuite de ces cordes. Or, si je conçois deux rayons visuels, l'un parallèle à A'B', l'autre à R'F, ces deux rayons iront percer le tableau évidemment aux points F' et F ; ils formeront donc avec la verticale FF' un triangle rectangle qui, rabattu autour de cette dernière droite, deviendra FO"F', lequel se con-struira en prenant la base FO" égale à l'hypoténuse FO' d'un autre triangle qui aurait pour côtés FP et PO' égal à la distance PD de l'œil au tableau. D'après cela, si l'on trace l'arc de cercle F'L et sa corde, cette dernière ra-menée avec les rayons visuels O"F et O"F' dans leur position primitive, se trouverait évidemment parallèle aux cordes des arcs décrits par les points A' et M', dans le rabattement dont nous avons parlé au commencement de cet article ; donc en tirant O"F" parallèle à F'L, le point F" sera le point de fuite commun à toutes ces cordes.

Cela posé, A'F" sera la perspective de la corde de l'arc décrit par le point A', et elle déterminera le rabattement A" de ce point ; puis, si je cherche une longueur A"M" qui soit égale à 1 mètre perspectif (en tirant, comme au

17

n° **308**, les lignes O″A″G, GH = 1ᵐ·, et O″H), je n'aurai plus qu'à relever le point M″ par un arc de cercle, dont la corde aura pour perspective la ligne F″M″, laquelle ira déterminer le point demandé M′. En effet, A″M″ et A′M′ sont les perspectives de deux droites égales, puisque l'une est le rabattement de l'autre.

329. Enfin, pour diviser un intervalle donné A′B′ en n parties perspectivement égales, on pourrait rabattre, comme ci-dessus, cette droite sur sa projection R′F, et ramener ainsi le problème à celui du n° **310**. Mais il sera plus court de projeter A′B′ suivant ab, par deux verticales, et d'appliquer à la droite ab la méthode de ce n° **310**; car les verticales élevées par ces derniers points de division partageront A′B′ de la manière demandée. En effet, il est reconnu qu'une droite et sa projection horizontale sont toujours divisées en parties proportionnelles, par des verticales quelconques; et d'ailleurs, on sait (n° **256**) que ces dernières lignes doivent rester verticales en perspective.

Des Échelles de perspective.

Pl. 15, Fig. 8. **330.** Si par un point quelconque A de la base AX du tableau, on élève une verticale AZ, et que l'on imagine une perpendiculaire au tableau, laquelle aura pour perspective la ligne AY′P, on formera ainsi un système de *trois axes coordonnés* qui pourront servir à exprimer la position d'un point quelconque m de l'espace, et à trouver immédiatement sa perspective. En effet, ce point serait bien défini, si l'on donnait, par exemple, en centimètres:

1°. Sa distance $z = 7$ au plan géométral XAY′, laquelle devra se compter sur AZ :

2°. Sa distance $y = 2$ au plan du tableau ZAX, laquelle se comptera sur AY′:

3°. Sa distance $x = 3$ au plan fuyant ZAY′, laquelle sera comptée sur AX. Or, si l'on divise en centimètres les deux droites AZ et AX, et que l'on joigne les divisions de cette dernière ligne avec le point principal P et avec le point de distance D, le premier groupe de ces transversales représentera des droites perpendiculaires au tableau, et le second des droites inclinées à 45°, lesquelles partageront les premières en parties toutes égales à 1 centimètre (n° **303**); de sorte que les diverses horizontales, comme BL, sont les traces de *plans de front* situés à 1, 2, 3,... centimètres de profondeur. Par conséquent, si l'on choisit le point M qui est à la rencontre du plan de front $y = 2$ avec le plan fuyant $x = 3$, on aura déjà la perspective de la projection du point assigné ci-dessus, et il n'y aura plus qu'à élever une verticale MM' qui ait une longueur perspective de 7 centimètres. Pour cela, on joindra le point P avec la division marquée 7 sur AZ, et la verticale BC représentant 7 centimètres (n° **316**), il suffira de prendre MM' = BC pour obtenir la perspective M' demandée.

331. On aurait pu même se dispenser de recourir aux divisions de AZ, et prendre MM' = BL; car cette dernière longueur égale perspectivement AR qui est de 7 centimètres, et d'après le théorème du n° **275**, les droites MM' et BL représentant deux lignes égales situées dans le même plan de front, doivent être égales.

332. La ligne AX, ainsi divisée, est dite *l'échelle de front; AY'* P est *l'échelle fuyante,* et enfin AZ est *l'échelle des hauteurs.* On voit aussi que l'emploi de ces échelles dispenserait de tracer, sur le géométral, la projection de l'objet original, et qu'il suffirait de connaître numériquement les distances de chaque point remarquable aux trois plans ZAX, ZAY' et XAY', ce qui est facile à se procurer quand il s'agit de corps réguliers, comme ceux que l'on rencontre dans l'architecture.

333. S'il fallait obtenir le plan de front situé à 13 centimètres, par exemple, il serait incommode de recourir au 13e point de division de AX; mais voici comment on peut l'éviter. En tirant l'horizontale 6K, la distance RK représente déjà 6 centimètres; donc la droite DK, qui est inclinée à 45°, irait couper AX à une distance du point R égale à RK, et conséquemment à une distance du point A égale à 13 centimètres; ainsi cette droite RK fournira sur AY' le 13e point de division, et l'horizontale 13G sera le plan de front demandé. De même, si l'on tirait la droite DG, elle irait couper l'échelle fuyante AY' au 20e point de division; et ainsi de suite, avec des combinaisons que l'on peut varier de bien des manières.

334. *Méthode des carreaux.* Quand le tableau doit représenter un grand nombre de petits objets, irrégulièrement disposés, comme un intérieur d'appartement, on partage le géométral en carrés d'un centimètre, par exemple, et dont les côtés sont parallèles et perpendiculaires à la base du tableau; on répartit sur ces cases les objets en question, suivant l'ordre supposé; puis on trace la perspective de ces carrés au moyen de leurs diagonales, qui concourent en D, comme nous l'avons fait aux n° **330** et **333**; et alors le tableau se PL. 15, trouve divisé en carreaux perspectifs, sur lesquels on place approximative- FIG. 8. ment les objets comme ils le sont sur le géométral. Ce procédé est trop simple pour que nous le développions davantage; il sert souvent aux peintres, pour faire l'esquisse de leurs dessins, ou bien pour réduire un grand tableau sur une échelle plus petite.

De la distance figurée ou réduite.

PL. 15, **335.** Il arrive assez souvent que les *points de distance* D, D′, se trouvent hors
FIG. 7. du cadre du tableau, et trop éloignés pour qu'on puisse y recourir; alors on emploie un procédé que nous allons expliquer sur l'exemple suivant. S'il fallait trouver, sur la perspective TP qui fuit au point principal, une longueur TA de 3 mètres, on devrait (n° **303**) prendre TG=3^{m}·, et tirer DAG qui fournirait le point demandé A; mais si j'adopte une distance Pd moitié de PD, et que je réduise aussi la longueur TG à sa moitié Tg, la ligne dg passera nécessairement par le même point A. En effet, à cause des triangles semblables APD, ATG, la droite DG divise TP en deux parties PA et AT qui sont entre elles dans le rapport de PD à TG; par une raison semblable, la droite dg divisera TP en deux parties dont le rapport sera celui de Pd à Tg; or ce dernier rapport étant, par hypothèse, le même que le précédent, il s'ensuit que TP est coupé en un seul et même point par les lignes DG et dg. Si l'on avait voulu réduire la distance PD au tiers Pd', il aurait fallu prendre la longueur Tg' égale au tiers de TG, et la droite $d'g'$ aurait encore passé par le point A.

Les longueurs Pd, Pd', .. sont ce qu'on appelle la *distance figurée* ou *distance réduite.*

FIG. 11. **336.** Citons un autre exemple de cette réduction : *Étant donnée la perspective* AB *d'une droite horizontale, former au point* A *un angle qui soit perspectivement égal à* ω. D'après la méthode du n° **301**, il faudrait employer le point de rencontre de AB avec PD; mais comme ce point de fuite est trop loin, joignons le point A avec le point principal P, et élevons la verticale P$o=\frac{1}{4}$ PD; prenons aussi P$a=\frac{1}{4}$ PA, et tirons ab parallèle géométrale à AB. Alors, pour résoudre le problème en question relativement à la droite ab et avec l'œil rabattu en o, on sait (n° **301**) qu'il faudrait tirer ob, former l'angle $bog=\omega$, tirer ag, et que l'angle bag serait perspectivement égal à bog. Cela posé, je dis qu'il suffira de mener AG parallèle géométrale à ag, pour que l'angle BAG soit l'angle demandé. En effet, étant donnés un objet original quelconque et un point de vue qui restent fixes dans l'espace, si l'on conçoit que le tableau se rapproche parallèlement à lui-même, il est évident que ce tableau mobile devra couper la pyramide des rayons visuels suivant un polygone toujours *semblable et parallèle* au polygone primitif; d'ailleurs, le sommet homologue à A devra rester sur le rayon visuel qui aboutissait à ce sommet A. Or ce rayon est projeté suivant AP; c'est pourquoi il a fallu placer le point *a* sur cette droite et en son milieu, attendu qu'on avait réduit la distance de l'œil au tableau à Po = $\frac{1}{2}$ PD : de sorte que BAG et *bag* sont les perspectives de l'angle en question sur deux tableaux parallèles, et ils doivent conséquemment avoir leurs côtés géométralement parallèles.

337. Si, étant donné l'angle BAG, on avait demandé de le partager en deux parties perspectivement égales, j'aurais tiré *ab* et *ag* parallèles géométrales à AB et AG; puis *ob* et *og* dont j'aurais partagé l'angle en deux parties absolument égales, et la droite *ar* serait la bissectrice pour l'angle auxiliaire *bag* (n° **302**); d'où je conclus que la droite AR parallèle géométrale à *ar*, divisera l'angle BAG en deux parties perspectivement égales. La raison est la même que ci-dessus.

338. Voici encore un *moyen d'éviter les points de fuite trop éloignés.* Si l'on devait mener par le point M une parallèle perspective à AB, la méthode directe serait (n° 3OO) de joindre M avec le point F où AB irait couper la ligne d'horizon PD. Mais comme ce point de fuite est trop éloigné, je tire deux sécantes arbitraires MA, BG, parallèles géométrales; puis, après avoir pris A*g* = BG, je tire E*g* et sa parallèle géométrale M*n*; alors, en portant la quatrième proportionnelle *gn* suivant GN, j'obtiens un point N tel que la droite MN convergera nécessairement vers le point de rencontre F des lignes AB et PD, attendu que l'on a la proportion

PL. 15,
FIG. 12.

$$\text{AE} : \text{EM} :: \text{BG} : \text{GN.}$$

339. On pourrait aussi tirer la sécante arbitraire MA, et joindre les points M et A avec un point quelconque S de la droite d'horizon PD; puis, en menant *am* parallèle géométrale à AM, et *af* parallèle géométrale à AB, il suffirait de tirer *mf* et de lui mener une parallèle géométrale MN. Car MN et AB iraient se couper en un point F qui se trouverait nécessairement sur PD, attendu que le triangle AMF peut être considéré comme une section parallèle à la base de la pyramide qui serait projetée suivant S*amf*.

FIG. 13.

340. Le problème de tirer par le point assigné M une droite qui converge vers le point de rencontre inconnu F de deux droites données AB et PD, admet encore une solution d'autant plus remarquable ici, qu'elle peut être justifiée par les principes mêmes de la perspective des droites parallèles. Tirons les deux sécantes arbitraires MA, ME, et joignons leurs pieds par les droites HA et GE qui vont se rencontrer en S : par ce dernier point, menons une troisième sé-

FIG. 14.

cante arbitraire SBK, qui détermine un second quadrilatère BEGK dont les
diagonales se coupent en N ; alors la droite MN sera la ligne demandée, et l'on
pourrait en construire un troisième point, en menant une nouvelle sécante par
le point S.

Pour justifier cette construction, il suffit d'observer que les deux quadrilatères AEGH, BEGK, peuvent être considérés comme la perspective, sur le
tableau assigné, de deux parallélogrammes tels que *aegh*, *begk*, choisis de manière qu'aucun de leurs côtés ne soit parallèle à ce tableau; car alors les côtés
ah, *eg*, *bk*, devront concourir en perspective vers un même point S, tandis que
ab et *hk* convergeront vers un autre point F sur le tableau. Or la droite *mn*
qui joint les centres de ces parallélogrammes, serait bien parallèle à ces derniers côtés; donc sa perspective MN, qui est déterminée par les intersections
M et N des diagonales sur le tableau, devra aussi concourir au même point F.

PL. 15,
FIG. 15. **341.** Lorsque le point assigné M est *hors des deux droites* données PD et AB,
la solution est un peu moins simple. Après avoir mené les deux sécantes
arbitraires MAG, MBE, et les diagonales du quadrilatère ABEG qui se coupent
en C, on joint ce dernier point avec M, et la ligne MC peut être considérée
comme la perspective de la droite qui diviserait le parallélogramme représenté
par ABEG en deux parallélogrammes AKHG et BKHE, *perspectivement égaux*;
car elle passe par le centre C du parallélogramme total, et elle est parallèle
aux côtés GA et EB, comme concourant tous trois au même point M sur le
tableau. Cela posé, tirons les diagonales GK et HB de ces parallélogrammes
partiels; elles devront être nécessairement *parallèles dans l'espace*, et sur le tableau elles concourront en un certain point N : de même, les diagonales HA
et EK, qui sont parallèles dans l'espace, concourront sur le tableau en un point
L. Or je dis que les quatre points L, M, N et F sont en ligne droite; car ce sont
les points de fuite de quatre systèmes de droites parallèles deux à deux, et toutes
situées dans le plan du parallélogramme représenté par ABEG; et l'on sait
(n° **282**) que ces points de fuite doivent être tous sur l'intersection du tableau
avec le plan mené par l'œil parallèlement à celui du parallélogramme. Il résulte de là que les deux points trouvés L et N sont plus que suffisants pour tirer,
du point assigné M, une droite qui concoure certainement en F.

Problèmes inverses de perspective.

342. Le problème qui aurait pour but de retrouver la forme et la position
d'un objet original dont la perspective est donnée sur un tableau plan, serait

une question toujours indéterminée, absolument parlant, quand même on connaîtrait la situation du point de vue pour lequel ce tableau a été construit. En effet, une droite perspective détermine bien, avec le point de vue, un plan dans lequel doit se trouver la droite originale; mais on peut attribuer à celle-ci telle direction qu'on voudra dans ce plan, et la concevoir placée à une distance arbitraire. Toutefois, il est certains objets qui, par leurs formes et l'usage auxquels ils sont destinés, ne laissent plus autant d'incertitude sur leurs directions. Ainsi, par exemple, lorsqu'un tableau offre les apparences d'une table, d'une fenêtre, d'un pilastre, on sent bien que les contours de ces objets doivent représenter des droites horizontales et des verticales, et, de plus, que la base du dernier est la perspective d'un carré. Quant aux dimensions absolues de l'objet original, elles restent encore indéterminées; parce qu'en reculant et agrandissant cet objet de manière qu'il demeurât compris entre les mêmes rayons visuels, sa perspective ne changerait pas du tout. Cependant si l'on apercevait, sur le même *plan de front* que le pilastre, un autre objet dont la hauteur absolue fût à peu près connue par son usage ou sa nature, comme une chaise, un cheval, un homme, on pourrait alors juger, par comparaison, de la hauteur du pilastre original; attendu que deux droites quelconques, *situées dans un même plan de front*, conservent en perspective des longueurs proportionnelles à leurs longueurs primitives (n° **276**). D'après ces remarques, nous devons nous borner à résoudre quelques cas où le problème se trouve déterminé.

343. *Trouver la ligne d'horizon d'une perspective donnée, où l'on aperçoit deux horizontales qui doivent être parallèles.*

De telles droites peuvent être fournies par l'appui et le linteau d'une fenêtre, par les extrémités supérieures et inférieures de deux poteaux que l'on sait être de même hauteur, etc.; alors, en prolongeant ces droites jusqu'à leur point de rencontre sur le tableau, et tirant par ce point une horizontale, ce sera évidemment la ligne d'horizon demandée.

344. *Trouver le point principal d'une perspective donnée, où l'on distingue deux droites qui représentent des perpendiculaires au tableau.*

Lorsqu'on aperçoit un bâtiment ou un bassin rectangulaire dont un côté est parallèle à la base du tableau, les deux autres côtés sont certainement perpendiculaires à ce plan. Alors, ces derniers, prolongés jusqu'à leur rencontre sur le tableau, donneront le point principal, et la ligne d'horizon s'en déduira comme ci-dessus.

345. *Étant donnée la perspective d'un pilastre carré, trouver le point principal et le point de distance.*

PL. 14.   Si le pilastre est vu de face, comme A′B′B″A″E″E′ dans la *fig.* 1, *Pl. XIV*, disposition qui est suffisamment prouvée par l'égalité des deux arêtes A′A″ et B′B″
appartenant à une même face, on aura le point principal P en prolongeant A′E′
et A″E″ jusqu'à ce qu'elles se coupent; car nous voulons éviter d'employer les
arêtes invisibles, telles que B′C′ et B″C″, qui ne sont pas tracées dans le résultat
d'une perspective revêtue de teintes et de couleurs conformes à la réalité. Ensuite, pour obtenir le point de distance D, on joindra B′ avec P, on tirera E′C′
parallèle géométrale à A′B′, ce qui donnera l'angle invisible C′; et en le joignant
avec A′, la diagonale A′C′ ira couper la droite d'horizon menée par le point P,
en un point D qui fixera la distance PD à laquelle l'œil du spectateur est placé
en avant du tableau.

PL. 16,   **346.** Supposons maintenant que le pilastre donné ABB′A′G′G ne soit
FIG. 1.   pas vu de face. En prolongeant les côtés AG et A′G′, AB et A′B′, on obtiendra les points de fuite F, F′, et la ligne d'horizon FF′; on pourra aussi
achever la base ABEG, et tirer la diagonale AE dont le point de fuite sera
en F″. Cela posé, en décrivant sur FF′, comme diamètre, une demi-circonférence FOF′ que l'on concevra située dans le plan d'horizon, le point
de vue cherché O ne pourra être situé que sur cette circonférence, parce
que les deux rayons visuels OF et OF′ étant parallèles aux droites originales
de AB et AG, doivent comprendre un angle droit; d'ailleurs cet angle FOF′
doit se trouver divisé en deux parties égales par le rayon visuel OF″ qui
est parallèle à la diagonale AE, attendu que cette dernière divise par moitiés l'angle BAG du carré donné. Par conséquent, il faudra joindre le milieu
I de la demi-circonférence opposée avec F″, et la droite IF″O fixera la position O du point de vue, d'où l'on déduira le point principal P et le point de
distance D.

     347. *Avec les mêmes données, trouver la position et les dimensions absolues
du pilastre, pourvu que l'on connaisse la trace XY du plan géométral où est située la
base ABG.*

     Sans cette dernière donnée, nous avons dit au n° 299 que la question serait
indéterminée; mais dès que la base inférieure est dans le plan horizontal XY, il
s'ensuit que le côté AB va percer le tableau en X, et le côté A′B′ en X′; d'où il
résulte que XX′ est la grandeur véritable de l'arête représentée par AA′. Ensuite, si l'on tire PAT et DAL, la droite TA représentera la plus courte distance
de l'arête AA′ au tableau, et cette distance aura pour vraie grandeur TL
(n° 303). Enfin, pour connaître la longueur absolue de AB, on emploiera le procédé du n° 305; et l'on pourra ainsi tracer, sur le géométral, le carré qui sert de

base au pilastre, dans la position précise qu'il occupe relativement au tableau
(n° **298**).

348. *Étant donnée la perspective ABEG d'un rectangle horizontal, tel que la* PL. 16,
base d'un édifice, trouver le point de vue de cette perspective.   FIG. 2.

En prolongeant les côtés AG et BE, AB et GE, on obtiendra leurs points de
fuite F et F′, ainsi que la droite d'horizon FF′, et l'on en déduira le point de
fuite F″ de la diagonale AE; d'où il suit, comme précédemment, que la circonférence décrite sur le diamètre FF′, et regardée comme étant située dans le plan
d'horizon, devra contenir le point de vue O que l'on cherche, parce que les
rayons visuels OF et OF′ doivent (n° **346**) comprendre un angle droit. Mais ici
où la diagonale AE divise l'angle droit GAB en parties inégales, et dont le rapport
est inconnu, la direction du rayon visuel OF″ parallèle à cette diagonale, reste
arbitraire, et le point de vue peut être placé en O′, O″,... sans que la figure
ABEG cesse de représenter un rectangle horizontal. La question proposée est
donc indéterminée avec les données actuelles.

349. Mais si l'on savait d'ailleurs que le rapport des côtés AB et AG est
∷ *m* : *n*, ce qu'on pourra souvent reconnaître par le nombre des colonnes, des
pilastres ou des fenêtres des deux façades, alors le problème n'admettrait plus
qu'une solution. En effet, si je construis sur FF′ un rectangle F*beg* tel que

$$Fb : be :: m : n,$$

la diagonale F*e* formera avec les côtés adjacents les mêmes angles que la diagonale représentée par AE avec ceux du rectangle proposé. Donc le point I où
F*e* va couper la circonférence, étant joint avec F″, fournira le rayon visuel IF″O
qui déterminera le point de vue demandé O; car l'angle F″OF′ sera géométralement égal à IFF′, comme ayant pour mesure le même arc de cercle.

Perspective de l'intérieur d'une Galerie.

Nous avons dit (n° **290**) que souvent on pouvait se dispenser de tracer
le plan géométral de l'objet, et le remplacer par quelques données numériques : nous allons en offrir deux exemples, où nous trouverons d'ailleurs
l'occasion d'appliquer plusieurs des problèmes précédents sur la division des
lignes perspectives.

350. Soit une galerie dont le plan est un rectangle de 8 pieds de large sur PL. 16,
14 pieds de long, nombres que nous prenons peu considérables, afin de laisser FIG. 3.

18

voir plus distinctement certains détails de l'épure ; supposons que la hauteur
de la galerie soit de 12 pieds, et que le sol soit pavé avec des dalles carrées,
dont les diagonales auront 2 pieds de long, et seront dirigées parallèlement
aux côtés du rectangle. Après avoir marqué sur le tableau le point principal P
et les points de distance D, D', nous y tracerons un rectangle ABB'A' dont les
côtés soient égaux à 8 et 12 *modules,* et qui représentera la coupe verticale faite
par le tableau à l'entrée de la galerie ; puis, en joignant les quatre angles avec
le point P, nous aurons évidemment (n° **262**) les perspectives indéfinies AP, BP,
A'P, B'P, des quatre arêtes longitudinales de la galerie ; mais il faudra trouver
leurs longueurs dégradées, à raison d'une profondeur de 14 pieds, ce qui revient au problème suivant déjà résolu au n° **303**.

351. *Sur une droite perspective* BP *qui fuit au point principal, trouver une dis-*
tance BC *qui soit perspectivement égale à une longueur donnée,* ici 14 modules.
Le moyen direct de résoudre ce problème serait de prendre, sur la base du tableau, une longueur BX = 14 modules, puis de tirer la droite XD, qui serait
évidemment l'hypoténuse d'un triangle rectangle isocèle représenté par CBX,
et dans lequel on aurait ainsi BC = BX. Mais lorsque le point X est à une distance trop considérable, on y supplée par la *distance figurée* (n° **335**) en rapprochant l'œil à une distance P*d* = $\frac{1}{2}$PD, et prenant B*x* = $\frac{1}{2}$BX, c'est-à-dire
de 7 modules ; alors la droite *xd* passe nécessairement par le même point C.

Ensuite, on mènera l'horizontale CE et les verticales CC' et EE' qui, limitées aux droites B'P et A'P, détermineront le fond ECC'E' de la galerie.

352. On pouvait encore éviter de déplacer l'œil, en observant que la diagonale cherchée DCX devait couper la droite AP à une distance AG = 6 mètres,
puisque cette dernière égale AX. Or on trouvera le point G en joignant le point
2 avec D', puisque le triangle GA2 sera isocèle ; ou bien, si l'on veut n'employer
que le seul point de distance D, on tracera la droite D6, qui coupera BP au
point H, lequel étant reporté en G par une horizontale, déterminera la
droite GCD.

353. Le pavé de cette galerie étant formé par des carrés dont les côtés sont
inclinés à 45° sur le tableau, il suffira (n° **261**) de joindre avec D les points
2, 4, 6, 8 de la base XY. Il est vrai qu'au delà du point A les divisions numé-
rotées 10, 12,... s'éloigneraient d'une manière incommode ; mais on y suppléera (comme au numéro précédent) en reportant chaque point L, M, H,...
en K, N, G,... par des horizontales, puis en menant les droites KD, ND,
GD,...

Quant aux autres côtés des carreaux, il suffira d'employer semblablement le second point de distance D', en le joignant avec les divisions 6, 4, 2,...; mais si quelque circonstance empêchait de recourir à ce point D', on pourrait se contenter de joindre ces divisions avec les points K, N, G,... déterminés comme nous l'avons dit plus haut.

354. Au fond de la galerie est une porte que je suppose de 4 pieds de large sur 7 de hauteur. Il reste donc 2 pieds de chaque côté jusqu'aux murs latéraux; et par suite, la place des pieds-droits pourrait se déterminer en tirant les perpendiculaires au tableau 2P et 6P. Mais, puisque cette porte est dans un plan parallèle au tableau, toutes ses dimensions resteront en perspective (n° **276**) *proportionnelles* aux dimensions originales; ainsi il suffira de diviser CE en quatre parties égales, puis d'élever des verticales auxquelles on donnera pour longueur les $\frac{7}{4}$ de CE : ou bien, on fixera cette hauteur en portant sur BB' une distance BQ égale à 7 modules, et menant la droite PQ qui fera connaître la hauteur dégradée Cq que doit avoir la porte sur le tableau.

355. Admettons qu'il existe, dans chaque mur latéral, une fenêtre placée à 5 pieds de l'entrée, et qui ait 4 pieds de large sur 7 pieds de haut, l'appui de la croisée étant d'ailleurs à 3 pieds au-dessus du sol. On joindra le point D avec les divisions 5 et 9 de la base XY, par des droites qui fourniront les points U et V tels que les distances BU et BV seront (n° **351**) perspectivement égales à 5 et 9 modules; ensuite, on limitera les verticales U et V par les droites RP et R'P, menées perpendiculairement au tableau, à des hauteurs de 3 pieds et de 10 pieds.

Quant à la profondeur de l'embrasure que nous supposerons de 1 pied, on portera cette longueur sur les horizontales RS et R'S', et les droites SP, S'P, suffiront pour achever tout le contour de cette embrasure, qui n'est autre chose qu'un parallélipipède rectangle. Enfin, l'on transportera symétriquement, sur la face de gauche, les résultats obtenus pour le mur latéral de droite.

Vue extérieure d'une Chapelle.

356. Évitons encore de tracer le plan géométral de cette chapelle, en y PL. 14, FIG. 4. suppléant par des données numériques; et soient XY la base du tableau, P le point principal, D le point de distance, PO'=PD le rayon principal rabattu sur la verticale PZ du tableau. Nous admettons que le plan de la chapelle est un rectangle dont les côtés sont inclinés sur le tableau de 30° et 60°; et que l'angle A le plus voisin est à 1 mètre de distance derrière ce tableau, et à 7 mètres du plan principal PZ. Alors, après avoir pris sur la base XY une lon-

18.

gueur ZM = 7 modules, nous tirerons MP qui représentera la perpendiculaire · au tableau sur laquelle est le point cherché A, et celui-ci se déterminera en prenant MN = 1 module, puis tirant ND; car le triangle représenté par MAN est rectangle et isocèle, de sorte que MA égale perspectivement MN. Ensuite, si nous menons par l'œil rabattu en O′, les droites O′F et O′φ formant avec la ligne d'horizon des angles de 30° et 60°, les points F et φ seront (n° **263**) les points de fuite des côtés du rectangle; et conséquemment ces côtés auront pour perspectives indéfinies les droites AF et Aφ.

357. Il faut maintenant trouver, sur la droite Aφ, une distance AE qui soit perspectivement égale à 7 mètres, longueur du mur latéral de la chapelle. Or, d'après le problème résolu au n° **308**, je prolonge la droite Aφ jusqu'à sa trace T sur le tableau, puis j'imagine que la ligne originale de TAφ, qui est parallèle géométrale à O′φ, tourne autour de ce point T pour se rabattre sur XY; alors les points représentés par A et E décriront deux arcs de cercle, dont les cordes seront parallèles et auront pour point de fuite (n° **269**) l'extrémité ω de l'arc décrit avec le rayon φO′. Donc, si je tire ωAS, ce sera la perspective de l'une de ces cordes; puis, en prenant SX égale à 7 fois le module MN, la droite Xω sera la perspective de la seconde corde, et ainsi elle déterminera une longueur AE égale perspectivement à SX ou à 7 mètres.

358. De même, pour trouver sur la droite AF l'étendue occupée par la face d'entrée de la chapelle, que je suppose avoir 3 mètres de large, je rabats suivant FO″ le rayon de fuite FO′ qui est parallèle à AF; puis, en traçant la ligne O″AH et prenant HK = 3 MN, la droite KO″ déterminera la largeur cherchée AB, parce que cette dernière distance égale perspectivement HK (*voyez* n° **308**). D'après cela, le rectangle ABCE qui représente la base de la chapelle, est facile à achever.

359. Maintenant j'élève la verticale TT′ égale à la hauteur du mur de la chapelle, et la droite T′φ, combinée avec les verticales AA′ et EE′, déterminera évidemment la face latérale AA′E′E; puis, en tirant la droite A′F et la verticale BB′, j'aurai la face d'entrée AA′B′B. Quant au comble, on portera sa hauteur sur la verticale YY′ élevée par le milieu de l'intervalle TR; et les droites YLVφ et Y′φ, combinées avec les verticales élevées par les points L et V, détermineront la ligne de couronnement V′L′ et le pignon A′I′B′.

On agira de même pour la porte d'entrée, dont la hauteur sera fixée par la verticale GG′, et dont les pieds-droits se trouveront en joignant le point φ avec les points qui diviseront l'intervalle TR dans le rapport que l'on supposera exister entre la baie de la porte et la largeur de la face AB.

360. Enfin, s'il existe deux fenêtres sur la face latérale de la chapelle, et qu'elles s'élèvent depuis 2 mètres jusqu'à 5, on portera ces hauteurs sur Tθ et Tθ′, puis on mènera les droites θφ et θ′φ. D'ailleurs, si ces fenêtres ont un mètre d'ouverture, et que la seconde soit située à 2 mètres de distance du fond de la chapelle, on prendra Xδ = 2^m, δα = 1^m, et les droites δω, αω, détermineront la position λμ de l'embrasure; car, d'après le problème du n° **308**, les longueurs λμ et αδ sont perspectivement égales. On opérera de même pour l'autre fenêtre, qui est ici à 1 mètre de la première.

Nous avons fait abstraction, dans ce qui précède, de certains détails minutieux qui ne peuvent offrir que des constructions semblables, tels que la saillie du comble sur le mur latéral et sur le pignon, etc.; mais, après avoir bien compris la détermination des contours principaux, le Dessinateur n'aura pas de peine à achever la représentation complète de ces détails, ainsi que des moulures ou autres ornements accessoires.

Perspective d'un cube incliné.

361. Pour montrer l'usage que l'on peut faire des *points de fuite* et des PL. 17. *lignes de fuite* (n° **282**) qui se rapportent à des droites et à des plans non horizontaux, nous prendrons l'exemple d'un cube incliné d'une manière quelconque, mais défini par les conditions suivantes : 1° on donne la *hauteur de l'un des sommets* A du cube, en assignant la ligne de terre XY suivant laquelle le tableau vertical est coupé par le plan horizontal conduit par ce sommet A, et nous prendrons ce plan horizontal pour le géométral de notre épure; 2° on donne *la projection horizontale* AB *d'une des arêtes* du cube; 3° on donne enfin sur le géométral *la trace* ARQ et *l'inclinaison* ω du plan qui contient *la base supérieure* dont AB est un côté. Avec ces données, il serait facile de construire la projection complète du cube en question; mais nous allons tracer seulement les arêtes qui nous sont nécessaires pour parvenir à la perspective de ce corps.

362. Prenons un plan de profil VU perpendiculaire à la trace AR, et formons-y un angle S″R″U égal à ω. Sur ce profil, la droite S″R″ sera évidemment la projection de toute la base supérieure du cube; donc, si l'on fait tourner cette face autour de R″AR, le point (B, B″) se rabattra en b, et Ab sera la vraie grandeur de l'arête assignée par sa projection AB. Alors tirons Ae perpendiculaire et égale à Ab, puis relevons la face bAe pour la ramener dans le plan primitif S″R″A; on verra aisément que l'arête rabattue suivant Ae se projette sur AE, et ainsi on pourra achever le parallélogramme ABCE, lequel représentera la projection du carré qui forme la base supérieure du cube. Maintenant, une des arêtes perpendiculaires à cette base, par exemple celle qui part du sommet (E, E″), sera projetée sur les directions EF, E″F″, respectivement perpendiculaires aux traces AR″, R″S″; puis; si l'on prend E″F″=Ab, le point F″ déterminera le sommet F, ce qui permettrait d'achever le parallélogramme AEF, et par suite la projection des autres faces du cube; mais nous n'avons pas besoin d'en tracer davantage pour obtenir la perspective de ce corps.

363. Toutefois, nous chercherons encore quelle est l'intersection RS′ du tableau vertical XY, considéré comme un plan de projection, avec le plan S″R″A qui contient la base supérieure du cube. Or, d'après le n° 52 de la *Géométrie descriptive*, on sait qu'il faut prolonger la trace S″R″ sur le profil jusqu'à sa rencontre V″ avec la perpendiculaire VV″ élevée sur la ligne de terre VU; puis, en ramenant la droite rabattue VV″ dans la direction verticale VV′, et joignant les points V′ et R, on obtiendra la trace verticale RS′ du plan en question qui avait déjà RQ pour trace horizontale.

364. Cela posé, rabattons sur le géométral le tableau vertical XY, après l'avoir transporté parallèlement à lui-même en X′Y′; soit alors P le point principal, et D le point de distance, ce qui suppose qu'ici le point de vue est au-dessous du géométral, disposition que nous avons adoptée pour rendre plus distincts les résultats de la perspective. En portant aussi sur la verticale PZ du tableau, l'intervalle ZO = PD, nous obtiendrons en O la projection horizontale du point de vue qui est déjà projeté verticalement en P sur le tableau.

365. Maintenant, cherchons la *ligne de fuite* (n° 282) de la face ABCE, c'est-à-dire l'intersection du tableau XY avec un plan π parallèle à cette face, et mené par le point de vue (O, P). Cette intersection sera évidemment parallèle à la trace RS′; et pour en trouver un point, je coupe ce plan π et le *plan d'horizon* par un plan vertical OK perpendiculaire à ARQ, ce qui produira un angle nécessairement égal à ω, dont le sommet sera au point de vue (O, P), et dont les deux côtés iront percer le tableau XY sur la verticale T. Or, si je rabats cet angle sur le tableau autour de cette verticale, le sommet (O, P) se transportera en O″; et si je tire la droite O″T″ inclinée de la quantité ω, elle ira couper la verticale T′T″ en un point T″ qui restera immobile quand on ramènera l'angle en question dans le plan vertical OT; donc le point T″ appartient à l'intersection du tableau avec le plan π, et par conséquent cette intersection sera la droite T″ε′ menée parallèlement à la trace V′RS′. Voilà donc la ligne

de fuite du plan de la face ABCE ; et toutes les droites situées dans ce plan, ou qui lui seront parallèles, devront avoir leurs points de fuite sur la ligne $\mathfrak{E}'T''\epsilon'$.

366. D'après cela, si du point de vue on conçoit des parallèles aux côtés représentés par AB et AE, elles seront projetées sur $O\mathfrak{E}$ et $O\mathfrak{s}$, et iront percer le tableau XY sur les verticales $\mathfrak{E}$ et ϵ ; puis, comme nous venons de dire que ces points d'intersection doivent aussi se trouver sur la ligne de fuite $\mathfrak{E}'T''\epsilon'$, ils seront en $\mathfrak{E}'$ et ϵ' ; de sorte que c'est vers l'un ou l'autre de ces points que devront concourir les perspectives de toutes les arêtes parallèles à AB ou AE. De même, en tirant $O\gamma$ parallèle à AC, le point γ fera trouver le point de fuite γ' de la diagonale AC, qui nous sera utile à employer plus loin.

367. Cherchons encore le point de fuite des arêtes qui, comme EF, sont, perpendiculaires à la base ABCE. La parallèle à ces arêtes, menée du point de vue, sera évidemment comprise dans le plan vertical OT déjà employé ci-dessus, et ainsi elle ira percer le tableau XY sur la verticale T ; d'ailleurs, cette parallèle se trouvera nécessairement perpendiculaire au plan désigné par π au n° 365, et par suite, elle sera perpendiculaire au côté de l'angle que nous avons rabattu suivant $O''T''$; donc, si nous tirons $O''\varphi'$ à angle droit sur $O''T''$, le point φ' sera le point de fuite de l'arête EF, et de toutes celles qui lui sont parallèles.

On doit remarquer que le rayon visuel rabattu suivant $O''\varphi'$ serait projeté suivant $P\varphi'$, et qu'ainsi cette dernière droite devra se trouver perpendiculaire à la trace $\epsilon'T''\mathfrak{E}'$ du plan π, ce qui fournirait un autre moyen d'obtenir le point φ'.

368. Si l'on joint les points de fuite ϵ' et φ' des deux arêtes AE et EF, on aura la ligne de fuite $\epsilon'\varphi'$ de la face AEF ; et, de même, la droite $\mathfrak{E}'\varphi'$ sera la ligne de fuite de la troisième face CEF qui, avec AEC, complète l'angle trièdre E. Enfin, si l'on tire $O\psi$ parallèle à AF, le point ψ servira à trouver le point de fuite ψ' de la diagonale projetée sur AF.

369. Une fois ces préliminaires établis, je trouverai aisément les perspectives des diverses arêtes du cube. En effet, l'arête AB étant dans le plan QRS', elle viendra percer le plan vertical XY au point (M, M') ; mais comme ce tableau a été transporté de XY en X'Y', il faudra prendre au-dessous de cette dernière ligne de terre, une hauteur $mm' = MM'$, et m' sera la trace de l'arête AB sur le tableau ; puis, comme son point de fuite est en $\mathfrak{E}'$, la perspective indéfinie de AB sera $m'\mathfrak{E}'$.

Je pourrais chercher semblablement la trace de l'arête AE, puis sa perspective indéfinie qui, en coupant la précédente, déterminerait le sommet A'. Mais, pour varier les méthodes, je mènerai les rayons visuels OA et OB qui devront percer le tableau XY en des points projetés sur A_2 et B_2; donc les verticales élevées par ces derniers points, et combinées avec la droite $m'6'$, fourniront directement les perspectives A′ et B′ de deux sommets du cube.

Ensuite, je tire les droites A′ε′ et B′ε′, dont la dernière rencontrera la diagonale A′γ′ au sommet C′; et celui-ci étant joint avec 6′, donnera la ligne 6′C′E′ qui achèvera la perspective A′B′C′E′ de la base supérieure du cube. On pourra aussi employer les rayons visuels OC et OE, lesquels vont rencontrer le tableau en des points projetés en C_2 et E_2; puis, au moyen de verticales, on en déduira les sommets C′ et E′.

370. Quant aux arêtes perpendiculaires à la face A′B′C′E′, elles ont leur point de fuite en φ′ (n° **367**); donc leurs perspectives indéfinies sont les lignes A′φ′, B′φ′, C′φ′, E′φ′. Mais cette dernière, combinée avec A′ψ′, qui est évidemment la perspective de la diagonale AF (n° **368**), déterminera le sommet F′ de la base inférieure; puis, en tirant F′6′ et F′ε′, ces droites iront couper les lignes C′φ′ et A′φ′ aux deux sommets I′ et G′, lesquels doivent d'ailleurs se trouver sur une diagonale qui aboutisse en γ′. Enfin, on mènera I′ε′ et G′6′ qui devront se couper en un point H′ situé sur B′φ′; de sorte que la perspective totale du cube sera

$$A'B'C'E'F'G'H'I',$$

résultat dans lequel il est facile de distinguer quelles sont les arêtes que l'on doit *ponctuer*, comme invisibles, d'après la position du point de vue O par rapport au tableau XY, et l'inclinaison du plan S″R″R qui contient la base supérieure du cube proposé.

371. Nous avons voulu adopter, dans cet exemple, les données les plus générales qu'il était possible d'imaginer; mais dans d'autres cas, la recherche des lignes de fuite et des points de fuite sera souvent bien plus facile. Par exemple, s'il s'agissait d'un parallélipipède rectangle, incliné à l'horizon, mais dont la base aurait *une arête parallèle à la ligne de terre* XY, en désignant par A cette première arête, et par B et C les deux autres arêtes qui lui sont contiguës et perpendiculaires, on verra aisément que le plan qui contient B et C, aura pour ligne de fuite (n° **282**) la verticale PZ du tableau; tandis que les faces qui contiennent A et B, A et C, auront pour lignes de fuite deux droites parallèles à XY. Pour trouver un point de chacune, j'imagine par l'œil deux parallèles à B et C, lesquelles iront percer le tableau sur la verticale PZ, et formeront un triangle rectangle dont l'hypoténuse sera sur PZ. Or, si je rabats ce triangle

PL. 17.

autour de l'hypoténuse, le sommet qui est au point de vue, se rabattra au point de distance D; donc, en tirant deux droites Dφ'', Dφ''', qui fassent avec PD des angles ω'', ω''', égaux à ceux que la question assignera pour les inclinaisons des arêtes B et C sur l'horizon, il est clair que les points φ'' et φ''' seront les points de fuite des arêtes B et C, et que les parallèles à XY menées par ces points seront les lignes de fuite des deux faces (A et B), (A et C).

Une fois ces résultats obtenus, on achèvera aisément la perspective du parallélipipède, en se donnant à volonté les points où les arêtes B et C vont percer le tableau, ainsi que les longueurs des trois arêtes contiguës A, B et C. On peut trouver une occasion d'appliquer ces opérations graphiques, dans la perspective d'un édifice en ruines, où se rencontrerait un pilastre à demi renversé.

CHAPITRE IV.

DES LIGNES COURBES.

372. Pour appliquer la méthode des points de fuite à la perspective d'une courbe quelconque LMNQ, il faut imaginer, par un point L de cette ligne, deux droites quelconques, par exemple *deux horizontales* choisies dans la direction la plus commode; et en déterminant les perspectives de ces droites auxiliaires par un des procédés indiqués au chapitre précédent, il est clair que le point commun à ces deux perspectives sera la perspective L' du point L considéré sur la courbe originale; puis, si l'on répète cette construction pour d'autres points M, N, Q,... assez rapprochés les uns des autres, on obtiendra sur le tableau des points isolés M', N', Q',... qui, étant réunis par un trait continu, fourniront la perspective L'M'N'Q' de la courbe proposée. PL. 18, FIG. 3.

Il sera avantageux de choisir pour droites auxiliaires quelques-unes des tangentes à LMNQ, comme MT, parce que la perspective M'T' d'une pareille droite fournira non-seulement le point M', mais encore *la tangente de la courbe cherchée* L'M'N'Q', ce qui servira à la tracer avec plus d'exactitude. Cette assertion va être justifiée par le théorème suivant :

373. *La perspective* M'T' *de la tangente* MT *à une courbe quelconque* LMNQ, *se trouve tangente à la perspective* L'M'N'Q' *de la courbe originale.* En effet, la perspective L'M'N'Q' étant l'intersection du tableau VXY avec le cône OLMNQ formé par les rayons visuels qui aboutissent à la courbe originale, cette ligne

19

L'M'N'Q' aura pour tangente (*G. D.*, n° **213**) l'intersection du plan VXY avec le plan tangent à ce cône le long de l'arête OM'M : or, comme ce plan tangent est évidemment le plan OMT des rayons visuels qui aboutissent à la tangente MT, son intersection avec le tableau ne sera autre chose que la perspective M'T' de MT ; donc cette perspective M'T' devra être tangente à la courbe L'M'Q'.

Perspective d'un cercle horizontal.

PL. 18,
FIG. 1. **374.** Adoptons, pour premier exemple, un cercle horizontal, dont nous prendrons le plan pour le géométral de notre épure, et soit XY la base du tableau vertical, ou son intersection avec le géométral. Transportons ce tableau parallèlement en X'Y', et, après l'avoir rabattu autour de cette dernière droite sur le géométral, marquons-y le point principal P et les deux points de distance D et D' ; ensuite, circonscrivons et inscrivons au cercle proposé deux carrés ABEF, GHIK, dont les côtés soient parallèles et perpendiculaires au tableau. Cela posé, les perspectives des cinq droites AF, GK, MQ, HI, BE, s'obtiendront en joignant leur point de fuite P avec leurs traces sur X'Y' (n° **267**, *note*) ; ce qui donnera les lignes P*a*, P*g*, PZ', P*h*, P*b*, dont la rencontre avec T'D', qui représente évidemment la diagonale TE, fournira les cinq points A', G', C', I', E', parmi lesquels deux représentent déjà sur le tableau les points G et I du cercle proposé. Ensuite, sans recourir à l'autre diagonale R'D, il suffira de tirer par les cinq points obtenus des parallèles à X'Y', lesquelles fourniront les nouveaux points M', H', L' et N', K', Q', ce qui fait en tout *huit points* de la perspective demandée et *quatre tangentes* ; car, d'après le théorème du n° **373**, la courbe sur le tableau doit *toucher* les droites A'B', B'E', E'F' et F'A' ; de sorte que ces données suffiront ordinairement pour tracer la courbe avec toute l'exactitude désirable. Néanmoins, si l'on voulait trouver d'autres points, on sent bien que la même marche s'y appliquerait en traçant, par le point choisi sur le cercle proposé, deux droites dont une serait perpendiculaire au tableau, et l'autre inclinée à 45°.

375. La perspective G'M'H'N'... est une *ellipse*, puisque c'est la section faite par le plan du tableau dans le cône des rayons visuels qui a pour base le cercle GMHN ; et il en sera toujours de même pour un cercle placé dans une position quelconque, excepté *quand ce cercle sera coupé par le tableau*, parce qu'alors ce dernier plan pourrait bien ne pas rencontrer toutes les génératrices d'une même nappe, et fournirait ainsi une parabole ou une hyperbole pour la perspective du cercle proposé. Mais cette position ne se rencontre jamais dans les dessins ordinaires, puisque l'objet original est supposé tout entier derrière le tableau.

376. Le point C', perspective du centre C, n'est pas le centre de l'ellipse G'M'H'N'..., puisque la corde L'C'N' répond à deux tangentes PL' et PN' qui ne sont point parallèles; mais la droite M'Q' est un *axe* de cette courbe, parce que les tangentes à ses extrémités sont parallèles, et de plus perpendiculaires sur M'Q'; de sorte que le centre de l'ellipse sera au milieu ω' de ce diamètre.

Le second axe α'ω'ϐ' est donc connu de direction; et pour avoir sa grandeur, il suffira de mener les deux tangentes Oα, Oϐ, par la projection O du point de vue sur le géométral, puis d'élever en γ et δ deux verticales γ'α' et δ'ϐ' qui détermineront les sommets α' et ϐ' : on sent bien d'ailleurs que la projection O s'obtient en prenant ZO = PD. Cette construction est fondée sur ce que les tangentes Oα et Oϐ représentent deux plans verticaux qui sont tangents au cône des rayons visuels; d'où il suit que ces plans couperont le tableau suivant deux verticales γ'α', δ'ϐ', qui devront être tangentes à l'ellipse; et ces tangentes étant ainsi parallèles à l'axe M'Q', devront passer par les extrémités du second axe. D'ailleurs, on pourrait fixer les sommets α' et ϐ' par la combinaison de ces verticales avec une autre droite menée par le point α ou ϐ.

377. Les constructions du n° **374** s'appliquent d'une manière identique au cas où le cercle horizontal est vu obliquement, comme le représente la *fig.* 2; toutefois la droite M'Q' n'est plus alors un axe de l'ellipse, mais seulement un diamètre dont le milieu donnera encore le centre de cette courbe.

378. A cette occasion, nous ferons observer qu'on peut aisément trouver la PL. 18, perspective d'un cercle, sans tracer aucunement le géométral de cette courbe. FIG. 2. Il suffit de se donner, sur X'Y', la position de la droite *ab* égale au diamètre de ce cercle; d'en marquer le milieu Z', ainsi que le SEPTIÈME *ag* ou *bh*, puis enfin de prendre *a*T' égal à la distance MZ que l'on voudra mettre entre le cercle et le tableau. Ces données fourniront les cinq droites P*a*, P*g*, PZ', P*h*, P*b*, et la diagonale T'D', lesquelles suffisent, comme on l'a vu, pour tracer l'ellipse perspective du cercle, au moyen des carrés inscrit et circonscrit.

Ces règles pratiques sont fondées sur ce qu'on a évidemment

$$\text{T}'a = \text{T}\alpha = \text{A}\alpha = \text{MZ};$$

ensuite,

$$ag = \text{L}\mathcal{6} = \text{CL} - \text{C}\mathcal{6}.$$

Or, cette dernière droite étant le cosinus d'un angle de 45° dans un cercle dont

19.

j'appelle R le rayon, on sait que

$$C\delta = R\sqrt{\tfrac{1}{2}} = R\sqrt{\frac{24\tfrac{1}{2}}{49}} = \tfrac{5}{7}R,$$

du moins avec une approximation suffisante pour le genre d'opérations qui nous occupent; d'où il résulte

$$ag = R - \tfrac{5}{7}R = \tfrac{2}{7}R = \tfrac{1}{7}ab.$$

Fig. 2.   **379.** La méthode précédente n'est qu'approchée; mais en voici une autre tout à fait rigoureuse, et qui sera commode surtout pour les cintres des voûtes.

Concevons sur le géométral la diagonale AN du demi-carré et la perpendiculaire SV; on aura évidemment

$$AS \times AN = R^2, \quad \overline{AN}^2 = \overline{AB}^2 + \overline{BN}^2 = 5R^2,$$

et par suite,

$$AS \times AN = \tfrac{1}{5}\overline{AN}^2, \quad \text{ou} \quad AS = \tfrac{1}{5}AN, \quad \text{d'où} \quad AV = \tfrac{1}{5}AB.$$

Par conséquent, lorsqu'on aura tracé sur le tableau le carré perspectif A′B′E′F′, il suffira de tirer A′N′, de prendre $av = \tfrac{1}{5}ab$, puis de tracer la droite $vS'P$ qui fournira le point S′ de l'ellipse, situé sur la diagonale A′N′. Cette même droite $vS'P$, combinée avec N′F′, donnerait un second point correspondant à R sur le géométral; et l'on trouverait semblablement les perspectives des deux points W et U en prenant $bw = \tfrac{1}{5}ab$, puis en tirant les droites Pw, L′B′ et L′E′. Par là on aura donc quatre points du cercle perspectif, lesquels joints aux quatre points L′, M′, N′, Q′, déterminés comme au n° **374**, formeront *huit points et quatre tangentes*, ce qui est bien suffisant pour tracer l'ellipse sans recourir au plan géométral.

Fig. 2.   **380.** *Diviser le cercle perspectif* L′G′M′H′N′ *en parties perspectivement égales.* Sans recourir au géométral, il suffira de décrire un demi-cercle sur L′N′ comme diamètre; on le divisera en parties absolument égales, et l'on abaissera les ordonnées correspondantes; puis, en joignant les pieds de ces ordonnées avec P, ces lignes convergentes iront marquer, sur l'ellipse donnée, des divisions perspectivement égales. En effet, ces lignes partageront ab et L′N′ en parties proportionnelles; donc elles sont les perspectives des ordonnées qui, sur le diamètre LN, correspondraient à des arcs égaux sur le géométral LGMHN.

Ce problème peut servir à fixer les cannelures d'une colonne isolée, ou à distribuer régulièrement les colonnes qui soutiendraient une coupole sphérique.

381. *Trouver la perspective d'un hexagone régulier, dont un côté est parallèle* PL. 18, *au tableau.* FIG. 10.

On peut aussi tracer cette perspective sans construire le géométral, en se donnant la grandeur ab du premier côté, et sa distance ad au tableau; car si, après avoir tiré Pa et Pb, je mène la droite dD, on sait (n° **303**) que cette dernière déterminera une profondeur $A'a = ad$, de sorte que $A'B'$ sera la perspective du côté donné. Ensuite, comme la diagonale BH formerait avec BG un angle de 30°, si je rabats l'œil en O' et que je tire O'F de manière à former un angle PO'F = 30°, le point F sera le point de fuite de cette diagonale, laquelle aura ainsi pour perspective B'F. Cette dernière droite coupe A'P au point H' qui me permet d'achever le rectangle perspectif A'B'G'H'; et la diagonale A'G' me fournit le centre C' par lequel je mène une horizontale indéfinie qui, combinée avec G'F et A'F, déterminera les deux derniers sommets E' et K'.

D'ailleurs, on peut remarquer que comme le point I est le milieu du rayon CE parallèle au tableau, on doit avoir C'I' = I'E' en grandeur absolue. En outre, les côtés K'H' et B'E' doivent concourir vers un point de fuite F' situé à une distance PF' = PF.

Si l'on n'avait pas de rapporteur pour former l'angle PO'F = 30°, on pourrait construire un triangle équilatéral $\alpha\beta\gamma$, et mener O'F parallèle géométrale au côté $\beta\gamma$.

382. *Trouver la perspective d'un octogone régulier, dont un côté est parallèle au tableau.*

Soit encore ab la grandeur de ce côté, et bd sa distance au tableau; en me- FIG. 12. nant Pa, Pb et Dd, on déterminera, comme ci-dessus, la perspective A'B' du premier côté. Ensuite, pour avoir le côté xy du carré circonscrit, qui nous servira de moyen auxiliaire, je décris sur ab une demi-circonférence, et je prends les distances bY et aX égales à la corde by'' qui soutend un quart de cercle, ce qui me donne la vraie longueur XY du côté de ce carré. Alors les droites PX et PY, combinées avec le prolongement de A'B', déterminent deux sommets x' et y' de ce carré perspectif, et on l'achève aisément au moyen de sa diagonale Dx' qui fournit le sommet z' et le côté $z'u'$. Cela posé, ce dernier côté détermine les sommets H' et K' de l'octogone, et les droites DK', DH', DA', DB' fournissent les quatre autres sommets L', M', G' et E'. D'ailleurs les points M', I', E', doivent être sur une parallèle à XY, aussi bien que L', S', et G', ce qui fournira des vérifications.

383. Nous avons dit (n° **375**) que la perspective d'un cercle était toujours une ellipse; mais cet énoncé n'exclut pas le cas où cette ellipse aurait ses deux axes égaux, et deviendrait conséquemment un cercle. Or cela arrive évidemment quand le cercle original est dans un plan parallèle au tableau, puisqu'alors le cône des rayons visuels est coupé par un plan parallèle à sa base; mais sans rien changer au tableau ni au point de vue, le cercle peut prendre une seconde direction dans laquelle sa perspective se trouvera encore circulaire.

PL. 18,
FIG. 4.
En effet, soit OAB un cône dont la base est le cercle AEB que nous regarderons comme horizontal; en abaissant sur le plan de cette base une perpendiculaire OZ et tirant le diamètre CZ, nous déterminerons un plan OZC qui fournira les deux arêtes particulières SA et BS, et qui se nomme *le plan principal* du cône, attendu qu'il divise évidemment en deux parties égales, toutes les cordes de cette surface qui lui sont perpendiculaires. Cela posé, si l'on coupe le cône par un plan VXY *perpendiculaire au plan principal,* et qui soit incliné de telle sorte que sa trace verticale VX fasse *un angle* OA′B′ *égal à* OBA, je dis que *la section* A′MB′ *ainsi obtenue sera un cercle.*

Pour le démontrer, par un point quelconque M de cette courbe, menons un plan parallèle à la base; ce plan coupera le cône suivant un cercle GMH, et la section donnée suivant une droite MQ évidemment perpendiculaire sur le plan principal OAB; de sorte que MQ sera une ordonnée commune aux deux courbes, et perpendiculaire sur les deux diamètres GH et A′B′. Alors, dans le cercle GMH, on aura

$$(1) \qquad\qquad \overline{MQ}^2 = GQ \times QH;$$

mais les deux triangles A′GQ et B′HQ étant semblables d'après la condition admise plus haut, que l'angle OA′B′ égale OBA, on aura la proportion

$$GQ : B′Q :: A′Q : HQ,$$

laquelle change l'équation (1) en celle-ci :

$$(2) \qquad\qquad \overline{MQ}^2 = A′Q \times B′Q.$$

Par là, on voit que chaque ordonnée de la section A′MB′ est moyenne proportionnelle entre les deux segments du diamètre A′B′ qui lui est perpendiculaire; donc cette section est un cercle. Elle est connue sous le nom de *section antiparallèle,* parce que le triangle OB′A′ étant retourné, aurait sa base A′B′ parallèle à AB.

FIG. 5.
384. D'après cela, étant donnés un cercle AEB dont je regarde le plan

comme horizontal, et un point de vue O dans l'espace, si je veux trouver un tableau tel que ce cercle y soit représenté par un autre cercle, j'abaisserai la verticale OZ dont je joindrai le pied avec le centre C, par le diamètre CZ qui déterminera les deux arêtes OA, OB, formant la *section principale* du cône; sur ces arêtes, je prendrai $Oa = OA$, $Ob = OB$, et je tracerai la droite ab; alors, en menant un plan VXY perpendiculaire au plan principal OAB, et dont la trace VX soit parallèle à ab, je serai certain que sur ce tableau VXY la perspective de AEB sera un autre cercle A′B′, puisque les deux conditions du n° **383** seront entièrement remplies.

Réciproquement, si l'on assignait le cercle original AEB avec la position VXY du tableau, il serait aussi facile de trouver la situation O que doit avoir le point de vue, pour que la perspective de AEB fût encore un cercle. On commencerait alors par mener, du centre C, un plan vertical CZO perpendiculaire à la trace horizontale XY du tableau donné; ensuite, on mènerait dans ce plan vertical une première droite AA′ de direction arbitraire, puis une seconde droite BB′ formant un angle $ABB' = AA'X$, et ces deux lignes AA′, BB′, étant prolongées jusqu'à leur rencontre O, détermineraient ainsi le point de vue demandé. Mais on voit qu'ici le problème est susceptible d'une infinité de solutions, puisque la première droite AA′ a été menée sous une inclinaison arbitraire.

385. C'est sur le théorème du n° **383** qu'est fondé le genre particulier de perspective employé dans les Mappemondes, et qui est connu sous le nom de *projection stéréographique*; on se propose alors de trouver un tableau et un point de vue tels que tous les cercles d'une même sphère aient pour perspectives d'autres cercles, ce qui offre un tracé plus commode; or on atteint ce but en plaçant l'œil du spectateur en un point quelconque O de la surface sphérique, et en adoptant pour tableau un plan XY perpendiculaire au rayon IO qui aboutit à ce point de vue.

En effet, soit AB un cercle quelconque de la sphère, lequel se projettera PL. 18, sur la corde AB, si nous choisissons le plan de notre figure de manière qu'il FIG. 6. contienne le rayon OI et le rayon IC qui passe par le centre C du cercle donné; car on sait que ce dernier rayon est perpendiculaire sur le plan du cercle. D'ailleurs, on doit apercevoir que le plan de la figure ainsi choisi sera précisément le *plan principal* (n° **383**) du cône OAB formé par les rayons visuels. Or le tableau XY est bien perpendiculaire à ce plan principal, puisqu'il l'est au rayon OI situé dans ce dernier; en outre, ce tableau coupe le triangle OAB suivant un autre triangle OA′B′ semblable au premier, puisque les angles OAB et OB′A′ ont tous deux pour mesure la moitié de l'arc OYB. Donc le tableau XY remplit les deux conditions de la section antiparallèle (n° **383**), et conséquemment il coupera le cône OAB suivant un cercle A′B′ qui sera la perspective du cercle proposé A B.

Ce tableau XY jouira de la même propriété pour tout autre cerle MN, attendu qu'il se trouvera encore perpendiculaire à la section principale du cône OMN, laquelle sera dans le plan OIC′; et qu'en outre le triangle OM′N′ sera aussi semblable à OMN. Donc, sur le tableau XY, tous les cercles de la sphère seront représentés par d'autres cercles; et il est bien facile de trouver trois points et d'assigner le rayon de chacun d'eux, quand il s'agit des cercles qu'on appelle en Géographie les *méridiens* et les *parallèles*.

386. Considérons, en effet, l'hémisphère inférieur situé au-dessous du plan horizontal XY, lequel passe par la ligne des pôles (Pp, P′) et nous servira de tableau, en plaçant le point de vue en (O, O′). Si l'on veut trouver la perspective du méridien qui fait un angle de 30° avec l'horizon, et qui serait projeté verticalement sur P′M′, on observera d'abord que cette perspective passera nécessairement par les points P et p; ensuite, si nous tirons le rayon visuel (O′M′, OM) qui aboutit au sommet inférieur de ce méridien, il percera le tableau en m′ que l'on projettera en m, et ce sera là un troisième point de la perspective demandée Pmp, laquelle sera dès lors bien facile à tracer, puisqu'on sait qu'elle doit être *circulaire*. Mais nous n'avons voulu employer ici la projection verticale que pour bien faire comprendre la question, car elle peut se résoudre au moyen d'un simple rabattement sur la *fig.* 9 toute seule. En effet, après avoir imaginé le rayon visuel qui aboutit au sommet inférieur du méridien en question, rabattons le plan vertical de ce rayon autour du diamètre horizontal EOe de l'équateur; alors le point de vue se transportera évidemment en P : le sommet du méridien considéré se rabattra sur le cercle horizontal Epe, et à une distance eL de 30°; donc PL sera le rabattement du rayon visuel. Or, comme il rencontre la charnière Ee au point m, qui restera immobile quand on relèvera le plan, il s'ensuit que ce point m est l'intersection du tableau avec le rayon visuel; donc m appartient à la perspective cherchée, laquelle est ainsi déterminée par les trois points P, m, p.

De même, pour le méridien qui fera un angle de 50° avec l'horizon, il suffira de tirer la droite P-50, qui déterminera le point n de la perspective Pnp.

Considérons maintenant un *parallèle* situé à 30° de l'équateur EOe, et qui dès lors passerait par les points G et L qui appartiendront aussi à sa perspective. Si nous imaginons le rayon visuel qui aboutirait au sommet inférieur H de ce petit cercle, et que nous rabattions le plan vertical Op de ce rayon autour

Fig. 8 et 9.

de l'axe des pôles P*op*, on doit voir que le point de vue se transportera en E, et que le sommet H se rabattra en L : donc EL sera le rabattement du rayon visuel. Or, comme ce rabattement rencontre la charnière P*p* en *h*, et que ce point restera immobile quand on relèvera le rayon visuel, il s'ensuit que *h* est l'intersection de ce rayon visuel avec le tableau; donc il appartient à la perspective demandée, laquelle est un arc de cercle suffisamment déterminé par les trois points G, *h*, L.

Par ces procédés, on obtient aisément la perspective des portions de parallèles et de méridiens situées sur l'hémisphère inférieur; quant aux moitiés supérieures de ces cercles, qui seraient représentées par les prolongements des arcs P*mp*, G*h*L, comme elles dépasseraient le contour EP*ep*, on trouve plus avantageux d'en tracer la perspective à part, en conservant le même tableau XY, mais en plaçant le point de vue à l'extrémité opposée (O, Q') du diamètre perpendiculaire à cè tableau. De sorte que sur une *mappemonde*, c'est la concavité de chaque hémisphère qui est présentée aux regards de l'observateur.

387. La projection stéréographique jouit encore de cette propriété, que *les* FIG. 7. *cercles s'y coupent sous le même angle que sur la sphère;* ainsi les méridiens et les parallèles qui se coupent à angles droits sur la sphère, formeront aussi des angles droits sur le tableau de perspective. En effet, soient MT et MS deux tangentes à la sphère; leurs perspectives sur le tableau VXY perpendiculaire au rayon OI, seront les intersections M'T' et M'S' de ce tableau avec les plans OMT et OMS; or ces derniers plans coupent la sphère suivant deux petits cercles M*α*O et M*ƃ*O qui ont pour tangentes MT et MS; ils coupent aussi le plan tangent en O suivant deux droites OT et OS qui sont encore tangentes à ces petits cercles, et évidemment parallèles à M'T' et M'S', d'où il suit que l'angle TOS égale T'M'S'. Mais si on tire TS, les deux triangles MTS et OTS seront égaux, attendu que TM = TO et SM = SO, puisque ce sont des tangentes à un même cercle et issues d'un même point deux à deux; donc l'angle TMS est égal à l'angle TOS, et par suite égal à T'M'S'; ce qu'il fallait démontrer.

Perspective de Portes voûtées.

388. Cette porte est vue de face, ainsi que le montre le géométral, qui est PL. 19, tracé ici sur une échelle réduite, et seulement pour indiquer la situation des FIG. 1. données et la direction des lignes auxiliaires que nous emploierons; *a'b'* et *g'h'* sont les largeurs véritables des pieds-droits, lesquels sont à une distance du tableau marquée par *b'*X', et ont une profondeur égale à X'Y'. Alors en tirant les lignes Pa', Pb' Pg', Ph', et les droites à 45° DX′, DY′, on déterminera aisément les rectangles perspectifs A′B′E′, G′H′I′, qui représentent les bases de ces pieds-droits; car on sait (n° **303**) que b'B′ et b'E′ sont perspectivement égales à b'X′ et b'Y′. Ensuite, si $b'b''$ est la hauteur absolue du pied-droit, la ligne b''P déterminera les hauteurs dégradées des arêtes verticales B′B″ et E′E″; et les deux autres arêtes G′G″, K′K″, seront égales à celles-là, comme étant deux à deux dans le même plan de front; de sorte que B″G″K″E″ représentera le rectangle qui est à la naissance de la voûte.

389. Quant aux deux cintres opposés de la porte, puisqu'ils sont dans des plans parallèles au tableau, ils resteront circulaires en perspective (n° **385**), et on les obtiendra en décrivant deux demi-cercles sur les diamètres B″G″ et E″K″. On trouvera semblablement les joints verticaux de la voûte, en divisant d'abord X′Y′ en trois parties égales par des droites issues du point D, lesquelles marqueront sur B′E′ les pieds des verticales qui fourniront sur B″E″ les origines de ces demi-cercles; mais il faudra les interrompre de deux en deux assises. Observons aussi que tous ces cercles devront être *touchés* par la tangente Pθ, car cette droite est évidemment l'intersection du tableau avec le plan tangent mené par l'œil au cylindre qui forme l'intrados de la voûte; or ce plan contenait les tangentes de ces circonférences; et comme il passe par l'œil du spectateur, toutes les perspectives de ces droites se réduisent à sa trace Pθ, laquelle devra donc (n° **373**) être tangente aux perspectives des cercles situés sur ce cylindre.

390. La hauteur absolue $a'a''$ de la face antérieure étant donnée, on en déduira aisément la hauteur apparente A′A″ et les contours perspectifs A″H″ et H″I″. Quant à la corniche que nous supposons réduite à un simple *bandeau* saillant, ayant la forme d'un parallélipipède rectangle projeté sur le géométral suivant $\alpha\epsilon\gamma\partial$, il faudra prendre $h''\lambda'$ égale à la saillie du bandeau, puis tirer la droite λ'P qui, combinée avec la diagonale DH″, déterminera l'angle inférieur ϵ' du bandeau. On pourra donc tracer les arêtes $\alpha'\epsilon'$, $\epsilon'\gamma'$; et la longueur de cette dernière s'obtiendra en prenant $\epsilon'\varphi'$ égale à la profondeur $\epsilon\gamma$ du bandeau, puis en traçant φ'D qui représente la ligne $\varphi\gamma$ inclinée à 45°.

Enfin, si l'on prend $\epsilon'\epsilon''$ égale à la hauteur absolue du bandeau, la droite ϵ''D fournira la grandeur apparente de l'arête verticale $\epsilon'\epsilon''$, et l'on achèvera aisément le rectangle supérieur $\alpha''\epsilon''\gamma''$.

PL. 19,
FIG. 2. **391.** Supposons maintenant que le cintre de la porte soit dans un plan perpendiculaire au tableau. Avec les distances absolues A″b et be, qui indiquent l'épaisseur des pieds-droits et le diamètre de la porte, on trouvera, comme ci-dessus, les bases et les arêtes verticales des pieds-droits, ainsi que le diamètre

B′E′ situé à la naissance de la voûte. Quant au cintre apparent, on se contente souvent d'employer le demi-carré circonscrit BEGH, et les diagonales BG et EH. On a vu, au n° 379, que la partie extérieure HM = $\frac{1}{6}$HE, d'où il résulte aussi que HK = $\frac{1}{6}$HB; d'ailleurs la diagonale BG fait, avec l'horizon, un angle dont la tangente est $\frac{GE}{EB} = \frac{1}{2}$. D'après ces remarques, si l'on prend P$d = \frac{1}{2}$PD, on doit sentir que d sera le point de fuite de la diagonale BG, puisque le rayon visuel qui est rabattu suivant Dd, étant relevé dans le plan principal, se trouverait bien parallèle à cette diagonale; donc la perspective de cette dernière ligne est B′d qui, combinée avec les verticales E′G′ et B′H′, permettra d'achever le demi-carré perspectif E′G′H′B′; alors la seconde diagonale E′H′ coupera la première en un point qui, au moyen d'une verticale, fournira le point L′, perspective du sommet L du demi-cercle. Enfin, si l'on prend H′K′ = $\frac{1}{6}$H′B′, la corde K′P donnera, par sa rencontre avec les diagonales, les deux autres points M′ et N′ de la courbe cherchée. Comme on connaît d'ailleurs les deux points de naissance du cintre, cela fera 5 points et 3 tangentes, ce qui suffit ordinairement pour tracer la demi-ellipse B′M′L′N′E′; néanmoins ce procédé ne pouvant fournir que certains points très-particuliers, nous allons donner une méthode tout à fait générale.

392. *Deuxième méthode.* Après avoir déterminé, comme ci-dessus, les bases PL. 19, des pieds-droits et le diamètre B′E′ situé à la naissance de la voûte, on imagi- FIG. 3. nera que le demi-cercle a tourné autour de la verticale A″A′, pour venir se rabattre sur le tableau suivant la circonférence BLE, laquelle se détermine en prenant A′B = A″b et BE = be (*). Dans ce mouvement, les points rabattus en M et N sur une horizontale tracée à volonté, ont dû décrire des arcs de cercle dont les cordes formaient un angle de 45° avec le tableau; donc ces cordes ont pour perspectives les lignes MD′ et ND′. D'ailleurs l'horizontale rabattue suivant MN, et qui se trouvait d'abord dans le plan fuyant A″P, venait percer le tableau en T; donc elle a pour perspective TP qui, par sa rencontre avec MD′ et ND′, fournira les perspectives M′ et N′ de deux points du cintre.

393. Cette méthode peut s'appliquer à toutes les horizontales telles que TMN; et si on l'emploie pour le sommet L, on obtiendra le point L′ où la demi-

---

(*) Dans la pratique il vaudra mieux rabattre le demi-cercle BLE à gauche, parce qu'on n'aura besoin alors que d'employer le seul point de distance D, et que les sécantes seront moins obliques; mais ici, pour faire étudier l'épure sans confusion, nous avons préféré le rabattement à droite.

ellipse doit être tangente à KP, attendu que cette dernière ligne est la perspective de la tangente rabattue suivant KL. Or, puisque KP est inclinée à l'horizon, il s'ensuit que L' n'est pas le point *culminant* de la perspective, c'est-à-dire celui où la tangente se trouve horizontale.

394. Pour obtenir ce *point culminant*, il faut chercher, parmi tous les plans tangents au cône des rayons visuels qui aboutissent sur le cercle original, celui qui sera *parallèle à la ligne de terre* XY; car un pareil plan ne pourra couper le tableau que suivant une droite parallèle à XY, laquelle sera ainsi *horizontale*, et devra d'ailleurs *toucher* la perspective B'L'E', attendu qu'elle sera la perspective (n° 313) d'une certaine tangente au cercle original.

Cela posé, en opérant sur le *plan d'horizon* dont la ligne de terre est PD, et dans lequel le sommet du cône des rayons visuels est placé en O, la trace du plan tangent demandé sera nécessairement la droite OS; la trace du plan fuyant A″P qui contient le cercle original, est évidemment GS perpendiculaire à PD; donc il reste à mener, du point S où se rencontrent ces deux traces, une tangente au cercle original. Pour effectuer cette construction, je rabats ce cercle et le point S sur le tableau, autour de la verticale GK; le cercle devient BLE, comme au n° 392, et le point S se transporte évidemment en S'; alors S'θ est le rabattement de la tangente cherchée, laquelle percera le tableau en V, quand elle sera ramenée dans le plan fuyant primitif PA″V; et conséquemment l'horizontale Vω sera l'intersection du tableau avec le plan tangent conduit suivant S'θ. Or, comme ce plan passe par le point de vue O, sa trace Vω est précisément la perspective de la tangente rabattue suivant S'θ; par conséquent cette horizontale Vω devra *toucher* (n° 313) l'ellipse B'L'E', et fournira ainsi la limite cherchée.

395. Ce résultat suffit ordinairement pour bien tracer la courbe B'L'E'; mais si l'on veut déterminer précisément le point de contact ω, il n'y a qu'à observer que la droite rabattue suivant θφ était une perpendiculaire au tableau, laquelle a pour perspective φP; donc cette dernière ligne coupera Vω au point ω qui sera la perspective cherchée du point de contact θ. On pourrait aussi employer la droite θD'; car elle représente la perspective de la corde de l'arc décrit par le point du cercle original, qui est venu se rabattre en θ.

PL. 19,   **396.** *Troisième méthode.* On pouvait tracer les ordonnées MQ, LC, NR,...
FIG. 3. qui divisent le diamètre BE en parties égales ou quelconques, BQ, QC, CR,...; reporter ces distances suivant bq, qc, cr,... et tirer Dq, Dc, Dr,... qui auraient fourni les points Q', C', R',..., lesquels sont évidemment les perspectives des

projections horizontales des points rabattus en M, L, N. Donc les verticales élevées par Q', C', R',... iront couper les horizontales TP, KP,... aux points demandés M', L', N',....

397. Il importe d'observer ici que les méthodes des n⁰ˢ **396** et **392** sont entièrement générales, et s'appliqueraient identiquement à un autre *surbaissé* ou *surhaussé* de forme quelconque, elliptique ou en ogive.

398. Soit maintenant une porte vue obliquement, que nous définirons en PL. 19, assignant les projections ABK, GEH, de ses pieds-droits sur le géométral ; FIG. 4. nous ne traçons ici cette projection que pour rendre les opérations graphiques plus faciles à comprendre, car on pourrait la remplacer par des données numériques qui exprimeraient les grandeurs et les inclinaisons des divers côtés, ainsi que nous l'avons fait au n° **356**. Après avoir transporté en X'Y' la base XY du tableau, et avoir rabattu suivant PO la distance de l'œil à ce plan, je tire les droites OF et OF' parallèles à AB et BK, ce qui me fournit les points de fuite F et F' de toutes les droites qui seront parallèles à ces deux côtés ; de sorte qu'en joignant ces points de fuite avec les traces T″, X', Y',..., j'achève facilement la perspective des bases des pilastres. Quant aux joints de la naissance de la voûte, ils s'obtiennent semblablement, après avoir pris la verticale T″T' égale à la hauteur absolue que l'on veut donner aux pieds-droits ; car la droite T'F déterminera les grandeurs apparentes des arêtes verticales A″A', B″B', E″E',.... On agira de même pour la hauteur A″A″ que l'on déduira de la hauteur absolue T″T‴ assignée pour la façade.

399. Pour obtenir le cintre antérieur de la porte, dont la naissance sera aux points B' et E', j'imagine que ce demi-cercle, projeté sur BE, a tourné autour de la verticale T pour venir se rabattre sur le tableau suivant *b′l′e′*, position que l'on détermine aisément en prenant T'*b′* = TB et *b′e′* = BE. Dans ce mouvement, deux points quelconques rabattus actuellement sur l'horizontale *m′n′*, ont décrit des arcs de cercle dont les cordes ont leur point de fuite en φ, extrémité de l'arc semblable Oφ tracé avec le rayon FO (n° **269**) ; donc ces cordes ont pour perspectives les droites *m′*φ et *n′*φ. Mais l'horizontale rabattue suivant *m′n′* était d'abord dans le plan fuyant T″F, et elle venait percer le tableau au point *t′* ; donc sa perspective est *t′*F qui, en coupant les lignes précédentes *m′*φ, *n′*φ, déterminera les points cherchés M' et N'.

Cette méthode, qui est tout à fait générale, fournira autant de points que l'on voudra de l'ellipse B′M′L′N′E′ ; et en l'appliquant au sommet *l′*, on obtiendra le point L′ où cette courbe est tangente à la droite *t″*F. Cette droite étant inclinée à l'horizon, il en résulte que la perspective L′ du sommet *l′* n'est pas le point le plus élevé du cintre apparent, c'est-à-dire le point qui a une *tangente horizontale*; mais nous indiquerons plus loin (n° **401**) le moyen d'obtenir ce point culminant ω.

400. Quant au cintre opposé de la voûte, lequel est aussi un demi-cercle projeté sur KH, on pourrait le rabattre semblablement sur le tableau, autour de la verticale X; mais il est plus court de le déduire du précédent, en observant que les deux points qui seront à la même hauteur que *m'* et *n'*, se trouveront sur une corde parallèle à KH, et qui viendra percer le tableau sur la verticale X au point *x'*; donc la perspective de cette corde sera *x'* F. Ensuite les quatre points que nous comparons ici, sont situés deux à deux sur une même génératrice du cylindre d'intrados, laquelle est parallèle à BK, et a son point de fuite en F'; donc en tirant M'F' et N'F', ces lignes couperont la corde précédente *x'*F aux deux points M″ et N″, qui appartiendront au second cintre cherché K'M″L″N″H', dont une partie seule est visible ici pour l'observateur.

401. Pour obtenir le point culminant de la courbe B'M'L'E', il faut chercher, parmi tous les plans tangents au cône des rayons visuels qui aboutissent sur le cercle original BE, celui qui est *parallèle à la ligne* XY, parce qu'un tel plan ne pourra couper le tableau que suivant une droite parallèle à XY, laquelle sera ainsi *horizontale*, et devra d'ailleurs *toucher* la perspective B'M'E', attendu qu'elle sera la perpective d'une certaine tangente au cercle original. Cela posé, en adoptant pour plan horizontal de projection *le plan d'horizon* dont la ligne de terre est PF, et sur lequel est situé le sommet O du cône en question, la trace horizontale du plan tangent demandé sera nécessairement OS; et celle du plan vertical TBE qui contient le cercle original, sera la droite RS parallèle à OF ou à BE. Or ces deux traces se rencontrent en S; donc il reste à mener de ce point une tangente au cercle qui sert de base au cône. Pour effectuer cette construction, je rabats sur le tableau, autour de la verticale RT″, ce cercle et le point S; ce dernier se transporte évidemment en S', et le cercle devient *b'l'e'*, comme au n° **399**; donc la tangente S'θ fera connaître le point θ du cercle original qui deviendra le point culminant ω de la perspective, et celui-ci se déterminerait complétement en appliquant au point θ les opérations faites ci-dessus pour *m'* ou *n'*. Mais il suffit ordinairement de se procurer la tangente horizontale qui limite la perspective; or, comme la tangente S'θ coupe la verticale RT″ au point V qui restera immobile quand S'θ reviendra dans sa vraie position projetée sur SR, il s'ensuit que l'horizontale Vω est l'intersection du tableau avec le plan tangent mené au cône des rayons visuels, et qu'ainsi cette droite Vω est la limite cherchée à laquelle la perspective B′M′L′E′ doit se trouver *tangente.*

Pour justifier complétement cette dernière propriété, il faut observer que la tangente rabattue suivant S′θ et projetée sur SR, se trouve dans le plan tangent qui passe par l'œil, et qui coupe le tableau suivant Vω; donc cette tangente au cercle a précisément pour perspective la section Vω, et conséquemment (n° 373) la droite Vω doit être tangente à la perspective B′M′L′E′ du cercle original.

Perspective d'une Voûte d'arêtes.

402. La voûte ainsi nommée est formée par la rencontre de deux *berceaux* PL. 20, ou demi-cylindres horizontaux, qui ont le même plan de naissance et la même FIG. 1. montée; ici nous supposerons, comme cela arrive le plus ordinairement, que les bases des deux cylindres sont des cercles de même rayon, et que les pieds-droits sont réduits à quatre pilastres représentés, sur le géométral, par les petits carrés ABG, FEH,... dont l'ensemble compose aussi un grand carré AFUV. Cela posé, les deux cylindres qui forment l'intrados des berceaux, auront pour bases les cercles LR′S′Q et br′s′e, rabattus ici sur le *plan de naissance,* mais qu'il faut se représenter comme relevés dans les plans verticaux LQ et be; et je dis que ces cylindres se couperont suivant deux courbes *planes,* projetées sur les diagonales GI et KH, et qui seront conséquemment des ellipses. En effet, si nous considérons les génératrices qui partent des quatre points R′, S′, r′, s′, situés tous à la même hauteur au-dessus de la naissance, les projections horizontales Sm et sm de deux d'entre elles se rencontreront en un point m pour lequel on aura HD = Dm, attendu que ES = es comme abscisses qui répondent à des ordonnées égales dans deux cercles égaux; or, puisqu'on a aussi HG = GK, il s'ensuit que les trois points H, m, K, sont en ligne droite. De même les projections RN et rN des deux autres génératrices, se rencontreront en un point N situé sur la droite HK, parce qu'on aura aussi évidemment HP = PN; donc tous les points de cette première branche d'intersection seront projetés sur la droite HK, et conséquemment cette branche sera une courbe située dans le plan vertical HK.

Mais les deux cylindres offriront une seconde branche d'intersection, parce que les projections des mêmes génératrices se rencontreront encore aux points M et n, que l'on démontrera semblablement être situés sur la diagonale GI; donc cette seconde branche sera aussi une courbe plane, située dans le plan vertical GI.

403. Toutefois, pour employer ces cylindres à former l'intrados d'une voûte dont les pieds-droits se trouvent interrompus de K en I et de G en H, de K en G et de I en H, il faut évidemment supprimer toutes les portions *intérieures* de ces surfaces, c'est-à-dire les parties de génératrices projetées sur M*m* et N*n*, MN et *mn*; de sorte qu'il ne restera que les portions marquées ici en *trait plein*, lesquelles présentent le sommet saillant de l'angle qu'elles forment, tourné vers l'observateur placé en C sous la voûte, et contribuent ainsi à donner aux deux ellipses l'aspect de deux courbes d'arêtes très-saillantes, d'où est venue la dénomination attribuée à ce genre de voûtes.

PL. 20,
FIG. 2.

404. Ces préliminaires une fois posés, occupons-nous de la perspective de cette voûte, en prenant pour tableau la face antérieure elle-même; mais nous éviterons d'avoir recours au géométral qui n'a été tracé dans la *fig.* 1 que pour indiquer au lecteur la forme de l'objet proposé. Marquons donc sur la base XY, les côtés donnés AB et EF des pilastres, et soient P et D le point principal et le point de distance; alors les droites PA, PB, PE, PF, combinées avec la diagonale AD, détermineront les trois points G, I, U, qui suffiront pour achever, avec des parallèles à XY, les perspectives ABG, EH*e*F, I*b*UQ, KLV, des bases des quatre pilastres. On pourra d'ailleurs, comme vérification, recourir à l'autre diagonale FV qui devrait aboutir au point de distance situé à gauche.

405. Nous supposons qu'il existe ici, sur le géométral, un cercle inscrit dans le carré GHIK, et qui est rendu sensible par les compartiments du pavé, ou par le bord d'un bassin placé sous la voûte. Pour obtenir la perspective de ce cercle, en suivant le procédé du n° **374**, traçons seulement une demi-circonférence sur le diamètre BE; tirons les diagonales *cg*, *ch*, et les droites λρ, μφ; qui sont les côtés du carré inscrit dans cette circonférence. Ces dernières auront évidemment pour perspectives Pρ et Pφ; donc la rencontre de ces lignes avec les deux diagonales GI et HK fournira déjà quatre points de l'ellipse demandée. Ensuite, la verticale P*c* et l'horizontale menée par le point C', représentant évidemment deux diamètres du cercle original, feront connaître les quatre points dans lesquels l'ellipse doit *toucher* les côtés du carré circonscrit GHIK; de sorte qu'on aura ainsi huit points et quatre tangentes de cette ellipse, ce qui est bien suffisant pour la tracer avec toute la précision désirable. Au surplus, nous avons dit au n° **374** comment on pourrait se procurer de nouveaux points, aussi nombreux qu'on le voudrait, et de quelle manière on déterminerait les axes de cette ellipse (n° **376**).

406. Revenons maintenant à la voûte d'arêtes; et, après avoir élevé les

verticales BB', EE', égales à la hauteur absolue des pieds-droits, traçons le demi-
cercle B'ZE' pour représenter le cintre de la porte antérieure qui , étant situé
dans le tableau même , doit conserver sa grandeur originale ; ensuite, traçons
les droites B'P et E'P qui seront évidemment les perspectives des deux génératrices du cylindre placées à la naissance du berceau , et auxquelles devront se
terminer conséquemment les arêtes verticales des pilastres GG', KK', LL', et
HH', II', QQ'. D'ailleurs si, sur l'horizontale L'Q' comme diamètre , on décrit
un demi-cercle , ce sera la perspective du cintre de la porte postérieure , puisque ce cintre étant dans un plan parallèle au tableau , doit rester circulaire en
perspective (n° **383**).

407. Quant aux deux ellipses qui forment les courbes d'arêtes (n° **403**),
considérons d'abord celle qui est dans le plan fuyant AGID, et dont les naissances sont aux points G' et I'. Si nous coupons le cylindre antérieur par un plan
horizontal quelconque TRS , nous obtiendrons deux génératrices perpendiculaires au tableau, dont les traces sont évidemment les points R et S, et qui ont
pour perspectives RP et SP; mais le même plan horizontal a dû couper l'ellipse
d'arête suivant une corde inclinée à 45° sur le tableau, et qui viendra percer ce
plan au point T, puisque AT est l'intersection du tableau avec le plan vertical
AGID de cette ellipse; donc TD est la perspective de cette corde de l'ellipse, et
conséquemment les points M et n où elle ira rencontrer les deux génératrices
RP et SP, appartiendront à la perspective de l'ellipse en question.

408. On pourra répéter cette construction pour divers plans horizontaux ;
et si on l'applique au plan T'Z qui touche le cylindre antérieur suivant une génératrice ayant pour perspective ZP, on obtiendra la perspective C du sommet
de l'ellipse originale, point où la courbe G'MCnI' devra *toucher* la droite
T'D (n° **373**), parce que cette ligne représente une corde qui est devenue tangente au sommet de l'ellipse originale. Ainsi, puisque la tangente T'D est
inclinée à l'horizon, C ne sera pas le point le plus élevé de la perspective; mais
nous enseignerons bientôt (n° **412**) à trouver ce point culminant α'.

409. Pour l'autre ellipse d'arête qui est dans le plan fuyant FHK, et dont
les naissances sont en K' et H', il suffit, sans recourir au second point de distance, de ramener le point M en m sur la génératrice SP, par le moyen d'une
horizontale qui représente une génératrice du cylindre parallèle au tableau; et
semblablement on ramènera le point n en N sur la droite RP, ce qui permettra
de tracer la nouvelle ellipse H'mCNK'.

410. Quant au cintre de la porte latérale, situé dans le plan fuyant FP, c'est
un demi-cercle dont le diamètre horizontal ira percer le tableau sur la verti-

PL. 20,
FIG. 2.

cale FF', et à la même hauteur que B'E' : donc F' est la trace de ce diamètre qui aura conséquemment pour perspective indéfinie F'P; puis, comme cette ligne rencontre les arêtes *ee'* et *bb'* des pilastres aux points *e'* et *b'*, ce seront là les naissances de ce demi-cercle.

Maintenant considérons deux points quelconques, situés à la même hauteur sur le cercle latéral, par exemple ceux qui se trouvent dans le plan horizontal RS*t*; la droite qui réunira ces points sera évidemment perpendiculaire au tableau, et elle viendra percer ce plan sur la verticale FF', au point *t*; donc P*t* sera la perspective de cette droite. Ensuite, si nous rabattons le cercle latéral sur le tableau, autour de la verticale FF', il est clair que les deux points en question viendront coïncider avec R et S du cercle antérieur (*); d'ailleurs, pendant ce quart de conversion, les points cherchés décriront deux arcs de cercle dont les cordes seront nécessairement deux horizontales inclinées à 45° sur le tableau : donc les perspectives de ces cordes sont les lignes RD et SD qui, en coupant P*t*, détermineront les points inconnus *r* et *s*.

On pourrait aussi trouver le point *s* en combinant la droite P*t* avec l'horizontale menée par le point *m* déjà construit; car ces deux points doivent être sur une même génératrice du cylindre latéral, ainsi que *n* et *r*.

411. Ce mode de construction, qui peut se répéter pour tous les points du cintre latéral, étant appliqué au sommet de ce cercle, fera trouver le point *z* par la combinaison des deux droites ZD et *t'*P, dont la dernière devra *toucher* la courbe *b'rzse'*, attendu qu'elle est la perspective de la tangente au sommet du demi-cercle original. D'ailleurs, puisque la tangente *t'*P est inclinée à l'horizon, *z* ne sera pas le point le plus élevé de la perspective; mais nous enseignerons bientôt à construire ce point culminant **6'**.

Pour le cintre de la porte latérale située à gauche, on pourrait opérer d'une manière semblable, en recourant au second point de distance; mais il sera plus simple de transporter symétriquement à gauche, au moyen de droites horizontales, les résultats trouvés pour la courbe *b'rzse'*.

412. *Des points culminants.* Les deux ellipses qui forment les courbes d'arêtes de la voûte, et les deux cercles des portes latérales, étant situés tous sur le cylindre dont les génératrices sont parallèles à XY, si nous menons du point de vue un plan tangent à ce cylindre, ce plan renfermera une tangente à cha-

---

(*) Cela se voit bien sur le géométral (*fig.* 1), où l'on a F*s* = FS et F*r* = FR, attendu que les deux cylindres sont égaux et que le pilastre est carré.

cune des quatre courbes en question ; et ces quatre tangentes auront pour perspective commune l'intersection du tableau avec ce plan tangent : donc, en premier lieu, cette intersection devra (n° **375**) être *tangente aux perspectives* des quatre courbes. Ensuite, comme le plan tangent dont il s'agit renfermera une arête du cylindre latéral qui est parallèle à XY, il ne pourra couper le tableau que suivant une droite aussi parallèle à XY, et conséquemment *horizontale ;* donc, enfin, cette intersection sera bien une *tangente horizontale* commune aux quatre perspectives, et ainsi elle devra contenir les points culminants que l'on cherche.

445. Pour construire le plan tangent dont nous venons de parler, faisons-lui faire un quart de révolution, ainsi qu'au cylindre qu'il touche et au point de vue, autour de la verticale C′C élevée par le centre C′ de la voûte d'arêtes. Cette verticale est projetée en C sur le géométral de la *fig.* 1; et l'on y voit clairement que, par ce mouvement, le cylindre latéral sera venu coïncider avec le cylindre antérieur, et aura ainsi pour trace sur le plan vertical de la *fig.* 2, le demi-cercle B′ZE′. Il est aussi évident que le point de vue se sera rabattu sur l'horizontale PD, à une distance

$$PO'' = PD + PW ;$$

par conséquent, si l'on tire du point O″ la tangente O″α, ce sera la trace et même la projection verticale du plan tangent demandé. Or ce plan coupe, suivant une horizontale projetée en θ, le tableau primitif qui, par le mouvement de conversion, est venu se projeter actuellement suivant la droite FF″; et quand le système aura repris sa première position, on voit bien que cette horizontale θ deviendra θψ parallèle à XY. Donc la droite θψ est précisément l'intersection du tableau primitif avec le plan tangent mené par le point de vue au cylindre latéral; ainsi cette droite sera la limite commune que doivent toucher les quatre ellipses qui représentent les courbes d'arêtes et les deux portes latérales (*).

414. Ce résultat suffit ordinairement pour bien tracer ces quatre ellipses;

(*) Si le point O″ se trouvait à une distance incommode, on pourrait prendre seulement

$$P\delta = \tfrac{1}{2}PD + \tfrac{1}{2}PW, \quad et \quad \delta\iota = \tfrac{1}{2}P\omega ;$$

car le point *ι* ainsi obtenu serait évidemment le centre, et *ιω* le rayon, du cercle qu'il faudrait décrire pour trouver le point de contact α de la tangente O″α; de sorte qu'avec ce point *α* on saurait mener cette tangente, sans employer le point O″.

21.

mais si l'on veut fixer avec précision les points de contact, tels que α' et $\mathfrak{C}'$, il faut observer qu'après le quart de conversion, le cylindre latéral est touché par le plan tangent mené du point de vue, suivant une génératrice perpendiculaire au tableau primitif, laquelle est projetée en α sur la *fig.* 2, et en $\alpha \mathfrak{C}''$ sur la *fig.* 1. On voit ainsi que α'' (*fig.* 1) est le point de contact de ce plan tangent avec l'ellipse d'arête, et $\mathfrak{C}''$ le point de contact avec le cintre de la porte latérale à droite; puis, quand on ramène le système dans la position primitive, le point α'' vient nécessairement en α' (*fig.* 1), attendu que l'angle $\alpha'' C \alpha'$ est droit; c'est-à-dire que ce point de contact demeure sur la même génératrice $\alpha \mathfrak{C}''$ où il était d'abord. Or, comme cette droite a pour perspective αP sur la *fig.* 2, c'est bien la rencontre de cette dernière ligne avec $\theta \psi$ qui donnera la perspective α' du point culminant sur le tableau.

415. Quant au point de contact $\mathfrak{C}''$ (*fig.* 1), il reviendra évidemment en $\mathfrak{C}'$, lorsque le quart de conversion employé ci-dessus sera détruit. Ainsi ce point de contact $\mathfrak{C}'$ se trouvera situé sur une perpendiculaire au tableau AF, laquelle viendra percer ce plan sur la verticale F, et à la même hauteur que le point α. Donc, sur la *fig.* 2, cette perpendiculaire au tableau sera représentée par $\mathfrak{C}P$, et sa rencontre avec $\theta \psi$ donnera la perspective $\mathfrak{C}'$ du point culminant pour le cintre de la porte latérale.

416. Venons maintenant à la partie supérieure de la voûte d'arêtes (*fig.* 2), qui a pour contour un carré dont A″F″ est un côté, et qui est couronnée par un *bandeau* saillant, en forme de parallélipipède rectangle. Les côtés latéraux de ce carré, étant perpendiculaires au tableau, auront pour perspectives indéfinies A″P et F″P; puis, la diagonale A″D déterminera, par sa rencontre avec F″P, le sommet U″ qui doit d'ailleurs se trouver sur l'arête verticale UU″; et enfin l'horizontale U″V″ fermera le carré cherché.

417. Quant au bandeau saillant qui a pour base un carré concentrique avec A″F″U″V″, on prendra A″λ et F″μ égales chacune à la saillie que l'on veut donner au bandeau; et les droites λP, μP, seront les perspectives des côtés perpendiculaires au tableau. La diagonale A″D prolongée rencontrera le côté λP au point a, et l'autre côté μP au point u; alors a et u seront deux des angles du carré cherché $afuv$, lequel sera bien facile à achever.

Pour le carré supérieur du bandeau, on prendra sur le tableau la longueur $\lambda \lambda'$ égale à la hauteur absolue du bandeau; et la droite $\lambda'P$ ira couper la verticale aa' au point a' qui sera un sommet du carré supérieur, lequel s'achèvera en tirant l'horizontale $a'f$, la verticale ff', et la droite $f'P$; puis enfin, les verticales uu' et vv'.

Voûte d'arêtes avec plusieurs travées.

418. Après avoir marqué sur la base XY du tableau, les points a, b, e, f, où PL. 20,
aboutiraient les côtés prolongés des pieds-droits, qui auront pour perspectives FIG. 3.
les lignes Pa, Pb, Pe, Pf, on prendra aX égale à la distance du tableau à ces
pieds-droits, et l'on sait (n° 303) que la diagonale XD fournira une profondeur
aA égale perspectivement à aX, de sorte que AB et EF représenteront les faces
antérieures des deux premiers pilastres. D'ailleurs la même diagonale DX fournira les points G, I, U, lesquels suffiront avec les parallèles GH, IK, UL, pour
déterminer les bases des quatre premiers pilastres, et il faudra élever des verticales par tous les angles de ces bases. Ensuite, après avoir pris XX′ égale à
la hauteur où se trouve la naissance de la voûte, la diagonale X′D coupera les
arêtes verticales des pilastres en des points A′, G′, I′, qui suffiront pour tracer
les joints de naissance A′B′, E′F′, B′G′L′, E′H′I′. Enfin, sur la distance B′E′,
comme diamètre, on décrira le demi-cercle B′ZE′ qui représentera le cintre
de la porte antérieure; mais celui de la porte opposée ne devra plus ici s'appuyer sur les points L′ et Q′: il faudra le reculer jusqu'à l'extrémité de la
dernière travée, à moins qu'il n'existât un *arc doubleau* qui servît de renfort à
la voûte, entre deux travées consécutives; mais ce sont là des détails trop
minutieux pour nous y arrêter, et que le Dessinateur saura bien reproduire
aisément, quand ils se rencontreront sur l'objet original.

419. Quant aux deux ellipses qui forment les *courbes d'arête* de la première
travée, on les obtiendra, comme au n° **407**, en traçant les génératrices du
cylindre RP, SP, et la diagonale TD, ce qui fournira les points M et n, et par
suite les points m et N; de sorte que ces courbes d'arêtes seront représentées
par G′MC′nI′ et H′mC′NK′. Nous parlerons des points culminants de ces
courbes au n° **423**.

420. Venons maintenant à la seconde travée. On pourrait trouver le
point X″ où la base du tableau est rencontrée par la diagonale de cette
travée, et pour cela il suffirait de prendre, à gauche de X, une longueur
XX″ $= ae$; mais comme ce point X″ (qui n'est pas marqué sur notre épure) se
trouverait à une distance incommode, il vaut mieux observer que la diagonale cherchée passerait par le point L déjà construit, de sorte qu'elle a pour
perspective LD. Alors cette dernière droite coupant les lignes Pe et Pf aux
points V et u, on peut achever la base Vqu du troisième pilastre à droite, et
en déduire les sommets W et l du pilastre correspondant à gauche; ensuite,

on élèvera par tous ces sommets des verticales qui devront se terminer aux
droites B'P et E'P; et enfin, sur $l'q'$ comme diamètre, on décrira un demi-
cercle $l'xq'$ qui représentera le cintre de la porte postérieure.

S'il y avait eu une troisième travée, on aurait trouvé les pilastres qui la ter-
mineraient, en tirant la diagonale Dl et opérant comme ci-dessus.

421. Quant aux ellipses qui forment les courbes d'arêtes de cette seconde
travée, j'observe que l'une d'elles est projetée horizontalement suivant LV, et
qu'elle a deux points M' et n' situés sur les génératrices RP et SP du cylindre
antérieur. Or ces deux génératrices sont projetées horizontalement suivant ρP
et σP; donc les points μ et ν où ces droites vont couper LV, détermineront les
verticales qui fourniront les points demandés M' et n', d'où l'on déduira ensuite les points correspondants m' et N' sur l'autre ellipse d'arête. Mais ce procédé ne s'appliquerait pas au sommet c'' de ces deux ellipses, et d'ailleurs il
donne lieu à des résultats graphiques assez incertains, par suite de l'obliquité
des verticales sur les génératrices RP et SP; c'est pourquoi nous allons donner
une méthode plus directe.

422. La corde de l'ellipse qui réunit les deux points inconnus M' et n', est
une horizontale à 45°, projetée sur LVD, et qui va conséquemment couper
l'arête LL' du second pilastre à la même hauteur absolue que le plan horizontal RS; donc, si je prolonge RS jusqu'en B'' et que je tire B''P, cette dernière
ligne me fournira sur LL' le point λ où aboutit la corde de l'ellipse dont nous
venons de parler. Par conséquent cette corde a pour perspective λD, laquelle
coupera RP et SP aux deux points demandés M' et n', d'où l'on déduira ensuite
les points m' et N' de l'autre ellipse de la même travée.

Ceci s'applique à telle génératrice du cylindre que l'on voudra; et en considérant spécialement la génératrice ZP, il faudra tirer la perpendiculaire au
tableau B''P qui coupera la même verticale LL' au point λ'', lequel sera situé
à la hauteur du plan horizontal B''Z; donc λ''D sera la perspective de la tangente au sommet de l'ellipse, et elle coupera ZP au point demandé C'', dans
lequel l'ellipse L'M'C''n'V' devra être *touchée* par λ''D. L'autre ellipse de la
même travée sera Q'm'C''N'W'.

PL. 20,
FIG. 3. **423.** *Des points culminants.* D'après les raisonnements exposés au n° **412**,
il faut trouver l'intersection du tableau vertical XY avec un plan tangent
mené, du point de vue, au cylindre latéral de la première travée. Pour cela,
faisons tourner tout le système autour de la verticale élevée par le centre C de
cette travée; et après un quart de conversion, le cylindre latéral viendra coïncider avec le berceau principal; de sorte qu'il coupera le plan vertical XY

suivant le demi-cercle $b'z'e'$, dont le diamètre $b'e'$ se détermine en prolongeant les génératrices PB' et PE' jusqu'à leur rencontre avec la ligne de terre X'Y' tracée à la naissance de la voûte. Dans ce mouvement de révolution, le point de vue ne sort pas du plan d'horizon, et il se rabat dans une position qui se projette verticalement en O', à une distance $PO' = PD + zY$; car cette dernière ligne zY, qui s'obtient en tirant la diagonale CHF inclinée à 45°, est la vraie grandeur (n° **303**) de la distance.perspective Cz du tableau au centre de la travée. Cela posé, la tangente $O'\alpha$ sera la trace verticale du plan tangent cherché; et comme le tableau primitif est devenu, après le quart de conversion, le plan YY' perpendiculaire à la droite XY, son intersection avec le plan tangent est donc actuellement l'horizontale projetée verticalement au point θ: donc, quand on ramènera le système dans sa position primitive, cette horizontale deviendra $\theta\varphi$ qui devra toucher (n° **412**) les deux ellipses de la première travée, et suffira bien pour limiter les arcs culminants de ces deux courbes. D'ailleurs, si l'on tenait à avoir le point culminant lui-même, on sait (n° **414**) qu'il serait donné par la droite αP (*).

424. Pour obtenir les points culminants des courbes d'arête L'C''V' et W'C''Q', il faudra aussi concevoir un plan tangent mené, du point de vue, au cylindre latéral de la seconde travée; puis, faire tourner ce cylindre autour de la verticale élevée par le centre C_2 de cette travée. Après un quart de conversion, le cylindre latéral en question viendra encore percer le tableau vertical XY suivant le demi-cercle $b'z'e'$, mais le point de vue se rabattra ici à une distance $PO'' = PD + zY''$; car cette dernière ligne zY'', qui s'obtient en tirant la diagonale C_2Q, est la vraie grandeur (n° **303**) de la distance perspective C_2z du tableau au centre de la seconde travée: au surplus, cette distance peut être

_____

(*) On aurait pu ramener les constructions à s'effectuer sur le cercle B'ZE' lui-même, qui représente une section du cylindre en question, mais située dans le plan de front ABEF, et non pas sur le tableau XY. Dans ce cas, il faudrait d'abord chercher le point ω' où ce plan de front va couper la droite horizontale projetée verticalement en O', et qui est la trace du plan tangent sur le plan d'horizon; or cette trace a une projection horizontale dont la perspective est OP, laquelle est coupée par le plan de front AF au point ω; donc la verticale $\omega\omega'$ fournira la perspective ω' du point cherché, et la tangente $\omega'\alpha'$ sera la perspective de l'intersection du plan tangent avec le plan de front AF. Observons ensuite que ce plan tangent couperait la face latérale FP suivant une horizontale qui partirait du point θ', et qui deviendrait $\theta'\varphi$ après un quart de conversion contraire; or je dis que cette droite $\theta'\varphi$ doit coïncider avec la ligne $\theta\varphi$ trouvée dans le texte, attendu que ces lignes sont les perspectives de deux droites différentes, mais situées dans un même plan qui passe par l'œil.

censée connue en mètres, d'après les dimensions des pilastres et leur éloignement du tableau. Cela posé, on mènera la tangente O″α″, laquelle représentera la trace verticale du plan tangent déplacé par le quart de conversion; et
comme ce même mouvement aura transporté le tableau primitif. dans la situation Y″Y‴ perpendiculaire à XY, son intersection avec le plan tangent sera une
droite projetée verticalement au point θ″; d'où l'on conclura, comme ci-dessus,
que l'horizontale θ″φ″ est la tangente commune qui doit limiter les deux ellipses
d'arêtes de la seconde travée. Quant au point culminant φ″ lui-même, il serait
donné par la droite α″P.

425. Pour une troisième, une quatrième,... travée, il suffirait d'augmenter
PO″ d'une fois, deux fois,... la distance constante O′O″,·mais en reculant aussi
la verticale Y″Y″ d'une fois, deux fois,... l'intervalle constant YY″ = O′O″.

Autre voûte d'arêtes à plusieurs travées.

PL. 2 I.   **426.** Pour exercer le lecteur, nous placerons encore sous ses yeux la perspective d'une voûte d'arêtes, en supposant que le point de vue est de côté, et
projeté en P sur le tableau. Comme les constructions reposent précisément sur
les mêmes principes que dans les figures précédentes, nous allons indiquer les
opérations graphiques d'une manière très-succincte.

Après avoir marqué les perspectives Pa, Pb, Pe, Pf, des plans fuyants qui
comprennent les deux files de pilastres, on prend aX égale à la distance où l'on
veut placer le premier pilastre derrière le tableau, et la diagonale XD détermine
les points A, G, I, W, et les plans de front ABEF, GH, VI, WU; de sorte qu'il
est facile d'achever les bases des quatre premiers pilastres. Pour les autres, on
tire la diagonale VD, qui détermine, sur Pe et Pf, deux points par où l'on conduit les plans de front des pilastres suivants, et ainsi de suite. Par tous les
angles de ces bases, on élève des verticales dont on fixe les longueurs dégradées au moyen, 1° des horizontales Y′P, Y″P, menées à des hauteurs fY′, fY″
assignées par la question; 2° des droites F″A″ et A″P, F′A′ et A′P; enfin, on
trace le demi-cercle B′ZE′.

427. Cela posé, les deux génératrices RP et SP du berceau principal, étant
coupées par la diagonale TD, fournissent deux points M et n de l'ellipse d'arête
G′MCnI′; et l'on en déduit, par des horizontales, les points m et N de l'autre
ellipse K′NCmH′; d'ailleurs le point C où elles se coupent, est donné par une
construction semblable faite pour la génératrice ZP.

Le cintre circulaire Q′rzsL′ de la porte latérale de droite, s'obtient en combinant la corde P*t* de ce cercle avec les deux diagonales RD et SD, ce qui fournit les points *r* et *s*, lesquels doivent d'ailleurs se trouver sur les mêmes horizontales que N et *n*, M et *m*. Ces horizontales fourniront aussi, sur TP, les deux points *r″* et *s″* du cintre de la porte latérale à gauche; et ces deux cercles devront être tangents en *z* et *z″* aux droites PT′ et P*t′*. Enfin, ces deux cercles et les deux ellipses d'arêtes auront une tangente horizontale, commune aux quatre courbes, laquelle se déterminerait comme au n° **423**.

428. Pour la seconde travée, on prolongera la corde *tsr* jusqu'au point *q* où elle rencontre la verticale QQ′ : ce point *q* sera celui où cette corde perce le plan de front VQ ; par conséquent l'horizontale *qσρ* ira déterminer, sur les génératrices RP et SP du berceau principal, les points *ρ* et *σ* par lesquels il faudra tirer les diagonales *ρr′* D et *σs′* D, qui couperont la corde P*t* en deux points *r′* et *s′* appartenant au cintre circulaire de la porte latérale de cette seconde travée. Ce cercle sera aussi tangent à la droite P*t′*; et les horizontales *r′r″* et *s′s″* fourniront les points *r″* et *s″* appartenant à la porte située à gauche, laquelle sera tangente à PT′.

Quant aux deux ellipses d'arête de cette travée, dont une seule offre ici une portion visible, on mènera par le point *s′* l'horizontale *s′m′*, qui coupera la génératrice SP au point *m′* situé sur l'ellipse cherchée, dont les points de naissance sont d'ailleurs évidents. La tangente horizontale qui contient les points culminants de cette ellipse et ceux des deux portes latérales, s'obtiendrait comme nous l'avons expliqué au n° **424**.

429. Enfin, la corniche de la galerie qui se compose ici d'un *Talon* et d'un filet rectangulaire, se construira en portant sur l'horizontale Y″X″, la saillie donnée *a″e* du talon, et la droite P*e* coupera X″D au point *α* par lequel on mènera les lignes *αγ* et *αδ*P. De même, après avoir pris X″X‴ égale à la hauteur du talon, et *a‴b‴* égale à la saillie de sa partie supérieure, les droites X‴D et *b‴*P fourniront l'angle *δ* par lequel on mènera les lignes *δλ* et *δε*. Quant à la courbe *αδ*, dont la forme originale est composée de deux arcs de cercle qui se raccordent et qui ont leurs tangentes extrêmes verticales (*voyez Pl. VII*), si ses dimensions étaient assez grandes pour exiger qu'on la construisît rigoureusement, il n'y aurait qu'à répéter pour plusieurs de ses points, ce que nous avons fait pour *α* et *δ*. Le filet rectangulaire qui vient ensuite, s'obtiendra semblablement d'après sa hauteur et sa saillie qui seront données par la question.

Pour l'angle à droite, toutes les horizontales ont la même saillie qu'à gauche, pourvu que l'on mesure cette saillie à partir des lignes *a″*P et Y″P, ou de leurs analogues dans les divers plans horizontaux que l'on considère.

22

Au-dessus de la corniche s'élève un *attique*, c'est-à-dire un petit mur à hauteur d'appui, lequel sert à masquer le comble qui est très-surbaissé, ou même dallé en plate-forme; mais ces contours rectilignes qui sont d'à-plomb avec le parement du mur, n'ont pas besoin sans doute d'explications détaillées.

Escalier en perron.

PL. 22. **430**. Soient plusieurs marches circulaires ABE, FGH, IKL, qui conduisent à une terrasse, en arrière de laquelle se trouve une porte pratiquée dans un mur de face; chacune de ces marches est un cylindre droit qui a pour base un demi-cercle, et nous allons en chercher les perspectives sur le tableau vertical XY, après avoir transporté ce tableau en X'Y', et y avoir marqué le point principal P et le point de distance D.

Suivant la méthode expliquée au n° **374**, nous tracerons sur le géométral les côtés et les diagonales des carrés circonscrit et inscrit au cercle ABE, et sur le tableau les droites Pa, Pm, PY', Pn, Pe, qui représenteront les côtés et le diamètre perpendiculaires à ce plan. Ces droites étant coupées par la diagonale X'D, fourniront d'abord les trois points x', M', C', par lesquels on mènera des parallèles à XY, qui feront connaître les points B', N', A' et E'; de sorte que l'on aura cinq points de la demi-ellipse A'M'B'N'E' avec trois de ses tangentes, ce qui suffit pour la tracer exactement.

431. Pour déduire de là le cercle qui forme la base supérieure du cylindre de la première marche, je prends la verticale Y'Y'' égale à la hauteur absolue de cette marche (hauteur qui doit être environ la moitié de la largeur AF, et ordinairement égale à 15 ou 16 centimètres, estimés sur l'échelle du dessin), et la droite Y''P me fera connaître la longueur dégradée de l'arête verticale B'B'' du cylindre, et celle de l'axe qui devient C'C''; puis, en menant par le nouveau centre C'' une parallèle à XY, je détermine les deux points A'' et E''. Quant au point M'', je pourrais semblablement prendre X'X'' égale à la hauteur absolue de la marche, et la diagonale X''D couperait la verticale M'M'' au point cherché; mais je puis éviter cette construction, en m'appuyant sur le principe démontré au n° **275**; car si je transporte le point M' en m', dans le même *plan de front*, on sait que la verticale m'm'' comprise dans l'échelle de dégradation Y''PY', marquera la longueur dégradée que doivent avoir les deux verticales M'M'' et N'N'', ce qui me fournira les deux points M'' et N'' de la courbe cherchée A''M''B''N''E''.

432. Cette ellipse et la précédente doivent avoir une tangente commune T'T'' qui sera verticale, et qu'il importe beaucoup de savoir déterminer directement, parce que sans cela on ne parviendrait pas à limiter les deux ellipses d'une manière satisfaisante pour l'œil. Or, cette verticale étant le contour apparent du cylindre, nous l'obtiendrons en menant, par le point de vue, un plan tangent au cylindre droit ABE; il faudra donc prendre sur le géométral une distance pO égale à PD, et du point O tirer la tangente OT; alors la verticale T sera le contour en question, et pour trouver sa perspective, il suffit d'observer que cette droite étant dans un plan qui passe par l'œil, elle a pour perspective l'intersection du tableau XY avec ce plan vertical OT, c'est-à-dire la verticale θ. Donc, en tirant la droite indéfinie θT'T″ perpendiculaire à XY, ce sera la limite cherchée que doivent toucher les deux ellipses qui terminent la première marche.

453. On pourrait trouver étonnant que cette droite verticale T, qui est bien loin d'être tangente au cercle horizontal ABE, ait une perspective T'T″ qui soit tangente à A'B'E'; mais cela tient à ce que la véritable tangente Tθ et la verticale T sont toutes deux dans un même plan passant par l'œil, et ont dès lors une perspective commune T'T″, laquelle doit être conséquemment tangente à l'ellipse A'B'E' (n° **373**). La même raison s'applique à l'ellipse A″B″E″ qui représente le cercle supérieur dont la vraie tangente, projetée sur Tθ, est aussi contenue dans le même plan que les deux droites dont nous venons de parler.

454. Pour les marches suivantes, nous pourrions nous borner à dire qu'il faut répéter des constructions toutes semblables, en opérant sur une ligne de terre plus élevée que X'Y' de une, deux,… hauteurs de marche; mais on peut simplifier ces opérations par les remarques suivantes. D'abord, en doublant, triplant,… la hauteur C'C″, on aura les centres C‴, C⁗,… des différents cercles qui terminent les marches successives, et l'on pourra mener par ces centres des horizontales indéfinies F″C″H″, l″C⁗L″. Ensuite, la tangente au point F du cercle inférieur FGH, allant percer le tableau en f sur X″Y″, elle aura pour perspective Pf, laquelle déterminera le point F', et par suite la verticale F'F″; puis, en prenant C″H'=C″F' et élevant la verticale H'H″, on fixera les extrémités des deux cercles de la seconde marche. La droite GR menée à 45° aura pour perspective R'D, laquelle fournira le point G' qui serait la perspective du sommet G si ce dernier était situé sur le géométral; mais comme il est élevé d'une hauteur de marche, je tire la verticale G'G″ terminée à Y″P, et en doublant cette hauteur G'G‴, j'obtiens les sommets G″ et G‴ des deux cercles de cette seconde marche. Semblablement, la perpendiculaire au tableau Vv sera représentée par Pv, laquelle coupe X'D au point V'; et en élevant la verticale V'V″ terminée à X″D,

22.

puis doublant cette hauteur, j'obtiendrai les points V'' et V''' des deux ellipses cherchées, qui seront enfin $F'V''G''H'$ et $F''V'''G'''H''$. Ces deux courbes devront aussi avoir une tangente commune qui sera *verticale*, et que l'on déterminera, comme pour la première marche, en tirant la tangente OT_2 et une verticale indéfinie par le point θ_2.

435. On opérera semblablement pour la troisième marche, en prenant ii' égale à trois hauteurs de marche, et tirant Pi' qui fournira le point I' et la verticale $I'I''$; puis, en prenant $C''L' = C''I'$, et élevant la verticale $L'I''$. Pour les points K et W on cherchera d'abord les perspectives K' et W' de leurs projections sur le géométral, comme on le lit sur notre épure; puis, on triplera les verticales élevées par ces projections, et comprises dans les échelles de dégradation $PY''Y'$ et $DX''X'$.

436. Venons à la porte, dont la baie est figurée sur le géométral par le rectangle $\alpha\varepsilon\delta\gamma$. Les côtés $\alpha\varepsilon$ et $\gamma\delta$ iront percer le tableau en deux points λ et ρ, situés à trois hauteurs de marche, et auront ainsi pour perspectives indéfinies les lignes $P\lambda$ et $P\rho$; puis, pour fixer leur grandeur apparente, il faudrait (n° **303**) porter sur l'horizontale $\lambda\varphi$ une longueur égale à la distance $Y\omega$ du point α au tableau, et joindre l'extrémité de cette longueur avec D par une droite qui couperait λP au point α' perspective de α. Mais comme ces constructions s'étendent trop loin, nous emploierons la réduction indiquée au n° **335**; c'est-à-dire qu'après avoir rapproché l'œil à une distance Pd moitié de PD, nous prendrons $\lambda\varphi$ égale à la moitié de $Y\omega$, et la droite φd ira couper λP au même point α' qu'aurait donné la méthode directe. Semblablement, nous prendrons $\varphi\psi$ égale à la moitié de la profondeur $\alpha\varepsilon$, et la droite ψd coupera $P\lambda$ au point ε' perspective de ε. Alors en tirant les horizontales $\alpha'\gamma'$ et $\varepsilon'\delta'$ jusqu'à leur rencontre avec $P\rho$, on fixera le côté $\gamma'\delta'$ de l'autre pied-droit; et les verticales $\alpha'\alpha''$, $\gamma'\gamma''$, se détermineront d'après la hauteur absolue des pieds-droits, hauteur qu'il faudrait porter sur les verticales élevées par les points λ et ρ. Mais il sera plus simple d'examiner quel rapport existe entre la largeur et la hauteur de la porte originale, qui sont deux dimensions situées dans un même plan de front; et il suffira d'établir ce même rapport (n° **276**) entre $\alpha'\gamma'$ et $\alpha'\alpha''$.

437. Enfin, le dessus de la porte étant ici formé par une *plate-bande*, on partagera l'intervalle $\alpha''\gamma''$ en un nombre *impair* de parties égales, et l'on fera converger les joints antérieurs des voussoirs vers un même point, par exemple le sommet ω'' du triangle équilatéral construit sur $\alpha''\gamma''$; les autres joints étant perpendiculaires au tableau, ils convergeront au point principal P.

CHAPITRE V.

MÉTHODE GÉNÉRALE DE PERSPECTIVE.

438. Jusqu'à présent, nous ne nous sommes servis que de la méthode des points de fuite, parce qu'elle offre l'avantage de n'employer qu'un seul plan de projection qui est le tableau même, et qu'elle suffit bien pour les objets les plus ordinaires, lesquels sont terminés par des arêtes rectilignes ou circulaires, et par des surfaces prismatiques ou cylindriques. Mais quand les corps présentent des formes moins simples, quand ils sont terminés par des surfaces gauches, ou de révolution et à courbures opposées, sur lesquelles le contour apparent n'est plus formé par des lignes fixes et connues d'avance, la méthode des points de fuite deviendrait incommode; car il faudrait l'appliquer successivement à diverses sections horizontales, très-rapprochées les unes des autres, dont on trouverait les perspectives individuelles par la marche indiquée au n° **372**; et il resterait ensuite à tracer sur le tableau la courbe *enveloppe* de toutes ces lignes perspectives, afin d'obtenir le contour apparent de l'objet en question (*voyez* n° **497**). Or, comme cette marche rendrait les opérations graphiques très-laborieuses et les résultats peu exacts, il vaut mieux alors, surtout pour les lecteurs familiarisés avec la Géométrie descriptive, tracer sur deux plans fixes les projections de l'objet proposé et celles du point de vue; construire directement le contour apparent (n° **242**) de cet objet par les méthodes exposées au chapitre Ier du livre V de notre *Géométrie descriptive;* puis, chercher les intersections du tableau avec les rayons visuels menés aux divers points du contour apparent, ainsi qu'aux autres points remarquables de la portion antérieure du corps, laquelle est seule visible. C'est cette méthode que nous allons appliquer maintenant à quelques exemples.

Perspective d'un Piédouche.

439. Un piédouche se compose de trois parties principales, terminées toutes PL. 24. par des surfaces de révolution qui ont un axe commun et vertical : 1° le *bandeau* cylindrique décrit par la révolution de la verticale $G'G''$; 2° la *scotie* dont la méridienne $G'H'K'$ est une courbe qui tourne sa concavité à l'extérieur, et qui se termine par deux tangentes horizontales; de sorte que cette surface sera *à courbures opposées,* et que son plan tangent laissera la méridienne d'un côté, et le parallèle de l'autre; 3° la *base* cylindrique décrite par la révolution de la verticale K'K″. Le piédouche fait ordinairement partie des moulures qui entrent dans les bases des colonnes; d'autres fois, et c'est le cas que nous considérerons ici, le piédouche est employé comme un support isolé pour soutenir un buste ou quelque autre objet portatif. Alors il est souvent accompagné de diverses moulures, telles que celles qui sont marquées dans la *Pl. VI, fig.* 2; on y voit, au-dessus de la scotie, deux filets cylindriques séparés par un petit tore en forme de cordon saillant; puis, au-dessous de la scotie, se trouvent un autre filet cylindrique, un quart de rond et enfin un dernier cylindre pour base. Mais, afin de manifester plus clairement aux yeux du lecteur, les circonstances importantes à étudier, qu'offriront ici plusieurs des constructions géométriques, nous réduirons le piédouche aux trois parties essentielles qui sont indiquées dans la *Pl. XXIV,* en faisant porter le tout sur un *socle* carré RXxr que nous nous sommes dispensés de reproduire sur le plan vertical de notre épure.

440. Pour tracer la scotie G'H'K', on se servira d'un demi-cercle décrit sur la droite G'K' comme diamètre, et dont on inclinera les ordonnées parallèlement à la droite G'g', ainsi que nous l'avons indiqué au n° **95**; toutefois, on pourra aussi employer deux arcs de cercle qui se raccordent, comme nous l'avons expliqué dans les n°ˢ **93** et **94**.

PL. 24.   **441.** Cela posé, soit (O, O') le point de vue où est placé l'œil du spectateur, et XYY' le plan vertical destiné à former le tableau de perspective : ce tableau semble avoir ici une position particulière, attendu qu'il forme un angle droit avec le plan vertical de projection; mais il faut dire plutôt que c'est ce dernier qui a été choisi perpendiculaire au tableau, et l'on doit toujours préférer cette disposition. Nous chercherons d'abord les projections du contour apparent sur la scotie, lequel n'est autre chose que la ligne de contact de cette surface de révolution avec un cône circonscrit, dont le sommet serait au point (O, O'); il suffira donc d'appliquer ici la méthode exposée au n° **357** de la *Géométrie descriptive,* et que nous allons rappeler succinctement.

442. Soient P'p' un parallèle quelconque de la surface de révolution, et S'p'T' la tangente du méridien qui correspond à ce parallèle : cette tangente décrira, en tournant avec la méridienne, un cône droit auquel il suffira de mener deux plans tangents qui partent du point (O, O'). Or, comme ce cône est coupé par le plan horizontal O'Z' suivant un cercle dont le rayon est Z'T', et qui se projette horizontalement suivant TI, il faudra mener du point O deux tangentes à cette dernière circonférence, ou simplement déterminer leurs points de contact I et *i* par la rencontre de la circonférence TI avec le cercle décrit sur CO comme diamètre. Alors les droites CI et C*i* seront les projections des génératrices suivant lesquelles le cône P'S'*p'* sera touché par les plans tangents qui partent de (O, O′); et ces droites, en coupant le cercle P*p*, feront trouver les deux points M et *m* du contour apparent qui sont situés sur ce parallèle ; il restera enfin à projeter ces deux points en M′ sur P'*p'*.

443. La même méthode s'appliquera à tout autre parallèle ; mais si l'on considère le cercle Q′*q'* pour lequel la tangente Q′S″ de la méridienne va aboutir au même point T′, on trouvera immédiatement deux autres points N et *n*, en prolongeant les rayons CM et C*m* à gauche du centre C, jusqu'à ce qu'ils coupent le cercle Q*q*; et ces deux points devront être projetés en N′ sur Q′*q'*. La raison de cette différence tient à ce que le parallèle Q′*q'* et le cercle Z′T′ ne sont pas sur la même nappe du cône Q′S″*q'* qui est circonscrit le long du parallèle Q′*q'*.

444. On trouvera directement les deux points du contour apparent qui seront situés sur le cercle de gorge (H′*h'*, H*h*); car, tous les plans tangents de la scotie le long de ce parallèle étant verticaux, ceux d'entre eux qui partiront du point (O, O′), auront leurs points de contact situés à l'intersection du cercle H*h* avec le cercle CIO ; ce seront donc les deux points (D, D′) et (*d*, D′).

De même, les points (A, A′) et (F, F′), situés sur le méridien principal pour lequel tous les plans tangents sont perpendiculaires au plan vertical, s'obtiendront en menant du point O′ des tangentes O′A′ et O′F′ à cette courbe méridienne.

445. On peut encore trouver les points situés dans le méridien CC′ perpendiculaire au plan vertical, en observant que les deux plans tangents qui correspondent à ces points et qui partiront de l'œil (O, O′), seront perpendiculaires au plan vertical CC′, et conséquemment ils se couperont suivant l'horizontale (OC, O′Z′); or cette droite allant percer le plan méridien CC′ au point (C, Z′), il suffira de mener par ce point deux tangentes à la méridienne contenue dans le plan vertical CC′. Pour effectuer cette opération, je fais tourner cette méridienne autour de l'axe vertical C, jusqu'à ce qu'elle se confonde avec la méridienne principale ; puis, je tire les tangentes Z′γ′, Z′γ″, dont les points de contact devront être ramenés sur la verticale C′Z′ en γ, qui sera le point cherché du contour apparent sur le plan vertical. Il serait facile de trouver les points correspondants sur le plan horizontal, en y projetant le parallèle γ′γ″; mais nous n'avons pas effectué cette construction dans notre épure, attendu que ce parallèle est trop rapproché du cercle de gorge.

. **446.** D'après ce qui précède, le contour apparent sur la scotie sera donc représenté par la ligne à double courbure

$$(\text{ABMDNEF}endmb\text{A}, \ \text{A}'\text{B}'\text{M}'\text{D}'\text{N}'\text{E}'\text{F}'),$$

et elle présentera la circonstance très-remarquable qu'il y aura quatre points singuliers (B, B') et (b, B'), (E, E') et (e, E'), pour lesquels le rayon visuel sera non-seulement tangent à la scotie, mais encore tangent au contour apparent que l'on peut regarder comme la base du cône circonscrit dont ce rayon est une génératrice. Or, comme cette position singulière du rayon visuel produira, si elle existe, quatre points de rebroussement sur la perspective, il est nécessaire de démontrer l'existence de ces points singuliers, en donnant une méthode graphique pour les construire.

PL. 23,
FIG. 3.
447. Posons d'abord la question dans un ordre inverse. Étant donné un point (M, M') sur le méridien d'une surface de révolution quelconque, trouver quelle doit être la position de l'œil, pour que le rayon visuel mené en (M, M') soit à la fois tangent à la surface de révolution et au contour apparent.

D'après les théorèmes relatifs à la courbure des surfaces (G. D., liv. 8), on sait que dans toute surface de révolution, les sections normales de courbure maximum et de courbure minimum, sont : 1° la méridienne dont je construirai ici le rayon de courbure M'G = R relatif au point M'; 2° la section perpendiculaire à ce méridien et passant par la normale GM'H de la surface, laquelle section a précisément pour rayon de courbure la portion M'H = R' de cette normale. En outre, on sait (G. D., n° **698**) que l'on obtiendra un hyperboloïde gauche Σ osculateur de la scotie tout autour du point M', si l'on rend l'ellipse et l'hyperbole principales de Σ osculatrices des deux sections indiquées ci-dessus. Donc, si l'on désigne par $2c$ l'axe dirigé suivant la normale M'G, et par $2a$ et $2b$ les autres axes, il faudrait choisir leurs longueurs de manière que l'on eût les relations

$$\frac{a^2}{c} = R \quad \text{et} \quad \frac{b^2}{c} = R';$$

mais puisque c reste arbitraire, prenons $c = a$, et alors l'ellipse de gorge deviendra le cercle osculateur EM'F décrit avec M'G = R, tandis que l'axe imaginaire sera $b = \sqrt{R'.a} = $ M'D qui s'obtient par une moyenne proportionnelle entre M'G et M'H, avec le soin de se représenter cet axe imaginaire, égal à M'D, comme élevé perpendiculairement au cercle de gorge par le centre G. Par là l'hyperboloïde Σ se trouvera complétement déterminé, et il sera osculateur de la scotie tout autour du point (M, M').

448. Cela posé, lorsqu'un cône est circonscrit à une surface quelconque, on sait (*G. D.*, n° 757) que la tangente dans un point de la courbe de contact et la génératrice du cône qui aboutit à ce point, sont deux *tangentes conjuguées* qui jouissent de la propriété d'être respectivement parallèles à deux diamètres conjugués de la section faite parallèlement au plan tangent, dans l'ellipsoïde ou l'hyperboloïde osculateur de la surface au point considéré. Ainsi, dans le problème qui nous occupe, le rayon visuel tangent à la scotie en M', et la tangente à ce point du contour apparent, seront, pour chaque position de l'œil, parallèles à deux diamètres conjugués de la section hyperbolique faite dans l'hyperboloïde Σ par le plan EF perpendiculaire au cercle de gorge. Or, puisque nous cherchons un point de vue tel que le rayon visuel et la tangente au contour apparent soient confondus ensemble, il faut évidemment choisir ce rayon visuel parallèle à l'une des asymptotes de l'hyperbole projetée verticalement sur EF; car, dans une telle courbe, on sait que deux diamètres conjugués qui se rapprochent de plus en plus l'un de l'autre, finissent par coïncider à la fois avec l'asymptote qui était la diagonale commune à tous les parallélogrammes formés par les divers couples de diamètres conjugués (*).

449. Effectuons cette construction. Les demi-axes de l'hyperbole projetée sur EF étant égaux à GF et M'D, j'imagine dans le plan tangent en M', un triangle rectangle qui ait pour base M'K' = GF et dont le second côté perpendiculaire au plan vertical en K' soit égal à M'D; alors l'hypoténuse serait bien parallèle à l'asymptote. Or la projection horizontale de ce triangle s'obtient en projetant le point K' en I et prenant IK = M'D; donc MK sera la projection horizontale et M'K' la projection verticale du rayon visuel demandé; de sorte que le point de vue étant placé où l'on voudra sur ce rayon, il remplira la double condition d'être à la fois tangent à la scotie et au contour apparent dans le point (M, M'). PL. 23,
FIG. 3.

450. Observons en passant que le rayon visuel (MK, M'K') se trouve tout

---

(*) On voit, par ce raisonnement, que le point singulier que nous cherchons ici, n'existera jamais dans une surface *convexe*; car, pour une surface de ce dernier genre, la surface osculatrice Σ du second degré, serait nécessairement un ellipsoïde, dans lequel toutes les sections sont des ellipses; or, pour une telle courbe, il n'arrive jamais que deux diamètres conjugués puissent coïncider l'un avec l'autre.

entier sur l'hyperboloïde osculateur Σ, puisqu'il coïncide évidemment avec une des génératrices de cette surface gauche; et conséquemment ce rayon visuel aura un contact du second ordre avec la scotie. C'est une relation qui nous sera utile à invoquer plus tard.

451. A présent, reprenons la question dans le sens primitif : Étant donné un point de vue (O, O''), trouver le point où le rayon visuel sera tangent à la fois à la scotie et au contour apparent. Pour résoudre ce problème, je prends sur le méridien principal $g'h'k'$ divers points M', P', Q',... et pour chacun d'eux je détermine, comme au n° **449**, les rayons visuels $(MR, M'R')$, $(PS, P'S')$, $(QT, Q'T')$,..., qui rempliraient la double condition indiquée ci-dessus; puis je cherche les points où ces rayons visuels vont rencontrer le cylindre vertical OT, et j'obtiens ainsi *une courbe d'erreur* T'R'S' qui, en coupant l'horizontal O''V', me fournit un point de vue (V, V') situé à la même hauteur que (O, O''), et pour lequel le rayon visuel $(VN, V'N')$ satisfera au problème. Alors je ramène (V, V') en (O, O''), et le point de contact (N, N') restant sur le même parallèle, prendra la position (B, B') telle que l'angle BCN égale NCb; de sorte qu'enfin $(OB, O''B')$ sera le rayon visuel qui jouit de la double propriété que l'on demandait.

En faisant usage de la seconde asymptote que nous n'avons pas employée ci-dessus, on trouvera un second point (b, B') placé symétriquement avec le premier, et qui remplira les mêmes conditions par rapport à l'œil (O, O''); puis, en appliquant des procédés semblables à la méridienne $g'h'k'$ quand elle aura fait une demi-révolution, on trouvera encore deux autres points analogues qui sont ceux que nous avons désignés par (E, E') et (e, E') sur la *Pl. XXIV*.

PL. 24.   **452.** Cherchons maintenant la perspective du piédouche sur le tableau vertical XYY' (*Pl. XXIV*); mais pour y tracer les résultats avec plus de clarté, supposons que ce tableau a été transporté sur la *fig.* 3, sans changer sa hauteur, c'est-à-dire en faisant coïncider la base XY avec la ligne de terre Yω; d'ailleurs, plaçons la verticale α du tableau à une distance quelconque $\alpha_2 P_2$. Alors, après avoir mené du point de vue (O, O') des droites aux divers points du contour apparent, il faudra chercher le point où chacune d'elles perce le tableau vertical XY, et rapporter cette intersection sur la *fig.* 3. Or, si l'on considère, par exemple, le rayon visuel $(OD, O'D')$, on voit qu'il rencontre ce tableau en un point situé sur la verticale δ, et à une hauteur marquée par Yδ'; donc, en tirant l'horizontale $\delta'D''$ et la prolongeant à droite de la verticale $\alpha_2 P_2$ d'une quantité égale à $\alpha\delta$, on obtiendra la perspective D'' du point (D, D'); le point d'' sera placé sur la même horizontale, et symétriquement à gauche de la verticale $\alpha_2 P_2$. En opérant de même pour d'autres points du contour apparent, et surtout pour les huit points remarquables A, B, D, E, F, e, d, b, on trouvera que la perspective de ce contour est la ligne

$$A'' B'' D'' E'' F'' e'' d'' b'' A''.$$

453. Quant au bandeau cylindrique qui couronne le piédouche, et pour lequel le contour apparent se compose évidemment des deux verticales (L, L′L″) et (l, L′L′), il suffira de mener des rayons visuels aux quatre extrémités de ces génératrices, ainsi qu'aux extrémités de (G, G′G″) et (g, g′g″); car les points où ces rayons visuels perceront le tableau, fourniront évidemment les quatre sommets, et conséquemment la détermination suffisante de chacune des deux ellipses

$$L_1 G_1 l_1 g_1 \quad \text{et} \quad L_2 G_2 l_2 g_2,$$

qui représentent les perspectives des deux bases de ce petit cylindre. D'ailleurs ces ellipses devront être tangentes aux deux verticales $L_1 L_2$ et $l_1 l_2$; car, quoique chacune de ces génératrices soit très-distincte de la tangente au cercle, ces deux droites étant dans un même plan tangent *qui passe par l'œil*, elles se confondront en perspective.

On agira de même pour le cylindre inférieur du piédouche, en construisant seulement les perspectives des quatre sommets de chacune des deux ellipses qui représentent les bases de ce cylindre; et ces courbes devront aussi être tangentes aux deux verticales $U_1 U_2$ et $u_1 u_2$.

454. Enfin, pour le socle carré qui supporte le piédouche, on prendra les distances $\alpha_2 X''$ et $\alpha_2 R''$ égales à la moitié du côté de ce carré; puis, après avoir porté la hauteur $\omega O'$ de l'œil, de α_2 en P_2 qui sera *le point principal*, on tirera les droites $X'' P_2$ et $R'' P_2$ qui seront les perspectives indéfinies des côtés latéraux de ce carré. Pour fixer leur longueur, on sait qu'il faudrait joindre le point X'' avec le *point de distance*, ce qui donnerait la diagonale du carré; mais attendu qu'ici le point de distance est trop éloigné, nous emploierons, comme au n° **335**, la *distance figurée* $P_2 d_2$ choisie égale à la moitié de $O\alpha$; et en joignant le point α_2 avec d_2, cette droite coupera $R'' P_2$ au même point r'' par où aurait passé la diagonale issue du point X''. Alors il est facile d'achever le carré perspectif $X'' R'' r'' x''$, ainsi que la face antérieure du socle $X'' R'' R'' X''$, laquelle conservera ses dimensions originales, puisqu'elle est située dans le tableau.

455. Il importe d'observer que la courbe $A'' B'' D'' E''\dots$ présentera un re- Pl. 24. broussement à chacun des points B″, E″, e″, b″, qui correspondent aux quatre points singuliers B, E, *e*, *b*, dont nous avons prouvé l'existence au n° **451**. En effet, puisqu'en (E, E′) le rayon visuel est tangent au contour apparent, le plan osculateur de cette courbe passe nécessairement par l'œil (O , O′) ; donc la perspective de ce plan tout entier sera la droite suivant laquelle il coupera le tableau ; et les perspectives des arcs ED et EF qui précèdent et suivent le point E, devront être évidemment tangentes à cette trace du plan osculateur. Or, dans une courbe gauche, ces deux arcs ED et EF sont situés l'un *au-dessus* et l'autre *au-dessous* du plan osculateur (*G. D.*, n° **663**) ; d'ailleurs on voit ici qu'ils sont placés d'un même côté du plan vertical OE : donc les perspectives E″D″ et E″F″ des arcs ED et EF offriront, non pas une inflexion, mais un rebroussement de première espèce, ayant pour tangente intermédiaire la trace du plan osculateur sur le tableau.

456. Pour construire cette tangente, j'observe que le plan osculateur du contour apparent est évidemment tangent au cône des rayons visuels, et par suite tangent à la scotie dans le point (E, E′) ; donc il renfermera la tangente du parallèle qui est la droite (E θ, E′ θ′). Or cette ligne allant percer le tableau au point (θ, θ′) qui se transporte en θ″ sur la *fig.* 3, il en résulte que E″θ″ est la trace du plan osculateur sur le tableau, et c'est aussi la tangente au point de rebroussement E″.

457. Comme le rayon visuel O′g′ est nécessairement au-dessous du rayon O′A′, on sent bien que, sur la perspective, le cylindre supérieur doit cacher l'arc B″A″b″, ainsi qu'une petite portion des branches latérales ; mais on peut trouver étonnant que la branche E″F″e″ que nous avons ponctuée, soit elle-même invisible. Cela tient à ce que le rayon visuel (OA, O′A′), en glissant le long de la courbe ABDEF…, devient, au delà du point E, sécant à la scotie dans un point qui précède celui où il est tangent, ce qui rend invisible ce point de contact. Pour s'en convaincre, il faut imaginer que le méridien G′H′K′ est complété et fermé par la seconde moitié de cette ellipse, laquelle courbe décrira alors une surface annulaire, analogue au tore de la *Pl. XXIII;* or, si l'on fait passer par chaque rayon visuel un plan vertical, il coupera cette surface suivant des courbes qui offriront successivement les trois formes représentées dans les *fig.* 4, 5 et 6 (*Pl. XXIII*), et auxquelles le rayon visuel sera toujours tangent dans un certain point M, et sécant en deux points α et 6. D'ailleurs ces courbes se construisent aisément, en marquant les points où le plan vertical considéré coupe les divers parallèles de la surface de révolution.

458. Cela posé, tant que le point de contact M se trouve entre A et B, les rayons visuels occupent des positions indiquées par les droites ι, 2, 3, dans

PL. 23 et 24.

lesquelles le point de contact M précède toujours les points de section α et ϐ, et demeure conséquemment *visible* (*); mais à mesure que M approche de B, α se rapproche aussi de M, et il y aura une position indiquée par la droite 4 où α et M étant confondus, le rayon visuel aura un contact du second ordre avec la section, en la touchant dans son point d'inflexion. Or, je dis que cette circonstance arrive quand M est en B sur la *fig.* 1; car nous avons démontré au n° **450** que dans ce point singulier, le rayon visuel avait un contact du second ordre avec la surface annulaire, et par suite avec la section.

Il résulte de là que, sur le piédouche, l'arc (AB, A′B′) serait entièrement visible, si l'existence du cylindre supérieur n'arrêtait pas les rayons visuels qui aboutissent sur cet arc.

459. Quand le point de contact sera parvenu entre B et E sur la *fig.* 1, les rayons visuels prendront les positions 5, 6, 7, dans lesquelles le point de contact M se trouve entre α et ϐ, circonstance qui rendrait invisible l'arc (BDE, B′D′E′), si l'on n'avait pas enlevé, dans le cas du piédouche, la nappe extérieure décrite par la seconde moitié de l'ellipse G′H′K′, nappe sur laquelle se trouve le point de section α qui cacherait M sur les droites 5, 6, 7. Mais à mesure que le point de contact s'approche de E, le point de section ϐ se rapproche aussi de M, et il y aura une position 8 où ϐ et M étant confondus, le rayon visuel aura un contact du second ordre avec la section, en la touchant dans son point d'inflexion. Or, je dis que cette circonstance arrivera précisément au point (E, E′) sur la *Pl. XXIV;* car nous avons démontré au n° **450** que, dans ce point singulier, le rayon visuel avait effectivement un contact du second ordre avec la surface de révolution, et par suite avec la section verticale correspondante. D'où il suit que, sur le piédouche, l'arc (BDE, B′D′E′) demeure visible.

460. Mais, quand le rayon visuel aura dépassé le point E, il prendra jusqu'en F les positions successives indiquées par les droites 9, 10, 11, dans lesquelles le point de contact M se trouvera au delà des deux points de section ϐ et α; et quoique ce dernier α n'existe plus dans le piédouche, à cause que la nappe extérieure est enlevée, l'autre point de section ϐ qui est sur la nappe intérieure, suffira pour rendre *invisible* le point de contact M, tant qu'il glissera de E en F,

---

(*) Nous avons altéré beaucoup la direction des rayons visuels dans les *fig.* 4, 5, 6, afin d'éviter la peine de construire des sections de formes analogues, mais cependant inégales, pour des rayons visuels même très-voisins; et cela nous a permis aussi de manifester plus clairement la distinction entre les points de contact et les points d'intersection.

et aussi de F en *e*. Telle est donc la cause qui rend invisible, sur le tableau de perspective, l'arc E″F″*e*″ du contour apparent géométrique. Il est vrai que, sous le rapport physique, la vue ne s'arrête pas ainsi brusquement au point (E, E′); mais c'est que les rayons visuels qui ont touché la scotie le long de l'arc (BDE, B′D′E′), vont tomber sur la partie inférieure de la surface, et y tracent une courbe d'intersection qui vient se raccorder avec la ligne de contact BDE, ainsi que nous le verrons dans le paragraphe suivant (n° **467**) où nous étudierons une surface annulaire complète.

Perspective d'un Tore.

461. La question précédente nous a offert l'exemple remarquable d'une surface à courbures opposées, sur laquelle le véritable contour apparent, sous le rapport physique, n'était composé que de certaines portions de la ligne de contact du cône circonscrit à la surface et ayant pour sommet le point de vue; mais pour mieux étudier cette circonstance intéressante, principalement sous le rapport de la géométrie, il convient d'employer une surface annulaire qui soit complétement fermée, et d'y construire à la fois les lignes de contact et les lignes d'intersection qui sont communes à cette surface et au cône circonscrit. Considérons donc la surface représentée sur les *Pl. XXV* et *XXIII*, et qui est décrite par la révolution d'un cercle autour d'une droite située dans son plan, mais placée hors de la circonférence; les extrémités du diamètre vertical de ce méridien circulaire décrivent deux circonférences horizontales qui partagent la surface en deux nappes, l'une extérieure qui est totalement *convexe*, l'autre intérieure qui est *à courbures opposées;* et les moulures que l'on rencontre fréquemment dans l'architecture, sous les noms de *tore, quart de rond, cavet, congé, scotie,* ne sont autre chose que des portions de la surface annulaire qui va nous occuper.

PL. 25.   **462.** Le point de vue étant (O, O′), on obtiendra le contour apparent sur la nappe extérieure, par la méthode indiquée au n° **441**, et que nous rappellerons très-succinctement. Après avoir choisi un parallèle quelconque P′Q′, et mené la tangente Q′T′ de la méridienne qui va couper en (T′, T) le plan horizontal O′Z′, on décrit le cercle du rayon CT qui rencontre la demi-circonférence CIO au point I; et le rayon CI coupe la projection horizontale du parallèle P′Q′ en un point *p* que l'on projette en *p*′; ce point (*p*, *p*′) et celui qui est placé symétriquement en (*p*″, *p*′) appartiennent à la courbe demandée.

On obtient immédiatement deux autres points (*v*, *v*′) et (*v*″, *v*′) de la même courbe, en menant du point T' la tangente T'R', laquelle fait connaître le parallèle R'V' dont la projection horizontale (n° 443) coupera les prolongements des rayons Cp et Cp'' aux points cherchés v et v''.

463. Les points $(\eth, \eth')$ et $(\eth'', \eth')$ situés sur l'équateur, sont directement fournis par la rencontre de cet équateur avec le cercle CIO; et les points (H, H'), (K, K') s'obtiennent en tirant à la méridienne principale les tangentes O'H' et O'K'. Enfin, si du point Z' on tire, comme au n° **445**, des tangentes extérieures à cette méridienne, les points de contact étant ramenés dans le méridien CC', fourniront les deux points (L, L') et (L'', L') qui appartiendront encore au contour apparent, lequel sera

$$(H p \eth L v K v'' L'' \eth'' p'' H, \quad H' p' \eth' L' v' K').$$

464. Sur la nappe intérieure, le contour apparent se déterminera par des procédés tout à fait semblables, avec le soin de mener les tangentes au demi-cercle de la méridienne qui est le plus voisin de l'axe C'Z'; mais si l'on veut tirer parti des constructions déjà effectuées, il faudra choisir les deux parallèles déterminés par les tangentes intérieures conduites par le même point T' qui a déjà servi; car alors on verra aisément qu'il suffit de prendre les intersections de ces parallèles avec les mêmes rayons Cp et Cp'', pour obtenir les quatre points (m, m'), (m'', m'), (n, n') et (n'', n'). Quant aux points (D, D') et (d, D') situés sur le cercle de gorge, ils seront donnés immédiatement par la rencontre de ce cercle avec la demi-circonférence CIO; et les points (A, A'), (F, F') s'obtiendront en tirant du point O' deux tangentes à la méridienne intérieure. Enfin, on pourra trouver le point l' en menant à cette méridienne une tangente partie du point Z', et la courbe cherchée sera

$$(A m B D E n F n'' e d b m'' A, \quad A' m' B' D' E' n' F').$$

465. Cette courbe présentera quatre points singuliers (B, B'), (b, B'), (E, E'), (e, E'), dans lesquels le rayon visuel sera non-seulement tangent au tore, mais aussi au contour apparent, circonstance qui se démontrera comme aux n° **447** et suivants; et il en résultera quatre points de rebroussement sur la perspective, ainsi que nous l'avons prouvé au n° **455**.

466. Pour tracer cette perspective sur le tableau vertical XYY', que nous supposerons transporté ensuite en X''Y'', et rabattu autour de cette dernière droite, il faudra mener divers rayons visuels tels que $(O\eth, O'\eth'')$; cette droite allant percer le tableau au point (φ, φ'), on prendra $\varphi''\eth_2$ égale à Yφ', et l'on aura la perspective δ_2 du point (δ, δ'). En opérant semblablement pour un assez grand nombre de points, et surtout pour les points remarquables que nous avons signalés plus haut, on trouvera la courbe $H_2\delta_2K_2\delta_2$ pour la perspective du contour apparent sur la nappe extérieure du tore; et sur la nappe intérieure, le contour apparent aura pour perspective la courbe $A_2B_2D_2E_2F_2e_2d_2b_2$. Nous avons tracé aussi, sur le tableau, l'ellipse perspective du cercle horizontal qui termine le tore dans sa partie supérieure, parce que ce cercle est souvent rendu remarquable par quelque moulure saillante, ou par la naissance du fût d'une colonne.

Pl.. 25. **467.** Observons ici que les rayons visuels qui touchent la nappe intérieure du tore sur la branche $(AMB, A'M'B')$, vont généralement tomber et s'arrêter sur la partie opposée de cette surface; en effet, si après avoir pris un point quelconque (M, M') sur cette courbe et avoir tiré le rayon visuel $(OM, O'M')$, on conduit un plan vertical par cette droite, il coupera le tore suivant une courbe $(\epsilon\lambda\gamma, \epsilon'\lambda'\gamma'\lambda''\epsilon')$ qui se construit en projetant sur le plan vertical les points tels que $\epsilon, \lambda, \gamma$, où sa trace rencontre les divers parallèles de la surface; et conséquemment si l'on prolonge $O'M'$ jusqu'à ce qu'il rencontre cette courbe en α', on obtiendra le point (α, α') où ce rayon visuel va couper le tore. En opérant de même pour d'autres rayons visuels, on obtiendra une courbe $(B\alpha Gb, B'\alpha'G')$ qui viendra aboutir précisément aux deux points (B, B') et (b, B'), comme nous le prouverons tout à l'heure; et c'est cette courbe qui, jointe avec BAb, forme le véritable contour apparent, sous le rapport physique, sur la nappe intérieure du tore, c'est-à-dire la limite des parties visibles : mais cette nouvelle branche $B\alpha Gb$ n'ajoute rien de plus sur le tableau de perspective, parce que les points M et α étant sur le même rayon visuel, ils n'ont qu'une seule et même perspective.

468. Pour bien comprendre la liaison de cette branche d'intersection $B\alpha Gb$ avec la branche de contact, et assigner les limites précises de leur raccordement qui déterminent aussi l'étendue du seul arc visible BAb, sur la perspective, il convient de tracer, comme nous l'avons fait dans la *Pl. XXIII*, l'ensemble de toutes les courbes suivant lesquelles les rayons visuels touchent et coupent la surface complète du tore. Pour cela, il faut construire, par la méthode indiPl.. 23,quée au n° **467**, les deux sections $(\epsilon\lambda\gamma, \epsilon'\lambda'\gamma'\lambda'')$ et $(\epsilon_2\lambda_2\gamma_2, \epsilon'_2\lambda'_2\gamma'_2\lambda''_2)$ sui-Fig. 1.vant lesquelles le plan vertical OM coupe la surface annulaire, et remarquer que le rayon visuel $(OM, O'M')$ touche l'une de ces sections au point (M, M'), et coupe l'autre en deux points (α, α') et $(\mathfrak{s}, \mathfrak{s}')$. Mais la situation respective de ces trois points va bientôt s'altérer; car, à mesure que le point de contact

(M, M') du rayon visuel s'approchera de (B, B'), les sections vont prendre des formes analogues à celles des *fig.* 4, 5, 6, et le rayon visuel y occupera les positions indiquées par les droites 1, 2, 3 (*). Le point de section α va donc en se rapprochant de plus en plus de M, et il y aura une position 4 où ces deux points étant confondus, le rayon visuel aura un contact du second ordre avec la section, en la touchant dans son point d'inflexion. Or je dis que cette circonstance arrivera précisément au point (B, B'); car nous avons démontré au n° **450** que, dans ce point singulier, le rayon visuel avait un contact du second ordre avec la surface de révolution, et conséquemment avec la section verticale correspondante. Il est donc prouvé par là que la branche d'intersection GαB se réunit avec la ligne de contact AMB, précisément au point (B, B').

469. Lorsque le point de contact du rayon visuel sera parvenu entre (B, B') et (E, E'), les rayons visuels prendront les positions 5, 6, 7, dans lesquelles le point M est entre les deux points de section, ce qui rendra M *invisible* pour le spectateur placé en (O, O'), et justifie la manière dont nous avons ponctué les arcs A₂B₂ et B₂D₂E₂ sur la perspective de la *Pl. XXV*. Il est bon d'observer ici que, dans la position 6 où le point M est arrivé en (D, D') sur le tore, le rayon visuel ne sera plus en général tangent à la section verticale OD, parce que le plan de cette section se confondant alors avec le plan tangent du tore en (D, D'), on ne peut plus rien conclure de précis sur leur intersection, qui doit être ordinairement la tangente de la courbe d'intersection.

470. Quand le point M approche de E, le point de section 6 se rapproche aussi de M, et il y aura une position 8 analogue à 4, pour laquelle les points 6 et M étant réunis, le rayon visuel aura un contact du second ordre avec la section. Cette circonstance arrivera précisément au point (E, E'), d'après ce que nous avons démontré au n° **450**; et conséquemment la branche d'intersection QδRE ira passer précisément par le point E.

471. Enfin, quand le point de contact du rayon visuel aura dépassé le point (E, E'), les rayons visuels prendront les positions successives 9, 10, 11, dans lesquelles le point M se trouvera au delà des deux points de section α et δ,

---

(*) Nous devons prévenir le lecteur que nous avons altéré beaucoup la direction des rayons visuels dans les *fig.* 4, 5, 6, afin de n'être pas obligé de construire plusieurs sections de formes analogues, mais inégales; car leurs dimensions varient avec la position du plan vertical OM. D'ailleurs nous avons voulu rendre plus sensible la distinction entre les points de section et les points de contact; mais cela n'influe aucunement sur les conséquences que nous en avons tirées.

double cause qui rendra M *invisible* pour le spectateur placé en (O, O'); et cela justifie le mode de ponctuation employé pour l'arc $E_2F_2e_2$ sur la perspective de la *Pl. XXV*.

472. D'après cette discussion, si l'on réunit par un trait continu la série des points analogues à α, obtenus dans les divers plans verticaux tels que OM; puis, par un autre trait continu la série des points analogues à 6, en observant d'ailleurs que le même plan vertical OMM_2 contient deux rayons visuels dont l'un $(OM, O'M')$ perce le tore en α et 6, tandis que l'autre $(OM_2, O'M'_2)$ traverse cette surface en α_2 et 6_2; on trouvera que le cône des rayons visuels, circonscrit à la nappe intérieure du tore, coupe cette surface suivant les deux courbes

$$(G\alpha BH\alpha_2 K hbG, \ G'\alpha'B'H'K') \quad \text{et} \quad (Q6RE6_2PerQ, \ Q'6'R'E'P').$$

Afin de mieux faire apercevoir la forme singulière de ce cône circonscrit, nous avons construit sa trace horizontale STVUvt, laquelle offre quatre points de rebroussement, comme cela était déjà arrivé pour la perspective de la *Pl. XXV*.

473. Pour tracer avec exactitude les courbes précédentes, il est utile de savoir trouver leurs tangentes, surtout dans les points de rebroussement. Pour le point T le plan tangent du cône étant le même qu'au point (B, B') où cette surface *touche* le tore, il suffira de chercher la trace horizontale φT du plan tangent à cette surface de révolution dans le point (B, B'), et cette droite φT sera aussi la trace du plan tangent au cône tout le long de la génératrice $(OBT, O'B'T')$; par conséquent ce sera la tangente au point T de la courbe STVU.

Quant au point (R, R') de la courbe d'intersection, la tangente s'obtiendra en combinant le plan tangent du tore au point (R, R'), lequel a pour trace $\psi\theta$, avec le plan tangent du cône le long de la génératrice $(OR, O'R')$; or nous venons de voir que ce dernier plan avait pour trace la droite Tφ qui est rencontrée par $\psi\theta$ au point θ; donc $(\theta R, \theta'R')$ est la tangente à la courbe d'intersection.

Pour le point (H, H') on agira d'une manière semblable, en combinant le plan tangent du tore en (H, H') avec le plan tangent du cône le long de la génératrice $(OHE, O'H'E')$; or ce dernier coïncide avec le plan tangent du tore dans le point (E, E'), et par conséquent il est facile de trouver sa trace horizontale par la méthode ordinaire. Observons que cette dernière trace sera la tangente au point de rebroussement V de la courbe STVU.

474. Quant à la courbe de contact $(ABDE..., A'B'D'....)$, sa tangente en un point quelconque ne pourrait plus s'obtenir par la combinaison des plans tangents du tore et du cône circonscrit, puisque ceux-ci coïncident pour tous les points de cette ligne de contact; mais on pourrait y parvenir en s'appuyant sur la relation citée au n° **448**, entre la génératrice du cône et la tangente à la courbe de contact; et pour cela il faudrait construire l'hyperboloïde osculateur du tore, dans le point considéré, comme nous l'avons fait au n° **449**.

La même ressource pourrait être employée à trouver la tangente de la ligne de contact de deux surfaces quelconques, pourvu qu'une d'entre elles fût développable; car le théorème du n° **448** est encore vrai dans ce cas général (*G. D.*, n° **758**).

475. La *fig.* 2 présente aussi les lignes de contact et les lignes d'intersection d'un tore avec un cône circonscrit à la nappe intérieure, mais dans le cas où le rayon visuel (OA, O'A') est assez incliné pour ne pas rencontrer la partie la plus éloignée du tore, de sorte que la vue plonge dans l'intérieur du noyau vide. Alors la trace horizontale du cône est une courbe STVU*vt*S dont les deux branches supérieure et inférieure se croisent aux points ω et π; et les deux branches d'intersection BαG, RδQ, de la *fig.* 1, viennent ici se réunir en une seule branche RQB sur la *fig.* 2. Semblablement les deux branches Dδ₂P et Hα₂K de la *fig.* 1, se réunissent en une seule DPH sur la *fig.* 2; et des modifications semblables arrivent pour les moitiés de ces courbes qui sont au-dessous du diamètre FCA.

On doit d'ailleurs observer que, dans ce nouveau cas, la portion QF*q* du contour apparent deviendrait visible sur la perspective de la *Pl. XXV*, parce que les deux branches de cette perspective se croiseraient, en présentant une forme analogue à celle de la trace horizontale STVU*vt* sur la *fig.* 2 de la *Pl. XXIII*. Du reste, la perspective relative à ce dernier cas se construirait par les mêmes procédés que dans le n° **466**.

PL. 23, FIG. 2.

CHAPITRE VI.

PERSPECTIVE DES OMBRES.

476. Tous les objets que nous rencontrons dans la nature, présentent à nos regards des parties éclairées et d'autres parties plus ou moins obscures; ainsi, pour qu'une perspective offre la représentation fidèle de l'objet origi-

nal, il faut marquer sur le tableau non-seulement le contour apparent et les
lignes ou points remarquables qui sont inhérents au corps proposé, mais aussi
les lignes de séparation d'ombre et de lumière, et les diverses ombres portées.
Or, la *méthode générale*, et qui seule est rigoureuse pour les formes un peu
compliquées, consiste à chercher d'abord *les projections* de ces diverses lignes
d'ombre, sur deux plans fixes, d'après les règles posées dans le Livre I; ensuite,
on mènera des rayons visuels à tous les points de ces lignes, et l'on cherchera
les intersections de ces rayons avec le tableau, ce qui permettra d'y tracer la
perspective de ces ombres. Nous allons appliquer cette méthode générale à
deux exemples pour lesquels nous avons déjà enseigné à trouver séparément
les projections des ombres et celles du contour apparent; de sorte que les
détails antérieurs étant bien connus d'avance, le lecteur n'aura besoin que
d'indications succinctes pour le problème actuel.

Perspective d'un Piédouche avec ses ombres.

PL. 26.   **477.** Le point de vue est (O, O'), et le tableau est le plan vertical XY perpendiculaire au méridien OC; nous avons choisi le plan vertical de projection,
ou la ligne de terre K″Y′ perpendiculaire au tableau XY, afin que les points
où ce tableau sera rencontré par les rayons visuels, soient plus faciles à
obtenir; et l'on devra toujours préférer cette disposition, à moins que d'autres
avantages n'invitent à abandonner celui-là.

478. Sur la scotie, le contour apparent est la courbe fermée (ABDEF*edb*A,
A′B′D′E′F′) qui se construira comme au n° **442**; et pour en déduire la perspective $A_2B_2D_2E_2$... sur le tableau transporté en X_2Y_2, il suffit (n° **452**) d'y
tracer arbitrairement la verticale $\alpha_2 z_2$; puis, après avoir tiré un rayon visuel
(OB, O′B′) qui coupe le tableau en ($\mathfrak{b}$, $\mathfrak{b}'$), de placer le point B_2 sur l'horizontale $\mathfrak{b}'B_2$, à une distance de l'axe vertical $\alpha_2 z_2$ qui soit égale à $\alpha\mathfrak{b}$. On agira de
même pour les *huit* points remarquables du contour apparent, que nous avons
signalés au n° **452**, et cela suffira pour tracer la perspective

$$A_2B_2D_2E_2F_2e_2d_2b_2A_2$$

de ce contour, laquelle offrira quatre points de rebroussement.

Quant aux deux cylindres qui forment le bandeau et la base du piédouche,
on opérera d'une manière semblable, en se bornant à trouver les quatre sommets de chaque ellipse, ainsi que nous l'avons expliqué au n° **453**.

479. Maintenant, soit (CS, C'S') la direction adoptée pour les rayons lumineux qui éclairent le piédouche, et qui sont supposés tous parallèles entre eux. Il y aura, sur la scotie, une séparation d'ombre et de lumière

$$(\text{N'M'}\,a'\text{L'}m'n', \quad \text{NMaL}n)$$

que l'on construira comme au n° **97**; mais la partie supérieure sera recouverte par l'ombre m'P'M' que le bandeau projette sur la scotie (n° **103**), tandis que la partie inférieure deviendra superflue (n° **107**), et sera remplacée par les ombres (NQ, N'Q'), (nq, $n'q'$) que la scotie porte sur elle-même (n° **105**).

Les perspectives de ces diverses courbes, qui sont indiquées par des lettres analogues sur le tableau X_2Y_2, se construiront d'ailleurs par le moyen général indiqué au n° **478**, en s'attachant surtout aux points remarquables, tels que L' qui est commun au contour apparent et à la séparation d'ombre, m' et M' où celle-ci est coupée par l'ombre du bandeau, et P' qui est le point le plus haut de cette dernière ligne. Ici on doit remarquer que la séparation d'ombre et de lumière sur la scotie présente, en perspective, deux *nœuds* et non pas des points de rebroussement.

480. Quant aux ombres portées sur le plan horizontal, on les obtiendra (n°ˢ **101, 102**) en prolongeant jusqu'à ce plan les rayons lumineux qui rasent la scotie et les deux cercles du bandeau cylindrique G'G"g"g'. Ces derniers rayons couperont le plan horizontal suivant deux demi-cercles réunis par deux tangentes communes UV, uv, et dont la perspective se tracera par le procédé général (n° **478**); mais il sera utile de construire spécialement le point γ_2 de cette ellipse où la tangente sera verticale, et le point δ_2 où elle sera horizontale. Or le premier s'obtiendra en menant le rayon visuel OYγ tangent au demi-cercle Vγv, parce que le plan vertical OYγ sera bien tangent au cône des rayons visuels qui aboutissent à ce demi-cercle, et qu'ensuite ce plan tangent coupera le tableau XY suivant une verticale Y qui deviendra $Y_2\gamma_2$ sur le tableau transporté. Quant au point le plus haut δ_2, on l'obtiendra en cherchant la perspective du point δ où la tangente $\delta\delta'$ est parallèle à XY; car le plan tangent au cône des rayons visuels, le long de Oδ, coupera nécessairement le tableau XY suivant *une horizontale* qui deviendra la tangente au point δ_2; donc ce point sera le plus haut de l'ellipse perspective.

481. L'ombre portée par la scotie sur le plan horizontal est une courbe qui offre quatre points de rebroussement (n° **114**); mais sa perspective ne présente ici qu'un très-petit arc qui soit visible sur le tableau X_2Y_2. Enfin, l'ombre portée par la base cylindrique du piédouche sera un demi-cercle accompagné de deux tangentes parallèles à CS; et sur la perspective, le point ε_2 où la tangente sera verticale, s'obtiendra encore en tirant le rayon visuel O$\varphi\varepsilon$ tangent au demi-cercle de l'ombre, et en construisant la perspective du point ε par le procédé général.

Perspective d'un Chapiteau avec ses ombres.

PL. 27.   **482**. Ce chapiteau étant tout à fait semblable à celui que nous avons étudié déjà au n° **116**, il est inutile de répéter l'énumération des diverses moulures qui le composent; seulement nous ferons observer qu'ici le plan vertical de projection C′Y′ n'est parallèle à aucune des quatre faces du *larmier*, parce que nous avons voulu le rendre perpendiculaire au tableau de perspective, qui est le plan vertical XY placé dans une direction quelconque par rapport au chapiteau. Le point de vue est en (O, O′), c'est-à-dire que nous avons fait passer notre plan horizontal par l'œil même du spectateur, afin de restreindre l'espace occupé par les données de la question.

    483. Cela posé, menons à l'un des angles du larmier le rayon visuel (OB, O′B′), et prolongeons-le jusqu'à ce qu'il coupe le tableau XY au point (ς, ς'). Pour retrouver ce point d'intersection sur le tableau transporté en X_2Y_2, j'élève la verticale $P_2\varsigma_2$ égale à la hauteur Y′ς', et je trace l'horizontale $\varsigma_2 B_2$ égale à la distance Pς; alors le point B_2 est la perspective de l'angle (B, B′) du larmier. En opérant de même pour les autres angles A, D, E, et pour les divers contours rectilignes que présente la tête du chapiteau, on achèvera aisément la perspective de toute cette partie supérieure.

    484. Pour tracer plus exactement, et même plus brièvement, ces contours rectilignes qui sont parallèles deux à deux, il sera bon de se procurer *les points de fuite* F et f où doivent converger toutes ces perspectives, et qui sont ici hors du cadre de notre épure. Pour cela, on tirera du point O deux parallèles aux droites BA et BD; ces rayons visuels iront couper la droite d'horizon XPY en deux points dont on mesurera les distances au point principal P: et en portant ces distances de P_2 en f, et de P_2 en F, on aura les points de fuite demandés.

    485. Arrivons aux parties du chapiteau qui sont terminées par des surfaces de révolution, et d'abord considérons le fût de la colonne qui est supposé cylindrique. On mènera à ce cylindre les deux plans tangents OX et OY qui couperont le tableau suivant les verticales X et Y; puis, en portant les distances

PX et PY de P_2 en X_2 et Y_2, les verticales élevées par ces derniers points fourniront la perspective du contour apparent du fût et aussi du gorgerin.

486. Sur le quart de rond, le contour apparent se composera d'abord d'un arc de cercle (GHg, G'H') déterminé par les deux tangentes OG, Og, et qui aura pour perspective une demi-ellipse $G_2H_2g_2$ dont il suffira de construire les trois sommets par le procédé général du n° **483**. Le reste du contour apparent serait une ligne de contact, entièrement semblable à celle que nous avons rencontrée (n° **462**) sur la nappe extérieure du tore, et qui se construirait rigoureusement comme nous l'avons expliqué alors. Mais comme ici il n'y aura de visible que deux arcs très-peu étendus, il suffira de construire le point le plus bas I_2, en tirant le rayon visuel O'I' tangent à la méridienne du quart de rond; et avec ce point I_2 et les points de raccordement G_2, g_2, on pourra tracer d'une manière suffisamment exacte les parties utiles de la branche $G_2I_2g_2$ qui doit avoir ses extrémités plus arrondies que l'ellipse précédente.

487. Après le quart de rond, vient un filet cylindrique dont les deux bases circulaires auront pour perspectives deux ellipses que l'on construira aisément d'après les détails précédents. Il en sera de même du cercle inférieur du cavet, et du cercle supérieur du gorgerin; seulement, sur le cavet, il y aura deux petits arcs analogues au contour apparent sur la scotie du piédouche, et qui se construiraient rigoureusement comme nous l'avons enseigné (n° **441**). Mais, eu égard au peu d'étendue de ces arcs, et à ce que la clarté apparente va en s'affaiblissant et s'éteint rapidement sur cette surface à courbures opposées, on peut très-bien tracer ces petits arcs au coup d'œil, en les rendant tangents aux deux sommets de l'ellipse.

488. Sur le tore de l'astragale, le contour apparent sera formé par une ligne de contact qui se construira comme au n° **462**; mais, sans tracer les projections de cette courbe, il suffira de trouver les quatre sommets de la perspective $x_2 z_2 y_2$ de cette courbe, lesquels s'obtiennent immédiatement en tirant des rayons visuels qui soient tangents à l'équateur et à la méridienne de ce petit tore. Enfin, pour le filet cylindrique et le congé qui terminent l'astragale, on opérera comme nous l'avons dit (n° **487**) pour le cavet.

489. Venons maintenant à la détermination des lignes d'ombre, en projection d'abord; et quoique nous pussions renvoyer le lecteur aux n°ˢ **124...133**, nous allons ajouter quelques indications succinctes. Les rayons lumineux sont tous parallèles à la droite (CS, C'S'), et ceux de ces rayons qui glissent sur l'arête horizontale (AB, A'B') du larmier, forment un plan dont la trace verticale Q'R' s'obtient aisément en tirant par le point (P, P') une droite (PQ, P'Q') pa-

PL. 27.

rallèle à (CS, C′S′). Alors, si l'on mène divers plans sécants horizontaux, chacun coupera le plan d'ombre Q′R′ suivant une droite parallèle à (AB, A′B′), et le quart de rond suivant un cercle dont le rayon sera connu; donc la rencontre de cette droite et de ce cercle projetés sur le plan horizontal, fera connaître deux points de l'ombre (LK*l*, L′K′*l*′) qui est portée par l'arête (AB, A′B′) du larmier sur le quart de rond. Les ombres portées par la même arête sur les autres parties du chapiteau, qui sont toutes de révolution, s'obtiendront d'une manière entièrement identique; et les points les plus hauts ou les plus bas de ces diverses courbes seront toujours situés dans le plan méridien CU perpendiculaire à AB. Pour trouver ces points, il suffira donc de rabattre, sur le plan vertical CP, la droite suivant laquelle le plan d'ombre Q′R′ est coupé par le méridien CU.

Quant à l'ombre que projette l'arête inférieure (*ab*, *a′b′*) sur le larmier, c'est une droite horizontale que l'on trouvera aisément en cherchant le point où le rayon lumineux parti de (*a*, *a′*) est rencontré par le plan vertical AB. Le même rayon prolongé jusqu'au plan vertical AE, fournira aussi un point de l'ombre portée sur cette dernière face du larmier.

490. Sur le quart de rond, il y aura une séparation d'ombre et de lumière qui se construira comme au n° **128**, en s'attachant surtout aux deux points situés sur l'équateur et au point le plus bas (M, M′), lesquels se trouvent directement (n° **130**); puis, on tracera la perspective $L_2 M_2 l_2$ en appliquant le procédé du n° **483** aux trois points (L, L′), (M, M′), (*l, l′*), ce qui suffira bien ici. Deux de ces points serviront pour la courbe $L_2 K_2 l_2$, dont le point K_2 provient du point le plus haut (K, K′) de l'ombre portée par le larmier sur le quart de rond. Il sera bon de remarquer qu'aux deux points M_2 et K_2, les tangentes des perspectives devront concourir au point de fuite *f*, puisqu'elles représentent deux tangentes qui étaient parallèles à (AB, A′B′) dans l'espace.

491. Dans notre épure, la séparation de lumière L′M′ porte ombre sur le filet inférieur, et ensuite sur le cavet; ces lignes d'ombre et toutes celles qui viennent ensuite, se détermineront comme aux n°ˢ **135, 136**,...; puis, on en déduira leurs perspectives par le procédé général du n° **483**, ce qui n'offrirait plus que des redites sur lesquelles il est superflu de nous arrêter davantage.

492. MÉTHODE ABRÉGÉE. La marche précédente exige qu'on emploie, outre le tableau, deux plans de projection sur lesquels on détermine d'abord les lignes d'ombre, et d'où il faut déduire ensuite la perspective de ces lignes; tandis qu'on peut obtenir immédiatement cette perspective, sans passer par les projections, et en n'ayant recours qu'au seul plan du tableau. La méthode qui procure cet avantage est d'une application facile, du moins pour les corps terminés par des contours rectilignes, dans le sens vertical; et c'est sur un exemple de ce genre que nous allons d'abord expliquer cette méthode.

493. Soit un fût de colonne cylindrique, et reposant sur un socle carré PL. 28, dont une des faces ABB'A' est parallèle au tableau, lequel a pour base XY, FIG. 1. pour ligne d'horizon PD, pour point principal P, et pour point de distance D. On tracera aisément la perspective du socle, comme il a été dit au n° **290**, en marquant sur le tableau sa largeur XY, sa hauteur XX', et en prenant YG égal à sa distance en arrière du tableau; car la ligne GD, qui représente une horizontale inclinée à 45°, coupera les côtés YP et XP aux deux angles B et E qui suffiront pour achever le carré inférieur ABCE, et par suite le carré supérieur.

Quant au cylindre vertical dont la base est un cercle d'un rayon assigné, on tracera d'abord la perspective du carré qui serait circonscrit à ce cercle, en opérant sur la ligne de terre menée par le point X'; puis on inscrira (n° **378**) dans ce carré perspectif une ellipse à laquelle on mènera deux tangentes verticales, lesquelles formeront le contour apparent du cylindre. Enfin, la base supérieure se construira d'une manière semblable, en opérant sur une ligne de terre tracée à la hauteur absolue du cylindre.

494. Cela posé, définissons la direction commune à tous les rayons lumineux, en donnant la projection horizontale Oφ de celui qui passerait par le point de vue, et en assignant l'angle ω qu'il forme avec l'horizon: cette projection Oφ est censée faite ici sur *le plan d'horizon* qui a pour ligne de terre DP, mais ce plan a été ensuite rabattu autour de DP, ce qui a transporté le point de vue en O, à une distance PO = PD. Il suit de là que φ sera le point de fuite de toutes les droites parallèles aux *projections* horizontales des rayons lumineux, tandis que le point de fuite φ' de ces rayons eux-mêmes sera quelque part sur la verticale $\varphi\varphi'$. Pour trouver ce dernier point, je rabats sur le tableau, autour de la verticale $\varphi\varphi'$, le triangle rectangle qui a pour hypoténuse le rayon lumineux parti de l'œil, en prenant $\varphi O'' = \varphi O$ et en tirant une droite O''φ' qui fasse avec l'horizon l'angle donné ω; et alors ce rabattement du rayon lumineux ira couper la verticale $\varphi\varphi'$ au point cherché φ'.

495. Maintenant, pour avoir l'ombre portée sur le géométral par le sommet du socle qui est représenté en B' sur le tableau, j'observe que le rayon lumineux qui passe par ce sommet a pour perspective B'φ', tandis que la *projection* horizontale de ce rayon aurait pour perspective Bφ, d'après ce que nous avons dit au numéro précédent sur les points de fuite des lignes parallèles à ces deux directions qu'il faut bien distinguer; donc le point b où se coupent les droites $B\varphi$ et $B'\varphi'$ est l'endroit où ce dernier rayon lumineux rencontre le géométral; et par une conséquence évidente, l'ombre portée par l'arête verticale BB' est la droite Bb.

Semblablement, l'ombre portée par le sommet C' sera le point c fourni par la rencontre du rayon lumineux C'φ' avec sa projection horizontale Cφ, et l'ombre portée par l'horizontale B'C' sera la droite bc, laquelle doit converger vers P; car elle représente une droite perpendiculaire au tableau, puisque c'est l'intersection du géométral avec le plan d'ombre passant par l'arête B'C' qui est elle-même à angle droit sur ce tableau. Ensuite, l'ombre portée par l'arête C'E' sera une droite ce parallèle à XY; mais une partie de cette ligne est invisible, ainsi que l'ombre qui serait produite par la verticale EE'.

496. Quant au cylindre, on mènera du point φ deux tangentes à l'ellipse qui lui sert de base, lesquelles représenteront les traces, sur le plan A'B'C'E', de deux plans tangents parallèles aux rayons lumineux; et les verticales MM', NN', formeront la séparation de lumière sur le cylindre, tandis que la partie MR de la première trace sera l'ombre portée sur le socle par une portion de la génératrice MM'. Le reste de cette génératrice projettera son ombre sur le géométral suivant une droite $pm'\varphi$, dont on trouvera le premier point en tirant le rayon lumineux Rφ' qui coupera bc en p; et cette ombre se terminera au point m' fourni par le rayon lumineux M'$m'\varphi'$. On trouvera semblablement l'ombre $qn'\varphi$ portée sur le géométral par la génératrice NN'; et ces deux droites seront raccordées par une petite portion d'ellipse $m'r'n'$ qui se construira en répétant les opérations précédentes sur divers points de l'arc M'R'N'.

497. La méthode que nous venons d'exposer sur des prismes ou cylindres verticaux, devient beaucoup moins simple quand l'objet original est terminé par des surfaces de révolution qui n'ont pas des droites pour méridiennes; et nous allons indiquer seulement les opérations qu'il faudrait effectuer, en prenant pour exemple le vase de la *fig.* 2, dont on devra d'abord assigner, sur une figure à part, le profil exact (*voyez Pl. IV*), afin d'y pouvoir mesurer le diamètre de tel ou tel *parallèle* situé à une hauteur donnée.

PL. 28,   Sur le tableau où P est le point principal, D le point de distance, φ' le point
FIG. 2.   de fuite des rayons lumineux, et φ celui de leurs projections horizontales, on tracera une ligne de terre X''Y'' à une hauteur choisie à volonté. Alors, si par cette droite on imagine un plan horizontal, il coupera le vase suivant un cercle dont le diamètre s'obtiendra en traçant, sur le profil auxiliaire, une horizon-

tale située à la même hauteur que X″Y″; on connaîtra aussi la distance de ce
cercle au tableau, d'après la distance de ce dernier plan à l'axe de révolution. Il
sera donc facile, avec ces données et par le procédé du n° **378**, de tracer la
perspective αβγε de ce cercle, et l'on trouvera en même temps la perspective *c*′
du centre primitif, lequel sera distinct du centre ω de l'ellipse actuelle.

Cela posé, en construisant ainsi les perspectives ALB, αβγ, ENK, de plusieurs
sections horizontales faites à diverses hauteurs, il n'y aura plus qu'à tracer les
courbes AGE et BHK, *enveloppes* de toutes ces ellipses, pour obtenir le contour
apparent de la surface de révolution; et le même procédé s'appliquera aux
autres parties du vase.

498. Quant aux lignes d'ombres, on imaginera un cône de révolution circonscrit à la surface le long du parallèle αβγε; le sommet de ce cône, que j'appelle T, se déterminera d'abord sur le profil auxiliaire, en tirant une tangente
à la méridienne dans le point situé sur le parallèle en question; et ensuite il sera
bien facile de trouver la perspective T′ de ce sommet, puisqu'il sera sur l'axe
de révolution et à une hauteur connue. Alors on sait (n° **128**) que la question
se réduit à mener à ce cône un plan tangent qui soit parallèle aux rayons lumineux.

Pour cela, on tirera par le sommet T′ un rayon de lumière dont la perspective sera T′φ′, tandis que *c*′φ sera évidemment la perspective de la projection
de ce rayon sur le plan du parallèle αβγε; donc le point R où ces deux droites
iront se couper, sera le point de rencontre du rayon lumineux avec le plan du
parallèle; et dès lors il n'y a plus qu'à tirer la tangente RM à l'ellipse αβγ, pour
obtenir un point M de la courbe LMN qui sera la séparation d'ombre sur le vase
en perspective.

499. Si l'on veut trouver l'ombre portée par le point M sur le géométral, il
faudra tirer d'abord le rayon lumineux Mφ′, puis chercher la perspective *m* de
la projection horizontale du point du vase qui est représenté par M sur le tableau, parce qu'alors *m*φ sera la perspective de la projection du rayon lumineux Mφ′, et que la rencontre de ces deux droites fournira le point *q* de l'ombre
portée.

Quant à la manière de trouver *m*, on pourra tirer le diamètre MC′F du
parallèle αβγ, lequel aura son point de fuite en F sur la droite d'horizon,
puis joindre ce dernier point avec le centre perspectif *c* du carré inférieur
du socle, centre qui sera fourni par la rencontre d'une des diagonales de
ce carré avec l'axe vertical P*c*′T′; car alors la perspective de la projection horizontale du diamètre F*c*′M sera F*cm*, et la combinaison de cette

25.

dernière droite avec la verticale M*m*, donnera la perspective *m* de la projection du point M.

500. Si l'ombre portée par le point M tombait sur une surface autre que le plan géométral, il faudrait faire, dans cette surface, une section par le plan vertical conduit suivant le rayon de lumière Mφ′, plan qui a *m*φ pour perspective de sa trace horizontale ; et en construisant la perspective de cette section, elle serait coupée par Mφ′ au point cherché. C'est ce qu'il faudrait faire ici pour obtenir les ombres portées sur les deux *piédouches* de ce vase ; mais on voit qu'alors la méthode actuelle devient assez compliquée, et surtout qu'elle offre peu de précision, tant pour la détermination des points de contact, tels que M, que pour la recherche des points de rebroussement qui existent sur ces surfaces à courbures opposées. C'est pourquoi, lorsqu'il s'agit de ces formes un peu compliquées, et quand le dessin doit être fait avec plus d'exactitude que n'en comporte un simple *croquis*, il vaut mieux recourir à la méthode générale du n° **476.** Toutefois, nous allons encore appliquer *la méthode abrégée* à un exemple qui peut être utile dans beaucoup d'occasions.

Perspective d'une Voûte d'arêtes avec ses ombres.

PL. 28,
FIG. 3.   **501.** Nous ne répéterons pas ici les détails donnés au n° **404** sur la manière de tracer la perspective de cette voûte, laquelle est censée faite sur un tableau XY qui coïncide avec les faces antérieures des pilastres ; et nous passerons immédiatement à la recherche des ombres. Sur le plan d'horizon qui est rabattu sur le tableau autour de PD, nous nous donnerons à volonté la projection Oφ du rayon lumineux mené par l'œil O₁ et nous désignerons par ω l'angle de ce rayon avec l'horizon ; dès lors, si l'on prend φO″ = φO, et que l'on tire la droite O″φ′ inclinée de ω, cette droite sera le rabattement du rayon lumineux sur le tableau ; et conséquemment le point φ′ où elle ira couper la verticale φφ′ sera le point de fuite de tous les rayons de lumière dans l'espace, tandis que φ sera le point de fuite des *projections* horizontales de tous ces rayons. En outre, on voit bien que Pφ′ sera la projection, sur le tableau, du rayon lumineux mené par le point de vue ; et nous aurions pu nous donner immédiatement les deux projections Oφ et Pφ′ pour définir la direction des rayons de lumière.

502. Cela posé, l'arête du pilastre AA′ qui sépare évidemment une face éclairée d'avec une face obscure, produira un plan d'ombre vertical, lequel coupera le géométral suivant une droite dont la perspective sera A*a*φ, parce que cette intersection sera parallèle à Oφ ; mais cette ombre allant rencontrer ici en a la base du second pilastre, elle s'élèvera ensuite sur ce pilastre suivant la verticale aa' terminée par le rayon lumineux parti du point A', lequel rayon a évidemment pour perspective $A'a'\varphi'$.

A partir du point A', les rayons de lumière qui glisseront sur l'arc de tête A'B', produiront un cylindre oblique qui coupera la face antérieure du pilastre ab suivant un cercle égal à A'B'; cette section restera circulaire en perspective (n° **276**), mais elle aura un diamètre plus petit. Pour le déterminer, par le centre I de l'arc de tête, je tire le rayon lumineux $Ii\varphi'$ qui coupe l'horizontale $a'i$ au point i; et avec la distance ia' pour rayon, je décris un arc de cercle $a'b'$, qui sera la perspective de l'ombre portée sur le pilastre par l'arc de tête A'B. Le dernier point B' qui produira cette ombre, sera donné par la droite $\varphi'b'$, et il devra correspondre au point B fourni par la projection horizontale φb du même rayon lumineux.

503. A partir de cette position $B'b'\varphi'$, les rayons de lumière qui glissent sur l'arc de tête B'C' passeront entre les deux pilastres de droite, et iront tomber sur le sol où ils traceront une ellipse $\mathcal{6}\gamma$ dont chaque point sera fourni par la rencontre d'un rayon lumineux avec sa projection horizontale; par exemple, le point $\mathcal{6}$ s'obtiendra en combinant $B'\mathcal{6}\varphi'$ avec $B\mathcal{6}\varphi$, le point γ en combinant $C'\gamma\varphi'$ avec $C\gamma\varphi$. Mais pour trouver le dernier point γ de cette ombre, il faut chercher (comme nous allons le faire au numéro suivant) le point F' de *la courbe d'arête* L'F'R' par lequel viendra passer un rayon lumineux $C'F'\gamma\varphi'$, qui s'appuiera en même temps sur cette courbe d'arête et sur l'arc de tête A'B'C'; car, à partir de cette position, ce sera l'arc d'ellipse F'L' qui portera ombre sur le sol, et qui y tracera une autre ellipse $\gamma\lambda$ distincte de la précédente $\mathcal{6}\gamma$. Le dernier point λ de cette ligne d'ombre sera fourni par la rencontre du rayon lumineux $L'\lambda\varphi'$ avec la projection horizontale $L\lambda\varphi$; et tout autre point de l'ellipse $\gamma\lambda$ s'obtiendra d'une manière semblable, en prenant d'abord sur l'arc F'L' un point à volonté, que l'on projettera par une verticale sur la diagonale LR, laquelle représente évidemment la projection horizontale de toute la courbe d'arête R'F'L'. Enfin, les deux arêtes LL' et bb' des pilastres produiront les ombres rectilignes $L\lambda$ et $b\mathcal{6}$, dont la première seulement devra être tangente à l'ellipse contiguë.

504. La courbe $E'm'F'$ est l'ombre portée par le cintre A'B'E' du premier berceau sur ce berceau même; c'est donc l'intersection d'un cylindre oblique avec un cylindre droit, lesquels ont une *courbe d'entrée* A'B'E' qui est plane, et conséquemment la *courbe de sortie* ou la ligne d'ombre E'F' sera pareillement plane, ainsi que nous l'avons vu dans l'épure du Pont (n° **76**). Cette ligne

d'ombre commencera au point E′ pour lequel la tangente au cercle AB′E′ sera
parallèle à la projection Pφ′ des rayons de lumière sur le tableau ; car le rayon
lumineux mené par un tel point, se trouvera tout entier dans le plan tangent du
berceau, et dès lors son point de sortie sera confondu avec le point d'entrée E′.
Ensuite, si l'on tire une sécante quelconque M′N′ parallèle à Pφ′, ce sera la
trace d'un plan sécant perpendiculaire au tableau et parallèle aux rayons de
lumière; or ce plan coupera le berceau suivant une génératrice partant du
point N′ et dont la perspective sera N′P, tandis que ce même plan coupera le
cylindre oblique suivant le rayon lumineux passant par M′ et qui a pour perspective M′φ′; donc le point m′ où se rencontreront les deux lignes M′φ′ et N′P,
sera l'ombre portée par le point M′ sur le berceau. En répétant cette construction pour d'autres points situés à gauche de M′, on prolongera indéfiniment la
courbe E′m′F′; mais, comme ligne d'ombre, elle devra se terminer au point F′
où elle rencontrera la courbe d'arête R′F′L′, et c'est ainsi qu'on trouvera le
point F′ dont nous avons parlé au numéro précédent.

Pl. 28,
Fig. 3. **505.** *Ombres de la porte latérale.* Comme les génératrices du berceau latéral
sont parallèles à la ligne de terre XY, il faut recourir à un troisième plan de
projection qui soit perpendiculaire à ces génératrices, et pour cela nous adopterons le *plan principal* de l'épure (n° **280**), c'est-à-dire le plan vertical OPZ′
mené par le point de vue, perpendiculairement au tableau. Sur ce plan principal, la projection du rayon lumineux (Oφ, Pφ′) s'obtiendrait en abaissant du
point φ′ une perpendiculaire φ′φ″ qui aboutira évidemment au point φ″ de la
verticale PZ′ du tableau même; puis, il resterait à joindre φ″ avec le point de
vue O dans l'espace; mais il nous suffira de connaître ce point φ″ qui sera évidemment le point de fuite de toutes les droites parallèles à la projection du
rayon lumineux sur le plan principal.

506. Cela posé, l'ombre T′Q″ portée par le cintre circulaire V′Q′S′ sur le
berceau latéral étant l'intersection de ce cylindre droit avec un cylindre oblique qui a la même base que le premier, sera une courbe plane, comme au
n° **504**; et pour la trouver, nous couperons ces deux cylindres par des plans
qui soient parallèles aux génératrices de l'un et de l'autre. Dès lors ces plans
sécants seront perpendiculaires au plan principal défini au numéro précédent,
et la trace de l'un d'eux sur la face latérale VV′Q′, sera une droite dont la pér-
spective φ″S′Q′ aboutira nécessairement en φ″ (n° **505**). Or ce plan sécant coupera le cylindre oblique suivant le rayon lumineux Q′φ′, et le berceau suivant
la génératrice S′Q″; donc le point Q″ où se rencontreront ces deux droites,
appartiendra à la courbe cherchée T′Q″. Cette ombre commencera évidem-

ment au point T′ où le cintre est touché par la tangente menée du point φ″, et elle devra s'arrêter à sa rencontre avec la courbe d'arête R′F′L′, rencontre qui a lieu ici, par un cas fortuit, au point Q″ que nous avons construit précédemment.

507. A partir de la position Q′Q″q, les rayons lumineux qui glisseront sur la portion Q′V′ du cintre circulaire, iront tomber sur le sol, et ils y traceront un arc d'ellipse qv dont chaque point se déterminera de la manière suivante. Après avoir pris un point arbitraire Q′ sur le cintre, on le projettera horizontalement en Q sur XVP; on tracera le rayon lumineux Q′qφ′, ainsi que sa projection horizontale Qqφ, et la rencontre de ces deux lignes donnera un point q de l'ellipse demandée, laquelle d'ailleurs se raccordera avec la droite Vv, qui est l'ombre produite par l'arête du pilastre VV′.

En outre, la verticale RR′ produira l'ombre rectiligne Rr, et la portion R′Q″ de la courbe d'arête de la voûte donnera lieu à un nouvel arc d'ellipse rq, qui se construira comme ci-dessus, en projetant sur la diagonale RL un point pris à volonté sur R′Q″; mais les deux arcs d'ellipse rq et vq ne seront pas tangents l'un à l'autre.

508. Quant à l'arête extérieure YY′, elle produira un plan d'ombre vertical dont la trace horizontale aura évidemment pour perspective la droite Yφ; mais cette ombre ne se prolongera pas jusqu'au point qui correspondrait à l'extrémité supérieure Y′ de cette arête, parce que le rayon lumineux que l'on conçoit glisser le long de la verticale YY′, finira par rencontrer l'arête saillante G′H′ du bandeau. Pour trouver cette position extrême, j'observe que le plan d'ombre Y′Yφ irait couper la face inférieure et horizontale du bandeau, suivant une droite parallèle à Yφ, et dont la perspective doit être Y′φ; donc, en prolongeant cette dernière ligne jusqu'en G′, et en tirant G′φ′, j'obtiendrai la position limite du rayon lumineux. Cette ligne G′φ′ me fournira d'abord le point Y″ par où l'on doit mener l'ombre rectiligne X″Y″ du bandeau sur la face antérieure; et, en outre, elle coupera Yφ au point g′ où doit se terminer l'ombre de la verticale YY′ sur le géométral.

Maintenant, le rayon lumineux se mouvra sur G′H′, et produira sur le sol une ombre g′h′ parallèle évidemment à XY, et terminée à la ligne H′h′φ′; puis, en s'élevant le long de H′H″, le rayon lumineux produira un plan vertical dont la trace h′φ devra être limitée à la droite H″h′φ′; ensuite, il glissera sur l'arête supérieure H″K″, et produira un plan d'ombre qui coupera le géométral suivant une droite h″k″P perpendiculaire au tableau, laquelle sera limitée par la ligne K″k″φ′; enfin, il y aura une ombre rectiligne k″u parallèle à XY, et quelques autres contours analogues aux précédents, mais trop petits pour être désignés par des lettres, et qui d'ailleurs se rapportent à des parties invisibles sur notre tableau.

CHAPITRE VII.

PERSPECTIVE DES IMAGES PAR RÉFLEXION.

PL. 29,
FIG. 1.
509. Lorsqu'un rayon de lumière AM, parti d'un point A qui est éclairé ou lumineux par lui-même, tombe sur une surface réfléchissante XY, on sait que ce rayon se réfléchit suivant une direction MR située dans le plan que détermine AM et la normale MN, et qui forme *l'angle de réflexion* RMN égal à *l'angle d'incidence* AMN. Cet énoncé demeure vrai, quelle que soit la forme de la surface XY, convexe, concave ou plane; mais ici, eu égard aux applications que nous devons faire de ce principe, nous nous bornerons à considérer les miroirs plans. Dans ce cas, pour trouver quel est celui des rayons incidents partis du point A, qui se réfléchira vers un œil placé au point donné O, il faut abaisser la perpendiculaire AD sur le miroir plan XY, la prolonger d'une quantité DA′ = DA; puis, en tirant A′mO, le rayon cherché sera Am; car on voit bien que les angles A*mn* et O*mn* seront égaux. Il résulte de là que l'observateur placé en O verra le point A, par réflexion, comme si ce point était placé quelque part sur la droite indéfinie O*m*A′; mais où sera le lieu précis de l'image sur cette droite?

510. Ce lieu serait indéterminé, si l'œil ne recevait effectivement qu'un rayon unique; mais en traçant le cône OA′O′ qui a pour base l'ouverture OO′ de la prunelle, il coupera le miroir XY suivant une section *mm*′; or tous les rayons incidents contenus dans le nouveau cône *m*A*m*′, se réfléchiront évidemment de manière à rester compris dans le faisceau O*mm*′O′, et conséquemment ils seront reçus par l'œil de l'observateur. D'ailleurs, d'après la loi énoncée au numéro précédent, tous ces rayons réfléchis iraient se couper en A′; donc l'œil O éprouvera la même sensation que si ces rayons étaient partis directement du point A′, et non pas de quelque autre point de la droite O*m*A′; par conséquent l'image du point A sera précisément en A′, point qui est *symétrique* de A par rapport au plan XY du miroir.

511. Semblablement, l'image du point C sera en C′; celle d'une droite AC sera *rectiligne*, ellé aura une position A'C' *symétrique* de AC, et ces deux droites iront couper le miroir au même point X, en formant l'angle A'XY=AXY. Généralement, une figure quelconque ABC aura pour image une figure A'B'C' *symétrique* de la première; et quand il s'agira d'une droite BC *parallèle au miroir*, son image B'C' restera parallèle à la direction originale. Ces principes une fois établis, nous allons en faire l'application à quelques exemples.

. *Perspective d'un Escalier et de son image réfléchie par une nappe d'eau.*

512. Cet escalier est à double rampe, et conduit d'un terre-plein horizon- PL. 29, tal à une nappe d'eau située plus bas : sous le terre-plein et entre les deux FIG. 2. escaliers, on a pratiqué une petite voûte destinée à recouvrir la source qui alimente cette pièce d'eau (*). Nous adopterons pour tableau le plan vertical élevé par le bord antérieur XY du bassin rectangulaire qui se prolonge indé-finiment dans le sens parallèle au tableau, et ce bord XY est supposé à fleur d'eau ; P est le point principal, PD la ligne d'horizon, et D le point de distance.

513. Prenons ZX = $1^m,05$ pour la distance (**) de la première marche au plan principal PZ, et soit XY = $2^m,3o$ la largeur du bassin; alors XP sera la perspective indéfinie de l'arête inférieure de cette marche, et la partie XA interceptée par la ligne DY inclinée à 45°, étant (n° **303**) perspectivement égale à XY, la droite horizontale AV représentera l'intersection du niveau de l'eau avec le mur de revêtement du terre-plein; tandis que si l'on prend YU = $o^m,9o$ pour la longueur de la marche, la droite DRU déterminera une portion AR perspectivement égale à YU, et qui sera la perspective de l'arête inférieure, laquelle est supposée au niveau de l'eau. Prenons ensuite la ver-ticale XX' = $o^m,18$ pour la hauteur de la marche, et pour largeur l'horizon-tale X'x = $o^m,28$; alors les droites PX' et Px, combinées avec les verticales AA', RR', et avec les horizontales A'B, R'S, achèveront de déterminer le con-tour de cette première marche.

514. Quant aux détails suivants, il sera très-utile ici de se rappeler le

---

(*) Cet exemple intéressant est emprunté à la *Science du dessin* de M. Vallée; mais ici nous traiterons le problème par des moyens directs, et sans recourir aux divers plans de projection que cet auteur a employés.

(**) Cette distance et toutes les autres données numériques sont réduites ici à l'échelle de $o^m,o48$ pour mètre.

principe général du n° **275** : des droites situées dans un même plan de front, ont des longueurs perspectives qui sont dans le même rapport que les longueurs originales. Dès lors il suffira de prendre

$$BB' = AA', \quad B'C = A'B, \quad CC' = AA', \ldots$$

et de même

$$SS' = RR', \quad S'T = R'S, \quad TT' = RR', \ldots, \quad LL' = RR'.$$

Arrivé au *palier* qui forme un repos, on pourrait déterminer la longueur perspective E'F d'après sa grandeur absolue, comme nous l'avons fait pour A'B au moyen de X'x; mais il sera plus court de comparer cette ligne à la largeur d'une marche, et si elle est triple de celle-ci, on prendra E'F = 3 . A'B.

515. L'arête verticale FF' devra être prise égale à 4 . AA', si l'on veut placer quatre marches dans la seconde partie de l'escalier; et les droites FG, F'G', qui convergent en P, devront avoir une grandeur *absolue* égale à *deux* fois la longueur YU de chaque marche. Pour trouver leur longueur dégradée, j'observe que la verticale FF' étant située dans le plan de front AV, elle irait percer le géométral au point φ, et qu'ainsi Pφ est la perspective de la projection de FGP; donc en tirant Dφγ et prenant $yu = 2$.YU, la droite Dγu interceptera une portion φγ perspectivement égale à yu (n° **304**); et conséquemment la verticale γGG' déterminera les longueurs demandées FG et F'G'.

516. Enfin, soit ZW = 0^m,84 la demi-largeur de la baie que recouvre la voûte; la ligne PW représentera l'intersection du niveau de l'eau avec le pied-droit de la voûte, lequel commencera au point où PW est coupée par l'horizontale RQ, et finira à l'horizontale γNI, si la voûte a une profondeur égale à une largeur de marche (n° **515**); si la profondeur est différente, on déterminera l'intervalle WN comme nous l'avons fait au n° **513** pour XA et XR. Quant à la hauteur QQ', on la déterminera en élevant au point W une verticale égale à la grandeur absolue de cette arête du pied-droit; mais on peut aussi la comparer avec la hauteur d'une marche, et si l'on sait qu'elle égale six fois cette hauteur, il suffira de prendre QQ' = 6 . RR'.

Jusqu'ici nous n'avons parlé que de la première moitié de l'épure, située à la gauche de la verticale PZ; mais il faudra répéter symétriquement à droite de cette ligne, tous les résultats déjà obtenus, et ceux que nous allons encore trouver.

517. *Des images réfléchies.* La surface de l'eau qui forme miroir, coïncide ici avec le plan géométral qui a pour ligne de terre, sur le tableau, la droite XY.

D'après le principe du n° **510**, il faut donc abaisser du point B′ une perpendiculaire B′б sur le géométral, laquelle étant dans le plan de front AV, ira percer
ce géométral au point б; ensuite, prolonger cette verticale d'une quantité égale
à elle-même, ce qui se réduit à prendre бb′ = бB′, attendu que ces lignes doivent évidemment demeurer égales en perspective; alors le point b′ sera la perspective de l'image du point B′, et de même b′c, cc′,... seront celles des lignes
B′C, CC′,.... Quant à l'arête de marche B′S′, son image restera parallèle à la
droite primitive (n° **511**), et conséquemment elle sera encore perpendiculaire
au tableau, de sorte que sa perspective sera b′σP.

518. Pour le point L′, il faut remarquer qu'il se trouve dans le plan de front
dont la trace est représentée en perspective par QRλ; par conséquent la verticale abaissée du point L′ ira percer la surface de l'eau au point λ, et il faudra
prendre λl′ = λl′, puis λl = λL,.... De même, on prendra Qq′ = QQ′; et
quant au joint situé à la naissance de la voûte, et qui part du point Q′ dans une
direction perpendiculaire au tableau, quoiqu'il ne soit pas visible ici, son
image réfléchie le sera, et elle conservera (n° **511**) une direction perpendiculaire au tableau, de sorte que la perspective de cette image sera q′n′P. Cette
dernière droite servira aussi à limiter la verticale Nn′ qui représente l'image de
l'arête intérieure du pied-droit.

519. Enfin, le cintre antérieur de la voûte qui est représenté par un arc de
cercle Q′H′ décrit d'un certain point ω de la verticale PZ, aura pour perspective de son image réfléchie un autre cercle q′h′ de même rayon, mais placé
symétriquement au-dessous de l'horizontale RQH, puisque cette droite est la
trace du plan de front où se trouve le cintre primitif. On trouvera donc aisément le centre ω′ de l'arc q′h′; et de là on déduira le centre du cintre postérieur n′i′, en recourant à l'échelle de dégradation PXX′, comme nous l'avons
déjà indiqué dans plusieurs circonstances semblables (n° **274**).

520. Pour donner un exemple d'une ligne inclinée d'une manière quelconque, nous supposerons que ∂′ι′ représente une tige de fer, scellée dans le mur
de revêtement au point ι′, et dont la tête ∂′ est en saillie sur ce mur d'une quantité égale à o^m,85 : cherchons alors quelle sera la perspective de son image
réfléchie par la nappe d'eau. Comme le point ι est dans le plan de front qui
a pour trace AV, il n'y aura qu'à prendre la verticale ιι″ = ιι′ : mais quant à
la verticale abaissée du point ∂′, il faut d'abord trouver la trace de son plan de
front. A cet effet, de la distance XY qui a servi (n° **513**) à trouver la largeur
perspective XA du bassin, je retranche la portion Yη = o^m,85, et je tire Dη
qui va couper PX au point ζ par lequel je mène l'horizontale ∂ζ qui est la trace

demandée; car on sait (n° **304**) que la distance perspective Aζ sera égale à Yη. D'après cela, il n'y a plus qu'à prolonger la verticale δ′δ d'une quantité δδ″ égale absolument à δδ′, et la droite δ″ε″ sera la perspective de l'image réfléchie de la tige originale.

Perspective d'une Salle et de son image réfléchie par une glace.

PL. 29, FIG. 3.
    521. Cette salle a la forme d'un rectangle (*fig.* 3) tronqué par deux pans coupés AE et BC, dont le dernier est occupé, dans toute son étendue, par une glace verticale qui réfléchit les images des divers objets; et il s'agit d'obtenir la perspective des objets originaux et de leurs images réfléchies, sur un tableau vertical XY situé un peu en avant des pans coupés, et parallèle au fond CE de la salle.

FIG. 4.
    Sur le tableau où P est le point principal et D le point de distance, on prendra XY = 12 pieds, pour la largeur de la salle, et XX′ pour sa hauteur; puis, on tirera les droites XP, YP, X′P′, Y′P′. Si l'origine des pans coupés est à 1 pied en arrière du tableau, et que le fond de la salle soit à 10 pieds, on tirera les droites (D, 1) et (D, 10) qui détermineront l'angle A et le point I par lequel on tracera l'horizontale indéfinie IEC. Si les pans coupés sont inclinés de 70° sur le tableau, après avoir pris PO = PD, on mènera le rayon visuel OF qui forme l'angle POF = 20°, et alors F et F′ seront les points de fuite de toutes les horizontales parallèles à l'un ou à l'autre de ces pans coupés; de sorte que ces deux faces seront terminées par les droites BF, B′F, AF′, A′F′, qu'il faudra limiter aux deux verticales EE′ et CC′ où commence le fond de la salle.

    522. Maintenant, cherchons la perspective des images réfléchies par le miroir BCC′B′. Pour les droites telles que AB, GL,... qui forment les joints des carreaux du plancher, l'image absolue s'obtiendrait (n° **510**) en abaissant du point G, sur le plan vertical BC, une perpendiculaire que l'on prolongerait d'une quantité égale à elle-même, et en joignant cette extrémité avec le point L (n° **511**); de sorte que cette image formerait un angle de 70° avec le miroir BC, et conséquemment un angle de 50° avec le rayon principal OP. Si donc je tire le rayon visuel O*h* de manière que l'angle PO*h* = 50°, le point *h* sera le point de fuite de la perspective de l'image réfléchie de GL, et cette perspective sera L*h*; semblablement, l'image de EC aura pour perspective C*h*, etc.

    523. Quant aux joints perpendiculaires au tableau, tels que PQR, l'image réfléchie devrait passer (n° **511**) par le point Q où ce joint va couper le miroir BC, et elle ferait avec ce dernier un angle de 20°, et conséquemment un angle de 40° avec le rayon principal OP; donc, en formant l'angle POp = 40°, le point p sera le point de fuite de l'image de PQR, et la perspective pQr de cette image s'obtiendra en joignant les points p et Q. Tous les autres joints perpendiculaires au tableau auront des images dont les perspectives concourront au même point p.

524. Pour le côté AE du pan coupé, son image passerait par le point S où il va rencontrer le miroir BCF, et ferait avec ce plan un angle de 40°, ou bien un angle de 60° avec OP; donc en tirant le rayon visuel Of' de manière que l'angle POf' = 60°, j'aurai le point de fuite f' de l'image cherchée, et la perspective de cette image sera $f'Sea$. Cette droite servira à limiter les joints déjà tracés Ce, Lq,... et à déterminer la verticale ee', ce qui permettra d'achever aisément l'image réfléchie CC$e'e$ du fond de la salle, et celle du plafond B'C$e'a'$.

525. S'il existe une fenêtre sur le pan coupé AE, on en tracera d'abord aisément la perspective directe, comme au n° 355, en se donnant les distances EK = 3 pieds, EG = 7 pieds, entre lesquelles est comprise l'embrasure de cette fenêtre, avec les hauteurs absolues ZZ′ et ZZ″ de l'appui et du linteau. Quant à l'image réfléchie, on observera que les deux montants resteront verticaux, et partiront des points g et k; ensuite, les horizontales $g'k'$, $g''k''$, devront concourir au point de fuite f' et passer par les points S′, S″, où les droites primitives G′K′, G″K″, vont couper le plan vertical BCF du miroir. Tous les autres détails n'exigeront que des opérations analogues aux précédentes.

CHAPITRE VIII.

PERSPECTIVES CURIEUSES ET ANAMORPHOSES.

526. On donne le nom de *perspective curieuse* à un dessin exécuté pour un point de vue tel que tous les rayons visuels forment avec le tableau des angles très-aigus (beaucoup au-dessous de 45°), ce qui suppose que le point principal est situé au dehors du cadre; et voici la raison de cette dénomination. Lorsqu'on présentera un pareil tableau à un observateur, il ira tout naturellement se placer en face, et, dans cette position, il cherchera en vain un point de vue satisfaisant; que si, après quelques tâtonnements, l'observateur découvre le vrai point de vue, alors même la grande obliquité des rayons visuels lui fera mal apprécier les distances (n° **250**); certaines dimensions de l'objet lui paraîtront fort exagérées, et d'autres seront vues en raccourci ; de sorte que l'ensemble ne lui offrira qu'un aspect difforme et souvent méconnaissable. Tandis que si, au moyen d'une lunette ou simplement d'une cloison fixe, percée d'un petit trou à l'endroit du point de vue, on cache à l'observateur tous les objets environnants dont la comparaison servirait instinctivement (n° **244**) à modifier les conséquences qu'il tire des impressions reçues par ses yeux, il n'aura plus alors d'autre base de ses jugements que les angles compris entre les rayons lumineux partis des divers points du tableau, angles qui sont, malgré l'obliquité de ce plan, exactement les mêmes que pour l'objet original ; d'où il suit qu'il reconnaîtra, avec une surprise agréable, l'objet qui lui avait paru méconnaissable dans le tableau vu à l'œil nu.

PL. 29, FIG. 5. **527.** Pour construire une perspective curieuse sur un tableau XYV que nous regarderons comme étant le plan horizontal de notre épure, et pour un point de vue projeté horizontalement en O, et situé à une hauteur qui est ici rabattue suivant OO', nous commencerons par tracer une perspective régulière de l'objet en question, sur un autre tableau vertical situé réellement en XY, mais que nous avons transporté et rabattu suivant X'Y'V' ; et c'est de cette perspective auxiliaire que nous déduirons ensuite la perspective sur le plan horizontal XYV. Pour le faire avec plus de facilité, et sans recourir à deux plans de projection, il n'y a qu'à employer la méthode *des carreaux* (n° **334**), qui consiste à mener par divers points L', M', N',... pris à volonté sur la diagonale V'X', des horizontales L'l', M'm', N'n',..., puis des verticales L'A', M'B', N'C',.... Alors, en reportant sur la base XY les divisions X'A', A'B', B'C',..., il est manifeste que les droites indéfinies OAa, OBb, OCc,... seront les perspectives, sur le tableau horizontal, des lignes A'a', B'b', C'c',.... Quant à la diagonale V'X', je cherche son point de fuite en menant un rayon visuel qui lui soit parallèle ; or ce rayon sera évidemment projeté horizontalement sur OF parallèle à X'Y', et rabattu suivant la droite O'F tirée du point O' parallèlement à V'X' ; donc F est le point de fuite demandé, et FXV la perspective de cette diagonale. Maintenant cette droite FXV va couper les lignes déjà tracées Aa, Bb,... en des points L, M, N,... par lesquels il reste à mener des droites Ll, Mm, Nn,..., toutes parallèles à XY ; et l'on achève ainsi d'obtenir, sur le tableau horizontal, la perspective de tous les carreaux tracés sur le tableau primitif X'Y'V'.

528. Cela posé, puisqu'on a déjà tracé une perspective de l'objet en question, sur ce tableau X'Y'V' supposé dans le plan vertical XY, et pour le même point de vue (O, O'), il n'y a qu'à examiner dans quelles cases de ce tableau sont renfermés les divers traits ou points remarquables de ce dessin primitif, et puis reproduire ces traits sur le tableau XYV en les plaçant d'une manière semblable dans les cases qui correspondent aux premières. Cette méthode d'approximation dont l'usage est fort commode, deviendra suffisamment exacte, si l'on a eu soin de multiplier assez les carreaux primitifs ; et lorsqu'on s'apercevra que certaines cases du tableau horizontal laissent un peu trop d'indétermination, on pourra intercaler des divisions intermédiaires. Pour l'intervalle QS, par exemple, nous avons mené par le milieu R' de Q'S', une horizontale R'r' et une verticale R'H'; cette dernière détermine le point H par lequel on tire la droite OHR qui va rencontrer la diagonale XV en R ; et enfin, par ce dernier point on trace l'horizontale Rr qui, étant la perspective de R'r', devra contenir les perspectives des points situés primitivement sur R'r'.

Des Anamorphoses.

529. L'anamorphose d'un objet déterminé est une sorte de perspective qui, pour reproduire l'apparence de cet objet, a besoin d'être vue par réflexion sur un miroir convexe ou concave; tandis que la vue directe et immédiate de cette anamorphose n'offrirait aucune ressemblance de forme avec l'objet original. Soit, par exemple, un miroir cylindrique et vertical, dont la base est le cercle XVYU situé sur le plan horizontal de notre épure; on assigne un point de vue projeté en O et placé à la hauteur OO'; on donne enfin un cercle (ou toute autre courbe) situé dans le plan vertical XY, et dont la position dans ce tableau est indiquée par L'M'N'P' sur la *fig.* 2 ; et il s'agit de tracer l'anamorphose de ce cercle sur le plan horizontal, c'est-à-dire de trouver une courbe λμνπ telle que parmi tous les rayons lumineux émanés des points λ, μ,..., ceux qui seront réfléchis par le miroir vers l'œil (O, O'), aient les mêmes directions que les rayons lumineux qui seraient partis directement des points analogues L', M',... du cercle original placé dans le plan vertical XY.

530. *Méthode générale.* Considérons un point quelconque M' de ce cercle, lequel est projeté horizontalement en G; menons-lui un rayon visuel qui aura pour projection OG, et qui ira percer le plan horizontal dans un point *m* facile à trouver, en rabattant ce rayon visuel autour de OG; car, si on élève en O une perpendiculaire égale à OO', et en G une perpendiculaire égale à G'M', la droite qui joindra leurs extrémités ira couper OG prolongée au point *m* que

PL. 30,
FIG. 1
et 2.

l'on cherche (*). Mais, lorsque le miroir cylindrique sera placé en XVY, ce même rayon visuel le rencontrera dans un point I′ projeté en I, et si c'était un rayon lumineux, il se réfléchirait en formant un angle que la normale diviserait par moitiés; or, pour un cylindre vertical, la normale est *horizontale*, et conséquemment sa projection CIK divisera encore par moitiés l'angle formé par les projections du rayon incident et du rayon réfléchi; donc en faisant l'angle KIμ = KIO, la ligne Iμ sera la projection du rayon réfléchi.

531. Il reste maintenant à trouver le point où ce rayon réfléchi va rencontrer le plan horizontal. Or ce point doit être sur la trace du plan qui contient le rayon incident et la normale, trace qui est évidemment une parallèle à CI menée par le point *m*; donc cette trace ira couper Iμ à une distance égale à Im. D'où il suit que les deux opérations précédentes se réduisent, après avoir trouvé le point *m*, à cette construction unique : *menez la tangente* IT *à la base du cylindre; décrivez avec le rayon* Im *un arc de cercle* mT, *et prolongez-le d'une quantité égale* Tμ; vous obtiendrez le point cherché μ qui détermine en même temps la projection Iμ du rayon visuel réfléchi.

532. Réciproquement, le rayon lumineux qui partira du point éclairé μ et qui viendra tomber sur le miroir au point que nous avons désigné (n° 530) par I′, se réfléchira suivant la droite qui joint le point I′ avec (O, O′), puisque l'angle ainsi formé sera le même que dans le n° 530; or le second côté de cet angle est précisément le rayon visuel qui va passer par le point (G, M′) du cercle original; donc le rayon lumineux envoyé par μ à I′ produira dans l'œil de l'observateur la même image qu'y aurait produite le point (G, M′) du cercle proposé, et conséquemment μ est l'anamorphose de ce point (G, M′) (**). En

_____

(*) Nous n'avons point exécuté ici cette opération, d'ailleurs très-facile, afin d'éviter la confusion qui en serait résultée sur notre épure, où nous avons eu besoin d'employer un autre plan vertical O′Oz pour la méthode du *Ponsif* dont nous parlerons plus loin; méthode qui fait en outre trouver le point *m* par le moyen du point *b*.

(**) A la rigueur, μ serait l'anamorphose du point *m* où le rayon visuel qui passe par le point (G, M′) vient percer le plan horizontal; parce que, d'après la règle du n° 510, le point *m* est vraiment le lieu de l'image de μ réfléchie par le miroir plan et vertical TI, lequel plan se confond avec le miroir cylindrique dans toute l'étendue de l'élément superficiel qui correspond à la verticale I. Mais les deux points *m* et (G, M′) étant sur le même rayon visuel, peuvent être pris l'un pour l'autre, surtout ici où l'on place ordinairement à l'endroit du point de vue, une lunette qui ne laisse à l'observateur d'autre guide de ses jugements que *la direction* seule des rayons lumineux.

opérant pour d'autres points L′, N′, P′, comme nous l'avons fait pour M′ au n° **531**, on trouvera que l'anamorphose du cercle entier est la courbe λμνπ.

533. *Méthode du Ponsif.* Lorsque l'objet proposé renferme beaucoup de Pʟ. 3o, petits détails, au lieu de chercher l'anamorphose de chaque point en particu- Fɪɢ. ɪ lier, il est plus court et plus commode d'employer la marche suivante. Sur un et ᴣ. tableau vertical XY inscrit dans le miroir cylindrique, et perpendiculaire à la droite CO, tableau que nous avons transporté en Z′X′Y′, on trace une perspec- tive régulière des divers objets en question, tels qu'ils seraient vus du point (O, O′) : ensuite on divise ce tableau Z′X′Y′ en carreaux par des horizontales et des verticales dont il est facile de trouver les anamorphoses, ainsi qu'on va le voir; et alors il ne reste plus qu'à placer approximativement les diverses parties de la perspective dans les cases du plan horizontal qui correspondent à celles que ces parties occupaient sur le tableau Z′X′Y′.

534. Cherchons d'abord les intersections du plan horizontal avec les rayons visuels menés à tous les points de ces carreaux, ce qui revient à tracer la per- spective de ces carreaux sur le plan horizontal. Quant aux verticales X′Z′, G′F′,..., Y′W′, il est clair qu'elles auront pour perspectives indéfinies les droites OXz, OGf,..., OYw. Rabattons maintenant le plan vertical OXz autour de sa trace horizontale; le point de vue se transportera en O′, la verticale X de- viendra XZ″ sur laquelle nous prendrons les distances

$$XZ'' = X'Z', \quad XA'' = X'A', \quad XB'' = X'B',...,$$

et alors les rayons visuels O′Z″, O′A″, O′B″,... iront percer le plan horizontal aux points $z, a, b,...$ par lesquels on n'aura plus qu'à tirer les droites zw, aq, bh,... parallèlement à XY, pour obtenir les perspectives des horizontales du tableau.

535. Cela posé, d'après la règle du n° **531**, l'anamorphose du point z s'obtient en abaissant sur la tangente Xθ la perpendiculaire $z\theta$ que l'on prolonge d'une quantité égale $\theta\zeta$. En agissant de même pour $a, b,...$, on obtiendrait des points $\alpha, \varepsilon,...$ qui seraient évidemment tous en ligne droite; donc il suffit, après avoir trouvé ζ, de tirer la droite Xζ et de prendre dessus des parties

$$X\alpha = Xa, \quad X\varepsilon = Xb, \quad X\delta = Xd,...,$$

et l'on voit que la droite Xζ sera l'anamorphose complète de la ligne Xz, ou bien de la verticale X′Z′ (*voyez* la note du n° **532**).

Semblablement, après avoir construit l'anamorphose φ du point f par la

27

règle ci-dessus, on tirera la droite Iφ qui sera l'anamorphose de G*f* ou bien
de la verticale G′F′, et l'on prendra les distances I*μ* = L*m*, I*γ* = IG,...; puis,
sur V*λ* on prendra V*ν* = V*n*, V*ρ* = VR,..., et ainsi de suite. Enfin, on réunira
par un trait continu tous les points relatifs à chacune des droites

$$z flw, \quad aq, \quad bmph,..., \quad XGRY,$$

et l'on obtiendra les courbes

$$\zeta\varphi\lambda\omega, \quad \alpha\chi, \quad \varsigma\mu\pi\eta,..., \quad X\gamma\rho Y$$

pour les anamorphoses de ces droites, ou bien pour celles des horizontales

$$Z'F'L'W', \quad A'Q', \quad B'M'P'H',..., \quad X'Y';$$

ce qui achèvera de compléter, sur le plan horizontal, les anamorphoses de
tous les carreaux tracés sur le tableau vertical Z′X′Y′.

PL. 3o,
FIG. 3. **536.** *Exemple d'un miroir conique.* Soit ABCD le cercle qui sert de base,
sur le plan horizontal, au cône dont il s'agit, lequel est de révolution et a son
sommet en (O, S′); soit (O, O′) le point de vue que nous plaçons sur l'axe, et
LPQR un carré situé dans le plan horizontal, dont on demande l'anamorphose
sur ce plan.

Considérons un point quelconque M de ce carré, et menons-y un rayon
visuel qui sera projeté suivant OM. Pour trouver l'intersection de ce rayon
avec la surface conique, je rabats le plan méridien OM sur le méridien principal OA; le point M vient en E, et le rayon visuel rabattu devient (OE, O′E′),
droite qui va rencontrer la génératrice (OA, O′A′) au point F′. En ce point je
mène la normale I′F′K′, et je forme l'angle K′F′H′ = K′F′O′, ce qui me procure un point (H, H′) tel que le rayon lumineux qui en partirait et qui viendrait tomber sur le cône en F′, se réfléchirait vers l'œil du spectateur suivant
F′O′; mais comme il faut ramener tous ces résultats dans le plan méridien OM,
le point H se transporte en *m* qui est l'anamorphose du point proposé (M, N′).

En opérant de même pour d'autres points L, N, P, on trouvera que l'anamorphose du côté LP est la courbe *lmnp*; et les trois autres côtés PQ, QR, RL,
fourniront des courbes *pq*, *qr*, *rl*, identiques avec la première; de sorte qu'il
n'y aura qu'à transporter les points déjà obtenus, *l*, *m*, *n*,... symétriquement
dans les trois autres angles que forment les prolongements des diagonales du
carré LPQR.

537. Lorsque l'objet en question présentera des détails multipliés, au lieu

de construire l'anamorphose de chaque point en particulier, il sera plus commode d'employer une sorte de *ponsif* analogue à celui du n° 533, et d'en faire
le même usage. Ainsi, après avoir tracé sur le tableau horizontal LPQR la perspective des objets proposés, tels qu'ils seraient vus du point (O,O'), on divisera ce tableau en carreaux par deux séries de lignes choisies de telle sorte que
leurs anamorphoses soient faciles à tracer. Or, ici, le choix le plus avantageux
consiste à employer simultanément les deux systèmes qui suivent :

1°. Divers rayons, tels que OL, OM,..., parce que les anamorphoses de
ces droites seront évidemment d'autres droites telles que *mv*;

2°. Des circonférences concentriques, décrites du point O, telles que ME,
parce que tous les rayons visuels menés aux points du cercle ME complétement
achevé, allant percer le cône dans les points du parallèle déterminé par F', ils
se réfléchiront suivant des directions analogues avec F'H'; donc celles-ci rencontreront le plan horizontal sur les divers points de la circonférence H*m*, laquelle sera ainsi l'anamorphose du cercle ME.

LIVRE III.

CHAPITRE PREMIER.

NOTIONS GÉNÉRALES.

538. La Gnomonique est l'art de tracer sur une surface donnée, plane ou courbe et nommée le *cadran*, un système de lignes telles que chacune soit recouverte par l'ombre solaire d'un *style* (*), précisément à la même heure du jour dans toutes les époques de l'année. C'est donc une application de la théorie générale des ombres; mais comme ici la solution du problème doit s'appuyer sur quelques notions élémentaires d'astronomie, nous croyons devoir les exposer succinctement, en invitant ceux de nos lecteurs pour qui elles sont familières, à passer immédiatement au n° **551.**

539. Les étoiles *fixes*, ainsi nommées parce qu'elles conservent toujours entre elles les mêmes distances angulaires, sont à une distance si considérable de la terre, qu'on n'a pu encore la mesurer, malgré la précision extrême des méthodes et des instruments qu'emploient les astronomes modernes; on sait seulement que cette distance doit surpasser plusieurs millions de millions de lieues. Dès lors on doit s'attendre à ce que le globe terrestre tout entier (quoique son rayon moyen soit de 1 592 lieues de 4 kilomètres) paraîtra n'être qu'*un point unique,* quand on le comparera avec les étoiles; aussi les rayons visuels menés de deux points quelconques de la terre à une même étoile, ne comprennent jamais entre eux qu'un angle nul ou entièrement inappréciable avec les meilleurs instruments. Il faut donc admettre en principe que toutes les droites menées du centre de la terre et des divers points de sa surface à une même

---

(*) Le style est une verge cylindrique ou prismatique, fixement attachée au cadran, et au bout de laquelle on ajoute souvent une plaque mince, percée d'un petit trou circulaire, afin de rendre plus sensible le point du cadran où tombe le rayon solaire qui passe par l'extrémité du style. Quelquefois même on ne laisse subsister que cette plaque; mais alors son centre tient lieu du bout du style.

étoile, sont parallèles ou même entièrement confondues les unes avec les autres.

540. Dans un éloignement aussi considérable et où nous manquons de points de comparaison intermédiaires, il arrive qu'une illusion d'optique, d'ailleurs très-naturelle (n° **244**), nous fait croire que les étoiles sont toutes à la même distance de nous, et qu'ainsi elles se trouvent placées sur une même sphère d'un rayon immense, quoique arbitraire, et dont le centre est situé dans notre œil, ou même au centre de la terre (n° **539**) : c'est là ce qu'on appelle la sphère céleste qui n'est qu'une surface idéale, mais au moyen de laquelle on énonce plus facilement les lois des mouvements que l'on observe.

541. Chaque jour les étoiles *paraissent* décrire autour de la terre, supposée PL. 3ı, immobile, des cercles dont les centres sont tous situés sur un certain diamètre FIG. ı. POP' de la sphère céleste, et dont les plans sont perpendiculaires à cette droite, laquelle va percer la sphère en deux points P et P' qui sont nommés les *pôles*. Cette rotation se fait d'un mouvement *uniforme*, et elle s'achève dans un temps qui est le même pour toutes les étoiles, et invariablement constant à toutes les époques : c'est la durée du *jour sidéral*.

Tous les cercles qui passent par l'axe de rotation POP' se nomment des *méridiens*, et l'*équateur* est le grand cercle EOQ perpendiculaire à cet axe; les autres cercles comme ZN, TU,... sont des *parallèles* à l'équateur.

542. Des dénominations semblables se reproduisent pour le globe terrestre, ou p et p' sont les pôles, eOq l'équateur, et mn le parallèle correspondant à ZN. Cette correspondance tient à ce que tous les habitants de ce parallèle terrestre ont leur *zénith* situé sur quelque point du cercle ZN; car la direction *verticale*, qui est déterminée en chaque lieu par le fil-à-plomb, coïncide partout avec le rayon mO ou nO du globe, du moins quand on le suppose sphérique et composé de couches homogènes.

543. Tout observateur qui n'est pas sur l'équateur terrestre eq, ne peut apercevoir qu'un seul des deux pôles célestes P, P'; car en m, par exemple, l'horizon sensible hh', qu'il faut regarder ici comme confondu (n° **539**) avec l'horizon rationnel HH', cache évidemment le point P'. Or on appelle *pôle nord* ou *pôle boréal* celui qui est visible dans nos climats; ce sera donc le point P, si $empq$ est l'hémisphère qui contient notre Europe : tandis que P' sera le *pôle sud* ou *pôle austral*.

544. La *hauteur du pôle*, pour un lieu m du globe terrestre, est l'angle POH formé par l'axe des pôles avec l'horizon de ce lieu, angle qui peut être observé de la station m, puisque le rayon visuel mP se confond avec OP. Cette hauteur du pôle est toujours égale à la *latitude* géographique du lieu *m*, qui est sa distance à l'équateur mesurée par l'arc *me* ou par l'angle *mOe* évidemment égal à POH.

545. Quand il s'agit d'un point S′ de la sphère céleste, sa distance à l'équateur mesurée par l'arc de méridien S′E, est ce qu'on nomme la *déclinaison* du point S′; elle peut être boréale ou australe. L'*ascension droite* de l'astre S′ est l'angle dièdre compris entre le méridien qui passe par S′ et un autre méridien fixe; cette ascension droite se mesure donc par un arc de l'équateur, et elle se compte d'occident en orient, depuis o jusqu'à 360°.

546. Le soleil, quoique beaucoup moins éloigné de nous que les étoiles, se trouve encore à une distance moyenne de 38 millions de lieues, laquelle varie en plus et en moins de $\frac{1}{60}$ seulement; de sorte que deux droites menées du soleil (*), l'une au centre de la terre et l'autre à un point quelconque de sa surface, ne comprennent qu'un angle de 9 secondes au plus, et peuvent être regardées comme parallèles ou même comme entièrement confondues, avec une approximation bien supérieure à tout ce qu'exigent les opérations graphiques. Cela revient à dire que, dans les questions de ce genre, il faut regarder le globe terrestre *comme un point unique*, aussi bien quand il s'agit du soleil que lorsqu'il s'agit des étoiles (n° **539**).

547. D'après cela, lorsqu'un observateur placé en *m* sur la surface de la terre, aperçoit le soleil en S, son rayon visuel *m*S, qui coïncide avec OS (n° **546**), va projeter cet astre en S′ sur la sphère céleste, où il paraît se mouvoir; et pour expliquer, dans l'hypothèse de l'immobilité de la terre, la marche apparente du soleil, il faut lui attribuer deux mouvements distincts, mais simultanés:

1°. Un mouvement de révolution diurne, qui lui est commun avec toute la sphère étoilée autour de l'axe POP′; ce mouvement est rigoureusement *uniforme*, et il s'effectue d'orient en occident, c'est-à-dire de gauche à droite, pour un observateur qui se placerait sur l'axe POP′, avec la tête dirigée vers le pôle nord;

2°. Un mouvement *propre*, qui fait parcourir au soleil, dans une année, le grand cercle BS′CB′C′B incliné sur l'équateur de 23°27′ environ, et que l'on

---

(*) Nous entendons parler ici du *centre* du disque solaire, car il a un diamètre apparent très-sensible, lequel est d'environ 82 minutes. Cette observation devra être sous-entendue dorénavant, lorsque nous ne la rappellerons pas expressément.

nomme l'*écliptique ;* ce second mouvement, loin d'être uniforme, est sujet à plusieurs inégalités qu'il est inutile de citer ici, et il a lieu d'occident en orient, c'est-à-dire de droite à gauche, pour un observateur placé comme nous l'avons dit ci-dessus.

548. Par suite de ces deux mouvements simultanés, le soleil décrit sur la sphère céleste une espèce de ligne spirale, dont chaque spire s'écarte peu d'un parallèle véritable ; car, puisque cet astre n'atteint sa *déclinaison* maximum de 23° 27′ que dans l'espace de 91 jours environ, cela ne produit que 16 minutes de degré pour la variation moyenne de la déclinaison dans un jour entier ; et à l'équateur même, ce changement diurne de déclinaison ne s'élève qu'à 24 minutes de degré, tandis qu'il est insensible près des solstices.

Ainsi, à l'équinoxe du printemps, vers le 21 mars, le soleil se trouve au point B où l'écliptique coupe l'équateur, et ce jour-là le soleil parcourt à peu près cet équateur. Dans chacun des jours suivants, sa déclinaison augmente de plus en plus vers le nord, parce que le mouvement propre lui fait parcourir l'arc BS′C de l'écliptique ; au 22 juin, le soleil arrive au *solstice d'été,* c'est-à-dire au point C de l'écliptique le plus éloigné de l'équateur, et qui est situé sur un parallèle TU dont la déclinaison ET = 23° 27′ ; ce parallèle s'appelle le *tropique du Cancer,* et il est parcouru presque rigoureusement par le soleil dont la déclinaison reste sensiblement constante pendant deux ou trois jours avant et après le solstice, attendu que la tangente au point C de l'écliptique est parallèle à l'équateur. Ensuite, le mouvement propre du soleil lui faisant décrire l'arc CB′ de l'écliptique, la déclinaison de cet astre diminue graduellement, et il décrit chaque jour des parallèles où il a déjà passé ; au 23 septembre, il se retrouve en B′ sur l'équateur, qu'il parcourt à peu près à cette époque qui est celle de l'*équinoxe* d'automne ; puis, sa déclinaison devient *australe* sur l'arc B′C′ de l'écliptique, et il parvient, vers le 22 décembre, au point C′ situé sur le *tropique du Capricorne* T′U′, où arrive le *solstice d'hiver.* Enfin, en décrivant l'arc C′B de l'écliptique, il se rapproche de l'équateur, où il arrive de nouveau en B au 21 mars, et l'année *tropique* est révolue en 365ʲ,24226.

549. Le jour solaire *vrai* est l'intervalle de temps compris entre deux passages consécutifs du soleil au méridien *supérieur* d'un lieu déterminé *m* pris à volonté sur le globe terrestre. Ce jour solaire, quoique variable, est toujours plus long que le jour sidéral, qui est constant ; car, si aujourd'hui le soleil a passé au méridien en même temps qu'une certaine étoile, demain, lorsque cette étoile arrivera au même méridien, le soleil, par son mouvement propre, aura rétrogradé vers l'orient de 1° environ (*); et il lui faudra encore à peu près 4 minutes de temps pour parvenir au méridien supérieur.

550. Les jours solaires vrais ne sont pas égaux entre eux, et cela tient à deux causes : 1° le mouvement du soleil sur l'écliptique n'est pas uniforme, mais soumis à des inégalités que l'Astronomie enseigne à calculer; 2° l'obliquité de l'écliptique, quand même la vitesse du soleil y serait constante, rendrait encore variable le mouvement de cet astre en *ascension droite*, ou parallèlement à l'équateur. En effet, si l'on conçoit par l'axe des pôles POP', 24 plans *horaires* qui divisent l'équateur en arcs égaux de 15° chacun, on verra aisément, par des considérations géométriques fort simples, que ces plans horaires n'intercepteront pas sur l'écliptique des arcs égaux entre eux. Aussi, pour se procurer une période de temps qui soit constante, les astronomes ont imaginé un soleil fictif qui parcourrait *uniformément* l'équateur dans le même temps que le soleil véritable parcourt l'écliptique; et ce sont les retours successifs de ce soleil fictif à notre méridien supérieur, qui déterminent le *midi moyen* et les *jours moyens* dont le nombre est encore 365,24226 dans une année tropique. Chacun de ces jours moyens surpasse donc le jour sidéral de 3^m56^s (*voyez* la note du n° **549**); tandis que le jour vrai est tantôt plus court, tantôt plus long que le jour moyen de quelques secondes. Mais ces avances ou retards accumulés pendant plusieurs mois, finissent par produire une différence très-notable entre le *temps vrai* et le *temps moyen*, à certaines époques de l'année, ainsi que nous l'indiquerons en détail au n° **580**.

Quant au point qui sert d'origine au temps moyen, nous ne nous en occuperons pas ici, parce qu'il faudrait entrer dans des détails qui dépendent du mouvement elliptique. Il suffit de savoir que l'on peut calculer, pour chaque jour, l'avance ou le retard du *midi vrai* sur le *midi moyen*, et que ces différences sont consignées dans la *Connaissance des temps* et dans l'*Annuaire* du Bureau des longitudes. Nous ne parlerons pas non plus de quelques autres inégalités qui affectent le mouvement du soleil, telles que la *nutation*, parce qu'elles sont périodiques ou négligeables ici.

551. Dans la GNOMONIQUE, où la nature des procédés que l'on emploie ne comporte pas une précision astronomique, on admet les hypothèses suivantes :

(*) La valeur moyenne de ce retard diurne est le quotient de 360° par 365,24226, nombre de jours que renferme l'année; et il égale 59′ 8″, arc qui est décrit en 3^m56^s de temps.

1°. Le soleil décrit chaque jour un cercle perpendiculaire à l'axe des pôles POP', et dont le centre, variable d'un jour à l'autre, est constamment sur cet axe ; cette approximation est bien suffisante ici, puisqu'aux équinoxes, où la déclinaison varie le plus rapidement, la différence n'est que de 12 minutes de degré, entre 6 heures du matin et 6 heures du soir (n° **548**).

2°. Le mouvement du soleil est *uniforme* sur un même parallèle, c'est-à-dire qu'il y parcourt des arcs égaux dans des temps qui sont sensiblement égaux.

3°. Toute droite menée d'un point quelconque de la surface de la terre vers le pôle céleste, est censée confondue avec l'axe des pôles, attendu la petitesse des dimensions du globe terrestre comparativement à la distance du soleil (n° **546**); et par la même raison, les rayons solaires qui tombent sur les divers points d'un corps quelconque, sont regardés comme parallèles entre eux, à une même époque.

552. D'après cela, soit AOP une droite dirigée de la terre vers le pôle bo- PL. 31, réal, qui seul est visible dans notre hémisphère; imaginons par cette droite FIG. 2. douze plans indéfinis, ou bien 24 plans *horaires*, formant entre eux des angles dièdres égaux, lesquels seront conséquemment de 15° chacun, et choisissons le premier de ces plans de manière qu'il soit vertical ou confondu avec le méridien du lieu. Alors il est évident que ces plans diviseront en 24 parties égales chacun des cercles que le soleil parcourt aux diverses époques de l'année; donc le soleil viendra se placer dans le même plan horaire à la même heure de chaque jour; et dès lors l'ombre portée par le style AOP sera la même à cette heure-là tous les jours de l'année, puisque cette ombre résultera de l'intersection du même plan horaire avec la surface du cadran quelle qu'elle soit.

Or, si ce cadran était un plan *perpendiculaire* à l'axe AOP, il n'y aurait qu'à tracer dans ce plan, avec un rayon quelconque et du pied O de l'axe comme centre, un cercle dont on diviserait la circonférence en 24 parties égales, à partir du point b qui est situé dans le plan vertical du style; alors les rayons Ob, Oc, Od,..., menés aux points de division, seraient évidemment les intersections des plans horaires, et conséquemment les ombres projetées par le style OP. Cela formerait donc un *cadran équatorial,* ainsi nommé parce que son plan est parallèle à l'équateur céleste, ou même coïncide avec ce dernier (n° **546**): ce cadran se trouverait d'ailleurs éclairé sur une seule de ses faces pendant une moitié de l'année, et sur la face opposée dans l'autre moitié. Mais comme il serait très-difficile de conserver au cadran la situation précise que nous lui supposons ici, on préfère de l'exécuter sur une surface invariablement fixée, telle qu'une table de marbre, un mur ou un pilastre; et voici alors la marche à suivre dans les opérations graphiques.

553. Après avoir tracé une droite AOP partant du point où l'on veut fixer le style, et dirigée vers le pôle dont la position est connue par rapport à l'horizon de chaque lieu de la terre, on imaginera un plan perpendiculaire à cet axe; on rabattra sur l'épure ce plan ainsi que le point O où il allait couper le style, et de ce point rabattu comme centre, avec un rayon arbitraire, on décrira un cercle O*bcd* qui représentera l'*équateur* du cadran. On divisera cet équateur en 24 parties égales par des rayons O*b*, O*c*, O*d*,... dont le premier réponde au méridien du lieu; puis, en cherchant les points où les prolongements de ces rayons (supposés relevés dans le plan de l'équateur véritable) vont couper le plan du cadran, il n'y aura plus qu'à les joindre avec le point où ce même cadran est rencontré par le style AOP, pour obtenir les intersections des plans horaires sur le cadran, c'est-à-dire les ombres portées par le style aux différentes heures de chaque jour.

Si la surface du cadran était *courbe,* il faudrait encore exécuter les opérations précédentes qui fourniraient toujours *deux* points de chaque ligne d'ombre; mais comme ces ombres portées ne seraient plus rectilignes, il resterait à compléter leur tracé en cherchant, par les méthodes de la Géométrie descriptive, les intersections de la surface courbe du cadran avec les plans menés suivant l'axe AOP et chacun des divers rayons de l'équateur. D'ailleurs cette recherche n'offrira guère que des plans à combiner avec des cylindres et des sphères, puisque ordinairement les surfaces courbes qui servent de cadran sont celles des colonnes ou des niches.

Avant d'appliquer cette marche à divers exemples, nous placerons ici quelques remarques qui nous seront utiles dans la suite.

554. La condition que le style AOP soit parallèle à l'axe des pôles est non-seulement suffisante, mais encore indispensable pour que chaque ligne d'ombre indique la même heure dans tous les jours de l'année. Car, si le style avait une autre direction, les plans menés par cette droite et par les deux positions que le soleil occupe dans le même plan horaire à deux jours différents, seraient nécessairement distincts l'un de l'autre; et par suite ces plans couperaient le cadran suivant des lignes différentes, excepté pour le seul plan horaire qui renfermerait le style lui-même.

555. Si, par exemple, ce style était vertical, il s'appellerait un *gnomon,* instrument qui a donné son nom à l'art de construire les cadrans, quoiqu'il ne puisse guère servir, sous ce rapport, qu'à indiquer l'heure de *midi,* en donnant le moyen de tracer sur un plan horizontal la *méridienne* du lieu, avec une approximation suffisante pour ce genre d'observations, surtout quand on opère à une époque éloignée des équinoxes (n° 551). Pour cela, on décrit un ou plusieurs cercles dont le centre commun soit au pied du gnomon : on marque les points de ces circonférences où arrive l'extrémité de l'ombre de la verticale à diverses époques de la matinée, ainsi que les points où cette ombre atteint les mêmes circonférences dans l'après-midi ; puis, en joignant par des droites ceux de ces points qui appartiennent à un même cercle, on obtient des *cordes parallèles* dont les milieux déterminent évidemment, avec le pied du gnomon, la trace du plan méridien sur le plan horizontal, c'est-à-dire la *méridienne* du lieu.

Comme la limite de l'ombre *pure* du gnomon (laquelle est donnée par le bord le plus boréal du disque solaire) n'est jamais bien sensible, on ajoute souvent au-dessus de la tige une plaque mince, percée d'un petit trou qui laisse passer l'image du soleil, et le centre de cette image sur le sol détermine avec précision l'extrémité du rayon solaire, mais il faut adopter aussi, dans ce cas, pour centre des circonférences concentriques, le pied du fil-à-plomb passant par le centre de l'ouverture de la plaque ; et alors la direction de la tige qui supporte cette plaque peut être entièrement arbitraire.

556. Pour tracer la méridienne, on peut même se contenter de marquer l'ombre d'un fil-à-plomb sur le sol horizontal, à l'heure de midi indiquée par une bonne montre que l'on aurait réglée la veille sur le *midi vrai* (n° 550) d'après un autre cadran déjà construit.

557. On peut encore employer pour cet objet deux étoiles dont les *ascensions droites* (n° 545) diffèrent de 180° ; il suffit même que cela soit vrai à un ou deux degrés près ; telles sont la polaire et la première ε de la queue de la grande Ourse. Alors on suspend par un fil une planche de bois ou une feuille de métal bien plane, que son propre poids tend toujours à maintenir dans un plan vertical ; puis, sans qu'il cesse de remplir cette condition, on fait tourner l'instrument jusqu'à ce que son plan renferme les rayons visuels menés aux deux étoiles choisies, lorsqu'elles viennent à passer au méridien, ce à quoi on réussit aisément par quelques essais ; et l'instrument fixé dans cette position, détermine le plan méridien. Ensuite, par le secours de deux fils-à-plomb placés à une certaine distance, et que l'on bornoie avec l'instrument, on peut marquer sur une table ou sur le sol horizontal la méridienne cherchée.

557 *bis.* Lorsqu'une fois cette ligne est tracée sur un plan horizontal, il est facile de la transporter sur un mur vertical ou incliné, en bornoyant deux fils-à-plomb que l'on élève au-dessus de la méridienne horizontale; car on obtient ainsi l'intersection du plan méridien avec la surface quelconque du mur. Au surplus, le moyen le plus commode sera toujours d'employer, comme au n° 556, l'ombre qu'un fil-à-plomb projette sur ce mur, à l'heure de midi indiquée par une montre réglée la veille sur le midi vrai.

558. Quant à la manière de fixer le style du cadran, il faut d'abord le placer dans le plan méridien dont nous venons d'enseigner à trouver les traces; ensuite, comme nous l'avons vu au n° 554, ce style doit faire avec l'horizon un angle égal à la hauteur du pôle (n° 544) qui est la même chose que la latitude du lieu, laquelle est censée connue; mais pour réaliser ces conditions dans la pratique, voici le moyen qu'on emploie ordinairement. On prend une équerre en bois, sur laquelle on trace une droite qui fasse avec la branche horizontale un angle égal à la latitude; aux points où cette droite rencontre les faces intérieures des deux branches, on pratique deux trous où l'on insère les extrémités du style, lequel présente ainsi l'inclinaison exigée par rapport à la branche horizontale. Ensuite, après avoir exécuté dans le mur une petite tranchée dirigée suivant la méridienne, on y insère la branche verticale de l'équerre; et avant de l'y sceller, on s'assure : 1° que le plan de l'équerre coïncide bien avec le méridien, en bornoyant deux fils-à-plomb élevés sur la méridienne horizontale; 2° que la branche inférieure de l'équerre est parfaitement horizontale, ce que l'on vérifie au moyen d'un niveau à bulle d'air. En fixant ainsi la branche supérieure de l'équerre dans le mur, le pied du style s'y trouve scellé en même temps; et alors il ne reste plus qu'à scier la branche inférieure, pour mettre à découvert le style dans la position qu'il doit conserver.

559. Mais, comme le plus ordinairement on remplace le style par une simple plaque percée d'un trou circulaire, laquelle est soutenue par deux ou trois tiges en fer, scellées dans le mur, on peut commencer par poser cette plaque à volonté, en ménageant les conditions de symétrie que les convenances imposent; et puis l'on détermine la méridienne par l'ombre que projette sur le mur un fil-à-plomb suspendu au centre de l'ouverture de la plaque, à l'instant du midi vrai indiqué par un chronomètre ou par une bonne montre réglée la veille sur le temps vrai d'un autre cadran. Il reste ensuite à trouver, sur cette méridienne prolongée, le point où aboutirait le style, si ce dernier existait. Or, il est facile de mesurer la perpendiculaire abaissée du centre O de la plaque sur la méridienne, et de marquer le point T où elle aboutit. Alors, en tirant par le point T une horizontale TO′ égale à la perpendiculaire dont nous venons de parler, et en for-

PL. 32,
FIG. 2.

mant un angle TO'P égal à la latitude, le côté O'P ira couper la méridienne au point P qui sera le pied du style.

CHAPITRE II.

TRACÉ D'UN CADRAN HORIZONTAL.

560. Soit AB la méridienne; quand on opère immédiatement sur le sol, cette ligne doit être déterminée par quelqu'un des moyens indiqués aux nᵒˢ 555... 557; mais lorsqu'on trace le cadran sur une surface mobile, on peut mener AB à volonté, sauf ensuite à *orienter* le cadran avant de le fixer invariablement dans la position qu'il doit garder. Par le point A où l'on veut planter le style, tirons une droite AO' qui fasse avec AB un angle λ égal à la hauteur du pôle ou à la latitude du lieu pour lequel le cadran est destiné; puis, par un point arbitraire de cette droite, par exemple son extrémité O', menons-lui une perpendiculaire O'B. Alors, quand on relèvera le triangle rectangle AO'B dans le plan vertical du méridien AB, la droite AO' se trouvera bien dirigée vers le pôle céleste, et représentera la position exacte du style; d'ailleurs O'B sera la projection de l'*équateur* (nᵒ 553) sur le plan méridien, et la trace horizontale du plan de cet équateur sera évidemment la droite EBQ qui se nomme l'*équinoxiale* du cadran. Si donc nous rabattons ce cercle autour de EQ comme charnière, le centre qui était en O' sur le style, viendra se placer en O sur le plan horizontal; de sorte qu'en décrivant de ce point avec un rayon arbitraire Ob, une circonférence de cercle, puis la divisant en 24 parties égales à commencer du point *b* qui est dans le plan méridien, on obtiendra les rayons Ob, Oc, Od,... pour les traces des plans horaires sur l'équateur rabattu. Maintenant relevons ce cercle dans sa véritable position, et observons: 1° que les points B, C, D,..., où ces rayons prolongés allaient rencontrer la charnière EQ, resteront invariables; 2° que ces points sont sur le plan horizontal, et comme tels, doivent appartenir aux intersections de ce dernier plan avec les plans horaires qui d'ailleurs passent tous par le point A; d'où il suit évidemment que ces intersections, ou bien les lignes horaires sur le cadran, seront les droites indéfinies AB, AC, AD,....

Remarquons ici que les distances BC, BD,... ne sont autre chose que les tangentes trigonométriques des arcs de 15°, 30°, 45°,... dans un cercle qui aurait

PL. 31, FIG. 3.

pour rayon OB; mais il ne faudrait pas croire que les angles BAC, BAD,... sont mesurés par ces mêmes nombres de degrés.

561. Lorsqu'un rayon de l'équateur, tel que O*f*, ira couper trop loin l'équinoxiale EQ, on suppléera à ce point de rencontre de la manière suivante. Le plan horaire qui serait mené par le rayon O*f* et le style AO′ relevé, devra couper le plan vertical MQ suivant une droite évidemment parallèle au style, et qui passera par le point rabattu en F : si donc on ramène ce dernier en F′ sur la projection O′B de l'équateur, et que l'on tire parallèlement à O′A la ligne F′G′, ce sera la projection sur le plan méridien de la droite suivant laquelle le plan horaire a coupé le plan vertical MQ. De là on conclut que la trace horizontale de cette droite est située en G; et comme ce point doit évidemment appartenir à l'intersection du plan horaire avec le plan horizontal, il en résulte que cette dernière ligne est AG.

562. Nous n'avons construit sur la *fig.* 3 que les lignes horaires jusqu'à six heures avant et après midi; et ces deux dernières sont évidemment les droites AN et AM parallèles à EQ, puisque les plans horaires correspondants passeraient par le diamètre *n*O*m* qui se trouve, dans ce cas-ci, parallèle à l'équinoxiale. Quant aux autres lignes horaires, il suffira de prolonger les précédentes en deçà du point A. En effet, à cinq heures du matin, par exemple, le plan horaire du soleil fait avec le méridien inférieur un angle dièdre égal à celui qu'il forme avec le méridien supérieur à cinq heures du soir; mais le premier de ces angles est à droite, et le second à gauche de AB; par conséquent ces deux plans horaires sont le prolongement l'un de l'autre, et l'ombre du style, à ces deux époques, se projette suivant la même droite, mais en sens opposés à partir du point A.

Enfin, pour obtenir les lignes d'ombres relatives aux demi-heures, il faudrait subdiviser les arcs *bc*, *cd*,... de l'équateur en deux parties égales, et prolonger les nouveaux rayons de ce cercle jusqu'à l'équinoxiale EBQ, ou suppléer à leur rencontre comme nous l'avons fait pour la ligne AG au numéro précédent.

563. On peut aussi se proposer de trouver la courbe décrite chaque jour par l'ombre que projette l'extrémité O′ du style. Or le rayon solaire SO′*x* qui passe par ce point, décrit dans un même jour les deux nappes d'une surface conique qui a son sommet en O′, et pour base le parallèle que parcourt à cette époque le soleil; mais comme ce parallèle est toujours perpendiculaire au style et a son centre sur cette droite, il en résulte que le rayon solaire décrit un cône de révolution autour de AO′, en faisant avec cette ligne un angle égal au complément de la *déclinaison* du soleil, et variable comme celle-ci d'un jour à l'autre. Par conséquent la trace diurne de ce rayon solaire sur le cadran horizontal est une section conique qui, dans nos climats, se trouve toujours une hyperbole ; car le soleil ne restant jamais au-dessus de l'horizon pendant 24 heures consécutives, ce dernier plan rencontrera nécessairement les deux nappes du cône, et produira ainsi une section hyperbolique.

Supposons donc que l'on veuille construire la courbe diurne de l'ombre pour le jour du solstice d'été. On mènera dans le plan du triangle O'AB une droite O'α formant avec l'équateur O'B un angle de 23°27' (*), et cette droite représentera la direction du rayon solaire à midi ; par conséquent le point α où elle va couper la méridienne AB est la limite de l'ombre du style à cette heure. Pour un autre instant du même jour, par exemple à deux heures, le rayon solaire fait encore avec le style un angle égal à AO'α, mais il est situé alors dans le plan horaire qui passe par AO' et AD ; or ces deux droites forment avec la trace OD du même plan sur l'équateur un triangle évidemment rectangle en O' ; si donc on rabat ce triangle sur le plan méridien autour de AO' comme charnière, il deviendra AO'D', en prenant AD'=AD, ou bien O'D'=OD ; et comme d'ailleurs le rayon solaire en question se rabattra nécessairement suivant la direction O'α, la rencontre de cette droite prolongée avec AD', donnera l'extrémité δ' de l'ombre du style, point qu'il faudra ramener par un arc de cercle en δ sur AD. En faisant la même construction pour d'autres lignes horaires, on obtiendra la série de points α, δ, γ,..., et si on les réunit par une courbe continue, ce sera la route diurne de l'ombre du point O' à l'époque du solstice d'été.

564. Pour un autre jour de l'année, on formera l'angle BO'ε égal à la déclinaison du soleil à cette époque, et en opérant d'une manière toute semblable, on trouvera que la courbe diurne de l'ombre projetée par l'extrémité O' du style est l'hyperbole εφ.... On voit que ces hyperboles vont en s'ouvrant de plus en plus à mesure que la déclinaison diminue ; et le jour de l'équinoxe, le soleil ne sortant pas du plan O'BQ de l'équateur, l'ombre du point O' demeure constamment sur la droite EBQ qui, par cette raison, se nomme l'*équinoxiale*

(*) C'est une valeur suffisamment approchée de la déclinaison la plus boréale du soleil ; toutefois cette valeur qui se rapporte au centre du disque solaire, et qui convient quand on emploie une plaque percée d'un petit trou, devrait être augmentée de 16' qui est le demi-diamètre apparent du soleil, si l'on employait pour style une verge cylindrique ; parce qu'alors c'est le bord le plus boréal du disque solaire qui détermine l'ombre pure.

du cadran. Au delà de cette époque, les hyperboles tournent leur concavité en sens contraire; et lorsque enfin, au solstice d'hiver, la déclinaison du soleil est devenue BO′ϐ égale à BO′α, l'ombre diurne du point O′ est la courbe ϐφ qui est la seconde branche de l'hyperbole αδ′γ. En effet, les deux rayons solaires O′α et O′ϐ forment des angles égaux avec le style AO′P; donc, en tournant autour de cette droite pendant 24 heures consécutives, ils décriront les deux nappes opposées d'un seul et même cône, lequel sera coupé par le plan du cadran suivant les deux branches d'une même hyperbole. Cette relation se reproduira aussi pour des déclinaisons égales du soleil, avant et après l'équinoxe; et les *sommets* seront toujours sur la méridienne ABO.

Toutes ces hyperboles se nomment aussi *courbes de déclinaison;* et en les traçant de mois en mois, par exemple, on pourrait lire sur le cadran non-seulement l'heure de la journée, mais encore l'époque de l'année où l'on se trouve. Il est vrai que, pour le même quantième, la déclinaison du soleil change un peu d'une année à l'autre, par suite de l'attraction de la lune sur le globe terrestre, et qu'elle ne se retrouve la même qu'après 19 ans; mais ces variations périodiques sont presque insensibles, et l'on n'y a pas égard dans les opérations graphiques.

565. Il est intéressant de chercher la ligne d'ombre qui répond au coucher ou au lever du soleil pour une déclinaison donnée, par exemple BO′α. Or, à cet instant du jour, le rayon solaire SO′ deviendra horizontal, et ne rencontrera plus le cadran qu'à une distance infinie; ainsi ce rayon et la trace horizontale du plan horaire correspondant, se trouveront l'un et l'autre parallèles à l'asymptote de l'hyperbole αδ′γ. Si donc on voulait prendre la peine de chercher cette asymptote, ce qui est possible, puisque nous connaissons l'axe réel αϐ et les coordonnées d'un point de la courbe, et que dès lors l'axe imaginaire est donné par une expression facile à construire graphiquement

$$b = \frac{ay}{\sqrt{(x-a)(x+a)}},$$

il ne resterait plus qu'à tirer par le point A une parallèle à cette asymptote. Mais il est plus simple et plus élégant de trouver l'ombre du coucher, et d'en déduire l'asymptote en menant une parallèle à cette ligne d'ombre par le milieu de la distance αϐ.

Pour cela, rappelons-nous que quand il s'est agi de trouver (n° 563) un point δ de l'ombre diurne, il a fallu chercher la rencontre δ′ de la droite

$O'\alpha$ avec le rabattement AD' de la trace du plan horaire ; or ici, cette rencontre devant avoir lieu à l'infini, il s'ensuit que la trace AD' deviendra parallèle à $O'\alpha$, pour le moment du coucher. Dès lors, il faudra mener du point A une parallèle à $O'\alpha$, et la prolonger jusqu'à ce qu'elle coupe BO' en un point x' ; puis, du point A comme centre, avec Ax' pour rayon, on décrira un arc de cercle qui ira couper BE en un point x ; et alors la ligne Ax prolongée à droite de AB, sera la ligne horaire du coucher du soleil. Celle du lever sera placée d'une manière symétrique à gauche de AB.

566. En examinant à quelle heure répond, sur le cadran, cette ligne d'ombre du coucher, ce dont on jugera exactement en tirant le rayon Ox qui correspond sur l'équateur à cette ligne horaire, on pourra résoudre graphiquement le problème de *trouver l'heure à laquelle le soleil se lève ou se couche*, en tel ou tel jour de l'année ; car il suffira de répéter des constructions semblables pour une autre déclinaison $BO'\varepsilon$ du soleil.

— ◆ —

CHAPITRE III.

CADRAN VERTICAL NON DÉCLINANT.

567. On désigne ainsi le cadran qui est tracé sur un plan vertical *perpen-* Pl. 31, *diculaire au méridien* du lieu ; si donc P est le point où l'on veut planter le Fig. 4. style, en tirant la verticale PB, ce sera évidemment la méridienne du cadran, c'est-à-dire l'intersection de celui-ci avec le plan du méridien ; et comme ce dernier plan renfermera le style et le soleil parvenu au milieu de sa révolution diurne, PB sera nécessairement la ligne horaire de midi. Maintenant rabattons le style sur le cadran, autour de PB, en formant un angle BPO' égal au complément de la latitude λ ; puis menons perpendiculairement à PO' la droite $O'B$, qui, lorsqu'on relèvera le triangle $PO'B$ dans le plan méridien, représentera la projection de l'équateur. Il suit de là que l'intersection de cet équateur avec le cadran, ou bien l'équinoxiale, sera la ligne horizontale EBQ ; et comme en rabattant l'équateur sur le cadran, autour de EBQ, le centre O' viendra en O, si l'on décrit de ce dernier point un cercle arbitraire et qu'on le partage en 24 parties égales, les rayons Ob, Oc, Od,..., prolongés jusqu'en B, C, D,.... sur l'équinoxiale, détermineront les lignes horaires PB, PC, PD,....

Quant au rayon Of qui va couper trop loin l'équinoxiale, on y suppléera en déterminant le point G comme on l'a fait (n° **561**) pour le cadran horizontal ; et les courbes diurnes de l'ombre du point O′ se construiraient aussi d'une manière semblable.

568. Au reste, toute explication ultérieure deviendra superflue, si l'on observe que le triangle PO′B de la figure actuelle est semblable au triangle AO′B de la *fig.* 3; mais ici l'angle P adjacent au style est le complément de A = λ; de sorte que *le cadran* VERTICAL *relatif à une latitude* λ, *n'est autre chose que le cadran* HORIZONTAL *exécuté pour une latitude complémentaire* 90° − λ. En effet, on doit voir *à priori* que, pour deux points du globe situés sous le même méridien et éloignés l'un de l'autre de 90°, l'horizon du premier point est parallèle à la verticale du second, et réciproquement; seulement, comme ces deux points sont sur deux hémisphères opposés, l'ombre du solstice d'été sera la plus longue sur le cadran vertical, et l'ombre du solstice d'hiver la plus courte.

———————

CHAPITRE IV.

CADRAN VERTICAL DÉCLINANT.

PL. 32,
FIG. 1. **569.** Ici le plan du cadran qui est celui de notre épure, ne se trouve plus perpendiculaire sur le méridien; mais puisque ces deux plans sont verticaux, leur intersection, ou *la méridienne*, sera encore une verticale PBZ menée par le point P où l'on veut planter le style. Ce dernier rabattu sur le cadran autour de PB, sera figuré par la droite PO′ formant avec la verticale un angle égal au complément de la latitude λ, tandis que l'équateur, toujours perpendiculaire au style, sera représenté par la ligne O′B menée à angle droit sur PO′; mais il faudra imaginer que le triangle PO′B tourne autour de PB, jusqu'à venir se placer dans le plan du méridien, et pour cela il est nécessaire d'assigner l'*azimut* du cadran ou sa déviation d'avec la ligne *est-ouest*. Or, si par le point B on conçoit un plan horizontal dont la ligne de terre sera A′B, et que dans ce plan on trace une droite BA″ qui fasse avec l'horizontale BZ un angle A″BZ égal à la déviation du cadran (nous supposons ici que le cadran *décline vers l'ouest*), il est évident que BA″ sera la trace horizontale du plan méridien, et que, par conséquent, c'est dans le plan vertical PBA″ qu'il faut amener le triangle PO′B. De plus, en prolongeant le style jusqu'en A′ sur la ligne de terre, et prenant BA″ = BA′, le point A″ sera la trace horizontale du style, lequel par suite se

trouvera projeté verticalement suivant la droite PA que l'on nomme aussi la *sous-stylaire*.

570. Cela posé, il serait facile maintenant de construire le cadran *horizontal*, en rabattant le plan de l'équateur autour de sa trace horizontale qui serait une perpendiculaire sur BA″ et indiquerait la direction *est-ouest*; car par là le centre O′ se rabattrait en O″, et en prolongeant les rayons du cercle décrit de ce dernier point comme centre, jusqu'à la ligne *est-ouest*, il suffirait de joindre ces points de rencontre avec le pied A″ du style. Ensuite, pour revenir au problème primitif, il faudrait prolonger ces lignes horaires du cadran horizontal jusqu'à son intersection A′BA sur le cadran vertical, et joindre enfin ces derniers points de section avec le sommet P du style; mais cette marche générale qui ramènerait ainsi la construction d'un cadran plan quelconque à dépendre de celle du cadran horizontal, peut être remplacée par une méthode directe, plus simple et plus élégante.

571. Pour cela, il faut construire l'*équinoxiale* du cadran vertical proposé, c'est-à-dire l'intersection de ce cadran avec le plan de l'équateur. Or, comme ce dernier qui est rabattu suivant O′B, doit être ramené dans une situation perpendiculaire au style, lequel est projeté verticalement sur la sous-stylaire PA, il s'ensuit que la ligne EBQ menée à angle droit sur PA, sera l'équinoxiale. Alors si l'on fait tourner le plan de l'équateur autour de cette trace EQ, pour le rabattre sur le plan du cadran, le centre O′ qui est projeté verticalement en O, devra nécessairement tomber quelque part sur la ligne indéfinie POA perpendiculaire à la charnière EQ; et comme la distance de ce centre au point B de la charnière reste constamment égale à BO′, si avec cette distance pour rayon, on décrit un arc de cercle qui coupe PA en ω, ce dernier point sera le rabattement du centre de l'équateur sur le cadran vertical.

Maintenant, il n'y aura plus qu'à décrire du point ω un cercle arbitraire, le diviser en 24 parties égales à partir du rayon ωB qui se trouve dans le plan méridien, puis à prolonger les rayons ωb, ωc, ωd,... jusqu'à leur rencontre avec l'équinoxiale; car par là on obtiendra des points B, C, D,... qui, demeurant invariables pendant que l'équateur se relèvera autour de EBQ, se trouveront toujours communs au cadran et aux divers plans horaires; de sorte que les intersections de ceux-ci avec le cadran seront les droites indéfinies PB, PC, PD,...

572. Lorsqu'un rayon de l'équateur, tel que ωg, ira couper trop loin l'équinoxiale EQ, on suppléera à ce point de rencontre en imaginant une section faite parallèlement au plan méridien PBA″. Si G est le point choisi pour mener ce plan sécant, il coupera le plan horaire suivant une droite parallèle au style, laquelle sera rabattue et en même temps projetée sur GH tirée parallèle à PAω. Le même plan sécant coupera le plan de l'équateur suivant une droite dont le rabattement GK sera parallèle à ωB, et qui ira percer le cadran au point K situé sur la charnière EQ: donc la verticale KH sera la section du cadran avec ce plan sécant; et comme c'est évidemment sur cette trace KH que la première droite GH doit aller percer le cadran, il s'ensuit que ce point est en H. Cela posé, puisque la droite GH est située dans le plan horaire mené par le rayon ωg, le point H où elle va percer le cadran doit appartenir à la trace de ce plan horaire; donc cette trace est PH.

573. Si l'on veut construire la courbe diurne de l'ombre projetée par l'extrémité O′ du style (n° 563) pour le jour du solstice d'été, par exemple, on mènera sur le plan méridien rabattu, une droite O′δ formant avec l'équateur O′B un angle de 23° 27′ (*); et le point δ où elle ira rencontrer la méridienne sera l'extrémité de l'ombre à l'heure de midi. A un autre instant du même jour, par exemple à onze heures, le rayon solaire passant par O′ fera encore avec le style l'angle δO′P, mais il se trouvera situé dans le plan horaire qui contient le rayon de l'équateur ωf F. Or ce plan renferme un triangle rectangle en O′, lequel a pour hypoténuse PF, et qui étant rabattu sur le plan méridien, autour du style, deviendra évidemment PO′F′ que l'on obtient en prenant PF′ = PF; donc cette hypoténuse PF′ prolongée jusqu'au rayon solaire qui sera aussi rabattu suivant O′δ, fournira l'extrémité φ′ de l'ombre, point qu'il faudra ensuite ramener en φ sur PF, par un arc de cercle décrit du centre P. C'est ainsi que l'on pourra tracer l'hyperbole φδ,...; et la seconde branche αϑ,... qui se rapporte au jour du solstice d'hiver (n° 564), s'obtiendra d'une manière analogue en prenant la déclinaison australe BO′α égale à BO′δ. Nous abrégeons ces détails parce qu'ils sont tout à fait semblables à ceux que nous avons donnés au n° 563; seulement nous ferons observer qu'ici les deux sommets de chaque hyperbole diurne seront situés, non sur la méridienne, mais sur la sous-stylaire PAω, et qu'ils se construiraient directement en appliquant à cette droite, considérée comme une ligne horaire, la méthode qui nous a fait trouver les points φ et ϑ

(*) Cette valeur de la déclinaison qui se rapporte au centre du disque solaire et qui convient quand on emploie une plaque percée d'un trou, devrait être diminuée de 16′ si l'on se servait d'une tige pour représenter le style; parce qu'alors c'est le bord le plus *austral* du disque solaire qui fournit l'ombre pure sur le cadran *vertical*, tandis que sur un cadran *horisontal*, cette ombre est produite (n° 565) par le bord le plus *boréal* du disque solaire.

sur la ligne horaire PF. Quant aux asymptotes, on les obtiendra aussi comme au n° 565.

574. Pour un autre jour que le solstice, on formera l'angle BO'γ égal à la déclinaison du soleil à cette époque; et en faisant de la droite O'γ le même usage que nous avons fait de O'δ, on construira chaque point ρ de l'hyperbole qui reçoit l'ombre du point O' dans ce jour-là. Ces diverses hyperboles se nomment les *courbes de déclinaison;* et pour les deux équinoxes, elles se réduisent à la trace EBQ de l'équateur, laquelle se nomme l'*équinoxiale.*

En multipliant assez ces courbes de déclinaison, et inscrivant à côté l'époque à laquelle chacune se rapporte, on voit qu'on pourra lire sur le cadran non-seulement l'heure qu'il est, mais aussi le mois et même le quantième du mois où l'on se trouve.

575. Pour que le cadran vertical soit éclairé, il faut que le soleil se trouve non-seulement au-dessus de l'horizon, mais aussi en avant du cadran; cette double condition donne donc lieu à la question suivante : *quelle est l'heure la plus éloignée de midi que pourra marquer le cadran, et à quel jour de l'année cette circonstance arrivera-t-elle?*

Soient AYB l'horizon, YZX le grand cercle qui est dans le plan du cadran, P le pôle et PY, PY', PY'', divers plans horaires; soient aussi YV, Y'V', Y''V'' divers parallèles à l'équateur ERQ, lequel coupe l'horizon suivant EQ. On voit alors que quand le soleil parcourra le parallèle YV, il éclairera le cadran dès le moment de son lever qui aura lieu en Y, c'est-à-dire à une époque de la journée qui répond au cercle horaire PY; tandis que quand il parcourra le parallèle Y'V' situé plus au sud, il ne se lèvera qu'au point Y' situé sur un cercle horaire PY' qui est plus voisin de midi que PY. Il est vrai que quand le soleil décrira le parallèle Y''V'', il se lèvera plus tôt, savoir au point Y'' qui est dans le plan horaire PY''; mais à cet instant le soleil est derrière le plan vertical YZX du cadran, et il s'y trouve encore quand il arrive en u sur le cercle horaire PY. Donc c'est bien sur le parallèle YV que le soleil éclairera le cadran à l'heure la plus matinale, et cette heure se déduira de l'angle dièdre compris entre PY et le méridien supérieur PZA.

On verra de même que l'heure la plus tardive à laquelle le soleil cessera d'éclairer le cadran, arrivera quand cet astre se couchera au point X, lequel est sur le cercle horaire PX qui est le prolongement de PY; de sorte que cette heure la plus tardive et l'heure la plus matinale différeront toujours entre elles de 12 heures, mais les deux phénomènes n'arriveront qu'à des époques où le soleil aura des déclinaisons contraires, quoique égales.

(marge droite) Pl. 31, Fig. 5.

576. Cela posé, dans le triangle sphérique APY qui est rectangle en A, on connaît le côté AP qui égale 180° moins la latitude, et le côté AY qui égale 90° ∓ l'azimut du cadran; ainsi on pourra aisément calculer l'angle P et l'hypoténuse PY. Mais, pour n'employer ici que des moyens purement graphiques, on substituera au triangle APY l'angle trièdre qui a pour arêtes OA, OP, OY, et dans lequel on connaîtra deux faces avec l'angle compris qui est droit; dès lors on pourra aisément (*G. D.*, n° **62**) trouver l'angle dièdre P et la face POY ou l'arc PY, dont on estimera la grandeur graphique en degrés et minutes, et voici l'usage que l'on fera de ces deux résultats.

Si l'on a trouvé, par exemple, P = 68° 45′, on observera que le mouvement en ascension droite étant de 360° en 24 heures, ou de 15° par chaque heure, il faut diviser la valeur de P par 15, ce qui donne 4^h 35^m pour la valeur en temps de l'angle horaire APY. Donc, en retranchant ce dernier nombre de 12^h, il restera 7^h 25^m pour l'instant de la matinée auquel correspond le cercle horaire PY; et c'est là l'heure la plus matinale à laquelle le cadran se trouvera éclairé, mais dans un certain jour qui reste à déterminer.

Pour ce dernier objet, il faut observer que l'arc PY = 90 ± mY qui est la déclinaison du parallèle cherché YV; donc, en retranchant 90° de la valeur qu'on aura trouvée ci-dessus pour PY, le reste indiquera la déclinaison demandée, laquelle sera australe ou boréale, selon que cette différence se trouvera positive ou négative. Ensuite, les Tables de l'*Annuaire* feront connaître quel est le jour de l'année où le soleil présente cette déclinaison; et il y aura évidemment deux époques où cette circonstance se reproduira.

PL. 32,   **577.** Mais la première partie du problème actuel, qui est la plus intéres-
FIG. 1.   sante, peut être résolue d'une manière plus simple, et sur le cadran même. En effet, puisqu'à l'heure cherchée le soleil se trouve à là fois sur l'horizon et dans le plan du cadran (n° **575**), il s'ensuit que les rayons solaires qui rasent le style de la *fig.* 1 sont horizontaux et parallèles au cadran; donc le plan horaire qui contient ces rayons, devra couper le cadran suivant l'horizontale Px, laquelle sera conséquemment la première des lignes horaires qui soient *utiles* pour la matinée. D'ailleurs, si l'on veut savoir à quelle heure elle répond, on la prolongera jusqu'à sa rencontre avec l'équinoxiale EQ, et en joignant ce point avec le centre ω de l'équateur, on obtiendra un rayon de ce cercle qui déterminera un arc *bfgx'* qu'il faudra estimer en degrés, pour le traduire ensuite en temps, à raison de 15° pour chaque heure.

Pour le soir, la dernière ligne horaire qui soit *utile*, sera de même l'horizontale Py; et l'on trouvera nécessairement qu'elle répond à une époque séparée de l'heure la plus matinale par un intervalle de 12 heures. Mais l'ombre n'atteindra ces deux lignes horaires *extrêmes* que dans des saisons différentes.

578. On trace quelquefois sur le cadran *la méridienne du* TEMPS MOYEN, c'est-à-dire la courbe sur laquelle aboutirait l'ombre de l'extrémité du style *au midi de chaque jour, indiqué par une horloge dont la marche serait parfaitement uniforme* pendant tout le cours d'une année. Cette ligne diffère de la méridienne PBβ du TEMPS VRAI, attendu que par les deux causes dont nous avons parlé au n° 550, le mouvement du soleil parallèlement à l'équateur, est tantôt plus lent et tantôt plus rapide; de sorte que cet astre se trouve souvent en retard ou en avance sur une pendule bien réglée. Mais ces écarts qui, très-peu sensibles d'un jour à l'autre, vont en s'accumulant jusqu'à 14 et 16 minutes, se calculent d'avance par les formules astronomiques; ils sont indiqués jour par jour dans la *Connaissance des temps* ou dans l'*Annuaire du Bureau des longitudes*, et voici l'usage qu'il faut en faire.

579. Au 3 novembre, par exemple, je trouve dans l'*Annuaire* qu'à midi vrai il n'est que 11^h44^m en temps moyen (*); j'en conclus que le midi moyen arrivera 16^m après le midi vrai. Alors je prends sur l'équateur, et à l'est du point *b*, un arc *br* qui soit de 4° (**); puis, au moyen du rayon ωrR, je construis sur le cadran la ligne horaire PR, qui recevra l'ombre du point O′ à midi moyen. Mais, pour fixer la position précise de cette ombre, j'opère comme au n° 573 pour construire les points φ et δ des courbes diurnes, c'est-à-dire qu'après avoir mené le rayon solaire O′γ de manière à former l'angle BO′γ = 15°, qui est la déclinaison du soleil à l'époque du 3 novembre, j'imagine que ce rayon solaire a tourné autour du style pour venir se placer dans le plan horaire qui passerait par PR; puis, comme ce plan renferme un triangle qui est rectangle en O′, et dont l'hypoténuse est PR, je rabats sur le méridien ce triangle qui devient PO′R′; alors la rencontre de PR′ avec O′γ détermine un point ρ′ qu'il faut reporter en ρ sur la droite PR, au moyen d'un arc de cercle décrit du centre P. Ce point ρ, où aboutira l'ombre du style à midi moyen le jour du 3 novembre, appartient donc à la méridienne du temps moyen; et c'est même une de ses

---

(*) Je néglige les secondes, en plus ou en moins, lesquelles d'ailleurs varient un peu d'une année à l'autre par suite de plusieurs causes; de sorte qu'une méridienne du temps moyen finit par devenir sensiblement inexacte au bout d'un siècle.

(**) Car le soleil parcourant en 24 heures 360° parallèlement à l'équateur, une heure répond à 15°, et une minute de temps à 15′; donc 16 minutes de temps sont représentées par un angle de 4°.

limites latérales, parce que nous avons choisi l'époque de l'année où l'avance du soleil est à son maximum. Les autres points de cette courbe se construiront d'une manière toute semblable, en prenant dans l'*Annuaire* les données numériques relatives à chaque époque; mais comme nous avons voulu éviter de surcharger la figure d'un grand nombre de signes, nous allons y suppléer en indiquant ici les circonstances les plus remarquables du cours de cette méridienne du temps moyen.

580. Au solstice d'hiver, c'est-à-dire vers le 22 décembre, le midi vrai arrive à 11^{h}58^m de temps moyen; par conséquent le soleil est encore en avance, et le point correspondant de la méridienne curviligne sera sur l'hyperbole $\delta\alpha$, mais un tant soit peu à droite de la verticale PαB.

Au 25 décembre, la différence entre le midi vrai et le midi moyen est sensiblement nulle; par conséquent cette époque répond au point où la méridienne coupe la verticale PαB , mais ce point de section doit se trouver un tant soit peu au-dessous de l'hyperbole $\delta\alpha$, puisque la déclinaison du soleil a diminué depuis le 22 jusqu'au 25 décembre.

A partir de cette époque le soleil commence à retarder sur le temps moyen, et vers le 10 février ce retard s'élève, dans son maximum, à 14^m. Cette circonstance est indiquée sur la figure par le point s, qui se construira, comme le point ρ, au moyen de la déclinaison du soleil correspondante au 10 février.

Ensuite, le midi vrai se rapproche du midi moyen, et à l'équinoxe du printemps, vers le 21 mars, le soleil ne retarde plus que de 7^m. Cela répond au point où la méridienne coupe l'équinoxiale EB, à gauche de la verticale PB.

Vers le 15 avril, la différence du temps vrai au temps moyen redevient nulle, et cette circonstance est indiquée par le point μ où la méridienne coupe la verticale PαB. On construira ce point immédiatement, en tirant du centre O′ de l'équateur un rayon solaire qui fasse avec O′B un angle égal à la déclinaison du soleil au 15 avril.

Au delà de cette époque, le soleil *avance* sur le temps moyen, et cet écart atteint son maximum qui est de 4^m, vers le 15 mai, ce qui répond au point ν de la courbe méridienne; mais ensuite le midi vrai se rapproche de plus en plus du midi moyen.

Vers le 15 juin la différence est nulle, et alors la méridienne curviligne coupe la verticale PBδ en un point qui est un peu au-dessus de l'hyperbole $\varphi\delta$, puisque le soleil n'est pas encore arrivé au solstice; et à cette dernière époque, c'est-à-dire au 22 juin, le point de la méridienne est sur l'hyperbole $\varphi\delta$, mais un peu à gauche de la verticale PBδ, parce que le midi vrai arrive 1 ou 2 minutes après le midi moyen : ainsi le soleil commence à retarder.

Ce retard augmente de plus en plus jusque vers le 25 juillet, où il atteint son maximum qui est de 6^m, ce qui répond au point π de la méridienne curviligne ; mais ensuite l'écart diminue, et se trouve nul vers le 1er septembre, circonstance indiquée par le point ψ où la courbe coupe la verticale PBδ. Ce point ψ est un peu plus haut que l'autre point de section μ déjà trouvé antérieurement, car la déclinaison du soleil est moindre au 1er septembre qu'au 15 avril.

Au delà, le soleil se retrouve de nouveau en avance sur le temps moyen ; et à l'équinoxe d'automne, vers le 23 septembre, la différence est de 7^m, circonstance qui répond au point où la méridienne coupe l'équinoxiale BQ à droite du point B ; puis enfin, vers le 3 novembre, l'avance du soleil atteint son maximum de 16^m, ce qui répond au point ρ que nous avons construit d'abord.

581. Pour mettre sous les yeux du lecteur un exemple de la manière dont PL. 32, on dispose les résultats des opérations précédentes, nous avons reproduit dans FIG. 2. la *fig.* 2 le cadran que M. *Girard* exécuta au Palais-Bourbon (en l'an VIII) lorsque l'École Polytechnique y était placée. Ce fut l'astronome *Méchain* lui-même qui détermina la méridienne du temps vrai, par des moyens dont nous emprunterons le récit à un Mémoire inséré dans le onzième cahier du *Journal de l'École Polytechnique.*

« Au sommet d'un triangle formé par trois verges de fer, on a placé une
» plaque circulaire percée à son centre. La position de la base du triangle
» sur le mur et l'élévation de la plaque, étaient ménagées de manière que
» l'image du soleil, reçue par le trou à l'heure de midi, vint se peindre à peu
» près sur la ligne qui divisait en deux parties symétriques l'espace destiné au
» cadran. Cette disposition faite, un garde-temps à la main, on a reçu l'image
» du soleil, dix secondes avant le midi vrai, à l'instant même du midi, et dix
» secondes après ; et à chaque observation on a dessiné le contour elliptique
» de cette image. Le centre de l'ellipse moyenne donnait déjà un point de la
» méridienne ; mais pour le vérifier, on a tracé une courbe tangente aux points
» les plus élevés de ces ellipses, et une autre courbe tangente à leurs points
» les plus bas : on a mené à égale distance une troisième courbe ; et en divi-
» sant l'arc de cette courbe compris entre les centres des ellipses extrêmes,
» en deux parties égales, on a eu un point de la méridienne, et par suite cette
» ligne même, en menant par ce point une verticale indéfinie.

» La méridienne construite, il a été facile de déterminer le style ou la
» parallèle à l'axe de la terre, dont le centre de la plaque est déjà le sommet.

» Pour cela, de la projection O de l'extrémité du style, on a abaissé une per-
» pendiculaire TOO′ sur la méridienne; sur cette perpendiculaire on a porté
» de T en O′ la distance de l'extrémité du style au point T; et en menant
» ensuite par le point O′ une droite O′P qui fît avec O′T un angle égal à la
» latitude de Paris, c'est-à-dire de 48°50′, on a eu au point P de rencontre avec
» la méridienne, le centre du cadran, ou bien le point où la parallèle à l'axe
» de la terre, menée par le centre de la plaque, viendrait rencontrer le plan
» du cadran. »

L'auteur du Mémoire cité plus haut, M. *Lefrançois*, alors Élève à l'École
Polytechnique, a trouvé le premier la *méthode directe* qui nous a servi au
n° 571 à tracer le cadran vertical déclinant, sans passer d'abord par le cadran
horizontal; seulement, il s'est trompé dans l'interprétation du temps moyen
au midi vrai (*page* 269), et par suite, la méridienne du temps moyen se trouve
renversée de gauche à droite sur la planche qui accompagne ce Mémoire. Mais
nous ne faisons remarquer cette inadvertance que pour mettre le lecteur en
garde contre une erreur pareille, dans laquelle tombent encore quelques per-
sonnes qui interprètent mal les données que fournit l'*Annuaire* du Bureau des
longitudes.

LIVRE IV.

CHAPITRE PREMIER.

NOTIONS GÉNÉRALES.

582. La Stéréotomie est l'art de tailler les matériaux solides, comme la pierre, le bois, les feuilles de métal, de telle sorte que leurs diverses parties, réunies dans un certain ordre, présentent un tout dont la forme a été assignée d'avance. En appliquant la stéréotomie à la coupe des pierres, nous nous occuperons presque uniquement des voûtes, parce que celles-ci offrant l'occasion de tailler des faces planes et courbes de tout genre, comprendront évidemment, comme cas particuliers, les autres espèces de constructions plus simples, telles que les plates-bandes et les murs droits, biais ou en talus.

583. Or, dans la construction d'une voûte, il y aurait d'abord une question préliminaire à étudier : ce serait de rechercher quelles sont la forme et les dimensions qu'il est le plus avantageux de donner à l'ensemble de cette construction, pour qu'elle satisfasse à la fois aux conditions d'une grande stabilité et aux convenances qu'exigent la place et l'usage auxquels on la destine. Mais cette recherche, fondée d'une part sur les lois de la mécanique et les règles de l'architecture, de l'autre sur les données que fournit l'expérience quant à la résistance des matériaux et à la manière dont se fait ordinairement la rupture des voûtes, n'est pas l'objet spécial de la Stéréotomie : c'est dans un *cours de constructions* proprement dit, qu'il faudrait aller puiser ces détails qui exigent des développements assez étendus. Ainsi nous admettrons toujours que la forme et les dimensions de la voûte projetée sont assignées dans leur ensemble, et le problème de stéréotomie consistera dans les trois opérations suivantes :

1°. Trouver le mode de division le plus avantageux pour partager cette voûte en *voussoirs*, c'est-à-dire en parties d'un volume assez faible pour qu'on puisse les tailler chacune dans une seule pierre, et qui soient d'une forme telle que, réunies dans un certain ordre et simplement juxtaposées, elles se soutiennent mutuellement comme si elles ne faisaient qu'un seul corps : c'est ce qu'on appelle tracer *l'appareil* de la voûte ;

2°. Déterminer les contours et les dimensions de toutes les faces de chaque voussoir, faces dont les limites sont les intersections de diverses surfaces, connues par ce qui précède ;

3°. Appliquer le trait sur la pierre, c'est-à-dire parvenir à donner aux matériaux bruts que l'on emploie, les formes qui viennent d'être trouvées pour les faces des voussoirs.

584. Comme la première de ces opérations, ou le mode de division en voussoirs, doit évidemment changer avec la forme de la voûte, ce sera dans chaque exemple que nous indiquerons quel système il vaut mieux adopter. Toutefois, il y a une règle générale à laquelle on doit toujours s'assujettir, ou dont il ne faut s'écarter que par des motifs graves et dans des constructions peu importantes . c'est de rendre les *joints* (c'est-à-dire les faces de contact des voussoirs entre eux) normaux à l'*intrados* qui est la surface intérieure et visible de la voûte. En effet, si cette condition n'était pas remplie, de deux voussoirs adjacents, l'un présenterait nécessairement un angle obtus, et l'autre un angle aigu ; or ce dernier angle n'étant pas susceptible d'une résistance aussi grande que le premier, il arriverait que quand la voûte serait décintrée et abandonnée aux effets de son poids, les réactions mutuelles des voussoirs feraient éclater l'angle le plus faible, ce qui altérerait la décoration et souvent même la stabilité de la voûte en question.

Pour effectuer la seconde opération, on choisit un mur bien plan, ou on le prépare ainsi en y appliquant une couche de plâtre bien dressée à la règle, et l'on y trace les données de l'épure dans des dimensions égales à celles de la voûte projetée. Ensuite, par les procédés de la Géométrie descriptive, on y détermine les lignes qui forment le contour de toutes les faces de chaque voussoir, d'abord en projection, puis en vraie grandeur, en rabattant les faces qui sont planes et en développant celles qui sont développables ; et alors on a tous les éléments nécessaires pour l'application du trait sur la pierre.

Quant à cette troisième opération, elle exige des détails qui ne peuvent être clairement exposés et bien compris que sur un exemple déterminé ; c'est pourquoi nous nous abstiendrons ici de donner des indications générales qui seraient nécessairement très-vagues : mais, à la fin de chaque problème, nous aurons soin d'expliquer avec détail les procédés qu'il faut employer pour tailler les voussoirs.

PL. 34, FIG. 1. **585.** Nous avons déjà dit que le nom de *voussoir* s'applique à chacune des pierres qui composent une voûte. Dans chaque voussoir, la *douelle* est la face qui fait partie de la surface intérieure et visible de la voûte ; les *joints de lit* (ou vulgairement *les coupes*) sont les faces M*m*, N*n*, par lesquelles un voussoir se trouve en contact avec le voussoir de l'assise inférieure et avec celui de l'assise supérieure; tandis que les *joints d'assise* ou *joints montants* sont les faces de contact de deux voussoirs d'une même assise, quand la longueur de celle-ci exige qu'on la compose de plusieurs pierres. Enfin, la face visible qui termine une assise, en faisant *parement*, s'appelle *la tête* du voussoir.

586. Quelle que soit la forme d'une voûte, la surface intérieure et visible ABD se nomme l'*intrados* ou la *douelle*; et l'*extrados* est la surface extérieure *abd*, du moins quand cette voûte est isolée. Car, lorsqu'elle fait corps avec d'autres constructions, comme une porte pratiquée dans un mur, il n'y a plus d'extrados proprement dit; cependant on continue de donner ce nom à la surface idéale *a*RP*b* (*fig.* 2) qui limite tous les joints des voussoirs. Les *pieds-droits* d'une voûte sont les murs, piliers ou pilastres qui, en s'élevant jusqu'à la *naissance* de la voûte, supportent les premiers voussoirs.

587. Comme, dans la carrière, les pierres se trouvent disposées par couches dont les surfaces de séparation sont des plans à peu près parallèles, on les en extrait sous forme de prismes droits qui ont pour bases les deux *lits de carrière;* et en les employant dans un ouvrage quelconque, il faut avoir soin que ces deux lits soient, autant que possible, dirigés perpendiculairement à la charge qu'ils auront à supporter, parce que c'est dans ce sens que la pierre offre la plus grande résistance à la compression. Ainsi, dans un mur, il faudra placer les lits de carrière horizontalement: dans une voûte, où les deux joints d'un même voussoir ne peuvent pas être parallèles, il faudra du moins que le lit de carrière coïncide avec un des joints, ou que sa direction fasse des angles à peu près égaux avec les deux faces de joint.

L'*Appareilleur,* c'est-à-dire celui qui trace l'épure et qui dirige et surveille l'application du trait sur la pierre, a soin, pour guider le *Poseur,* de marquer par un signe particulier le lit de dessus et le lit de pose de chaque pierre, comme il est indiqué dans la *fig.* 3 de la *Pl. XXXIII.*

CHAPITRE II.

DES MURS ET DES PLATES-BANDES.

588. Nous dirons ici quelques mots des *murs*, mais seulement pour avoir l'occasion d'expliquer certaines dénominations en usage, et d'indiquer quelques procédés pratiques relatifs à la taille des pierres.

Pl. 33,
Fig. 1
et 2. Le *parement* d'une pierre est la face visible qui fait partie de la surface extérieure ou intérieure d'un mur. Un *parpaing* est une pierre qui par sa largeur fait toute l'épaisseur d'un mur, et qui offre conséquemment deux parements dans le sens de sa longueur, comme P, P', P''. Si c'était la longueur de la pierre qui formât l'épaisseur du mur, elle s'appellerait une *boutisse*, comme B, B'; et les deux parements prendraient le nom de *têtes*. Enfin, lorsque la pierre n'offre qu'un seul parement, et qu'ainsi elle ne forme qu'une partie de l'épaisseur du mur, elle prend le nom général de *carreau*, comme C, C', C''. Quant aux pierres L, L', L'', qui servent à remplir les intervalles laissés par les carreaux, on les nomme des *libages*; mais souvent ces libages sont faits en moellons posés à bain de mortier, bien battus et arrasés au niveau des carreaux.

589. Lorsqu'un mur est tout composé de parpaings, comme dans la *fig.* 1, on doit, pour mieux relier les pierres entre elles, faire en sorte que les joints verticaux d'une assise correspondent à peu près aux milieux des longueurs des pierres qui composent les deux assises inférieure et supérieure à celle-là. Mais, comme cette disposition devient très-dispendieuse par le déchet qu'elle occasionne et par le grand volume des pierres qu'il faut employer, on se sert ordinairement de parpaings combinés avec des boutisses, et plus souvent encore de boutisses et de carreaux, avec le soin d'éviter la coïncidence des joints verticaux dans deux assises consécutives, comme il est indiqué dans la *fig.* 2.

Quand il existe une encoignure produite par la rencontre de deux murs, on doit disposer les pierres qui forment l'arête verticale M dans les assises successives, de telle sorte que la face la plus longue soit alternativement dirigée dans le sens MN et dans le sens MQ, afin que les deux murs soient bien reliés entre eux. A l'angle intérieur A, il faut éviter de placer un joint; et pour cela on taillera la pierre de manière à former un coude EAF, en ayant soin de faire alterner encore, dans deux assises consécutives, les faces inégales AE et AF.

590. Un *mur droit* est celui qui se trouve compris entre deux plans verti- PL. 33,
caux et parallèles. Le mur est *biais* quand ces deux plans convergent, et il est FIG. 4.
en talus lorsqu'un de ces plans s'écarte de la direction verticale, comme dans
la *fig.* 4 où le mur est compris entre les plans G'GU et A'AF. Mais on doit
observer que le talus se mesure par l'angle FAZ que forme le plan incliné
avec la verticale, et non pas par son inclinaison FAX sur l'horizon; puisque
si ce dernier angle était de 90°, le talus au contraire serait nul. D'ailleurs,
l'usage est d'indiquer la grandeur du talus, non pas en degrés, mais par
une fraction $\frac{1}{4}$, $\frac{1}{5}$,..., $\frac{1}{10}$ qui exprime le rapport du reculement FZ à la hauteur AZ.

591. Ce mur en talus se divisera en assises par des plans horizontaux,
comme GA, HL, IK,...; mais si on prolongeait ces coupes jusqu'au plan
incliné, il en résulterait, dans chaque pierre, un angle *aigu* formé par le lit
de pose avec le parement en talus, circonstance que l'on doit éviter, du moins
quand le talus est considérable, parce qu'un tel angle offre peu de résistance
et se détériore promptement. Il faudra donc arrêter ces coupes horizontales
à une distance de 5 à 8 centimètres du parement extérieur, et diriger ensuite
les coupes LD, KE,..., perpendiculairement au talus. Quant à la première
assise, on pourrait la terminer par un plan vertical mené du point C où le
talus rencontre le sol *xy*; mais il vaudra mieux, pour ne pas diminuer l'épaisseur du mur à sa base, employer la face verticale AB et la face horizontale BC.

592. Dans la suite, il faudra toujours avoir soin d'éviter ainsi les angles
aigus dans toutes les constructions en pierre, du moins autant que cela sera
possible sans tomber dans d'autres inconvénients plus graves. Car ici, par
exemple, le joint brisé HLD produira un angle saillant dans la seconde assise
et un angle rentrant dans la première; or ce dernier angle se taille moins facilement, et il est très-rare que les deux pierres adjacentes acquièrent des angles
parfaitement égaux, quand ils ne sont pas droits; d'où il résulte qu'elles ne
se toucheront que par un petit nombre de points qui seuls seront communs
aux faces correspondantes. Cela aurait peu d'importance, s'il s'agissait d'un
joint vertical par lequel les deux pierres seraient simplement juxtaposées;
mais quand elles reposent l'une sur l'autre par ce joint brisé, et que la charge
générale est considérable, il arrive alors que le tassement fait porter la compression sur quelques points isolés, au lieu de la répartir sur toute l'étendue
de la face du contact, et par suite l'angle rentrant se brise d'une manière irrégulière qui compromet fortement la stabilité de la construction. Cette re-

marque devra être prise en considération, surtout dans les voûtes destinées à porter des charges considérables, comme sont les arches d'un pont.

, Maintenant, expliquons les procédés pratiques par lesquels on taille les pierres de ce mur en talus; et montrons d'abord comment on parvient à *dresser*, sur une pierre brute, une face qui soit exactement *plane*. '

FIG. 5. **593.** Soit donc ABDEFG le bloc proposé, qui présente, en sortant de la carrière, une forme à peu près prismatique. Sur la face postérieure ABC, et à une petite distance du bord supérieur, l'ouvrier tracera avec une règle un trait noir BC qui ne sera pas une ligne droite, à cause des aspérités de cette face, mais qui sera du moins une ligne plane. Ensuite, avec le ciseau et le maillet, il enlèvera peu à peu la pierre qui excède ce trait BC, et il taillera une *ciselure* ou petite bande plane BCcb dont la largeur B*b* aura 1 ou 2 centimètres : on conçoit bien que, dans une si faible largeur, il est facile de dresser exactement un *plan,* et d'ailleurs l'ouvrier le vérifiera en y appliquant le *champ* ou la face la moins large de sa règle. Cela fait, il posera la règle R en équilibre, et de *champ,* sur cette bande BC*cb* : il se transportera vers la face antérieure GFE, et après y avoir appliqué une seconde règle R' qu'il soutiendra avec ses mains, il la fera varier jusqu'à ce qu'en *bornoyant* les deux règles par leurs extrémités, il voie son rayon visuel raser à la fois la face intérieure XY de l'une et la face supérieure X'Y' de l'autre; puis, dans cette position de la règle R', l'ouvrier marquera le trait noir B'C', qui sera une ligne située exactement *dans un même plan* avec le premier trait BC; et c'est là une donnée qu'il était indispensable de se procurer avant tout.

On conçoit bien que cette première opération se ferait plus promptement, s'ils étaient deux ouvriers qui pussent appliquer simultanément les règles R et R' sur les faces opposées de la pierre, et *bornoyer* à la fois les deux faces *supé-rieures* de ces règles par leurs extrémités; car alors on pourrait tracer en même temps les deux traits BC et B'C', de manière qu'ils fussent situés dans un même plan.

Cela posé, après avoir réuni ces deux traits par un troisième BB', l'ouvrier taille, comme précédemment, une ciselure le long de B'C' et une autre le long de BB', ce qui détermine les bords du plan demandé; puis, il enlève les aspé-rités de l'intérieur, d'abord avec *la grosse pointe,* ensuite avec *la tranche;* et à mesure qu'il avance parallèlement à BB', il a soin d'appliquer fréquemment sa règle, posée *de champ,* sur la surface mise à découvert, pour vérifier si cette règle porte bien dans toute sa longueur, et si elle s'appuie en même temps sur les deux *directrices* BC, B'C'; car c'est là évidemment une condition nécessaire et suffisante pour que la face exécutée soit exactement plane.

Sans que nous entrions dans des détails semblables, le lecteur se rendra bien compte de la manière dont l'ouvrier exécutera une nouvelle face plane et perpendiculaire à la première, en se servant de l'équerre formée par deux règles en fer, assemblées solidement.

594. A présent, revenons au mur en talus, et considérons spécialement la pre- FIG. 4 mière assise dont les projections sont ABCDLMN et A'A"N"N'. Il faudra et 6. choisir une pierre égale au moins au parallélipipède qui aurait pour base le rectangle A'A"N"N', et pour hauteur AP; mais on ne prendra pas la peine d'équarrir toutes les faces de ce solide, puisque plusieurs d'entre elles devant être détruites en totalité ou en partie, il y aurait une perte de main-d'œuvre que l'on doit éviter avec soin. L'ouvrier dressera donc la face inférieure qui doit former le lit de pose, et il y tracera un rectangle $a'a''n''n'$ exactement égal à A'A"N"N', en formant des angles droits avec l'équerre, et en mesurant les côtés. Ensuite, il dressera une face plane $a'n'q'p'$ qui soit perpendiculaire au lit de pose et qui passe par l'arête $a'n'$, ce qui s'exécutera aisément au moyen de l'équerre; puis, sur cette seconde face, il tracera le contour $a'b'c'd'l'm'n'$ identique avec ABCDLMN. Les angles droits se traceront aisément en mesurant leurs côtés sur la *fig.* 4 ; et quant au sommet d', on prendra avec le compas les distances DM et DB pour décrire deux arcs de cercle des points m' et b' comme centres; ou bien l'ouvrier prolongera l'arête $a'p'$ égale à AP, et il prendra la distance $p'd'$ égale au reculement PD du talus.

Cela fait, l'ouvrier peut tailler toutes les faces perpendiculaires à $a'b'c'd'l'm'$, en abattant la pierre le long de ce contour, et y appliquant son équerre de manière qu'une des branches s'appuie bien sur la face $a'b'c'd'l'm'$, en même temps que l'autre branche devra coïncider avec la face qu'il exécute; puis, il donnera à toutes ces faces nouvelles une longueur égale à A'A".

595. Ce petit nombre de données suffit donc à la rigueur; cependant, pour plus d'exactitude, il sera prudent de dresser non-seulement la face $a'p'q'n'$, mais aussi la face $a''p''q''n''$ d'équerre sur le lit de pose, et de tracer encore sur cette dernière le contour $a''b''c''d''l''m''n''$ identique avec $a'b'c'd'l'm'n'$; car alors, pour chacune des faces perpendiculaires à celles-là, l'ouvrier aura *deux directrices* situées dans un même plan, telles que $m'l'$ et $m''l''$, $l'd'$ et $l''d''$, $d'c'$ et $d''c''$,…; et en promenant sa règle sur ces deux directrices, il exécutera la face plane avec plus de précision et de facilité.

C'est ordinairement l'*Appareilleur* qui applique ainsi *le trait sur la pierre*, du

31

moins quand les opérations ne sont pas très-simples; ou bien, il découpe suivant le contour ABCDLMN un *panneau* en carton, en bois ou en tôle, et il le donne à l'ouvrier pour être appliqué sur chaque joint, ce qui est plus expéditif lorsqu'il y a à tailler plusieurs pierres identiques quant à leur projection verticale.

Tout ce que nous avons dit ci-dessus de la première assise du mur en talus s'appliquera avec encore plus de facilité aux autres assises MLDEK, IKEF,....

PL. 33,
FIG. 7.
596. Une *plate-bande* est une espèce de voûte dont l'intrados AB est plan et horizontal; on l'emploie ordinairement pour former le *linteau*, c'est-à-dire le dessus d'une porte ou d'une fenêtre dont les pieds-droits ou jambages sont AaX et BbY; la dernière assise de chaque pied-droit, comme VATI, s'appelle le *sommier*. Les faces verticales A'A" et B'B" forment le *tableau* de la porte; la *feuillure* est le renfoncement rectangulaire C'C"D"D' où l'on place les vantaux, et C'A" ou D'B" est le recouvrement de la feuillure. Enfin, les faces verticales C"E" et D"F", qui comprennent l'*embrasure* de la porte, se nomment faces d'*ébrasement*, et elles divergent ordinairement un peu, pour allonger la course de chaque vantail et donner plus d'ouverture à la baie de la porte.

597. On appelle *claveaux* les divers voussoirs dont se compose la plate-bande; et pour qu'ils se soutiennent mutuellement, on fait converger les *joints* ou *coupes* AT, MQ, NP, ..., vers un même point O qui est ordinairement le sommet du triangle équilatéral construit sur AB; mais on a toujours soin de diviser d'abord cette largeur AB en un nombre *impair* de parties égales, afin d'éviter qu'il y ait un joint au milieu OZ de la porte, ce qui faciliterait le glissement ou la rotation des claveaux, et par suite le renversement de la plate-bande. D'après cette disposition, il y aura toujours un claveau placé au milieu, lequel se nomme *la clef*.

598. L'expérience prouve que, quand la plate-bande vient à se rompre sous la charge qu'elle supporte, c'est moins par le glissement des claveaux que par un mouvement de rotation qui fait ouvrir un joint en dedans vers la clef, un autre joint en dehors vers le sommier, et qui soulève le pied-droit en ouvrant un de ses joints en dedans, ainsi qu'il est indiqué dans la *fig.* 9. Pour s'opposer à cette tendance au renversement, il est bon de donner aux deux *claveaux d'angles* une *crossette* TSR (*fig.* 7) par laquelle chacun d'eux s'appuiera sur le sommier; car, alors, la charge supérieure qui portera sur l'angle R, empêchera ce claveau de tourner comme il l'a fait dans la *fig.* 9.

On pourrait même ajouter une pareille saillie EFGH (*fig.* 8) au second claveau de chaque côté; toutefois, il n'est pas prudent de multiplier beaucoup ces crossettes, ni d'employer des joints brisés *rqm*, ainsi que le font quelques appareilleurs, parce que le défaut de parfaite égalité entre les angles rentrants et saillants qui résultent de ces dispositions, exposerait aux accidents très-graves que nous avons signalés au n° **592**. Il vaut bien mieux, quand la charge de la plate-bande est considérable, et que les jambages ne sont pas fortement épaulés, relier tous les claveaux avec les sommiers au moyen d'un *tirant* en fer TT′ (*fig.* 8), lequel pénètre dans l'intérieur de ceux-ci par un trou foré, et se fixe avec un écrou à chaque bout; le tirant se loge d'ailleurs dans une *feuillure* pratiquée à chaque claveau, et elle doit être assez profonde pour que ces derniers ne portent pas sur le tirant; car, si le fer est bon à employer pour résister à des forces de traction, il ne faut jamais lui confier des charges perpendiculaires à sa longueur.

599. Lorsque la largeur de la plate-bande est un peu considérable, les joints qui sont voisins des deux sommiers forment des angles assez aigus avec l'intrados, et les arêtes de ces joints seraient exposées à se rompre par la compression. Pour éviter cet inconvénient, on trace (*fig.* 8) une droite *ab* parallèle à l'intrados, et plus élevée de 3 ou 4 centimètres; puis, à partir des points *m*, *n*,..., où cette droite est coupée par les joints, on abaisse des verticales *m*M, *n*N,.... Cependant, il ne faut jamais employer ces joints brisés pour la clef, parce qu'en la posant on doit l'abandonner à son propre poids, et la laisser descendre jusqu'à ce qu'elle se trouve parfaitement en contact avec les joints des deux contre-clefs, lesquels doivent être entièrement plans. Aussi, en taillant la clef, on laisse indéterminées ses dimensions verticales, sauf à faire ensuite un *ravalement*, c'est-à-dire à recouper la pierre sur place, si la saillie de la clef est trop considérable; car, souvent même, on laisse subsister une petite saillie en cet endroit de la plate-bande.

600. Quant à la manière de tailler les claveaux, nous allons l'expliquer en prenant pour exemple le voussoir AMQRST de la *fig.* 7. Après avoir choisi une Fig. 7 pierre dont la longueur égale au moins l'épaisseur R′R″ du mur, et dont les et 10. deux autres dimensions soient capables de contenir le panneau de tête AMQRST, on fera dresser exactement (n° **593**) le lit de carrière *xmm′x′* que l'on destine, par les motifs du n° **587**, à devenir le joint MQ, et on y tracera le contour *qq′m′m″g′g″h′q*, en formant des angles droits dont les côtés aient les longueurs suivantes :

$$qh'' = \text{QH}, \quad qq' = \text{R′R″}, \quad q'm' = \text{QM}, \quad m'm'' = \text{M′M″}, \quad m''g' = \text{MG}, \quad g'g'' = \text{G′G″};$$

puis, d'équerre sur cette face, on exécutera les deux plans parallèles *xmyz* et

31.

$x'm'y'z'$ destinés à former les deux têtes du voussoir, sur lesquels on tracera les contours $amqrst$ et $a'm'q'r's't'$ identiques avec AMQRST. Alors, l'ouvrier pourra exécuter le joint inférieur $att'a'$, puisqu'il connaîtra deux directrices at et $a't'$ situées dans ce plan; et il taillera de même les faces $stt's'$, $srr's'$, $rqq'r'$: mais c'est par là qu'il finira son travail.

601. Quant à la face d'intrados $amm'a'$, l'ouvrier pourrait tailler en totalité cette face plane au moyen des deux directrices amn, $a'm'$, qui sont déjà marquées, et ensuite il en retrancherait ce qui est relatif à la feuillure; c'est la marche que l'on prescrit ordinairement, mais elle entraîne une perte de main-d'œuvre qu'il est important et facile d'éviter. Pour cela, après avoir taillé le joint inférieur $att'a'$, on achèvera de tracer sur cette face le contour $tt'a'a''l'l''k''t$, en formant des angles droits dont les côtés aient les longueurs suivantes:

$$a'a'' = \mathrm{A'A''}, \quad a''l' = \mathrm{AL}, \quad l'l'' = \mathrm{G'G''};$$

et alors, pour tailler la portion d'intrados $a'a''m''m'$ qui répond au tableau, l'ouvrier aura les deux directrices $a'a''$ et $m'm''$; pour le recouvrement $a''l'q'm''$, il aura les deux directrices $a''l'$ et $m''q'$; pour la feuillure, il se guidera sur $l'l''$ et $g'g''$, et ainsi de suite; de sorte que par là il n'exécutera que les seules portions vraiment utiles de toutes ces faces planes.

602. REMARQUES *sur la pose des pierres.* Pour élever un mur, on pose d'abord les diverses pierres dans toute la longueur d'une même assise, et l'on vérifie avec la règle et le niveau, si leurs lits de dessus sont bien tous dans un même plan horizontal; sinon, il faut que le tailleur de pierre les retouche sur place, c'est ce qu'on appelle *raser le tas;* car, sans cette précaution, les pierres de l'assise suivante qui recouvrent les joints de l'assise inférieure, présenteraient des porte-à-faux qui occasionneraient des ruptures lors du tassement. Pour cette seconde assise, on fait ordinairement reposer chaque pierre sur des *éclisses* ou cales de bois très-minces, choisies de manière à maintenir le niveau; puis, en soulevant cette pierre autour de l'arête de derrière, on introduit au-dessous une petite couche de mortier fin et clair, sur lequel on laisse retomber la pierre, jusqu'à ce qu'en portant sur les éclisses, elle fasse souffler le mortier tout autour du joint horizontal. Ensuite, on abreuve les joints verticaux avec du mortier très-liquide, en prenant soin d'étouper les fentes.

603. Cette coutume de poser sur cales est sans doute plus commode pour les ouvriers qui y trouvent un moyen facile de compenser, par l'épaisseur plus ou moins grande des éclisses, les défauts commis dans la taille des lits; mais elle est sujette à de graves inconvénients pour les ouvrages qui doivent offrir une grande solidité et une longue durée. En effet, le mortier diminuant de volume par la dessiccation, la pierre finit par ne plus porter que sur les quatre points où sont les cales, et alors le tassement la fait rompre. On pourrait dire, à la vérité, que les éclisses se compriment elles-mêmes un peu sous la charge, et qu'ainsi la pierre se trouve ramenée en contact avec le mortier; mais la résistance de celui-ci étant beaucoup moindre que celle de la pierre, le contact avec le mortier est un appui insuffisant.

Il serait bien préférable de poser sans cales, en abreuvant simplement les joints verticaux, parce que le tassement qui dérange toujours les niveaux primitifs n'aurait plus alors que des effets nuls ou insensibles. Mais, pour cela, il faudrait que les joints fussent travaillés avec beaucoup de soin et exactement plans; c'est ce que faisaient les Romains qui soignaient souvent très-peu les parements visibles des pierres, mais qui taillaient les joints avec une précision extrême. Dans le *Pont du Gard*, par exemple, les joints horizontaux sont tellement rapprochés qu'on a beaucoup de peine à y apercevoir l'existence d'une couche de mortier. Quelques observateurs pensent même, après avoir examiné certaines parties intérieures de ce monument, que les pierres ont été frottées sur le tas, pour établir un contact aussi parfait entre les joints.

604. L'usage de payer la taille des pierres au mètre carré de *parement vu*, a introduit aussi un abus dangereux pour la solidité des constructions. L'ouvrier met beaucoup de soin à exécuter les parties apparentes; mais quant au joint, il se contente de faire tout autour une ciselure bien dressée à la règle; puis, sous prétexte de faire mieux prendre le mortier, il pique seulement à la *grosse pointe* le milieu de cette face, et souvent avec tant de précipitation, qu'il dépasse le plan du joint et forme des parties concaves; d'où il résulte que la pierre, mise en place, ne repose que sur ses bords ou tout au plus sur quelques points intermédiaires. Or il est évident qu'une pareille disposition est extrêmement défavorable à la résistance que la pierre doit offrir (*).

C'est à une cause semblable que l'on attribue les accidents arrivés à l'église de *Sainte-Geneviève* (désignée ensuite sous le nom de Panthéon), et qui ont obligé de remplacer les groupes de colonnes qui soutenaient le dôme, par quatre piliers dont les masses compactes détruisent l'effet pittoresque que pré-

---

(*) Extrait du *Cours de construction*, rédigé pour l'École de Metz, par M. Soleirol, Capitaine du Génie.

sentait le plan primitif de *Soufflot*. Ce n'est pas que les épaisseurs des colonnes et des piliers intérieurs fussent trop faibles pour supporter le poids de la tour et du dôme (*); car les assises qui se sont fendues étaient composées avec la pierre la plus dure, tandis que d'autres en pierre tendre ont bien résisté. Il faut donc attribuer cette rupture au mode vicieux qui fut employé pour la pose, et par suite duquel les joints ne portaient pas également dans tous les points de leur surface. On croit même que l'appareilleur avait fait tailler les tambours des colonnes de manière que le lit de dessus fût un peu concave, en forme de surface conique, afin de permettre aux assises consécutives de s'appliquer plus exactement sur leurs bords, et de rendre ainsi les joints tout à fait insensibles à l'œil de l'observateur; mais alors la charge n'étant plus portée que par une faible zone du lit de chaque tambour, tandis que le milieu n'était occupé que par le mortier dont la résistance à la compression est beaucoup moindre que celle de la pierre, il en est résulté la rupture de quelques assises et l'affaissement des colonnes.

605. C'est surtout dans les grandes voûtes que l'on devrait proscrire l'emploi du mortier et des cales interposées entre les voussoirs; car la compression considérable qui se produit lors du décintrement peut faire rompre les voussoirs qui ne porteraient sur les autres que par quelques points, ou bien elle produit sur les cales un tassement qui altère la forme de l'ensemble et permet aux voussoirs de tourner autour de leurs arêtes, ce qui est la cause ordinaire de la rupture des voûtes. Il serait donc bien préférable, pour les constructions importantes et principalement pour les arches des ponts, de poser d'abord les voussoirs sur leurs joints à nu, mais sous la condition rigoureuse que les ouvriers soigneraient davantage la taille des pierres, et qu'ils observeraient bien les dimensions assignées; ensuite, pour remplir les petits vides que l'imperfection de la taille aurait laissés, on coulerait du mortier fin et très-liquide par quelques petites rigoles pratiquées dans le haut du joint.

606. Quant à la manière de monter la voûte, nous dirons seulement qu'on élève, sur de forts étais en bois, deux où plusieurs cintres composés avec des *fermes* de charpente, et dont le contour extérieur est parallèle à l'intrados de la voûte projetée; ensuite, sur ces cintres on pose des solives (appelées *couchis*) qui vont d'une ferme à l'autre, et sur lesquelles on fait reposer les voussoirs,

---

(*) Voyez l'*Art de bâtir*, par Rondelet, et le *Traité de la construction des ponts*, par Gauthey; pages xxij, 268, 274.

avec le soin de vérifier, pour chacun, si l'arête de douelle offre le surplomb convenable et si le joint a l'inclinaison déterminée dans l'épure : sinon, on fait retoucher un des joints ou tous les deux. Cette vérification exige, il est vrai, l'emploi de certains procédés que nous ne décrirons pas ici, non plus que les précautions à prendre pour opérer le décintrement de la voûte, parce que tous ces détails nous écarteraient trop de notre objet spécial qui est la Stéréotomie.

———

CHAPITRE III.

DES BERCEAUX ET DES PORTES.

607. On désigne sous le nom de *Berceau* toutes les voûtes dont l'intrados est une surface cylindrique, quelle que soit d'ailleurs la forme de la courbe qui sert de directrice à ce cylindre; mais lorsque les génératrices n'ont qu'une longueur très-peu considérable, égale à l'épaisseur d'un mur, comme dans la *fig.* 2, alors le berceau prend simplement le nom de *Porte;* ainsi, tout ce que nous dirons des portes s'appliquera aux berceaux qui n'en diffèrent que par le prolongement plus ou moins grand des génératrices.

PL. 34, FIG. 1.

608. Le berceau est dit *en plein cintre* quand la section droite (c'est-à-dire la section orthogonale ou perpendiculaire aux génératrices, laquelle est appelée par quelques praticiens le *cintre principal*), se trouve un demi-cercle, comme dans les *fig.* 1, 2, 4. Il est *surbaissé*, lorsque la *hauteur sous clef* OB est moindre que la moitié du diamètre AD du berceau, comme dans la *fig.* 5, où le cintre principal est formé par une demi-ellipse dont le petit axe est vertical, et dans la *fig.* 6, où le cintre est une *anse de panier* ou courbe à trois centres (*). Le berceau serait dit *surhaussé*, si la hauteur sous clef était plus grande que la

---

(*) Ici, la méthode la plus avantageuse pour tracer l'ellipse, consiste à employer les deux circonférences décrites avec des rayons égaux aux deux demi-axes, comme l'indique suffisamment la *fig.* 9; parce que ce procédé fait trouver non-seulement un point M de l'ellipse, mais encore sa tangente MT qui est nécessaire pour diriger le joint suivant la normale. Quant aux *anses de panier*, on peut les tracer par diverses méthodes représentées sur les *fig.* 10, 11, 12, 13, 14; mais comme l'explication de ces procédés exige des détails trop étendus, nous les avons renvoyés à la Note (A) placée à la fin de ce volume.

moitié de l'ouverture AB, comme dans le cas où l'on formerait le cintre principal avec une demi-ellipse dont le grand axe serait vertical. On doit ranger dans cette classe le cintre *en ogive* de la *fig.* 7, lequel est composé de deux arcs de cercle décrits des points A et D comme centres, avec des rayons égaux à l'ouverture AD de la porte, ce qui produit un triangle équilatéral dont le sommet B est au milieu de la clef.

Enfin, on appelle *voûte en arc de cercle* un berceau dont la section droite est un arc moindre qu'une demi-circonférence, comme dans la *fig.* 8 ; alors la dernière assise du pied-droit SART qui s'appelle le *sommier,* doit avoir une face AR inclinée pour recevoir le premier voussoir. On sent bien que la poussée horizontale d'une telle voûte sera plus grande que si le cintre était vertical à la naissance ; mais on l'adopte quelquefois pour les arches des ponts, parce que sans élever davantage la clef, on peut placer la naissance au-dessus des hautes eaux, et qu'ainsi on obtient un *débouché* plus considérable qu'avec l'ellipse ou l'anse de panier. La voûte en arc de cercle est encore employée pour former le dessus d'une porte ou d'une fenêtre, et elle offre plus de stabilité que la plate-bande ; mais elle entraîne l'inconvénient d'avoir, pour fermeture, des châssis cintrés par le haut.

609. Dans tous les cas, il faut diviser la section droite ABD de l'intrados en un nombre *impair* de parties égales, afin qu'il y ait toujours un voussoir qui fasse *clef,* c'est-à-dire qui étant mis en place le dernier et un peu forcé, produise sur les deux moitiés de la voûte des réactions égales et dirigées symétriquement par rapport à la pesanteur. Ensuite, par les points de division L, M, N,..., on tire des normales à la section droite de l'intrados, et les plans conduits suivant ces droites et les génératrices correspondantes du cylindre, forment les joints des voussoirs, lesquelles faces se trouvent ainsi *normales à la douelle* dans toute leur longueur, comme l'exige la règle du n° **584.**

610. Quant à l'épaisseur des voussoirs ou à la largeur des joints, la détermination rigoureuse de cette dimension se rattacherait nécessairement à la question de *la poussée des voûtes ;* mais comme la théorie n'a point encore fourni des règles précises sur cette matière, et que d'un autre côté les formules empiriques composées par quelques constructeurs offrent des discordances considérables, ou bien se trouvent démenties lorsqu'on les applique à des ouvrages existants, autres que ceux pour lesquels on les a faites, nous nous bornerons ici à indiquer le procédé suivant qui suffit pour les berceaux ordinaires.

Fig. 1 et 5.   Après avoir fixé l'épaisseur B*b* que l'on veut donner à la clef, d'après la grandeur de l'ouverture AD, la charge que la voûte doit supporter, et le degré de résistance qu'offre la pierre que l'on emploie (*), on prend la verticale BO' égale aux $\frac{1}{4}$ ou aux $\frac{3}{4}$ de l'ouverture AD; et avec le rayon O'b on décrit un arc de cercle abc qui sert à limiter les joints et détermine la surface d'extrados, laquelle est aussi un cylindre. Il résulte de cette disposition que l'épaisseur de la voûte augmente vers les reins; et, en outre, on a soin de donner aux premiers voussoirs voisins de la naissance, une étendue encore plus considérable, afin que leur masse résiste mieux à la poussée de la voûte, qui tend à les faire tourner comme dans la *fig.* 9 de la *Pl. XXXIII.*

611. Mais lorsqu'il s'agit d'une porte pratiquée dans un mur avec lequel cette voûte fait corps, on se contente d'extradosser *parallèlement*, comme dans la *fig.* 2, en terminant la tête de chaque voussoir par un arc de cercle pq concentrique avec l'intrados, si l'on veut former un *bandeau* apparent; ou plus simplement, on termine le voussoir par une face horizontale PQ et une face verticale QR, du moins lorsque le mur est en maçonnerie, c'est-à-dire en moellons, briques ou meulières. Car, si ce mur était construit en pierres, il faudrait alors raccorder les joints des voussoirs avec les assises du mur, comme dans la *fig.* 4, sans s'astreindre à rendre ces joints égaux. On a coutume aussi d'ajouter des *crossettes*, comme RS, PQ, et les voussoirs de ce genre sont dits en *tas de charge*, ou mieux en *état de charge*; cette disposition est commode pour le *Poseur*, parce qu'elle contribue à maintenir le voussoir en équilibre, pendant que l'on monte la voûte, mais elle est sujette à des inconvénients graves dont nous allons parler; et d'ailleurs elle ne doit jamais être employée pour la clef qu'il faut toujours terminer par deux joints GH, IK, entièrement plans. En effet, cette clef se pose la dernière, quand tous les voussoirs ont été placés symétriquement à droite et à gauche, sur le cintre de charpente (n° **606**); et alors on doit laisser descendre la clef entre les deux contre-clefs, jusqu'à ce qu'elle y entre un peu forcée, ce qui ne pourrait se faire, si elle présentait des joints brisés. Souvent même, pour tailler la clef, on attend que la pose des voussoirs soit terminée, afin de prendre plus exactement, sur le tas, la mesure du vide qui reste à combler.

612. Lorsqu'on adopte des voussoirs *en état de charge*, le joint brisé MRS produit nécessairement un angle saillant sur le voussoir inférieur et un angle rentrant dans le voussoir supérieur. Or, il est très-rare que l'on parvienne à

(*) Voyez les Tables des expériences de Rondelet dans l'*Art de bâtir,* et les remarques de Gauthey dans le *Traité des ponts,* pages 268 et 278 du tome Ier.

tailler ces deux angles parfaitement identiques, du moins quand ils ne sont pas droits; et alors il arrive que le voussoir superposé présente des *porte-à-faux*. Il est vrai que l'on y remédie par des cales en bois, dont l'usage vicieux (n⁰ˢ **603, 605**) s'est introduit généralement dans les constructions modernes; mais ce n'est là qu'un palliatif momentané; car, lors du décintrement qui produit un tassement souvent considérable, la charge, au lieu d'être répartie sur toute l'étendue du joint, se trouve portée par les seules parties qui sont en contact avec les cales, et dans cette situation la pierre n'étant pas susceptible d'une résistance aussi grande, il arrive que le voussoir se rompt et d'une manière qui compromet la stabilité de la construction. Il faut donc, dans les grandes voûtes, et surtout dans les arches des ponts, proscrire l'emploi des crossettes et des joints brisés, et raccorder les voussoirs avec les assises des culées ou des murs de soutènement, comme on le voit dans la *fig.* 6.

Porte droite.

613. On donne ce nom à un berceau pratiqué dans un mur qui se termine par deux plans perpendiculaires aux génératrices du cylindre. Pour construire l'épure de cette voûte, on prend un plan vertical perpendiculaire à l'axe de la porte, et l'on y trace la section droite du cylindre, qui est ici un demi-cercle ABD. Après l'avoir divisé en un nombre impair de parties égales, on achève l'appareil de la voûte comme nous l'avons indiqué aux n⁰ˢ **609** et **611**, et l'un des voussoirs est projeté verticalement sur le polygone MNPQR. Cette seule projection suffit bien pour définir complétement ce corps, attendu qu'il a ici la forme d'un prisme droit dont la longueur égale l'épaisseur A′A″ du mur proposé; et comme cette longueur peut être assignée en centimètres, on se dispense ordinairement de tracer la projection horizontale qui n'a été marquée sur notre épure que comme un moyen de compléter la représentation graphique.

614. Pour appliquer le trait sur la pierre, on choisira un bloc qui soit *capable du voussoir* MNPQR que nous prenons pour exemple, mais qui n'a pas besoin d'être un parallélipipède rectangle; il suffit que ce bloc ait à peu près la forme d'un prisme droit dont la longueur égale au moins celle A′A″ du voussoir, et dont la base *kn″li* puisse contenir le panneau de tête MNPQR, avec le soin de tourner celui-ci convenablement : il sera bon de faire coïncider, s'il est possible, le côté NP d'un des joints avec le lit de carrière *kn″n′h*, par la raison citée au n⁰ **587**. Cela posé, l'ouvrier dressera la face *kn″li*, de manière qu'elle soit exactement plane (n⁰ **593**), et il y marquera le contour *m″n″p″q″r″* identique

Pl. 34,
Fig. 2.

Fig. 2
et 3.

avec MNPQR, en prenant la droite $n''p'' =$ NP, et déterminant les autres sommets par leurs distances aux deux points N et P, puis en traçant l'arc $n''\alpha''m''$ avec le même rayon que MN : mais lorsqu'il y a plusieurs voussoirs égaux, comme dans le cas actuel où il s'agit d'un plein cintre, il est plus commode de tailler, une fois pour toutes, sur un châssis de bois ou une feuille de carton, un *panneau* découpé suivant la forme RMNP; et en appliquant ce panneau sur la face plane $kn''li$, on tracera immédiatement tout le contour $m''\alpha''n''p''q''r''$ de la tête du voussoir.

Maintenant, par la droite $n''p''$, et perpendiculairement à la face de tête, l'ouvrier fera passer un plan $kn''n'h$ qu'il exécutera au moyen de l'équerre, et il y marquera le contour exact du joint supérieur NP, en formant des angles droits dont les côtés soient

$$n''n' = N''N', \quad p''p' = P''P'.$$

Il agira de même pour le joint inférieur MR, en faisant passer par le côté $m''r''$ un plan perpendiculaire à la face de tête, et en y traçant le contour de ce joint qui est un rectangle $m''r''r'm'$ dont la longueur égale encore M'M''. Alors l'ouvrier pourra dresser facilement la seconde face de tête $m'n'p'q'r'$, puisqu'il connaîtra, par ce qui précède, deux droites $n'p'$ et $m'r'$ contenues dans ce plan, lequel d'ailleurs devra se trouver perpendiculaire aux deux joints, ce que l'on vérifiera avec l'équerre; et ensuite, sur ce plan indéfini, il appliquera le panneau MNPQR pour y tracer le contour $m'n'p'q'r'$ de cette seconde tête du voussoir.

Quant à la douelle cylindrique, cette surface courbe admet pour génératrice une ligne droite, et dès lors elle pourra s'exécuter comme un plan, pourvu qu'on assigne à l'ouvrier des points de *repère* sur lesquels il appuiera l'arête de sa règle. Or, si l'on divise les deux arcs $m''\alpha''6''n''$, $m'\alpha'6'n''$, déjà marqués sur la pierre, en un même nombre de parties égales, les points α' et α'', $6'$ et $6''$,... seront évidemment des *repères* qui correspondront à une même position de la génératrice rectiligne du cylindre.

Enfin, pour la face supérieure $p''q''q'p'$ et la face latérale $q''r''r'q'$, les opérations précédentes ont fait connaître trois droites de chacune d'elles, et c'est plus qu'il n'en faut pour tailler ces plans, qui sont en outre d'équerre sur la tête du voussoir. D'ailleurs, ordinairement on ne fait qu'ébaucher ces deux faces, du moins quand le mur est en maçonnerie, comme nous le supposons ici.

615. Si la projection verticale du voussoir avait eu la forme *mnpq* de la *fig.* 2, ou la forme MNPQSR de la *fig.* 4, l'ordre des opérations et la taille des

diverses faces auraient été les mêmes ; il n'y aurait eu de différence que dans la forme du *panneau de tête*, qu'il faut toujours lever sur la projection verticale de l'épure.

Berceau droit.

616. Pour une telle voûte, représentée dans la *fig.* 1, l'appareil ou la division en voussoirs s'effectue comme nous l'avons expliqué aux nᵒˢ **609, 610** ; seulement, chacune des assises ayant ici une longueur trop considérable pour être formée d'une seule pierre, on la subdivise en diverses parties qui forment un même cours de voussoirs, en employant des plans verticaux $M'N'$, $M''N''$, $R'P'$, $T'Q'$,..., tous perpendiculaires aux génératrices du cylindre, et conséquemment *normaux* à l'intrados. D'ailleurs, il faut avoir soin d'interrompre ces joints verticaux, comme le montre la projection horizontale, en les faisant alterner de manière qu'ils ne se correspondent que de deux en deux assises.

617. Quant à la taille de chaque voussoir, par exemple de celui qui est projeté verticalement sur $MNnm$ et qui est compris entre les plans verticaux $M'N'$, $M''N''$, on opérera exactement comme au nᵒ **614**, en se servant ici du panneau de tête $MNnm$; seulement, la face supérieure mn étant cylindrique, on la taillera par le moyen que nous avons expliqué pour la douelle, en marquant des points de *repère* sur les deux arcs égaux à mn qui auront été tracés sur les deux têtes du voussoir. Au surplus, cette face supérieure est simplement ébauchée, lorsqu'on ne la laisse pas entièrement brute.

Nous ne parlerons pas ici des biais ou des talus qui peuvent se rencontrer dans un berceau, parce que nous allons étudier ces difficultés à l'occasion des *Portes*, et que tous les détails que nous donnerons sur ce sujet, seront applicables aux Berceaux.

Porte biaise, en talus, et rachetant un berceau en maçonnerie.

PL. 35, FIG. 1. **618**. Pour se faire une idée nette de la question actuelle dans son ensemble, il faut se représenter un grand berceau dont la section droite est le demi-cercle vertical GXD'', et qui a pour pieds-droits deux murs dont le parement intérieur $D''d''$ est un plan vertical, tandis que le parement extérieur $D'd'$ est en talus, et biais par rapport au berceau ; c'est-à-dire que la trace horizontale $d'c'$ de ce plan incliné n'est point parallèle à la génératrice $D''C''$ du cylindre. Cela posé, dans ce berceau, on veut pratiquer une porte qui soit comprise entre les deux plans verticaux $aa'a''$ et $bb'b''$ perpendiculaires au berceau, et qui ait pour intrados un cylindre dont la section droite serait le demi-cercle vertical AZB : d'ailleurs, la naissance AB de cette petite voûte est à la même hauteur que celle du berceau. Dès lors on conçoit que le petit cylindre ira percer le mur en talus suivant une ellipse $A'Z'B'$, et le grand cylindre suivant une courbe à double courbure $A''Z''B''$, entre lesquelles seront compris tous les voussoirs de la porte qu'il s'agit d'exécuter.

Observons ici que tout ce qui va suivre s'applique identiquement aux ouvertures faites dans le haut d'un berceau pour éclairer l'intérieur, comme les fenêtres pratiquées dans une nef d'église ; car ces petites voûtes sont comprises sous le nom général de *Portes*.

619. Remarquons aussi, une fois pour toutes, que si nous plaçons souvent dans·les données de nos épures des *biais*, des *talus*,..., ce n'est pas comme exemples d'une architecture régulière ; et il ne conviendrait pas de les introduire volontairement dans un projet de construction que l'on serait le maître de disposer à son gré. Mais, d'abord, ces circonstances se rencontrent forcément quelquefois, lorsqu'il s'agit de rattacher les unes aux autres des constructions déjà existantes ; et nous devons chercher à résoudre les problèmes de stéréotomie dans toute leur généralité, avec toutes les difficultés qui peuvent s'offrir ; car dès lors la solution n'en deviendra que plus facile, lorsque ces complications n'auront pas lieu. Ajoutons ensuite que les biais et les talus se présentent nécessairement dans la fortification et dans d'autres genres de travaux publics, tels que les murs de revêtement des quais, les aqueducs, les ponts et les viaducs employés pour les chemins de fer.

620. Pour tracer l'épure du problème proposé ci-dessus, faisons abstraction PL. 36. des pieds-droits qui n'offrent aucune difficulté et rentrent dans le cas du n° 594 ; puis, en adoptant pour plan horizontal le plan de naissance commun à la porte et au berceau, dirigeons notre plan vertical perpendiculairement à l'axe $OO'O''$ de la porte. Sur ce dernier plan, traçons le demi-cercle AMB qui représentera la section droite de l'intrados de cette petite voûte ; et sur le plan horizontal, soient $C'A'B'D'$ la trace du mur en talus et $C''A''B''D''$ la première génératrice du berceau que doit racheter la porte (*). Cela posé, après avoir

---

(*) Souvent, dans la coupe des pierres, nous attribuerons les lettres sans accent à la projection verticale, parce que c'est ordinairement sur ce plan que l'on trace les premières données de l'épure. Au reste, dans chaque problème, nous aurons soin que les lettres accentuées d'une manière analogue, se rapportent à un même plan de projection.

divisé le cercle AMB en un nombre impair (n° **609**) de parties égales (réduites ici à *cinq*, pour éviter la répétition d'opérations semblables qui rendraient l'épure moins facile à étudier), nous ferons passer des plans MOO′, NOO′,... par ces points de division et par l'axe OO′ du cylindre, et nous adopterons ces plans pour former les *coupes* ou *joints* des voussoirs. Ces joints seront bien normaux à l'intrados, comme nous l'avons recommandé au n° **584**, et ils couperont évidemment l'intrados suivant des génératrices rectilignes qui se nomment les *arêtes de douelle;* puis, nous limiterons ces joints MR, NP,... à un cercle CRD concentrique avec le premier, et enfin chaque voussoir sera terminé par une face horizontale RQ et par une face verticale PQ. Nous adoptons ici ce mode d'appareil qui est le plus simple, parce que nous supposons que le berceau qui doit être racheté par la porte est construit en maçonnerie, c'est-à-dire en moellons, briques ou meulières, et qu'on n'exécute en pierre que la voûte de la porte et ses pieds-droits A′A″C″C′, B′B″D″D′; mais s'il en était autrement, il faudrait modifier un peu ces dispositions, comme nous l'indiquerons au n° **639**.

621. D'après cela, un des voussoirs sera projeté verticalement sur le pentagone MNPQR, et il occupera, dans le prisme droit qui aurait ce polygone pour base, la portion comprise entre le plan incliné passant par A′B′ et le cylindre du berceau qui commence à la génératrice A″B″. De sorte que, pour déterminer ce voussoir que nous choisissons spécialement comme exemple, il s'agira de trouver les intersections de toutes les faces de ce prisme : 1° avec le plan incliné A′B′; 2° avec le cylindre du berceau.

622. D'abord, par un point quelconque C′ de la trace A′B′ du mur en talus, menons deux plans verticaux C′E′, C′F′, l'un perpendiculaire à cette trace C′A′, l'autre parallèle aux génératrices du cylindre de la porte. Ces plans couperont le mur en talus suivant des droites inclinées qui formeront avec la verticale C′ deux angles inégaux, dont le premier sera évidemment la mesure précise du talus (n° **590**), lequel doit être assigné par la question, et je le représente rabattu sur le plan vertical par YCZ. Pour en déduire l'autre angle contenu dans le plan vertical C′F′, je prends sur les côtés C′E′, C′F′, des angles primitifs, deux points situés à la même hauteur, ce qui s'exécute en tirant à volonté la droite E′F′ parallèle à C′A′; puis, je fais tourner les deux angles autour de la verticale C′, jusqu'à ce qu'ils deviennent parallèles au plan vertical. Alors le point projeté en E′ viendra nécessairement se rabattre en E sur la droite CY; quant au point projeté en F′, puisqu'il est à la même hauteur que le précédent, il se rabattra sur l'horizontale EZ menée du point E, et il y tombera au point F déterminé par l'arc de cercle décrit avec le rayon C'F' ; donc, en joignant F avec C, j'obtiendrai la vraie grandeur FCZ de l'angle formé par la section C'F', lequel angle va servir de base aux opérations suivantes.

623. L'arête de douelle qui part de M, est projetée horizontalement sur Gα'M'. Pour obtenir la projection M' du point où elle perce le plan incliné A'B', imaginez par cette arête un plan vertical Gα'M' : il coupera le mur en talus suivant une droite qui formera avec la verticale α' un angle évidemment égal à FCZ, et l'on doit bien voir que la portion de l'arête de douelle qui se trouvera comprise dans cet angle, serait précisément la distance du point α à la projection demandée M'. Or, cette portion de l'arête de douelle ne changera pas de longueur, quand on rabattra cet angle sur le plan vertical et qu'on le transportera en FCZ, parce que tous ses points, ainsi que M, resteront à la même hauteur qu'auparavant. Donc, si l'on tire l'horizontale MIK et que l'on porte l'intervalle IK de α' en M', on aura la projection horizontale M' du point où l'arête de douelle partie de M va percer le mur en talus.

De même, en tirant l'horizontale NJL et prenant δ'N' = JL, on aura le point N' où l'arête de douelle partie de N vient rencontrer le mur ; et si l'on opère semblablement pour tous les autres points de division du cercle AMNB, ainsi que pour des points intermédiaires, tels que les milieux des arcs BN, MN,..., on pourra tracer la courbe A'M'N'B' qui sera la projection horizontale de la *courbe de tête* ou du *cintre de face* sur le mur en talus.

624. Ce procédé est évidemment applicable aux arêtes horizontales des faces de joint. Ainsi, pour celle qui part du point R et qui est projetée horizontalement sur Sγ'R', on tirera par le point R une horizontale qui coupe l'angle FCZ, et la portion interceptée dans cet angle étant portée de γ' en R', la droite M'R' sera l'intersection du plan de joint MR avec le mur en talus. Il se présente ici une vérification essentielle à observer ; car la droite M'R' ainsi obtenue et prolongée, devra aller aboutir en O', puisque c'est là que se coupent les traces horizontales du plan de joint MOO' et du plan incliné A'B'.

On obtiendra semblablement l'intersection N'P' du joint inférieur NP avec le mur en talus ; quant à la face horizontale RQ, elle coupera ce mur suivant la droite R'Q' parallèle à A'B', et la face verticale PQ donnera lieu à une section inclinée projetée nécessairement sur P'Q' ; de sorte que la *face de tête* extérieure du voussoir que nous avons pris pour exemple, sera tout entière projetée suivant M'N'P'Q'R'.

625. Pour déterminer l'autre tête du voussoir, laquelle fera partie de la surface cylindrique du berceau dont la naissance est sur la droite C"D", imagi-

nez encore par l'arête de douelle (M, GM'α"M") un plan vertical : il coupera
le berceau suivant un demi-cercle égal à son arc droit qui doit être donné par
la question, et je le représente rabattu sur le plan vertical par l'arc DX. Or, la
portion de l'arête de douelle qui sera comprise entre ce demi-cercle et la verticale α", qui lui est tangente, égalera évidemment la distance du pied α" de
cette verticale à la projection M" du point où cette arête va percer le berceau ;
donc, si l'on tire l'horizontale MTU, et que l'on porte l'intervalle TU de α" en
M", ce dernier point fera connaître la rencontre du berceau avec l'arête de
douelle qui part de M.

De même, si par le point N on tire l'horizontale Ntu, et que l'on prenne
δ"N" = tu, le point N" sera la rencontre du berceau avec l'arête de douelle
partie de N ; et en opérant d'une manière semblable pour tous les points de
division du cercle AMNB, ainsi que pour les milieux des arcs BN, MN,..., on
obtiendra la courbe A"M"N"B", qui représentera la projection horizontale de
l'intersection du cylindre de la porte avec le cylindre du berceau (*).

626. En imaginant aussi par l'arête d'extrados (R, SR'γ") un plan vertical,
on verra bien qu'il faut encore porter de γ" en R" la portion VX de l'horizontale RVX, pour obtenir le point R" où cette arête de joint va percer le berceau ;

(*) Cette projection A"M"N"R" est une portion d'hyperbole équilatère ; car si l'on rapporte
les deux cylindres aux trois axes rectangulaires Oz, Ox, Oy, et que l'on désigne la distance $OO"$
par δ, on verra aisément que les équations de ces cylindres sont

$$x^2 + z^2 = r^2, \quad \text{et} \quad (y - \delta - R')^2 + z^2 = R''^2;$$

d'où, en les retranchant, on déduit

$$(y - \delta - R')^2 - x^2 = R'^2 - r^2,$$

équation qui représente bien une hyperbole équilatère, dont le centre ω est sur l'axe Oy à une
distance $O\omega = \delta + R'$, c'est-à-dire que les axes de cette hyperbole sont les axes des deux cylindres. Il faut observer aussi que l'intersection complète de ces deux surfaces se composerait de
deux branches séparées, dont chacune serait fermée et à double courbure ; mais pour *la courbe
d'entrée*, par exemple, les deux arcs situés au-dessus et au-dessous du plan de naissance étant
complétement symétriques, ils vont se projeter tous deux sur la portion d'hyperbole A"M"B" ;
tandis que la seconde branche de cette hyperbole recevrait la projection des deux parties supérieure et inférieure de la *courbe de sortie* qui n'est pas employée ici. Dans le cas particulier où
les deux cylindres sont égaux, l'équation précédente représente deux droites, ce qui annonce
que les cylindres se coupent alors suivant deux courbes planes : c'est un cas de la *voûte d'arêtes*,
dont nous parlerons plus loin.

mais comme ici le plan de joint MR coupe ce cylindre suivant *une courbe* R″M″ qui est un arc d'ellipse, il faudra chercher quelques points intermédiaires entre R″ et M″, en répétant le procédé ci-dessus pour le milieu, au moins, de l'intervalle MR. D'ailleurs, cet arc d'ellipse prolongé devra passer en O″, et y avoir pour tangente en projection la droite O″B″, puisque c'est là la trace horizontale d'un plan vertical qui touche le berceau à sa naissance.

En opérant de même pour le joint inférieur NP, on trouvera qu'il coupe le berceau suivant l'arc d'ellipse P″N″; puis, la face verticale PQ produira dans ce berceau une section circulaire projetée sur la droite P″Q″, et la face horizontale QR donnera pour section la génératrice R″Q″. Dès lors la tête intérieure du voussoir que nous considérons sera projetée tout entière suivant M″N″P″Q″R″; et, d'après tout ce qui précède, le voussoir lui-même est complétement déterminé. Il restera à effectuer des opérations semblables pour chacun des autres voussoirs, ainsi que l'indique suffisamment notre épure.

627. *Des tangentes.* Il sera convenable de s'exercer à construire les tangentes PL. 36. des principales courbes que nous rencontrerons dans la stéréotomie, parce que c'est là une ressource utile quelquefois pour vérifier ou corriger le tracé de ces courbes, avant de les transporter sur la pierre.

Pour la première courbe de tête A′M′B′, sa tangente au point quelconque (M, M′) s'obtiendra en combinant la trace horizontale A′B′ du plan en talus avec celle du plan tangent au cylindre de la porte, lequel passe par la tangente du cercle AMB; et cela est si facile, qu'il nous a paru superflu d'exécuter cette opération sur notre épure.

Quant à la courbe de tête A″M″B″ sur le berceau, sa tangente au point quelconque (M, M″) pourrait s'obtenir en combinant aussi le plan tangent du cylindre AMB avec le plan tangent du berceau; pour trouver ce dernier, il faudrait mener la tangente au point U de l'arc DX, prendre la distance du pied de cette tangente au point D, et rapporter cette distance sur D″D au-dessus du point D′, ce qui fournirait évidemment un point de la trace horizontale du plan tangent, trace que l'on mènerait ensuite parallèle à A″D″. Mais ce procédé est moins simple que le suivant, et d'ailleurs il ne s'appliquerait pas aux points de naissance A″ et B″; car, comme ici les deux plans tangents sont verticaux, et se coupent suivant une verticale qui se réduit à un point unique en se projetant sur le plan horizontal, il en résulte que cette marche n'apprendrait rien sur la tangente de la courbe plane A″M″B″, au point B″ par exemple.

628. Employons donc la *méthode du plan normal* (G. D., n° **214**). Pour le cylindre AMB, la normale de cette surface au point (M, M″) se projette évidemment sur la droite M″ε perpendiculaire à l'axe OO″, et elle vient percer le plan horizontal au point ε où elle rencontre cet axe. Quant au berceau qui a pour première génératrice A″B″, et pour axe la droite ωξ menée à la distance O″ω égale au rayon connu de l'arc DX, la normale au point (M, M″) sera projetée sur M″λ, et sa trace horizontale se trouvera placée au point λ où elle rencontre l'axe ωξ. Donc la droite ελ sera *la trace du plan normal* à l'intersection des deux cylindres, et il suffira de lui mener une perpendiculaire M″θ pour avoir la tangente de la projection A″M″B″.

Cette méthode semble d'abord, comme l'autre, devenir insuffisante pour le point de naissance B″, attendu qu'alors le plan des deux normales se confond avec le plan horizontal, et qu'ainsi *la trace* du premier sur le second se trouve *indéterminée*. Mais si l'on dépouille le résultat obtenu pour le point quelconque M″, des considérations relatives aux trois dimensions de l'espace qui ont servi à l'établir, il restera toujours démontré que la courbe plane A″M″B″, indépendamment de la ligne à double courbure dont elle reçoit la projection, jouit de cette propriété : *si de chaque point M″, on abaisse les deux perpendiculaires M″ε et M″λ sur les lignes Oω et ωξ, la droite ελ se trouve perpendiculaire à la tangente en M″.* Or c'est uniquement cette propriété qu'il faut invoquer pour le point B″, sans parler de la trace du plan normal en ce dernier point; on prolongera donc BB″ d'une quantité égale au rayon de l'arc DX, et en joignant l'extrémité de cette distance avec le point O″, on obtiendra la droite sur laquelle la tangente au point B″ doit être perpendiculaire. Nous laissons au lecteur le soin d'exécuter cette opération très-simple.

PL. 36.   **629.** *Panneaux de développement.* Tous les voussoirs sont actuellement déterminés; mais nous ne connaissons encore la plupart de leurs faces qu'en projection, et pour appliquer le trait sur la pierre, il faut avoir leur véritable grandeur, du moins pour les douelles et les joints. Or, les douelles font toutes partie d'un cylindre dont la *section orthogonale* AMB doit, comme on l'a vu en géométrie descriptive, devenir rectiligne après le développement du cylindre. Nous allons donc rectifier cette courbe (nommée vulgairement la *ligne de direction*), en prenant sur la droite indéfinie *ab* des distances *bn, nm...* égales aux longueurs des arcs BN, MN,..., ce qui s'exécute généralement au moyen d'une très-petite ouverture de compas que l'on porte sur l'arc BN autant de fois qu'il est nécessaire; puis, après avoir élevé par tous ces points de division des perpendiculaires indéfinies sur *ab*, nous prendrons les distances

$$bb' = BB', \quad nn' = HN', \quad mm' = GM', \ldots \ldots aa' = AA'.$$

Il faudra même appliquer ce procédé aux génératrices qui partent des milieux des arcs BN, NM,..., afin de se procurer assez de points pour tracer avec une précision suffisante la courbe $a'm'n'b'$ qui sera la *transformée* de l'arc de tête projeté sur A'M'N'B'. Semblablement, on prendra les distances

$$bb'' = BB'', \quad nn'' = HN'', \quad mm'' = GM'', \ldots, \quad aa'' = AA'',$$

et la courbe $a''m''n''b''$ sera la transformée de l'arc de tête sur le berceau, lequel était projeté suivant A"M"N"B". Il importe d'observer que cette courbe $a''m''n''b''$ doit être tangente à la droite $a''b''$ dans ses deux points extrêmes; car nous avons dit au n° **627** que la tangente au point B" de la ligne à double courbure projetée sur A"M"B" était *verticale*, et conséquemment elle formait un angle droit avec la génératrice BB"; or cet angle devant rester constant lorsqu'on développe le cylindre (*G. D.*, n° **162**), la tangente de la ligne $a''m''b''$ sera donc encore perpendiculaire sur la génératrice bb''.

Quant à la courbe $a'm'b'$, sa tangente en a' formera avec $a'a''$ le même angle que formait avec la génératrice A'A" la tangente de l'arc de tête projeté sur A'M'B'; or ce dernier angle est évidemment égal au complément de celui que nous avons trouvé rabattu suivant FCZ au n° **622**.

630. Il résulte de ce qui précède que la face de douelle du voussoir MNPQR se trouve développée suivant le panneau $m'n'n''m''$; quant aux joints, ils sont plans et il suffit de les rabattre autour des arêtes $m'm''$ et $n'n''$ qui leur sont communes avec la douelle. Je prendrai donc les distances mr et np égales aux largeurs MR et NP des deux joints; puis, j'élèverai les perpendiculaires

$$rr' = SR', \quad rr'' = SR'', \quad pp' = WP', \quad pp'' = WP'',$$

et les droites $m'r'$, $n'p'$, seront les côtés extérieurs des joints. Quant aux deux autres côtés $m''r''$, $n''p''$, comme ce sont des courbes, il faudra se procurer au moins un point entre m'' et r'', entre n'' et p''; ce qui s'effectuera en appliquant le procédé ci-dessus aux milieux des joints MR, NP, lesquels ont déjà servi à trouver les projections M"R", N"P", de ces mêmes courbes.

631. Il existe, sur notre épure, une autre courbe $a'\alpha_2\mathfrak{b}_2b'$ dont voici la signification. *Si le mur extérieur n'avait pas de talus*, toutes les faces de tête des voussoirs seraient projetées sur la trace A'B' de ce plan vertical, ce qui dispenserait de faire les diverses constructions des n°⁵ **622**, **623**, **624**; et quant au développement, il faudrait prendre les distances

$$bb' = BB', \quad n\mathfrak{b}_2 = H\mathfrak{b}, \quad m\alpha_2 = G\alpha, \ldots, \quad aa' = AA',$$

33.

pour obtenir la transformée de l'arc de tête de la porte; de sorte que les panneaux de douelle s'étendraient jusqu'à cette courbe $a'a_2\mathit{6}_2b'$. Les joints devraient aussi être prolongés, car il faudrait prendre

$$p\mathit{d}_2 = \mathrm{W}\mathit{d}', \quad r\gamma_2 = \mathrm{S}'\gamma, \ldots\ldots$$

pour obtenir les côtés extérieurs $\mathit{6}_2\mathit{d}_2$, $a_2\gamma_2$, des panneaux de ces joints.

632. On peut se procurer quelques vérifications, en observant que le plan de joint MOO″ renfermait l'axe OO″ du cylindre, et qu'en tournant autour de l'arête de douelle (M, M′M″), il a transporté cet axe dans une position facile à retrouver sur le développement. En effet, si l'on prend $mo = \mathrm{MO}$, la droite $oo″$ représentera évidemment cette nouvelle position de l'axe du cylindre; et en prenant $oo' = \mathrm{OO}'$, le point o' sera celui où doivent aboutir les prolongements des côtés $m'r'$ et $a_2\gamma_2$ du joint supérieur MR, dans les deux hypothèses où la porte est *avec talus* ou *sans talus*. D'ailleurs le côté $m″r″$ de ce même joint est un arc d'ellipse dont le prolongement devra passer en $o″$ et y toucher la droite $a″b″$, comme cela résulte évidemment de la projection R″M″O″ de ce même arc. On pourra trouver des vérifications analogues pour les autres joints.

633. APPLICATION DU TRAIT SUR LA PIERRE. Pour tailler les voussoirs, par exemple celui qui est projeté sur MNPQR, on peut suivre deux méthodes différentes. La première, nommée *par équarrissement* ou *par dérobement*, suppose qu'on a d'abord taillé un *prisme droit* qui soit *capable* du voussoir en question; et ici j'appelle *Prisme*, tout corps dont la surface latérale est engendrée par une droite qui, en demeurant parallèle à une même direction, s'appuie sur un polygone RMψNPQ à côtés rectilignes ou curvilignes : pour ces derniers, comme MψN, la face correspondante sera cylindrique. En général, cette méthode offre plus de précision et donne des résultats plus exacts que la méthode *par biveaux* dont nous parlerons ensuite; mais la première exige ordinairement des pierres d'un plus grand volume, ce qui produit un déchet dans les matériaux; et surtout elle oblige souvent à tailler des faces qui doivent être détruites plus tard, de sorte qu'il en résulte une perte de main-d'œuvre qui est un grave inconvénient. Toutefois, on a exagéré les défauts de cette méthode, en disant à tort qu'elle obligeait à tailler toutes les faces d'un parallélipipède rectangle, tandis qu'il suffit d'employer un prisme droit, et de dresser seulement la base avec trois des faces latérales. D'ailleurs, il y a des cas où il faut y recourir nécessairement, comme nous le verrons par la suite.

634. *Méthode par équarrissement* ou *par dérobement.* Imaginons un prisme PL. 36 droit qui ait pour base la projection verticale RMψNPQ du voussoir en ques- et 35, tion (*Pl. XXXVI*), et pour longueur la plus grande dimension P'Q'' de la pro- FIG. 4. jection horizontale : ce sera le *solide capable.* Ainsi, après avoir choisi un bloc de pierre (*fig.* 4) au moins égal à ce prisme, on dressera la base de manière qu'elle soit exactement plane (n° 593), et on y tracera le contour $m_1 n_1 P_1 q_1 r_1$ au moyen d'un *panneau* (voyez n° 614) levé sur la projection verticale MNPQR de la *Pl. XXXVI* : on devra avoir soin de tourner ce panneau de telle sorte que le côté MR d'un des joints coïncide, autant que possible, avec le lit de carrière $m_1 r_1 R_2$, par la raison citée au n° 587. Cela posé, l'ouvrier abattra la pierre carrément le long de la droite $m_1 r_1$, c'est-à-dire qu'il conduira par cette droite un plan qui soit exactement perpendiculaire à la base déjà exécutée, et l'équerre lui suffira bien pour cela; puis, sur cette face il appliquera le panneau $m'r'r''m''$ (*fig.* 3) du joint supérieur, en le plaçant aux distances $m_1 M_1 = $ G'M', $r_1 R_1 = $ R'S', et par le moyen de ce panneau il tracera le contour $R_1 M_1 M_2 R_2$ du joint véritable. Il en fera autant pour l'autre plan de joint qui passe par la droite $P_1 n_1$, et qui est d'équerre sur la base du prisme; et il y appliquera aussi le panneau $n'p'p''n''$ de la *fig.* 3, pour y tracer le contour $P_1 N_1 N_2 P_2$ du joint inférieur.

Quant à la douelle, c'est une portion de cylindre qui passe par la courbe $m_1 n_1$ et dont les génératrices sont perpendiculaires au plan de cet arc; l'équerre suffira donc encore pour tailler ce cylindre; ou bien, si la branche de son équerre n'est pas assez longue, l'ouvrier emploiera une *cerce* (*) découpée suivant la convexité de l'arc MN, et en promenant cette cerce sur les deux droites déjà tracées $m_1 M_2$, $n_1 N_2$, de manière qu'elle passe par des points de repère marqués deux à deux à égale distance de la section droite $m_1 n_1$, il taillera aisément cette surface cylindrique. Ensuite, il y appliquera le panneau de douelle $m'n'n''m''$ de la *fig.* 3, lequel a dû être exécuté en carton ou en tôle, afin qu'en appuyant sur ce panneau *flexible,* on puisse le faire coïncider parfaitement avec la surface concave $M_1 N_1 N_2 M_2$; et dans cet état, on tracera sur la pierre les deux courbes $M_1 N_1$ et $M_2 N_2$ (**).

***

(*) On appelle *cerce, cerche* ou *cherche,* une planche de bois mince ou une simple latte, dont le bord est taillé suivant le contour convexe ou concave d'une courbe déterminée (*fig.* 6 et 7), et que l'on promène, comme un patron mobile, sur les diverses parties d'une face courbe qu'il s'agit d'exécuter.

(**) Pour arriver à ces résultats, on pourrait se dispenser de construire toute la seconde

Enfin, la face latérale $P_1q_1Q_2P_2$ et la face supérieure $q_1r_1R_2Q_2$ étant des plans qui passent chacun par deux droites connues et sont en outre perpendiculaires à la base du prisme, il sera bien facile de tailler ces faces ; et après avoir pris les distances $q_1Q_1 = P'Q'$, $q_1Q_2 = P'Q''$, on tracera les droites R_1Q_1, Q_1P_1, et l'arc de cercle Q_2P_2 au moyen d'une cerce découpée suivant la courbure de la section droite DX du berceau, qui est donnée sur la *Pl. XXXVI.*

635. Maintenant que le contour $R_2M_2N_2P_2Q_2$ de la tête du voussoir relative au berceau se trouve complétement tracé sur le prisme, on taillera cette face *cylindrique* en promenant une règle sur ce contour, de manière qu'elle passe à la fois par les points de repère α et ε, α' et ε', M_2 et ε'',…, qui correspondent à une même génératrice de ce cylindre. Or, on trouvera aisément ces repères en traçant sur la base du prisme diverses droites parallèles à q_1r_1, comme $\alpha_1\varepsilon_1$, et en ramenant par des horizontales les points α_1 et ε_1 en α' et ε'. Quant à l'autre tête $R_1M_1N_1P_1Q_1$, comme c'est un plan dont le contour est entièrement connu par ce qui précède, on dressera cette face avec la règle appuyée sur tels points de ce contour que l'on voudra choisir ; et après avoir enlevé la pierre qui excède cette limite à gauche, le voussoir définitif sera enfin le solide

$$M_1N_1P_1Q_1R_1R_2M_2N_2P_2Q_2.$$

636. *Méthode par biveaux.* Nous avons commencé, dans la *fig.* 4, par tailler la section droite $m_1n_1P_1q_1r_1$ du solide capable : mais comme le biais et le talus qui existent ici, font disparaître cette face dans le voussoir définitif, on peut éviter la perte de temps et de matériaux que cela occasionne, en opérant de la PL. 35, manière suivante. Après avoir dressé un des lits de carrière, et y avoir tracé le FIG. 5. contour $M_1R_1R_2M_2$ du joint supérieur, l'ouvrier conduira par la droite M_1M_2

---

partie (*fig.* 3) de l'épure 36, c'est-à-dire les panneaux des douelles et des joints, si l'appareilleur voulait prendre la peine de venir tracer sur la pierre même les contours de ces faces. Pour cela, il faudrait que l'épure ne fût pas éloignée du chantier, ou que l'appareilleur prît soin de noter, sur une figure grossièrement tracée dans son carnet, les longueurs en millimètres des diverses droites $G'M'$, $G'M''$, $S'R'$, $S'R''$, $H'N'$, $H'N''$,… et de quelques autres intermédiaires, telles qu'elles sont marquées sur l'épure primitive. Alors, quand l'ouvrier aurait équarri le prisme droit qui a pour base $m_1n_1P_1q_1r_1$ (*fig.* 4), l'appareilleur viendrait marquer, sur la pierre même, les distances r_1R_1, r_1R_2, m_1M_1, m_1M_2,… déjà inscrites sur son carnet ; puis, il tracerait à la main les courbes R_2M_2, M_2N_2,… dont il connaîtrait un ou deux points intermédiaires ; opérations analogues à celles qu'il aurait dû faire pour exécuter la *fig.* 3 de l'épure 36.

un plan qui fasse avec ce joint un angle égal à RMφ sur l'épure 36 : ce plan est celui de la *douelle plate* qui serait menée par la corde MφN et par les deux arêtes de douelle du voussoir, et que l'on substitue provisoirement à la véritable douelle cylindrique. Pour tailler cette douelle plate, on donnera à l'ouvrier un *biveau* (*) dont l'angle soit égal à RMφ ; et en maintenant ce biveau dans un plan toujours normal à l'arête M$_1$M$_2$, il s'en servira comme d'une équerre ordinaire pour exécuter le plan demandé. Ensuite, sur ce plan indéfini, il marquera le contour M$_1\varphi_1$N$_1$N$_2$ de la douelle plate, dont la véritable grandeur est un trapèze bien facile à déduire de l'épure 36 (**).

Semblablement, avec un biveau dont l'angle soit égal à φNP (ici cet angle est le même que RMφ), et dont une des branches se promènera sur la douelle plate, pendant que le plan du biveau demeurera normal à l'arête N$_1$N$_2$, l'ouvrier taillera le joint inférieur sur lequel il tracera le contour N$_1$N$_2$P$_2$P$_1$ au moyen du panneau relatif à ce joint. Alors, il pourra exécuter la face de tête en talus, puisque c'est un plan qui passe par les trois droites R$_1$M$_1$, M$_1$N$_1$, N$_1$P$_1$, actuellement connues ; et il y tracera le contour M$_1\psi_1$N$_1$P$_1$Q$_1$R$_1$ de cette tête, qui n'est marqué qu'en projection sur l'épure 36, mais dont le rabattement est bien facile à trouver. Ensuite, il creusera la douelle cylindrique qui commence à l'arc M$_1\psi_1$N$_1$, en se servant d'une *cerce* (n° **634**) découpée suivant la courbure de MψN sur l'épure 36 ; et le panneau de douelle développée qu'il appliquera sur ce cylindre, lui permettra de tracer l'autre limite M$_2\psi_2$N$_2$.

Quant aux deux faces planes R$_1$Q$_1$Q$_2$R$_2$ et P$_1$Q$_1$Q$_2$P$_2$, on connaît actuellement deux droites pour chacune d'elles, et il sera facile de les dresser ou de les ébaucher seulement. Sur la seconde de ces faces, on tracera la courbe P$_2$Q$_2$ avec une cerce découpée suivant l'arc droit DX du berceau ; et alors le contour M$_2\psi_2$N$_2$P$_2$Q$_2$R$_2$ de la seconde tête du voussoir étant connu entièrement, on taillera cette face cylindrique au moyen d'une règle que l'on maintiendra toujours parallèle à R$_2$Q$_2$.

(*) On nomme *biveau* ou *beuveau* une espèce d'équerre oblique (*fig.* 8), formée par deux règles de bois assemblées à frottement et comprenant entre elles un angle aigu ou obtus. Il y a aussi des biveaux dont une des branches offre un contour curviligne (*fig.* 9), et qui servent à donner l'inclinaison d'un plan sur une surface courbe, comme sur l'épure 36 l'angle RMψ est celui que forme le joint du berceau avec la douelle cylindrique.

(**) Il est vrai que cette douelle plate irait couper le berceau suivant une courbe, et non suivant la droite M$_2\varphi_2$N$_2$; mais il est superflu de chercher cette courbe, puisque la douelle plate va être détruite pour creuser la douelle cylindrique.

637. Cette seconde méthode est préférée par les tailleurs de pierre qui, étant ordinairement payés à raison du mètre superficiel de *parement vu*, cherchent tous les moyens d'économiser leur temps; mais on ne peut s'empêcher de reconnaître qu'elle offre moins de précision dans les résultats que la méthode par dérobement du n° **634**. Car, 1° on y emploie des *biveaux* ou angles obliques qui conservent bien rarement l'ouverture qu'on leur a donnée d'abord, tandis que l'équerre fixe suffit pour équarrir un prisme droit, capable du voussoir en question; 2° comme on déduit successivement les unes des autres plusieurs faces contiguës (la douelle plate et les deux joints) au moyen de leurs inclinaisons mutuelles, il y a dans ce procédé la même incertitude que quand on trace un polygone ABCDE (*fig.* 12) au moyen de ses côtés successifs AB, BC, CD,... et des angles intermédiaires, sans recourir aux diagonales; on sait qu'alors les petites erreurs s'accumulent souvent, et il est rare que le dernier sommet E soit à la distance voulue du point de départ A. Ainsi, en taillant un voussoir par la méthode des biveaux, on s'expose à obtenir des joints trop *maigres,* ce qui serait un défaut irréparable, ou du moins auquel on ne pourrait remédier que par l'emploi de cales exagérées; mais c'est là une ressource dont nous avons signalé (n°ˢ **603, 605**) les inconvénients très-graves pour des constructions qui ont de l'importance.

Au surplus, les défauts reprochés à la méthode par équarrissement, disparaissent souvent d'eux-mêmes, attendu qu'ordinairement le voussoir M'N'P'Q"R" de l'épure 36 présente une longueur trop considérable pour être formé d'une, seule pierre; dans ce cas, on le partage en deux par un plan vertical perpendiculaire à P'Q", ce qui donne lieu à deux voussoirs partiels dont chacun offre une tête ou *joint montant* identique avec la section droite MNPQR; et alors, en partant de cette face pour y appliquer la méthode du n° **634**, il n'y a aucune perte de temps ni de matériaux.

638. Remarque I. Nous avons dit (n° **592**) qu'il importe d'éviter, autant que possible, les angles aigus qui seraient formés par les faces contiguës d'un même voussoir; or, dans l'épure 36, la face horizontale RQ qui va couper le berceau suivant la génératrice R"Q", forme avec la tête du voussoir située sur ce berceau, un angle TU*u* qui est d'autant plus aigu que le voussoir considéré se trouve plus près de la clef : cela est surtout très-sensible, quand le rayon du berceau n'excède pas beaucoup celui de la porte. Dans ce cas, il conviendrait de terminer le voussoir par une face normale au berceau, et conduite suivant la génératrice (RQ, R"Q"); cette face couperait le plan rabattu VDX suivant la normale Xπ'', et en la prolongeant dans une largeur de 8 ou 10 centimètres, elle se terminerait au plan horizontal $\pi\rho$ qui deviendrait alors la face supérieure du voussoir. Sur la projection horizontale, cela produirait une nouvelle arête parallèle à R''Q'', et le joint M'M''R'' acquerrait une face verticale de plus; mais comme ces modifications sont très-faciles à apercevoir, et qu'elles n'apportent pas de différence notable dans la manière de tailler le voussoir, nous nous contentons de les indiquer au lecteur qui pourra aisément les ajouter sur notre épure.

Il faudrait aussi éviter l'angle aigu B'D'D'' que forme la face verticale D'D'' du premier voussoir avec le mur en talus, en commençant ce voussoir par un plan D'Δ' perpendiculaire à A'D', que l'on prolongerait seulement dans une étendue de 8 à 10 centimètres. On agirait semblablement pour les autres voussoirs en P', en C',...; mais non pas au point A', parce que ce serait ici changer la baie de la porte, et altérer le cintre de face d'une manière choquante pour l'œil. Cependant, si le biais était très-considérable, il vaudrait mieux employer deux berceaux, l'un perpendiculaire à A'B', l'autre à A''B'', comme on le voit indiqué dans la *fig.* 10 de la *Pl. XXXV*; mais alors ces deux berceaux égaux se rencontreraient en formant sur l'intrados une arête saillante et elliptique, projetée sur la droite *amnb*, ce qui rentrerait dans le cas d'une *Voûte d'arête* dont nous parlerons plus loin (n° **724**) avec les détails convenables.

639. REMARQUE II. Nous avons admis, à la fin du n° **620**, la restriction que le berceau racheté par la porte en question, était simplement en maçonnerie; et en voici la raison. Dans un berceau en pierre, les divisions de l'intrados seraient formées (n° **616**) par des droites horizontales et des arcs de cercle verticaux; tandis que sur l'épure 36, les joints de la porte vont couper l'intrados du berceau suivant des arcs d'ellipse N'P'', M''R'',... plus ou moins obliques, qui demandent quelques précautions pour se raccorder avec les divisions précédentes. D'ailleurs, la solidité des constructions exigeant qu'une même pierre comprenne à la fois une douelle de la porte et une douelle du berceau, il en résultera pour chaque assise un voussoir complexe, avec des joints doubles qui se rencontreront dans l'intérieur du solide. On voit donc que l'hypothèse d'un berceau en pierres donnera lieu à une voûte d'un nouveau genre, désignée sous le nom de *Lunette,* et dont nous parlerons en détail au n° **738**.

34

Porte biaise, en Tour ronde avec talus, et rachetant une Voûte sphérique.

640. Cette Tour ronde n'est autre chose qu'un mur circulaire, terminé à l'extérieur par une surface conique de révolution, et à l'intérieur par un cylindre vertical que recouvre une demi-sphère, ainsi qu'on le voit dans la *fig.* 1ζ de la *Pl. XXXV*, où nous avons représenté *une coupe* faite par un plan conduit suivant l'axe $\omega\zeta$ de la tour. Le talus est mesuré par l'angle YEZ que forme avec la verticale la génératrice EY du cône de révolution; et la porte qu'on veut pratiquer dans cette tour, est un petit berceau en plein cintre dont la naissance se trouve dans le même plan horizontal ωFE que celle de la voûte sphérique.

PL. 37. **641**. Pour exécuter l'épure 37, choisissons notre plan vertical perpendiculaire à l'axe de la porte, et traçons-y le demi-cercle AMB égal à la section droite de ce petit berceau; puis, en faisant d'abord abstraction des pieds-droits, adoptons pour plan horizontal le plan de naissance, sur lequel nous marquerons l'axe OO'O″ de la porte et la projection ω' de l'axe vertical de la tour : ici ces deux axes ne se rencontrent pas, et c'est pourquoi la porte est dite *biaise*. Du point ω' comme centre, et avec des rayons ω'E', ω'F', assignés par la question, décrivons les deux circonférences E'A'B', F'A″B″, qui représenteront les traces du cône et du cylindre sur le plan de naissance (la seconde de ces circonférences est aussi le grand cercle horizontal de la sphère qui recouvre le cylindre); et pour achever de définir le cône, nous marquerons sur le plan vertical l'angle ZDY formé par chaque génératrice avec la verticale, angle qui est la mesure du talus que présente le parement extérieur de la tour.

Cela posé, divisons le demi-cercle AMB en un nombre impair de parties égales, et formons les joints au moyen des plans NOO', MOO',... menés par l'axe du berceau, et qui sont bien *normaux* à la douelle : nous limiterons ces joints NP, MR,... à un cercle CRD concentrique avec l'intrados, et chaque voussoir sera en outre terminé par une face verticale PQ et une face horizontale RQ (*voyez* n° **620**). Dès lors celui de ces voussoirs qui est projeté sur MNPQR et que nous prenons pour exemple, fera partie d'un prisme droit qui aurait ce pentagone pour base, et il en occupera la portion comprise entre la surface conique d'une part, et la sphère de l'autre ; il s'agit donc de déterminer les intersections de ces deux surfaces courbes avec les diverses faces de ce prisme.

642. Par l'arête de douelle (M, M$_2$M′) imaginons un plan horizontal; il coupera le cône suivant un cercle d'un rayon plus petit que ω′E′, puisque ce dernier est relatif au plan de naissance AB; mais la différence est facile à trouver. En effet, si en un point quelconque de AB on trace l'angle YDZ assigné pour le talus, et que l'on tire l'horizontale MGH, la portion GH comprise dans l'angle du talus sera évidemment la différence en question. Donc, en la retranchant de ω′E′, le reste ω′H′ sera le rayon du cercle qui, par sa rencontre avec la droite M$_2$M′, donnera la projection M′ du point où cette arête de douelle va percer le parement extérieur de la tour ronde. En répétant cette construction pour toutes les arêtes de douelle, on obtiendra la projection A′M′N′B′ du cintre apparent de la porte, lequel est une courbe gauche résultant de l'intersection d'un cylindre avec un cône.

Le même procédé s'applique à l'horizontale (R, R$_2$R′) qui termine le joint MR, et l'on trouvera ainsi le point R′ où elle va percer le mur en talus; puis, la section de cette face de joint sera une courbe R′M′O′ qui doit évidemment passer par le point O′ où la trace du cône est rencontrée par la trace du plan ROO′; et l'on pourra en trouver d'autres points intermédiaires, en répétant le même procédé pour le milieu, par exemple, du côté MR. Semblablement, on obtiendra la courbe P′N′O′ pour la section du cône par le joint NP; la face horizontale RQ coupera le cône suivant un arc de cercle R′Q′ qui sera le prolongement de celui qui a servi à déterminer le point R′; et enfin la face verticale PQ produira une section hyperbolique, mais qui sera projetée sur la droite P′Q′; de sorte que la tête du voussoir que nous considérons, se trouvera complétement déterminée et projetée suivant M′N′P′Q′R′.

643. Pour construire l'autre face de tête qui est sur la sphère, coupez encore cette dernière surface par le plan horizontal conduit suivant l'arête de douelle (M, M$_2$M′M″) : la section sera un cercle d'un rayon plus petit que ω′F′; mais si, avec ce dernier rayon, vous décrivez sur le plan vertical le méridien CX de la sphère, et que vous traciez l'horizontale MIK, la portion IK comprise entre la méridienne et sa tangente verticale CV, étant retranchée de ω′F′, donnera évidemment le rayon ω′K′ du petit cercle en question. Donc, en décrivant la circonférence du rayon ω′K′, elle rencontrera la droite M$_2$M′M″ au point cherché M″ qui sera la projection de celui où l'arête de douelle va percer la sphère. Des opérations semblables effectuées pour les autres arêtes de douelle, fourniront la projection

34.

A″M″N″B″ de la courbe suivant laquelle le cylindre de la porte va pénétrer la sphère (*).

644. Quant au joint MR, l'arête horizontale (R, R, R′R″) ira percer la sphère en un point dont la projection R″ se construira comme ci-dessus, en tirant l'horizontale RVX; et la section faite par le joint même sera projetée sur l'arc d'ellipse R″M″O″, dont on pourra trouver quelque point intermédiaire en appliquant la méthode précédente au milieu du côté MR. Le joint inférieur NP donnera lieu à la courbe P″N″O″; la face horizontale RQ à l'arc de cercle R″S″, prolongement de celui qui a servi à trouver le point R″; et enfin, la face verticale PQ couperait la sphère suivant un arc de cercle projeté sur la droite P′P″ prolongée. Mais comme ce dernier plan rencontrerait la sphère très-obliquement, on modifie un peu cette partie du voussoir en menant par le point (P, P″) un plan méridien P″S″ω′ : ce plan sécant réduit la projection de la face de tête à M″N″P″S″R″, et donne lieu à une nouvelle face verticale P″S″, rabattue ici (*fig.* 3) suivant le triangle *pqs*, dans lequel le côté *ps* est un arc de grand cercle qui se confond avec la circonférence F′A″B″ prolongée, et où la droite *pq* doit évidemment égaler la hauteur PQ prise sur le plan vertical.

PL. 37.   **645.** Il faudra aussi, pour l'application du trait sur la pierre, connaître la forme exacte de la face latérale P′Q′P″, modifiée par ce qui précède. On en tracera donc le rabattement suivant le panneau rectangulaire *p′p″q″q′* (*fig.* 2), terminé par un arc d'hyperbole *p′t′q′*, qui se construit en élevant par divers points P′, T′, Q′, de la projection horizontale, des perpendiculaires égales aux ordonnées des points P, T, Q, au-dessus de la ligne de terre AB. Toutefois, ob-

---

(*) Cette projection A″M″N″B″ est un arc de parabole dont le diamètre principal est la droite ω′x, et dont le sommet se trouve situé, par rapport au centre ω′, du même côté que l'axe OO″δ de la porte. En effet, si l'on rapporte le cylindre et la sphère à trois axes coordonnés dont un soit ω′x, le second ω′z vertical, et le troisième ω′y perpendiculaire aux deux autres, et que l'on pose la distance ω′δ = a, les équations des deux surfaces seront

$$(x-a)^2 + z^2 = r^2, \quad x^2 + y^2 + z^2 = R^2;$$

or, en les retranchant, on trouve pour la projection de l'intersection,

$$y^2 = -2ax + R^2 - r^2 - a^2.$$

On voit que si le biais disparaissait, c'est-à-dire que l'on eût a = 0, la projection se réduirait à deux droites parallèles; ce qui annonce qu'alors le cylindre pénétrerait la sphère suivant deux petits cercles situés dans des plans verticaux.

servons que si le point arbitraire T a été choisi au milieu de PQ, la projection T' ne sera pas le milieu de P'Q', mais elle devra se déterminer au moyen d'une section horizontale faite dans le cône, à la hauteur du point T, comme on a opéré (n° **642**) pour trouver les points M', R' et Q'.

646. Considérons maintenant les pieds-droits situés au-dessous du plan de naissance AB, et dont nous n'avons conservé ici qu'une faible portion représentée par la hauteur Aα. Après avoir divisé cette hauteur en plusieurs parties égales, on mènera des plans horizontaux qui formeront les lits des diverses assises (*voyez* n° **591**), et qui couperont la surface conique suivant des cercles dont il faudra trouver les rayons. Par exemple, pour celui qui est projeté verticalement sur αβ, on prendra la portion εγ de cette droite, comprise dans le prolongement de l'angle YDZ du talus, et en l'ajoutant à ω'E', on aura le rayon ω'E'ε avec lequel on devra tracer la circonférence ε'α'β'. On agira de même pour les autres cercles, et l'on subdivisera ensuite chacune de ces assises en plusieurs parties, au moyen de joints verticaux dirigés suivant des méridiens ; mais il faudra commencer par tracer ces joints sur le plan horizontal, et déduire de là leurs projections verticales, ainsi que l'indique notre épure.

Enfin, pour connaître la forme exacte du parement des pieds-droits qui est projeté sur A'α', on construira le panneau A, α,β,, en tirant par les points α', α'', α'',... des perpendiculaires égales aux hauteurs des diverses assises, mesurées sur le plan vertical ; et la courbe α,α₂α₃A, sera un arc d'hyperbole. On agira de même pour le panneau B,6, relatif à la face verticale B'6' de l'autre pied-droit.

647. *Des tangentes.* Pour la courbe de tête A'M'B', sa tangente au point quelconque M' s'obtiendra en combinant le plan tangent du cylindre AMB avec celui du cône qui a pour trace horizontale le cercle E'A'B' ; et même il suffit de connaître la trace horizontale de ce dernier plan, laquelle s'obtiendra en tirant la génératrice ω'M', et la prolongeant jusqu'à sa rencontre avec le cercle A'O'B'. Tout cela est si facile, que nous ne faisons que l'indiquer au lecteur.

Quant à la courbe A''M''B'' suivant laquelle le cylindre pénètre la sphère, on pourrait aussi trouver sa tangente au point (M, M'') par la combinaison des plans tangents à ces deux surfaces ; mais il sera beaucoup plus simple de recourir au *plan normal* (*G. D.*, n° **214**). En effet, la normale du cylindre est projetée sur la droite M''φ menée perpendiculaire à l'axe OO'', et elle va percer le plan horizontal au point φ : la normale de la sphère rencontrerait ce même plan au centre ω' ; donc ω'φ est la trace du plan de ces deux normales, et dès lors la perpendiculaire abaissée du point M'' sur cette trace sera la tangente demandée.

Lorsqu'il s'agit d'un des points de naissance A″ ou B″, la méthode des plans tangents devient insuffisante par la raison déjà citée au n° **627** ; et celle du plan normal semble offrir le même inconvénient, puisque le plan des deux normales étant alors confondu avec le plan de naissance, leur intersection reste indéterminée. Mais si l'on dépouille le résultat trouvé généralement pour le point quelconque M″, des considérations relatives aux trois dimensions de l'espace qui ont servi à l'établir, il n'en restera pas moins démontré que la courbe plane A″M″B″ jouit de la propriété suivante : la tangente en chaque point M″ est perpendiculaire sur la droite qui joint le point ω′ avec le pied φ de la perpendiculaire M″φ abaissée sur la ligne OO″. Donc, en effectuant la construction analogue à celle-ci pour le point B″, ce qui est possible et très-simple, on aura la tangente en ce point de la projection A″M″B″.

Pl. 3₇,
Fig. 4. **648.** *Développement des douelles.* D'après ce que nous avons dit au n° **629**, on tracera une droite ab sur laquelle on prendra les longueurs bn, mn,... égales aux arcs rectifiés BN, NM,... ; puis, sur les perpendiculaires élevées par ces points de division, on portera les distances

$$bb' = B_2 B', \quad nn' = N_2 N', ..., \quad aa' = A_2 A',$$

en ajoutant des opérations semblables, au moins pour les milieux des arcs BN, NM,... ; et la courbe $a'm'n'b'$ sera la transformée de l'arc de tête projeté sur A′M′N′B′. Semblablement, on obtiendra la transformée $a''m''n''b''^x$ de l'arc de tête sur la sphère, en prenant les distances

$$bb'' = B_2 B'', \quad nn'' = N_2 N'', ..., \quad aa'' = A_2 A''.$$

Quant aux joints qui sont des faces planes, on aura leurs rabattements en prenant les largeurs $np = NP$, $mr = MR$,... et en traçant les perpendiculaires

$$pp' = P_2 P', \quad pp'' = P_2 P'', \quad rr' = R_2 R', \quad rr'' = R_2 R'',....$$

avec le soin d'opérer semblablement pour les milieux, au moins, des côtés NP, MR ; car les lignes $n'p'$, $n''p''$, $m'r'$,... sont ici des courbes dont il faut se procurer plus de deux points.

Fig. 5. **649.** *Application du trait sur la pierre.* Après tous les détails que nous avons donnés aux n°ˢ **614** et **634**, il nous suffira ici de dire qu'on doit commencer par exécuter un *prisme droit* (n° **633**) qui ait une base M₁n₁p₁q₁r₁ identique avec le panneau MNPQR, et dont la longueur soit suffisante pour renfermer la projection horizontale $M'N'P'P''S''$ du voussoir, sans prendre la peine de tailler la seconde base de ce prisme qui se trouverait détruite par les opérations ultérieures. Ensuite, sur la face qui passe par le côté $M_1 r_1$, on appliquera le panneau $m'm''r''r'$ de la *fig.* 4, pour tracer le contour $M_1 M_2 R_2 R_1$ du premier joint; sur la face supérieure on tracera le contour $R_1 Q_1 Q_2 S_2 R_2$ identique avec $R'Q'P''S''R''$, et sur la face latérale le contour $Q_1 P_1 P_2 Q_2$ identique avec le panneau $q'p'p''q''$ de la *fig.* 2; alors, par les deux droites connues $P_2 Q_2$ et $Q_2 S_2$, l'ouvrier pourra faire passer un plan sur lequel il tracera l'arc de cercle $S_2 P_2$ au moyen du panneau *pqs* de la *fig.* 3; puis, sur la face du prisme qui passe par le côté $n_1 p_1$, il marquera le contour $P_1 N_1 N_2 P_2$ identique avec le panneau $p'n'n''p''$ de la *fig.* 4; et enfin, sur la face cylindrique, il appliquera le panneau $m'm''n''n'$ (*fig.* 4) qui a dû être exécuté en carton flexible, afin qu'en appuyant dessus pour le faire coïncider avec la concavité de cette face, on puisse tracer les courbes $M_1 N_1$ et $M_2 N_2$ qui limitent la véritable douelle du voussoir.

Cela fait, l'ouvrier connaît tout le contour $M_2 N_2 P_2 S_2 R_2$ de la tête intérieure du voussoir, et il peut tailler cette face qui est sphérique, en se servant d'une *cerce* (n° **634**, *note*) découpée suivant la convexité de la méridienne CX de la sphère, avec le soin de la tenir toujours dirigée dans un plan méridien. Or, les points de *repère* qui correspondent à un tel plan sur la projection horizontale $M''N''P''S''R''$, s'obtiennent évidemment en tirant un rayon quelconque du centre ω'; et il est bien facile ensuite de transporter ces points de repère sur le contour $M_2 N_2 P_2 S_2 R_2$.

Quant à la tête extérieure dont le contour $M_1 N_1 P_1 Q_1 R_1$ est aussi connu entièrement, c'est une portion de surface conique qui se taillera avec la règle, pourvu qu'on dirige celle-ci dans le sens des génératrices. Or, les points de repère correspondant à une telle ligne sur la projection horizontale $M'N'P'Q'R'$, s'obtiennent encore en tirant une droite quelconque du sommet projeté en ω'; et ensuite on transporte aisément ces points sur le contour $M_1 N_1 P_1 Q_1 R_1$.

650. REMARQUE I. Par les motifs indiqués au n° **638**, on pourrait introduire ici une modification analogue, et ajouter au voussoir une face *normale* à la sphère, le long du petit cercle ($R''S''$, RQ). Cette face sera ici une zone conique de révolution, décrite par le prolongement $X\pi'$ du rayon de la méridienne CX; et en la terminant par un plan horizontal éloigné de 6 ou 8 centimètres, on aura pour section un cercle concentrique avec $R''S''$, et dont il sera bien facile de trouver le rayon (n° **644**). D'ailleurs, l'exécution de cette face nouvelle n'offrira aucune difficulté, puisque c'est une surface conique analogue à la tête extérieure du voussoir.

REMARQUE II. Nous avons supposé, au commencement de cette épure, que la voûte rachetée était simplement en maçonnerie; mais si elle était en pierres, il faudrait, pour la solidité des constructions, qu'une seule et même pierre comprît à la fois une douelle de la porte et une douelle de la voûte sphérique; d'où il résulterait, pour chaque assise, un voussoir complexe avec des joints doubles qui se rencontreraient dans l'intérieur du solide. On voit donc qu'alors la voûte serait d'un genre plus compliqué, désigné sous le nom de *Lunette*, et dont nous parlerons avec détail au n° **749**.

Biais passé.

PL. 38,   **651.** Il s'agit de recouvrir par une voûte un *passage biais* pratiqué dans un
FIG. 1. *mur droit;* c'est-à-dire que ce mur est terminé par deux plans verticaux et parallèles AB, C'D', tandis que le passage est compris entre les deux plans verticaux AC', BD', parallèles entre eux, mais obliques aux premiers. Après avoir choisi le plan de naissance pour notre plan horizontal et l'un des plans de tête AB pour plan vertical de projection, nous formerons les cintres apparents de la porte avec deux demi-cercles décrits sur les diamètres AB et C'D'.

652. Quant à l'intrados, on peut le former avec un cylindre engendré par la droite BD' qui se mouvrait sur ces deux cercles, en restant parallèle à sa position primitive, et c'est là le premier mode de solution que nous adopterons. Dans ce cas nous ne conduirons pas les plans de joint suivant des génératrices de ce cylindre, parce que le poids de chaque voussoir étant décomposé en deux forces, l'une perpendiculaire, l'autre parallèle au joint, cette dernière se trouverait ici, par suite du biais, non parallèle à la face de tête; donc cette force produirait elle-même une composante perpendiculaire au mur, laquelle *pousserait au vide* et tendrait à faire glisser les voussoirs horizontalement. Pour éviter cet inconvénient, nous mènerons par le centre O' du parallélogramme que forment les pieds-droits, une ligne OO' perpendiculaire aux plans de tête, et c'est par cette ligne que nous conduirons tous les plans de joint. Il est vrai que les joints ainsi formés ne seront pas normaux à la douelle, mais du moins ils le seront aux faces de tête, et cette circonstance est très-avantageuse dans la pratique, parce qu'elle permettra, comme on le verra au n° **655**, de tailler les voussoirs avec l'équerre, sans recourir au développement des panneaux de douelle (*). Ainsi, après avoir tracé une demi-circonférence du point O comme centre, avec un rayon suffisamment grand, nous la diviserons en un nombre impair de parties égales, et les divers plans de joint seront POO', ROO',..., que nous prolongerons jusqu'à la rencontre des assises horizontales du mur; et par là chacun des voussoirs sera projeté verticalement sur un polygone tel que MNPQR.

653. Pour obtenir les arêtes de douelle, ou les intersections des joints avec l'intrados, lesquelles sont déjà projetées verticalement sur les droites NF, ME,..., menons divers plans sécants X'Y', U'V', parallèles aux faces de tête. Ces plans couperont le cylindre suivant des cercles ayant pour diamètres XY, UV, et qui rencontreront la projection NF en des points H, K; donc, en projetant ces derniers sur X'Y' et U'V', on aura autant de points H', K', de l'ellipse F'H'K'N' qui représente la projection horizontale de la première arête de douelle. La suivante E'G'L'M' s'obtiendra semblablement, et ainsi des autres.

654. Les plans sécants X'Y', U'V', serviront aussi à diviser une même assise en plusieurs voussoirs partiels, lorsque l'épaisseur du mur sera trop grande pour qu'on puisse former d'une seule pierre toute la longueur de cette assise. Mais on devra faire alterner ces joints verticaux; c'est-à-dire qu'il faudra employer le plan sécant U'V' pour diviser seulement la 1re, la 3e, la 5e assise, et se servir du plan X'Y' pour la 2e, la 4e,..., ainsi que cela est indiqué dans notre épure par le changement de ponctuation.

655. Pour tailler le voussoir MNPQR, il faut connaître en vraie grandeur les deux faces de joint NP et MR. Rabattons donc le plan POO' autour de sa trace horizontale OO', et alors les points F, H, K, N, se transporteront évidemment en F'', H'', K'', N'', de sorte que le panneau de joint sera P''F''H''K''N''P'. On trouvera de même que le panneau du joint supérieur MR est R''E''G''M''R'.

Cela fait, après avoir choisi un bloc capable de contenir le prisme droit qui aurait pour base MNPQR et pour longueur P''P', on dressera une face plane sur laquelle on tracera le contour MNPQR (n° 614); puis, par le côté NP on

---

(*) Si la voûte avait assez d'importance pour qu'on s'attachât à rendre les joints normaux à la douelle, en sacrifiant l'avantage pratique que nous venons de signaler, il faudrait construire d'abord la section droite du cylindre oblique qui forme l'intrados (ce qui est bien facile ici); puis, mener une normale à cette section elliptique, et conduire un plan par cette normale et par la génératrice correspondante: ce serait là un plan de joint qui se trouverait évidemment normal au cylindre, tout le long de cette génératrice. Mais il resterait toujours le premier inconvénient de la poussée oblique au mur de face.

fera passer un plan qui soit d'équerre sur cette tête du voussoir, et on y tracera le contour du joint inférieur au moyen du panneau P″F″H″K″N″P′; de même, par le côté MR on conduira un plan qui soit d'équerre sur la tête du voussoir, et l'on y appliquera le panneau P″E″G″M″P′ du joint supérieur. Alors on connaîtra sur la pierre deux côtés FP, ER, appartenant à la seconde tête du voussoir, ce qui permettra de tailler cette face plane, d'autant plus facilement qu'elle doit être aussi d'équerre sur les deux joints déjà exécutés; et l'on y tracera le contour REFPQ. Quant à la douelle dont le contour MNFE est connu par ce qui précède, on exécutera cette face cylindrique au moyen de la règle que l'on appuiera sur des points de repère correspondant à une même génératrice; or, sur l'épure, ces points sont fournis par des parallèles à AB, et il sera bien facile de transporter ces points-là sur la pierre. On doit remarquer que nous n'avons pas eu besoin de tailler les faces planes RQ et PQ, lesquelles peuvent rester brutes ou ébauchées, du moins quand le mur est en maçonnerie.

PL. 38,
FIG. 2. **656.** *Autre solution*, dite *Corne-de-vache*. En conservant toutes les données du n° **651**, adoptons pour l'intrados une surface gauche engendrée comme il suit. Par le centre O′ du parallélogramme ABD′C′ que forment les pieds-droits, menons une droite O′O perpendiculaire aux plans de tête; puis, assujettissons une droite mobile à s'appuyer constamment sur cet axe OO′ et sur les deux cercles AZB, (CZD, C′D′). Il sera bien facile de construire les diverses positions de cette génératrice; car, en menant par OO′ un plan quelconque FOO′, il coupera les deux cercles directeurs aux points (F, F′), (N, N′); et en joignant ces points par une droite (FN, F′N′), celle-ci remplira évidemment toutes les conditions assignées pour la surface. Semblablement, le plan ROO′ fournira la génératrice (EM, E′M′); et quand il s'agira du plan vertical OO′ qui passe évidemment par le point Z où se coupent les projections verticales des deux cercles, la droite mobile s'appuyant alors sur deux points de ces cercles qui se trouveront à la même hauteur, sera elle-même horizontale et parallèle à OO′ qu'elle n'ira plus rencontrer qu'à l'infini. Au delà de cette position, la génératrice (me, m′e′) s'incline en sens opposé, et elle va couper l'axe OO′ derrière le plan vertical. D'ailleurs la surface ainsi produite est *gauche;* car il est évident que les deux tangentes aux points N et F des cercles directeurs ne sont pas dans un même plan, ce qui entraîne (G. D., n° **514**) la conséquence que deux positions infiniment voisines de la génératrice ne sont pas non plus dans un plan unique.

657. Par les raisons citées au n° **652**, nous conduirons tous les plans de joint par l'axe OO′, et par des points de division marqués en nombre impair sur la circonférence P″PR décrite du centre O avec un rayon suffisamment grand. Il en résultera que les arêtes de douelle, ou les intersections de ces joints avec l'intrados, seront précisément les droites (FN, F'N'), (EM, E'M'),..., ce qui sera plus commode à exécuter sur la pierre que les arcs d'ellipses très-allongées de la solution précédente , et chacun des voussoirs sera encore projeté verticalement sur un polygone tel que MNPQR.

658. Les panneaux de joint sont très-faciles à obtenir, puisqu'en rabattant le plan POO′ autour de sa trace horizontale OO′, le point (F, F′) se transporte en F″, le point (N, N′) en N″, et le trapèze P″F″N″P′ représente la véritable forme du joint NP; de même le joint MR se rabattra suivant le trapèze P″E″M″P′, et cela suffit pour tailler le voussoir, sans recourir aux panneaux de douelle qui ne sont pas ici développables.

En effet, après avoir choisi un bloc capable de contenir le prisme droit qui aurait pour base MNPQR et pour longueur P″P′, on dressera une face plane sur laquelle on tracera le contour MNPQR (n° **614**); puis, par le côté NP on fera passer un plan qui soit d'équerre sur cette tête du voussoir, et l'on y tracera le contour du joint inférieur au moyen du panneau P″F″N″P′; de même, par le côté MR on conduira un plan qui soit d'équerre sur la tête du voussoir, et l'on y appliquera le panneau P″E″M″P′ du joint supérieur. Alors on connaîtra sur la pierre deux côtés FP, ER, appartenant à la seconde tête du voussoir, ce qui permettra de tailler cette face plane, d'autant plus facilement qu'elle doit être aussi d'équerre sur les deux joints déjà exécutés; et l'on y tracera le contour REFPQ. Quant à la douelle dont le contour MNFE est entièrement connu par ce qui précède, c'est une surface *gauche*, il est vrai; mais puisqu'elle admet une droite pour génératrice, l'ouvrier l'exécutera presque aussi aisément qu'un plan, en se servant simplement d'une *règle* qu'il aura soin d'appliquer, non pas sur deux points quelconques du contour MNFE, mais sur deux points qui correspondent bien à une même position de la génératrice de la surface. Or, sur l'épure, ces points de *repère* s'obtiennent évidemment en tirant des droites qui convergent vers le point O : donc il n'y a plus qu'à transporter sur la pierre les points α et $\mathcal{b}$, α_1 et $\mathcal{b}_1$, α_2 et $\mathcal{b}_2$,..., ce qui n'offre aucune difficulté. Nous n'avons point parlé des faces planes RQ et PQ, parce qu'en effet on peut se dispenser de tailler ces faces, et les laisser brutes ou ébauchées, du moins quand le mur est en maçonnerie; ou leur donner toute autre forme qui conviendra mieux pour les relier avec les constructions voisines.

659. Si l'épaisseur du mur est telle qu'il faille partager la longueur d'une même assise en plusieurs voussoirs partiels, on mènera divers plans parallèles aux faces de tête, tels que X′Y′, U′V′; le premier rencontre les projections hori-

35.

zontales des génératrices de la surface gauche aux points H′, G′, g′,..., lesquels
étant ramenés sur les projections verticales de ces mêmes droites, fourniront
autant de points de la section XgZGHY produite dans l'intrados par le plan
sécant X′Y′; de même, la section faite par le plan U′V′ sera la courbe UZKV.
Mais, pour bien relier entre eux tous ces voussoirs partiels, on devra faire
alterner les joints verticaux produits par les plans sécants U′V′, X′Y′; c'est-à-
dire qu'il faudra employer le premier de ces plans seulement pour la 1ʳᵉ, la 3ᵉ,
la 5ᵉ,..., assise, et le second pour la 2ᵉ, la 4ᵉ,..., ainsi que cela est indiqué dans
notre épure par le changement de ponctuation.

660. La recherche des tangentes aux sections telles que XZHY, est intéressante à effectuer, et pour cela il faut combiner le plan de cette courbe avec le
plan tangent de la surface gauche; mais comme nous avons donné tous les détails relatifs à ce plan tangent au n° **608** de la *Géométrie descriptive*, le lecteur
les appliquera très-facilement à l'épure actuelle, et il reconnaîtra que la droite
(GH, G′H′) de la *fig.* 122 (*G. D.*) est elle-même la tangente au point (G, G′)
de la section qui serait faite par le plan vertical GH.

PL. 38,
FIG. 2. On doit observer que les projections verticales UZV, XZY,... de toutes les
sections parallèles aux plans de tête, passeront constamment par le point Z où
se coupent déjà les deux cintres apparents de la voûte, puisque nous avons dit
(n° **656**) qu'il y avait une génératrice de la surface gauche qui se trouvait parallèle à OO′ et dès lors projetée verticalement au point unique Z; et c'est la
forme que présente l'ensemble de toutes ces sections, qui a fait donner à cette
voûte le nom vulgaire de *corne-de-vache*.

661. Cette dénomination s'applique aussi au cas où la surface gauche a pour
directrices deux cercles inégaux, ou même deux courbes quelconques tracées
PL. 38,
FIG. 3. dans des plans parallèles, avec la condition que les points culminants soient
situés sur une droite perpendiculaire au plan de tête. Ainsi, dans la *fig.* 3 où il
s'agit d'un berceau dont les pieds-droits, après avoir été parallèles entre eux,
vont ensuite en divergeant dans les directions A′C′, B′D′, on a formé cette seconde partie de la voûte au moyen d'une corne-de-vache dont la génératrice
est une droite assujettie : 1° à glisser constamment sur le cintre (AZB, A′Z′B′)
du berceau; 2° à glisser sur l'arc de cercle (CZD, C′Z″D′); 3° à demeurer toujours normale à la première directrice (AZB, A′Z′B′). Cette dernière condition
revient ici à dire que la génératrice doit s'appuyer constamment sur l'axe
OO′Z′ du berceau, parce que la courbe AZB est un cercle; mais l'énoncé précédent est plus général, attendu qu'il s'appliquerait au cas où cette directrice
serait elliptique ou en *anse de panier* (n° **608**). Du reste, la construction des

génératrices de cette surface gauche s'effectuera, comme au n° **656**, par des plans menés suivant la droite OO'Z', lesquels plans serviront aussi à former les joints, tant de cette corne-de-vache que du berceau qui précède ; et comme tout ce que nous avons dit aux n°ˢ **658** et **659** s'applique littéralement au cas actuel, l'épure 3 n'a pas besoin d'autres explications. Seulement, nous ferons observer au lecteur que la projection horizontale est censée vue *en dessous*, hypothèse que nous avons adoptée ici afin de manifester plus clairement la direction brisée des arêtes de douelle M″M′E′, N″N′F′,….

On emploie souvent une telle corne-de-vache pour racheter la différence de saillie qui se trouve entre des constructions préexistantes ; et la disposition de la *fig.* 3 conviendrait parfaitement à l'entrée d'un *tunnel*, ou aux arches d'un pont, afin d'éviter que les eaux, quand elles sont hautes, ne vinssent rencontrer un obstacle perpendiculaire à leur direction, ce qui causerait des remous violents par suite desquels il pourrait se produire des affouillements sous les piles. Ainsi, au pont de Neuilly, construit et terminé en 1774 par le célèbre *Perronet*, les arches qui ont 39 mètres d'ouverture et sont en anse de panier, ont été raccordées avec les avant-becs des piles, par une corne-de-vache analogue à celle de la *fig.* 3 ; seulement, la courbe AZB est alors l'anse de panier qui forme la tête du berceau de l'arche, la courbe CZD est le prolongement de l'arc du sommet de ce cintre, et la génératrice rectiligne doit rester constamment normale à la courbe AZB.

Arrière-voussure de Marseille.

662. Dans un mur terminé par les deux plans verticaux et parallèles A'B' Pl. 39. et E'F', on veut pratiquer une porte dont la première partie sera voûtée en berceau, et aura pour section droite le demi-cercle AMB tracé dans le plan de tête A'B'. Cette portion de la voûte se trouve projetée horizontalement sur le rectangle A'A″B″B′, et les faces verticales A'A″, B'B″, forment ce qu'on appelle *le tableau*. En deçà, on fait éprouver aux pieds-droits, dans toute leur hauteur, une retraite qui produit un renfoncement rectangulaire A″C″C′ nommé *la feuillure*, et destiné à recevoir les *vantaux* qui fermeront la baie de la porte : cette feuillure est recouverte par un petit cylindre ayant pour section droite le demi-cercle CYD, et projeté sur le rectangle C'C″D″D′. Ensuite, les pieds-droits vont en divergeant, et sont terminés par les deux plans verticaux C'E', D'F', que l'on nomme faces d'*ébrasement* : il est convenable de leur donner une largeur D'F' au moins égale à D'Y' qui est celle du vantail. Mais comme ce dernier aura ici la forme d'un rectangle surmonté d'un quart de cercle à très-peu près égal à DY, on sent bien que pour qu'il puisse tourner librement, il faudra exhausser l'intrados qui recouvrira l'intervalle compris entre les faces d'ébrasement; et c'est à cette dernière partie de la voûte que l'on donne spécialement le nom d'*Arrière-voussure* (*).

663. Pour en former la douelle, je commence par choisir la montée YZ de la voussure égale environ au tiers ou à la moitié de la profondeur Y'Z'; et sur le plan de tête E'F', je décris un arc de cercle EZF avec un rayon (Zω, Z') arbitraire, mais assez grand pour que les points E et F où cet arc ira rencontrer les arêtes verticales de l'ébrasement, soient plus élevés que le sommet Y de la feuillure; puis, j'imagine une surface gauche engendrée par une droite mobile qui s'appuierait constamment : 1° sur l'axe horizontal (O, O'Y'Z') de la porte; 2° sur le cercle de feuillure (CYD, C'D'); 3° sur l'arc de tête (EZF, E'Z'F'). Il sera facile de construire les génératrices de cette surface, en menant des plans quelconques par l'axe de la porte; car celui qui passera par le point (F, F'), par exemple, aura pour trace verticale le rayon OF, et comme il coupera le cercle de feuillure en (G, G'), la droite (FGO, F'G'O') remplira bien les conditions énoncées ci-dessus; de même, le plan O*mr* fournira la génératrice (*mr*, *m'r'*), et ainsi des autres. Toutefois, puisque la directrice EZF est terminée aux points E et F, la portion de surface engendrée par ce mode se trouvera limitée par les génératrices (FG, F'G') et (EK, E'K'), de sorte qu'elle ne recouvrira pas tout l'espace qui est projeté sur le trapèze E'C'D'F'. Il est vrai que l'on pourrait prolonger fictivement l'arc de tête EZF; mais la surface gauche ainsi continuée, irait couper la face d'ébrasement D'F' suivant une courbe qui, en général, ne permettrait pas au vantail de s'y appliquer librement; c'est pourquoi on complète la douelle en ajoutant à la directrice EZF une nouvelle branche FD tracée sur la face d'ébrasement, et choisie de manière à remplir la condition précédente; d'ailleurs, nous garderons toujours les deux premières directrices indiquées ci-dessus.

Rabattons donc la face d'ébrasement D'F' sur le plan vertical : le point (F, F') se transportera en F'', et le contour du vantail sera représenté par le quart de cercle DIY'' égal à DY. Alors, il faudra que l'*arc d'ébrasement* que nous cher-

---

(*) Pour justifier le mode de ponctuation employé dans cette épure, nous prévenons le lecteur que la projection horizontale est censée vue *par dessous*; c'est une hypothèse que l'on adopte quelquefois, afin de rendre plus sensibles certains détails qui sont importants à bien étudier.

chons en vraie grandeur, passe par les points D et F″, et qu'il embrasse le quart
de cercle DIY″ en le touchant au point D : conditions qui pourraient être aisément remplies par un arc de cercle tangent à la verticale DH et passant par le
point F″.

664. Mais, en outre, il est à désirer que cette seconde surface gauche *se
raccorde* complétement avec la première, tout le long de la génératrice (FGO,
F′G′O′) qui leur sera commune, afin d'éviter que l'intrados ne présente en cet
endroit une brisure choquante à la vue. Pour cela, il faut (*G. D.*, n° **563**) que
ces surfaces *se touchent* en trois points de la droite (FGO, F′G′O′); or cette condition est manifestement remplie au point (O, O′), ainsi qu'en (G, G′), puisque
ici les lignes directrices sont les mêmes pour les deux surfaces; donc il reste à
faire en sorte que le contact ait lieu au point (F, F′). Pour y parvenir, j'observe
que le plan tangent de la première surface gauche passe par la génératrice
(FGO, F′G′O′) et par la tangente FT; ainsi il a pour trace, sur le plan vertical
C′D′ de la feuillure, la droite GH menée par le point G parallèlement à FT.
Le plan tangent de la seconde surface gauche passerait aussi par la génératrice
(FGO, F′G′O′) et par la tangente à la courbe cherchée FD; donc, pour faire
coïncider ces deux plans tangents, il faut et il suffit que cette dernière tangente
se trouve dans le premier plan tangent, et conséquemment que sa trace soit
sur GH; mais cette trace doit être aussi sur la verticale (D′, DH), puisque la
courbe cherchée sera située dans le plan vertical D′F′; donc enfin, la tangente
dont il s'agit passera par les points (F, F′) et (H, D′), et elle sera rabattue
suivant F″H.

665. Cela posé, le problème se réduit à tracer une courbe qui touche F″H
en F″, et la verticale DH en D, sans couper le cercle DIY″; or la solution la plus
simple consiste à employer une *courbe à deux centres*, composée d'une certaine
portion de l'arc DY″ et d'un autre arc de cercle IF″ qui raccorde le premier.
On trouvera aisément qu'il suffit de mener la droite F″φ perpendiculaire à F″H
et égale à O″D; puis, d'élever sur le milieu de O″φ une perpendiculaire qui ira
couper F″φ au centre du nouvel arc IF″, et l'on connaîtra aussi le point de raccordement I; de sorte que l'arc d'ébrasement que l'on cherchait sera DIF″ (*).

(*) On pourrait aussi se contenter de décrire un arc de cercle qui touchât la verticale DH
en D, et la droite HF″ en un point *q* situé nécessairement à la distance H*q* = HD; alors cet arc
D*q*, joint à la partie rectiligne *q*F″, formerait un arc d'ébrasement qui satisferait à toutes les
conditions indiquées dans le texte. Cette disposition offrirait le léger inconvénient de présenter

Toutefois, pour que la solution soit admissible sous le rapport de la stéréo-tomie, il faut supposer que la droite F″H ne coupait pas le cercle DIY″; et s'il en était autrement, on devrait d'abord modifier les données, en élevant davantage le sommet Z de l'arc de tête, ou bien en augmentant le rayon Zω de cet arc, ce qui ferait remonter les points H et F″.

666. Après avoir tracé ainsi le rabattement DIF″ de l'arc d'ébrasement, il est bien facile d'en déduire la projection DF du même arc ramené dans le plan vertical D′F′; car un point quelconque p″ décrira un arc de cercle horizontal qui se terminera en p′, et ce dernier point étant projeté en p sur l'horizontale menée par p″, fournira un point de la projection cherchée DpF. Ce résultat devra ensuite être transporté symétriquement à gauche, pour former la courbe CE; et la douelle totale de l'arrière-voussure sera décrite par une droite assujettie à glisser constamment sur la ligne discontinue CEZFD, sur le cercle de feuillure (CYD, C′D′), et sur l'axe (O, O′Y′) de la porte.

667. Avant d'aller plus loin, il faut s'assurer que les vantaux pourront tourner librement sous cette douelle; et pour cela, nous allons chercher les sections faites par un même plan horizontal lᵊw, dans cette surface gauche et dans la surface de révolution que produirait le cercle de feuillure CY en tournant autour de la verticale (Cε, C′). Après avoir construit, comme au n° **663**, diverses génératrices (ls, $l's'$), (KE, K′E′), (uv, $u'v'$),... de la douelle gauche (il est bon de les choisir de manière qu'elles puissent servir plus tard à la division de la voûte en voussoirs égaux), on notera les points où elles sont coupées par le plan horizontal lᵊ, et la courbe l′ᵊ′w′ sera la projection horizontale de la première section : la seconde est évidemment le cercle l′ε′ décrit avec le rayon C′l′ égal à lε; si donc ces deux courbes n'ont aucun point commun qui soit situé à droite de la face verticale C′E′, ce sera une preuve que, dans sa course, le vantail ne rencontre pas la douelle, du moins à la hauteur du plan horizontal lᵊw; et l'on pourra répéter cette épreuve pour plusieurs autres sections horizontales. Mais, si l'on reconnaissait que les sections de l'un des couples se rencontrent avant d'arriver au plan vertical C′E′, on devrait changer les données précédentes et exhausser davantage l'arrière-voussure, en augmentant le rayon Zω ou la montée YZ. (*Voyez* le n° **672.**)

---

au point q un changement de courbure un peu plus sensible; mais on y trouverait l'avantage de ne pas avoir à tracer un arc de cercle IF″ dont le rayon est ordinairement très-considérable, et de donner au vantail plus d'espace pour tourner librement sous la voûte.

Pl. 39.

668. Maintenant, divisons la voûte en voussoirs au moyen de plans de joint conduits par l'axe (O, O′Y′) de la porte, et par des points B, N, M, L,... pris à égales distances sur le cintre principal du berceau; puis, terminons les faces de joint projetées sur NP, MR,... aux lignes horizontales qui séparent les assises du mur, lequel doit être supposé ici construit en pierres. Dans notre épure nous n'avons employé que cinq voussoirs; mais dans la pratique, il conviendra de choisir leur nombre de telle sorte qu'il y ait un joint qui corresponde à chacune des assises du mur, en imitant le mode d'appareil indiqué aux *fig.* 4 et 6 de la *Pl. XXXIV*.

D'ailleurs, s'il faut diviser en plusieurs parties un même cours de voussoirs, comme celui qui est projeté sur MNPQR, on emploiera des plans sécants verticaux, tels que C′D′ et α′ℰ′γ′X′. Ce dernier coupe l'intrados suivant la courbe αℰγX..., laquelle se construit en remarquant que la trace du plan sécant rencontre les projections horizontales des génératrices de la douelle gauche aux points α′, ℰ′ γ′... que l'on projettera en α, ℰ, γ,...; quant au point X, on l'obtiendra en partageant l'intervalle YZ dans le rapport des deux parties X′Y′ et X′Z′ de la projection horizontale. Mais il faudra interrompre cette section, de manière à faire alterner successivement les joints produits par les deux plans verticaux α′X′ et C′D′, comme nous l'avons expliqué au n° **659**. Toutefois, pour ne pas répéter des détails analogues, nous admettrons ici que le voussoir projeté verticalement sur MNPQR se prolonge tout d'une pièce entre les plans verticaux A′B′, E′F′, et nous allons apprendre à le tailler dans ce cas qui est le plus compliqué. Pour cela, il suffit de connaître les panneaux des faces de joint, attendu que ces faces sont perpendiculaires aux deux têtes du voussoir.

669. Rabattons le joint supérieur MR autour de l'axe (O, O′Y′) de la porte: les côtés de ce joint qui répondent au tableau et à la feuillure, et qui sont projetés sur M′M″m″m′, viendront évidemment coïncider avec B′B″D″D′. Ensuite, le plan de joint aura coupé la douelle gauche suivant une ligne (mr, m′r′), nécessairement droite d'après le mode de génération de cette surface (n° **665**); or, en se rabattant, le point (r, r′) ne sortira pas du plan vertical E′F′, et il restera à une distance constante de l'horizontale M qui est actuellement confondue avec B′B″b″; donc il suffira de prendre la distance b″r_2 = Mr et de tirer la droite D″r_2. Enfin, on fera r_2R$_2$ = rR, et en tirant R$_2$R$_1$ perpendiculaire au plan de tête, on aura le contour B′B″D″D′r_2R$_2$R$_1$ pour le panneau du joint supérieur MR.

670. Quant au joint inférieur NP, la première partie de son contour coïncidera évidemment avec B′B″D″D′. Ensuite, ce plan coupera successivement la

36

douelle gauche et la face verticale de l'ébrasement suivant deux droites $(np, n'p')$, $(pf, p'F')$; mais il est essentiel de trouver avec précision le point p, au moyen d'une construction directe, et non pas simplement par la rencontre de NP avec la projection DF qui n'est qu'approximativement tracée, et que l'appareilleur se dispense ordinairement de marquer sur l'épure. Or le plan de joint NP rencontrant les deux verticales D'D et F'F de l'ébrasement aux points d et f, si l'on rabat ce dernier en f'', la section faite dans cette face par le joint NP deviendra df''; et dès lors cette droite coupera l'arc d'ébrasement rabattu DlF'' au point p'' qui déterminera le point cherché p. D'ailleurs, si l'on projette p'' sur le plan horizontal, et qu'on ramène cette projection sur D'F' au moyen d'un arc de cercle terminé en p', la droite $b'p'$ sera la trace d'un plan de front d'où le point (p, p') ne sortira pas en se rabattant sur le plan horizontal; donc, en prenant les distances $b'p_2 = Np$, $b''f_2 = Nf$, les deux droites cherchées deviendront D'p_2 et p_2f_2. Enfin, la largeur totale NP du joint qui nous occupe étant portée de b'' en P$_2$, le panneau de cette face sera représenté par B'B''D''D'p_2f_2P$_2$P$_1$.

PL. 39,
FIG. 2.
671. *Application du trait sur la pierre.* Après avoir choisi un bloc *capable* du voussoir en question (et il suffit que ce bloc soit égal au prisme qui aurait pour base MNPQR et pour longueur la distance des deux plans de tête A'B' et E'F'), on dressera une face plane sur laquelle on marquera le contour M$_1$N$_1$P$_1$Q$_1$R$_1$ au moyen du panneau de tête MNPQR, avec le soin de tourner ce panneau de manière que le côté M$_1$R$_1$ du joint corresponde à peu près au lit de carrière (n° 587). Par le côté M$_1$R$_1$, on conduira un plan qui soit d'équerre sur la face de tête, et l'on y tracera le contour M$_1$M$_2$$m_2m_1$$r_1R_2$ en y appliquant le panneau B'B''D''D'r_2R$_2$R$_1$ trouvé sur l'épure pour le joint supérieur. Semblablement, on taillera le plan et le contour P$_1$N$_1$N$_2$$n_2n_1$$p_2f_2P_2$ du joint inférieur, en recourant au panneau B'B''D''D'p_2f_2P$_2$P$_1$ que nous avons construit sur l'épure; et dès lors, les deux faces planes Q$_1$R$_1$R$_2$Q$_2$ et Q$_1$P$_1$P$_2$Q$_2$ seront bien faciles à exécuter, puisque ce sont des rectangles dont on connaît déjà deux côtés. Ensuite, par les deux droites connues R$_2$Q$_2$, Q$_2$P$_2$, et d'équerre sur les deux faces précédentes, on conduira un plan sur lequel on tracera le contour R$_2$$r_1F_2$$f_2P_2Q_2$ identique avec la tête du voussoir RrFfPQ marquée sur le plan vertical de l'épure; puis, suivant les deux droites F$_2$$f_2$ et f_2p_2, on exécutera une petite face plane que l'on prolongera, en fouillant, jusqu'à la courbe F$_2$$p_2$ qui se déterminera en appliquant sur cette face une *cerce* découpée suivant la forme F''$p''f''$; car cette dernière figure représente la vraie grandeur de la face du voussoir qui est projetée sur Fpf.

Cela fait, on exécutera la douelle cylindrique au moyen d'une *cerce* ayant la courbure de l'arc MN, laquelle devra être promenée sur les deux droites M₁M₂ et N₁N₂, avec le soin de l'appuyer sur des points qui soient deux à deux à égale distance de M₁N₁ ; et cette face cylindrique se prolongera jusqu'à ce que la cerce mobile arrive aux points M₂ et N₂, position dans laquelle on marquera la courbe M₂N₂ au moyen de cette même cerce. Alors, il sera bien facile de tailler le recouvrement M₂N₂n₂m₂, ainsi que la feuillure cylindrique m₂n₂n₁m₁, soit en recourant à une cerce découpée suivant la courbure de l'arc *mn* sur l'épure, soit en se servant tout simplement d'un *calibre* rectangulaire, identique avec le contour B″D″D′.

Arrivé à ce point, on connaîtra tout le contour de la douelle gauche r₂m₁n₁p₂F₂r₂ ; et pour tailler cette face, il suffira de promener sur ce contour l'arête d'une règle, avec le soin de la faire passer en même temps par deux points de *repère* qui correspondent à une même génératrice. Or, sur l'épure, ces repères s'obtiendront en tirant des droites quelconques qui concourent au point O ; et ensuite on transportera aisément ces points sur la pierre (*).

(*) Lorsqu'il s'agit de tracer, sur un mur ou sur le sol, un arc de cercle dont le rayon est trop grand pour qu'on puisse se servir d'un compas ordinaire ou même d'un compas à verge, ou bien quand l'espace disponible ne permet pas de marquer le centre, on a recours au procédé suivant qui n'exige que la connaissance de trois points A, E, F, de cet arc. Avec deux règles de bois réunies fixement par une traverse, on compose un angle égal à EAF (*fig.* 3, *Pl. XXXIX*) ; puis, en faisant glisser cet angle de manière que ses côtés s'appuient constamment sur deux clous fixés en E et F, le sommet A qu'on a eu soin de garnir d'une pointe en dessous, décrira une courbe qui sera évidemment l'arc de cercle demandé.

On peut aussi construire cet arc par points, de la manière suivante. Après avoir tiré les droites EA et FA (*fig.* 4), on décrit avec des rayons égaux EI et FI′, deux arcs de cercle ; sur le premier, à partir du point α et tant au-dessous qu'au-dessus, on marque des divisions arbitraires αβ, αγ, γδ,..., qui peuvent être prises égales entre elles, et on les reporte en sens contraire sur le second cercle, à partir du point α′ ; c'est-à-dire que l'on prend α′β′ = αβ, α′γ′ = αγ, γ′δ′ = γδ,.... Alors, les droites Eβ et Fβ′, Eγ et Fγ′, Eδ et Fδ′,... iront se couper deux à deux en des points B, C, D, qui appartiendront à l'arc de cercle EAF ; car, dans tous les triangles ainsi formés sur la base EF, la somme des angles adjacents à cette base est la même que dans le triangle EAF.

S'il était besoin, comme dans l'épure actuelle, de mener une tangente au point A de l'arc EAF (*fig.* 3) dont on ne connaît pas le centre, on prendrait deux portions égales AF et AD ; puis, en décrivant avec un même rayon deux arcs de cercle ayant pour centres F et D, ces arcs se couperaient au point R qui détermine le rayon RA et par suite la tangente en A. Si c'est à l'extrémité F qu'il faut mener la tangente, on construira le triangle AR′F égal à DRA, et le côté R′F suffira pour tracer la tangente qui lui est perpendiculaire.

672. *Courbe limite.* Au lieu d'employer *à posteriori* la vérification du n° **667**, laquelle peut conduire à la nécessité de changer les données primitives, on aurait pu chercher, dès le commencement du n° **663**, une limite au-dessus de laquelle il serait certain que le vantail tournerait librement sous la voûte. A cet effet, imaginons la surface de révolution qui serait décrite autour de la verticale (CL, C′) par le cercle de feuillure (CY, C′Y′), lequel surpasse toujours un peu le vantail, et coupons cette surface par divers plans qui soient normaux à ce cercle de feuillure, tels que MOO′. La trace verticale MO de ce plan rencontre les divers parallèles aux points α, ɛ, γ, qui étant projetés horizontalement en α′, ɛ′, γ′, donneront la projection M′α′ɛ′γ′ de la section faite par ce plan dans le tore ; puis, du point (M, M′) nous mènerons à cette courbe la tangente (M′P′, MP) qui va percer le plan de tête E′F′ au point (P, P′). De même, le plan normal NOO′ produira la section N′ɗ à laquelle nous tirerons la tangente (N′Q′, NQ) qui ira percer le plan de tête en (Q, Q′) ; mais auparavant cette tangente aura rencontré la face d'ébrasement C′E′ au point (R, R′). Quand on sera parvenu au plan normal TOO′ qui touche le tore en T, la section S′U′T′ n'offrira plus d'inflexion qui permette de lui mener une tangente issue du point S ; alors on se contentera de tirer la sécante S′U′ qui passe par le point U′ où cette section rencontrait la face d'ébrasement C′E′ ; et même nous aurions pu en faire autant pour la section N′ɗ′ qui allait percer la face d'ébrasement avant le point de contact de la tangente N′Q′. En continuant ainsi, nous obtiendrons les courbes CUR ɛ et YPɛ suivant lesquelles la face d'ébrasement et celle de tête sont coupées par la surface gauche qui a pour génératrices (MP, M′P′), (NR, N′R′),…; or, comme ces génératrices ont été rendues tangentes et supérieures au tore décrit par le cercle de feuillure, et que les autres, comme (SU, S′U′) ne vont pas couper ce tore avant la face d'ébrasement, il s'ensuit d'une manière certaine que le vantail pourra librement achever sa course au-dessous de cette surface gauche. Donc le contour CRɛPY présente une limite *inférieure* qui ne doit pas être dépassée par la troisième directrice dont nous avons parlé aux n°ˢ **663** et **665**; et comme il faut, par des motifs d'économie et de convenance, éviter de trop exhausser l'arrière-voussure, on devra se rapprocher de cette limite autant que possible, en opérant de la manière suivante.

D'abord, on construira le rabattement de la courbe (CRɛ, C′E′), lequel est représenté par DR″ɛ″ sur la *fig.* 2 ; et pour l'obtenir, il a suffi de mener par chaque point R une horizontale RR″ sur laquelle on a pris la distance L″R″=C′R′. Ensuite, sur la verticale F′, on choisira un point F peu élevé au-dessus de ɛ″, et

tel qu'en le rabattant en F″ et en tirant le rayon FGO, on puisse mener par F″
une droite F″H qui *ne coupe pas* la courbe limite DR″ε″, et qui vienne rencontrer la verticale DH en un point H *moins élevé* que G ; car alors la droite GH
indiquera la direction qu'il faut donner à la tangente F*t* pour tracer l'arc de
tête FZ de manière à satisfaire aux conditions du raccordement (n° **664**). Il
restera enfin à tracer l'arc d'ébrasement de telle sorte qu'il embrasse la courbe
limite DR″ε″ et qu'il touche en F″ la droite HF″ : cela pourra se faire au moyen
d'une courbe à deux centres, comme au n°·**665** ; ou bien, suivant la *note* de
ce même numéro, on tracera un seul cercle D*q*″ qui touche à la fois les deux
droites HD et HF″, et l'arc total d'ébrasement sera D*q*″F″, d'où l'on déduira
aisément sa projection D*q*F. Alors, on sera certain d'avance que le vantail
pourra tourner librement sous la douelle gauche qui aura pour directrices l'axe
horizontal OO′, le cercle de feuillure (CYD, C′D′), et le contour D*q*FZ....

Arrière-voussure de Montpellier.

673. On a donné ee nom à une voûte tout à fait analogue·à la précédente,
mais dans laquelle, en conservant les données primitives de l'épure 39, on
adopte une *ligne droite* horizontale pour l'arc de tête EZF. Il en résulte que la
droite GH menée parallèlement à la tangente F*t*, deviendra elle-même horizontale ; ce qui ne changera rien, du reste, aux autres constructions expliquées
dans les n°ˢ **665, 666**..., ni aux rabattements des panneaux de joint. Aussi nous
avons cru inutile de tracer une épure spéciale pour ce cas particulier, auquel
on pourra d'ailleurs appliquer la méthode du n° **672** pour obtenir directement
une limite inférieure de l'exhaussement de la voûte. Ce genre de voussure où
l'arc de tête est rectiligne, s'emploie ordinairement pour les embrasures des
fenêtres qui sont cintrées par le haut, à moins qu'il n'y ait un imposte ou carreau dormant.

674. Quelques constructeurs ont aussi proposé de former la douelle d'une
arrière-voussure avec une surface conique, assujettie à passer par le cercle de
feuillure (CYD, C′D′) (*Pl. XXXIX*) et par un cercle qu'ils décrivaient, dans
le plan de tête, sur le diamètre (EF, E′F′). Mais nous ne nous arrêterons pas à
tracer l'épure de ce problème (ce qui n'offrirait aucune difficulté sous le rapport de la Géométrie), attendu que ce genre de voussure ne permettrait jamais
au vantail de s'appliquer sur la face d'ébrasement ; et pour qu'il pût faire seulement un quart de révolution, il faudrait exagérer beaucoup l'évasement,

c'est-à-dire la différence entre les diamètres CD et EF, ce qui serait de mauvais goût et très-désavantageux dans la pratique. D'autres fois, pour éviter ces difficultés, on ne rend mobile que la partie rectangulaire de chaque vantail, terminée à la naissance du berceau, et on laisse subsister un *panneau dormant* au-dessus. Cela est bon pour une porte d'habitation particulière; mais, dans un édifice public où l'on voudrait placer des vantaux *rectangulaires,* il conviendrait de donner à l'intérieur un aspect plus grandiose, en employant une voussure telle que la suivante.

Arrière-voussure de Saint-Antoine.

675. La voûte que nous allons décrire existait à Paris, auprès de l'ancienne Bastille, à la porte qui faisait communiquer la ville avec le faubourg Saint-Antoine; et c'est de là qu'elle a tiré son nom. Soit A'A"C"C'E'... B'B"D"D'F'...

PL. 40, la coupe horizontale des pieds-droits, dont la hauteur A'A est ici réduite arbi-
FIG. 3. trairement. La partie de la porte comprise entre les deux tableaux A'A" et B'B", est recouverte par une plate-bande, ainsi que la feuillure qui a pour projection verticale le rectangle cCDd : quant à l'espace compris entre les faces d'ébrasement C'E' et D'F', on le recouvre par une surface dont voici la génération. Après avoir tracé dans le plan de tête et à la même hauteur que l'arête CD de la feuillure, le demi-cercle (EZF, E'F') que nous regarderons comme une ellipse dont les deux axes sont égaux (on aurait pu choisir OZ plus petit que OE), nous construirons une seconde ellipse perpendiculaire à la précédente, et ayant pour demi-axes les droites (OZ, O') et (O'Y', O) : il suffit de tracer le quart de cette courbe, et nous l'avons rabattu sur la *fig.* 4, suivant Y"Z". Ensuite, nous ferons mouvoir l'ellipse (EZF, E'F') de telle sorte que son centre parcourre l'horizontale (O'Y', O), et que ses axes demeurant toujours parallèles, varient de manière que cette courbe mobile s'appuie constamment sur les deux côtés de l'ébrasement (E'C', EC), (F'D', FD), et sur l'ellipse fixe Y"Z" ramenée dans le plan vertical O'Y'. Ainsi, quand l'ellipse mobile sera parvenue dans le plan vertical α'γ', elle aura pour demi-axe horizontal ω'α', et son demi-axe vertical sera l'ordonnée ω"6" de la directrice Y"Z"; il sera donc facile de tracer la projection verticale α6γ de cette courbe. De même, on obtiendra les projections $\alpha_2 6_2 \gamma_2$, $\alpha_3 6_3 \gamma_3$,... qui correspondent aux plans verticaux $\alpha'_2 \gamma'_2$, $\alpha'_3 \gamma'_3$,...; et lorsque enfin l'ellipse mobile arrivera dans le plan vertical C'D', son axe vertical devenant nul, elle se réduira à la droite (CD, C'D'), de sorte que la surface ainsi produite recouvrira bien

tout l'intervalle compris entre les faces d'ébrasement et la feuillure rectangulaire (*).

676. Pour diviser cette voûte en voussoirs, partageons l'arc de tête EZF en

---

(*) Cette surface, qui est du genre dit *surface des voiles*, est intéressante à discuter, quand on la considère dans toute son étendue; mais pour simplifier les calculs, sans ôter à ce lieu géométrique les circonstances singulières qui le rendent remarquable, supposons que le *plan* C′D′F′E′ (*fig.* 3) soit un rectangle. Désignons par a et b les deux demi-axes horizontaux O′F′ et O′Y′ des deux ellipses, et par c le demi-axe vertical (O′, OZ) qui leur est commun; les équations de ces courbes seront

$$(1) \qquad y = 0, \quad \frac{x^2}{a^2} + \frac{z^2}{c^2} = 1;$$

$$(2) \qquad x = 0, \quad \frac{y^2}{b^2} + \frac{z^2}{c^2} = 1.$$

Mais, quand la première se sera transportée dans un plan parallèle quelconque, ses équations deviendront

$$y = 6, \quad \frac{x^2}{a^2} + \frac{z^2}{\gamma^2} = 1,$$

où γ désigne l'ordonnée z qui correspond à l'abscisse $y = 6$ dans l'ellipse (2), et conséquemment on aura

$$\gamma^2 = \frac{c^2}{b^2}(b^2 - 6^2);$$

donc, en éliminant 6 et γ entre les trois dernières équations, il viendra pour l'équation de la surface engendrée par l'ellipse mobile,

$$(3) \qquad \frac{z^2}{c^2} = \left(\frac{a^2 - x^2}{a^2}\right)\left(\frac{b^2 - y^2}{b^2}\right).$$

Alors, si l'on coupe cette surface par des plans parallèles aux côtés du rectangle primitif, on obtiendra des ellipses ou des hyperboles, selon que le plan sécant se trouvera en dedans ou en dehors de ce rectangle; et quand il coïncidera avec un des côtés, la section se réduira à une droite. De sorte que la surface (3) présente une nappe fermée, projetée sur un rectangle, avec quatre nappes indéfinies qui s'étendent dans les angles opposés par le sommet à ceux de cette figure; et en outre, il existe sur la surface *quatre droites* indéfinies qui sont les côtés du rectangle avec leurs prolongements. Lorsque l'on coupe cette même surface (3) par un plan vertical dirigé suivant une des diagonales, on obtient deux paraboles dont chacune pourrait servir, sans interruption, de directrice *continue* à l'ellipse mobile représentée par les équations (1) ou (2). Les sections horizontales sont aussi intéressantes à discuter; mais le lecteur pourra se livrer de lui-même à cet exercice.

un nombre impair de parties égales, puis menons des plans par ces points de division et par l'axe horizontal (O, O′Y′). Ces plans détermineront les faces de joint, projetées sur PQ, LS,... et terminées aux assises horizontales du mur ; mais au lieu de les prolonger jusqu'au point O où elles formeraient des angles très-aigus, on les remplacera, à partir de l'arc de tête, par des cylindres horizontaux PN, LM,... qui viennent couper la feuillure à angle droit et soient tangents aux joints plans PQ, LS,.... Pour cela, on tracera la tangente PT avec laquelle on décrira l'arc de cercle PN que l'on regardera comme la base d'un cylindre perpendiculaire au plan vertical, et on y ajoutera la petite face plane Nn dirigée semblablement ; de sorte que le joint total sera projeté verticalement sur le contour QPNn, et l'on opérera de même pour les autres joints. Il est vrai que par là les largeurs des douelles mn sur la plate-bande ne seront pas toutes égales entre elles ; mais il suffit qu'elles soient symétriques, à droite et à gauche de O. Toutefois, si l'on tenait à rendre ces douelles de même largeur, il faudrait commencer par fixer les points M, N,... sur CD d'après cette condition, et ensuite remplacer l'arc de cercle NP par une *courbe à deux centres* qui fût tangente en même temps à la verticale Nn et à la droite PQ.

677. Cherchons maintenant les arêtes de douelles qui seront les intersections de l'intrados de l'arrière-voussure avec les cylindres projetés sur LM, NP,.... Or, si l'on construit, comme nous l'avons dit au n° 675, les projections verticales $\alpha\delta\gamma$, $\alpha_2\delta_2\gamma_2$,... de la génératrice de cet intrados dans ses positions successives, elle seront rencontrées par le cylindre LM aux points $\lambda, \lambda_2, \lambda_3,...$ qu'il suffira de projeter en $\lambda', \lambda'_2, \lambda'_3,...$ pour obtenir la projection horizontale L′λ′M′ de cette arête de douelle : quant à sa projection verticale, c'est évidemment LλM ; et l'on opérera semblablement pour toutes les autres arêtes de douelle (PπN, P′π′N′),.... Nous les avons tracées ici *en plein*, parce que nous admettons que la projection horizontale est vue en dessous.

678. *Développement des panneaux de joint.* Puisque la courbe LM est la section droite du cylindre qui forme ce joint, rectifions cette courbe en prenant sur la *fig.* 5, les distances

$$M''l''' = M\lambda'_3, \quad l''l'' = \lambda_3\lambda_2, \quad l''l' = \lambda_2\lambda, \quad l'l = \lambda L ;$$

puis, en élevant les ordonnées

$$l'''l_3 = Y'\omega'_3, \quad l''l_2 = Y'\omega'_2, \quad l'l_1 = Y'\omega', \quad lL'' = Y'O',$$

nous obtiendrons divers points de la courbe M″$l_3l_2l_1$L″ qui est la transformée de l'arête de douelle (I′M′, LM); et en prenant L″S″=LS, on achèvera aisément le contour du panneau de joint SLM*m*. Pour le joint QPN*n*, il faudra rectifier les arcs Nπ_3, $\pi_3\pi_2$, $\pi_2\pi$, πP, en conservant les mêmes ordonnées que ci-dessus, et l'on obtiendra le panneau M″p_2P″Q″ de la *fig.* 5.

679. *Application du trait sur la pierre.* On taillera d'abord un *Prisme* droit (n° **633**) dont la base soit le polygone SIM*mn*NPQR, et dont la longueur égale au moins la distance des plans verticaux A′B′, E′F′; puis, sur les faces cylindriques correspondant aux côtés LM, PN, on appliquera les panneaux de la *fig.* 5, exécutés sur un carton flexible auquel on fera prendre la courbure de ces faces; et alors on pourra tracer le contour de la douelle projetée sur LMNP, en appliquant d'ailleurs le panneau de tête LPQRS sur la seconde base du prisme. Quant à la taille de cette douelle courbe qui n'est ni gauche, ni développable, il faudra donner à l'ouvrier plusieurs *cerces* découpées suivant la courbure des arcs d'ellipse $\lambda\pi$, $\lambda_2\pi_2$, $\lambda_3\pi_3$; et celui-ci devra les essayer sur la pierre, en les faisant passer respectivement par les points de repère l_1 et p_1, l_2 et p_2,... qui lui auront été fournis par les panneaux de la *fig.* 5. Il est vrai que ce procédé exigera plus de temps, des essais plus nombreux, et offrira moins de précision que si l'on avait pu employer une cerce *constante;* mais ces inconvénients sont inévitables, et ils tiennent à ce que la surface en question n'admet pour génératrice qu'une ligne *variable* à la fois *de forme* et *de position* : aussi l'on évite, autant qu'il est possible, d'employer ces sortes de surfaces dans la stéréotomie.

CHAPITRE IV.

VOUTES SPHÉRIQUES ET EN SPHÉROIDE.

Voûte sphérique, appareillée par assises horizontales.

680. Cette voûte a pour intrados une demi-sphère engendrée par la révolu- PL. 41, tion du quart de cercle (A′Z′, AO) autour de son diamètre vertical (O′Z′, O); et Fɪɢ. 1. la division de cette surface en douelles partielles se fait au moyen de *parallèles* et de *méridiens.* Ainsi, après avoir divisé le demi-cercle A′Z′B′ en un nombre impair de parties égales, on imaginera par les points L′ M′ ,... , des plans hori-

zontaux qui couperont la sphère suivant les cercles (LP..., L'P'...), (MN...,
M'N'...), ..., lesquels formeront la première série d'arêtes de douelle. La seconde sera fournie par les plans méridiens équidistants AO, EO, FO,..., qui
couperont la sphère suivant des grands cercles, projetés verticalement sur des
ellipses telles que F'P'N'Z'; cette dernière courbe se construit en rapportant
sur le plan vertical les points F, P, N, où la trace du plan méridien FO rencontre les projections horizontales des divers parallèles; mais il faudra interrompre ces sections méridiennes, et les faire alterner dans deux assises consécutives, ainsi que l'indique notre épure, afin de relier plus fixement tous les
voussoirs entre eux. Observons, d'ailleurs, qu'ici notre plan vertical représente
une coupe faite dans l'hémisphère total par le plan méridien AOB, et que la
moitié antérieure de la voûte est censée enlevée, afin de laisser voir l'intérieur.

681. Quant aux faces latérales des voussoirs, et nous prendrons comme
exemple celui qui a pour douelle le quadrilatère sphérique (LMNP, L'M'N'P'),
les deux *joints montants* ou *joints d'assise* qui passent par les côtés (LM, L'M'),
(PN, P'N'), seront les prolongements mêmes des plans méridiens de ces arcs,
attendu que ces plans sont bien normaux à la douelle (n° **584**); mais pour les
deux *joints de lit* ou les *coupes* qui passent par les arcs de parallèles (LP, L'P'),
(MN, M'N'), il faudra employer les diverses normales de la sphère menées
par tous les points de ces arcs, et l'on sait que ces normales forment deux cônes
de révolution, engendrés par les rayons O'L'l' et O'M'm', en tournant autour
de O'Z'. Enfin, ces quatre joints iront se terminer à l'extrados que nous supposons formé par une autre sphère l'm'z' qui a aussi son centre sur la verticale O,
mais plus bas que le point O' (*voyez* n° **610**); et la face d'extrados du voussoir
sera le quadrilatère (*lmnp, l'm'n'p'*). En un mot, le voussoir total est engendré
par la révolution de la figure L'M'm'l' autour de la verticale O'Z'.

682. Il est bon d'observer qu'une pareille voûte peut subsister et se maintenir dans un équilibre parfaitement stable, sans qu'on l'élève jusqu'à la *clef*,
pourvu que chacune des assises inférieures soit complétement achevée dans toute
la circonférence du parallèle correspondant. En effet, les joints coniques dé-
composent les actions de la pesanteur sur les voussoirs, en des forces dirigées
toutes vers le centre (O, O'); or les voussoirs d'une même assise ne peuvent céder à cette dernière tendance, et descendre en glissant sur leur lit, parce que
l'extrados de chacun d'eux a une largeur *mn* plus grande que l'intrados MN; de
sorte qu'ils se soutiennent mutuellement, en réagissant l'un sur l'autre comme
des coins. Il arrive donc souvent, dans une voûte hémisphérique, que l'on supprime la clef et plusieurs rangs horizontaux des voussoirs voisins de celle-ci,

pour ménager une ouverture par où arrive la lumière ; quelquefois aussi on élève, sur la dernière assise conservée, une *lanterne* ou petite tour cylindrique, percée de plusieurs croisées, et recouverte elle-même d'une calotte hémisphérique ; mais nous ne faisons qu'indiquer ces modifications, parce qu'elles ne donnent pas lieu à de nouveaux problèmes de stéréotomie.

APPLICATION DU TRAIT SUR LA PIERRE. On voit que le tracé de l'épure d'une voûte sphérique n'offre que des opérations extrêmement simples, surtout en se dispensant, comme le font les appareilleurs, de marquer les diverses ellipses de la projection verticale ; mais il n'en est pas de même de la taille des voussoirs, qui présente un problème délicat à traiter, quand on veut réunir l'exactitude des résultats avec l'économie des matériaux et de la main-d'œuvre : nous allons donc exposer divers procédés dont chacun a ses avantages et ses inconvénients.

685. *Méthode par dérobement.* On taillera d'abord un *Prisme* droit (n° **633**) PL. 41, *uvxyu'v'x'y'* qui ait ses deux bases égales au panneau MNpl de la projection ho- FIG. 3. rizontale du voussoir (*fig.* 1) : cela est facile à exécuter par les moyens indiqués déjà plusieurs fois (n° **635**) ; puis, sur les faces latérales de ce prisme, on tracera les contours $L_2 M_2 m_2 l_2$ et $N_2 P_2 p_2 n_2$ au moyen du panneau de tête L'M'm'l' que l'on aura soin d'appliquer de telle sorte que ses angles tombent sur les côtés du rectangle, et pour cela il suffira de prendre les distances $M_2 u = M'P'$, $L_2 u = LM$. Ensuite, sur la face cylindrique antérieure, on tracera l'arc de cercle $M_2 N_2$, en se servant d'une règle flexible, large et très-mince, que l'on appliquera sur la concavité de ce cylindre ; de même, sur la convexité du cylindre postérieur, on tracera l'arc de cercle $l_2 p_2$; et enfin, sur les faces inférieure et supérieure, on marquera les deux arcs $L_2 P_2$ et $m_2 n_2$ identiques avec LP et *mn*.

Cela fait, il deviendra aisé de tailler la douelle sphérique $L_2 M_2 N_2 P_2$, en promenant sur les deux arcs $M_2 N_2$ et $L_2 P_2$ une cerce (*fig.* 5) découpée suivant la courbure de la méridienne L'M', avec le soin d'appuyer cette cerce sur des points qui correspondent deux à deux à un même plan méridien ; or, pour obtenir ces points de repère, il suffira de diviser chacun des deux arcs $M_2 N_2$, $L_2 P_2$, en un même nombre de parties égales. Quant au joint supérieur $M_2 N_2 n_2 m_2$ qui est une portion de surface conique, on emploiera une simple règle que l'on fera glisser sur les deux arcs $M_2 N_2$ et $m_2 n_2$, après les avoir encore divisés en un même nombre de parties égales ; et l'on opérera semblablement pour le joint inférieur $L_2 P_2 p_2 l_2$ qui est aussi conique. Enfin, l'extrados $l_2 m_2 n_2 p_2$ est une surface sphérique qui s'exécuterait au moyen d'une cerce *concave*, découpée

37.

suivant la courbure du méridien $l'm'$; mais ordinairement on ne prend pas la peine de tailler cette face, ou bien on la dégrossit à vue simplement.

La méthode que nous venons d'exposer est celle qui offre le plus d'exactitude dans les résultats, mais elle cause un grand déchet dans les matériaux, et surtout une perte considérable de main-d'œuvre, attendu qu'il ne reste rien de toutes les faces du prisme vertical MNpl qu'on a dû tailler d'abord; aussi les ouvriers ne l'emploient jamais, excepté pour les voussoirs de la première ou des deux premières assises, dans lesquels la forme A'L'$l'a''a'$ du panneau de tête diminue beaucoup les inconvénients signalés ci-dessus. Par ce dernier motif, nous avons dû exposer cette méthode qui, d'ailleurs, deviendra indispensable dans le cas d'une voûte non sphérique, mais de révolution (*voyez* n^{os} **695** et **701**).

684. *Seconde méthode par dérobement.* On peut diminuer le déchet et utiliser des pierres d'un moindre volume, en projetant le voussoir (*fig.* 1) sur le plan vertical OE qui le divise en deux parties symétriques : les résultats de cette projection qui est bien facile à construire, sont indiqués sur la *fig.* 4. Alors, Fig. 4. après avoir taillé un prisme droit dont la base soit le panneau de projection verticale G'L'I'M'm'q'g', et dont la hauteur égale lp, on portera sur les arêtes de ce prisme les longueurs UG, VL et VP, Xq, Ym et Yn, ZM et ZN ; ce qui, avec les points (l, l'), (p, l') faciles à marquer sur les deux bases, fournira quatre points appartenant à chacun des plans verticaux lM, pN, et permettra de tailler ces deux faces planes. Sur ces dernières, on marquera le contour des joints montants ou faces de tête, au moyen du panneau méridien G'Q'q'g' ; puis, sur les faces horizontales $q'm'$ et G'L', on tracera les arcs circulaires mqn et LGP.

Cela fait, on exécutera le joint conique supérieur dont on connaît actuellement les deux génératrices extrêmes (M'm', Mm), (M'm', Nn) et une directrice (mqn, $q'm'$), en se servant d'une simple règle qui devra glisser sur cet arc de cercle et être maintenue convergente avec les deux bords de la zone conique. Il est vrai que puisqu'on n'aura ici qu'une seule directrice, le mouvement de la règle restera un peu incertain ; mais, comme la concavité de cette face est toujours peu sensible, il suffira de creuser lentement la pierre dans le sens de la règle, jusqu'à ce qu'on puisse y appliquer exactement le panneau M''N''n''m'' tracé sur un carton flexible, et qui représente le développement de ce joint conique (on sait qu'il a fallu prendre les arcs M''N'' et $m''n''$ égaux en longueur absolue aux arcs MQN et mqn). Quand ce panneau flexible coïncidera bien avec la face concave que l'on aura taillée, il ne restera plus qu'à suivre le bord M″N″ de ce panneau, pour tracer sur la pierre l'arc de cercle (MQN, M′Q′) qui termine le joint conique supérieur (*).

On opérera semblablement pour le joint inférieur, en se servant de l'arc de cercle (LGP, L′G′) déjà marqué sur la pierre, et du panneau L″P″p″l″ qui représente le développement de ce joint conique ; ce panneau flexible servira aussi à tracer l'arc circulaire (lgp, l′g′) de l'extrados. Enfin, la douelle sphérique s'exécutera en faisant glisser une cerce découpée suivant la méridienne G′Q′, sur les deux arcs de parallèles (MQN, M′Q′), (LGP, L′G′), avec le soin d'appuyer cette cerce sur les points de repère qui divisent ces deux arcs en un même nombre de parties égales.

685. *Méthode par l'écuelle.* Dans cette méthode fort ingénieuse et habituellement employée, on commence par creuser dans la pierre que l'on a choisie, une calotte sphérique égale à celle que détacherait de l'intrados le plan indéfini qui passe par les quatre sommets (L, L′), (M, M′), (N, N′), (P, P′) de la douelle du voussoir ; en effet, les cordes qui réuniraient ces sommets sont toutes dans un même plan, puisque deux d'entre elles (LP, L′P′) et (MN, M′N′) sont évidemment parallèles ; d'ailleurs ce plan coupe la sphère suivant un petit cercle qui est circonscrit au quadrilatère rectiligne projeté sur LMNP, et qui sert de base à la calotte dont nous parlons. Ainsi, après avoir dégauchi grossièrement l'une des faces *uvxy* de la pierre (*fig.* 7), on y tracera le trapèze $L_2 M_2 N_2 P_2$ identique avec celui du voussoir, en employant des ouvertures de compas égales aux longueurs véritables des côtés et des diagonales ; or les deux côtés horizontaux ont pour vraies grandeurs les droites LP et MN, chacun des côtés montants est égal à la corde L′M′, et chacune des diagonales a pour vraie longueur le rabattement L′N″ ; enfin, on tracera un cercle UVXY qui soit circonscrit à ce quadrilatère, ce qui est bien facile (**). Alors, on creusera la pierre

Pl. 41, Fig. 1 et 7.

(*) Ces moyens suffiront toujours pour un ouvrier intelligent ; mais si l'on voulait donner au procédé actuel toute la précision désirable, il faudrait chercher la courbe d'intersection du joint conique avec le plan projeté sur la corde L′I′M′; cette courbe, bien facile à obtenir en projections, puis en *vraie grandeur*, étant rapportée sur la face L′I′M′ de la pierre, formerait une seconde directrice qui, jointe à l'arc de cercle (*mqn, m′q′*) déjà tracé, déterminerait complétement le mouvement de la règle qui engendre la zone conique. Ensuite on appliquerait, comme ci-dessus, le panneau développé M″N″n″m″ pour tracer l'arc de cercle (MN, M′Q′) qui termine le joint.

(**) Il serait plus commode et plus exact de commencer par décrire ce cercle UVXY dont on peut obtenir *à priori* le diamètre, et d'y inscrire ensuite le trapèze dont il ne serait plus nécessaire de connaître les diagonales. Pour cela, il faut observer que le plan vertical OE mené

dans tout l'intérieur de la circonférence UVXY, en faisant pirouetter sur ce contour une cerce (*fig.* 5) levée sur la méridienne A′L′M′, avec le soin de maintenir cette cerce dans une situation perpendiculaire au plan UVXY, et de manière qu'elle passe à la fois par des points de repère marqués aux extrémités d'un même diamètre. Une pierre ainsi préparée est appelée *une écuelle.*

686. Maintenant, pour tracer dans cette écuelle le contour de la véritable douelle du voussoir, on prendra une cerce découpée suivant la courbure du parallèle MN, et après avoir taillé le bord curviligne en biseau, pour obtenir plus de précision, on l'appuiera sur les points M_2 et N_2, en l'inclinant de manière que ce bord coïncide entièrement avec la surface de la calotte; puis, dans cette situation, on tracera l'arc de cercle $M_2 N_2$. Par des moyens semblables, on décrira les autres arcs $L_2 P_2$, $L_2 M_2$, $N_2 P_2$, à l'aide de cerces levées sur le parallèle LP et sur la méridienne L′M′; et le contour de la douelle sera achevé.

Ensuite, pour tailler les deux joints de lit (ou les *coupes*) et les deux joints montants qui sont tous normaux à la douelle le long du contour $L_2 M_2 N_2 P_2$, il suffira d'employer un même biveau (*fig.* 6) dont la branche curviligne aura la courbure du méridien A′L′ et dont la branche rectiligne sera un rayon prolongé; pourvu qu'en appuyant la branche courbe sur l'écuelle, on ait soin de maintenir le plan du biveau dans une situation normale au contour de la douelle, parce qu'ainsi ce plan coïncidera avec un grand cercle de la sphère. Pour remplir plus aisément cette condition, il n'y aura qu'à diviser les deux arcs $M_2 N_2$ et $L_2 P_2$ chacun en 4 ou 6 parties égales, et les points de division correspondants seront des repères qui dirigeront le mouvement du biveau.

Si l'on voulait prendre la peine de tailler l'extrados du voussoir, on appliquerait sur les joints montants qui sont plans, le panneau de tête L′M′m′l′ (*fig.* 1); et sur les deux joints coniques on tracerait (*fig.* 3) des arcs $m_2 n_2$, $l_2 p_2$, parallèles aux arcs d'intrados; puis, on achèverait comme nous l'avons dit au nº 683.

Cette méthode est souvent désignée par le nom de l'architecte *Delarue* qui l'a donnée dans son *Traité de coupe des pierres*, publié en 1728; la suivante est

---

par les milieux des deux bases LP, MN, du trapèze en question, va couper le plan de cette figure suivant une droite qui, prolongée jusqu'aux points où elle perce la sphère, devient précisément le diamètre du cercle circonscrit à ce trapèze. Or, en rabattant ce plan QE sur le plan vertical OA, il est facile de trouver les positions que prendront les milieux des côtés LP, MN; donc, si l'on joint ces milieux rabattus par une droite que l'on prolongera jusqu'à ce qu'elle coupe la méridienne A′L′M′ en deux points, la corde interceptée par cette méridienne sera précisément le diamètre du cercle circonscrit au trapèze.

connue sous le nom du *P. Derand*, jésuite, qui l'a proposée dans son *Architecture des voûtes*, imprimée en 1643.

687. *Méthode par panneaux de douelle*. Disons tout d'abord que cette méthode n'est qu'approximative, et qu'elle serait inadmissible pour des voûtes de petites dimensions; mais quand le rayon de l'intrados atteint 5 ou 6 mètres, on peut l'employer avec confiance, et alors elle présente beaucoup plus de facilité et même de précision que l'usage des cerces dont nous avons parlé au n° **686**. Dans l'hypothèse d'un grand rayon, l'arc de méridien $\lambda'\mu'$ (*fig*. 2) qui PL. 41,
FIG. 2. détermine la hauteur de la douelle de chaque voussoir, ne diffère pas sensiblement de sa corde; et l'on peut alors regarder cette douelle comme une portion du cône de révolution qui serait engendré par la droite $S'\mu'\lambda'$ tournant autour du diamètre vertical $O'Z'$. Or cette douelle conique est développable; si donc, avec les rayons $S'\lambda'$, $S'\mu'$, nous décrivons des arcs de cercle, et que nous prenions les parties $\lambda'\pi''$, $\mu'\nu''$, égales aux arcs $\lambda\pi$, $\mu\nu$, le quadrilatère $\lambda'\mu'\nu''\pi''$ représentera le panneau de cette douelle développée. Cela posé, après avoir taillé l'écuelle de la *fig*. 7, comme il a été dit au n° **685**, on appliquera dans cette écuelle le panneau de douelle exécuté sur un carton flexible; puis, en appuyant sur ce panneau, il reprendra sensiblement la forme qui convient à la vraie douelle sphérique, et il permettra de tracer d'un seul coup le contour $L_2M_2N_2P_2$. Quand une fois ce contour est tracé, la taille des joints et des coupes s'effectue comme nous l'avons dit au numéro précédent.

Voûte en cul-de-four.

688. On désigne sous ce nom une voûte dont l'intrados est un quart de PL. 42,
FIG. 1. sphère, qui termine et raccorde un berceau. Ordinairement on appareille cette voûte par assises horizontales, de sorte que les arêtes de douelles sont les demi-cercles $(L'R', LGR)$, $(M'Q', MHQ)$,... contenus dans les plans horizontaux menés par les points de division L', M',... du cintre principal du berceau; les joints de lit ou les *coupes* sont des cônes de révolution décrits par le prolongement des rayons $O'L'$, $O'M'$,... qui tourneraient autour de la verticale $(O, O'Z')$; et ces joints se raccordent parfaitement avec ceux du berceau, qui sont les plans conduits par les mêmes rayons et par l'horizontale OI. Quant aux joints montants, on les forme avec les plans méridiens menés par la verticale O, en prenant soin d'interrompre et de faire alterner ces joints d'une assise à l'autre. La forme des voussoirs est donc entièrement la même que dans la *Pl. XLI*, et conséquemment ils se tailleront par les mêmes procédés.

Souvent on ajoute un *arc doubleau* ou une saillie formée par un cylindre (*a′z′b′, abcd*) d'un rayon plus petit que celui du berceau ; mais il faut toujours que cet arc saillant soit pris sur le berceau même, et non sur la sphère, parce que sur cette dernière surface il produirait un effet choquant pour l'œil. Le lecteur observera que, dans cette épure et dans les suivantes, la projection horizontale est censée *vue par-dessous* ; et nous n'y avons marqué que les lignes qui seraient visibles dans cette hypothèse.

PL. 42, **689.** Quelquefois on adopte pour l'hémicycle un appareil différent. Après
FIG. 2. avoir divisé le grand cercle horizontal AIB en un nombre impair de parties égales, on mène par ces points de division des plans verticaux et parallèles LR, MQ, NP, qui coupent la sphère suivant des circonférences que l'on choisit pour arêtes de douelle ; les joints de lit ou les *coupes* sont encore des cônes de révolution qui ont leurs sommets au centre (O, O′) et pour bases ces diverses circonférences ; mais on doit observer que l'axe de ces cônes, au lieu d'être vertical comme précédemment, est ici l'horizontale (OI, O′). Quant aux joints de l'autre série, ils sont formés par des plans méridiens menés suivant l'axe horizontal OI et par des points de division pris en nombre *pair* sur le cercle vertical (AB, A′Z′B′), afin que ces plans prolongés puissent former les joints de lit du berceau, et y laisser un cours de voussoirs qui fasse *clef.* Pour le cul-de-four, la clef est remplacée par une espèce de *trompillon* (NP, N′z′P′) ; car cet appareil offre quelque analogie avec celui des *trompes* dont nous parlerons plus loin.

Les joints méridiens coupent la sphère suivant des cercles dont les projections horizontales, telles que αϐγδI, s'obtiennent en rapportant sur ce plan les points α′, ϐ′, γ′,..., dans lesquels la trace O′α′ du plan de joint rencontre les divers parallèles de la sphère ; et d'ailleurs il faut interrompre ces joints méridiens, et les faire alterner dans deux assises consécutives. Quant à la taille des voussoirs, elle s'effectuera aussi par les mêmes procédés que dans la voûte sphérique (*Pl. XLI*), puisque chacun de ces voussoirs est encore compris entre deux plans méridiens et deux surfaces coniques : au surplus, sur la *Pl. XLII*, la *fig.* 2 n'est autre chose que la *fig.* 1, dans laquelle le plan horizontal serait pris pour le plan vertical, et réciproquement.

Niche sphérique.

PL. 42, **690.** Cette niche est une cavité ménagée dans un mur, et terminée par un
FIG. 3. demi-cylindre vertical et de révolution (AIB, A″A′B′B″), lequel est surmonté

d'un quart de sphère (AIB, A'Z'B') de même rayon que le cylindre. Cette petite voûte sphérique ne peut plus être appareillée comme les précédentes, parce que le premier rang de voussoirs, adjacent au plan de tête AB, ne se trouverait pas retenu sur le devant, et présenterait fort peu de stabilité. Il faut donc employer ici des voussoirs d'une seule pièce qui convergent vers un point situé à l'intérieur et plus bas que leurs têtes; c'est pourquoi on conduit tous les plans de joint par le diamètre horizontal (OI, O') et par les points M,' L', ... , qui divisent le cintre de face A'Z'B' en un nombre impair de parties égales. Ces plans couperont la sphère suivant des cercles dont les projections horizontales, telles que MmnN, s'obtiendront aisément au moyen de diverses sections parallèles au plan vertical AB : mais, au reste, ces projections sont inutiles pour l'appareilleur, et nous ne les avons tracées ici que comme moyen de description. Ensuite, on prolongera les joints sur le plan de tête, suivant des droites M'T', L'Q', qui devront être terminées aux horizontales également espacées qui séparent les assises du mur, avec lesquelles il est convenable de relier les voussoirs; et l'on pourra mettre un ou plusieurs de ceux-ci en *état de charge* (n° 612), suivant la forme T'S'R', comme le font ordinairement les appareilleurs.

694. Mais, au lieu de prolonger les voussoirs jusqu'au point (I, O') où ils présenteraient des parties très-aiguës qui n'offriraient aucune solidité, il faudra limiter tous ces voussoirs à leur rencontre avec un petit cylindre horizontal (E'P'F', EFGH) que l'on formera d'une seule pierre, et qui reçoit le nom de *trompillon*. Il est vrai que cette surface cylindrique ne remplit pas la condition essentielle d'être normale à la sphère dont une partie composera la douelle du trompillon : sous ce rapport, on devrait former la face de contact des voussoirs avec le trompillon, au moyen d'un cône de révolution qui aurait pour sommet le centre (O, O') de la sphère et pour base le petit cercle (E'P'F', EPF). Mais comme ce joint conique décomposerait la pesanteur de manière à imprimer aux voussoirs une tendance à glisser en avant, et que d'ailleurs la petitesse du rayon O'F' du cylindre rendra toujours peu considérable l'obliquité de ces surfaces, on se contente ordinairement de la forme cylindrique que nous avons assignée ci-dessus au trompillon; au surplus nous y reviendrons au n° 834.

692. Pour trouver la forme exacte des joints projetés sur P'L'Q' et N'M'T', il suffit de rabattre ces plans autour du diamètre horizontal (O', IO), et l'on verra aisément qu'en prenant sur le plan horizontal les distances BQ″ = L'Q', BT″ = M'T', les panneaux de ces deux joints auront la forme

GFBQ″q″   et   GFBT″t″.

Fig. 3
et 4.
693. Maintenant, pour tailler le voussoir qui est projeté sur M'N'P'Q'R'S'T' par exemple, on équarrira un prisme droit dont la base $npQ_2R_2S_2T_2$ soit égale au panneau de projection verticale que nous venons de citer; il est sous-entendu que la face npP_1N_1 sera cylindrique, puisque le côté np du panneau est courbe; mais ce cylindre se taillera encore avec l'équerre ou avec une cerce découpée suivant l'arc N'P'. Sur la base de ce prisme on marquera aussi l'arc L_2M_2 identique avec L'M', et sur le lit de dessus on tracera le contour $Q_2L_2P_2P_1Q_1$ au moyen du panneau de joint rabattu suivant GFBQ''q''; l'autre panneau de joint GFBT''t'' devra être appliqué sur le lit de dessous pour y tracer le contour $T_2M_1N_2N_1T_1$. Enfin, sur la concavité du cylindre, on réunira les deux points P_2 et N_2 par un arc de cercle tracé au moyen d'une règle flexible, appuyée sur ces deux points. Cela fait, l'ouvrier abattra la pierre qui dépasse le contour $L_2M_2N_2P_2$ de la douelle, et il exécutera cette face sphérique au moyen d'une cerce découpée suivant le grand cercle A'Z', laquelle devra glisser sur les deux arcs L_2M_2 et P_2N_2 qu'on aura eu soin de diviser en un même nombre de parties égales, afin de fournir des points de repère qui servent à diriger dans un plan méridien chacune des positions de la cerce mobile.

Fig. 3
et 5.
694. Quant au trompillon (EFGH, E'P'F'), on fera d'abord tailler avec l'équerre un demi-cylindre de révolution dont la base $E_2P_2F_2$ soit égale au demi-cercle E'P'F' et dont la longueur égale FG : puis, sur la face inférieure $E_2F_2G_2H_2$ on tracera la courbe $E_2I_2F_2$ identique avec l'arc de grand cercle EIF. Alors, il ne restera qu'à creuser la douelle sphérique en dedans du contour $E_2P_2F_2I_2E_2$, ce qui s'effectuera encore au moyen d'une cerce découpée suivant un grand cercle, laquelle sera maintenue aisément dans un plan méridien, en la faisant glisser sur l'arc de tête $E_2P_2F_2$, et passer constamment par le point I_2, milieu de l'arc $E_2I_2F_2$.

Voûtes de révolution autour d'un axe vertical.

695. Tout ce que nous avons dit aux n°° **680** et **681** s'applique identiquement à une voûte dont l'intrados serait formé par la révolution, autour d'un axe *vertical*, d'un arc A'I'M' appartenant à une ellipse, une parabole ou à toute autre courbe, pourvu que cet arc tournât sa concavité vers l'axe de révolution. Dans tous les cas, l'intrados se divise en douelles partielles par des méridiens et des parallèles; les *joints montants* ou *joints d'assise* sont les plans mêmes des arcs méridiens; les *joints de lit* ou les *coupes* sont des surfaces coniques de révolution, formées par les diverses normales de la surface menées par tous les points de chaque parallèle, comme dans la *fig.* 1 qui a été tracée pour un méridien circulaire. La seule différence que présenterait le cas général, c'est que les sommets des cônes relatifs aux divers parallèles seraient situés à des hauteurs inégales sur l'axe O'Z', attendu que les normales de la méridienne A'L'Z' n'iraient plus alors couper cet axe au même point; mais cette circonstance n'influe en rien sur la forme des voussoirs, et nous avons cru tout à fait inutile de tracer une nouvelle épure pour ce problème.

Quant à la taille des voussoirs, il faudra nécessairement recourir à l'une des méthodes par dérobement exposées aux nᵒˢ **683** et **684**, attendu que les autres procédés supposent l'existence d'une calotte sphérique; d'ailleurs il faudra ici changer de cerce à chaque assise, puisque les arcs A'L', L'M',... du méridien n'auront plus tous la même courbure. Toutefois, la *clef* de la voûte devra se tailler comme l'*écuelle* du nᵒ **685**.

696. Un **berceau tournant** ou *voûte annulaire* a son intrados formé par PL. 42, la révolution du demi-cercle (A'M'B', AB) autour de la verticale (O, O'Z') FIG. 6. qui est située dans le plan, mais en dehors de ce cercle; quelquefois même on adopte pour cette méridienne A'M'B' une demi-ellipse. La division en voussoirs se fait comme ci-dessus, et les joints de lit sont encore des cônes de révolution autour de l'axe (O, O'Z'), sur lequel ils ont leurs sommets en Z', Z'',.... Quant aux pieds-droits, ce sont deux murs cylindriques projetés entre quatre circonférences concentriques, lesquelles doivent être entièrement complètes, à moins qu'il n'y ait un berceau droit qui vienne se raccorder avec la voûte annulaire le long du méridien (A'M'B', AB). Ici notre plan vertical représente, non pas une projection, mais *une coupe* faite suivant AB; et sur la projection horizontale qui est censée vue par-dessous, nous n'avons marqué que les lignes visibles dans cette hypothèse.

697. La remarque faite au nᵒ **682** s'applique à la moitié *extérieure* de ce berceau tournant, décrite par l'arc A'M', laquelle pourrait subsister seule en équilibre, quand même on supprimerait tout le reste de la voûte. Mais il n'en est pas de même de la moitié *intérieure* décrite par l'arc B'N' le plus voisin de l'axe de révolution; car les voussoirs de cette partie, tels que NN_2P_2P, tendent par leur propre poids, à glisser sur le joint conique P'Z' dans un sens qui les éloigne de l'axe, et cette tendance ne peut être arrêtée par la pression des voussoirs contigus de la même assise, puisque l'arête de douelle NN_2 présente une ouverture plus large que l'arc d'extrados nn_2; tandis que pour un voussoir

38.

LMM₂L₂ de la région extérieure, l'ouverture **MM₂**, par laquelle il tendrait à glisser, est plus étroite que l'arc d'extrados *mm₂*.

La taille des voussoirs se fera par une des deux méthodes exposées aux nᵒˢ **683** et **684**; mais nous ne nous arrêtons pas davantage à ce genre de voûte, tout intéressant qu'il est, parce que nous le rencontrerons de nouveau (nᵒ **775**) combiné avec un conoïde, et qu'alors nous étudierons cet ensemble avec tous les détails que l'on peut désirer.

Voûtes elliptiques et de révolution autour d'un axe horizontal.

698. Lorsqu'on veut recouvrir entièrement par une seule et même voûte un espace dont le plan offre deux dimensions inégales, il faut donner à l'in-, trados la forme d'un ellipsoïde; mais pour simplifier les opérations graphiques, on peut encore faire en sorte que cet ellipsoïde soit de révolution autour d'un de ses deux axes horizontaux : si c'est le plus petit, la voûte sera surhaussée, et elle se trouvera surbaissée si c'est le plus grand. Adoptons cette dernière hypo-

PL. 43, thèse; et après avoir tracé l'ellipse de naissance ABDE, faisons-la tourner au-
FIG. I. tour de son grand axe AOD pour engendrer la surface d'intrados : le troisième demi-axe de cet ellipsoïde sera figuré par O'Z' = O'B' sur notre plan vertical qui représente une coupe faite suivant BOE. Quant à l'extrados, nous le formerons avec un ellipsoïde semblable au premier, et engendré par la révolution autour de AOD de l'ellipse XY dont les demi-axes sont proportionnels à OA et OB; il en résultera que l'épaisseur du pied-droit vers les sommets A et D sera plus considérable qu'aux sommets B et E, ce qui s'accorde avec la nature de la poussée qui est plus grande dans le sens où la voûte est surbaissée.

699. La première série de joints sera formée par les plans méridiens L'O'O, M'O'O, N'O'O,..., qui devront diviser l'équateur B'Z'E' en un nombre impair de parties égales; ils couperont l'intrados suivant des ellipses identiques avec ABD, mais dont les projections AMD, AND,... auront un axe variable qui se trouve en projetant les points M', N'... en M, N,... sur BE. Ces joints plans iront aussi couper l'extrados suivant des ellipses identiques avec XY, mais dont nous n'avons pas marqué les projections sur notre plan horizontal qui représente seulement la voûte *vue en dessous*.

700. Pour les joints de la seconde série, on commencera par diviser la demi-ellipse de naissance BAE en un nombre impair de parties égales, et par les points de division on mènera des normales F*f*, G*g*,..., lesquelles en tournant avec l'ellipse autour de l'axe AD, engendreront des cônes de révolution :

ce seront là les surfaces de joints, mais il faudra les interrompre de deux en deux méridiens, et intercaler d'autres joints coniques décrits par les normales menées aux milieux des arcs BF, FG. D'ailleurs, comme les méridiens prolongés jusqu'au point A y produiraient des parties trop aiguës, il faudra les arrêter au parallèle (GH, G' z'H') et former d'une seule pierre le voussoir GH*hg* qui sera une sorte de trompillon.

701. Quant à la taille des voussoirs, puisque chacun d'eux, tel que celui qui a pour douelle MNPQ, se trouve compris entre deux plans méridiens et deux zones coniques terminées par des cercles, il suffira d'y appliquer la méthode de dérobement du n° **683**; mais il faudra prendre pour base du *prisme capable* le panneau de projection verticale *m'n'*P'Q', et pour longueur la distance des parallèles MN et *pq*. Les deux joints plans seront tracés au moyen d'un panneau levé sur la section méridienne BF*f*Y; et la cerce qui servira à tailler la douelle de ce voussoir, devra coïncider avec l'arc d'ellipse BF.

Pour le trompillon, on équarrira d'abord un prisme dont la base soit le quadrilatère GH*hX g*, et la hauteur égale à *gt;* puis, après avoir tracé sur la base inférieure l'arc d'ellipse GAH, et sur la face plane et antérieure GH le demi-cercle G'z'H', on creusera la douelle au moyen d'une cerce identique avec GA. Quant au joint conique, il suffira d'employer un biveau (*fig.* 9, *Pl. XXXV*) taillé suivant le contour AG*g;* et en appliquant la branche courbe sur la douelle déjà creusée, dans la direction d'un méridien, la branche rectiligne devra coïncider avec la surface conique que l'on veut exécuter.

702. Le mode d'appareil que nous venons de décrire peut être employé pour une petite voûte dont la plus grande dimension n'excéderait pas 4 ou 5 mètres, par exemple pour recouvrir une chapelle latérale dans une église; mais plusieurs raisons doivent le faire rejeter quand il s'agit d'une grande voûte. D'abord, la convergence des arêtes de douelle vers deux points situés à la naissance, présenterait un aspect peu satisfaisant, comme décoration; ensuite, le nombre de ces lignes devant être assez considérable pour qu'à l'équateur, leurs intervalles n'exigent pas des pierres d'un trop grand volume, il en résulterait que vers les deux trompillons, les voussoirs auraient une trop faible épaisseur et pourraient s'écraser sous la pression générale; d'ailleurs, ceux qui seraient les plus volumineux se trouveraient placés à la plus grande élévation, ce qui serait choquant pour l'œil; et enfin, la pose des voussoirs par assises inclinées à l'horizon offrirait des difficultés pratiques. On préfère donc ordinairement appareiller une voûte dont le plan est elliptique, par assises horizontales; mais alors il se présente des difficultés d'un autre genre, pour éviter les angles aigus dans les coupes et dans les joints.

PL. 43,
FIG. 2.
703. Soit AB l'ellipse de naissance qui, en tournant autour de son grand axe AO, engendre un demi-ellipsoïde de révolution, projeté verticalement sur le demi-cercle B′C′D′ : c'est là l'intrados de notre voûte; mais pour former l'extrados de manière à remplir les conditions du n° **610**, nous tracerons un cercle $b'c'd'$ dont le centre o' soit plus bas que O′, et nous regarderons ce cercle comme l'équateur d'un second ellipsoïde de révolution qui aurait son centre en (O, o') et ses axes Od, Oa, proportionnels à ceux du premier; d'où il résultera évidemment que tous les plans horizontaux couperont l'extrados suivant des ellipses semblables à AB. Quant au mur d'enceinte, nous le comprendrons entre les deux cylindres verticaux qui ont pour bases les ellipses semblables AB et XY, afin que ce mur ait plus d'épaisseur vers les sommets du grand axe, où la voûte se trouve surbaissée et exerce par là une poussée plus considérable. Cela posé, après avoir partagé le demi-cercle B′C′D′ en un nombre impair de parties égales, nous mènerons par ces points de division des plans horizontaux tels que E′G′ε', F′H′φ',..., lesquels couperont l'intrados suivant des ellipses EG, FH,... semblables à AB, et qui se construiront aisément quand on connaîtra les deux axes de chacune d'elles : or le point E′, par exemple, se projette en E qui détermine le demi-axe OE; et l'on en déduira l'autre demi-axe OG, en tirant la droite EG parallèle à la corde BA.

704. Maintenant, pour former le joint de lit correspondant à une arête de douelle (EG, E′G′), les constructeurs emploient ordinairement un cône qui a pour base cette ellipse, et pour sommet un certain point de l'axe vertical (O, O′C′). Toutefois, il faut se garder de placer ce sommet au centre (O, O′) de l'ellipsoïde, parce qu'alors la génératrice du cône serait bien normale à la section verticale OB de l'intrados, mais elle se trouverait fort oblique par rapport aux sections verticales voisines de OA; tandis qu'en la rendant normale à une certaine section intermédiaire, telle que OP, on évitera que les angles extrêmes soient très-différents de 90°; et pour bien apprécier cette différence, voici comme il convient d'opérer.

Tous les plans menés par la verticale O coupent l'ellipsoïde suivant des ellipses qui ont un axe commun (O, O′C′) : si donc on trace la tangente Z′E′ au cercle B′C′D′, et qu'après avoir rabattu le point (G, G′) en G$_2$ sur le plan vertical, on mène la droite G$_2$Z′, ce sera la tangente au point (G, G′) de l'ellipse projetée sur OGA. Alors, on divisera l'angle G$_2$Z′E′ en deux parties égales par la droite Z′P$_2$, sur laquelle on élèvera la perpendiculaire P$_2$S′$_1$, et le point

(O, S′$_1$) sera le sommet qu'il convient d'adopter pour le cône qui formera le joint passant par l'arête de douelle (EG, E′G′). D'ailleurs, si l'on projette le point P$_2$ sur le plan horizontal, pour le ramener ensuite en P sur l'ellipse EG, on connaîtra la section verticale OP de l'ellipsoïde à laquelle la génératrice du joint conique est vraiment normale (quoiqu'elle ne le soit pas à l'ellipsoïde même : voyez n° **710**); et pour les autres sections verticales, son obliquité ne dépassera pas la moitié de l'angle G$_2$Z′E′. Par des opérations semblables, on déterminera les sommets (O, S′$_2$), (O, S′$_3$),... des joints coniques qui devront passer par les autres arêtes de douelle (FH, F′H′),....

705. La disposition que nous venons d'adopter offre un avantage important pour la taille des voussoirs : c'est que chacun de ces joints coniques ira couper l'extrados suivant *une courbe plane,* qui sera ici une ellipse semblable avec AB. En effet, la génératrice (OE, S′$_1$E′) allant rencontrer l'ellipsoïde extérieur au point (e′, e), si l'on mène par ce point un plan horizontal, ce plan devra couper le joint conique suivant une ellipse semblable à EG, et qui aura l'un de ses sommets au point (e′, e) et son centre en (O, g′); mais le même plan horizontal devra aussi couper l'ellipsoïde extérieur suivant une ellipse semblable à AB (n° **703**), et conséquemment semblable à EG, laquelle aura encore pour sommet le point (e′, e) et pour centre (O, g′); donc ces deux sections elliptiques coïncideront entièrement, et elles donneront la courbe commune à l'extrados et au joint conique. Dès lors, pour tracer cette intersection (elpg..., e′l′p′g′...), il suffira d'employer ses deux axes, dont l'un Oe est connu immédiatement, et dont l'autre Og s'en déduira par une parallèle à la corde AB. De même, pour le joint conique suivant, on tirera le rayon S′$_2$F′f′, qui fournira le point f′ et par suite l'axe Of, d'où l'on déduira, comme ci-dessus, le second axe de l'ellipse (fmn..., f′m′n′...).

706. Quant aux *joints montants* qui servent à partager en plusieurs voussoirs une même assise, par exemple la seconde, on les formera au moyen de plans verticaux LM, PN,... qui soient simplement normaux à l'ellipse inférieure EG; ou bien, si l'on veut mettre plus de précision, on les rendra normaux à la ligne milieu vxy de la douelle, qui est l'intersection de l'intrados avec un plan horizontal v′x′y′ mené par le milieu de l'arc E′F′. Cette section, qui sera une ellipse semblable à AB, se construira, comme nous l'avons dit précédemment, au moyen du sommet (v′ v) qui sera fourni par la rencontre de l'arc E′F′ avec le plan sécant v′x′y′.

Ces joints verticaux couperont l'intrados suivant des arcs elliptiques L′x′M′, P′y′N′, dont on déterminera au moins trois points d'après les rencontres des traces horizontales LM, PN, avec les ellipses ELP, vxy, FMN; ils couperont le joint conique engendré par la droite $S'_1E'e'$, suivant des arcs d'hyperbole L't'l', P'u'p', dont les divers points s'obtiendront aussi en combinant, sur le plan horizontal, les traces Ll, Pp, avec les ellipses ELP, etp, et avec une troisième rtu qui résultera de la section faite dans ce cône par le plan horizontal r't'u'. Enfin, les mêmes joints verticaux couperont le joint conique engendré par $S'_2F'f'$ suivant des hyperboles M'm', N'n', et l'extrados suivant des ellipses $l'm'$, $p'n'$; courbes qui se construiront toutes comme ci-dessus, en faisant des sections par un plan horizontal intermédiaire entre F' et f'. Alors le voussoir que nous avons considéré dans la seconde assise, se trouvera complétement défini par ses deux projections

$$\text{MN}pl \quad \text{et} \quad \text{L'M'N'P'}p'l'm'n'.$$

707. *Panneaux de tête.* Les faces du voussoir contenues dans les plans verticaux Ml et Np de la *fig.* 2, ne sont connues qu'en projection sur la *fig.* 3; pour les obtenir en vraie grandeur, comme on le voit dans la *fig.* 4, on prendra les abscisses Mm, Mx, ML, Mt, Ml, égales aux lignes de mêmes noms sur la droite Ml du plan horizontal, et on élèvera les ordonnées MM', mm', xx',... égales aux hauteurs des points correspondants de la *fig.* 3, ce qui permettra de tracer le panneau de tête LM'm'l'. En employant de même les abscisses mesurées sur la droite Np du plan horizontal, on trouvera l'autre panneau de tête PN'n'p', qui a été ici transporté à une distance quelconque du premier.

708. *La taille du voussoir* s'effectuera par dérobement, en équarrissant d'abord une pierre sous la forme d'un prisme droit qui aurait une base l_1M$_1$N$_2p_2$ égale à la projection horizontale lMNp, et dont la hauteur égalerait la distance des deux horizontales E'L'P', $f'm'n'$, sur la *fig.* 3. Ensuite, en appliquant les deux panneaux de la *fig.* 4 sur les faces latérales de ce prisme, on tracera les contours L'M'm'l', P'N'n'p' des deux têtes du voussoir; au moyen d'une règle flexible appuyée sur les points M' et N', on tracera la courbe M'N' sur le cylindre concave de la pierre, et la courbe $l'p'$ sur le cylindre convexe; enfin, sur les deux bases, les courbes L'P' et $m'n'$ se traceront au moyen de cerces découpées suivant les arcs elliptiques LP et mn de la *fig.* 2. Cela posé, on taillera la douelle en se servant de trois cerces découpées suivant les arcs d'ellipse LP, xy, MN, de la *fig.* 2, avec le soin de les appuyer sur les points correspondants des courbes L'x'M', P'y'N', et de les maintenir dans une situation horizontale : on pourrait, il est vrai, employer une cerce unique découpée suivant la méridienne BA, mais il serait difficile de la maintenir dans la situation convenable, attendu que les plans verticaux ML et NP ne comprennent pas des portions identiques des divers méridiens. Quant au joint supérieur, c'est un cône qui s'exécutera en promenant une règle sur les deux courbes M′N′, m′n′, de manière qu'elle passe par les repères qui y sont marqués; et ceux-ci s'obtiennent en traçant sur la *fig.* 2 divers rayons vecteurs partant du point O, et qui aillent couper les ellipses MN et mn. On opérera semblablement pour le joint inférieur; et pour l'extrados, on emploierait des cerces concaves découpées suivant les ellipses *lp*, *mn*, et une autre ellipse intermédiaire; mais ordinairement cette face est laissée brute, ou ébauchée simplement à vue.

Quant à *la clef* de cette voûte elliptique, après avoir marqué sur les deux faces opposées et parallèles de la pierre, les deux ellipses d'intrados et d'extrados, on dressera avec la règle le tronc de cône qui enveloppe cette clef; et pour creuser la douelle, il suffira d'employer trois cerces découpées suivant les ellipses contenues dans les plans verticaux OA, OB et un diamètre intermédiaire. La première de ces ellipses est identique avec la méridienne AB; la seconde coïncide avec le cercle B′C′D′, et la troisième s'en déduira aisément.

709. SECONDE MÉTHODE *pour les joints de lit.* Lorsque les deux axes OA FIG. 2. et OB de l'ellipse de naissance sont très-inégaux, le cône que nous avons employé au n° **704** et dont la génératrice est seulement normale au point (P, P′) de la section verticale OP, se trouverait encore assez oblique par rapport aux sections extrêmes OA et OB. Dans ce cas, il vaut mieux former le joint passant par l'arête de douelle (EG, E′G′) avec trois ou plusieurs surfaces coniques différentes, qui se succéderont tour à tour depuis E jusqu'en G. Ainsi, après avoir construit, comme au n° **704**, les trois tangentes Z′E′, Z′P₂, Z′G₂, on leur mènera des perpendiculaires par les points E′, P₂, G₂; et ces perpendiculaires iront couper l'axe (O′Z′, O) en des points O′, S′₁, S′₁, qui seront les sommets de trois cônes dont le premier servira depuis E jusqu'en L et en I : le second depuis P jusqu'en L et R : et le troisième de G en R et ρ. Mais comme les joints montants sont à recouvrement dans deux assises consécutives, il arrivera dès lors que chaque voussoir de la première assise offrira, dans son joint supérieur, un *ressaut* produit par le brusque passage d'un cône à un autre, ainsi qu'on le voit indiqué dans la *fig.* 6 tracée en perspective. Il en arrivera autant pour les joints supérieurs de la seconde assise qui seront en contact avec les joints inférieurs de la troisième; et dès lors les voussoirs pré-

senteront beaucoup d'angles rentrants, ce qui est toujours un inconvénient, attendu que les ouvriers les exécutent avec moins de facilité et surtout moins de précision; mais on accepte ici ce désavantage, afin d'éviter le défaut bien plus grave de parties trop aiguës où la pierre offrirait peu de résistance à la pression mutuelle des voussoirs.

710. TROISIÈME MÉTHODE *pour les joints de lit.* Le cône que nous avons employé au n° **704** n'est pas véritablement *normal à la surface* d'intrados, même dans le point (P, P′) où sa génératrice a été choisie perpendiculaire à la tangente de la section verticale OP; car il faudrait en outre que cette génératrice fût perpendiculaire à la tangente de la section horizontale (EPG, E′G′). Si donc la voûte offre assez d'importance pour que l'on s'attache à remplir complétement cette condition, voici comme il faudra opérer.

PL. 43,   Après avoir pris sur l'arête de douelle (Gι, G′ι′) un point quelconque (π, π′),
FIG. 7.   on construira la normale de l'ellipsoïde en ce point; or, cette droite devant être perpendiculaire à la tangente *horizontale,* elle se projettera suivant la normale πζ de l'ellipse Gπι; et sa projection verticale sera le rayon O′π′, attendu que dans toute surface de révolution, la normale va couper l'axe qui est ici projeté au point O′. Ensuite, il faudra chercher le point (θ, θ′) où cette normale va percer l'ellipsoïde d'extrados, lequel est aussi de révolution, mais autour d'un axe différent (OX, o′), et a pour méridienne une ellipse dont les axes Od et Oa sont proportionnels avec OB et OA. Pour obtenir ce point (θ, θ′), je conçois par la normale (πζ, π′O′) un plan perpendiculaire au plan vertical de projection: ce plan sécant O′π′ϐ′ coupera l'extrados suivant une ellipse dont le centre (ω, ω′) s'obtient en abaissant la perpendiculaire o′ω′, et dont un des axes est (ω′ϐ′, ωϐ); mais cette ellipse est semblable à la section qui serait faite par le plan parallèle o′ V′, et qui aurait pour axes o′ V′ et Oa; donc, si l'on tire la corde Va, et qu'on lui mène la parallèle ϐa, on déterminera les deux axes ωa et ωϐ de l'ellipse suivant laquelle se projette la section faite par le plan O′ϐ′. Alors, en construisant cette ellipse ϐθ (ou seulement l'arc voisin de la droite πζ, ce qui s'effectue très-aisément par la *méthode de la somme des demi-axes*), cette courbe ϐθ ira couper la normale πζ au point demandé θ que l'on projettera ensuite sur O′π′ en θ′.

Si l'on construit semblablement les normales de l'ellipsoïde d'intrados pour les points (ι, ι′), (λ, λ′), (π, π′), (ρ, ρ′),... et qu'on cherche de même leurs points d'intersection (∂, ∂′), (ψ, ψ′), (θ, θ′), (η, η′),... avec l'extrados, l'ensemble de toutes ces normales formera le joint *normal* qui correspond à l'arête de douelle (Gε, G′ε′). Ce joint sera évidemment une surface *gauche*, et il se terminera à la courbe à double courbure (𝜕ψθηγ, 𝜕′ψ′θ′η′γ′) suivant laquelle il coupe l'extrados.

711. Le sommet (γ, γ′) de cette courbe ne peut pas s'obtenir comme les autres points, parce que la normale en (G, G′) est située dans le plan vertical OA perpendiculaire à la ligne de terre; mais en rabattant ce plan autour de l'horizontale (OA, O′), le point (G, G′) se transportera en G″ sur l'ellipse méridienne AD, et si l'on mène à cette courbe la normale G″γ″, ce sera le rabattement de la normale primitive. D'ailleurs, le même plan vertical OA coupait l'extrados suivant une ellipse dont le centre était en (O, o′) et qui avait pour axes Oa et o′c′; or, quand cette ellipse aura tourné comme ci-dessus, son centre sera venu en o″, et ses axes seront parallèles et égaux à Oa et Od; donc, si l'on trace cette ellipse ainsi rabattue, ou seulement l'arc qui sera voisin de G″γ″, cette droite se trouvera coupée par l'arc d'ellipse au point demandé γ″. Il restera ensuite à relever cette normale G″γ″ autour de l'axe (OA, O′), ce qui ramènera le point γ″ en γ sur le plan horizontal; et sur le plan vertical, la projection γ′ s'obtiendra en prenant la hauteur O′γ′ égale à γγ″.

712. Pour l'autre arête de douelle (Hφ, H′φ′) on construira le joint normal **FIG. 7** comme celui du n° **710**; et ces deux joints de lit seront coupés par les plans ver- **et 5.** ticaux μψ, νθ, suivant des lignes droites, ce qui rendra encore plus facile le tracé des panneaux de tête du voussoir actuel, analogues à ceux de la *fig. 4*. Quant à la taille de ce voussoir, après avoir préparé, comme dans la *fig. 5*, une pierre qui ait la forme d'un prisme droit dont la base égalerait μψθν, on y appliquera les deux panneaux de tête, et l'on y tracera les arcs d'ellipse L′P′, M′N′, comme au n° **708**. Toutefois, la courbe plane *l′p′* sera remplacée ici par une ligne à double courbure (ψθ, ψ′θ′) qu'il faudra construire par points sur la face convexe du prisme, ou bien elle se tracera au moyen d'un panneau qui représenterait le développement du cylindre vertical ψθ; ensuite, l'autre arête d'extrados *m′n′* deviendrait encore une ligne à double courbure; mais on la remplacera par l'intersection de la face horizontale et supérieure du prisme, avec le joint gauche qu'il sera bien facile de prolonger, sur la *fig. 8*, jusqu'à ce plan horizontal : ses joints, quoique gauches, se tailleront encore avec une simple règle appuyée sur des points de repère. Nous nous bornons ici à ces indications succinctes, parce qu'elles suffiront bien pour les lecteurs familiarisés avec la Géométrie descriptive; d'ailleurs, nous leur présentons cette méthode comme un sujet d'exercice plutôt que comme une méthode pratique, attendu que les constructeurs ordinaires la trouveraient probablement trop laborieuse et répugneraient à l'employer, malgré l'avantage qu'elle procure d'éviter les angles aigus dans les coupes, et par suite de donner plus de résistance aux voussoirs.

Voûte en ellipsoïde à trois axes inégaux.

PL. 44.   **713.** Considérons enfin le cas général où la voûte a pour intrados un demi-ellipsoïde à trois axes inégaux, et soit ABDE l'ellipse de naissance qui renferme l'axe maximum $OA = a$ et l'axe moyen $OB = b$, tandis que l'axe minimum $(O, O'C')$ est vertical et égal à c, ce qui rend la voûte surbaissée : la *fig.* 2 représente une coupe verticale faite suivant OB, et la *fig.* 3 une coupe verticale faite suivant OA, Quant à l'extrados, nous le formerons comme au n° **703**, par un ellipsoïde semblable au premier, mais ayant son centre au-dessous de O′ sur la verticale O. Ici, pour satisfaire complétement à la condition que tous les joints soient *normaux entre eux* et *à l'intrados* (n° **584**), nous adopterons pour les deux séries d'arêtes de douelle, les *lignes de courbure* de l'ellipsoïde dont nous avons expliqué les propriétés aux n°ˢ **736... 743** de notre *Géométrie descriptive.* On sait qu'après avoir marqué les foyers F, F₂, F₃, des trois ellipses principales, il faut tracer l'ellipse et l'hyperbole *auxiliaires*, αϐ et αγ, dont les axes communs sont les droites

$$O\alpha = a \sqrt{\frac{a^2 - b^2}{a^2 - c^2}}, \qquad O\varsigma = b \sqrt{\frac{a^2 - b^2}{b^2 - c^2}} ;$$

la première se construit en prenant les longueurs $Of = OF$, $Of_3 = O''F_3$, puis en tirant la droite Af_3 et sa parallèle $f\alpha$: la seconde en prenant $Of_2 = O'F_2$, puis en traçant la ligne Bf_2 et sa parallèle $F\varsigma$. Alors, si l'on prend un point quelconque h sur l'hyperbole $\alpha\varsigma$, et que l'on trace les coordonnées hH et $h2$ de ce point, elles fourniront les deux demi-axes OH et O2 de l'ellipse H2 qui représente la projection d'une ligne de la *première courbure* : de même, un point quelconque q de l'ellipse $\alpha\varsigma$ fournira, par ses coordonnées, les deux demi-axes OQ et Os de l'hyperbole QM qui reçoit la projection d'une ligne de la *seconde courbure.*

Quant à la *fig.* 2, il faudra aussi tracer d'abord l'ellipse et l'hyperbole *auxiliaires*, α′ϐ′ et α′γ′, dont les axes communs sont les droites

$$O'\alpha' = c \sqrt{\frac{b^2 - c^2}{a^2 - c^2}}, \qquad O'\varsigma' = b \sqrt{\frac{b^2 - c^2}{a^2 - b^2}},$$

qui se construiront aisément, ainsi que l'indique notre épure ; et alors un point quelconque t' de l'ellipse $α'6'$ fournira, par ses coordonnées, les deux axes O'H' et O'u' de l'hyperbole H'$2'$ suivant laquelle se projette ici une ligne de la première courbure ; tandis que chaque ligne de la seconde courbe se projettera, sur ce plan, suivant une ellipse Q'M' dont les axes seront fournis par les coordonnées d'un point m' pris à volonté sur l'hyperbole auxiliaire $α'γ'$. On sait d'ailleurs que les points $(α, α')$ et $(ω, α')$ sont les deux *ombilics* (*G. D.*, n° **739**) autour desquels l'ellipsoïde présente une courbure uniforme dans tous les sens, comme celle d'une sphère.

714. Mais, pour la question de stéréotomie, il ne faut pas tracer arbitrairement ces deux séries de lignes de courbure. On devra d'abord diviser la demi-ellipse verticale B'C'E' en un nombre *impair* de parties égales ; et après avoir projeté chaque point de division, tel que $2'$, au point 2 sur le plan horizontal, on mènera les coordonnées $2h$ et hH de l'hyperbole auxiliaire, ce qui déterminera les axes de l'ellipse $2H$ suivant laquelle se projette l'arête de douelle qui correspond à l'assise considérée. Ensuite, pour avoir la projection verticale de cette même arête de douelle, il faudra projeter le sommet H en H″ sur l'ellipse principale de la *fig.* 3 ; et ce dernier point H″ étant ramené en H' sur la *fig.* 2, permettra de tracer les deux coordonnées H't' et $t'u'$ de l'ellipse auxiliaire, lesquelles seront les demi-axes de l'hyperbole demandée H'$2'$.

Maintenant, on divisera le quart AB de l'ellipse horizontale en parties égales BL, LM, MN,... ; puis, en projetant le point M en M', on mènera par ce dernier les deux coordonnées M'm' et m'Q' de l'hyperbole auxiliaire, qui fourniront les axes de l'ellipse M'Q'. Ensuite, après avoir ramené le sommet Q' en Q″ sur l'ellipse principale de la *fig.* 3, on projettera ce dernier point Q″ en Q, et l'on tracera les deux coordonnées Qq et qs de l'ellipse auxiliaire, lesquelles seront les axes de l'hyperbole cherchée QM.

Les lignes de seconde courbure, telles que (QM, Q'M'), serviront à former les joints montants, et il faudra les interrompre alternativement d'une assise à l'autre ; tandis que les lignes de première courbure, telles que ($2H$, $2'H'$), qui forment les arêtes de douelle et correspondent aux joints de lit, devront être continuées dans toute leur étendue. C'est d'ailleurs ce que montre l'épure, dans les trois autres quarts de l'ellipsoïde qui n'ont pas servi à effectuer les opérations graphiques.

715. Nous n'avons point parlé jusqu'ici de la projection des lignes de courbure sur le plan de la *fig.* 3, attendu que cette projection n'est pas nécessaire pour le problème de stéréotomie. Mais si l'on veut compléter la représentation graphique, il faudra encore tracer une ellipse *auxiliaire* X″Z″ dont les axes seront

$$O''X'' = a \sqrt{\frac{a^2-c^2}{a^2-b^2}}, \qquad O''Z'' = c \sqrt{\frac{a^2-c^2}{b^2-c^2}},$$

grandeurs qu'il est facile de construire, comme l'indique notre épure; ensuite, après avoir ramené le point 2′ en U″, on tracera les coordonnées U″T″ et U″2″ qui seront les axes de l'ellipse T″H″2″ sur laquelle se projette la ligne de première courbure (2H, 2′H′). Quant à la ligne de seconde courbure (MQ, M′Q′), elle se projettera aussi sur une ellipse M″Q″e″ dont les deux axes s'obtiennent en projetant le point M en M″, puis en traçant les deux coordonnées M″v″ et v″e″ de l'ellipse auxiliaire. On voit donc que, sur le plan de la *fig.* 3, les lignes de courbure des deux séries se projettent toutes sur des ellipses, lesquelles se trouvent tangentes à la corde X″Z″ qui touche elle-même l'ellipse principale A″C″ à l'endroit de l'ombilic α″.

PL. 44.   **716.** *Des joints normaux.* Considérons le voussoir qui a pour douelle le quadrilatère curviligne projeté sur λμνπ (*fig.* ɪ), et dont les quatre côtés se coupent déjà à angles droits dans l'espace, d'après la propriété des lignes de courbure (*G. D.,* n° **702**). Il faudra d'abord construire le plan tangent de l'ellipsoïde au point (λ, λ′), en le faisant passer par les deux droites qui auront pour projections horizontales et verticales, les tangentes aux courbes λμ, λπ, et λ′μ′, λ′π′ ; tangentes faciles à tracer, puisque ces courbes sont des sections coniques dont on connaît les deux axes. Ensuite, perpendiculairement à ce plan tangent, on mènera la normale (λρ, λ′ρ′) dont on cherchera la rencontre (ρ, ρ′) avec l'ellipsoïde d'extrados : pour cela, on conduira par la droite (λρ, λ′ρ′) un plan perpendiculaire au plan vertical, et qui coupera l'extrados suivant une ellipse dont on trouvera les axes en les comparant à ceux de la section parallèle faite par le centre, ainsi que nous l'avons exécuté au n° **710** ; alors la rencontre de cette section elliptique avec la normale déterminera le point demandé (ρ, ρ′).

En opérant semblablement pour les normales menées par divers points φ, μ,... de l'arête de douelle, on déterminera le joint de lit relatif à cette arête, lequel sera une zone de surface *développable* (*G. D.,* n° **699**), comprise entre la courbe (λμ, λ′μ′), la courbe d'extrados, et deux droites. On trouvera de même le joint supérieur relatif à l'arête de douelle (πν, π′ν′), et les deux joints montants qui passeront par les lignes (λπ, λ′π′), (μν, μ′ν′); et ces quatre joints seront évidemment rectangulaires entre eux, en même temps qu'ils se trouveront exactement normaux à l'intrados.

717. *De la taille du voussoir.* On opérera par dérobement, en commençant par tailler un prisme droit (*voyez* n° **633**) dont la base égale la projection horizontale du voussoir, et dont la hauteur soit suffisante pour contenir la projection verticale de ce même corps. On plongera les quatre joints jusqu'à ce qu'ils coupent les faces de ce prisme ; et en rapportant ces courbes d'intersection sur le solide capable, on pourra tailler les quatre faces qui renferment les joints, au moyen d'une simple *règle*, puisque ce sont des surfaces développables. Sur ces faces, on appliquera les panneaux des joints développés en vraie grandeur, à l'aide desquels on marquera les contours véritables de la douelle et de la face d'extrados, si l'on veut prendre la peine de tailler cette dernière ; et alors la douelle s'exécutera au moyen de plusieurs *cerces* découpées suivant diverses sections verticales que l'on construira dans l'ellipsoïde d'intrados.

718. Vers les ombilics, il faudra ordinairement supprimer quelques joints et réunir deux voussoirs, afin que les pierres aient assez d'épaisseur pour offrir une résistance suffisante ; et c'est ce que l'on voit indiqué sur les *fig.* 1 et 3, dans les environs du point (ω, ω''). Au surplus, si nous nous sommes bornés à des indications succinctes dans les n°ˢ **716** et **717**, c'est que le problème actuel doit être considéré comme un exercice de stéréotomie plutôt que comme une méthode pratique réellement employée ; attendu que la longueur des opérations graphiques qu'exige le tracé de l'épure, rebuterait probablement les constructeurs ordinaires. Aussi, quand ils doivent exécuter une voûte elliptique à trois axes inégaux, ils emploient le mode d'appareil de la *Pl. XLIII* (*fig.* 2 et 3), avec la modification que nous avons indiquée au n° **709** pour les joints coniques discontinus qu'ils multiplient davantage.

CHAPITRE V.

PÉNÉTRATIONS DE VOUTES.

Voûte d'arête et Voûte en arc-de-cloître.

719. Une voûte d'arête est formée par la rencontre de deux berceaux qui ont PL. 45. le *même plan de naissance* et la *même montée ;* et dès lors les deux cylindres d'intrados se couperont suivant deux *courbes planes* situées dans les plans verticaux

conduits par les diagonales du parallélogramme que forment les parements intérieurs des pieds-droits : toutefois, pour que cette dernière circonstance se
vérifie, il faut sous-entendre que les bases ou directrices des deux cylindres
sont des courbes du second degré. En effet, si après avoir choisi notre plan
horizontal parallèle aux génératrices des deux cylindres, nous coupons chacune
de ces surfaces par un plan vertical *parallèle aux génératrices de l'autre*, nous

obtiendrons deux ellipses A′Z′B′ et A″Z″B″ qui auront leurs axes verticaux O′Z′
et O″Z″ égaux entre eux. Ensuite, un plan horizontal quelconque Mm′ coupera
les deux cylindres suivant quatre génératrices dont les projections L′M, l′m,
L″M, l″M₂, se rencontreront en quatre points M, m, M₂, m₂, situés sur les diagonales CE et DF ; car les points M′ et M″, par exemple, ayant des ordonnées
égales M′L′ = M″L″, ont des abscisses A′L′ et A″L″ qui sont proportionnelles aux
axes inégaux A′B′ et A″B″ ; d'où l'on conclut que

$$C\lambda : \lambda M :: CD : DE,$$

ce qui démontre que les trois points C, M, E, sont en ligne droite. On prouvera
de même que le point m est en ligne droite avec F et D ; d'où il suit que tous
les points communs aux deux cylindres sont projetés sur les diagonales CE et
DF, ou bien que l'intersection de ces surfaces se compose de deux branches
situées dans les plans verticaux conduits par ces diagonales.

720. Il importe d'observer que, dans tout ce qui précède, rien ne suppose
droit l'angle compris entre les génératrices des deux cylindres ; de sorte que
tous les raisonnements employés ci-dessus et la conséquence finale s'appliqueraient identiquement à deux berceaux qui se rencontreraient obliquement
(*fig.* 6), pourvu que conformément à la règle énoncée ci-dessus, on adoptât
momentanément pour bases des deux cylindres les sections faites par les plans
verticaux CF et CD, parallèles aux génératrices ; car ces sections seront aussi
des ellipses qui auront le même axe vertical, et dans lesquelles les abscisses Cλ
et CL seront encore proportionnelles avec les axes horizontaux CD et CF.

721. Au surplus, étant donnée pour cintre du premier berceau une courbe
quelconque A′Z′B′, qui pourra être une anse-de-panier (n° 608) ou une ogive,
il est facile de trouver quel doit être le cintre du second berceau, pour que
l'intersection soit une courbe située dans le plan vertical de la diagonale CE.
Car, après avoir tracé diverses génératrices M′M, N′N,... terminées à cette
diagonale, on les fera retourner dans la direction MM″, NN″,..., et on les prolongera, au-dessus de la ligne de terre A″B″, de quantités égales aux ordonnées

des points de départ M', N',..., ce qui fournira autant de points M", N",... du cintre demandé. Mais on devra observer que si A'Z'B' est une anse-de-panier, A"Z"B" ne sera pas une courbe du même genre précisément : ce sera une ligne composée de plusieurs arcs d'ellipse qui se raccorderont entre eux.

722. Revenons à la *Voûte d'arête* proprement dite, laquelle a pour objet de recouvrir la partie commune à deux galeries qui se traversent, et dont les murs se trouvent interrompus de C en D et de F en E, comme aussi de C en F et de D en E, afin de laisser entièrement libre la communication entre ces galeries. Leurs largeurs étant inégales, ce qui rendra la voûte *barlongue* au lieu d'être *carrée*, je décris un demi-cercle vertical sur le diamètre A'B', et sur le diamètre A"B" une demi-ellipse dont l'axe vertical égale le rayon O'A'; alors ces deux courbes seront les sections droites des deux cylindres d'intrados, lesquels se couperont (n° **719**) suivant deux ellipses projetées sur les diagonales CE et DF. Ensuite, après avoir divisé la circonférence A'Z'B' en un nombre impair de parties égales, et avoir marqué sur l'ellipse les points M"N",..., qui sont respectivement à la même hauteur que M', N',..., on tracera les génératrices des deux cylindres qui partent de ces points correspondants, et elles devront aller se couper deux à deux en des points M, m, N, n,... situés précisément sur les diagonales CE et DF. Mais, à cause de l'interruption des pieds-droits, il faudra évidemment supprimer toutes les portions *intérieures* de ces génératrices, telles que Mm, Nn, MM₂, mm₂,...; de sorte que les triangles COF et DOE ne seront recouverts que par le berceau en plein cintre, et les triangles COD et FOE par le berceau surbaissé. D'ailleurs on voit bien que les angles formés par la rencontre de ces génératrices, tourneront leur sommet vers l'observateur placé au centre O de la voûte, et qu'ainsi l'intrados présentera à cet observateur deux *arêtes saillantes* formées par les ellipses diagonales.

723. La *Voûte en arc-de-cloître* s'emploie pour recouvrir un espace entièrement fermé, tel que la salle rectangulaire CDEF (*fig. 5*), et elle est composée des deux mêmes berceaux que ci-dessus, avec le soin de conserver ici les portions de génératrices Mm, MM₂,.., que nous avions supprimées, et de supprimer celles que nous avions conservées d'abord. Il résulte de cette nouvelle combinaison que l'intrados offrira au spectateur deux *arêtes rentrantes*, produites par les ellipses d'intersection qui sont encore projetées sur les diagonales CE et DF. Quant à la manière de former les joints et de tailler les voussoirs, pour cette voûte et pour la précédente qui ont beaucoup d'analogie entre elles, nous remettrons à l'expliquer sur l'épure de la *Pl. XLVI* où nous

Fig. 1, 4, 5.

rencontrerons des voussoirs de l'un et de l'autre genre; ce qui nous permettra d'éviter des répétitions fastidieuses. Ici nous ajouterons seulement, pour justifier les divers modes de ponctuation de la *Pl. XLV*, que les projections 3 et 5 sont censées *vues par-dessous*, et que les *fig.* 1, 2, 4, représentent des *coupes* faites dans les deux berceaux; c'est pourquoi nous y avons marqué des hachures.

Berceau coudé : *Voûte en arête et en arc-de-cloître.*

PL. 46.

724. Considérons deux galeries qui se rencontrent sans se prolonger au delà, mais qui forment un retour d'équerre suivant les directions A′CA″ et B′EB″. Pour les recouvrir par une voûte, nous emploierons d'abord un premier berceau ayant pour arc droit le demi-cercle A′Z′B′, puis un second berceau qui aura pour arc droit l'ellipse A″Z′B″ dont l'axe vertical O″Z″ égale O′Z′; mais ici les deux cylindres d'intrados n'auront qu'une branche unique d'intersection qui sera l'ellipse projetée sur la diagonale CE (n° 719), attendu que, d'après la forme des pieds-droits, aucun de ces cylindres ne doit être prolongé au delà de la courbe d'entrée. Maintenant, après avoir divisé le demi-cercle A′Z′B′ en un nombre impair de parties égales, nous formerons les joints de lit ou les *coupes* avec des plans OO′M′, OO′N′,... passant par l'axe du berceau et terminés au cylindre d'extrados: la section droite Q′P′z′p′q′... de ce dernier se tracera comme nous l'avons dit au n° 610. Quant au berceau surbaissé, après avoir marqué les points M″, N″,... qui sont à la même hauteur que M′, N′,..., il faudra construire les normales M″Q″, N″P″,... de l'ellipse, lesquelles peuvent se déduire aisément des tangentes au cercle. En effet, puisque l'intersection des deux cylindres est une courbe située dans le plan vertical CE, il en sera de même de sa tangente qui est l'intersection des deux plans tangents M′T′T et M″T″T: donc les traces horizontales de ces plans devront se couper en un point T qui soit sur la diagonale CE; par conséquent, si après avoir prolongé la droite T′T jusqu'à ce qu'elle coupe CE en T, on mène par ce dernier point la droite TT″ parallèle à CA″; elle fournira le point T″ qu'il faudra joindre avec M″ pour obtenir la tangente cherchée M″T″, de laquelle on déduira la normale M″Q″. Ce procédé pourrait aussi se justifier par les relations connues entre deux ellipses qui ont un axe vertical commun; car on sait qu'alors les sous-tangentes O′T′ et O″T″, comptées sur les axes inégaux, doivent être proportionnelles à ces deux axes; tandis que si on les mesurait sur l'axe commun, elles seraient égales. Cette dernière relation sera plus commode à employer pour le point N''; car si, après avoir tiré la tangente au cercle N'S', on prend O''S'' = O'S', la droite S''N'' sera la tangente de l'ellipse, et par suite on obtiendra la normale N''P''.

725. Cela posé, les joints du berceau surbaissé devront être formés par des plans conduits suivant chaque normale M''Q'', N''P'', et suivant la génératrice correspondante M''VM, N''XN; et ces joints se trouveront exactement normaux à l'intrados tout le long de la génératrice, attendu que l'ellipse A''Z''B'' est la section droite du cylindre. D'ailleurs, comme la stabilité de la voûte exige évidemment que l'on compose d'une seule pierre les parties des deux berceaux qui, dans chaque assise, sont contiguës à l'*arétier* CMNE, il sera convenable de terminer chacun des joints M''Q'', N''P'',... à la même hauteur que le joint correspondant du premier berceau, ainsi qu'on le voit indiqué dans notre épure; alors la série des points z'', P'', Q'', déterminés par ces diverses normales, et par d'autres assujetties à la même condition, formera une courbe qui sera la section droite du cylindre d'extrados pour le second berceau. Ensuite, comme les deux horizontales projetées en Q' et Q'' vont se rencontrer nécessairement en un point dont la projection est Q, il s'ensuit que la droite MQ représente l'intersection des deux joints supérieurs de la première assise; pour la seconde, ce sera la droite NP, et ainsi des autres. D'ailleurs, si l'on réunissait par un trait continu tous les points Q, P, O, *p*, *q*, on obtiendrait la projection de la courbe suivant laquelle se coupent les deux cylindres d'extrados; mais cette ligne est inutile à considérer, parce qu'on ne prend jamais la peine de tailler l'extrados des voussoirs (*).

726. Quant aux *joints montants* qui servent à diviser une même assise en plu-

---

(*) On pourrait choisir l'extrados du second berceau, de telle sorte que son intersection avec celui du premier fût une courbe située dans le plan vertical de l'arétier CE. Dans cette vue, pour chaque point tel que Q', il faudrait arrêter la génératrice Q'Q au point R où elle rencontre la diagonale CE prolongée; puis, par ce point R mener la droite RR'' que l'on prolongerait jusqu'en un point R'' situé à la même hauteur que Q'. Alors la courbe z''R'', qui se trouverait une ellipse, serait l'arc droit du cylindre d'extrados; et le joint M''Q'' devant être prolongé jusqu'en I'', il couperait le joint correspondant M'Q' suivant la droite projetée sur MQI. Toutefois, comme ce dernier joint M'Q' ne s'étend en largeur dans le premier berceau que jusqu'à l'horizontale Q'R, il faudra y ajouter l'arc elliptique RI suivant lequel il coupera le second extrados; de sorte que le contour extérieur des deux joints sera représenté par WIRL. Cette forme est un peu plus compliquée que ZQL; mais elle aurait l'avantage d'augmenter l'épaisseur des reins de la voûte, dans le berceau surbaissé où la poussée est plus considérable.

sieurs voussoirs, nous les formerons par des plans perpendiculaires aux génératrices de chaque berceau, tels que LGKH, ZVYX,..., avec le soin de les
faire alterner de deux en deux assises, comme l'indique notre épure ; et alors le
polygone LQZXNHL sera la projection horizontale d'un des *arétiers* ou voussoirs contigus à la courbe d'arête CMNE , et nous ne devons nous occuper que
dé ceux-ci, car les autres voussoirs ne participant plus des deux berceaux à la
fois, se tailleront très-facilement comme ceux d'une *porte droite* (n° 613).

727. Si l'on considère le voussoir dont les faces de tête sont $m'n'p'q'$ et
$m''n''p''q''$, et qui est projeté horizontalement sur $lqxxnhl$, on doit apercevoir
que les deux douelles cylindriques qui se coupent suivant l'arc d'ellipse mn,
présentent un angle rentrant très-prononcé ; de sorte que ce voussoir appartient
réellement à une *voûte en arc-de-cloître* (n° 723). Le même caractère subsiste
pour toute la moitié de la voûte actuelle qui s'étend de O en E ; tandis que de O
en C elle offre l'apparence d'une *voûte d'arête* (n° 722). Ainsi nous aurons appris à construire ces deux genres de voûte, si nous donnons les moyens d'exécuter les deux voussoirs projetés sur LQZXNHL et $lqxxnhl$; et c'est ce que nous
allons faire.

FIG. 1,
3, 4.   **728.** *Panneaux de développement.* Après avoir marqué sur l'arc M′N′ un ou
plusieurs points intermédiaires, comme α', et avoir tracé les génératrices correspondantes, telles que 6α, on rectifiera les arcs M′α', α'N′, suivant les droites
$G_2 6_2$, $6_2 H_2$, de la *fig.* 4 ; puis, en élevant les ordonnées

$$G_2 M_2 = GM, \quad 6_2 \alpha_2 = 6\alpha, \quad H_2 N_2 = HN,$$

on fera passer par les points M_2, α_2, N_2, une courbe qui sera la transformée de
l'ellipse d'arête projetée sur MαN, et le panneau $G_2 M_2 \alpha_2 N_2 H$ représentera le
développement de la douelle qui était projetée sur GMNH. Ensuite, si l'on
prend les distances

$$G_2 L_2 = M'Q', \quad L_2 Q_2 = LQ, \quad H_2 K_2 = N'P', \quad K_2 P_2 = KP,$$

les deux trapèzes $G_2 M_2 Q_2 L_2$ et $H_2 N_2 P_2 K_2$ représenteront, en vraie grandeur,
les deux joints adjacents à la douelle dont nous venons de parler. On pourrait
tracer semblablement les panneaux de la douelle VMNX et des joints adjacents,
faces qui appartiennent au même voussoir arêtier, et qui font partie du berceau elliptique ; mais cela est inutile pour la taille de ce voussoir.

729. Quant au voussoir opposé $xnhlqz$, les panneaux de la douelle et des
joints qui font partie du berceau en plein cintre, sont représentés sur la *fig.* 5 ;

et .on .les a obtenus encore en prenant les abscisses

$$l_2 g_2 = m' q', \quad g_2 \rho_2 = m' \lambda', \quad \rho_2 h_2 = \lambda' n' \quad h_2 k_2 = n' p',$$

et en élevant les ordonnées

$$l_2 q_2 = lq, \quad g_2 m_2 = gm, \quad \rho_2 \lambda_2 = \rho\lambda, \quad h_2 n_2 = hn, \quad k_2 p_2 = kp.$$

On doit remarquer qu'à cause de la symétrie qui existe dans les deux portions du berceau coudé, avant et après le point O, le contour $q_2 m_2 \lambda_2 n_2 p_2$ de la *fig.* 5 se trouvera identique avec celui de la *fig.* 4, et les panneaux des deux systèmes seront les prolongements les uns des autres ; seulement, les bords qui étaient concaves dans le premier cas, seront convexes dans le deuxième, et réciproquement. Voici, maintenant, l'usage que l'on fera de ces panneaux pour tailler les voussoirs.

730. *Méthode par équarrissement.* Imaginons un *prisme* droit (n° **633**) qui PL. 46, aurait pour base la projection horizontale LHNXZQL (*fig.* 3) du voussoir en FIG. 6. question, et pour hauteur la différence de niveau des points M' et P' sur la *fig.* 1 ; puis, après avoir choisi un bloc de pierre qui soit capable de ce prisme, faisons dresser la face supérieure pour y tracer le contour LH*n*XZ*q*L (*fig.* 6) identique avec le polygone de même nom sur la *fig.* 3 ; et enfin, au moyen de l'équerre, faisons tailler toutes les faces latérales de ce prisme. Maintenant, sur la face antérieure, on marquera le contour M'N'P'Q' de la tête du voussoir au moyen d'un panneau levé sur la *fig.* 1 ; seulement, ce panneau a dû être ici placé sens dessus dessous, parce que, dans la *fig.* 6, le voussoir est censé renversé, afin de laisser mieux voir les faces les plus importantes ; d'ailleurs, c'est dans cette situation que l'ouvrier posera la pierre pour la tailler plus commodément. Semblablement, sur la face latérale XZZ'X' on appliquera le panneau de tête donné par la *fig.* 2, suivant M''N''P''Q'' avec le soin de placer les angles N'' et Q'' à des hauteurs XN'' = HN' et ZQ'' = LQ' ; puis, on tirera les horizontales M'M et MM'', Q'Q et QQ'', P'P et PP'', N'N et NN''.

Cela fait, on pourra exécuter la douelle cylindrique qui passe par l'arc M'N', en se servant d'une *cerce* convexe, découpée suivant cet arc, et que l'on promènera sur les deux droites M'M, N'N, en la faisant passer par des *repères* marqués à égales distances des points M' et N' : ou bien, il suffira d'employer une simple *règle,* si l'on a pris la peine de tracer le panneau de tête opposé et parallèle à M'N'P'Q' ; puis, quand cette surface cylindrique aura été prolongée suffisamment, on y appliquera le panneau $G_2 M_2 N_2 H_2$ de la *fig.* 4, exécuté sur un carton flexible, et dont le bord M_2N_2 aura repris alors une forme qui permettra de tracer sur la pierre la limite MαN où doit se terminer la douelle du berceau en plein cintre. Quant à l'autre douelle M″MNN″, sans recourir à une cerce elliptique, il suffira d'employer une *règle* dont l'arête devra glisser sur les deux directrices actuellement connues MN et M″N″, en la maintenant parallèle à M″M; d'ailleurs, si l'on veut se guider sur des points de repère précis, le panneau de la *fig.* 4 aura fait connaître le point $α_2$ ou α qui correspond avec α″ à une même position de la génératrice rectiligne.

Le joint supérieur NN′P′P (il est ici *en dessous*, parce que le voussoir est renversé) est un plan qui passe par trois droites connues; on le dressera donc aisément, et on y appliquera le panneau $H_2N_2P_2K_2$ qui permettra de tracer la limite précise NP de cette face; alors l'autre joint supérieur NPP″N″, qui est aussi plan, s'achèvera très-facilement. Quant aux deux joints *inférieurs* M′MQQ′ et M″MQQ″ qui sont encore plans, mais qui forment un angle rentrant, il faudra tailler le premier en avançant progressivement, jusqu'à ce que le panneau $G_2M_2Q_2L_2$ (*fig.* 4) puisse s'y appliquer exactement; et lorsque par là la limite MQ aura été déterminée, le second joint s'achèvera sans aucune difficulté.

Enfin, les deux extrados étant deux cylindres qui passent par les courbes directrices P′Q′ et P″Q″, le lecteur imaginera bien, d'après ce qui précède, les moyens qu'il faudrait employer pour les tailler avec exactitude; mais ordinairement on se contente de les ébaucher à la simple vue : ou même, on laisse le voussoir terminé au plan horizontal P′PP″Z′q′L′ que l'on dégrossit seulement.

Cette méthode est celle qui fournit les résultats les plus exacts; mais comme elle cause une perte de main-d'œuvre assez considérable, en exigeant que l'on taille plusieurs faces qui disparaissent ensuite, les ouvriers lui préfèrent la méthode par biveaux dont nous allons parler.

PL. 46.   **731.** *Méthode par biveaux.* Ici on remplace provisoirement les deux douelles cylindriques du voussoir par des *douelles plates* qui sont des plans conduits suivant les arêtes de douelle MG et NH, MV et NX (*fig.* 3). La première de ces douelles plates va couper le plan vertical GH suivant la corde M′N′ de l'arc de tête M′α′N′ (*fig.* 1), et la seconde coupe la tête VX suivant la corde M″N″ (*fig.* 2); d'ailleurs, l'intersection de ces deux douelles plates est une droite projetée sur MN, et qui se trouve la corde de l'ellipse d'arête située dans le plan vertical CE. Or, comme il sera nécessaire de connaître la mesure précise de l'angle dièdre compris entre ces deux douelles plates, nous allons rabattre le plan vertical CE autour de sa trace horizontale, et après avoir mené les ordonnées Mμ′, Nν′, égales à celles des points M′, N′, la droite μ′ν′ sera le rabattement de la corde en question; en outre, sur ce plan auxiliaire CE, les deux arêtes de douelle NH et NX seront projetées suivant l'horizontale ν′ξ′. Cela posé, en menant par un point quelconque φ′ un plan φ′D′ perpendiculaire à la corde μ′ν′, ce plan coupera les douelles plates suivant un angle dont les côtés iront rencontrer les arêtes de douelle aux points (D′, D) et (D′, ∂), tandis que le sommet φ′ de cet angle, étant rabattu autour de l'horizontale (D∂, D′), se transportera en (φ, φ″); donc D φ ∂ sera la vraie grandeur de cet angle qui mesure évidemment le dièdre cherché.

Maintenant, après avoir choisi un bloc de pierre *capable* du voussoir en question, on dressera l'une de ses faces et l'on y marquera le contour MM′N′N de la douelle plate; ce contour est très-facile à tracer, puisque c'est un trapèze dont deux angles M′ et N′ sont droits, et dont tous les côtés sont connus en vraie grandeur, savoir : M′N′ sur la *fig.* 1, MM′ et NN′ par les longueurs MG et NH de la *fig.* 3, et le quatrième côté MN par la longueur de la corde μ′ν′ de l'ellipse d'arête. Ensuite, par la droite MN on conduira un second plan MNN″M″ qui fasse avec le premier un angle égal à celui que nous avons trouvé ci-dessus pour les deux douelles plates; et pour cela, on se servira d'un *biveau* dont les deux branches comprendront l'angle plan D φ ∂ (*fig.* 3), avec le soin de maintenir toujours ce biveau dans un plan normal à l'arête MN; puis, sur cette seconde face plane, on tracera le trapèze MNN″M″ dont les deux angles M″, N″, seront droits, et dont les côtés MM″, NN″, seront donnés par les longueurs MV, NX, de la *fig.* 3, tandis que le côté M″N″ devra égaler la corde de même nom sur la *fig.* 2.

Cela fait, par la droite M′N′, l'ouvrier conduira un plan qui soit d'équerre sur la douelle plate M′N′NM, et sur cette nouvelle face il appliquera le panneau de tête M′α′N′P′Q′ levé sur la *fig.* 1; semblablement, par l'arête M″N″ il fera passer un plan perpendiculaire à l'autre douelle plate, et il y appliquera le second panneau de tête M″α″N″P″Q″ levé sur la *fig.* 2. Alors il pourra tailler aisément les quatre joints, qui sont des plans pour chacun desquels il connaît actuellement deux droites directrices; d'ailleurs l'étendue exacte de ces joints lui sera fournie par les panneaux de la *fig.* 4. Enfin, il creusera les douelles cylindriques en employant les moyens et les précautions que nous avons indiquées au n° **730**; et quant aux faces d'extrados, on agira comme nous l'avons dit à la fin de ce même article.

732. *Des voussoirs en arc-de-cloître.* Nous avons montré au n° **727** qu'un des voussoirs de ce genre était projeté horizontalement sur *xnhlqz*, et que ses faces

FIG. 7.

PL. 46,
FIG. 3.

de tête situées dans les plans verticaux *hl* et *xz*, étaient représentées en vraie grandeur par *m'n'p'q'* et *m"n"p"q"* : nous avons aussi enseigné (n° **729**) à construire les panneaux des joints et de la douelle développée, représentés sur la *fig.* 5. Dès lors, après avoir équarri un prisme droit dont la base soit le polygone *xnhlqz*, on appliquera les panneaux de tête sur les deux faces verticales *hl* et *xz*, et l'on exécutera les joints et les douelles cylindriques par les mêmes moyens qu'au n° **730** ; c'est pourquoi nous n'avons point tracé ici une figure particulière qui d'ailleurs n'aurait pu être insérée dans le cadre de notre épure. Seulement nous ferons observer que, comme les deux douelles cylindriques présenteront ici un angle rentrant, il faudra tailler la première (qui a pour section droite l'arc de cercle *m'λ'n'*) en avançant progressivement jusqu'à ce que le panneau *g₂m₂n₂h₂* (*fig.* 5) exécuté sur un carton flexible, puisse s'appliquer exactement sur la concavité de cette face cylindrique : cette précaution est nécessaire pour obtenir avec précision l'arc d'ellipse qui limitera cette douelle et formera l'arêtier rentrant de ce voussoir. Ensuite, la douelle qui a pour arc droit *m"λ"n"*, s'exécutera aisément au moyen d'une règle qu'on promènera sur cet arc de tête et sur l'arêtier : on pourrait aussi, pour cette dernière opération, employer une équerre fixe dont les deux branches s'appuieraient à la fois sur les deux arcs de tête, ce qui servirait en même temps de vérification pour la première douelle.

733. *De la clef.* Dans l'épure de la *Pl. XLVI*, la clef se taillera comme le voussoir du n° **732**, en se servant aussi du panneau de douelle pour déterminer la limite NO*n* où doit s'arrêter la face cylindrique qui fait partie du berceau en plein cintre.

Dans la *Pl. XLV* (*fig.* 3), on commencera par tailler, dans toute sa longueur, la douelle cylindrique *XYyx* qui répond au berceau en plein cintre ; ensuite, au moyen d'une cerce découpée suivant la courbure de l'ellipse d'arête, et que l'on placera tour à tour dans les plans verticaux des deux diagonales N*n₂*, N₂*n*, on tracera les deux arêtiers de la clef ; et alors la seconde douelle appartenant au berceau elliptique s'exécutera aisément par le secours d'une simple règle.

Quant à la clef de la *fig.* 5 (*Pl. XLV*), elle exigera plus de précautions et de tâtonnements, attendu qu'elle doit offrir quatre angles rentrants. Après avoir tracé sur la douelle plate le rectangle NN₁*n₁n* et ses diagonales, on y pratiquera deux petites tranchées dans les plans verticaux de ces diagonales, en les creusant jusqu'à ce qu'on puisse y appliquer une cerce convexe découpée suivant la courbure de l'ellipse d'arête vers son point culminant. Ensuite, au moyen de deux ou trois règles assez courtes pour ne pas dépasser la longueur des génératrices, on taillera les quatre portions de cylindre qui réunissent les deux arêtiers déjà exécutés.

734. REMARQUE I. Une voûte d'arête ne peut se soutenir en équilibre qu'au- PL. 47,
tant que toutes les assises existent sans interruption, depuis les naissances FIG. 1.
jusqu'à la clef inclusivement; tandis qu'une voûte en arc-de-cloître peut très-
bien subsister quand on supprime la clef avec plusieurs des assises adjacentes.
C'est ce dernier cas qui est représenté dans la *fig.* 1, où le vide existant à la
partie supérieure sera fermé par un vitrage qui laissera le jour arriver dans la
salle que recouvre cette voûte. Elle est surhaussée, car la section droite du
premier berceau a été formée par deux arcs de cercle décrit des centres *x* et *y*
avec le même rayon: le second berceau est identique avec le précédent, parce
qu'ici le plan de la voûte est carré; mais s'il en était autrement, nous avons dit
au nº **721** comment il faudrait déduire le second berceau du premier, pour
que leur intersection produisît des arêtiers plans. Ajoutons encore que pour
maintenir les voussoirs de la dernière assise, il faudra disposer les joints
montants comme dans une plate-bande (nº **597**); cette précaution n'est pas
aussi nécessaire pour les assises inférieures, attendu que le frottement produit
sur les joints de lit par le poids des voussoirs supérieurs suffira pour les
empêcher de glisser. Enfin, on pourrait aussi fermer cette voûte tronquée par
un plafond dont les claveaux seraient disposés comme ceux d'une plate-
bande.

735. REMARQUE II. Une voûte en arc-de-cloître peut être *biaise*, aussi bien PL. 47,
qu'une voûte d'arête (nº **720**); et l'une comme l'autre peuvent être établies sur un FIG. 2.
plan polygonal irrégulier et d'un nombre quelconque de côtés. Ainsi, lorsque les
murs de plusieurs galeries se rencontrent en formant le polygone ABCD par les
intersections de leurs parements intérieurs, on choisira un point O qui ait une
position à peu près centrale, et on le joindra avec les milieux de tous les côtés
par les droites OX, OY, OZ, OV: si, comme dans l'exemple actuel, il s'agit d'un
quadrilatère, on pourra placer ce point O à la rencontre des deux transversales
XZ et YV qui réunissent les milieux des côtés opposés. Cela posé, en imaginant
quatre ellipses qui aient *le même axe vertical* et pour axes horizontaux les côtés
AB, BC, CD, DA, les quatre cylindres *différents* dont ces courbes seront les
directrices, et dont les génératrices seront respectivement parallèles à OX, OY,
OZ, OV, iront se couper deux à deux suivant des courbes planes (nº **720**)

41

projetées sur les droites OA, OB, OC, OD; et cet ensemble formera bien une voûte d'arêtes *à quatre pans inégaux,* qui recouvrira tout l'espace circonscrit par le polygone ABCD. Mais comme la droite OX ne se trouvera pas en général parallèle aux murs AA′, BB′, de la première galerie, il faudra, à partir du plan vertical AB, infléchir les génératrices du cylindre OX, ce qui donnera lieu à un *berceau coudé* OXO′ analogue à celui de la *Pl. XLVI.* Pour les autres galeries, on opérera d'une manière semblable.

Toutefois, comme il faut toujours tracer la division en voussoirs, ou l'appareil de la voûte, en opérant sur la section orthogonale du berceau, afin de rendre les joints exactement normaux, voici l'ordre à suivre dans la pratique. On commencera par tracer la section droite A′X′B′ de la première galerie, en adoptant pour cette courbe un demi-cercle, si l'on veut; et l'on en déduira les sections droites A″V″D″,... des autres galeries, en donnant à toutes ces ellipses le même axe vertical; puis, on achèvera l'appareil de chaque berceau comme aux n^{os} **724** et **725.** Ensuite, on cherchera la section droite du berceau OX, en menant un plan vertical Ax perpendiculaire à cette direction, et en traçant une demi-ellipse dont les axes seront Ax et $xx' = $ O′X′; puis, après avoir rapporté sur cette dernière courbe les divisions du cintre A′X′B′, on construira les normales de l'ellipse Ax', et c'est par chacune de ces normales et par la génératrice correspondante qu'il faudra conduire chacun des plans de joint. Pour une même assise, les joints se couperont deux à deux suivant des droites que nous n'avons pas marquées, mais que le lecteur trouvera aisément, comme au n° **725.**

Voûte d'arêtes à double arêtier et à pans coupés.

Pl. 47,
Fig. 3. **736.** Pour éviter les parties aiguës que présenteraient les pieds-droits et aussi les intrados vers leur naissance, dans une voûte d'arêtes multiple, on peut pratiquer un pan coupé AB$_2$ qui supportera un cylindre intermédiaire entre les berceaux principaux. Ce cylindre intermédiaire aura ses génératrices parallèles à la droite AB$_2$ tracée à volonté, et pour section orthogonale une ellipse $a'z'$ dont le demi-axe horizontal $o'a'$ sera égal à la perpendiculaire abaissée du point O sur AB$_2$, et dont la montée $o'z'$ égalera O′Z′. Dès lors ce petit berceau coupera les deux cylindres A′Z′B′ et A′$_2$Z′$_2$B′$_2$ suivant deux quarts d'ellipse projetés sur les droites OA et OB$_2$, ce qui produira deux arêtiers saillants partant du même pied-droit. Du reste, tout ce que nous avons dit dans les exemples précédents pour la division en voussoirs et pour la détermination des joints

normaux, s'appliquera ici d'une manière identique; nous ferons seulement observer qu'il faudra former d'une seule pierre toute la partie de l'intrados qui
est projetée sur CDNN, FEM, MC; de sorte que ce voussoir complexe participera
des trois cylindres, et offrira trois douelles et six joints qui s'exécuteront par la
méthode d'équarrissement (n° **230**), ou par celle des biveaux (n° **731**). La clef,
qui est représentée *fig.* 4, se taillera par des moyens semblables à ceux dont
nous avons parlé au second paragraphe du n° **733**, en commençant par équarrir
un prisme hexagonal sur les faces duquel on appliquera les panneaux de tête.

Voûte d'arêtes à double arêtier avec pendentifs.

737. Au lieu de faire aboutir tous les arêtiers au même point, on peut les PL. 47,
faire concourir deux à deux aux sommets d'un parallélogramme VXYZ, qui ait FIG. 5.
pour centre le point O, et dont les côtés soient parallèles aux diagonales AC et
BD. Pour cela, outre les deux berceaux principaux A'I'B' et A"I"D", concevons
un cylindre auxiliaire parallèle à la diagonale BD, et qui ait pour section orthogonale un quart d'ellipse $a'x'$ dont le demi-axe horizontal $a'x$ soit égal à la
perpendiculaire abaissée du point A sur VX, et dont l'autre demi-axe xx' égale
O'I' : dès lors ce cylindre auxiliaire coupera bien les deux premiers suivant des
ellipses (n° **720**) qui seront projetées sur les droites AX et AV. De même, un
second cylindre auxiliaire qui aura pour section droite le quart d'ellipse $c'y'$,
coupera les deux berceaux suivant des ellipses projetées sur les droites CY et
CZ; puis, enfin, deux autres cylindres auxiliaires construits semblablement
dans une direction parallèle à la diagonale AC, couperont encore les deux berceaux primitifs suivant des quarts d'ellipse projetés sur BX et BY, DZ et DV; de
sorte que cette combinaison produira quatre *pendentifs* ou espaces intermédiaires entre les berceaux, lesquels seront projetés sur les triangles VAX, XBY,
YCZ, ZDV. Toutefois, comme par là l'intervalle VXYZ resterait à jour, il faudra le fermer par une *voûte plate* que l'on pourra composer d'un seul voussoir,
en forme de clef, si ce parallélogramme a été choisi de petites dimensions; si-
non, on partagera l'intervalle $x'y'$ en trois parties $x'\alpha'$, $\alpha'6'$, $6'y'$, dont les deux
extrêmes soient égales, et celle du milieu déterminera la clef dont la douelle sera
le parallélogramme $\alpha6\gamma\delta$ entièrement *plan*, et dont les joints seront des plans
un peu inclinés sur la verticale : on pourrait aussi laisser à cette clef une saillie
plus ou moins considérable, au-dessous de l'intrados, pour y sculpter une ro-
sace ou un cul-de-lampe. Les voussoirs contigus à la clef et correspondants à
des arcs tels que $n'x'\alpha'$, auront une douelle en partie cylindrique et en partie

41.

plate; mais il faudra former d'une seule pierre les portions d'intrados telles que

$$\text{KRPQSTUW} \partial \text{K} \quad \text{et} \quad \text{EFNPGHLME.}$$

Les joints d'assise correspondant aux arêtes KR, QS, ... seront des plans verticaux; et les joints de lit ou les *coupes* qui passeront par les arêtes PQ, PN,..., seront formés par des plans normaux aux cylindres correspondants. Nous n'avons pas tracé ici les intersections de ces joints, mais elles s'obtiendront aisément, comme dans l'épure 46, et la taille des voussoirs s'exécutera aussi par les procédés des n^{os} **730** et **731**.

Lunette droite dans un Berceau.

PL. 48.   **738.** On appelle ainsi une voûte formée par la rencontre de deux berceaux qui n'ont pas la même montée, quoiqu'ils aient ordinairement le même plan de naissance; alors l'*arétier,* ou l'intersection des deux cylindres, est une ligne à double courbure, au lieu d'être une courbe plane, ainsi qu'il arrivait dans la voûte d'arêtes. D'ailleurs, comme on ne peut plus ici placer à la même hauteur les divisions des deux cintres principaux, parce que cela donnerait aux douelles du grand berceau des largeurs trop inégales entre elles, il y aura quelques modifications à introduire dans le raccordement des arêtes de douelle des deux voûtes.

Soit $a'l'm'n'b'$ la section droite du petit berceau dont l'axe est l'horizontale Oo'; soit aussi $A''L''M''N''$... la section droite du grand berceau, laquelle est ici rabattue sur le plan vertical, mais qui devra toujours, dans la suite des raisonnements, être censée ramenée dans le plan vertical A_2O_2 perpendiculaire à l'axe OO_2 de ce second berceau. On commencera par tracer l'appareil de cette dernière voûte, c'est-à-dire les divisions égales $A''L''$, $L''M''$,... avec les joints normaux et l'extrados (n° **610**); ensuite on divisera le cintre du petit berceau en un nombre impair de parties égales, mais telles que le premier point de division l' se trouve moins élevé que L'' : cette condition est essentielle à remplir pour que les traces des joints qui seront apparentes sur l'intrados du grand berceau, comme nous allons le voir, n'offrent pas à l'œil un aspect disgracieux (*).

(*) En effet, lorsque l' est plus bas que L'', il en résulte nécessairement la même dépendance entre m' et M'', n' et N'',...; et alors ce sont les joints du petit berceau qui vont tous

Enfin, on construira les joints normaux et l'extrados du petit berceau, comme à l'ordinaire ; et d'ailleurs toutes ces opérations s'effectueraient d'une manière semblable, quand bien même les sections droites des deux cylindres ne seraient pas des cercles.

739. Cela posé, la projection horizontale A*lmn*B de l'intersection des deux intrados s'obtiendra en coupant ces deux cylindres par divers plans horizontaux, tels que *l'l″*, *m'm″*, *n'n″* ; car ce dernier coupe le petit berceau suivant la génératrice (*n'*, *en*), et le grand berceau suivant une génératrice qui est projetée au point *n″* sur le rabattement (*fig.* 2), mais qui doit être évidemment ramenée suivant E*n* sur le plan horizontal ; donc la rencontre des droites *en* et E*n* fournira un point *n* de la courbe demandée, et les autres s'obtiendront d'une manière semblable (*). Cette courbe A*lmn*B est un arc d'hyperbole équilatère, comme nous l'avons prouvé dans la note du n° **625** ; et l'autre branche C*n*,D (*fig.* 4) reçoit la projection de la courbe de sortie, quand les deux cylindres se pénètrent entièrement ; d'ailleurs ces deux courbes d'entrée et de sortie sont projetées verticalement sur le cercle *a'n'b'*.

740. Maintenant, comme l'arête de douelle *n'* du petit berceau est située plus bas que l'arête N″ du grand, le plan de joint *p'n'o'o* viendra couper l'intrados de ce grand berceau suivant un arc d'ellipse *n*N qui s'étendra jusqu'à sa rencontre avec l'arête de douelle N″ ; or, cette extrémité N s'obtiendra en menant le plan horizontal N″N', lequel coupera le grand cylindre suivant la génératrice FN, et le plan de joint *p'o'o* suivant la droite *f*N. Tout autre point intermédiaire entre N et *n* s'obtiendrait encore au moyen d'un plan sécant horizontal ; mais on doit d'ailleurs observer que cette ellipse prolongée aboutira en *o* qui en sera le sommet, attendu que c'est là la rencontre du plan indéfini *p'o'o* avec la génératrice A₂AB située dans le plan de naissance.

---

couper l'intrados du grand ; tandis que si *l'* était plus haut que L″, il arriverait bientôt qu'un des points suivants *n'* se trouverait plus bas que N″, et conséquemment les traces des joints seraient apparentes tantôt sur le petit berceau et tantôt sur le grand, ce qui offrirait une irrégularité choquante à la vue.

(*) Cette méthode se réduit évidemment, pour la pratique, à prendre la distance du point *n″* à la tangente verticale élevée en A″, et à porter cette distance sur la projection indéfinie *n'en*, à partir de la droite AB. C'est là, en effet, le procédé qui nous a servi dans l'épure de la *Pl. XXXVI*, avec laquelle la question qui nous occupe ici a beaucoup d'analogie et même des parties communes. D'ailleurs, ce même procédé pratique s'appliquera aussi aux joints dont nous allons parler.

A partir du point N, le joint $p'n'$ coupe le joint N″P″ du grand berceau suivant une droite NP dont le dernier point P s'obtient aussi au moyen du plan sécant horizontal P″P′; d'ailleurs, cette droite PN prolongée passerait évidemment par le point O où se coupent les axes Oo′ et OO₂ des berceaux, parce que ces axes sont ici les traces horizontales des plans de joint $p'o'o$ et P″N″O″. Dans le cas général où les berceaux ne seraient pas en plein cintre, il serait encore bien facile de trouver ces deux traces horizontales.

Le joint N″P′ du grand berceau se terminera à l'horizontale PG suivant laquelle il rencontre l'extrados, et il aura ainsi pour projection horizontale FNPG; mais le joint $n'p'$P′ coupera d'abord ce même extrados suivant un arc d'ellipse Pp dont chaque point p se trouvera en conduisant un plan sécant horizontal tel que $p'p''$; et ensuite il coupera l'extrados du petit berceau suivant la droite ph; de sorte que le joint $n'p'$ aura pour projection horizontale le contour enNPph.

Après ces détails, on lira aisément sur notre épure la forme des autres joints correspondants à $m'q'$ et M″Q″, $l'v'$ et L″V″; et l'on apercevra bien que la courbe ypq est l'intersection des deux extrados. Mais, vu qu'il faut composer d'une seule pierre les parties des deux berceaux qui sont contiguës à l'arêtier AlmnB, comme enNR, on devra limiter les voussoirs de la lunette par des *joints montants* ou plans verticaux eg, RS,..., qui soient placés à des distances convenables pour ne pas exiger des pierres d'un trop grand volume. Quant aux voussoirs compris entre KR et K₁R₁, ils n'appartiendront plus qu'à un seul des berceaux, et ils se construiront sans aucune difficulté; si nous ne les avons pas représentés ici sur le plan horizontal, c'est pour laisser mieux distinguer tout ce qui se rapporte à la lunette proprement dite. Ajoutons enfin que toute la projection horizontale (*fig.* 3 et 4) est censée vue par-dessous, ce qui expliquera les divers modes de ponctuation employée dans notre épure.

PL. 48, **741.** *Panneaux de développement.* On développera l'intrados du petit ber-
FIG. 5. ceau en rectifiant les arcs $a'l'$, $l'm'$, $m'n'$,... de la section orthogonale suivant les droites $a_2 l_2$, $l_2 m_2$, $m_2 n_2$; puis, on élèvera des ordonnées $a_2 a_3$, $l_2 l_3$, $m_2 m_3$,... égales aux distances des points A, l, m, n,... à la ligne de terre $a'b'$, et l'on pourra ainsi tracer la courbe $a_3 l_3 m_3 n_3$,... qui représente la transformée de l'arêtier projeté sur Almn.... Par là aussi on connaîtra en vraie grandeur les panneaux de douelle, tels que $m_2 m_3 n_3 n_2$.

Quant aux joints, par exemple celui qui est rabattu suivant $n_2 n_3$ N₃ P₃ $p_3 p_2$, on le construira en prenant les abscisses

$$n_3 N_3 = n'N', \quad n_2 P_3 = n'P', \quad n_2 p_2 = n'p', \qquad .$$

et en élevant les ordonnées N_2N_1, P_2P_1, p_2p_1, égales aux distances des points N, P, p, à la ligne de terre $a'b'$. On pourrait construire semblablement les panneaux des douelles et des joints qui se rapportent au grand berceau ; mais cela est inutile pour l'opération suivante.

742. *Taille des voussoirs.* Considérons, par exemple, le voussoir qui a pour FIG. 6. face de tête $m'n'p'q'$ sur la *fig.* 1. Après avoir équarri un *prisme* droit (n° 633) dont la base soit égale à la projection horizontale *gen*NRS... de ce voussoir, on appliquera sur les faces antérieure et latérale de ce prisme (*fig.* 6) les deux panneaux de tête $m'n'p'q'$, $M''N''P''Q''$, levés sur les *fig.* 1 et 2 (ici nous supposons que le voussoir est renversé sens dessus dessous, pour laisser voir les deux douelles) ; puis, comme au n° 730, on exécutera la douelle cylindrique $n'm'mn$ et les deux joints du petit berceau, et sur ces faces on appliquera les panneaux correspondants de la *fig.* 5, afin de déterminer les limites mn, mM, Qq,.... Cela fait, on taillera la douelle et les joints du grand berceau, dont les contours seront alors tous connus ; et quant aux extrados, on les exécuterait aisément avec des cerces concaves : mais presque toujours on se contente de les dégrossir à la simple vue.

743. REMARQUES. 1°. Puisque la forme des extrados est assez indifférente, on peut simplifier les joints en les terminant deux à deux au même plan horizontal $Q'Q'$, $P''P'$; alors les courbes Pp, Qq, disparaissent de la *fig.* 3, et chaque joint a une projection telle que *en*NP*g*. Dans ce cas, le joint visible sur la *fig.* 6 se réduit aussi à $m'm$MQQ'.

2°. Dans le mode d'appareil indiqué au n° 738, les joints du petit berceau deviennent apparents sur l'intrados du grand berceau, en coupant ce dernier suivant des arcs d'ellipse mM, nN,... qui rompent l'uniformité des divisions par assises et altèrent la symétrie de la décoration architecturale. Pour éviter ce défaut, on pourrait placer les divisions du grand berceau aux points l'', m'', n'', situés respectivement à la même hauteur que l', m', n' ; alors les arêtes de douelle viendraient se rencontrer deux à deux sur l'arêtier gauche A*lmn*B, comme dans la voûte d'arêtes de la *Pl. XLV*, et les joints ne seraient plus du tout apparents sur l'intrados. Il est vrai que dans ce système les largeurs A''l'', $l''m''$, $m''n''$, des douelles du grand berceau iraient en diminuant jusqu'au point n'', à partir duquel on ferait les douelles suivantes égales toutes à la dernière $m''n''$: mais ce défaut serait peu sensible à l'œil, si les deux berceaux avaient presque *la même montée*; et, dans le cas contraire, on placerait la naissance du petit berceau à une hauteur telle que le sommet z' fût au-dessous de Z'' seulement de

15 ou 20 centimètres. C'est ce dernier moyen que l'on emploie souvent, par exemple dans une nef d'église que l'on veut éclairer par des fenêtres latérales pratiquées dans le haut de la voûte; alors l'arêtier A*lmn*B (*fig.* 3) se trouve composé : 1° d'une ligne à double courbure, qui est l'intersection de deux cylindres; 2° de deux arcs de cercle suivant lesquels les pieds-droits *a'*A et *b'*B de la fenêtre coupent le grand berceau A″Z″; et ces trois arcs *se raccordent* parfaitement entre eux.

3°. Dans l'épure 48, le plan de tête *a'b'* a été supposé vertical et parallèle à la direction AB du grand berceau; si ce plan était oblique et même en talus, il faudrait, en partant toujours de la section droite *a'z'b'* du petit berceau, chercher le cintre de face, comme nous l'avons fait dans le problème de la *Pl. XXXVI*, qui a beaucoup de rapport avec l'épure actuelle. Au reste, cette obliquité du plan de tête ne changerait rien à la rencontre des deux berceaux; mais nous allons étudier le cas où ceux-ci viennent se couper obliquement.

Lunette biaise dans un Berceau.

PL. 49. **744.** Il peut se trouver des circonstances où, pour faire communiquer ensemble des constructions déjà existantes, ou bien par quelque autre motif impérieux, il faille donner au petit berceau une direction *o'*O qui ne soit pas perpendiculaire sur l'axe OO$_2$ du grand. Soit alors *a'z'b'* le cintre de face du premier berceau, et A″Z″ la section orthogonale du second, laquelle doit être censée ramenée dans le plan vertical A$_2$O$_2$ perpendiculaire à l'axe OO$_2$. On tracera l'appareil des deux berceaux sur le plan vertical (*fig.* 1 et 2) comme nous l'avons expliqué au n° **738**; et pour obtenir sur le plan horizontal l'intersection A*lmn*B des deux intrados, on mènera encore divers plans sécants horizontaux, *l'l″*, *m'm″*, *n'n″*, dont chacun coupera les deux cylindres suivant des droites, qui par leur rencontre sur le plan horizontal détermineront les points *l, m, n*. On agira de même pour les joints; et comme tout cela est parfaitement semblable, quant aux procédés et aux résultats, avec ce que nous avons dit aux n°ˢ **739** et **740**, nous n'insisterons pas sur ces détails; mais nous allons expliquer le moyen d'obtenir la section orthogonale du petit berceau, qui n'est plus ici une donnée immédiate de la question, comme elle l'était dans la *Pl. XLVIII.*

745. *Section droite.* On a vu en Géométrie descriptive que, pour développer un cylindre, il fallait rectifier la section orthogonale, et non pas une section oblique telle qu'ici *a'l'm'b'*. Ainsi, par un point quelconque, nous conduirons

un plan vertical $\alpha\delta$ (*fig.* 4) perpendiculaire à la génératrice $A\alpha\alpha'$, et nous chercherons la vraie grandeur de la section qu'il tracera dans le cylindre $d'l'm'b'$.
A cet effet, rabattons ce plan sécant autour de sa trace horizontale $\alpha\delta$; puis
observons que le point où il coupait la génératrice projetée sur tn avait pour
projection horizontale ν, et que ce point ira se rabattre en ν', à une distance $\nu\nu'$
égale à l'ordonnée tn' de la base du cylindre; si donc on porte semblablement
les autres ordonnées de cette base sur $\mu\mu'$, $\lambda\lambda'$,..., on pourra tracer la courbe
$\alpha\lambda'\mu'\nu'\delta$ qui sera la section droite que l'on cherchait. De même, le joint qui passe
par $n'p'$ (*fig.* 1) sera coupé par le plan vertical $\alpha\delta$ suivant une droite $\nu'\pi'$ dont
le premier point ν' est déjà connu, et dont le dernier s'obtiendra encore en
prenant la distance $\pi\pi'$ égale à la hauteur up' sur la *fig.* 1 : d'ailleurs, cette
droite $\nu'\pi'$ doit évidemment concourir au centre ω. Des opérations semblables
exécutées pour les autres joints et pour l'extrados, permettront d'achever la
fig. 4 qui représente, en rabattement, la section faite par le plan vertical $\alpha\delta$
dans toute l'épaisseur du berceau oblique.

746. *Remarque.* Ici la courbe $\alpha\lambda'\mu'\delta$ est une demi-ellipse surhaussée; mais
on pourrait vouloir que cette section droite fût circulaire, ce qui produirait
un berceau en plein cintre et aurait l'avantage de rendre les joints exactement
normaux à la douelle. Pour cela, il faudrait commencer par tracer le demi-
cercle $\alpha\lambda'\mu'\delta$, y marquer les divisions égales $\alpha\lambda'$, $\lambda'\mu'$,..., ainsi que les joints normaux $\nu'\pi'$,...; et puis, par des opérations précisément inverses de celles qui nous
ont servi au numéro précédent, on en déduirait le cintre de face $a'l'm'b'$ qui
serait elliptique, et les traces $n'p'$, $m'q'$,... des plans de joint, etc.

747. *Panneaux de développement.* On rectifiera la section orthogonale $\alpha\lambda'\mu'\nu'\delta$ FIG. 5.
suivant la droite $\alpha_2\lambda_2\mu_2\nu_2\delta_2$, et par les points de division on élèvera les ordonnées

$$\alpha_2 A_2 = \alpha A, \quad \lambda_2 l_2 = \lambda l, \quad \mu_2 n_2 = \mu m, \quad \nu_2 n_2 = \nu n,..., \quad \delta_2 B_2 = \delta B,$$

au moyen desquelles on pourra tracer la courbe $A_2 l_2 m_2 n_2 B_2$ qui représente la
transformée de l'intersection des deux cylindres, après qu'on a développé le plus
petit; et par là même on obtiendra la vraie grandeur de la douelle de chaque
voussoir.

Quant aux panneaux de joint, il faut bien observer que leur véritable largeur
devra être mesurée sur la *fig.* 4, et non sur le cintre de face (*fig.* 1), attendu
que le plan de ce dernier n'est point perpendiculaire aux génératrices du berceau. Ainsi, après avoir pris sur la *fig.* 5 les abscisses

$$\nu_2 N_2 = \nu'\nu'', \quad \nu_2 P_2 = \nu'\pi'', \quad \nu_2\pi_2 = \nu'\pi',$$

on élèvera les ordonnées N_2N_2, P_2P_2, π_2p_2, respectivement égales aux distances de la droite $\alpha\delta$ aux différents points N, P, p; et le contour $\nu_2n_2N_2P_2p_2\pi_2$ représentera la forme exacte du joint qui passe par l'arête de douelle νn (*fig.* 3). Les autres panneaux de joint marqués sur la *fig.* 5, se construiront d'une manière semblable.

748. *Taille des voussoirs.* Si l'on observe que les voussoirs de la lunette proprement dits ne se prolongent pas jusqu'au cintre de face (*fig.* 1), mais qu'ils sont terminés à des plans verticaux perpendiculaires aux génératrices du petit berceau, tels que *eg*, on sentira bien qu'il faut employer pour les têtes de ces voussoirs des panneaux levés sur la *fig.* 4. Ainsi, pour la troisième assise par exemple, après avoir équarri un prisme droit (*fig.* 6) dont la base soit égale à la projection horizontale genNRS... du voussoir en question, et dont la hauteur égale la différence de niveau des points μ' et π'' de la *fig.* 4, on appliquera sur les faces antérieure et latérale de ce prisme les deux panneaux de tête $\mu'\nu'\pi'\chi'$ et $M''N''P''Q''$ levés sur les *fig.* 4 et 2 (nous supposons encore ici que le voussoir est renversé sens dessus dessous, afin de laisser voir les deux douelles); puis, comme au n° **730**, on exécutera la douelle cylindrique $\mu'\nu'nm$ et les deux joints du petit berceau, et sur ces faces on appliquera les panneaux correspondants de la *fig.* 5, afin de déterminer les limites mn, mM, MQ, Qq,.... Cela fait, on taillera la douelle et les joints du grand berceau, dont les contours seront alors entièrement connus; et quant aux extrados, on les taillerait aisément au moyen de cerces concaves : mais presque toujours ces faces sont laissées brutes. Tout cela est parfaitement identique avec les opérations du n° **742**; car la seule différence entre les deux *fig.* 6 des *Pl. XLVIII* et *XLIX*, c'est qu'ici l'angle $\chi''QQ''$ est obtus au lieu d'être droit comme l'était Q'QQ''.

Lunette biaise dans une Voûte sphérique.

749. Il s'agit ici d'un berceau qui pénètre dans une voûte sphérique, ce qui présentera beaucoup d'analogies avec la question étudiée au n° **643** (*Pl. XXXVII*); mais alors la voûte rachetée étant supposée en maçonnerie, il n'y avait pas lieu à s'occuper du raccordement de ses arêtes de douelle avec celles du berceau, tandis qu'ici où la voûte est en pierres, ce raccordement devient indispensable et amène quelques modifications importantes.

Soit $a'l'm'n'b'$ la section droite du berceau dont le plan de naissance, qui nous servira comme plan horizontal de projection, est ici le même que celui de la voûte sphérique. Soit $A\alpha ob$ le grand cercle horizontal de cette dernière,

PL. 49;
FIG. 6.

PL. 5o.

dont le centre O ne se trouve pas sur la direction de l'axe $o'o$ du berceau, ce qui rend *biaise* cette lunette. Nous ferons dans la sphère une section méridienne OA que nous rabattrons sur le plan vertical suivant le demi-cercle décrit avec $O''A''$ pour rayon, et nous y marquerons les divisions égales $A''L''$, $L'M''$, $M''N''$,... en nombre impair : nous en ferons autant pour la base $a'l'm'n'b'$ du berceau, avec la restriction que le premier point de division l' se trouve plus bas que L'' (*); et après avoir tracé les joints normaux, nous achèverons l'appareil des deux voûtes suivant l'usage ordinaire.

Cela posé, pour obtenir la projection $almnb$ de la courbe gauche suivant laquelle le cylindre coupe la sphère, nous mènerons divers plans sécants horizontaux, tels que $n'n''$. Celui-ci coupe le cylindre suivant la génératrice (n', m); il coupe la sphère suivant un cercle dont le rayon Od se détermine en ramenant en d le point n'' où ce même plan coupe la méridienne rabattue suivant $A''N''$. Si donc on trace le cercle du rayon Od, il rencontrera la droite $n'n$ en un point n qui appartiendra à la courbe demandée $almnb$; et tous les autres points se construiront d'une manière semblable. On a vu (nº **643**, *note*) que cette courbe est une parabole qui a pour diamètre principal la perpendiculaire OC abaissée du centre O sur l'axe $o'o$ du cylindre.

750. Le plan de joint $p'o'o$ du berceau coupera la sphère suivant un arc de cercle dont la projection Nno sera une ellipse qui se construira comme ci-dessus. En effet, le plan horizontal $N''N'$ mené par le point N'' de la méridienne, coupe la sphère suivant le cercle DN, et le plan de joint selon l'horizontale $N'N$; de sorte que la rencontre de ces deux lignes fait connaître le point N de la courbe Nn, et d'autres points s'obtiendraient par de nouvelles sections horizontales.

A partir du point (N, N') situé sur l'arête de douelle $(ND, N'Z')$ de la voûte sphérique, le joint plan $p'o'o$ rencontrera le joint conique de cette dernière voûte, lequel est formé (nº **681**) par la révolution de la normale $P''N''O''$ autour

---

(*) Cette restriction, qui entraîne la même dépendance entre les autres points m' et M', n' et N',..., est nécessaire pour que ce soit les joints plans du berceau qui se prolongent sur l'intrados sphérique et qui aillent couper les joints coniques suivant des courbes *planes*, comme nous allons le voir au nº **750**; tandis que si m' était plus haut que M', ce serait le joint conique de la sphère qui devrait se prolonger sur la douelle cylindrique, et qui y tracerait une ligne à double courbure dont l'exécution sur la pierre offrirait plus de difficulté et moins d'exactitude. D'ailleurs, outre cette raison qui n'existerait plus si, au lieu d'un berceau, c'était un conoïde qui pénétrât la sphère (nº **788**), parce que les joints seraient courbes dans les deux voûtes, il resterait encore l'irrégularité que nous avons signalée dans la note du nº **758**.

42.

de la verticale O″Z″ qui, dans sa vraie position, est projetée en O; et l'inter-section de ces deux joints sera l'hyperbole PNπ. Pour obtenir un quelconque de ses points, P par exemple, on mènera encore un plan sécant horizontal P″P′, qui coupera le joint plan suivant la droite P′P, et le joint conique suivant un cercle EP dont le rayon OE se détermine en ramenant en E le point P″ de la méridienne. Si l'on veut trouver le sommet π de cette hyperbole, ce qui ser-vira à tracer plus exactement la portion utile NP, il faudra observer d'abord que ce sommet doit se trouver (*G. D.*, n° **247**) sur la génératrice du cône qui est perpendiculaire à la trace o′oC du plan sécant; or cette génératrice aura évidemment pour projection horizontale OC, et pour projection verticale une droite O″π′ parallèle au rabattement O″N″P″; si donc on projette le point π′ en π sur OC, ce dernier point π sera le sommet de l'hyperbole PNπ. On pourrait aussi trouver ses asymptotes par la méthode du n° **258** de la *Géométrie des-criptive*.

Maintenant, le joint plan p′o′o rencontre l'extrados de la voûte sphérique suivant un arc de cercle projeté sur l'arc elliptique PR; puis, il coupe la face horizontale R″V″ suivant la droite RS, la face cylindrique V″O′ selon un arc d'ellipse Sp, et enfin l'extrados du berceau suivant la droite pu : mais toutes ces lignes se construisant comme ci-dessus, au moyen de sections horizontales, nous ne faisons que les indiquer au lecteur, qui reconnaîtra aisément sur l'épure la forme des autres joints produits par les plans m′q′, l′L′,....

751. Nous avons marqué sur la *fig.* 2 la projection $a_2 l_2 m_2 n_2 b_2$ de l'arc de tête du berceau sur la sphère, avec les traces de ses joints $N_2 n_2$, $M_2 m_2$, ..., quoique cela soit inutile pour l'appareilleur; mais cette représentation peut servir à faire mieux comprendre le raccordement des deux voûtes, et on l'a obtenu en abaissant des divers points N, n, m, ..., des perpendiculaires sur le plan vertical OA, puis en reportant les pieds de ces perpendiculaires sur les horizontales menées par les points correspondants N′, n′, m′,....

PL. 50, **752.** *Panneaux de développement.* Après avoir rectifié la section orthogonale
FIG. 4. a′l′m′n′b′ du berceau, suivant la droite $a_1 l_1 m_1 n_1 b_1$, on élèvera des ordonnées telles que

$$a_1 a_2 = a′a, \ldots, \quad n_1 n_2 = ln, \ldots, \quad b_1 b_2 = b′b,$$

et l'on tracera là courbe $a_2 l_2 m_2 n_2 b_2$ qui sera la transformée de l'arêtier pro-jeté sur *almnb*, ce qui détermine en même temps la vraie grandeur de chaque douelle développée. Quant aux panneaux de joint, celui qui est rabattu ici sui-vant $n_1 n_2 N_2 P_2 R_2 S_2 p_2 p_1$, et que nous citons seul comme exemple, se construira en portant sur $a_1 b_1$ des abscisses égales aux distances n' N', n' P', n' R', $n'p'$, et en prenant pour ordonnées les distances de la ligne de terre a' b' aux divers points n, N, P, R, S, p.

755. *Taille des voussoirs.* Prenons comme exemple le voussoir qui a pour face FIG. 5. de tête $m'n'p'q'$ (*fig.* 1), et pour projection horizontale uNTUVqv. Après avoir équarri un *prisme* droit (n° **635**) qui ait cette projection pour base, et dont la hauteur soit égale à la différence de niveau des points m' et P' sur la *fig.* 1, on tracera sur les faces antérieure et latérale de ce prisme (*fig.* 5) les contours $m'n'p'q'$ et M"N"P"R"V"W"Q"M" au moyen de panneaux levés sur les *fig.* 1 et 2 (ici le voussoir est renversé sens dessus dessous, afin de laisser mieux voir les faces importantes, et parce que c'est la position que l'ouvrier donnerait à la pierre pour la tailler plus commodément). Cela posé, on exécutera aisément la douelle cylindrique et les deux joints plans qui passent par l'arc de cercle $m'n'$ et les droites $m'q'$, $n'p'$, puisque ces faces sont d'équerre sur le plan de tête; et après avoir prolongé suffisamment ces faces, on y appliquera les panneaux correspondants fournis par la *fig.* 4, ce qui déterminera les limites Nn, nm, mM, MQ, QX, Xq, qq',.... La face plane XQQ"W" est facile à dresser d'après ce qui précède, et sa vraie grandeur étant donnée par la *fig.* 3, on la terminera aisément par l'arc de cercle QQ". Quant au joint conique MQQ"M", on emploiera un *biveau* dont l'angle égalera W"Q"M" (*fig.* 2), et pendant que la branche horizontale glissera sur le plan XQQ"W" dans une direction toujours *normale* à l'arc QQ", l'autre branche décrira le cône en question, sur lequel il faudra ensuite tracer l'arc de cercle MM"; or cette dernière opération s'effectuera par un développement de cette surface, ou tout simplement en portant sur cette face, suivant chaque génératrice, une longueur égale à Q"M". Enfin, il restera à tailler la douelle sphérique N"M"MmnN, ce qui s'exécutera au moyen d'une *cerce* convexe découpée suivant la courbure de la méridienne A"L"M" (*fig.* 2), et qui devra glisser sur les deux arcs circulaires M"M, N"N, dont le dernier aura dû être tracé d'abord sur la face concave du solide prismatique de la *fig.* 5; d'ailleurs les points de repère qui dirigeront le mouvement de cette cerce mobile, sont bien faciles à transporter de la *fig.* 3 à la *fig.* 5.

Nous n'avons point parlé du joint conique *supérieur* qui aurait pour génératrice la droite N"P", attendu qu'il est totalement invisible ici; mais, d'après les détails précédents, le lecteur imaginera bien ce qu'il faut faire pour tailler cette face. Quant aux extrados, on les exécuterait avec des *cerces* concaves; mais jamais on ne prend cette peine, et l'on ne fait que les ébaucher à la simple vue.

Voûte en pendentif avec fermerets.

PL. 51, **754.** Soit *vxyz* le grand-cercle horizontal de naissance d'une voûte hémisphé-
FIG. I. rique : après y avoir inscrit un carré ABCD, élevons par ses côtés quatre plans
verticaux qui représenteront les parements intérieurs des murs d'une salle que
cette voûte doit recouvrir. Ces plans verticaux retrancheront de la sphère quatre
segments, après avoir coupé cette surface suivant les demi-cercles rabattus sur
AX″B, BY″C, CZ″D, DV″A; de sorte que ce qui restera de l'hémisphère se
composera : 1° de la calotte projetée sur le cercle inscrit VXYZ; 2° de quatre
portions triangulaires projetées sur les espaces AVXA, BXYB, CYZC, DZVD.
Ce sont ces dernières portions de la surface sphérique que l'on nomme les *pendentifs*, tandis que l'on appelle *fermerets* les parties des murs comprises dans les
demi-cercles verticaux AX″B, BY″C,...; et la *fig.* 2 représente la projection
verticale de l'hémisphère ainsi tronqué.

FIG. 3 **755.** Pour tracer l'appareil de cette voûte, et pour manifester plus claire-
et 4. ment la forme des pendentifs, choisissons un plan vertical de projection qui
soit parallèle à la diagonale BD, et qui représentera en même temps *une coupe*
faite suivant cette droite. La section produite ainsi dans la sphère sera le demi-
cercle décrit sur B′D′ comme diamètre, et après l'avoir divisé en un nombre
impair de parties égales, on tracera les *parallèles* correspondant à ces divisions,
et ce seront les arêtes de douelle. Ces circonférences serviront aussi à construire les deux ellipses B′Y′C′ et C′Z′D′, projections des cercles suivant lesquels
la sphère est coupée par les plans verticaux BC et CD; car, par exemple, le
cercle du rayon OF allant couper la trace CD aux points L et M, il n'y aura
qu'à projeter ceux-ci en L′ et M′ sur l'horizontale menée par F′. Quant au point
culminant Z′, il devra se trouver sur le parallèle ZI, tangent au plan vertical
CD; mais pour la solidité des constructions, il faudra éviter qu'une des arêtes
de douelle passe par ce sommet Z′, ce à quoi l'on arrivera en modifiant les
divisions égales D′E′, E′F′, F′G′,... d'une manière convenable.

756. Pour la portion de la voûte qui est au-dessus des fermerets, on formera,
comme à l'ordinaire, les *joints de lit* par des surfaces coniques de révolution
autour de la verticale O, et les *joints d'assise*, ou joints montants, par des plans
méridiens. Ces deux séries de joints deviendront des plans horizontaux et verticaux pour les fermerets; mais considérons un voussoir qui participe de ces
deux genres à la fois, par exemple celui dont la douelle est composée des trois

parties suivantes :

$$M'P'Q'N', \quad M'P'S'R', \quad N'Q'T'U',$$

la première étant sphérique, et les deux autres planes. Le long de l'arc circulaire (MN, M'N'), le joint sera un cône formé par les normales de la sphère,
telles que (OMm, C'M'm'), et il ira percer l'extrados suivant un arc de cercle
(mn, $m'n'$) ; car ces deux surfaces sont de révolution *autour d'un axe commun*
(O, C'ω') (Voyez *G. D.*, n° 333) ; d'ailleurs, comme la génératrice C'M'm' de
ce cône viendrait se rabattre sur la droite C'F'f' qui rencontre en f' la méridienne ω'f' de l'extrados, c'est ce point (f', f) qui déterminera le cercle d'intersection ($m'n'$, mn). Ici, nous avons fait passer par ce point f' la face supérieure
$f'f''$ de la seconde assise, afin d'éviter quelques complications dans l'extrados
auquel on attache fort peu d'importance ordinairement ; mais il ne faudrait pas
placer ce plan horizontal $f'f''$ au-dessus de f', parce qu'il en résulterait des
angles aigus dans le voussoir supérieur. Pour l'arête de douelle inférieure
(PQ, P'Q'), on construira semblablement le joint conique (PpqQ, P'$p'q'$Q'),
lequel devra se terminer au plan horizontal $e'e''$ qui le coupera suivant l'arc
de cercle ($p'q'$, pq).

757. Afin de raccorder le joint conique M'$m'n'$N' avec les joints des fermerets qui sont des plans horizontaux passant par M'R' et N'U', on peut introduire
une petite face triangulaire (Mmα, M'm'α') déterminée par la perpendiculaire
Ma abaissée sur le parement du mur : par la même raison, on tracera à gauche
la face triangulaire (Nnϐ, N'n'ϐ'), et on agira semblablement pour le joint
conique passant par (PQ, P'Q'). Alors le voussoir de la seconde assise du pendentif aura une forme qui est indiquée en perspective sur la *fig.* 5, tandis que
la *fig.* 6 représente le voussoir qui est au-dessous de celui-là.

758. *Taille des voussoirs.* Pour celui de la *fig.* 5, par exemple, on équarrira
un prisme droit qui ait pour base la projection horizontale RMNUucr, et dont
la hauteur égale la distance des droites T'S' et $m'n'$ (*fig.* 4) ; puis, après avoir
tracé sur les faces de ce prisme (*fig.* 5) les lignes T'Q', Q'P', P'S', u'ϐ', ϐ'n', $n'm'$,
m'α', α'r', d'après les données des *fig.* 3 et 4, on dressera aisément toutes les
faces planes du voussoir, y compris les portions des fermerets R'M'P'S',
U'N'Q'T', dont les panneaux sont bien faciles à obtenir en vraie grandeur. Cela
fait, au moyen d'une cerce découpée suivant l'arc MN, et maintenue dans le
plan horizontal des droites R'M', U'N', on fouillera la pierre pour y tracer l'arc
M'N' ; puis, avec une règle que l'on promènera sur les deux arcs M'N', $m'n'$,
divisés chacun en 4 ou 5 parties égales, on taillera le joint conique M'N'$n'm'$.

FIG. 5.

Enfin, pour exécuter la douelle sphérique M'N'Q'P', on se servira d'une cerce découpée suivant la méridienne D'E'F'.

Autre mode d'appareil pour la voûte précédente.

PL. 51, **759.** Quelquefois, au lieu de prendre les arêtes de douelle horizontales, on
FIG. 7. les place dans des plans verticaux qui forment, en projection, soit des *carrés parallèles aux côtés* des pieds-droits AB et BC, soit des *carrés parallèles aux diagonales* AC et BD, comme dans la *fig.* 7; cette disposition a même été employée pour de petites voûtes complétement hémisphériques. Mais tous ces modes d'appareil à compartiments plus ou moins bizarres doivent être bannis des constructions importantes, attendu qu'ils offrent très-peu de solidité à raison du grand nombre d'angles aigus qu'ils introduisent nécessairement. Il est vrai qu'on a cherché à y remédier par des troncatures; mais il reste encore des enfourchements nombreux qui exigent beaucoup de main-d'œuvre et qui causent un grand déchet dans les matériaux employés. Au reste, voici l'explication succincte des *fig.* 7 et 8.

760. Les données étant les mêmes que dans la question précédente, on projettera sur la diagonale BD chaque point de division du méridien de la sphère, comme H' en H, puis on tracera le carré HIKJ...; alors les quatre plans verticaux élevés par les côtés de ce carré, iront couper la sphère suivant quatre arcs de petits cercles qui formeront par leur ensemble une des arêtes de douelle. Ces arcs se rencontreront sur la sphère sous des angles assez aigus, comme on le voit mieux sur le plan vertical, pour H'I' et I'K'J'; et pour tracer ce dernier arc, on observera que son sommet (K, K') devant se trouver à la même hauteur que (H, H'), ce sera l'horizontale H'K' qui déterminera le rayon cherché C'K'. Lorsqu'on arrivera à une division F' pour laquelle le carré FL... MN... se trouvera interrompu par les fermerets, on composera l'arête de douelle avec l'arc de cercle (F'L', FL), la droite horizontale (L'M', LM), l'arc de cercle (M'T'N', MN), etc.; et le rayon C'T' de ce dernier sera encore fourni par l'horizontale menée du point F'.

Les joints de lit seront des plans horizontaux pour les parties rectilignes des arêtes de douelle, comme (L'M', LM); et pour les parties circulaires telles que (M'T'N', MN), ce seront des cônes de révolution autour de l'horizontale (OC, C'). Ainsi le joint conique OMN ira couper l'extrados qui est ici une sphère concentrique avec l'intrados, suivant un cercle vertical (*m't'n'*, *mn*) dont le sommet *t'* et le rayon C'*t'* seront déterminés par l'horizontale menée du point f'. Mais pour la première assise, le joint conique OPQ se trouvant terminé au plan horizontal $e'e''$, sa limite sera un arc d'hyperbole (prq, $p'q'$), dont le sommet r se trouvera comme on le voit indiqué pour le sommet (e, e') voisin de l'angle D des murs. D'ailleurs tous ces joints coniques se raccorderont encore ici avec les joints plans des fermerets, au moyen de petits plans inclinés, comme ($Mm\alpha$, $M'm'\alpha'$).

Quant aux joints d'assise, pour les parties de douelle qui sont sphériques, ce sont des plans méridiens conduits suivant le diamètre AC ou le diamètre BD; et pour les fermerets, ce sont des plans verticaux. Les *fig.* 9 et 10 représentent les voussoirs des pendentifs, situés à la seconde et à la première assise; et on les taillera à très-peu près comme ceux des *fig.* 5 et 6 dans la question précédente.

Voûte en pendentif avec lunettes.

761. C'est une voûte hémisphérique qui est pénétrée par deux berceaux de même montée, dont chacun va couper la sphère suivant deux demi-cercles égaux et *parallèles;* conséquemment ces berceaux sont en plein cintre, et on leur donne ordinairement pour diamètres les côtés du carré inscrit dans le grand cercle de naissance de la voûte. Ainsi, après avoir inscrit le carré ABCD dans la circonférence $vxyz$, on retranche de la sphère les segments AxD, AyB, BzC, CvD, extérieurs aux demi-cercles verticaux qui auraient pour diamètres les côtés AD, AB, BC, CD; mais, au lieu de fermer ces ouvertures par des murs, comme dans l'exemple précédent, on prend ces quatre demi-cercles pour les bases d'autant de cylindres droits qui recouvrent des galeries aboutissant à la voûte sphérique. Il arrive donc encore que ce qui reste de l'hémisphère ainsi tronqué se compose : 1° de la calotte projetée sur le cercle VXYZ inscrit dans le carré primitif; 2° de quatre portions triangulaires projetées sur les espaces AXYA, BYZB, CZVC, DVXD; et ce sont ces dernières parties que l'on nomme spécialement les *pendentifs.* PL. 52, FIG. 1.

762. Après avoir tracé les données précédentes sur le plan de naissance, pris comme plan horizontal de notre épure, nous choisirons le plan vertical perpendiculaire au premier berceau, et nous le considérerons comme *une coupe* faite suivant le diamètre xOz. Traçons-y la méridienne $x'\omega'z'$ de la sphère, et divisons-la en un nombre impair de parties égales; agissons de même pour la section droite A'Y'B' du premier berceau, avec la condition que tous les points de division E', F', G', H', soient *au-dessous* des points correspondants 1, 2, 3, 4, FIG. 3 et 4.

43

parce qu'autrement le raccordement des joints des trois voûtes présenterait une complication fâcheuse, comme nous le dirons plus loin (n° **763**, *note*). D'ailleurs, pour remplir cette condition, il suffira évidemment de placer le premier point E' *plus bas* ou *à la même hauteur* que le point 1; c'est ce dernier parti que nous avons adopté ici, parce qu'on évite alors de rencontrer, sur la première douelle sphérique, une ligne discontinue formée par trois arcs de cercle d'une longueur très-minime et d'une grande obliquité.

Cela posé, la première arête de douelle se composera seulement de trois parties : 1° la génératrice (E', EE$_2$) suivant laquelle on conduira un joint normal au berceau, et ce sera le plan E'O'O; 2° la génératrice (L'L', LL$_2$) par laquelle passera encore un plan de joint normal au second berceau, et qui aura pour trace horizontale Ox; 3° l'arc de cercle (E'L', EL) le long duquel on conduira un joint normal à la sphère, ce qui produira un cône de révolution qui sera coupé par les deux joints plans suivant les rayons (O'E'e', OEe) et (O'L'l', OLl). D'ailleurs ces trois joints partiels devront tous être terminés au plan horizontal qui limite la première assise sur la *fig.* 5, où nous avons représenté une *coupe* du berceau latéral avec la manière dont il est appareillé; et dès lors ce plan coupera les joints suivant l'arc de cercle ($e'l'$, el) et suivant deux droites parallèles aux génératrices des berceaux.

763. Maintenant considérons une assise quelconque, par exemple celle qui se termine sur les berceaux aux deux génératrices (G', GG$_2$), (N'N'', NN$_2$), et qui s'élève sur la sphère jusqu'à l'arc de cercle (P'Q', PQ) correspondant à la division 3. Alors le plan G'O'O qui forme le joint normal du premier berceau, viendra couper la sphère suivant l'arc de grand cercle (G'Q', GQ) dont chaque point s'obtiendra en prenant la rencontre de la trace verticale O'G' avec les divers parallèles du méridien $x'\omega'z'$; semblablement le joint plan conduit par la génératrice (N'N'', NN$_2$), coupera la sphère suivant l'arc (NP, N'P') qui, pour éviter des rabattements assez multipliés, pourra être tracée sur le plan horizontal par symétrie avec GQ, et projeté ensuite sur le plan vertical. Quant au joint conique qui doit passer par l'arc (P'Q', PQ), il sera formé par des rayons (O'Q'q', OQq), (O'P'p', OPp), lesquels pénétreront l'extrados sphérique suivant un autre cercle horizontal ($p'q'$, pq) facile à déterminer; car, puisque chaque génératrice du cône de révolution viendrait se rabattre sur le méridien principal suivant la droite (O'3, Ox) qui rencontre l'extrados en s', ce sera l'horizontale menée par ce dernier point qui déterminera la projection verticale $p'q'$ et le rayon du cercle dont il s'agit. D'ailleurs, les normales (P'p', Pp), (Q'q', Qq), seront précisément les intersections du joint conique avec les deux joints plans des berceaux (*).

En outre, le joint plan N″N′P′p′ coupera l'extrados sphérique suivant un arc de grand cercle (p′r′, pr), et l'extrados du berceau latéral suivant la génératrice (r″r′, r_2r) déterminée par le point r_2 de la *fig.* 5; d'ailleurs on peut trouver ce point limite (r′, r) par la rencontre de cette génératrice avec la verticale u′r′ abaissée du point u′; car cette droite u′r′ est évidemment la projection du cercle vertical ruh suivant lequel l'extrados du berceau pénètre dans l'extrados de la sphère. Semblablement, pour le premier berceau, le joint contenu dans le plan G′O′O sera projeté horizontalement sur le contour G_2GQqtt_2; puis, les points r et t se trouveront réunis par un arc de cercle rt qui représentera l'intersection de l'extrados sphérique par le plan horizontal r_3r_4; et comme ce plan va couper la méridienne en w′, la distance de ce dernier point à la verticale O′Y′ sera précisément le rayon du cercle rt, ce qui fournira une vérification des opérations antérieures.

764. On opérera d'une manière analogue pour le parallèle [4, 4] auquel se termine la clef du berceau; et au-dessus, les voussoirs n'appartenant plus qu'à la voûte sphérique seulement, on les formera comme nous l'avons dit au n° **680.** Ensuite, on subdivisera chaque assise par des joints montants, qui seront des plans méridiens pour les douelles sphériques, et pour les douelles cylindriques des plans verticaux perpendiculaires aux génératrices; mais il faudra avoir soin de distribuer ces joints de manière que chaque voussoir de pendentif se prolonge dans une certaine étendue sur les berceaux, comme celui dont nous allons nous occuper spécialement, et dont les faces de douelle ont pour projections

$$(\text{M}\mu\nu\text{NPQG}\gamma\varphi\text{FIKM}, \quad \text{M}'\mu'\nu'\text{N}'\text{P}'\text{Q}'\text{G}'\text{F}'\text{I}'\text{K}'\text{M}').$$

765. *Panneaux de développement.* Les portions de douelle qui appartiennent aux berceaux se trouvant comprises chacune entre deux plans verticaux per-

---

(*) On verra bien maintenant pourquoi nous avons recommandé au n° **762** de placer les points de division E′, F′, G′,... plus bas que les divisions 1, 2, 3,... du méridien de la sphère. Car, s'il en était autrement, le parallèle P′Q′ serait au-dessous de G′, et au lieu de prolonger le joint plan OO′G′ du berceau jusqu'à ce parallèle, ce serait le joint conique passant par P′Q′ qu'il faudrait prolonger jusqu'à l'horizontale G′; mais alors ce cône couperait le cylindre suivant une ligne à double courbure, qui serait bien moins facile à rapporter sur la pierre que l'arc de grand cercle (G′Q′, GQ); d'ailleurs le même inconvénient se reproduirait dans le berceau latéral.

pendiculaires aux génératrices, comme φγ et FG, ou μν et MN, il est superflu d'en faire le développement, puisque ces faces se tailleront comme celles d'un voussoir de *porte droite* (n° **614**); ainsi il n'y a que les panneaux de joint à construire. Imaginons donc que le plan G′O′O a tourné autour de OO′ pour se rabattre sur le plan horizontal, et prenons sur la *fig.* 6 les distances O′G′, O′Q′, O′q′, O′t′, égales aux lignes de mêmes noms sur la *fig.* 4; puis élevons les ordonnées O′O, G′G, Q′Q, q′q, t′t, égales aux distances de la ligne de terre (*fig.* 3) aux points O, G, Q, q, t; enfin traçons les arcs de cercle QG, qt, avec les rayons de l'intrados et de l'extrados sphériques, et nous obtiendrons le panneau G′GQqtt′ du joint supérieur pour le voussoir cité précédemment. Le contour G′GIii′ représente le joint inférieur qui ne se prolonge pas ici jusqu'à l'extrados sphérique, et il se construira d'une manière semblable. Le même voussoir renferme deux joints qui appartiennent au berceau latéral; mais comme ils ont une forme identique avec les précédents, les deux panneaux déjà obtenus suffiront seuls, en les retournant dans une position convenable.

766. *Taille du voussoir.* Après avoir équarri un prisme droit qui ait pour base la projection horizontale du voussoir en question, et pour hauteur la différence de niveau des points les plus écartés sur la projection verticale, on tracera sur la face latérale αβδε le contour de la tête du voussoir au moyen du panneau M₄N₄r₄i₄ de la *fig.* 5; puis on taillera la douelle cylindrique M′N′NM qui est d'équerre sur la face de tête, ainsi que les deux joints plans dont un seul N′NPprr′ est visible ici, et dont la forme est donnée par les panneaux de la *fig.* 6. On opérera de même pour l'autre tête située dans la face du prisme perpendiculaire à la première, et l'on taillera aussi la douelle G′F′FG, le joint G′GQqtt′, et le joint inférieur qui est invisible. Ensuite, après avoir tracé sur la face supérieure du prisme l'arc pq qui est donné en vraie grandeur par la *fig.* 3, on fouillera dans la pierre pour y tracer l'arc PQ au moyen d'une cerce maintenue dans une situation horizontale, et passant par les points P et Q déjà trouvés; alors on pourra tailler le joint conique PpqQ en faisant glisser une règle sur les arcs PQ et pq divisés en un même nombre de parties égales; et enfin, la douelle sphérique MNPQGFIK dont le contour sera connu par ce qui précède, s'exécutera au moyen d'une cerce découpée suivant la méridienne de la sphère x′ω′ (*fig.* 4), avec le soin de la faire passer par des points de repère qui correspondent deux à deux à un même rayon de la *fig.* 3.

La *fig.* 8 représente le voussoir de la première assise, lequel se taillera encore plus aisément que celui dont nous venons de parler, et par des procédés semblables.

Fig. 6.

Fig. 7.

Pendentifs avec trumeaux, lunettes, et arcs doubleaux.

767. Les voûtes en pendentif remplacent avantageusement les voûtes d'a-
rêtes, attendu que les premières offrent des lignes plus adoucies vers la naissance, et vers le sommet des coupes moins obliques; d'ailleurs, par leur exhaussement, elles présentent un aspect plus grandiose qui convient mieux pour
recouvrir le point central d'un édifice; enfin, elles permettent de tirer le jour
par en haut, en supprimant les dernières assises de la calotte sphérique, ce
qu'il est impossible de faire dans une voûte d'arêtes dont la stabilité exige toujours la présence de la clef. Mais, pour compléter ces avantages, et éviter la
portion très-aiguë de sphère que l'on aperçoit à la naissance du pendentif dans
la *fig.* 8 de la *Pl. LII,* on prend le parti de tronquer les pieds-droits des berceaux par un arc tel que BC dans la *Pl. LIII,* ce qui laisse subsister un *trumeau*   PL. 53,
ou face intermédiaire entre les deux lunettes voisines. A cet effet, et en suppo-   FIG. 1.
sant donné le carré $\alpha\delta\delta\gamma$ formé par les génératrices qui sont à la naissance des
deux berceaux, on choisira un rayon Ox plus grand que Oα, et l'on décrira le
cercle $xyzv$ qui rencontre ces génératrices aux points A, B, C, D,...; alors cette
circonférence $xyzv$ sera la trace horizontale d'une demi-sphère que les berceaux
couperont suivant les demi-cercles verticaux décrits sur les diamètres AB, CD,
EF, GH; tandis que les pendentifs seront ici des quadrilatères sphériques qui
auront pour bases les arcs BC, DE, FG, HA, et qui se trouveront projetés sur
des espaces tels que (BYZC, B'Y'Z'C').

768. Du reste, le tracé de l'appareil sur la *fig.* 2 qui représente une coupe
faite suivant xOz, s'effectuera de la même manière qu'aux n° **762** et **763**; seulement, comme il y a ici une grande inégalité entre les rayons O'A' et O'x' du
berceau et de la sphère, il sera bon de placer le premier point de division L'
plus bas que le point 1 (*voyez* n° **762**). En outre, suivant l'usage, nous avons
ajouté à chaque lunette un *arc doubleau* qui est une saillie terminée par un cylindre ($a's'b'$, abb_2a_2) d'une faible longueur et d'un diamètre un peu plus petit
que celui du berceau : c'est pour consolider ce dernier, en augmentant l'épaisseur de la voûte et celle des pieds-droits; mais puisque les deux cylindres
A'Y'B' et $a's'b'$ sont concentriques, les mêmes plans de joints serviront pour
l'un et pour l'autre, et il y aura seulement un petit *ressaut* dans la projection
horizontale des arêtes de douelle, ainsi qu'on doit l'apercevoir sur notre
épure.

On doit y remarquer aussi la suppression des dernières assises de la calotte

sphérique, ce qui n'empêche pas la voûte de conserver toute la stabilité désirable, comme nous l'avons expliqué au n° **682**. Quant à la partie du pied-droit
qui répond à l'arc BC, elle aura pour parement un cylindre vertical; toutefois,
on pourra se contenter d'employer le plan vertical qui passe par les points B
et C, attendu que la différence entre l'arc BC et sa corde, à la hauteur du plan
de naissance, se trouvera masquée par la corniche ou les moulures qui existent
ordinairement en cet endroit. La *fig.* 3 représente le voussoir *total* de la première assise du pendentif AH; mais son grand volume exigera ordinairement
qu'on le partage en deux ou trois voussoirs partiels, par des plans méridiens,
comme il est indiqué sur la *fig.* 1; et cela ne fera que rendre plus facile la taille
de la pierre qui s'exécutera comme au n° **766**.

FIG. 1
et 2. **769.** Quelquefois, pour donner plus d'élévation à la voûte, on termine la
sphère dont la trace horizontale est le grand cercle ABCDE..., à la circonférence (XYZ, X′Y′Z′) qui s'appuie sur les sommets des berceaux; et à partir de
là, on forme la partie supérieure de l'intrados avec une nouvelle demi-sphère
qui a pour diamètre X′Z′; d'ailleurs, la discontinuité de ces deux surfaces sphériques est déguisée à l'œil par un cordon saillant qu'on laisse subsister tout le
long du cercle (XYZ, X′Y′Z′). D'autres fois, sur ce dernier cercle, on élève
une *tour ronde* ou mur cylindrique, lequel porte ensuite une calotte hémisphérique; mais toutes ces combinaisons ne donneront lieu qu'à des problèmes de
stéréotomie semblables aux précédents, et l'épure suivante fournira un exemple
de ce dernier cas.

Observons, enfin, que le nombre des pendentifs placés dans une demi-
sphère pourrait être supérieur à *quatre,* surtout quand ces ouvertures, au lieu
de servir à des galeries ou des portes, seront employées pour des fenêtres destinées à éclairer l'intérieur du dôme; mais il faudra toujours que les axes des
divers berceaux aillent passer par le centre de la sphère, et que tous ces berceaux soient égaux entre eux, ou du moins, qu'ils aient tous *la même montée*
si la voûte principale est en ellipsoïde; car on peut aussi établir des pendentifs
dans une voûte de ce genre, ce qui correspondrait à une voûte d'arêtes *barlongue* (n° **722**). Mais, pour ce cas très-rare, le lecteur verra bien les modifications qu'il faudrait apporter à l'épure actuelle, d'après ce que nous avons dit
aux n° **695, 703** et **713**.

Pendentifs en voussure avec pans coupés, et portant une tour ronde.

770. Soit ABCDEFGH un carré dont les angles ont été tronqués par des Pl. 53, droites AH, BC, DE, FG, disposées de manière à former un polygone inscrip- Fig. 4. tible dans un cercle qui aurait le même centre O que le carré primitif. Sur les côtés restants AB, CD, EF, GH, pris comme diamètres, on décrit quatre demi-cercles verticaux qui sont les arcs de tête de quatre berceaux droits, renforcés par des arcs doubleaux tels que celui qui a pour section droite $a'\gamma'b'$: puis, sur ces berceaux, on élève une *tour ronde*, c'est-à-dire un mur cylindrique dont le parement intérieur est un cylindre vertical ayant pour base le cercle hori-zontal (VXYZ, X'Y'Z') qui est tangent aux sommets des quatre berceaux. Cela posé, il reste à recouvrir par une surface convenable chacun des espaces pro-jetés sur des quadrilatères tels que BYZC, lesquels sont dit : *pendentifs en vous-sure*. On pourrait encore employer ici, comme dans l'épure précédente, une portion de la sphère qui aurait pour grand cercle celui qui est circonscrit au polygone ABCD...; car il est évident (n° **761**) que cette sphère passerait par l'arc (YZ, Y'Z'), ainsi que par les cercles de tête (BY, B'Y'), (CZ, C'Z'), des berceaux ; à la vérité, cette sphère viendrait couper le coussinet du pied-droit suivant l'arc BC, et non suivant sa corde; mais la différence qui serait très-peu sensible, se trouverait masquée par les moulures ou la corniche qui existent ordinairement en cet endroit. Ce serait donc là la meilleure forme de douelle à adopter pour ce pendentif, surtout à cause des joints que l'on pourrait ren-dre alors exactement normaux, comme dans l'épure précédente; néanmoins, nous croyons qu'il sera intéressant de connaître une surface d'une nature moins simple, mais qui permettra de raccorder exactement la douelle du pendentif avec le côté rectiligne BC du pied-droit.

771. Menons un plan vertical O$\alpha\varepsilon$ perpendiculaire sur le milieu α du pied-droit BC, et après l'avoir rabattu sur la *fig.* 6, marquons-y le point (∂, ∂') où ce plan va couper le cercle supérieur (YZ, Y'Z') du pendentif ; puis, faisons passer par les points (α, α'), (∂, ∂'), un arc de cercle dont le centre (ω, ω') soit dans le plan de naissance. Cela posé, adoptons pour directrices cet arc ($\alpha\partial$, $\alpha'\partial'$) avec les deux cercles de tête des berceaux (BY, B'Y'), (CZ, C'Z'), et faisons glisser sur ces trois lignes *un cercle variable*, mais toujours *horizontal* : la surface ainsi produite sera la douelle du pendentif. On trouvera chaque position de la génératrice, en menant un plan horizontal tel que 2S' sur la *fig.* 5, et 2γ' sur la *fig.* 6; car ce plan coupera les directrices aux points S, γ, T, par lesquels on fera passer un cercle SγT dont le centre O_2 est bien facile à trouver. On agira de même pour obtenir le cercle LδK ; et quand la génératrice sera parvenue dans le plan de naissauce, les trois points B, α, C, par lesquels elle devra passer alors se trouvant en ligne droite, elle se réduira bien, par une loi continue, à la forme rectiligne BαC, comme on le demandait.

772. Pour tracer l'appareil de cette voûte, on divisera le demi-cercle A′Y′B′ en un nombre impair de parties égales, avec la restriction que le point de division L′ ne soit pas plus haut que le lit de dessus ɪK′ de la première assise. Ici ils sont à la même hauteur, et dès lors il n'y aura pas de *coupe* proprement dite dans le berceau, ni dans le pendentif, parce que le plan horizontal L′K′ɪ offre assez peu d'obliquité sur ces surfaces pour pouvoir servir comme *joint de lit*. A la seconde assise, le joint du berceau sera formé par le plan normal OO′M′P′, lequel ira couper la douelle du pendentif suivant une courbe (M′P′, MP) facile à déterminer. A la troisième assise, le plan normal OO′N′ du berceau devra être prolongé d'abord jusqu'en *u′* où se termine le pendentif, puis jusqu'en U′, de manière à couper le cylindre vertical XYZ qui forme le parement intérieur de la tour ronde, suivant un arc d'ellipse très-allongée.

773. Quant au joint du pendentif le long du cercle (P′Q′, PQ), nous avons supposé ici que l'on garderait encore le plan horizontal ɜQ′P′ ; mais si l'on trouvait que ce plan est trop oblique, il faudrait (sans construire les diverses normales de l'intrados le long de ce cercle, ce qui exigerait des opérations très-laborieuses indiquées au n° **716**), adopter pour joint le cône qui aurait pour directrice le cercle (PQ, P′Q′) et pour sommet le point (ω, ω′) déterminé par la normale ω′γ′λ′ menée à l'arc vertical (α′δ′, αδ). Dans cette hypothèse, il faudra aussi augmenter un peu la hauteur [ɪ, ɜ] de la seconde assise (*fig.* 6), afin que le joint conique ait une largeur γ′λ′ suffisante ; ou bien, il faudrait abaisser le point γ′, et conséquemment le plan horizontal (P′Q′, PQ), un peu au-dessous du plan horizontal ɜ. En outre, il y aura à tracer l'intersection de ce joint conique avec le joint plan OO′M′P′ du berceau ; mais nous nous sommes abstenus d'exécuter ici tous ces détails relatifs à des lignes invisibles, parce qu'ils auraient jeté de la confusion sur notre épure tracée d'après une échelle très-réduite, et que d'ailleurs ils sont entièrement analogues à ceux que nous avons déjà expliqués plusieurs fois, notamment dans la *Pl. LII*.

774. Les joints d'assises seront formés par des plans conduits suivant la verticale O, et distribués comme on le voit dans les *fig.* 4 et 5. La taille des voussoirs s'exécutera comme au n° **766**, après avoir construit les panneaux de joint analogues à ceux de la *Pl. LII, fig.* 6 ; seulement, comme la douelle du pendentif n'admet pas une génératrice de *forme constante* (n° **771**), il faudra se procurer au moins trois *cerces* découpées suivant les circonférences PQ, LK et une section intermédiaire; puis, les appliquer sur les directrices circulaires LM, KR, en maintenant ces cerces dans une situation horizontale. Au-dessus de l'assise 3, les voussoirs ne feront plus partie que de la Tour ronde, et se tailleront sans difficulté comme pour un mur cylindrique.

Voûte d'arêtes en tour ronde.

775. La voûte principale est ici un *berceau tournant* qui a pour pieds-droits PL. 54, deux murs cylindriques dont les traces, sur le plan de naissance, sont les qua- FIG. 3. tre cercles concentriques décrits avec les rayons ωD, ωA, ωB, ωd; l'intrados est un *tore* ou *surface annulaire* engendrée par le demi-cercle A'F'E'B' (*fig.* 4), lequel étant relevé dans le plan vertical A'B'ω, tourne par un mouvement de révolution autour de la verticale ω qui est l'axe de la *tour ronde*. Nous commencerons par tracer l'appareil de cette voûte comme si elle existait seule; ainsi, après avoir divisé la méridienne A'F'E'B en un nombre impair de parties égales, nous tirerons les normales F'G', E'H', ... que nous terminerons à leur rencontre avec les plans horizontaux 1G', 2H', ..., qui divisent le mur en assises. Ordinairement, les hauteurs de ces diverses assises sont toutes égales; mais comme alors le premier joint F'G' se serait trouvé trop étroit pour qu'on eût pu lire les détails importants, sous le rapport géométrique, que nous aurons à expliquer, nous nous sommes affranchis de cette condition d'égalité. Ensuite, les joints de la clef, tels que E'H', vont ici couper l'extrados sous un angle assez aigu; mais cet inconvénient disparaîtra dans la pratique, attendu qu'il y aura toujours bien plus de *cinq* voussoirs, ce qui rapprochera beaucoup le dernier joint de la direction verticale; d'ailleurs il ne faut jamais admettre pour la clef des joints brisés ou des crossettes (n° **611**). On pourra aussi, malgré les inconvénients signalés dans ce même numéro, adopter des voussoirs *en état de charge*, et disposer enfin l'appareil comme on le voit ici dans la *fig.* 2; mais toutes ces modifications n'apportant aucune difficulté dans le problème de stéréotomie, et n'ayant d'autre effet que d'allonger l'énumération des faces de chaque voussoir, nous préférons, pour plus de clarté, de nous en tenir au mode d'appareil de la *fig.* 4. Dès lors on voit que, pendant la révolution de ce méridien autour de la verticale ω, les points F', E', ... décriront des cercles horizontaux FM..., EN..., qui seront les arêtes de douelle du berceau tournant; tandis que les rayons F'G', E'H',..., qui vont évidemment

44

rencontrer l'axe vertical ω en des points invariables, décriront des zones coniques qui seront les *joints de lit* exactement normaux à l'intrados. Il ne resterait plus, pour compléter le tracé de cette voûte isolée, qu'à partager chaque cours de voussoirs en voussoirs partiels, au moyen de plans méridiens tels que γε,..., avec le soin de faire alterner ces *joints montants* d'une assise à l'autre, comme dans la *fig*. 6 de la *Pl. XLII.*

FIG. 3.   **776.** Mais, maintenant, il s'agit de pratiquer, dans ce berceau tournant, une ou plusieurs *portes* dont chacune soit comprise entre deux plans verticaux C*c* et D*d*, qui convergent vers l'axe ω de la tour; on veut d'ailleurs que la voûte qui recouvrira cette porte ait le même plan de naissance et la même montée que le berceau. Dès lors il devient nécessaire que l'intrados de cette porte soit formé avec une surface conoïde engendrée par *une droite qui, demeurant toujours horizontale, glissera sur la verticale ω et sur une seconde directrice courbe* que nous allons définir. Rectifions l'arc CO″D suivant la tangente C″O″D″ qui le touche en son milieu; puis, après avoir décrit sur C″D″, comme grand axe, une ellipse C″Z″D″ dont le demi-axe vertical O″Z″ soit égal au rayon O′Z′ du berceau tournant, imaginons que le plan vertical de cette ellipse soit roulé sur le cylindre extérieur qui a pour base le cercle CO″D, de manière que les abscisses coïncident avec les arcs de cette circonférence, et les ordonnées avec les arêtes du cylindre : par là, cette ellipse sera devenue une ligne à double courbure que nous adopterons pour *base*, ou pour seconde directrice du conoïde, et qui sera en même temps le *cintre de face* de cette petite voûte (*).

777. Pour obtenir l'intersection du conoïde avec la surface annulaire, il suffit de les couper par divers plans horizontaux. Celui qui sera mené par le point F′ de la méridienne (*fig.* 4), coupera le tore suivant deux cercles projetés sur FM et F₂L, et le conoïde suivant deux droites *f*ω et *f*₂ω; de sorte que la rencontre de ces quatre lignes fournira les points M et M₂, L et L₂. Quant à la manière de trouver la génératrice *f*ω, par exemple, il faudra chercher sur l'ellipse C″Z″D″ le point *f*″ qui a la même ordonnée que le point F′; puis, on

---

(*) Il sera bon ici de tracer l'ellipse C″Z″D″ par la méthode des deux cercles décrits sur les axes, ainsi qu'on le voit sur notre épure, attendu que par là on trouvera immédiatement les points *e*″, *f*″,... qui sont à la même hauteur que E′, F′,..., et dont nous allons avoir besoin tout à l'heure. En outre, il en résultera un moyen très-facile d'avoir les tangentes de l'ellipse en ces points-là, lesquelles nous seront aussi nécessaires. Quant à l'équation de ce conoïde, on la trouvera dans notre *Analyse appliquée*, n° **309**.

prendra l'arc $O''f$ égal à l'abscisse $O''f'$, et l'on joindra le point f avec ω : cette
marche est évidemment justifiée par la définition que nous avons donnée au numéro précédent du cintre gauche qui forme la base du conoïde. En répétant
des opérations semblables, on obtiendra les courbes

$$AMNOK_2L_2B_2 \quad \text{et} \quad BLKON_2M_2A_2$$

pour les projections horizontales des lignes gauches suivant lesquelles se coupent le tore et le conoïde; et l'on a vu (*G. D.*, n° **643**) que ces projections sont
des *spirales d'Archimède*. Mais il faut bien observer que les deux surfaces d'intrados doivent être interrompues à leur rencontre mutuelle, afin de laisser un
libre passage sous les deux voûtes; c'est-à-dire que dans le conoïde, on supprime toutes les portions de génératrices intérieures, telles que

$$AB, ML, NK, N_2K_2, M_2L_2, A_2B_2,$$

et dans le tore, tous les arcs intérieurs

$$AA_2, MM_2, NN_2, KK_2, LL_2, BB_2.$$

Il en résulte que les deux espaces angulaires AOB, A_2OB_2, sont recouverts par
le tore, et les espaces AOA_2, BOB_2, par le conoïde; ce qui rend très-saillantes
sur l'intrados les deux *courbes d'arête* ou les *arétiers* projetés suivant AOA_2 et
BOB_2. Ajoutons enfin qu'ici la projection horizontale est censée vue *par-dessus,*
ce qui expliquera les diverses ponctuations que nous avons employées.

778. *Des joints normaux.* Dans le berceau tournant, et le long de l'arête de   F<small>IG.</small> 3
douelle FM, le joint de lit est formé, comme nous l'avons dit au n° **775**, par   et 6.
une zone conique projetée entre les cercles FM et GX. Dans le conoïde, et le
long de l'arête de douelle $fM\omega$, le joint devra être le lieu des normales menées
à cette surface par tous les points de la droite $fM\omega$; or, pour obtenir ces normales, il faut d'abord construire les plans tangents, en recourant à un paraboloïde de raccordement, d'après la méthode exposée au n° **580** de la *Géométrie descriptive.*

A cet effet, je choisis un plan vertical de projection (*fig.* 6) qui soit perpendiculaire à la génératrice $fM\omega$, et sur lequel cette droite se trouvera projetée en un seul point M' situé à une hauteur $U'M' = f'f'' = FF'$; puis, après
avoir tracé la tangente $f'''T'''$ à l'ellipse plane, je rapporte la sous-tangente $f'T'''$
suivant la droite fT tangente à la base du cylindre extérieur, et en projetant le

44.

point T en Tʹ sur la *fig.* 6, la droite (*f*T, MʹTʹ) sera bien tangente à la base du conoïde. Cela posé, si l'on fait glisser sur (*f*T, MʹTʹ) et sur la verticale ω la génératrice (*f*Mω, Mʹ) toujours horizontale, elle engendrera un paraboloïde qui aura les mêmes plans tangents que le conoïde tout le long de (*f*Mω, Mʹ); et la droite Tω tracée dans le plan de naissance, sera évidemment une seconde position de la génératrice de ce paraboloïde. Or, en coupant cette dernière surface par divers plans verticaux MP, LQ,... perpendiculaires à *f*Mω et conséquemment parallèles aux deux directrices, on sait (*G. D.*, nᵒ **551**) que de pareilles sections devront être *rectilignes;* donc, si je projette les points P, Q,... sur la *fig.* 6 en Pʹ, Qʹ,..., les plans MʹTʹT, MʹPʹP, MʹQʹQ,...seront bien *tangents* au paraboloïde, et par suite au conoïde, dans les points *f*, M, L,....

Maintenant, les normales du conoïde pour les mêmes points sont bien faciles à obtenir, et ce sont les droites (MʹRʹ, *f*R), (MʹSʹ, MS), (MʹVʹ, LV),... dont l'ensemble composera le joint de la voûte conoïde; ce joint est encore un paraboloïde hyperbolique (*G. D.*, nᵒ **595**), et même ici on doit apercevoir qu'il coïnciderait entièrement avec le paraboloïde de raccordement, si l'on faisait faire à ce dernier un quart de révolution autour de l'horizontale (ωM*f*, Mʹ). Ensuite, comme il faut terminer le joint du conoïde à la même hauteur que le joint conique du berceau tournant, on devra prendre sur la *fig.* 6 la verticale UʺGʺ égale à GGʹ de la *fig.* 4, puis mener le plan horizontal GʺRʹ qui coupera les diverses normales en des points (Rʹ, R), (Sʹ, S), (Vʹ, V),... par lesquels on fera passer la courbe RSV,... qui sera la limite du joint de la voûte conoïde. Il est utile, pour mieux tracer cette courbe, de savoir que c'est une hyperbole équilatère qui a pour asymptotes la droite ωM*f* et la perpendiculaire élevée par le point ω (*); par conséquent, le sommet de cette hyperbole se trouvera direc-

---

(*) En effet, les triangles semblables que renferme la *fig.* 6, conduiront aisément à trouver que le produit de chaque sous-tangente par la sous-normale correspondante est constant, c'est-à-dire que l'on a

$$U'T' \times G''R' = U'P' \times G''S',$$

ou bien, sur la *fig.* 3,

$$f\mathrm{T} \times f\mathrm{R} = \mathrm{MP} \times \mathrm{MS};$$

or, on peut substituer ici aux lignes *f*T et MP, les distances *f*ω et Mω qui leur sont proportionnelles, ce qui donnera

$$f\omega \times f\mathrm{R} = \mathrm{M}\omega \times \mathrm{MS}, \quad \text{ou bien} \quad xy = x'y',$$

en prenant pour axe des *x* la droite ω*f*, et pour axe des *y* une perpendiculaire élevée par le point ω. Ainsi l'équation de la courbe RSV sera de la forme $xy = k^2$, où *k* désigne une constante qui représente la grandeur commune des deux coordonnées asymptotiques du sommet.

tement, en cherchant une moyenne proportionnelle entre les deux coordonnées asymptotiques d'un des points de la courbe, ainsi qu'on le voit indiqué dans notre épure.

779. Enfin, l'hyperbole RSV étant rencontrée au point X par le cercle GX qui termine le joint conique du berceau tournant, ce point appartiendra à l'intersection MxX des deux joints; et pour obtenir quelque autre point de cette courbe, on mènera un plan sécant horizontal par le milieu g' de F'G', lequel plan coupera le joint conique suivant le cercle gx : puis, en prenant sur la *fig.* 6 la hauteur U'g'' = gg', l'horizontale $g'r'$ coupera les diverses normales en des points qui, projetés sur le plan horizontal, fourniront l'hyperbole rx dont la rencontre avec gx fera connaître le point cherché x. Cette nouvelle hyperbole sera *semblable* à la première, et elle aura les mêmes asymptotes.

780. Quant au joint supérieur du voussoir E'F'G'I'H' qui nous occupe spé- Fig. 3 cialement, il sera formé, dans la voûte annulaire, par la zone conique NEHY et 7. que décrit la normale E'H' dans sa révolution autour de la verticale ω; et dans le conoïde, ce joint devra être le lieu des normales menées à cette surface par tous les points de la génératrice ωNe. Pour trouver ces normales, j'adopte un plan vertical de projection (*fig.* 7) qui soit perpendiculaire à ωNe, et sur lequel cette droite se projettera en un point unique N' situé à une hauteur WN' = $e'e''$ = EE'. Ensuite je mène la tangente $e''t''$ de l'ellipse plane, laquelle viendra se projeter suivant $e\theta$ quand cette courbe aura été enroulée sur le cylindre de la tour; mais comme ici la trace horizontale de cette tangente serait à une distance incommode, nous emploierons le point de cette droite qui est projeté en θ, ou situé dans le plan vertical ωO''. Or il faut se garder de croire que ce point inconnu soit celui qui est désigné par t'' dans la *fig.* 5; car, à cause de la déformation que subit l'ellipse plane quand elle s'enroule sur le cylindre CO''D, il faudra porter la longueur $e\theta$ de e' en ζ, puis élever la verticale $\zeta\zeta''$ qui fournira le véritable point demandé ζ''. Ainsi, en portant sur la verticale menée du point θ, une hauteur $u\theta'$ = $\zeta\zeta''$, la droite ($e\theta$, N'θ') sera la tangente du cintre à double courbure.

Cela posé, si nous faisons glisser la génératrice ωNe, toujours horizontale, sur cette tangente ($e\theta$, N'θ') et sur la verticale ω, elle engendrera un paraboloïde de raccordement; et quand elle sera parvenue au point (θ, θ'), cette génératrice se trouvera projetée horizontalement sur OO''θ, et verticalement sur la droite $\theta'\omega'$ menée par le point θ' parallèlement à la ligne de terre. Donc, en coupant ce paraboloïde par divers plans verticaux $e\theta$, np, lq,... perpendiculaires à ωNe et conséquemment parallèles aux deux directrices, les sections qui devront être *rectilignes* (G. D., n° **551**) seront projetées sur les droites N'θ', N'p',

N′q′,.... Or on doit apercevoir que ces mêmes droites seront à la fois les traces et les projections verticales des plans tangents au paraboloïde, et conséquemment aussi au conoïde, pour les points $e, n, l,$...; donc les normales relatives aux mêmes points seront les lignes (N′ρ′, eρ), (N′S′, ns), (N′υ′, lυ), dont l'ensemble composera encore un paraboloïde hyperbolique (*G. D.*, n° 595), qui formera le joint de la voûte conoïde le long de l'arête de douelle ωNe.

781. Il reste à limiter ce joint gauche au même plan horizontal H′I′ (*fig.* 4) qui termine le joint conique du berceau tournant. Pour cela, on prendra sur la *fig.* 7 la hauteur WH″ = HH′; et après avoir mené par le point H″ une horizontale qui coupera les normales aux points ρ′, s′, υ′, il faudra projeter ces derniers sur la *fig.* 3, ce qui fournira l'hyperbole équilatère ρsυ dont l'asymptote est la droite ωNe.

Cette hyperbole ρsυ va rencontrer le cercle HY en un point Y qui appartient à la courbe d'intersection NY du joint gauche avec le joint conique; et pour obtenir quelque autre point de cette courbe, il suffirait de couper les deux joints par un même plan horizontal, ainsi que nous l'avons expliqué et exécuté pour la courbe MxX, au n° **779.**

Fig. 3 et 8. **782.** *Panneaux de développement.* Comme il faut former avec une seule et même pierre, dans chaque assise, les portions des deux voûtes qui sont contiguës à la courbe d'arête AMNOB₂, sans employer toutefois des matériaux d'un trop grand volume, le voussoir d'arêtier qui nous a occupé spécialement jusqu'ici, devra être limité d'un côté par un certain plan méridien γι, et de l'autre par un cylindre vertical αϐ concentrique avec la tour; car ces deux faces de tête seront bien respectivement *normales* aux deux douelles : de sorte que la projection totale de ce voussoir sera αϐXγιNα. Mais, pour le tailler, on suppose d'abord que le cylindre αϐ se prolonge jusqu'à sa rencontre ∂ avec le plan méridien, et l'on exécute les premières opérations comme s'il s'agissait d'un corps prismatique ayant pour base le quadrilatère α∂ιN; ce qui n'offre aucune difficulté.

Lorsque le solide a reçu cette forme, il faut trouver les intersections des deux faces cylindriques α∂ et Nι avec la douelle gauche et les joints du conoïde. Pour cela, on développe ces deux cylindres, en prenant sur la *fig.* 8 les abscisses α′ψ, α′λ, α′μ′, α′ϐ′, α′∂′, égales aux arcs de dénominations semblables sur la *fig.* 3; puis, on élève des ordonnées dont la grandeur est facile à déduire de ce qui précède. D'abord les points α″ et μ″ doivent évidemment être placés à la même hauteur que e″ et f″ sur l'ellipse de la *fig.* 5. Pour le point intermédiaire λ″, on a prolongé la génératrice λπω du conoïde tracée à volonté (et on en pourra tirer plusieurs autres), jusqu'au point l, où elle rencontre le cylindre extérieur de la tour; puis en rectifiant l'arc $O''l$, suivant l'abscisse $O''l'$, et élevant l'ordonnée $l'l''$ de l'ellipse plane, on a trouvé la hauteur du point λ''. La courbe $\alpha''\lambda''\mu''$ ainsi obtenue pour *la transformée* de l'intersection du conoïde avec le cylindre vertical $\alpha\beta$, doit être *une ellipse* dont l'axe vertical égale celui de $C''Z''D''$, ainsi que nous l'avons dit dans l'*Analyse appliquée*, n° **509**, et comme on peut le conclure ici de ce que les arcs $\alpha\lambda$ et el_2, $\alpha\mu$ et ef, sont proportionnels avec leurs rayons. Quant à la courbe $\alpha''\psi''$ relative au joint supérieur, il faudra prendre l'ordonnée $\psi'\psi''$ égale à HH' sur la *fig.* 4; et pour la courbe $\mu''6''$ relative au joint inférieur, il faudra que $6'6'' = GG'$: on doit voir aisément comment on obtiendrait l'ordonnée d'un point intermédiaire.

Le second panneau $\gamma''N''\pi''\eta''\epsilon''$ de la *fig.* 8 se construira d'une manière toute semblable, en prenant pour abscisses les arcs du cercle $N\epsilon$; mais nous n'y avons point marqué la trace du joint gauche inférieur, projeté sur fMXR, parce qu'on n'en pourrait faire aucun usage dans la taille du voussoir, attendu que ce joint ne saurait être prolongé jusqu'au cylindre vertical $N\epsilon$, sans détruire une portion du solide qui doit être conservée.

783. Il sera encore nécessaire, pour la taille du voussoir, de connaître la [Fig. 4.] vraie grandeur du joint conique inférieur, projetée suivant φMXγ; et pour cela il faut développer le cône qui est engendré par la révolution de la normale O'F'G' autour de la verticale ω. Or, si l'on rabat cette dernière droite avec le méridien A'F'B' autour de la charnière A'O'ω, elle prendra évidemment la position $\omega\omega''$ perpendiculaire à ωA'; donc la rencontre des droites $\omega\omega''$ et G'O'ω'' fournira le sommet du cône en question. Dès lors, si avec les rayons ω''F', ω''G', $\omega''g'$, on décrit trois arcs de cercle F''M'', G'X'', $g'x''$, égaux en longueur absolue aux arcs φM, γX, $\gamma_2 x$, de la projection horizontale, et qu'on trace la courbe X''x''M'', le panneau G'X''M''F' sera le développement du joint conique dont il s'agit.

784. *Taille du voussoir.* Après avoir équarri un prisme droit qui ait pour [PL. 54,] base le contour $\alpha\partial\epsilon$N de la projection horizontale (*fig.* 3), et pour hauteur la [FIG. 9.] différence de niveau des deux points F' et H' sur la *fig.* 4, ainsi qu'il est représenté dans la *fig.* 9, on appliquera sur les deux faces convexe et concave de ce prisme les panneaux de la *fig.* 8; ces panneaux auront dû être exécutés en carton flexible, afin qu'en les appuyant sur ces deux faces cylindriques, les courbes puissent reprendre la forme primitive qu'elles avaient avant le développement exécuté au n° **782**; et dans cet état, on tracera sur le prisme de la *fig.* 9 les contours γN'$\pi\eta\epsilon'$, $\psi\alpha'\lambda\mu\delta''\delta'$, ainsi que les droites α'N', $\mu\eta$, et l'hyperbole ψy dont la vraie grandeur est donnée par la *fig.* 3. Cela fait, l'ouvrier pourra enlever toutes les parties indiquées par des lignes *pointillées*, et exécuter la douelle conoïde $\alpha'\mathrm{N}'\eta\mu$ en se servant d'une simple règle $\lambda\pi$ qu'il promènera sur les directrices $\alpha'\lambda\mu$, $\mathrm{N}'\pi\eta$, avec le soin de la faire passer par deux points de repère correspondants, tels que λ et π, λ_2 et π_2,..., lesquels seront déjà marqués sur les panneaux de la *fig*. 8. De même, il exécutera le joint gauche $\alpha'\mathrm{N}'\gamma\psi$ en faisant glisser sur la droite $\alpha'\mathrm{N}'$ et l'hyperbole ψy, une règle qu'il aura soin de maintenir dans une direction perpendiculaire à $\alpha'\mathrm{N}'$; et alors le solide aura pris la forme indiquée *fig*. 10.

FIG. 10.   Maintenant, sur les génératrices $\lambda\pi$, $\mu\eta$,... de la douelle conoïde, on portera des longueurs $\lambda\sigma$, $\mu\mathrm{M}$, ... fournies par la *fig*. 3, et l'on tracera sur la pierre même la courbe $\mathrm{N}\sigma\mathrm{M}$ qui sera l'arêtier du voussoir en question; puis, sur le joint gauche $\alpha\mathrm{N}y\psi$, on tracera semblablement la courbe NY. Ensuite, sur la face latérale du prisme, on marquera le contour $\mathrm{EFG}\gamma\mathrm{H}$ d'après le panneau de tête $\mathrm{E'F'G'I'H'}$ de la *fig*. 4; et enfin les arcs de cercle NE, YH, MF, au moyen d'une règle pliante et de cerces levées sur la *fig*. 3. Dès lors il deviendra facile d'exécuter la douelle de révolution ENMF, en faisant glisser sur les arcs NE et MF une cerce découpée suivant la méridienne $\mathrm{E'F'}$, avec le soin de l'appliquer sur les points de repère correspondants, lesquels sont bien faciles à trouver sur la *fig*. 3 et à transporter sur la *fig*. 10. On taillera aussi aisément le joint conique NYHE, au moyen d'une règle qui glissera sur les arcs YH, NE, en passant par des points de repère bien faciles à déterminer. Ensuite, après avoir marqué le contour $6'\mathrm{X}'\gamma'$ suivant la forme indiquée par la *fig*. 3, on entaillera la pierre suivant les deux faces verticales $6'6\mathrm{XX}'$, $\gamma'\mathrm{GXX}'$, qui s'exécuteront avec l'équerre, et seront terminées par un arc de cercle GX et un arc d'hyperbole $6\mathrm{X}$, identiques encore avec ceux de la *fig*. 3; puis, on taillera le joint conique inférieur FGXM, en avançant progressivement jusqu'à ce qu'on puisse appliquer sur cette face le panneau flexible $\mathrm{F'G'X''M''}$ de la *fig*. 4, et par là on obtiendra la courbe XM qui sépare ce joint conique d'avec le joint gauche inférieur $\mu 6\mathrm{XM}$. Cette opération exige plus de précautions, attendu qu'il y a ici un *angle rentrant*, et que si l'on fouillait la pierre au delà des vraies limites, ce serait un défaut irréparable; mais une fois cette limite XM obtenue, on exécutera aisément le joint gauche $\mu 6\mathrm{XM}$, en se servant d'une règle qui devra glisser sur $\mu\mathrm{M}$ et $6\mathrm{X}$, et demeurer perpendiculaire à la droite $\mu\mathrm{M}$.

785. REMARQUES. Il est intéressant de savoir mener la tangente en un point quelconque M de la courbe d'arête $\mathrm{AMOB_2}$, et pour cela il suffira de combiner le plan tangent du conoïde que nous avons construit au n° **778**, avec le plan tangent du tore, qui est bien facile à trouver d'après la méridienne A'F'B. Mais comme cette méthode générale devient insuffisante pour la naissance A et pour le sommet O, nous renverrons aux n^os **645** et **646** de notre *Géométrie descriptive*, où nous avons donné un moyen très-simple d'obtenir les tangentes relatives à ces points particuliers.

786. Au lieu d'adopter pour directrice du conoïde une ellipse roulée sur le cylindre de la tour ronde, on se contente ordinairement de former cette directrice avec une *ellipse plane* tracée sur la corde AA, comme grand axe, et ayant toujours la même montée que le berceau tournant; mais alors le *cintre de face* qui résulte de l'intersection de ce conoïde avec le cylindre extérieur de la tour, présente souvent des inflexions ou changements de courbure qui sont peu agréables à l'œil; et comme d'ailleurs il n'en faut pas moins exécuter les développements des panneaux cylindriques qui répondent aux têtes et aux joints montants, cette méthode ne produit aucune simplification notable, et on doit lui préférer celle de notre épure.

787. D'autres fois, au lieu du joint gauche et continu que forment les di- FIG. 11. verses normales menées au conoïde par tous les points de l'arête de douelle eαNKl (*fig.* 3), les appareilleurs emploient une série de plans dont chacun est normal en un seul point. Ainsi, dans la *fig.* 11, la face plane epρ'α est menée par la normale du conoïde en e, le plan αψψ'∂ est normal en α, et le plan ∂φφ'N normal en ∂; d'où il résulte que ces divers plans coupent la face horizontale de l'extrados, suivant des droites ρρ', ψψ', φφ' parallèles à la génératrice eαdN, au lieu de l'hyperbole ρψφΥ. Mais, d'abord, le joint discontinu présente des angles rentrants formés à la base des petits plans triangulaires que nous avons couverts ici de hachures, ce qui augmente les difficultés d'exécution. Ensuite, il est très-rare que, dans deux voussoirs superposés, les angles saillants de l'un soient parfaitement égaux aux angles rentrants de l'autre; or, si cette condition n'est pas remplie, les joints de lit qui devraient être en contact dans toute leur étendue, ne reposeront plus l'un sur l'autre que par un petit nombre de points, et conséquemment les voussoirs seront exposés à se rompre sous la charge qui les comprimera, lors du décintrement de la voûte. Si donc on voulait absolument éviter la peine d'exécuter un joint gauche, il vaudrait mieux adopter un seul et même plan pour toute la longueur eαN, en faisant passer ce plan par la normale du conoïde menée au milieu de cette longueur, qui n'est jamais bien considérable; et alors ce joint continu ne s'écarterait pas beaucoup, vers ses deux extrémités, de la direction exactement normale qu'il aurait dû présenter. C'est ce dernier parti qu'il faut prendre, lorsqu'il n'y a

45

que les voussoirs d'arêtes qui soient en pierre, et que tout le reste de la voûte est en maçonnerie, c'est-à-dire en moellons, briques ou meulières.

788. L'espace circulaire compris dans le cylindre intérieur *cld* (*fig.* 3) peut être recouvert par une voûte hémisphérique, ainsi qu'on le voit indiqué dans la *fig.* 1 ; mais comme la naissance de cette dernière a été placée beaucoup audessus des sommets de la porte, les voussoirs de la voûte conoïde ne rencontrent que le cylindre vertical *cld*, sur lequel la courbe de tête est analogue à ce qui est arrivé pour le cylindre extérieur CO″D. Si, au contraire, la naissance de cette voûte sphérique était à la même hauteur que pour le conoïde, il y aurait à chercher l'intersection de ces deux surfaces, par le même moyen qu'au n° **777**, ce qui donnerait pour courbe de tête sur la sphère, une ligne gauche dont la projection horizontale passerait par les points c, z, d; car la méridienne de cette douelle sphérique, après avoir été rabattue autour de la charnière ωO′A′, viendrait coïncider avec la circonférence *cldz′*. Ensuite, sans rien changer aux joints du conoïde, il faudrait tracer l'appareil de la voûte sphérique comme au n° **749**, mais de manière que les divisions de son méridien fussent plus élevées que les arêtes de douelle correspondantes du conoïde, d'après les motifs indiqués dans la note de ce même article, dont les détails s'appliqueraient ici avec de légères modifications que le lecteur trouvera aisément.

Enfin, si le conoïde avait une montée plus petite que celle du berceau tournant, leur intersection se composerait de deux branches non contiguës, qui s'obtiendraient comme précédemment, et passeraient l'une par les points A et A_2, l'autre par les points B et B_2. Du reste, ce cas rentrerait dans le problème de la *lunette* considérée au n° **738**, et devrait être traité d'une manière analogue, surtout quant à la dépendance à établir entre les arêtes de douelle du conoïde et celles du berceau tournant.

CHAPITRE VI.

DES DESCENTES.

————

Descente droite, rachetant un berceau en maçonnerie.

789. Un berceau est dit *rampant* ou *en descente*, lorsque les génératrices du PL. 55, cylindre qui forme l'intrados sont inclinées à l'horizon, ce qui arrive quand il FIG. 1. faut recouvrir par une voûte un passage qui fait communiquer le sol extérieur avec un terrain situé plus bas. Ainsi soit A'L'M'B' le cintre de face, tracé dans le plan vertical AB; soient A'A la hauteur et AC la base de la rampe : l'hypoténuse du triangle rectangle construit sur ces deux droites sera la direction des génératrices du cylindre oblique qui a pour base le cercle A'M'B'. Mais afin de bien préciser cette direction, prenons un *profil* ou plan vertical EG qui soit parallèle à AC, et après l'avoir rabattu sur le plan vertical primitif, autour de EE', traçons-y le triangle rectangle E'EG" dont l'hypoténuse indiquera la vraie pente de la rampe; d'ailleurs cette droite E'G" sera la trace du *plan de naissance* sur ce profil, tandis que E'A'B' sera la trace verticale et GH la trace horizontale de ce plan de naissance; et puis, les deux rampes de la descente, ou les deux *coussinets,* seront les rectangles projetés sur ACGE et BDHF. Enfin, comme la descente est supposée ici devoir racheter un grand berceau, dont le plan de naissance coïncide avec le plan horizontal de notre épure, et dont la première génératrice est GH, il suffira, pour définir complétement ce berceau, de tracer sur le profil, avec un rayon donné par la question, l'arc de cercle G"X" qui représentera la *section droite* faite dans ce cylindre par le plan vertical EG. Au reste, cet arc droit G"X" pourrait être une courbe quelconque, si le berceau n'était pas en plein cintre; et cela ne changerait rien aux constructions suivantes.

790. Cela posé, après avoir tracé l'appareil de la descente sur le plan de tête, comme à l'ordinaire, on verra bien que les arêtes de douelle se projettent, sur le plan du profil, suivant les droites L"L", M"M",... parallèles à la rampe E'G"; et ce sont là leurs vraies longueurs, car elles rencontrent évidemment le berceau aux points L", M",.... Il en est de même des arêtes d'extrados qui sont égales à P"P", Q"Q"; de sorte qu'il ne reste plus qu'à connaître les vraies lar-

45.

geurs des joints et des douelles, et pour cela il faut chercher la section orthogonale de ce cylindre oblique.

791. *Section droite.* Menons le plan Y″EF perpendiculaire à la direction E′G″ de la rampe : il va couper les arêtes de douelle en des points projetés en *l″*, *m″*,...; et lorsque nous rabattrons ce plan sécant autour de sa trace horizontale EF, ces points de section ne sortiront pas des plans verticaux L′K*l*, M′V*m*,... qui sont perpendiculaires à la charnière ; d'ailleurs les vraies distances de ces points à cette charnière EF sont marquées par les droites E*l″*, E*m″*,.... Donc, si l'on prend

$$A a = E e'', \quad K l = E l'', \quad V m = E m'', ...,$$

on obtiendra les divers points de la courbe *almb* qui est la section orthogonale du cylindre oblique de l'intrados. On trouvera d'une manière toute semblable les points *p*, *q*,... des arêtes d'extrados, au moyen des distances E*p″*, E*q″*,...; et les droites *lp*, *mq*,... mesureront la vraie largeur de chaque joint.

FIG. 4.   **792.** *Panneaux de développement.* Pour développer le cylindre d'intrados, on sait qu'il faut rectifier la section orthogonale *almb*, en prenant sur une droite indéfinie les distances $a_2 l_2$, $l_2 m_2$,... égales aux longueurs des arcs *al*, *lm*,...; puis, on élèvera des perpendiculaires sur lesquelles on portera des longueurs égales aux deux portions dans lesquelles chaque arête de douelle est divisée, sur la *fig.* 3, par le plan de la section orthogonale ; c'est-à-dire qu'il faudra prendre

$$a_2 A_2 = e'' E', \quad l_2 L_2 = l'' L'', \quad m_2 M_2 = m'' M'', ...$$

et aussi

$$a_2 A_3 = e'' G'', \quad l_2 L_3 = l'' L'', \quad m_2 M_3 = m'' M'', ...$$

Dès lors il sera facile de tracer les deux courbes $A_2 L_2 M_2 B_2$, $A_3 L_3 M_3 B_3$, qui sont les transformées du cercle A′L′M′B′ et de l'intersection de la descente avec le berceau ; et la *fig.* 4 donnera en même temps la vraie grandeur de chaque douelle, comme $L_2 M_2 M_3 L_3$. Pour chaque joint, on prendra sa vraie largeur sur la *fig.* 2, comme *mq* que l'on rapportera suivant $m_2 q_2$; puis, on élèvera la perpendiculaire $q_2 Q_2 = q'' Q'$, et la droite $M_2 Q_2$, qui devra se trouver égale à M′Q′, sera le côté du joint sur le plan de tête. Quant à l'autre côté $M_3 Q_3$, qui est une courbe située sur le berceau, on prendra encore $q_2 Q_3 = q'' Q''$; et puis, on se procurera un point intermédiaire en opérant d'une manière semblable pour une parallèle aux arêtes de douelle, menée par le milieu du joint M′Q′.

793. La courbe $\alpha_2\lambda_2\mu_2\mathfrak{G}_2$ que l'on aperçoit aussi sur la *fig.* 4, se rapporte au cas où le plan de tête de la descente devrait être en talus, comme Z″EF; alors ce seraient les distances $e″\varepsilon$, $l″\lambda$, $m″\mu$, qu'il faudrait porter au-dessus de la droite $a_2 b_2$; et de même, les joints seraient terminés à la droite EZ″. Mais, dans ce cas, il faudra encore chercher la vraie grandeur du cintre de face $\alpha'\lambda'\mu'\mathfrak{G}'$ (*fig.* 1), laquelle s'obtiendra en rabattant sur le plan vertical, le plan Z″EF autour de sa trace horizontale EF. Nous aurions dû aussi rabattre les côtés des joints, afin de fournir la vraie grandeur des faces de tête de chaque voussoir; mais le lecteur achèvera bien aisément tout ce qui est relatif à ce cas que nous voulons seulement indiquer ici.

794. *Taille des voussoirs.* Considérons comme exemple celui qui a pour tête L′M′Q′R′S′P′; si l'on veut employer la *méthode par équarrissement*, on taillera d'abord un prisme droit qui ait pour base le panneau *lmqrsp* de la section orthogonale, et pour longueur la distance Q″y″ fournie par la *fig.* 3. Ensuite, sur les faces de ce corps qui correspondront à *lm*, *mq*, *lp*, on appliquera le panneau de douelle et ceux des joints adjacents, donnés par la *fig.* 4, ce qui permettra de tracer le contour des deux têtes du voussoir. Alors la face de tête extérieure qui est plane, se taillera aisément; et quant à la tête sur le berceau, on emploiera une règle qui devra glisser sur ce contour, en passant par des points de repère qu'il est bien facile de trouver sur l'épure, et de transporter sur la pierre.

Méthode par biveaux. Après avoir dressé une face de la pierre, et y avoir appliqué le panneau de joint supérieur $M_2Q_2Q_3M_3$ fourni par la *fig.* 4, on formera un biveau dont l'ouverture égale l'angle rectiligne *lmq* (*fig.* 2), et avec ce biveau on dressera la *douelle plate* $M_2M_3L_3L_2$ sur laquelle on marquera la droite L_2L_3 éloignée de sa parallèle M_2M_3 d'une quantité égale à la corde *lm*. De même, avec un biveau dont l'angle soit égal à *plm*, on dressera le joint inférieur sur lequel on appliquera le panneau $L_2L_3P_3P_2$ fourni par la *fig.* 4; et alors on pourra tailler la tête extérieure qui est plane, et dont on connaît trois droites, Q_2M_2, M_2L_2, L_2P_2. Ensuite, on creusera la douelle plate pour la changer en un cylindre, au moyen d'une *cerce* découpée suivant l'arc droit *lφm*; puis, sur ce cylindre, on appliquera le panneau flexible $L_2L_3M_3M_2$ de la *fig.* 4, afin de tracer suivant sa véritable forme l'arc de tête L_3M_3. Enfin, on exécutera la face de tête $Q_3M_3L_3P_3S_3R_3$ qui fait partie du berceau, au moyen d'une règle que l'on promènera sur ce contour, en la maintenant dans une direction parallèle à Q_3R_3; et cette condition s'accomplira plus exactement, si l'on marque des points de

Fig. 5.

repère correspondant aux génératrices du berceau, lesquels sont bien faciles à trouver.

795. REMARQUES. Nous avons admis tacitement au n° **790**, que le berceau racheté par la descente était en maçonnerie; car s'il était en pierres, il faudrait coordonner l'appareil de la *fig.* 1 avec celui du grand berceau qui a pour arc droit G″X″, à peu près comme nous l'avons expliqué au n° **738** pour la *lunette* représentée *Pl. XLVIII.*

Les joints de la descente qui sont des plans conduits chacun par un rayon O′M′Q′ et par la génératrice partant de M′, se trouvent *obliques* à l'intrados; mais si cette petite voûte avait assez d'importance pour qu'il fût nécessaire de les rendre *normaux*, il faudrait commencer par construire la section droite *almnb*, et après lui avoir mené de véritables normales *lp*, *mq*, les terminer aux points *p*, *q*, où elles rencontreraient les horizontales menées par *s*, *r*; puis, par des opérations inverses de celles du n° **791**, on déduirait des points *p* et *q*, les points P′ et Q′ qui fixeraient la direction des côtés des joints L′P′ et M′Q′ sur le plan de tête.

Lorsque la longueur E′G″ de la descente sera trop grande pour former chaque assise d'une seule pierre, on établira des joints d'assises alternés, au moyen de plusieurs sections faites parallèlement au plan Y″EF, c'est-à-dire perpendiculaires aux génératrices; et les voussoirs partiels se tailleront encore plus aisément.

796. Toutefois, si cette longueur E′G′ était un peu considérable, comme quand la descente recouvre un escalier qui comprend une douzaine de marches ou davantage, il serait imprudent de laisser toute cette masse de pierres reposer sur deux plans inclinés, tels que les rampes qui sont projetées sur les rectangles ACGE et BDHF; car l'action de la pesanteur décomposée suivant la direction E′G″, tendrait à faire glisser les voussoirs, et elle produirait sur le berceau G″X″ des efforts qui fatigueraient beaucoup cette voûte et qui pourraient même la renverser. Pour obvier à cet inconvénient, on emploie divers moyens dont un exemple est indiqué dans la *fig.* 7 qui représente une coupe faite par un plan vertical mené suivant la génératrice la plus élevée. Ici les voussoirs de la première assise, comme A′B′C′D′E′F′, se prolongent dans l'intérieur des pieds-droits où ils reposent sur des lits horizontaux; et leur douelle qui n'aurait dû avoir que la largeur CD, se prolonge suivant EF en présentant une entaille où le voussoir V_2 de la seconde assise trouve un appui pour ne pas glisser : ce voussoir V_2 offre de même une entaille où vient s'accrocher V_3 de la troisième assise, et ainsi de suite. Cependant il y a quelques voussoirs qui sont *simples*, et nous les avons indiqués par leurs diagonales sur la *fig.* 8 qui représente le rabattement de l'intrados cylindrique sur le plan horizontal. C'est ce genre de voussoirs qu'il faut employer pour toute la longueur de la clef, afin qu'étant plus indépendants des autres, ils puissent s'enfoncer autant que l'exige le vide laissé par ceux-ci, et bien remplir l'office de véritables coins.

Après tout, comme dans les dispositions précédentes (*fig.* 3 et 6) les joints et la douelle même de la descente vont rencontrer assez obliquement le plan de tête et le berceau, il serait bien préférable de commencer et de terminer la descente par un petit cylindre horizontal , comme on le voit indiqué dans la *fig.* 9 qui s'explique assez d'elle-même. Cette disposition présenterait à la fois plus d'élégance et de solidité , attendu que le petit cylindre inférieur formerait un point d'appui pour empêcher le glissement des voussoirs de la descente ; et la rencontre de ce cylindre avec le grand berceau ramènerait au cas de la lunette considérée au n° **738**.

Descente biaise , rachetant un berceau en maçonnerie.

797. Soit encore ALMB le cintre de face situé dans le plan vertical de notre PL. 56. épure; soient aussi EG, AC, BD, FH, les projections horizontales des côtés des deux rampes; et parce que ces projections ne sont pas perpendiculaires à la trace EF du plan de tête, la descente est dite *biaise*. Représentons par GH la première génératrice du grand berceau que cette descente doit racheter, et dont la naissance est sur le plan horizontal de notre épure; puis, observons que le diamètre AB aurait dû être élevé au-dessus de la ligne de terre EF d'une quantité Eε égale à la hauteur de la pente; mais comme les projections vraiment utiles vont être faites sur le plan de la *fig.* 3 , il est d'usage de supprimer l'indication de cette différence de niveau sur le plan de tête. Enfin , adoptons pour joints les plans menés par les rayons OL, OM,... et par les génératrices correspondantes, quoiqu'ils ne soient pas normaux à l'intrados.

Cela posé, choisissons un plan vertical EGX qui soit parallèle aux génératrices du cylindre oblique; et après y avoir marqué la hauteur EE' de la descente, tirons l'horizontale E'F' sur laquelle nous projetterons les points A, B, F, en A', B', F'; et dès lors les droites E'G, A'C', B'D', F'H', seront les projections des côtés des deux rampes. Pour trouver la génératrice qui part du point quelconque L, on projettera le point I en I', et après avoir élevé l'ordonnée I'L' égale à IL, on tirera la droite L'L'' parallèle à E'G ; on opérera de même pour

la génératrice partant de M, laquelle sera projetée suivant M'M″; de sorte que
l'ellipse A'L'S'M'B' sera la projection latérale de la courbe de tête ALMB. Quant
aux arêtes d'extrados qui partent des points N et P, leurs projections N'N″, P'P″,
s'obtiendront d'une manière semblable; et les côtés des joints N'L', M'P', devront concourir au point O' qui est la projection latérale du centre O.

798. Il faut maintenant trouver les points où le grand berceau sera rencontré par les parallèles indéfinies L'L″, N'N″,.... A cet effet, traçons l'axe XY de
ce berceau, et par un point Y de cette ligne, menons deux plans verticaux
YV, YH, l'un perpendiculaire à GH, l'autre parallèle à la rampe AC; le premier coupera le berceau suivant un cercle qui, rabattu autour de son rayon
YV, deviendra UV; le second plan donnera pour section une ellipse qui, rabattue autour de YH, prendra la position Hϐ'W, laquelle peut se construire de
la manière suivante. Après avoir tracé une droite quelconque αϐ parallèle à GH,
on observe que les deux points du berceau qui sont projetés en α et ϐ doivent
être la même hauteur; si donc on élève la perpendiculaire ϐϐ' égale à l'ordonnée
αα' du cercle, le point ϐ' appartiendra à l'ellipse demandée Hϐ'W.

Alors, si l'on découpe en bois ou en carton une *cerce* qui ait la forme
YHϐ'W, où seulement une partie suffisante ϐHϐ', et que l'on conçoive cette
cerce placée dans le plan vertical LIλ, de manière que le sommet H se trouve
en λ, on verra bien que la rencontre de cette cerce avec l'arête de douelle
partie du point L, fournirait le point où cette dernière droite percerait le
berceau. Donc, en projetant ce système sur le plan latéral de la *fig.* 3, la règle
pratique se réduira à coucher la cerce sur ce plan de telle sorte que son sommet
H coïncide avec λ' et son axe HY avec λ'X; puis, en suivant le contour de cette
cerce, on tracera la courbe λ'L″ qui, par sa rencontre avec la droite indéfinie
L'L″, fournira le point demandé L″. On peut même, sans tracer la courbe λ'L″, se
contenter d'appliquer la cerce dans la situation indiquée ci-dessus, et marquer
immédiatement le point L″ où elle coupera la droite indéfinie L'L″. Semblablement, après avoir projeté le point μ en μ', on placera la cerce suivant μ'M″,
et elle déterminera l'extrémité M″ de l'arête de douelle M'M″; de sorte que la
courbe C'L″S″M″D' sera la projection de l'intersection des deux cylindres (*).

(*) Si l'on veut trouver sur la *fig.* 3 la droite S'S″ qui doit être une tangente commune aux
deux courbes de tête de la descente, il faudra chercher le contour apparent de ce cylindre
oblique, en lui menant un plan tangent qui soit perpendiculaire au plan vertical Z'EF. Pour
cela, on tirera l'horizontale Gg perpendiculaire sur EX, et par les deux droites Gg et GE' on

Les côtés des joints, comme L″N″, M″P″, se détermineront en construisant plusieurs de leurs points par le même procédé que ci-dessus; mais la courbe H′Q′ sera précisément identique avec la cerce H6′W, et les côtés de l'extrados, comme P″Q″, seront des droites horizontales. Au surplus, afin de faire mieux distinguer le voussoir qui a pour tête BMPQF, nous avons garni de hachures le contour de sa projection sur la *fig.* 3.

799. *Section droite.* Par un point quelconque, menons un plan sécant F′KR (*fig.* 3) qui soit perpendiculaire aux génératrices du cylindre oblique. Le point où ce plan coupera la génératrice (L′L″, Iλ), sera évidemment projeté en *l′* et situé dans le plan vertical Iλ dont il ne sortira pas quand on fera tourner le plan F′KR autour de KR, pour le rabattre sur le plan horizontal; d'ailleurs la plus courte distance de ce point de section à la charnière est visiblement égale à Kl′, et elle aboutirait au point γ de cette charnière. Donc, si l'on prend γl = Kl′, et semblablement δm = Km′,..., la courbe *almb* sera le rabattement de la section orthogonale faite dans l'intrados de la descente. On trouvera de même les points *n* et *p* des joints, et enfin *bmpqf* sera la vraie grandeur de la section orthogonale faite dans toute l'épaisseur du voussoir que nous avons cité plus haut comme exemple.

800. *Panneaux de développement.* Sur une droite indéfinie (*fig.* 5) prenons les distances *a′l′*, *l′m′*, *m′b′*, égales aux arcs *al*, *lm*, *mb*, de la *fig.* 2; puis, élevons les perpendiculaires *a′A′* et *a′C′*, *l′L′* et *l′L″*, *m′M′* et *m′M″*, *b′B′* et *b′D′*, respectivement égales aux deux portions de chaque génératrice, désignées par les mêmes notations sur la *fig.* 3; et ainsi l'on pourra tracer les courbes A′L′M′B′, C′L″M″D′, qui sont les transformées des deux arcs de tête de la descente, et qui déterminent en même temps les panneaux de douelle, tels que M′B′D′M″. Pour former les panneaux de joint, on prendra la largeur *m′p′* égale à *mp* sur la *fig.* 2, et on élèvera les deux perpendiculaires *p′P′* et *p′P″* égales aux lignes de même dénomination sur la *fig.* 3; le côté M′P′ de ce joint sera une droite, et quant au côté curviligne M″P″, on se procurera un point intermédiaire, en appliquant les mêmes procédés au milieu du côté MP de la *fig.* 1. Il sera facile d'ailleurs de retrouver sur la *fig.* 5 les points O′, O″, où concouraient ces côtés des joints sur la *fig.* 3.

---

conduira un plan dont la trace verticale sera *tg*; puis, en menant au cintre de face une tangente Sθ parallèle à *tg*, le point de contact S sera le point de départ de la génératrice demandée, et dès lors on trouvera sa projection latérale S′S″ par la même méthode qui a servi (n° **797**) pour les points L, M,....

46

801. *Taille des voussoirs.* Si nous prenons comme exemple celui qui a pour face de tête BMPQF, et que l'on veuille employer la *Méthode par équarrissement*, comme offrant plus de précision, il faudra d'abord tailler un prisme droit qui ait pour base le panneau *bmpqf* de la section orthogonale, et pour longueur la distance des deux parallèles à KF′ menées par les points P′ et H′. Ensuite, sur les faces de ce corps qui correspondront à *bm*, *mp*, *bf*, on appliquera les panneaux de douelle et de joint que fournit la *fig.* 5, ce qui permettra de tracer le contour des deux têtes du voussoir. Alors la face de tête extérieure qui est plane se taillera sans difficulté; et quant à la tête sur le berceau, on emploiera une règle qui devra glisser sur son contour, en passant par des points de repère qui sont faciles à trouver sur l'épure et à transporter sur la pierre.

Si, pour économiser la main-d'œuvre, on veut employer la *Méthode par biveaux*, on devra opérer comme nous l'avons expliqué au second paragraphe du n° **794**, pour la descente droite. D'ailleurs, toutes les remarques des n°ˢ **795** et **796** s'appliqueront au problème actuel.

Descente biaise, rachetant un berceau : 2ᵉ solution.

PL. 57.   **802.** Conservons les mêmes données qu'au n° **797**, et prenons encore un plan auxiliaire ZFH qui soit vertical et parallèle aux côtés de la rampe; mais au lieu d'employer des projections orthogonales, servons-nous de lignes projetantes qui soient toutes parallèles à la génératrice GH du berceau que doit racheter la descente. Dès lors ce berceau sera entièrement projeté suivant la section oblique Hδ′W, laquelle se déduira de la section droite Vα′U par le même procédé qu'au n° **798**; d'ailleurs, tout le plan de tête se projettera aussi latéralement suivant la droite unique FZ qui se rabat, avec le plan auxiliaire, sur FZ′ perpendiculaire à FH; puis, si l'on porte de F en F′ la hauteur de la rampe que l'on a supprimée sur la *fig.* 6, la droite F′H sera la projection latérale des coussinets et de tout ce qui est dans le plan de naissance de la descente.

Cela posé, si nous projetons les points E et M, N et P,... en M′, P′ (*fig.* 8), et que nous tirions parallèlement à F′H les droites M′M″, P′P″,..., ce seront là les projections des arêtes de douelle et d'extrados, lesquelles iront percer le berceau précisément aux points M″, P″,..., où elles rencontrent la courbe Hδ′W; de sorte qu'ici, pour trouver la courbe de tête, nous serons dispensés de construire et de promener une cerce mobile, comme il avait fallu le faire dans la *fig.* 3. Il est vrai que pour obtenir la section droite, nous allons avoir quelques opérations un peu moins simples; mais, en définitive, la *fig.* 8, comparée à la *fig.* 3, présentera toujours une réduction très-considérable.

803. Menons le plan F'RK, perpendiculaire aux génératrices de la descente, et remarquons bien que, malgré qu'il s'agisse ici de projections obliques, la trace F'R de ce plan devra encore être perpendiculaire sur F'H, parce que cette droite est parallèle au plan de projection Z'FH. Observons ensuite : 1° que ce plan sécant F'RK va couper la génératrice partant de M, en un point situé dans le plan vertical Tμ, et qu'il n'en sortira pas lorsqu'on rabattra le plan F'RK autour de RK ; 2° que la plus courte distance de ce point de section à la charnière RK est une droite qui aboutira au point *δ*, et qui sera *perpendiculaire sur la génératrice même*. Or cet angle droit ayant ses côtés parallèles au plan Z'FH, restera encore de 90° en se projetant obliquement sur ce plan; donc si l'on abaisse du point *δ'* la perpendiculaire *δ'm'* sur M'M'', cette ligne *δ'm'* sera la vraie grandeur de la plus courte distance dont nous parlions; et conséquemment, si l'on prend *δm = δ'm'*, puis *γl = γ'l'*,..., la courbe *almb* sera le rabattement de la section droite du cylindre oblique.

804. Maintenant, après avoir rectifié les arcs de cette courbe suivant les portions de droite *al'*, *l'm'*, *m'b'* (*fig.* 10), on élèvera des perpendiculaires que l'on prolongera au-dessus et au-dessous, de quantités égales aux parties *a'F'* et *a'H*, *l'M'* et *l'M''*, *m'M'* et *m'M''*, *b'F'* et *b'H*, mesurées toutes sur la *fig.* 8. On agira de même pour les panneaux de joint, dont les largeurs devront être prises égales à *ae*, *ln*, *mp*, *bf*; et toutes ces opérations devront conduire à des résultats qui soient identiques avec ceux de la *fig.* 5. Quant à la taille des voussoirs, elle s'exécutera entièrement comme nous l'avons dit au n° **801**; seulement, la longueur exacte du *solide capable* ne pourra plus être mesurée sur la *fig.* 8, mais elle sera donnée sur la *fig.* 10 par la distance des parallèles menées des deux points les plus saillants P' et H'.

CHAPITRE VII.

DES TROMPES.

805. On appelle ainsi toutes les voûtes destinées à supporter des constructions qui sont en saillie sur les pieds-droits ou les murs d'un bâtiment : par exemple, une tourelle que l'on voudrait élever à partir d'une certaine hauteur

46.

et en saillie sur la face d'un mur droit, ou à la rencontre de deux murs dans
l'intérieur d'une cour ; une maison placée au détour d'une rue, et dont il s'agirait de conserver les étages supérieurs tout en supprimant la base par un pan
coupé, afin d'agrandir la voie publique; un quai que l'on voudrait élargir, au
moyen d'un berceau en encorbellement, etc. Les anciens constructeurs avaient
multiplié beaucoup les trompes de divers genres, parmi lesquelles il s'en trouve
de très-remarquables par leur hardiesse ; mais c'est avec raison que l'on a banni
de l'architecture moderne toutes ces constructions placées en sur-plomb, de
sorte qu'il ne faut jamais les introduire volontairement dans le plan d'un édifice. Toutefois, les trompes sont intéressantes à étudier sous le rapport de la
stéréotomie, et d'ailleurs elles peuvent encore être utiles pour tirer parti de
constructions déjà existantes, ou pour les relier entre elles. Nous citerons même
deux cas où on les a employées avec avantage, et sans blesser ni les règles du
goût, ni les conditions de la stabilité : 1° pour élargir les abords d'un pont,
quand on a voulu établir un pan coupé rectiligne ou circulaire, qui raccordât
le parapet du quai avec celui du pont; 2° pour soutenir un palier d'escalier, ou
bien pour consolider les marches elles-mêmes à l'endroit où elles ont une portée plus considérable, c'est-à-dire dans les angles formés par les murs de cage. Il
existe des exemples de ce dernier cas, dans lesquels la trompe présente un aspect très-satisfaisant pour l'œil, par la manière élégante dont elle se raccorde
avec la surface gauche qui termine le dessous des marches.

Trompe dans l'angle, biaise et en talus.

PL. 58,   **806.** Concevons un mur en talus, dont le parement extérieur a pour trace
FIG. 1.   horizontale la droite YAB ; ce mur se trouve interrompu par une cause quelconque dans l'espace angulaire ASB, et l'on veut recouvrir cet intervalle par
une voûte qui permette d'élever les constructions supérieures comme si la base
existait de A en B (*). La forme de l'espace ASB exige évidemment que l'on adopte

(*) Pour motiver d'une manière plus rationnelle l'établissement de cette trompe, il vaudrait
mieux admettre pour données deux murs RS et TS (*fig. x*) qui se rencontrent sous un angle
quelconque, et supposer qu'on veut agrandir la plate-forme voisine de l'angle S, au moyen
d'une voûte qui réunirait ces deux murs ; ce but serait d'autant mieux motivé que la partie saillante S, a pu être retranchée par une raison quelconque. On pourrait aussi supposer qu'on veut
élargir les abords d'un pont (*fig. y*) en pratiquant un pan coupé AB qu'il faut soutenir par une
trompe, laquelle devra relier le mur de quai ST avec la tête R de la première arche, comme on

pour intrados de la trompe une surface conique, et nous pourrons la choisir de révolution, malgré *le biais* provenant de l'inégalité des côtés SA et SB. En effet, si après avoir pris SC = SA, nous décrivons sur AC comme diamètre un demi-cercle, et que nous le relevions autour de cette droite pour l'amener dans le plan vertical AC, ce cercle sera la directrice et S le sommet d'un cône qui devra être prolongé jusqu'au mur en talus, afin d'obtenir la courbe de tête de la trompe.

807. Pour définir complétement ce mur en talus, qui a déjà pour trace horizontale la droite AB, prenons un plan vertical YX perpendiculaire à AB, et après l'avoir rabattu autour de sa ligne de terre XY, marquons-y une droite YZ qui fasse avec la verticale Y rabattue suivant YY″, un angle ZYY″ égal au talus assigné par la question; alors le plan ZYB sera le plan de tête de la trompe. Maintenant, si nous prenons un point quelconque d' du cercle base du cône, ce point sera projeté horizontalement en d sur le diamètre AC; et sur le plan latéral de la *fig.* 2, il se projettera à une hauteur $d_2 d''$ égale à l'ordonnée dd'. Donc S″d'' sera la projection latérale de la génératrice correspondante; et en la prolongeant jusqu'au point D″ où elle est coupée par le plan du talus ZYB, il restera à projeter ce point D″ en D sur la projection horizontale Sd de la même génératrice. On verra de même que la génératrice qui passe par le point e' de la base circulaire, se projette suivant Se et S″e'', et que le point E″ où elle coupe le mur en talus, doit être ramené en E; de sorte que AEDB est la projection horizontale de la courbe de tête de la trompe.

Mais comme la vraie grandeur de cette courbe nous sera nécessaire à connaître plus tard, rabattons le plan ZYB qui la contient autour de sa trace horizontale YB. Dans ce mouvement, les divers points (D, D″), (E, E″),... décriront des arcs de cercle dont les rayons sont évidemment D″Y, E″Y,..., sans sortir des plans verticaux DD′, EE′,... menés perpendiculairement à la charnière AB; donc ces points se rabattront en D′, E′,..., et la courbe de tête dans ses vraies dimensions sera AE′D′B.

808. Si l'on veut construire les tangentes de cette courbe, soit en projection, soit en rabattement, on combinera le plan ZYB avec le plan tangent du cône, lequel s'obtiendra aisément par le moyen de la tangente à la base circulaire.

---

en voit des exemples à plusieurs des ponts de Paris. A l'ancien château de Chantilly, le pont jeté sur la principale branche du canal, présente des trompes dont la tête est terminée par un cylindre vertical, tel que A′B′.

Quant au point A pour lequel le plan tangent devient vertical, la tangente est nécessairement projetée sur SA ; mais pour l'obtenir en rabattement, on aura recours au plan vertical XY sur lequel cette tangente se projette suivant la trace YZ : dès lors, en prenant sur ces projections AS, YZ, deux points correspondants x et Z, on obtiendra facilement le rabattement x' d'un point de la tangente cherchée Ax'. On doit bien voir que cette tangente Ax' et celle qui serait menée en B, iraient se rencontrer sur la verticale élevée du point S.

809. Il est utile de savoir déterminer le *point culminant* de la courbe de tête, c'est-à-dire celui où la tangente sera horizontale. Or, en ce point, le plan tangent du cône devant contenir une tangente à la courbe AE′D′B qui soit parallèle à la ligne de terre, il aura pour trace horizontale la droite ST menée parallèlement à AB ; donc, si l'on prolonge cette trace jusqu'à sa rencontre T avec le diamètre AC, et que l'on mène au cercle la tangente Tu', le point de contact u' fera connaître la génératrice Su qui, par son intersection avec le plan ZYB, fournira le point demandé (U, U′) ; et cette intersection se construira d'ailleurs comme au n° **807**. Observons aussi qu'on évitera la recherche du point T, qui peut être à une distance incommode, en tirant par le milieu de SO et parallèlement à AB, une droite qui fera connaître le centre ω du cercle qui détermine directement le point de contact u'.

Au lieu de cette méthode générale, on peut employer un procédé plus court, fondé sur cette propriété particulière aux courbes du second degré : les deux tangentes AS et BS menées à la courbe AEDB par les extrémités de la corde AB, doivent se couper sur le diamètre qui est conjugué avec AB ; et la tangente au point où ce diamètre rencontrera la courbe, se trouvera parallèle à AB. Dès lors, si l'on joint le point S avec le milieu w de AB, cette droite Sw sera le diamètre qui contiendra le point cherché U ; et pour construire exactement ce point par la méthode du n° **807**, on partira encore du point u où la même droite Sw rencontre AC.

810. Maintenant, divisons la voûte conique en voussoirs, en adoptant pour joints des plans menés suivant l'axe SOI et par des points de division d', e',... convenablement choisis sur la base circulaire A$e'd'$C ; car, vu le biais que présente cette trompe, des divisions égales sur le cercle produiraient des arcs de tête trop inégaux sur la courbe AE′D′B ; ainsi il sera bon de rendre un peu plus petits les arcs circulaires qui seront voisins de l'angle C (*). D'après cela,

(*) Quelques tâtonnements suffiront ordinairement pour éviter une trop grande inégalité, soit dans les arcs de tête, soit dans les largeurs des douelles. Mais si l'on veut recourir à un

les traces des plans de joint sur le plan de tête rabattu seront les droites ID′H′,
IE′F′,... que l'on devra terminer aux horizontales qui séparent les diverses
assises du mur, et la tête d'un des voussoirs sera en rabattement D′E′F′G′H′.
Pour en déduire la projection horizontale DEFGH, il suffira de tracer les droites
ID, IE, et d'y rapporter les points F′, H′, par des perpendiculaires à AB. En
outre, comme vérification, il sera bon de rapporter sur YZ, au moyen d'un arc
de cercle, la distance YZ′ de l'assise F′G′ à la ligne de terre; puis, en tirant par
le point Z une parallèle à AB, on retrouvera l'horizontale FG qui doit limiter
la face de tête DEFGH.

811. *Du Trompillon.* Si l'on fait attention à la forme conique de la voûte et PL. 58,
à la fragilité des matériaux, on sentira bien qu'il ne faut pas prolonger les FIG. 1.
voussoirs jusqu'au sommet S où ils offriraient des parties trop aiguës : on les
interrompra donc à une distance de 15 ou 20 centimètres du point S, et le reste
de la voûte sera formé d'une seule pierre qui offrira l'aspect d'une petite
trompe à laquelle on a donné le nom de *trompillon.* Pour la rendre semblable
à la grande trompe, menons un plan *zyab* parallèle à ZYAB, et cherchons la
section qu'il produira dans la douelle conique. Or, sur le plan latéral de la
fig. 2, les projections S″D″, S″E″, des génératrices sont coupées par la trace *yz*
aux points *m″* et *n″*; si donc on projette ces points en *m* et *n* sur SD et SE, on
obtiendra la projection *anmb* de la courbe de tête du trompillon, et c'est à cette
ligne que se termineront les douelles des voussoirs.

812. Quant aux voussoirs eux-mêmes, ils devront être terminés, non par
le plan *zyab*, mais par une surface exactement normale à la douelle conique qui
se prolonge dans l'intérieur du trompillon jusqu'au sommet S. On cherchera
donc la normale au point *m*, en rabattant la génératrice S*m* sur SB; dans ce
mouvement, le point *m* se transportera en *m‴* sur une perpendiculaire à l'axe
SO; et si alors on tire la droite *m‴*L perpendiculaire à SB, ce sera le rabattement de la normale, laquelle deviendra en projection L*m*. Par un procédé
semblable on construira les autres normales K*n*,... et l'ensemble de ces lignes

---

procédé plus régulier, il faudra marquer d'abord sur le demi-cercle des arcs égaux, et chercher sur la courbe de tête AE′D′B les points de division correspondants; puis, diviser cette
courbe AE′D′B en arcs de longueurs égales, ce qui produira un second système de points de
division, qu'il ne faut pas non plus admettre, parce qu'il rendrait trop inégales les largeurs
des douelles. Tandis qu'en admettant des divisions intermédiaires entre les deux systèmes précédents, on évitera une trop grande inégalité dans les arcs de tête, aussi bien que dans les largeurs des douelles.

produira une surface gauche qui sera le joint par lequel les voussoirs s'appuie-ront sur le trompillon.

813. Achevons ce qui regarde le trompillon, en prenant pour *solide capable* un parallélipipède terminé aux deux plans verticaux *ab* et VP (sans fixer encore la position des faces latérales), et cherchons l'intersection RNM de sa base supérieure avec la surface gauche des normales. Comme sur le plan vertical du cercle AC, toutes les normales du cône se projetteront évidemment suivant des rayons de ce cercle, il est avantageux de choisir ce plan vertical pour y pro-jeter aussi le parallélipipède, dont la face supérieure sera représentée par une horizontale R′M′. Dès lors, cette droite R′M′ coupant les divers rayons aux points M′, N′, R′, il suffira de ramener ces points en M, N, R, sur les projec-tions des normales L*m*, K*n*,... pour obtenir la courbe demandée MNR. Dans le cas où la projection de quelqu'un de ces points, N′ par exemple, se ferait par des lignes trop obliques, il n'y aurait qu'à rabattre le point N′ autour de OS, ainsi que la normale K*n*.

Ensuite, pour éviter les angles rentrants dans les parties des voussoirs qui s'appuient sur le trompillon, il faut faire en sorte que les deux arêtes latérales du parallélipipède se trouvent chacune *dans un plan de joint*, et conséquemment adopter pour ces lignes les droites MP et RV menées parallèlement à l'axe SO par les points (M, M′) et (R, R′). Dès lors la forme du parallélipipède *droit* sera complétement fixée, puisqu'il aura pour base un parallélogramme connu, et pour hauteur R₁R′; ainsi il ne restera plus qu'à trouver les intersections de ses faces latérales MP et RV avec la surface du trompillon. Or les normales *aα* et *r*R vont rencontrer le plan vertical VR aux points α et R, dont le dernier se rabat en R₂; puis, en construisant une ou plusieurs normales intermédiaires, on trouvera de même leurs intersections avec la face VR, et l'on obtiendra ainsi le panneau latéral du trompillon, rabattu suivant αR₂V₂V. Un procédé semblable fera connaître le panneau de la face verticale PM, qui est ici rabattu suivant P6M₂P₂; et enfin, pour tailler le trompillon, il n'y aura plus qu'à trou-ver la vraie grandeur de la courbe de tête projetée sur *arnmb*, laquelle s'ob-tiendra par le rabattement du plan *zyab* autour de *ab*, de la même manière que nous avons trouvé (n° **807**) la courbe AE′D′B.

FIG. 4.　　Cela posé, après avoir taillé le parallélipipède défini ci-dessus, en le tron-quant par un plan incliné sous l'angle *zy*X, ce qui est bien facile, on tracera sur cette dernière face la courbe *arnmb* (*fig.* 4); puis sur la face supérieure on appliquera le panneau V₂RNMP₂, et sur les faces latérales les panneaux VαRV₂ et P6MP₂. Alors, on pourra exécuter la surface gauche au moyen d'une règle que l'on promènera sur le contour $a\alpha RM6b$, avec le soin de la faire passer par les points de repère correspondants R et r, N et n, M et m,..., lesquels sont fournis par les panneaux de la *fig.* 1. Ensuite, sur la face inférieure on tracera le triangle aSb donné encore par la *fig.* 1, et l'on creusera la pierre pour tailler la douelle conique, au moyen d'une règle qui, passant toujours par le point S, glissera constamment sur la courbe *arnmb*. En terminant, nous ferons observer que, sur la *fig.* 1, les lignes relatives au trompillon sont ponctuées dans l'hypothèse que ce corps est isolé, et non encore recouvert par les voussoirs qui le rendraient totalement invisible.

814. *Panneaux de joint.* Revenons aux voussoirs; et comme ils s'appuient PL. 58, sur la surface gauche du trompillon et sur la face horizontale supérieure, les FIG. 1. joints seront terminés par des portions de normales et par des droites parallèles à l'axe SO. Ainsi, pour le voussoir dont la tête est $D'E'F'G'H'$, les contours des deux joints seront, en projection,

$$FEnNQfF \quad \text{et} \quad HDmMPhH;$$

mais afin de les obtenir dans leurs vraies dimensions, il faut les rabattre sur le plan horizontal, autour de SO, en remarquant : 1° que chaque point va décrire un arc de cercle projeté sur une perpendiculaire à la charnière SO; 2° que les pieds K et L des normales resteront immobiles; 3° que les droites IEF et IDH passeront toujours par le point I, et auront pour longueurs véritables les lignes $I'E'F'$ et $I'D'H'$ sur la *fig.* 3. D'après cela, on trouvera aisément que les panneaux de joint sont :

$$F''E''n''N''Q''f''F'' \quad \text{et} \quad H''D''m''M''P''h''H''.$$

815. *Douelles plates.* Quant aux douelles coniques des voussoirs, on n'en cherche pas le développement, parce qu'on trouve plus commode ici, pour la taille des pierres, de leur substituer ce qu'on appelle des *douelles plates* : ce sont les faces triangulaires de la pyramide qui serait inscrite au cône et qui aurait pour base, le polygone formé par les cordes des arcs BD', $D'E'$,...; de sorte que l'on commence par tailler le voussoir comme s'il devait se terminer sur l'intrados par un de ces triangles. Nous allons donc développer ces douelles plates; et quoiqu'on pût aisément trouver les longueurs des trois côtés de chacune d'elles, et construire ainsi les triangles cherchés, il sera plus exact de se servir des cordes correspondantes dans le demi-cercle AC qui est une *donnée immédiate* de la question.

47

FIG. 5.   On décrira donc (*fig.* 5), avec un rayon SC égal à la ligne de même nom sur la *fig.* 1, un arc de cercle indéfini sur lequel on portera les cordes C*d'*, *d'e'*,..., tracées sur la *fig.* 1; et en joignant ces nouveaux points de division avec le centre S, on obtiendra les directions des arêtes de douelle. Ensuite, il faudra porter sur ces lignes indéfinies des longueurs SB, SD″, SE″,..., égales aux lignes de mêmes noms dans les panneaux de joint que nous avons déjà construits sur la *fig.* 1, et réunir les extrémités par des droites BD″, D″E″,..., qui devront se trouver égales aux cordes BD', D'E',... de la *fig.* 3. Enfin, on devra retrancher de ces arêtes de la pyramide développée, les longueurs S*b*, S*m*″, S*n*″,... prises encore sur les joints rabattus (*fig.* 1), parce que les arêtes de douelle des voussoirs se terminent à la courbe *anmb* du trompillon.

816. Mais, puisque le corps du voussoir est limité au joint gauche du trompillon, il devient nécessaire, pour compléter la douelle plate, de construire l'intersection de son plan avec cette surface gauche. Coupons donc l'un et l'autre par un plan mené suivant l'axe SO du cône et par un point γ' pris à volonté sur la corde *d'e'* (*fig.* 1). Ce plan sécant donnera pour section dans la douelle plate la droite Sγ, et dans le cône la génératrice S*δ* qui rencontre en ε la courbe *anmb*. Si donc on construit la normale ελ comme au n° **812**, le point φ où elle coupera la droite Sγ, sera évidemment commun à la douelle plate et au joint gauche; par conséquent ce point φ appartiendra à la courbe cherchée *nφm*.

Mais pour rapporter sur le développement de la *fig.* 5, cette courbe qui n'est ici obtenue qu'en projection, on rabattra la droite Sγ suivant Sγ″ (*fig.* 1) au moyen d'un arc de cercle décrit avec le rayon Oγ'; puis, la normale rabattue λε″ coupera Sγ″ à une distance Sφ″ qu'il faudra transporter sur la droite Sγ′ de la *fig.* 5, pour obtenir un point de la courbe *n*″φ″*m*″ qui doit terminer la douelle plate. Observons aussi que, dans la pratique, l'appareilleur n'exécute que les opérations de ce paragraphe, sans tracer le point φ ni la projection *nφm* de la *fig.* 1.

817. Enfin, il sera nécessaire de connaître l'inclinaison de la face de tête F'E'D' sur la douelle plate (*fig.* 3). Or, si l'on remarque que ces deux plans forment avec le joint un angle solide dont le sommet est projeté en E, et dont on connaît les trois angles plans, il n'y aura qu'à tracer au point E″ de la *fig.* 5, un angle D″E″F′ égal à l'angle D'E'F' de la *fig.* 3, et un autre angle SE″F″ égal à celui du même nom sur le joint rabattu (*fig.* 1); puis, appliquer ici la méthode générale qui a servi dans la *Géométrie descriptive* (n° **59**) à déterminer l'inclinaison de deux faces dans un pareil angle solide. On sait qu'elle consiste à mener par le point qui est rabattu d'une part en F' et de l'autre en F″, deux plans respectivement perpendiculaires aux arêtes D″E″ et SE″; ces plans se coupent suivant la verticale ω qui forme avec ρω un triangle rectangle dont l'hypoténuse égale ρF′; si donc on rabat ce triangle suivant ρωζ, on obtiendra l'angle obtus πρζ pour le *biveau* qui doit servir à tailler le voussoir.

818. *Application du trait sur la pierre.* Continuons de prendre comme FIG. 6. exemple le voussoir qui a pour tête D′E′F′G′H′; et après avoir choisi une pierre capable de le contenir, ce dont il sera facile de juger au moyen des projections faites sur les *fig.* 1 et 2, on dressera la face destinée à devenir la douelle plate, et on y tracera le contour DmφnEγD (*fig.* 6) au moyen du panneau fourni par la *fig.* 5. Ensuite, avec un *biveau* dont l'angle soit égal à πρζ, et dont une des branches s'appliquera sur la douelle plate, pendant que son plan sera maintenu dans une direction normale à la corde DγE, on taillera la face de tête, sur laquelle on marquera le contour DEFGH au moyen du panneau levé sur la *fig.* 3. Alors on pourra dresser le plan du joint supérieur, puisque l'on connaîtra deux droites En, EF, situées dans ce plan, et l'on y tracera le contour EnNQ*f*F d'après le panneau E″n″N″Q″*f*″F″ de la *fig.* 1; d'ailleurs, on aurait pu aussi dresser cette face avec un biveau dont l'angle égalerait celui que forment entre eux le joint et la douelle plate, angle qui se déduirait aisément de la *fig.* 5. On opérera de même pour le joint inférieur qui doit passer par les deux droites connues Dm et DH, et sur lequel on appliquera le panneau D″m″M″P″h″H″ fourni par la *fig.* 1.

Maintenant, il sera bien facile de tailler la face plane PMθNQ, en fouillant dans la pierre jusqu'à ce qu'on puisse y appliquer la *cerce* MθN donnée par la *fig.* 1; et, ensuite, on exécutera la face gauche MmφnN, au moyen d'une simple règle qui devra s'appuyer sur les deux directrices connues MθN et mφn, en passant par les points de repère M et m, θ et φ, N et n, fournis encore par la *fig.* 1. Enfin, sur cette face gauche, on tracera la courbe mεn, en portant sur chaque droite φθ une longueur φε égale à φ″ε″ prise sur la *fig.* 1; et il ne restera plus qu'à creuser la douelle plate pour la changer en douelle conique, ce qui s'effectuera au moyen d'une règle que l'on promènera sur les deux directrices connues mεn et DдE, avec le soin de la faire passer par les points de repère D et m, д et ε, E et n, lesquels correspondent bien à des génératrices de cette surface conique.

Trompe sur le coin.

819. Deux murs se rencontrent sous un angle ACB qui pourrait être quelconque, mais que nous avons supposé droit afin d'obtenir des formes plus régulières; et pour agrandir la voie publique, ou par tout autre motif, on veut supprimer la portion angulaire ACB à partir du sol et jusqu'à une certaine hauteur, tout en maintenant la saillie des constructions supérieures; dès lors il faudra établir sur ces murs une trompe que nous choisirons conique, et dont nous placerons le sommet S à la rencontre de deux plans verticaux AS et BS, menés parallèlement aux parties retranchées BC et AC, que nous supposons égales. Conséquemment, la figure ACBS sera un carré, et pour que notre cône soit de révolution, il suffira de lui donner pour directrice le demi-cercle vertical (AB, $A'd'e'B'$).

Après l'avoir divisé en un nombre impair de parties symétriques, mais qui aillent en diminuant un peu depuis la naissance jusqu'à la clef, afin d'éviter une trop grande inégalité dans les arcs de tête, on mènera les plans de joints par ces divisions et par l'axe SO, ce qui donnera pour arêtes de douelle les génératrices $(S'd', Sd)$, $(S'e', Se)$; puis, en les prolongeant jusqu'au plan vertical AC, on projettera les points D, E, ... en D', E',..., ce qui fera connaître la projection $A'D'E'C'$ de la courbe de tête, laquelle est un arc de parabole. Le point C' ne pourra pas s'obtenir ainsi; mais en rabattant la génératrice SC sur le plan de naissance, autour de l'axe SO, le point C viendra en C_2, que l'on projettera en C'_2; puis, en relevant ce dernier par un arc de cercle décrit avec $S'C'_2$, on obtiendra le point C'; d'ailleurs ce procédé pourrait aussi s'appliquer aux autres points D', E', afin d'éviter la rencontre de lignes trop obliques. Ensuite, les plans de joint devront être prolongés sur le plan de tête jusqu'aux horizontales qui séparent les assises du mur, ce qui donnera pour la face de tête du troisième voussoir $D'E'F'G'H'$. Mais, pour trouver la vraie grandeur de cette face et des autres (*fig.* 3), on rabattra le plan de tête AC sur le plan vertical de projection, autour d'une verticale Z, et chaque point (E, E') restant à la même hauteur, ira se transporter évidemment en E''; d'ailleurs, la trace E'F' du joint sur le plan de tête devant concourir au point C qui se transporte en γ, sera rabattue suivant γE'' que l'on prolongera jusqu'à sa rencontre F'' avec l'assise du mur.

Remarque. Ici la projection horizontale (*fig.* 1) est censée vue par-dessous; et si nous avons construit la projection verticale de la *fig.* 2, c'est uniquement pour donner une idée plus nette de l'aspect qu'offre la trompe à l'observateur qui la regarde de face. Car l'appareilleur n'a besoin que du rabattement tracé dans la *fig.* 3; et celui-ci s'obtient directement sans recourir à la *fig.* 2, en coupant chaque verticale εE″ par un arc de cercle décrit avec un rayon γE″ égal à la droite CE$_2$ qui mesure évidemment la vraie distance du point C au point (E, E′) de l'espace.

820. *Le Trompillon* commencera au cercle vertical (*ab*, *a′l′m′b′*), et le joint sera formé par les diverses normales du cône, menées le long de cette courbe; or, comme ce cercle est ici un *parallèle* de la surface de révolution, toutes ces normales aboutiront au même point ω de l'axe, et elles formeront un second cône de révolution. Il sera préférable ici de terminer ce joint normal au demi-cercle ($\alpha\varsigma$, $\alpha'\lambda'\mu'\varsigma'$), et de former le reste du trompillon avec un cylindre horizontal (αPQς, $\alpha'\lambda'\mu'\varsigma'$); tandis que si l'on adoptait un parallélipipède rectangle, il faudrait tracer trois arcs d'hyperbole résultant de l'intersection du cône normal avec la face supérieure et les deux faces latérales de ce parallélipipède; opérations faciles, sans doute, sous le point de vue géométrique, mais moins commodes pour l'application du trait sur la pierre, et qui exigeraient d'ailleurs qu'on eût soin de placer chacune des arêtes latérales du parallélipipède dans un des plans de joint, afin d'éviter que les voussoirs ne présentassent des angles rentrants. C'est ainsi que nous avons opéré au n° **813**, et le lecteur fera bien de s'exercer à une recherche analogue dans le problème actuel.

La taille du trompillon est encore facile; car, après avoir dressé une face Fig. 4. plane et y avoir tracé les deux demi-cercles $\alpha_2 z_2 \varsigma_2$ et *almb*, on exécutera aisément le demi-cylindre au moyen d'une équerre dont une des branches devra coïncider tour à tour avec chacun des rayons du cercle $\alpha_2 z_2 \varsigma_2$; puis, en pliant une bande de carton ou de papier sur la convexité de ce cylindre, on y tracera le demi-cercle $\alpha\lambda\mu\varsigma$, et l'on taillera le joint conique en promenant une règle sur les deux directrices $\alpha\lambda\mu\varsigma$ et *almb*, avec le soin de la faire passer par les points de repère λ et *l*, μ et *m*, ... qui s'obtiendront en divisant ces deux circonférences en un même nombre de parties égales. Enfin, l'intrados conique S*almb* se taillera d'une manière semblable, quand on aura marqué sur la face plane et inférieure du demi-cylindre, le triangle *aSb* qui est donné en vraie grandeur par la *fig.* 1.

821. *Panneaux de joint.* Si l'on fait tourner le plan de joint E′S′O autour de l'axe SO du cône, le point (E, E′) viendra se rabattre en E$_3$, et le côté du joint prendra la direction CE$_2$F$_2$ sur laquelle il faudra porter une longueur E$_2$F$_2$ égale à E″F″ (*fig.* 3) ; puis, en observant que la normale $m\mu$ ira coïncider avec $o\alpha$, on trouvera que le panneau de joint a pour vraie grandeur $f_2\,F_2\,E_2\,\alpha\alpha P$. De même, le second joint qui est dans le plan D′S′O, sera représenté par $h_2\,H_2\,D_2\,\alpha\alpha P$, et ainsi des autres.

PL. 59,
FIG. 5.
822. *Douelles plates.* Nous avons dit que ces douelles sont les faces de la pyramide inscrite dans le cône d'intrados. Ainsi, après avoir décrit avec un rayon $S_2\,A_2$ égal à SA, un arc de cercle sur lequel on portera des cordes $A_2\,i'$, $i'd'$, $d'e'$,... égales aux cordes de la demi-circonférence A′$i'd'e'$B′ (*fig.* 2), on tirera les rayons correspondants que l'on prolongera de manière que $S_2\,I_2$, $S_2\,D_2$, $S_2\,E_2$,... soient égales aux lignes de mêmes noms sur les panneaux de joint de la *fig.* 1 ; et on joindra leurs extrémités par les droites $A_2\,I_2$, $I_2\,D_2$, $D_2\,E_2$,... qui devront d'ailleurs se trouver identiques avec les cordes A″I″, I″D″, D″E″, de la *fig.* 3 ; ensuite, il faudra retrancher de toutes ces arêtes de douelle une longueur constante $S_2\,a_2$ qui soit égale à Sa. Mais, pour la douelle plate de la clef, il y aura, outre la corde $E_2\,E_2 = EE_1$, deux autres côtés $E_2\gamma_2$ et $E_2\gamma_2$ appartenant à un triangle isocèle, et dont il faut trouver la grandeur. Or, comme le plan de cette douelle a pour trace horizontale la droite SR (*fig.* 1) parallèle à EE_1, si l'on rapporte le point R en R″ sur la *fig.* 3, la droite R″E″ sera l'intersection de la douelle plate avec le plan vertical AC ; et puisque cette ligne R″E″ va couper en γ' la droite γC″ qui représente ici la verticale C, il s'ensuit que E′γ' est la grandeur qu'il faut donner aux deux côtés $E_2\gamma_2$ et $E_2\gamma_2$ de la *fig.* 5.

823. Pour chaque douelle plate, telle que $l_2\,D_2\,E_2\,m_2$, il faut encore trouver la courbe $l_2\,\varphi_2\,m_2$ suivant laquelle elle coupe le joint normal du trompillon, qui est un cône de révolution dont le sommet se trouve en ω sur la *fig.* 1. Or, si par un point δ' de la corde $d'e'$ nous menons un plan sécant δ'S′O, il coupera le cône normal suivant une génératrice qui se rabattra sur $\omega a\alpha$, et la douelle plate suivant une droite dont le rabattement Sδ s'obtiendra évidemment en prenant la distance Oδ égale à S′δ' ; donc le point de rencontre φ de ces deux droites ωa et Sδ, fournira la longueur Sφ qu'il faudra porter sur la droite $S_2\,\delta_2$ de la *fig.* 5, pour obtenir un point φ_2 de la courbe cherchée.

824. Enfin, pour tailler le voussoir, il reste à trouver l'angle dièdre compris entre cette douelle plate et la face de tête D″E″F″G″H″ qui est vraiment située dans le plan vertical AC ; mais au lieu de la méthode générale exposée au n° **817**, nous pouvons ici employer un procédé plus direct et plus simple. Les plans des deux faces en question se coupent suivant une droite qui est projetée sur RAC et rabattue sur la corde E″D″V″ : si donc on mène par la génératrice AS un plan perpendiculaire à cette intersection, ce plan coupera le plan de tête suivant une droite représentée par A″T″ sur la *fig*. 3, et qui se rabattra sur le plan horizontal suivant AT, lorsqu'on fera tourner le plan sécant autour de AS; mais on doit voir qu'en même temps TS sera le rabattement de la section faite par le même plan dans la douelle plate qui passe par le sommet S; donc RTS est la mesure de l'angle dièdre que l'on cherchait.

Maintenant, pour tailler le voussoir représenté *fig*. 6, on emploiera des moyens entièrement analogues à ceux que nous avons expliqués avec détail au n° **818**; c'est-à-dire qu'après avoir dressé la douelle plate DρEmφl, on taillera la face de tête DρEFGH avec le secours d'un biveau dont l'angle égalera RTS; ensuite, on exécutera les deux joints, la face cylindrique LλμM, et le joint normal λlφmμ, sur lequel on tracera la courbe mπl; enfin, on creusera la douelle conique qui aura pour directrices les deux courbes mπl et DE.

Trompe supportant un palier d'escalier.

825. On peut faire servir la trompe dont nous venons de parler à soutenir un palier projeté sur le carré SACB; et les deux arcs de parabole (AC, A′C′), (BC, B′C′), serviront de directrices à deux berceaux inclinés, en *encorbellement*, sur lesquels porteront les marches des deux rampes qui aboutissent à ce palier. La dernière assise de l'encorbellement sera trop éloignée de la cage pour que les pierres qui la composent puissent être engagées dans le mur; mais on dirigera leurs coupes *d*, *e*, comme dans une plate-bande. D'ailleurs on pourrait y laisser une *crossette* par laquelle chaque voussoir L s'appuierait sur l'assise inférieure, et y pratiquer un petit renfoncement dans lequel s'engagerait une saillie ménagée au-dessous de la marche M dont l'extrémité opposée est scellée dans le mur; mais cette dernière précaution sera inutile pour la pierre située à l'angle (C, C′) du palier, car cette pierre est maintenue suffisamment par la poussée des deux rampes.

On pourrait encore soutenir le palier *sacb* par une voûte en arc-de-cloître (n° **723**), laquelle serait formée par la rencontre de deux berceaux qui auraient pour sections droites les deux arcs de parabole (ac, a′c′) et (bc, b′c′). L'intersection de ces deux berceaux offrirait un angle rentrant dont l'arête intérieure serait une nouvelle parabole, projetée sur la diagonale *sc*; mais cette voûte ne présenterait pas autant de solidité que la trompe de là *fig*. 7.

PL. 59,
FIG. 7.

FIG. 8.

Trompe cylindrique, portant une tourelle.

PL. 60,   **826.** A partir d'une certaine hauteur au-dessus du sol, et en saillie sur le
FIG. 1.   parement vertical AB d'un mur droit, on veut élever une tourelle dont la projection soit l'arc de cercle ADB, et soutenir cette tourelle par une trompe qui
ait pour intrados un cylindre horizontal formé comme il suit. Dans le plan
vertical AC perpendiculaire au mur, on trace un cercle qui est ici rabattu suivant A'D'' (*fig.* 2) et que l'on adopte pour section droite d'un cylindre parallèle
à AB; conséquemment ce sera l'intersection de cette surface avec le cylindre
vertical ADB, qui formera la courbe de tête de la trompe,

$$(\text{AFEDEFB, A'F'E'D'E'F'B'}).$$

Cette courbe se construit avec facilité, en observant que la génératrice du
cylindre horizontal qui passe par le point quelconque F'' (*fig.* 2), a pour projections F''F' et FF; et comme cette dernière droite va rencontrer la base ADB
du cylindre vertical au point F, si l'on projette ce point sur F''F', on obtiendra
un point F' de la courbe cherchée.

827. REMARQUES. 1°. Il faut avoir soin de choisir le rayon A'C'' du cylindre
horizontal, plus grand que la saillie YD de la tourelle, afin qu'au dernier point
D'' de l'arc A'D'' la tangente soit inclinée vers l'intérieur du mur; autrement,
l'action de la pesanteur tendrait à éloigner de ce mur la dernière assise de la
trompe. Ici, on a pris le rayon A'C'' égal à OD qui a servi à décrire l'arc ADB
moindre qu'une demi-circonférence; et il en résulte que le point culminant D'
de l'arc de tête appartient au cercle décrit sur A'B' comme diamètre; mais
cette condition n'est pas absolument nécessaire, quoiqu'elle soit favorable à la
symétrie.

2°. Au lieu de se donner immédiatement la section droite A'D'' du cylindre
horizontal, on aurait pu d'abord adopter pour courbe de tête la ligne projetée
horizontalement sur l'arc ADB et verticalement sur le demi-cercle A'D'B', ce qui
donnerait au cintre vu de face une forme plus régulière; puis, en prenant cette
courbe gauche pour directrice d'un cylindre parallèle à AB, on aurait construit,
par des opérations inverses de celles qui nous ont servi au n° **826,** le rabattement A'D'' de la section orthogonale de ce cylindre; mais cette section n'étant
plus circulaire, il serait moins facile d'obtenir les normales dont nous aurons
besoin plus tard.

828. Pour diviser la trompe en voussoirs, on partagera le demi-cercle décrit sur A′B′ comme diamètre, en un nombre impair de parties égales, et l'on conduira les plans de joint par ces divisions et par la droite YY′ perpendiculaire au mur. Chacun de ces plans, tel que F′Y′Y, coupera l'intrados cylindrique suivant une courbe FnfY dont chaque point (n, n') s'obtiendra par la rencontre d'une génératrice du cylindre horizontal A′D″ avec la trace verticale F′Y′ de ce plan; puis, il faudra prolonger ce joint·de F′ en K′ sur le parement de la tourelle, et de K′ en G′ sur le mur jusqu'à la rencontre de l'assise correspondante.

829. Le trompillon aura pour arc de tête une courbe (aedeb, a′e′d′e′b′) formée en traçant l'arc de cercle adb concentrique avec ADB, puis en cherchant l'intersection du cylindre vertical adb avec le cylindre horizontal A′D″, comme nous l'avons fait au n° **826**; mais le joint devra être formé par les normales de l'intrados menées par les divers points de cette courbe de tête. Si donc, pour tailler ce trompillon, on choisit un parallélipipède qui est rabattu ici suivant le rectangle V″Z″U″, il faudra chercher le point (ε, ε'') où une normale du cylindre, telle que C″e″, va percer la face supérieure; on trouvera ainsi la courbe ωλεδελω pour la trace du joint normal sur cette face, et sur la face postérieure l'intersection du joint produira les deux branches a′φ′ω′ et b′φ′ω′, dont la construction est indiquée suffisamment sur notre épure.

Dès lors le joint plan (Ee, E′e′) s'arrêtera au point (e, e') de l'intrados; puis, il coupera le joint gauche du trompillon suivant une courbe $e\lambda$ facile à construire, et la face supérieure du parallélipipède suivant la droite λL parallèle à YY′. Ensuite, on rabattra ce joint suivant H₂E₂e₂λ₂L₂h₂, et l'on agira semblablement pour le joint inférieur qui est représenté en rabattement par G₂K₂F₂f₂....

830. Nous aurons encore besoin, pour tailler le voussoir, de l'intersection de l'intrados cylindrique avec la *douelle plate* menée par la corde e′f′ (*fig.* 3) perpendiculairement au mur; on rabattra donc ce plan autour de sa trace horizontale, et l'on trouvera aisément le panneau qe₂f₂p. Enfin, on développera l'intrados cylindrique de la trompe, en prenant (*fig.* 4) des abscisses égales aux arcs du cercle A′C″ de la *fig.* 2, c'est-à-dire

$$Y_4f_4 = A'f'', \quad Y_4e_4 = A'e'', \quad Y_4'F_4 = A'F'', \quad Y_4E_4 = A'E'', \quad Y_4D_4 = A'D'';$$

puis, en élevant à droite et à gauche des ordonnées égales aux portions de génératrices, mesurées sur la *fig.* 1. Par là on obtiendra les transformées AD₄B et ad₄b de l'arc de tête de la trompe et de celui du trompillon; et les côtés des joints Ee, Ff, se construiront d'une manière semblable.

48

831. Maintenant, pour tailler le voussoir représenté dans la *fig.* 5, on dressera la face du joint supérieur sur laquelle on appliquera le panneau LλeEH*h* construit dans la *fig.* 1, et on y tracera de plus la droite *eq* parallèle à H*h*; puis, avec un biveau dont l'ouverture soit égale à l'angle E′e′f′ (*fig.* 3), on taillera la douelle plate dont la forme exacte *pfteq* sera fournie par le panneau que nous avons rabattu sur la *fig.* 3; et semblablement, à partir de la droite *pf*, on taillera le joint inférieur au moyen d'un biveau déterminé par l'angle F′f′e′. Ensuite, on exécutera la douelle E*etf*F qui est cylindrique, et on y appliquera le panneau de la *fig.* 4, au moyen duquel on pourra tracer les deux courbes *eθf* et EF; et dès lors il sera facile de tailler la tête cylindrique HRKFE. Enfin, après avoir fouillé la pierre pour y creuser la petite face plane Lλω dont le panneau sera donné par la *fig.* 1, on connaîtra tout le contour du joint gauche πfθeλω, et l'on exécutera cette face avec une règle pour laquelle il est bien aisé d'assigner des points de repère.

Quand nous avons prescrit ci-dessus de tailler la douelle cylindrique E*etf*F, on ne connaissait pas encore le côté EF qui en termine le contour, de sorte que le travail serait un peu incertain dans le voisinage du point E. Il aurait donc mieux valu, au lieu de faire le développement de la *fig.* 4, exécuter le développement du cylindre de la tourelle, et commencer par tailler la tête cylindrique HRKFE pour laquelle l'équerre suffira avec l'arc de cercle HR comme directrice; puis, sur cette face, on appliquera le panneau de tête fourni par le développement dont nous venons de parler, ce qui fera connaître l'arc EF, et alors la douelle cylindrique EF*fte* se taillera aisément sans aucun panneau. Il est vrai qu'ainsi on n'aurait plus la petite courbe *eθf*; mais, en portant sur une génératrice la longueur *tθ* mesurée sur la *fig.* 1, on se procurerait le point θ qui servirait à tracer la courbe *eθf*, véritable limite de la douelle et du joint gauche, lequel s'achèvera comme ci-dessus.

832. *Remarque.* Lorsque nous avons adopté au n° **829**, pour le joint du trompillon, une surface normale à l'intrados, c'a été pour offrir au lecteur un exercice de stéréotomie; car il en résulte des panneaux assez compliqués dont l'emploi est incommode dans la pratique, et des angles rentrants dans les voussoirs, comme celui de la face Lλω, laquelle provient de ce qu'on n'a pas eu soin ici de placer l'arête latérale du parallélipipède dans un des plans de joint, comme nous l'avons fait au n° **813**. On se contente donc ordinairement de former le joint du trompillon avec un cylindre perpendiculaire au mur AB, et passant par la courbe (*adb*, *a′d′b′*); et, vu le peu de hauteur de cette courbe, les génératrices feront, avec l'intrados de la trompe, des angles qui ne s'écarteront pas beaucoup de 90°. D'ailleurs, on évite par là de présenter au voussoir une surface inclinée à l'horizon, sur laquelle l'action de la pesanteur tendrait à le faire glisser pour l'écarter du mur ; du reste, cette modification ne fera que rendre plus facile la taille des voussoirs et celle du trompillon, comme le lecteur l'apercevra bien de lui-même.

Trompe cylindrique sur un pan coupé.

833. Après avoir retranché par un pan coupé AB, l'angle saillant C formé PL. 60, par la rencontre de deux murs, on peut soutenir les constructions supérieures FIG. 6. au moyen d'une trompe dont l'intrados sera encore un cylindre horizontal qui aura pour section droite l'arc de cercle AC″ relevé dans le plan vertical AO perpendiculaire à AB ; mais il faut prendre le rayon de ce cercle de telle sorte que l'arc AC″ correspondant au point C, se trouve toujours moindre que 90°. Ici les deux plans de tête AC et BC couperont le cylindre d'intrados suivant deux arcs d'ellipse que l'on rabattra aisément, ainsi que nous l'avons fait dans la *Pl. LIX;* quant à la division en voussoirs, on opérera comme dans la *Pl. LX*, en disposant le trompillon suivant le mode plus simple qui a été indiqué au n° **832.**

Trompe en niche.

834. Cette voûte, formée par un quart de sphère qui recouvre un demi- PL. 42, cylindre vertical à base circulaire, est souvent rangée parmi les trompes, à FIG. 3. cause de la direction des joints que l'on fait converger tous vers un même point (I, O′), ce qui exige aussi l'emploi d'un trompillon taillé dans une seule pierre. Mais comme nous avons expliqué tout ce qui regarde cette niche à l'occasion des voûtes sphériques (n° **690**), nous n'ajouterons ici qu'une seule observation ; c'est que le joint du trompillon aurait pu être rendu normal à l'intrados sphérique, en le formant par un cône de révolution tout à fait identique avec celui de la *Pl. LIX*; et la taille de ce trompillon s'exécuterait aussi par les moyens indiqués au n° **820.**

CHAPITRE VIII.

DES ESCALIERS.

835. On construit des escaliers de formes bien diverses; mais, dans tous, il faut observer certaines conditions qui sont dictées par nos besoins, par nos. habitudes ou par les convenances. Nous dirons d'abord que les marches d'un escalier étant des pierres posées en retraite les unes au-dessus des autres, chacune d'elles présente à l'extérieur deux faces principales : la première qui est horizontale est *la marche* proprement dite ; l'autre qui est verticale se nomme la *contre-marche*. On appelle *giron* d'une marche, la partie de la face horizontale qui n'est pas recouverte par la marche supérieure, et sur laquelle pose le pied : ou plutôt, le giron est la largeur de cette partie de la face horizontale. Il est vrai que quand les arêtes saillantes des marches ne sont pas parallèles entre elles, la largeur du giron serait une quantité variable dans l'étendue d'une même marche ; mais alors on est convenu de mesurer ce giron, pour toutes les marches d'un escalier, sur une courbe tracée parallèlement à la projection horizontale de la rampe, et à une distance constante de 48 centimètres, attendu que c'est là la direction que l'on parcourt le plus habituellement, pour pouvoir s'appuyer commodément sur la rampe, en montant ou en descendant un escalier. Aussi cette courbe est nommée *la ligne de foulée*, et elle joue un rôle important dans les escaliers à rampe courbe, où elle sert de directrice essentielle pour la distribution des marches, comme nous le verrons dans la suite.

836. La grandeur G des girons et la hauteur H des marches doivent être rigoureusement constantes dans toute l'étendue d'un même escalier, si l'on veut qu'il produise un effet satisfaisant pour l'œil et pour le parcours; mais, d'un escalier à un autre, ces deux quantités peuvent varier entre certaines limites, selon l'importance et la destination du bâtiment, et suivant l'espace disponible en plan, comparé avec la différence de niveau à laquelle il faut atteindre. Le plus ordinairement on prend $G = 0^m,32$ et $H = 0^m,16$; toutefois, suivant les circonstances, on peut faire varier le giron de 25 à 40 centimètres, et la hauteur des marches de 11 à 19 centimètres, ou 20 tout au plus, lorsque la nécessité y oblige; car l'escalier devient alors très-fatigant à monter. D'ailleurs, il est toujours convenable d'établir entre G et H la dépendance exprimée par la formule

$$G + 2H = 64^{\text{centimètres}},$$

d'après laquelle on voit que quand G augmente, H doit diminuer, mais non pas d'une quantité égale; et réciproquement. Cette relation, qui nous a été transmise par les anciens constructeurs, paraît fondée sur les observations suivantes : la plus grande distance que nous puissions parcourir sur un plan horizontal est d'environ 64 centimètres; tandis que sur un plan vertical, par exemple en montant à une échelle, le plus grand intervalle qu'un homme puisse franchir n'est que de 32 centimètres. Ainsi, la locomotion étant plus pénible dans le sens vertical que dans le sens horizontal, on en a conclu qu'il fallait, pour les cas intermédiaires, maintenir entre ces deux mouvements une dépendance analogue et qui satisfît à ces données extrêmes; or, la formule citée plus haut donne bien,

$$\text{pour } H = o, \quad G = o^m,64; \quad \text{et pour } G = o, \quad H = o^m,32.$$

Au surplus, on doit voir, par ce genre de considérations, que la formule en question n'est pas susceptible d'une rigueur mathématique; et lorsque d'autres convenances l'exigeront, la somme G + 2H pourra bien égaler 60 ou 65 centimètres (*), mais sans sortir des limites déjà indiquées,

$$H > 11 \text{ et } < 19, \quad G < 40 \text{ et } > 25.$$

837. *Une rampe* ou *une volée* est une suite de marches contiguës qui s'étendent depuis un *palier* jusqu'à l'autre; ce dernier nom désigne un espace horizontal plus considérable qu'un giron, et qui est ménagé de distance en distance pour offrir un repos à ceux qui montent l'escalier. Il est bon que chaque palier ait assez de largeur pour permettre de faire au moins un pas médiocre ($o^m,48$) après avoir posé le pied sur la dernière marche qui se nomme *marche palière;* conséquemment la largeur de chaque palier devra être au moins de $o^m,80$.

(*) La règle ci-dessus est citée par Blondel dans son *Cours d'Architecture,* tandis que quelques praticiens modernes adoptent la formule G + H = 48 centimètres; mais celle-ci, pour G = 25, donnerait H = 23, ce qui est beaucoup trop considérable. Anciennement, d'après le dire de Vitruve, on réglait la pente d'un escalier au moyen d'un triangle rectangle dont la hauteur était 3, la base 4, et l'hypoténuse 5; mais une pente aussi roide serait tout à fait inadmissible pour nos habitations modernes, et elle pouvait tout au plus convenir aux maisons des anciens qui n'avaient guère qu'un rez-de-chaussée, et où les escaliers ne servaient que pour monter sur les terrasses ou aux amphithéâtres.

Quant au nombre de marches qui composeront une même rampe, il ne doit pas dépasser 21, attendu que l'expérience montre qu'arrivé à cette hauteur, on éprouve le besoin de trouver quelque repos ; d'ailleurs il ne faut pas que ce nombre soit au-dessous de 3, parce qu'une rampe de une ou deux marches seulement offre un aspect mesquin, et qu'elle marque trop peu dans l'obscurité où elle devient dangereuse. Enfin, un usage consacré veut que chaque rampe contienne un nombre impair de marches ; mais s'il fallait changer une disposition heureuse pour satisfaire à cette condition, on ferait très-bien de s'en affranchir.

838. Un escalier est dit *à repos* quand les marches sont scellées par les deux bouts dans deux murs ordinairement parallèles ; si les marches reposaient sur un berceau en descente, l'escalier serait *à repos et voûté entre deux murs*. Il serait dit *voûté en encorbellement* ou *en voussure*, si les marches étaient scellées dans un mur par un seul bout, et supportées par un demi-berceau en encorbellement établi sur ce même mur, comme l'indique la *fig.* 7 de la *Pl. LIX* dont nous avons parlé au n° **825.** Enfin, un *escalier suspendu* est celui dans lequel les marches sont scellées dans un mur par un seul bout, en s'appuyant du reste les unes sur les autres, et où le dessous des marches forme une surface continue et rampante : ces derniers peuvent avoir ou non un *limon* qui est un petit mur aussi suspendu, dans lequel viennent s'engager les têtes des marches, ce qui les relie mieux entre elles et donne plus de stabilité à l'ensemble de la construction. Tous ces escaliers peuvent être à rampes droites ou à rampes courbes ; mais comme il y a beaucoup de détails communs à tous les genres, nous allons, pour les comprendre dans un exemple général et éviter ainsi des répétitions fastidieuses, commencer par étudier un escalier suspendu, dans lequel nous trouverons des recherches plus importantes, des considérations géométriques plus délicates, et dont l'application à des questions plus simples sera faite aisément par le lecteur lui-même.

Escalier suspendu, dit : vis-à-jour.

PL. 61.   **839.** Soit VXYZ le polygone formé sur le plan horizontal du sol par les murs verticaux de la cage : ici nous avons choisi un rectangle, mais nous raisonnerons d'une manière générale et applicable à une forme quelconque, quoiqu'on ne se lance guère dans les travaux et les dépenses d'un escalier en pierre et suspendu, lorsqu'il s'agit d'un bâtiment irrégulier ou de peu d'importance. Sur une perpendiculaire OZ à l'un des côtés de la cage, on prendra une distance ZU égale à l'*emmarchement* que l'on veut donner à l'escalier, c'est-à-dire la longueur minimum des marches (car, vers les angles de la cage, les marches seront plus longues); ensuite, de cette longueur on retranchera une distance Uz égale à 48 centimètres environ (n° **835**), et l'on tirera la droite *zy* parallèle à ZY; on opérera de même pour chaque côté de la cage, et l'on se procurera ainsi un polygone *vxyz* équidistant de VXYZ, et dans lequel on inscrira une courbe *vaz* qui soit tangente à tous ses côtés et qui sera la *ligne de foulée*. Cette courbe est ici une ellipse; mais lorsque le polygone *vxyz* aura des côtés plus nombreux ou une forme irrégulière, on pourra la composer de plusieurs arcs qui se raccorderont entre eux. On divisera cette courbe en *n* parties égales ou *girons*,

$$z\varphi = \varphi\psi = \ldots = ab = bc = cd = \ldots,$$

dont le nombre devra être tel que la grandeur commune G de chacune d'elles se trouve comprise entre les limites indiquées au n° **836**; puis, comme il existera dès lors $n + 1$ marches depuis le point *z* jusqu'à *v* inclusivement, il faudra voir si en divisant par $n + 1$ la différence de niveau de ces deux points, laquelle est ordinairement assignée par la question, on trouve un quotient qui soit compris entre les limites indiquées au n° **836** pour la hauteur H d'une marche. S'il en était autrement, on devrait modifier le nombre *n* et conséquemment la grandeur de $G = ab$, afin de rentrer dans ces limites, et d'établir aussi entre G et H la relation exprimée par la formule du n° **836**, au moins approximativement. Dans le cas où ces essais conduiraient inévitablement à des valeurs trop grandes pour H ou trop petites pour G, la seule ressource serait de diminuer la longueur ZU de l'emmarchement, ce qui rapprocherait de la cage la ligne de foulée *vaz*, et, en lui donnant ainsi plus de développement, permettrait d'obtenir pour les girons une grandeur suffisante.

840. Ces opérations préliminaires étant effectuées, on mènera des normales à la courbe *vaz*, par tous ces points de division, ainsi que par les milieux *l*, *m*, *n*,... de ces girons; et les intersections consécutives de toutes ces droites formeront un polygone dont il sera facile de tracer l'enveloppe ωλμαζ, laquelle sera précisément la *développée* de la courbe *vaz*. On portera aussi sur ces normales des longueurs *a*A, *b*B, *c*C,..., égales à l'intervalle *z*U, et la ligne UABCDW (qui n'est plus une ellipse) sera la *courbe de jour*, ainsi nommée parce que les marches se termineront toutes au cylindre vertical élevé sur cette courbe; d'ailleurs les portions de normales AA′, BB′, CC′,... seront les projections des arêtes saillantes des marches.

Pour achever de fixer la position de ces arêtes dans l'espace, imaginons que sur le cylindre vertical *zabcd*... on ait tracé une hélice, c'est-à-dire une courbe dont les ordonnées verticales aient avec les abscisses curvilignes comptées sur la base *zabc*... le rapport constant de H à G; et puisque le point *z* de la première arête de marche est déjà élevé de la hauteur H, l'origine de ces abscisses et de l'hélice en question sera évidemment au point φ, en arrière de *z* d'un arc *z*φ, égal à G; d'ailleurs, tous les points projetés en *a, b, c, d*,... auront des ordonnées qui croîtront progressivement de H, et par là l'hélice est bien suffisamment définie, sans qu'il soit besoin d'en tracer une projection verticale. Maintenant, faisons mouvoir une droite toujours horizontale, qui s'appuiera constamment sur l'hélice *zabc*... en demeurant tangente au cylindre vertical ωλαζ, et nous obtiendrons la surface continue sur laquelle sont situées les arêtes de marches projetées déjà suivant A′A, B′B, C′C,.... Il est d'ailleurs facile de reconnaître que cette surface d'extrados sera toujours gauche, même quand la courbe de foulée serait un cercle; et il n'y aura d'exception que pour le cas d'une rampe droite (*).

PL. 61. **841.** Quant à l'intrados, c'est une surface identique avec la précédente; mais l'hélice directrice, toujours située sur le cylindre *zav*, s'est abaissée dans

---

(*) On peut voir maintenant d'une manière évidente que la courbe *zav* a été nommée avec raison *ligne de foulée*, parce que c'est la seule direction pour laquelle le mouvement soit complétement régulier. En effet, les courbes *abcdv* et ABCDW, ainsi que toutes les autres lignes équidistantes de la première, sont des développantes qui ont les mêmes normales et une développée commune ωαζ; mais leurs rayons de courbure correspondants diffèrent entre eux d'une quantité constante A*a* que j'appellerai D. Donc, si l'on considère les points *a* et *b* comme très-voisins, les arcs *ab* et AB pourront être censés confondus avec les cercles osculateurs, et l'on aura

$$\frac{AB}{ab} = \frac{\rho - D}{\rho} = 1 - \frac{D}{\rho}; \quad \text{de même,} \quad \frac{CD}{cd} = 1 - \frac{D}{\rho'}.$$

Or, comme on a pris *cd* = *ab* et que ρ′ est plus petit que ρ, on voit que CD sera moindre que AB, et qu'ainsi les arcs AB, BC, CD,... iront en diminuant avec leur rayon de courbure. Dès lors, si l'on veut monter ou descendre l'escalier sur une autre courbe que la ligne de foulée *abcdv*, le mouvement ne sera plus uniforme, puisqu'on devra parcourir des chemins variables en plan, pour des espaces égaux dans le sens vertical; et ce défaut devient très-sensible lorsqu'on descend rapidement un escalier sur une ligne voisine de la cage.

tous ses points d'une certaine quantité constante δ que nous fixerons plus tard (n° **843**), et qui dépend de l'épaisseur que l'on veut donner à la voûte. Ainsi, les droites AA′, BB′, CC′,..., seront encore les projections de diverses génératrices de l'intrados, mais cette surface sera entièrement continue et sans interruption, tandis que l'extrados n'a conservé que quelques génératrices isolées. Pour diviser l'intrados en douelles partielles, et afin que les marches se supportent mutuellement en se recouvrant d'une certaine quantité, nous adopterons pour arêtes de douelle les normales $l\lambda$, $m\mu$, $n\nu$,... menées par les milieux des girons dc, cb, ba,...; ainsi l'une des marches s'étendra en plan depuis BB′ jusqu'à LL′. Ensuite, pour former le joint et le rendre exactement normal tout le long de l'arête de douelle LL′, on devrait construire les normales de la surface gauche relatives aux divers points de cette génératrice, comme nous l'avons fait au n° **778**, ce qui conduirait à un paraboloïde hyperbolique (*G. D.*, n° **595**); mais ici on se contente de prendre pour ce joint le plan conduit par la génératrice LL′ et par la normale de la surface au point P, milieu de cette droite.

842. Pour construire cette normale, et d'abord pour trouver le plan tangent de la douelle gauche en P, il faut former un paraboloïde de raccordement (*G. D.*, n° **581**). Je mène donc au point l de l'hélice directrice une tangente qui sera projetée sur $l\theta$, et qui rencontrera un plan horizontal choisi à volonté (par exemple, à 3 hauteurs de marche au-dessous de la génératrice LL′), à une distance $l\theta$ égale à 3 girons ou $3lm$; car la sous-tangente d'une hélice est toujours égale à l'abscisse curviligne du point de contact (*G. D.*, n° **449**), et celle-ci doit égaler 3G, puisque nous avons supposé que l'ordonnée était 3H. Ensuite, j'observe que la génératrice $lL\lambda$ de la douelle gauche étant tangente au cylindre de la développée dans un point de la verticale λ, si je fais glisser cette génératrice, toujours horizontale, sur la verticale λ et sur la tangente $l\theta$ de l'hélice, je formerai ainsi un paraboloïde qui aura le même plan directeur que la douelle, et *deux plans tangents* communs avec cette surface gauche. En effet, au point l le plan tangent est évidemment commun : au point projeté sur λ, le plan tangent de la douelle gauche passerait par la génératrice $l\lambda$ et par la tangente à la courbe que formerait sur le cylindre $\omega\lambda\alpha$ la suite des points de contact des diverses génératrices; donc ce plan tangent n'est autre que celui qui touche ce cylindre le long de la verticale λ; or ce dernier coïncide aussi avec le plan tangent du paraboloïde, lequel passe évidemment par la génératrice $l\lambda$ et par la directrice verticale λ.

Il suit de là, en vertu du théorème démontré *G. D.*, n° **576**, que le paraboloïde ainsi formé touchera la douelle gauche tout le long de L′Lλ, et qu'il

49

suffit dès lors de construire le plan tangent de ce paraboloïde en P. A cet effet, j'observe que l'horizontale $\lambda\theta$ est une seconde position de la génératrice λl; donc, si je coupe ces deux droites par le plan vertical PQ perpendiculaire à λl, et conséquemment parallèle aux deux directrices du paraboloïde, la droite qui joindra le point Q avec le point de l'espace projeté en P, sera tout entière sur le paraboloïde (*G. D.*, n° 551), et elle déterminera avec la génératrice Pλ le plan tangent demandé. Si donc je rabats le plan vertical PQ autour de PQ considérée comme ligne de terre, la génératrice Pλ se trouvera projetée verticalement en un point P′ tel que PP′ = 3H, et P′Q sera la trace verticale du plan qui est tangent au paraboloïde et aussi à la douelle gauche : sa trace horizontale serait la droite Qq parallèle à PL. Il suit de là que la normale de l'intrados au point P est projetée verticalement sur la droite P′G′ perpendiculaire à P′Q, et horizontalement sur PG; donc enfin, le plan de joint qui doit passer par cette normale et par l'arête de douelle PLλ, se trouvera perpendiculaire au plan vertical PQ, et il aura pour trace sur ce dernier la droite G′P′ elle-même, tandis que sa trace horizontale serait $p'p$ perpendiculaire à la ligne de terre.

843. Le joint doit être terminé à la face supérieure de la marche; si donc, à une hauteur arbitraire P′K′, on mène le plan horizontal K′G′ pour représenter cette face, il coupera le plan de joint P′G′ suivant une droite parallèle à PL, laquelle sera projetée verticalement au point G′ et horizontalement suivant GR; de sorte que ce joint se trouvera compris entre L′L et R′R. Observons cependant que, pour la solidité de la voûte, la hauteur P′K′ doit être égale au moins à 4 ou 5 centimètres, sans que d'un autre côté le point R atteigne l'extrémité C de l'arête C′C de la marche supérieure; car alors cette dernière marche ne recouvrirait plus entièrement le giron de la précédente, ce qui serait un défaut très-grave. D'ailleurs, cette hauteur P′K′ est liée avec la distance verticale δ qui sépare l'intrados de l'extrados, et que nous avons laissée indéterminée au n° 841. En effet, l'arc lmb de la ligne de foulée étant égal à $\frac{1}{4}$G, il s'ensuit que sur l'hélice directrice de la douelle le point projeté en l, et aussi la génératrice LlL′, se trouve plus élevée que la génératrice BbB′ d'une quantité égale à $\frac{3}{2}$H; donc, en ajoutant à cette différence de niveau la hauteur P′K′, la somme doit égaler la distance verticale δ qui sépare les deux génératrices de l'intrados et de l'extrados qui ont la même projection horizontale BbB′; ainsi on aura toujours

$$P'K' + \tfrac{3}{2}H = \delta.$$

Cette relation deviendra plus évidente si l'on compare les points L″, B″, B‴, de

la *fig.* 2 que nous allons apprendre à construire tout à l'heure; et il en résulte
que la hauteur P'K' doit être *constante pour toutes les marches*; à moins qu'on ne
fasse varier l'étendue du recouvrement marquée par les arcs *cl, bm,...*, ce qui
serait moins régulier, mais peut quelquefois devenir nécessaire, afin d'éviter le
défaut très-grave dont nous avons parlé ci-dessus, que le point R du joint se
trouve à droite de l'extrémité C de la contre-marche supérieure. Du reste, la
valeur constante de la hauteur P'K' n'entraînera pas la conséquence que les divers joints aient tous la même largeur, attendu que la normale variera d'inclinaison en passant de l'un à l'autre; ainsi il sera indispensable d'exécuter des
constructions analogues pour trouver le joint inférieur qui passe par l'arête de
douelle M*m*M', et de même pour toutes les autres marches.

844. Il reste à tracer les panneaux des deux têtes de la marche; et pour celle PL. 61,
qui est engagée dans le mur de cage, la question revient à trouver les intersec- FIG. 2.
tions du plan vertical X'Y' avec les diverses horizontales qui composent les faces
de cette marche. On élèvera donc les ordonnées verticales L'L", C'C", M'M",
B'B",..., dont la première pourra recevoir une grandeur arbitraire, tandis que
chacune des autres devra être plus petite que la précédente d'une quantité
égale à $\frac{1}{2}$ H, attendu que les génératrices de l'intrados qui sont projetées sur
L'L, C'C, M'M, B'B, passent par des points de l'hélice directrice qui sont séparés, en plan, par des arcs *lc, cm, mb*, égaux tous à $\frac{1}{2}$ G; et l'on obtiendra ainsi
la courbe L"C"M"B"... pour l'intersection du mur de cage avec la douelle gauche. Ensuite, après avoir élevé l'ordonnée R'R" plus grande que L'L" d'une
quantité égale à P'K', on tirera la droite L"R" qui sera la trace du joint supérieur sur le mur de cage; la trace M"S" du joint inférieur s'obtiendra d'une manière toute semblable, et les deux horizontales R"B"", S"B", avec la verticale
B"B"', qui devra se trouver précisément égale à H, compléteront le contour du
panneau de tête. Celui de la marche inférieure A""S"M"N"T"A" s'obtiendra par
des opérations analogues; et l'ensemble de ces deux panneaux indique clairement la manière dont les marches de l'escalier se trouvent engagées les unes
au-dessous des autres.

Quant à la tête extérieure de la marche, située sur le cylindre de jour UAW, FIG. 3.
il faut développer cette face cylindrique, en prenant sur une horizontale quelconque les abscisses $L_1C_1, C_1M_1, M_1B_1,...$ égales aux arcs rectifiés LC, CM, MB,...
de la courbe de jour, et en élevant des ordonnées égales à celles des points analogues sur la *fig.* 2; ce qui donnera la courbe $L_2C_2M_2$ pour la transformée de
l'intersection du cylindre de jour avec la douelle gauche. Quant à la trace L_2R_2
du joint plan, on prendra encore l'abscisse L_1R_1 égale à l'arc LR, et l'ordonnée

49.

R_1R_2 égale à $r'R''$; mais comme cette trace L_4R_2 est ici une ligne courbe, il faudra trouver un troisième point, par exemple celui qui serait projeté en C_4 si l'on prolongeait ce joint. A cet effet, on imaginera par le point C une horizontale située dans le plan de joint, laquelle sera projetée sur $C\gamma'$ parallèle à LL', et ira couper en γ'' la trace verticale $L''R''$ du plan de joint; dès lors ce point γ'' donnera évidemment la hauteur à laquelle doit être situé le point C_2 que l'on cherchait sur la *fig.* 3.

845. *Taille du voussoir.* Après avoir choisi une pierre capable de contenir le prisme droit qui aurait pour base la projection horizontale B'BLL' de la marche en question, et pour hauteur la distance $B''B''''$, on fera dresser la face supérieure de ce prisme, et on y tracera le contour B'BRR'; puis, avec l'équerre, on taillera le plan de la contre-marche à laquelle on donnera la hauteur $B''B''''$, et la face verticale B'L' sur laquelle on appliquera le panneau $B''''B''S'M''L''R''$. L'équerre suffira encore pour tailler la tête du côté du jour, puisque c'est un cylindre droit qui a pour directrice la courbe BRL déjà marquée sur la face supérieure; et, sur la concavité de ce cylindre, on appliquera le panneau $B_4B_3S_2M_2L_2R_2$ fourni par la *fig.* 3 et exécuté en carton flexible. Dès lors les deux joints plans seront bien faciles à tailler, ainsi que la face horizontale du dessous de la marche, puisque l'on connaîtra pour chacun deux directrices marquées sur les faces de tête; et enfin la douelle gauche s'exécutera au moyen d'une règle qui devra passer simultanément par les points de repère L'' et L_2, C'' et C_2, M'' et M_2, que fourniront les panneaux appliqués déjà sur les deux faces de tête.

846. *Remarques.* 1°. Ordinairement la rencontre du girou avec la contre-marche se fait non point par une arête saillante telle que B'B (*fig.* 1), mais par une moulure cylindrique dont nous avons indiqué le profil au point A''' de la *fig.* 2; seulement, pour faciliter le scellement de la marche dans le mur de cage, on peut ne pas prolonger cette moulure dans la prise qui est faite sur ce mur. Au reste, le parti le plus prudent est de ne pas tenir compte de cette moulure dans la distribution primitive des marches sur le plan horizontal, pour ne pas s'exposer à des erreurs, mais on l'ajoute aux panneaux des deux têtes, afin de ménager sur la pierre la saillie nécessaire pour tailler cette moulure.

Fig. 4 et 5.   2°. Quelquefois on laisse subsister à la tête de la marche du côté du jour, un *collet* ou une saillie représentée par $6B_4B_3A_4\alpha$ sur la *fig.* 4; alors l'ensemble de tous ces collets qui s'appuient les uns sur les autres forme un *limon* continu qui se trouve compris entre le cylindre de jour UAW et un second cylindre parallèle au premier, dont la distance est de 10 ou 12 centimètres; d'ailleurs, la

R_1R_2 égale à $r'R''$; mais comme cette trace L_2R_2 est ici une ligne courbe, il faudra trouver un troisième point, par exemple celui qui serait projeté en C_1 si l'on prolongeait ce joint. A cet effet, on imaginera par le point C une horizontale située dans le plan de joint, laquelle sera projetée sur $C\gamma'$ parallèle à LL', et ira couper en γ'' la trace verticale $L''R''$ du plan de joint; dès lors ce point γ'' donnera évidemment la hauteur à laquelle doit être situé le point C_2 que l'on cherchait sur la *fig.* 3.

845. *Taille du voussoir.* Après avoir choisi une pierre capable de contenir le prisme droit qui aurait pour base la projection horizontale B'BLL' de la marche en question, et pour hauteur la distance $B''B''''$, on fera dresser la face supérieure de ce prisme, et on y tracera le contour B'BRR'; puis, avec l'équerre, on taillera le plan de la contre-marche à laquelle on donnera la hauteur $B''B''''$, et la face verticale B'L' sur laquelle on appliquera le panneau $B''''B''S''M''L''R''$. L'équerre suffira encore pour tailler la tête du côté du jour, puisque c'est un cylindre droit qui a pour directrice la courbe BRL déjà marquée sur la face supérieure; et, sur la concavité de ce cylindre, on appliquera le panneau $B_1B_2S_2M_2L_2R_2$ fourni par la *fig.* 3 et exécuté en carton flexible. Dès lors les deux joints plans seront bien faciles à tailler, ainsi que la face horizontale du dessous de la marche, puisque l'on connaîtra pour chacun deux directrices marquées sur les faces de tête; et enfin la douelle gauche s'exécutera au moyen d'une règle qui devra passer simultanément par les points de repère L'' et L_2, C'' et C_2, M'' et M_2, que fourniront les panneaux appliqués déjà sur les deux faces de tête.

846. *Remarques.* 1°. Ordinairement la rencontre du giron avec la contre-marche se fait non point par une arête saillante telle que B'B (*fig.* 1), mais par une moulure cylindrique dont nous avons indiqué le profil au point A''' de la *fig.* 2; seulement, pour faciliter le scellement de la marche dans le mur de cage, on peut ne pas prolonger cette moulure dans la prise qui est faite sur ce mur. Au reste, le parti le plus prudent est de ne pas tenir compte de cette moulure dans la distribution primitive des marches sur le plan horizontal, pour ne pas s'exposer à des erreurs, mais on l'ajoute aux panneaux des deux têtes, afin de ménager sur la pierre la saillie nécessaire pour tailler cette moulure.

FIG. 4
et 5.

2°. Quelquefois on laisse subsister à la tête de la marche du côté du jour, un *collet* ou une saillie représentée par $6B_1B_2A_1\alpha$ sur la *fig.* 4; alors l'ensemble de tous ces collets qui s'appuient les uns sur les autres forme un *limon* continu qui se trouve compris entre le cylindre de jour UAW et un second cylindre parallèle au premier, dont la distance est de 10 ou 12 centimètres; d'ailleurs, la la *fig.* 2 que nous allons apprendre à construire tout à l'heure; et il en résulte que la hauteur P'K' doit être *constante pour toutes les marches*; à moins qu'on ne fasse varier l'étendue du recouvrement marquée par les arcs *cl*, *bm*,... , ce qui serait moins régulier, mais peut quelquefois devenir nécessaire, afin d'éviter le défaut très-grave dont nous avons parlé ci-dessus, que le point R du joint se trouve à droite de l'extrémité C de la contre-marche supérieure. Du reste, la valeur constante de la hauteur P'K' n'entraînera pas la conséquence que les divers joints aient tous la même largeur, attendu que la normale variera d'inclinaison en passant de l'un à l'autre; ainsi il sera indispensable d'exécuter des constructions analogues pour trouver le joint inférieur qui passe par l'arête de douelle M*m*M', et de même pour toutes les autres marches.

844. Il reste à tracer les panneaux des deux têtes de la marche; et pour celle qui est engagée dans le mur de cage, la question revient à trouver les intersections du plan vertical X'Y' avec les diverses horizontales qui composent les faces de cette marche. On élèvera donc les ordonnées verticales L'L'', C'C'', M'M'', B'B'',..., dont la première pourra recevoir une grandeur arbitraire, tandis que chacune des autres devra être plus petite que la précédente d'une quantité égale à ½ H, attendu que les génératrices de l'intrados qui sont projetées sur L'L, C'C, M'M, B'B, passent par des points de l'hélice directrice qui sont séparés, en plan, par des arcs *lc*, *cm*, *mb*, égaux tous à ½ G; et l'on obtiendra ainsi la courbe L''C''M''B''... pour l'intersection du mur de cage avec la douelle gauche. Ensuite, après avoir élevé l'ordonnée R'R'' plus grande que L'L'' d'une quantité égale à P'K', on tirera la droite L''R'' qui sera la trace du joint supérieur sur le mur de cage; la trace M''S'' du joint inférieur s'obtiendra d'une manière toute semblable, et les deux horizontales R'B'''', S''B'', avec la verticale B''B''', qui devra se trouver précisément égale à H, compléteront le contour du panneau de tête. Celui de la marche inférieure A''''S''M''N''T''A'' s'obtiendra par des opérations analogues; et l'ensemble de ces deux panneaux indique clairement la manière dont les marches de l'escalier se trouvent engagées les unes au-dessous des autres.

Quant à la tête extérieure de la marche, située sur le cylindre de jour UAW, il faut développer cette face cylindrique, en prenant sur une horizontale quelconque les abscisses L₁C₁, C₁M₁, M₁B₁,... égales aux arcs rectifiés LC, CM, MB,... de la courbe de jour, et en élevant des ordonnées égales à celles des points analogues sur la *fig.* 2; ce qui donnera la courbe L₂C₂M₂ pour la transformée de l'intersection du cylindre de jour avec la douelle gauche. Quant à la trace L₂R₂ du joint plan, on prendra encore l'abscisse L₁R₁ égale à l'arc LR, et l'ordonnée

PL. 61, FIG. 2.

FIG. 3.

face supérieure de ce limon est une surface gauche identique avec l'intrados de
l'escalier, de sorte que pour tracer la courbe Ϭαγ... sur la *fig.* 4, il suffit de prolonger les verticales $B_2 B_4$, $A_2 A_4$,... d'une quantité constante égale à 5 ou 6 centimètres. Enfin, les joints $B_4 Ϭ$, $A_2 α$,... de ce limon se formeront en menant
des plans normaux à la courbe Ϭαγ,..., ce qui sera bien suffisant ici, vu le peu
de largeur de ce cordon saillant sur lequel on appliquera la rampe en fer de
l'escalier. La *fig.* 5 indique en perspective la forme que présentera la marche,
quand elle sera accompagnée de ce collet saillant, et les moyens d'exécution
sont bien faciles à concevoir ; toutefois, comme cette disposition exigera des
pierres d'un volume beaucoup plus grand et causera un déchet considérable,
on préfère ordinairement laisser la marche sans collet, et composer à part un
limon indépendant, divisé en plusieurs portions dont chacune offrira une entaille où viendront s'assembler les têtes de deux ou trois marches à la fois, ce
qui augmentera la résistance dont l'escalier est susceptible. Nous allons donc
étudier spécialement la construction d'un pareil limon.

Limon d'escalier en vis-à-jour.

847. Soit *abcdef*... la ligne de foulée, déterminée comme nous l'avons dit PL. 62.
au n° **835**, et qui doit être divisée en arcs égaux ; soient *a*A, *b*B, *c*C,... les normales sur lesquelles se projettent les arêtes saillantes des marches, et ABCDE...
la courbe de jour qui doit être équidistante de la première. On sait que ces
deux lignes auront pour développée commune la courbe *xy* formée par les intersections de ces normales ; et en prenant sur celles-ci des quantités AA_2, BB_2,
CC_2,... égales toutes à l'épaisseur que l'on veut donner au limon, ce corps se
trouvera compris entre les deux cylindres verticaux élevés sur les courbes parallèles ABCDE... et $A_2 B_2 C_2 D_2 E_2$.... Quant aux faces supérieure et inférieure
de ce limon, ce sont deux surfaces gauches identiques avec celles de l'escalier
(n° **840**), mais dont les hélices directrices, toujours tracées sur le cylindre de
foulée *abcde*,..., devront être situées l'une un peu plus haut que l'extrados, et
l'autre un peu plus bas que l'intrados, afin que le limon dépasse en dessus et en
dessous les têtes des marches de quelques centimètres ; il s'ensuit que les génératrices de ces faces gauches seront encore projetées sur AA_2, BB_2, CC_2,....
D'ailleurs, comme on est obligé de diviser le limon total en plusieurs parties
telles que chacune puisse être composée d'une seule pierre, il convient de
former les faces de joint avec des plans normaux à *la courbe moyenne*, laquelle est l'intersection du cylindre $A_3 B_3 C_3 D_3$,... équidistant des deux précé-

dents, avec une surface gauche qui serait à égale distance des faces supérieure et inférieure du limon.

848. Soit donc P la projection horizontale du point de la courbe moyenne, par lequel on veut faire passer un joint. Après avoir tracé la génératrice pPx, nous choisirons momentanément un plan vertical pt perpendiculaire à cette droite, et elle s'y trouvera projetée en un point unique P' (*fig.* 2) que nous placerons à une hauteur arbitraire, par exemple 2H; puis, nous prendrons les distances $P'\pi'$, $P'\pi''$, égales à la moitié de la hauteur que l'on veut donner au limon. Cela posé, si l'arc pb de la ligne de foulée est les ¾ du giron total bc, il faudra prendre la hauteur $\pi'p'$ égale à ¾H et mener l'horizontale $p'6'$ (*); puis, au-dessous et au-dessus de celle-là, on tracera d'autres horizontales $\alpha'\alpha'_2$, $\gamma'\gamma'_2$, $\delta'\delta'_2$, qui en soient éloignées de H, 2H, 3H, et ce seront les projections verticales des génératrices AA_2, BB_2, CC_2,... de la face supérieure du limon; donc, en y rapportant les points A, A_2, A_3, et B, B_2, B_3, où ces génératrices rencontrent les cylindres latéraux et le cylindre moyen, nous obtiendrons les trois courbes

$$\alpha'6'\pi'\gamma'\delta', \quad \alpha'_2 6'_2 \pi'\gamma'_2 \delta'_2, \quad \alpha'_3 6'_2 \pi'\gamma'_3 \delta'_3,$$

qui sont situées sur la face supérieure du limon. Celles de la face inférieure,

$$\alpha''6''\pi''\gamma''\delta'', \quad \alpha'_2\pi''\delta'_2, \quad \alpha'_3\pi''\delta'_3,$$

s'en déduiront en portant sur chaque verticale une longueur $\alpha'\alpha'' = \pi'\pi''$.

Maintenant, cherchons le plan tangent de la surface gauche moyenne. On tracera d'abord la tangente P't de l'hélice directrice, ce qui se réduit à prendre la sous-tangente pt égale à 2G ou deux fois l'arc ab; puis, en faisant glisser la génératrice horizontale (pPx, P') sur cette tangente et sur la verticale x, on formera un paraboloïde de raccordement, ainsi que nous l'avons démontré au n° **842**; et l'horizontale tx sera une seconde position de cette génératrice. Donc, si l'on mène le plan vertical PT perpendiculaire à Px, il coupera le paraboloïde suivant la droite (PT, P'T') qui déterminerait le plan tangent demandé P'T'T;

(*) On pourrait obtenir cette hauteur $\pi'p'$ d'une manière plus commode, en recourant au triangle P'pt dont nous allons parler tout à l'heure; car, après avoir porté la longueur de l'arc pb sur la base pt, à partir de l'angle t, on élèverait une verticale terminée à l'hypoténuse, et ce serait la grandeur qu'il faudrait donner à $\pi'p'$.

mais, en outre, cette droite est précisément la tangente de la courbe moyenne du limon, attendu qu'elle se trouve aussi dans le plan vertical PT qui est lui-même tangent au cylindre moyen. Dès lors le plan normal à cette courbe moyenne aura pour trace verticale $Q'P'q'$ perpendiculaire sur $P'T'$; et en projetant sur les bases des trois cylindres ABC, $A_2B_2C_2$, $A_3B_3C_3$, les points où cette trace $Q'P'q'$ rencontre ($fig.$ 2) les courbes supérieures et inférieures du limon, on obtiendra la projection horizontale $QQ_2Q_3q_3q_2q$ du contour du joint normal.

849. Soit R le point de la courbe moyenne où l'on veut mener un second joint normal; après avoir pris un plan vertical rz ($fig.$ 3) perpendiculaire à la génératrice Ry, et y avoir projeté cette droite en un point R' situé à une hauteur arbitraire, par exemple 2H, on marquera la hauteur $\rho'\rho''$ du limon égale à celle qu'on a adoptée sur la $fig.$ 2, et l'on construira comme précédemment les portions des courbes supérieures et inférieures du limon qui avoisinent ce point (R, R'); puis, on tracera encore la tangente $R'z$ de l'hélice directrice, on en déduira la tangente ($R'\theta'$, $R\theta$) de la courbe moyenne du limon, et le plan normal $N'R'n'$. Enfin, on projettera sur les bases des trois cylindres les points où cette trace $N'R'n'$ rencontre les courbes des deux faces du limon, et l'on obtiendra la projection horizontale $NN_2N_3n_3n_2n$ de cette face de joint.

850. La forme du voussoir est par là complétement déterminée; mais comme les $fig.$ 2 et 3 ne présentent que des projections isolées et indépendantes, il reste à projeter le voussoir total sur un seul et même plan. Traçons donc deux plans verticaux et parallèles XY, X_2Y_2, dirigés de manière à comprendre, sous le plus petit espace possible, la projection horizontale du voussoir : ces plans renfermeront les faces latérales du *solide capable;* mais nous n'en fixerons les autres dimensions qu'après avoir projeté le voussoir sur l'un d'entre eux, XY par exemple. Pour cela, on marquera sur la verticale Z, et à commencer d'un point arbitraire, les divisions 0, 1, 2, 3,... séparées par des intervalles égaux tous à H ($fig.$ 4); puis, en menant par ces divisions des horizontales sur lesquelles on projettera les points B et B_2, C et C_2, D et D_2,..., on pourra tracer les courbes

$$\mathfrak{b}''\gamma'\partial''\epsilon''\varphi''\lambda'' \quad \text{et} \quad \mathfrak{b}_2\gamma'_2\partial'_2\epsilon'_2\varphi'_2\lambda'_2$$

qui terminent la face inférieure du limon. Celles de la face supérieure

$$\mathfrak{b}'\gamma'\partial'\epsilon'\varphi'\lambda' \quad \text{et} \quad \mathfrak{b}'_2\gamma'_2\partial'_2\epsilon'_2\varphi'_2\lambda'_2$$

se déduiront des précédentes en prolongeant chaque verticale d'une quantité
$6''6'$ égale à la hauteur $\pi'\pi''$ qui a été fixée d'abord sur la *fig.* 2.

851. Quant au centre P' de la face de joint, on le placera sur la verticale
élevée du point P, et à une distance au-dessous de l'horizontale $6'6'_2$ qui soit
égale à la différence de niveau P'p' mesurée sur la *fig.* 2; ensuite, après avoir
projeté le point T en T'' sur l'horizontale P'T'' de la *fig.* 4, on tracera la verticale T''T' égale à celle de même nom sur la *fig.* 2, et la droite P'T' sera la
projection de la tangente à la courbe moyenne du limon. Si, de plus, on projette en X' et X'$_2$ sur l'horizontale P'T'', les deux points X et X$_2$ où la *ligne
milieu* du joint projetée sur XPX$_2$ allait rencontrer les plans verticaux XY et
X$_2$Y$_2$, et que l'on mène par ces points X' et X'$_2$ deux perpendiculaires sur la
tangente P'T', on obtiendra les intersections du joint normal avec les faces latérales du *solide capable*. Ce corps aura d'ailleurs pour faces supérieure et inférieure deux plans U'V' et u'v' perpendiculaires à la face verticale XY et parallèles entre eux, mais dirigés de manière à embrasser la projection du limon
sous le moindre volume possible. Enfin, pour obtenir les courbes d'intersection
du joint normal avec les quatre faces du limon, on projettera les points Q et Q$_2$,
q et q$_2$, sur les courbes supérieures et inférieures auxquelles ils appartiennent;
le point milieu Q, devra être projeté à une hauteur au-dessus de $6'6'^2$ qui sera
fournie par la *fig.* 2, et il en sera de même du point q$_2$; puis, les points milieux
des courbes latérales Qq, Q$_2$q$_2$, devront être placés précisément sur l'horizontale X'X'$_2$.

On opérera d'une manière semblable pour le joint normal qui passe par le
point (R, R'), en prenant sur la *fig.* 3 toutes les différences de niveau avec
l'horizontale $\varphi'\varphi'_2$; et les deux points Y' et Y'$_2$, déduits de Y et Y$_2$, seront ceux
par lesquels on doit mener des perpendiculaires à la tangente R'θ', pour obtenir
les côtés de la face normale à la courbe moyenne du limon. Il résulte de là
que le solide capable est ici un parallélipipède rectangle qui a été tronqué par
deux plans obliques aux arêtes latérales, et non parallèles entre eux; si d'ailleurs on adopte cette forme, ce n'est pas précisément pour économiser les
matériaux, attendu que les carriers ne fournissent guère que des blocs ayant
la forme de parallélipipèdes rectangles; mais c'est afin d'économiser la main-
d'œuvre, parce qu'au lieu de dresser les bases ordinaires du parallélipipède rectangle qui devraient disparaître plus tard, l'ouvrier pourra tailler immédiatement les faces normales à la courbe moyenne du limon.

852. La *fig.* 5 représente l'intersection de la face supérieure U'V' du solide
capable avec les deux cylindres verticaux BCDEFL et B$_2$C$_2$D$_2$E$_2$F$_2$L$_2$. Pour

obtenir ces courbes, il a suffi de prolonger toutes les verticales $C\gamma'$, $C_2\gamma'_2$, $D\partial'$, $D_2\partial'_2$,... jusqu'à leurs rencontres avec la droite $U'V'$; puis, en rabattant la face supérieure autour de cette droite, les points d'intersection se sont transportés en C', C'_2, D', D'_2,... qui doivent être placés chacun à la même distance de $U'V'$ que C, C_2, D, D_2,... le sont de la droite UV.

Nous aurions dû aussi rabattre la face inférieure $u'v'$ avec ses intersections par les deux mêmes cylindres; mais comme ces nouvelles courbes seraient des sections parallèles et conséquemment identiques avec les précédentes, nous avons supposé que la face inférieure $u'v'$ s'était élevée d'abord jusqu'à la position $u''v''$; et en la rabattant alors autour de cette dernière droite, les traces des deux cylindres sont venues se confondre, du moins dans une partie de leur étendue, avec les premières courbes $C'D'E'$, $C'_2D'_2E'_2$.

853. Sur la *fig.* 6, on a représenté le panneau de tête du solide capable, rabattu autour de l'horizontale XPX_2, c'est-à-dire qu'après avoir pris une distance arbitraire PP', on a mené par le point P' une parallèle $X'P'X'_2$, à partir de laquelle on a porté les différences de niveau qui existaient sur la *fig.* 4 entre la droite $P'T''$ et les angles du parallélogramme qui termine le solide capable. On a agi de même pour tracer les quatre courbes $Q'Q'_2Q'_3$, $Q'q'$,... qui sont en vraie grandeur les intersections de cette face de tête avec les quatre faces du limon. La *fig.* 7, qui représente le panneau de l'autre tête, a été construite par des moyens semblables, en prenant les différences de niveau à partir de l'horizontale $R'\theta''$ de la *fig.* 4.

854. *Application du trait sur la pierre.* Après avoir choisi une pierre capable Pl. 62, du parallélipipède dont les dimensions sont indiquées *fig.* 4 et 1, on taillera les Fig. 8. quatre faces latérales de ce corps (il suffit même de *trois*), et sur les faces supérieure et inférieure on appliquera les deux panneaux que renferme la *fig.* 5; dès lors on pourra dresser les deux têtes VV_2v_2v et UU_2u_2u, qui sont des plans passant chacun par deux droites connues, et sur ces faces on appliquera les panneaux des *fig.* 6 et 7. Ensuite, on exécutera le cylindre concave qui a pour directrices les courbes $C_2D_2E_2F_2$ et $C'_2D'_2E'_2F'_2$, en promenant sur ces courbes une règle qui devra passer à la fois par les points de repère correspondants C_2 et C'_2, D_2 et D'_2,...; puis, on opérera semblablement pour le cylindre convexe passant par la courbe $C'D'E'F'$ et par une autre courbe qui est invisible ici. Maintenant, sur chaque génératrice de ces cylindres, on portera les longueurs $C_2\gamma''$ et $C_2\gamma'$, $D_2\partial''$ et $D_2\partial'$,... mesurées avec le compas sur la *fig.* 4; puis, en s'aidant d'une règle pliante, on tracera sur la concavité du cylindre les courbes $\gamma''\partial''\varepsilon''\varphi''$, $\gamma'\partial'\varepsilon'\varphi'$; et sur la face opposée et convexe qui passe par C'D'E'F', on tracera semblablement les deux courbes analogues du limon. Dès lors il deviendra facile d'enlever la pierre qui excède ces limites en dessus et en dessous, et de tailler les deux faces gauches du limon au moyen d'une règle qui devra glisser sur ces deux couples de directrices curvilignes, avec la condition de passer par les points de repère que fourniront les extrémités des droites γ'γ″, δ'δ″,... qui resteront marquées sur les faces latérales et cylindriques de ce limon.

FIG. 9.   **855.** Quelquefois, au lieu de terminer chaque voussoir du limon par un seul joint plan, on y ménage une crossette (*fig.* 9) formée par deux faces parallèles au plan normal que nous avons construit pour le centre de l'assemblage (P, P'); et ces faces distantes de quelques centimètres, sont réunies par une troisième qui est dans un plan conduit suivant la tangente à la courbe moyenne, et perpendiculairement au cylindre latéral du limon. Cette disposition a pour but d'empêcher le glissement des voussoirs; mais eu égard à la difícalté de bien faire coïncider les trois faces correspondantes de deux voussoirs contigus, par un travail assez soigné de la part des ouvriers, il est préférable de n'employer qu'un seul joint plan, en y ajoutant des *goujons* en fer pour relier les diverses parties du limon.

Escalier dit: courbe rampante, avec balancement.

PL. 63,   **856.** Lorsque la courbe de jour d'un escalier offre des changements brus-
FIG. 1.   ques de courbure, comme dans la *fig.* 1, où cette ligne, après avoir été droite, devient circulaire, il arrive nécessairement que les têtes des marches *fe, ed, dc,* éprouvent dans leur largeur une diminution subite et considérable, tant que l'on conserve aux arêtes une direction normale au cylindre de jour. Pour atténuer cet inconvénient, qui rendrait l'escalier incommode et même dangereux, on répartit cette diminution inévitable sur un plus grand nombre de marches, en la rendant d'ailleurs progressive; et c'est ce qu'on appelle faire le *balancement*. Pour cet effet, après avoir rectifié la courbe de jour *abcdefm* suivant la droite *abcdefm* de la *fig.* 2, on élève des ordonnées égales à 1, 2, 3,... fois la hauteur H des marches, et en réunissant les sommets *a', b', c',* ..., on obtient une ligne discontinue composée ici de trois droites *a'e', e'f', mf'*; attendu que dans notre exemple, les têtes des marches présentent deux séries de distances égales,

$$ab = bc = cd = de \quad \text{et} \quad fg = gh = kl = lm;$$

et cette ligne brisée *a'e'f'm* représente la transformée de la courbe de jour dans l'espace, après le développement du cylindre vertical sur lequel elle est située. Or, en remplaçant la première partie de cette ligne brisée par la droite $a'f'$, nous obtiendrions déjà une augmentation dans les têtes des marches voisines du point a; mais si l'on veut éviter le jarret qui se présente au point f', et donner une forme entièrement continue à la courbe de jour, il n'y a qu'à tracer une courbe tangente aux deux droites af', $f'm$, par exemple un arc de cercle; puis, après avoir prolongé les horizontales 10, 9, 8, 7,... jusqu'à cette courbe, on projettera les points de rencontre B', C', D', E', sur la ligne de terre en B, C, D, E, et les intervalles

$$aB, \; BC, \; CD, \; DE, \; EF, \; FG, \; GH, \; Hk,$$

étant reportés sur la *fig.* 1, donneront les largeurs qu'il faut adopter définitivement pour les têtes des marches. En effet, ces intervalles sont les projections horizontales des cordes que l'on pourrait tracer dans la courbe $a'B'C'D'$,..., lesquelles ont chacune pour projection verticale une grandeur constante H; donc, en appelant ω, ω', ω'',... les angles aigus que ces cordes font avec l'horizon, on aura les relations

$$aB = \frac{H}{\tang \omega}, \quad BC = \frac{H}{\tang \omega'}, \quad CD = \frac{H}{\tang \omega''}, \dots;$$

or, comme ces angles ω, ω', ω'',... vont en diminuant, attendu que la courbe tourne sa convexité vers la ligne de terre, il en résulte bien que les intervalles aB, BC, CD,... vont en augmentant d'une manière progressive.

857. Cela posé, en joignant les points B, C, D, ... avec les divisions 10, 9, 8, ... marquées sur la ligne de foulée (*fig.* 1), on aura les projections des arêtes saillantes des marches, et celles-ci formeront par leurs intersections consécutives un polygone auquel on tracera une courbe enveloppe $\alpha\beta\gamma\delta$..., que nous appellerons la *développoïde*, et qui tiendra lieu de la véritable développée employée dans l'épure de la *Pl. LXI.* Si d'ailleurs nous imaginons une hélice tracée sur le cylindre vertical de la ligne de foulée (1, 2, 3, 4, ..., 9, 10), et qui ait pour rapport entre ses ordonnées et ses abscisses celui de H à l'intervalle G = (1, 2), cette hélice sera en partie rectiligne et en partie courbe, mais elle n'en sera pas moins la directrice principale de la surface de l'escalier dont la génération devra être définie de la manière suivante : *Une droite toujours horizontale se meut en glissant sur l'hélice de foulée, et en demeurant tangente au cylindre vertical de la développoïde* $\alpha\beta\gamma\delta$. Cette définition convient même

FIG. 1.

50.

aux arêtes projetées sur $3k$, $2l$, $1m$; car la courbe $\alpha\beta\gamma\delta$ aurait pour asymptote la dernière arête de marche $3k$ qui n'a pas été dévoyée.

858. L'intrados de cet escalier sera une surface identique avec la précédente; seulement l'hélice directrice, toujours tracée sur le cylindre de foulée, devra être abaissée d'une quantité constante qui dépendra de l'épaisseur que l'on veut donner aux marches (n° **843**); et chaque arête de douelle se trouvera projetée sur une droite telle que QRρ, passant par le milieu Q du giron et tangente à la développoïde $\alpha\beta\gamma\rho$.

Quant au joint, on le formera avec un plan conduit par l'arête de douelle PQR et par la normale de l'intrados au point milieu P, ce qui oblige de recourir à un paraboloïde de raccordement. Or, d'après les détails que nous avons donnés au n° **842**, il faudra, après avoir pris la sous-tangente de l'hélice QT $= 2$G, tirer la droite Tρ, la couper par le plan vertical PS parallèle à QT; puis, en prenant un plan vertical perpendiculaire à la génératrice PQR, y projeter cette droite au point P′ placé à la hauteur 2H, et alors P′S′S sera le plan tangent en (P, P′). La normale P′N′ se déduit de là, et le plan de joint est P′N′N; enfin, si l'on prend l'intervalle P′U′ égal à la hauteur verticale que l'on veut donner à tous les joints (*voyez* n° **843**), le dessus de la marche sera représenté par le plan horizontal U′V′, qui coupera le joint suivant la droite (V′, Vv) parallèle à l'arête de douelle.

Le développement des panneaux de tête s'effectuera comme dans la *Pl. LXI;* et quant au limon que nous supposons exister ici, il se taillera par les méthodes exposées aux n^os **847**,..., **854**, mais en adoptant pour les faces gauches supérieure et inférieure de ce corps la génération énoncée au n° **857**.

Escalier dit : Vis à noyau plein.

PL. 63,
FIG. 3. **859.** Ici les marches sont engagées par un bout dans un *noyau* ou cylindre plein, et par l'autre bout dans un mur circulaire qui est concentrique avec le noyau; d'ailleurs, comme la largeur d'un pareil escalier ne dépasse guère un mètre, il est d'usage de placer la ligne de foulée au milieu, et ce sera un cercle que l'on divisera en parties égales, renfermées dans les limites indiquées au n° **836**. Les arêtes saillantes des marches seront projetées sur les rayons Aa, Bb, Cc,...; et, dans l'espace, ces lignes seront placées sur un *hélicoïde* gauche (*G. D.*, n° **628**), qui aura pour directrices l'axe vertical du noyau et l'hélice tracée sur le cylindre de foulée ($1, 2, 3, 4, \ldots$). Les arêtes de douelle Ll, Mm,... se mèneront par les milieux des girons, et l'on termine ordinaire-

ment les marches par des plans verticaux conduits suivant ces arêtes de douelle, ainsi qu'on le voit indiqué dans la *fig.* 4 qui représente le développement des têtes du côté de la cage, tandis que la *fig.* 5 est relative aux têtes voisines du noyau. Dans l'un et dans l'autre, il ne s'agit que de rectifier des arcs de cercle d'une longueur constante, et d'élever des ordonnées égales à H, 2H, 3H,... ; de sorte que tous les contours de ces panneaux sont des lignes droites qui représentent les transformées d'autant d'hélices.

860. Les marches pourront s'engager dans le noyau au moyen d'entailles pratiquées sur ce dernier, ainsi que le montre la *fig.* 6 ; et les contours de ces entailles se traceront en appliquant sur le cylindre les panneaux de la *fig.* 5 exécutés en carton flexible : ou bien, on pourra faire porter à chacune des marches une tranche du noyau, comme l'indique la *fig.* 7, ce qui offrira plus de solidité, mais exigera des pierres d'un plus grand volume. Il faudra aussi plus de main-d'œuvre, parce qu'en taillant la face gauche L′ *l′ m′*M′, on sera obligé de refouiller la pierre, afin de ménager de quoi exécuter la tranche cylindrique du noyau. Dans tous les cas, il est bon de réunir les divers *tambours* ou assises dont se compose le noyau, par des goujons en fer implantés à leur centre et scellés fortement.

861. *Deuxième solution.* Si l'on veut que le dessous des marches présente une surface entièrement continue, il faudra la former par un hélicoïde identique avec celui qui contient les arêtes saillantes de l'extrados ; seulement l'hélice directrice, toujours située sur le cylindre de foulée, devra être abaissée d'une certaine quantité ; et alors le joint qui passera par l'arête de douelle PQ*p*, devra être formé par un plan normal à la douelle en Q. Or, comme ce point est ici sur l'hélice même, il suffira, sans recourir à un paraboloïde de raccordement, de construire la tangente (QT, P′T′) de cette hélice, ce qui déterminera le plan tangent P′T′T, et par suite la normale N′P′V′ ; ensuite, après avoir fixé la hauteur constante P′U′ que l'on veut donner à tous les joints, on mènera le plan horizontal U′V′ qui déterminera l'arête supérieure du joint considéré ici, laquelle est projetée sur V*v* parallèle à P*p*. Les développements des panneaux de tête (*fig.* 9 et 10) s'effectueront comme ci-dessus ; seulement, la ligne P′V′ étant la transformée d'un arc d'ellipse, il faudra chercher un point intermédiaire en coupant le joint de la *fig.* 8 par un plan horizontal mené par le milieu de ce joint, ce qui fera connaître l'arc PI qui doit servir d'abscisse au point demandé.

862. Si les marches de cet escalier doivent s'assembler dans le noyau, le dessous des entailles indiquées *fig.* 6 sera formé par une seule hélice continue,

FIG. 8.

ce qui n'offrira aucune difficulté; mais il s'en présentera, si l'on veut que chaque marche porte une tranche du noyau. Car l'épaisseur de cette tranche devant toujours être égale à la hauteur E″E′ du pas (*fig.* 9) et le plan horizontal E′S′ ne pouvant pas être prolongé sans enlever une partie de la douelle P′R′, il faudra donc laisser subsister, au-dessous de la tranche du noyau, une saillie pour tailler le joint inférieur R′S′. Or ce joint présentant une partie assez aiguë dans le voisinage du point R′, cette disposition offrirait peu de solidité; et l'on préfère ordinairement d'attacher la tranche du noyau à ce joint inférieur, sauf à ne pas la faire monter jusqu'au giron; de sorte que la marche toute taillée se présentera sous la forme indiquée dans la *fig.* 11.

PL. 63,
FIG. 12.　　**863.** *Troisième solution.* Dans les *fig.* 3 et 8, la convergence rapide des arêtes de douelle est cause que la queue de la marche (vers la cage) offre une largeur considérable AL, tandis que la tête *al* est beaucoup plus étroite; cela produit donc un grand déchet dans les matériaux employés. En outre, et surtout dans la *fig.* 8, le recouvrement *vf* est très-petit, et pourrait même disparaître pour faire place à un vide dangereux, si l'on augmentait un peu la hauteur P′U′ de chaque joint. Afin donc d'éviter ces inconvénients, on peut mener chaque arête de douelle L*l* (*fig.* 12) par le milieu P du giron, mais en la rendant parallèle à l'arête d'extrados A*a* qui la précède immédiatement; et alors l'intrados n'est plus un hélicoïde, mais c'est une surface gauche engendrée par une droite toujours horizontale qui se meut sur l'hélice de foulée avec la condition d'être parallèle à la normale du cylindre qui serait en arrière de chaque point P ou Q de la quantité constante P1 ou Q2 : on pourrait dire aussi que la génératrice horizontale se meut sur l'hélice de foulée et sur une autre hélice de même pas, tracée sur le noyau, mais dont l'origine serait en avant de la première d'une quantité marquée par l'arc *al*. Après tout, quoique l'intrados ne soit plus identique avec l'extrados, le joint normal pour le point P se construira comme précédemment, ainsi qu'on le voit indiqué *fig.* 13, et les développements des panneaux de tête (*fig.* 14 et 15) s'obtiendront comme à l'ordinaire. La ligne L′V′ sera la transformée d'un arc d'ellipse, et pour en trouver un point intermédiaire R′, on coupera le joint de la *fig.* 13 par un plan horizontal mené par son milieu, ce qui fera connaître l'arc VR (*fig.* 12) qui doit servir d'abscisse au point demandé R′ sur la *fig.* 14.

FIG. 16.　　**864.** *Quatrième solution.* Lorsque le noyau est d'un petit diamètre, il vaut mieux rendre les arêtes de douelle D*d*, E*e*, F*f*,... tangentes à ce noyau, en les faisant toujours passer par les milieux P, Q,... des girons; alors la surface de douelle est encore distincte de l'extrados; et elle se trouve engendrée par une droite horizontale assujettie à glisser sur l'hélice de foulée et à demeurer tangente au cylindre vertical du noyau, avec lequel cet intrados se raccorde complétement, ce qui offre un aspect très-satisfaisant pour l'œil de l'observateur. Si l'on veut que le joint plan conduit par D*d* soit normal au point P situé sur l'hélice de foulée, la construction de la normale s'effectuera immédiatement comme dans la *fig.* 13 ; mais si ce joint devait être normal dans un autre point que P, on aurait recours à un paraboloïde de raccordement, ainsi que nous l'avons fait dans la *fig.* 1 de cette même planche. D'ailleurs il devient absolument nécessaire ici, pour éviter les parties trop aiguës, de faire porter à chaque marche une tranche du noyau, ce qui donnera à cette marche une forme analogue à celle de la *fig.* 11.

Vis Saint-Gilles ronde.

865. Cette voûte, ainsi nommée parce qu'il en existait une de ce genre au prieuré de *Saint-Gilles* en Provence, est destinée à supporter les marches d'un escalier qui doit être compris entre un noyau cylindrique et un mur concentrique avec ce noyau. L'intrados est engendré par le demi-cercle vertical (A′L′M′B′, AB) qui tourne autour de l'axe du cylindre par *un mouvement hélicoïdal*, c'est-à-dire tel que tous les points de ce cercle décrivent simultanément des hélices de même pas ; dès lors, si l'on divise ce demi-cercle en un nombre impair de parties égales, les arêtes de douelle seront les hélices décrites par les points (L′, L), (M′, M),..., lesquelles sont projetées sur

PL. 64, FIG. 1.

$$(L'l'l''L'', Lll_2L_2),\ (M'm'm''M'';\ Mmm_1M_2),....$$

Pour construire ces courbes, par exemple la seconde, il faudra d'abord marquer la grandeur des girons des marches sur un cercle 1, 2, 3, 4,... tracé à une distance du noyau égale à 50 centimètres (n° 855) ; puis, en tirant les rayons O1, O2, O3,..., on trouvera sur la circonférence Mmm_1M_2 les projections horizontales des points de l'hélice qui doivent avoir des ordonnées égales à H, 2H, 3H,... ; de sorte qu'en élevant des verticales qui aient ces grandeurs, comptées *à partir de l'horizontale* menée par le point M′, on obtiendra les divers points de la sinusoïde M′*m′m″*M″.

866. Maintenant, si l'on trace les normales de la courbe génératrice L′R′, M′P′,... terminées aux assises du mur ou du noyau, on verra bien que ces droites, entraînées par le mouvement du cercle générateur, et allant toujours rencontrer l'axe vertical O du noyau, décriront des hélicoïdes gauches du même genre que ceux qui forment les deux faces du filet d'une vis triangulaire (*G. D.*, n° **610**); et nous adopterons ces hélicoïdes pour les *coupes* ou *joints de lit* des voussoirs (*), tandis que l'extrados sera formé par l'hélicoïde à plan directeur que décrira l'horizontale P'Q', lequel s'est présenté dans la vis à filet carré (*G. D.*, n° **628**).

·Quant aux *joints d'assise* qui diviseront en voussoirs partiels le cours de voussoirs engendré par le pentagone L'M'P'Q'R', nous les formerons avec des plans qui soient normaux à l'hélice que décrira le point D' milieu de l'arc de douelle L'M'; nous n'employons pas ici l'hélice décrite par le centre du rectangle circonscrit à ce pentagone, comme nous l'avons fait dans l'épure du limon (*Pl. LXII*), attendu qu'il est plus important d'éviter les angles aigus pour les arêtes de douelle passant par les points L' et M', que pour les arêtes d'extrados.

867. Prenons donc sur l'hélice moyenne (D'd'D'', Dd'D$_2$) deux points (d, d'), (d$_1$, d''), qui peuvent être arbitraires, mais que nous supposerons à égales distances du rayon Od' perpendiculaire au plan vertical, attendu que ce dernier plan pourra toujours être choisi de manière à remplir cette condition, et que d'ailleurs tous les voussoirs d'une même assise seront identiques, à cela près de leur longueur qui pourra varier. Nous construirons d'abord la tangente de l'hélice moyenne pour le point (d, d'), en prenant une sous-tangente dt égale à trois divisions du cercle Dd, et en formant un triangle rectangle d'o't' dont la hauteur soit égale à 3H : puis, par des moyens semblables, on tracera les tangentes (dθ, d'θ') et (d$_2$t$_2$, d''t'') de la même hélice.

Cela posé, par le point (d, d') concevons un plan perpendiculaire à la tangente (dt, d't'), et cherchons ses intersections avec les cinq faces du voussoir; mais, pour y parvenir plus facilement, faisons mouvoir ce plan sécant de manière qu'il demeure toujours normal à l'hélice moyenne (D'd'D'', Dd'D$_2$), et transportons-le ainsi au point (d, d'). Dans cette dernière position, il se trouvera perpendiculaire au plan vertical, et il s'y projettera suivant une droite

----

(*) Le joint ainsi formé n'est pas entièrement normal à la douelle; car, pour cela, il faudrait que la génératrice M'P' fût non-seulement perpendiculaire à la tangente du cercle générateur A'M'B', mais encore perpendiculaire à la tangente de l'hélice décrite par ce point M'. Or, comme nous allons construire diverses tangentes d'une hélice, il serait bien facile d'en conclure les normales de l'intrados tout le long de l'hélice M'm'm''M'', ce qui donnerait lieu à une nouvelle surface gauche, différente de l'hélicoïde, et dont il faudrait chercher l'intersection avec le filet de vis carrée que décrit toujours l'horizontale P'Q'; mais comme ces opérations sont assez laborieuses, on se contente ordinairement de la disposition indiquée dans le texte.

$u'v'$ menée à angle droit sur $\delta'\theta'$; dès lors si l'on marque les points $\lambda', \delta', \mu', \pi', \ldots$ où cette trace $u'v'$ rencontre les diverses sinusoïdes $L'\lambda'L''$, $D'\delta'D''$, $M'\mu'M'', \ldots$, ainsi que d'autres qui seraient décrites par les milieux des côtés $M'P'$, $P'Q', \ldots$; puis, si l'on projette tous ces points $\lambda', \delta', \mu', \pi', \ldots$ sur les cercles correspondants de la *fig.* 1, on obtiendra le polygone curviligne $\lambda\delta\mu\pi\chi\rho$ pour la projection horizontale de la section faite par le plan normal $u'v'$. Or, d'après la nature du mouvement hélicoïdal qui a été imprimé au polygone $L'M'P'Q'R'$, on doit bien voir que les sections faites dans le solide ainsi engendré par divers plans normaux à la même hélice sont toutes identiques, ainsi que leurs projections sur le plan horizontal; donc, en transportant les points $\lambda, \delta, \mu, \pi, \ldots$ sur les mêmes circonférences dans les positions $l, d, m, p, \ldots$ situées par rapport au rayon Od comme l'étaient les points primitifs par rapport au rayon $O\delta$, on obtiendra la projection horizontale $ldmpqr$ de la section normale faite par le point (d, d'); et la projection verticale $l'd'm'p'q'r'$ s'en déduira en projetant les points $l, d, m, p, \ldots$ sur les sinusoïdes correspondantes de la *fig.* 3.

Semblablement, on transportera le polygone $\lambda\delta\mu\pi\chi\rho$ en $l_2d_2m_2p_2q_2r_2$, et l'on en déduira l'autre projection $l''d''m''p''q''r''$, ce qui fera connaître la section normale faite par le point (d_2, d'') dans l'assise en question; et par là le voussoir compris entre les points (d, d') et (d_2, d'') se trouvera complétement défini. Nous l'avons représenté sur la *fig.* 3 comme isolé du reste de la voûte, afin de faire mieux saisir les détails de ses diverses faces.

868. Maintenant, enveloppons ce voussoir par un parallélipipède tronqué, formé de la manière suivante: 1° deux plans verticaux gh_2, fe_2, menés perpendiculairement au rayon $O\delta$; 2° deux plans perpendiculaires aux précédents, et dont les traces verticales $g'g''$, $h'h''$, sont des droites parallèles inclinées de manière à embrasser la projection du voussoir sous le moindre espace possible; 3° les deux plans normaux à l'hélice moyenne, que nous avons conduits ci-dessus par les points (d, d'), (d_2, d''); et ces derniers plans couperont les autres suivant des parallélogrammes PL. 64,
FIG. 3.

$$(efgh, \ e'f'g'h'), \quad (e_2f_2g_2h_2, \ e'f''g''h'')$$

qui se construiront comme il suit. On imaginera par le point (d, d') et dans le premier plan normal, une droite horizontale qui sera évidemment projetée sur $Oadb$ et $a'd'b'$; or cette horizontale va rencontrer les plans verticaux ff_2, gg_2, aux points (a, a'), (b, b'); donc, si l'on mène par les points a' et b' des droites $e'f'$ et $g'h'$ perpendiculaires à la tangente $d't'$, et que l'on projette les quatre angles

51

e', f', g', h', ainsi déterminés, sur le plan horizontal, on obtiendra le parallélogramme $efgh$. L'autre parallélogramme $e_2 f_2 g_2 h_2$ se construira semblablement au moyen de l'horizontale ($Oa_2 d_2 b_2$, $a'' d'' b''$).

Fig. 4. **869.** Il faut, à présent, trouver la vraie grandeur de ces bases du parallélipipède tronqué, ainsi que la véritable forme des joints qui sont projetés sur $ldmpqr$ et $l_2 d_2 m_2 p_2 q_2 r_2$. A cet effet, transportons encore ces deux joints dans le plan normal $u'v'$, par un mouvement hélicoïdal autour de l'axe O du noyau cylindrique, ce qui les fera coïncider avec la section $\lambda \delta \mu \pi \chi \rho$; en même temps le parallélogramme $efgh$ deviendra $\varepsilon \varphi \gamma \eta$ qui se construit en plaçant ses divers sommets sur les mêmes circonférences que ceux du premier, et aux mêmes distances respectives des rayons Od et $O\delta$; semblablement le parallélogramme $e_2 f_2 g_2 h_2$ deviendra $\varepsilon_2 \varphi_2 \gamma_2 \eta_2$. Cela fait, projetons sur la trace $u'v'$ du plan normal moyen, les divers points

$$\lambda, \delta, \mu, \pi, \ldots, \qquad \varphi, \gamma, \eta, \ldots, \qquad \varphi_2, \gamma_2, \eta_2, \ldots$$

en
$$\lambda', \delta', \mu', \pi', \ldots, \quad \varphi', \gamma', \eta', \ldots, \quad \varphi'_2, \gamma'_2, \eta'_2, \ldots;$$

puis, rabattons ce plan normal autour de la droite ($u'v'$, $\delta\theta$), après l'avoir transportée parallèlement à elle-même à une distance arbitraire, comme $u_3 v_3$ (*fig.* 4). Alors, en abaissant sur cette dernière ligne des perpendiculaires issues des divers points $\lambda', \delta', \mu', \ldots$, il faudra y placer les points $\lambda_3, \delta_3, \mu_3, \ldots$ à des distances de $u_3 v_3$ qui soient les mêmes que celles qui séparent les points $\lambda, \delta, \mu, \ldots$ de la droite $\delta\theta$; et l'on obtiendra ainsi le panneau $\lambda_3 \delta_3 \mu_3 \pi_3 \chi_3 \rho_3$ qui servira pour les deux joints extrêmes du voussoir, car ils sont identiques.

Quant aux parallélogrammes qui forment les bases du parallélipipède tronqué, on emploiera encore les perpendiculaires menées par les points $\varphi', \gamma', \eta', \ldots$, $\varphi'_2, \gamma'_2, \ldots$ avec les distances de $\varphi, \gamma, \eta, \ldots, \varphi_2, \gamma_2, \ldots$ à la ligne $\delta\theta$; et l'on obtiendra ainsi les parallélogrammes $\varphi_3 \gamma_3 \eta_3 \varepsilon_3$ et $\varphi_4 \gamma_4 \eta_4 \varepsilon_4$, dont quatre des côtés devront se couper deux à deux sur la droite $\delta' \delta_3$; car cette dernière ligne représente l'horizontale ($O\delta$, δ'), sur laquelle les parallélogrammes $\varepsilon \varphi \gamma \eta$ et $\varepsilon_2 \varphi_2 \gamma_2 \eta_2$ venaient aussi se rencontrer, comme cela résulte évidemment de la construction employée au commencement de ce numéro.

780. Il sera nécessaire, pour tailler le voussoir en question, de donner d'abord au solide capable la forme que présenterait un limon qui serait engendré par le rectangle $Q'X'Y'Z'$ tournant autour de l'axe vertical O par un mouvement hélicoïdal; il faut donc encore tracer sur les panneaux de la *fig.* 4 les intersections de ces plans normaux avec les quatre faces de ce limon, lesquelles sont deux cylindres verticaux et deux hélicoïdes à plan directeur. Or, quand le plan normal est ramené dans la position $u'v'$, il coupe les deux cylindres suivant des ellipses projetées sur les arcs de cercle yz et $x\chi$; quant aux hélicoïdes, il les coupe suivant des courbes $x\lambda y$, $\chi\pi z$, qui s'obtiendront en cherchant les rencontres de la trace $u'v'$ avec les hélices décrites par les points X', Y', Z',.... Dès lors, si l'on projette les points de ces diverses courbes sur la droite $u'v'$, et si l'on passe de là au rabattement sur la *fig.* 4, par les mêmes moyens que dans le numéro précédent, on obtiendra le quadrilatère curviligne $x_3 y_3 z_3 \chi_3$ dont deux côtés $y_3 z_3$ et $x_3 \chi_3$ sont des arcs d'ellipse.

871. Il faut enfin construire les panneaux de la *fig.* 5, qui représente les intersections des faces supérieure et inférieure $g'g''$ et $h'h''$ du solide capable (*fig.* 3) avec les deux joints normaux et avec les cylindres verticaux du limon, lesquels ont pour bases les cercles $A\rho A_2$ et $M\mu M_2$. On élèvera donc des verticales par les divers points

$$e, f, g, h; \quad e_2, f_2, g_2, h_2; \quad \alpha, \alpha_2, ...; \quad 6, 6_2, ...$$

et on les prolongera jusqu'à leurs rencontres avec la droite $g'g''$ autour de laquelle on rabattra la face supérieure, après l'avoir toutefois transportée en $g_5 g_6$, pour plus de clarté dans l'épure; puis, en tirant les perpendiculaires

$$\alpha'\alpha_5, \quad \alpha''\alpha_6, \quad 6'6_5, \quad 6''6_6, ...$$

égales aux distances des points α, α_2, 6, 6_2,... à la droite gg_2, on se procurera les moyens suffisants pour tracer les courbes $\alpha_5\alpha_6$ et $6_5 6_6$ qui sont elliptiques. Le même procédé servira à trouver les sommets des parallélogrammes $f_5 g_5 g_6 f_6$ et $e_5 h_5 h_6 e_6$ qui représentent en vraie grandeur les faces du solide capable projetées sur $g'g''$ et $h'h''$; mais il est sous-entendu ici que la seconde a été transportée verticalement jusqu'à venir se placer dans le plan de la première. (*Voyez* n° **852.**)

872. *Taille du voussoir.* Après avoir dressé le parallélipipède tronqué $e'f'g'h'e''f''g''h''$ de la *fig.* 6, avec les dimensions fournies par les *fig.* 3 et 5, on appliquera sur les faces supérieure et inférieure les panneaux de la *fig.* 5, et sur les bases, ceux de la *fig.* 4; dès lors on exécutera aisément, comme pour le limon du n° **854**, les deux cylindres concave et convexe qui passent par les directrices $\alpha_5\alpha_6$ et $6_5 6_6$; puis, en portant sur les génératrices les distances $\alpha_3\alpha_2$ et $\alpha_5\alpha_4$ mesurées sur la *fig.* 3, on pourra tracer les arêtes du limon $z'z''$ et $y'y''$, ainsi que les courbes analogues sur le cylindre convexe, ce qui permettra de

PL. 64,
FIG. 6.

51.

tailler les faces gauches de ce limon, comme au n° **854**, et le solide capable
aura pris la forme indiquée *fig.* 7 par des lignes pointillées.

FIG. 7.   Maintenant, sur les bases de ce solide on tracera les deux pentagones $l'm'p'q'r'$
et $l''m''p''q''r''$ d'après le panneau $\lambda_3\mu_3\pi_3\chi_3\rho_3$ de la *fig.* 4 ; puis, sur les faces cylindriques, et au moyen d'une règle flexible appuyée sur le *plat*, on tracera
les deux hélices $m'm''$ et $r'r''$; enfin, sur les deux faces gauches on tracera aussi
les hélices $p'p''$ et $l'l''$, en se servant de chaque génératrice rectiligne $\alpha_3\delta_3$ sur
laquelle on portera une longueur $\alpha_3\zeta_3$ égale à l'intervalle $\alpha\zeta$ de la *fig.* 1. Alors
on pourra tailler le joint gauche $m'p'p''m''$ en promenant l'arête d'une règle sur
les deux hélices $m'm''$ et $p'p''$, avec le soin de la faire passer en même temps par
deux points de repère tels que ζ_3 et ψ_3 ; puis, on opérera d'une manière toute
semblable pour le joint inférieur $l'r'r''l''$. Enfin, quant à la douelle $l'm'm''l''$, on
l'exécutera au moyen d'une cerce découpée suivant l'arc $\lambda_3\delta_3\mu_3$ de la *fig.* 4, que
l'on fera glisser sur les deux hélices $l'l''$ et $m'm''$, en ayant soin de maintenir le
plan de cette cerce dans une direction toujours normale à l'hélice qui serait
moyenne entre ces deux-là. Il est vrai que cette hélice moyenne ne peut pas être
tracée tant que la face de douelle n'est pas elle-même exécutée; de sorte que
cette règle que l'on prescrit ordinairement, est vicieuse au fond, et ne peut
être corrigée que par le coup d'œil d'un ouvrier bien exercé. C'est pourquoi il
serait plus exact d'employer une cerce découpée suivant l'arc $M'D'L'$ de la
fig. 1, et de la promener sur les hélices directrices $l'l''$, $m'm''$, en la maintenant
toujours dans un plan méridien mobile, position qui serait suffisamment indiquée par des points de repère marqués sur ces hélices et fournis par les rayons
$O\alpha\delta$, $O\delta$, $O\alpha_2\delta_2$... de la *fig.* 1. On pourrait même ajouter à cette cerce une
branche rectiligne (comme dans le biveau de la *fig.* 9, *Pl. XXXV*), et en faisant
coïncider cette branche avec chacune des génératrices $\psi_3\zeta_3$ du joint gauche
supérieur (*fig.* 7), la position de la cerce se trouverait rigoureusement déterminée; mais cette dernière précaution est rarement nécessaire pour un ouvrier
intelligent.

FIG. 2.   **873.** *Remarque.* Dans cette voûte, tous les voussoirs de la naissance correspondant aux arcs de douelle $A'L'$ et $B'N'$, devront faire partie des assises du
mur cylindrique ou du noyau. Ainsi, le long de ce noyau, il existera un filet
saillant (*fig.* 9), analogue à celui d'une vis, et engendré par le mouvement hélicoïdal du profil $B'N'S'$; or ce filet sera coupé par chaque joint horizontal $S'S''$
suivant deux courbes BK et $Ki''w$ qui se construiront comme il suit. Le profil
générateur $S'N'B'$ est rencontré actuellement par le joint horizontal $S'S''$ au
point (S', B); mais quand ce profil aura monté de $2H$, par exemple, et que le

point (i', i) se trouvera parvenu dans ce plan, il aura tourné en même temps d'une quantité angulaire marquée par 2G; donc la vraie projection de ce point de section sera en i''; et si la différence de niveau entre S' et N' est $\frac{2}{3}$H, le point (N, N') viendra occuper sur le joint la position K déterminée en prenant l'arc NK égal aux $\frac{2}{3}$ d'une division correspondante à un giron G. Le même procédé s'applique à la portion rectiligne N'S' du profil qui engendre un véritable hélicoïde, et l'on obtient ainsi une spirale d'Archimède KBO, comme nous l'avons dit au n° **620** de la *Géométrie descriptive*.

Vis Saint-Gilles carrée.

874. Lorsque la cage d'un escalier est rectangulaire, ainsi que le noyau plein, Pl. 64, on peut faire porter les marches par une voûte qui a quelque analogie avec la Fig. 10. précédente, et qui suppose encore qu'il n'existe pas de palier. Après avoir tracé les projections des arêtes saillantes des marches, comme l'indique notre épure, on décrit le demi-cercle (A'N'B', AB), et l'on conçoit une demi-ellipse ayant pour axe horizontal la diagonale CD et pour demi-axe vertical le rayon du premier cercle; mais la naissance de cette ellipse est placée à une hauteur 2H au-dessus de A'B', de sorte que sa projection verticale est le cercle C'N''D'. De même, sur la diagonale EF, on imagine une ellipse égale à la précédente, mais dont la naissance est élevée de 6H au-dessus de A'B', et qui se projette encore sur le cercle E'N''F'; enfin, on décrit le demi-cercle (K'N$_4$L', KL) élevé de 8H au-dessus du premier. Cela posé, faisons mouvoir sur les ellipses AB et CD, une droite qui soit constamment *parallèle au plan vertical* BD; sur les ellipses CD et EF, la génératrice devra se mouvoir parallèlement au mur de cage DF; et sur les ellipses EF et KL, la génératrice demeurera parallèle au mur FL. Par là, nous produirons trois surfaces gauches (*) qui se rencontreront deux à deux suivant des courbes planes et verticales, dont les points de naissance (C, C') et (D, D') seront placés *au même niveau*, circonstances importantes qui n'auraient pas eu lieu si nous avions adopté des berceaux rampants, comme dans la *fig.* 8 de la *Pl.*LIX; mais là les berceaux étaient séparés par un palier, tandis qu'ici la voûte présente quelque analogie avec la voûte en arc-de-cloître de la *Pl. XLV*.

(*) Quelques auteurs les nomment des *berceaux gauches*; et Frézier, dans son *Traité de Stéréotomie*, les appelle des *cylindroïdes*.

875. On tracera l'appareil sur le cintre A'N'B', et les arêtes de douelle seront les génératrices qui partent des points M', N', P', Q'; pour la seconde rampe, ces arêtes de douelle seront projetées verticalement sur M"M", N'N", P"P''', Q"Q''', lesquelles réunissent les points des ellipses diagonales qui ont les mêmes ordonnées que M', N', P', Q'. Les joints de lit ou les *coupes* seront des plans conduits par ces arêtes de douelle et par les normales du cercle A'N'B'; quant aux joints d'assise, on les formera avec des plans normaux à la génératrice qui passerait par le milieu *m'* de chaque arc de douelle M'N'. Mais nous n'insisterons pas davantage sur cette question, dont nous n'avons voulu parler que comme un sujet d'exercice pour le lecteur, attendu que les marches présenteraient ici des faces trop obliques et des parties trop aiguës pour que l'on pût faire un usage convenable de cette voûte dans la pratique; et si cette forme de cage était assignée, il vaudrait mieux adopter des berceaux rampants, séparés par des paliers que l'on consoliderait au moyen de voûtes en arc-de-cloître, à peu près comme dans la *fig.* 8 de la *Pl. LIX;* seulement il faudrait achever les demi-cylindres qui, dans cette dernière épure, n'ont été employés qu'en forme d'encorbellement.

LIVRE V.

CHAPITRE PREMIER.

DÉTAILS D'ASSEMBLAGES.

876. Tous les bois employés dans les ouvrages de charpente sont équarris préalablement, c'est-à-dire qu'on leur a donné la forme d'un parallélipipède rectangle dont la base, plus ou moins grande, est à proprement parler l'*équarrissage* de la pièce, quoique ce nom désigne souvent aussi la longueur de chacun des côtés de cette base qui ordinairement diffère peu d'un carré. Et même, quand il s'agit d'une construction importante, dont la charpente doit être visible, ou à laquelle on veut donner une solidité durable, il faut que toutes les pièces soient équarries à vive arête, et leurs faces bien dressées avec le rabot, afin que les assemblages puissent être tracés et exécutés avec une précision qui ne laisse point de *jeu* aux diverses pièces du système; car autrement il y aurait là une cause de dégradation continuelle, surtout dans une charpente qui aurait une grande portée. D'ailleurs, cette bonne façon des bois laisse moins de prise à l'action corrosive de l'humidité et des insectes; et elle permet d'y appliquer plus efficacement une peinture à l'huile qui est encore un excellent moyen de préservation. Aussi, depuis le commencement de ce siècle, on est revenu généralement à la pratique des anciens charpentiers qui mettaient beaucoup de soin à équarrir, à assembler et à polir en quelque sorte leurs bois; ce qui a contribué, autant que le bon choix des matériaux, à conserver leurs antiques ouvrages dans l'état satisfaisant où nous les voyons encore à présent.

Puis donc que l'exactitude des assemblages qui servent à relier entre elles les diverses parties d'une charpente, influe d'une manière si remarquable sur la stabilité et la durée du système, et que d'ailleurs nous serons obligés de citer à chaque pas le moyen particulier par lequel telle ou telle pièce sera réunie avec les pièces voisines, il convient de commencer par expliquer en détail les principaux modes d'assemblages que l'on emploie le plus fréquemment.

877. *Assemblage à tenon et mortaise.* Soient A et B les deux pièces qu'il s'agit de réunir, et qui sont ici projetées sur *le plan de·leurs axes* de figure ; car on doit généralement faire en sorte que ces axes soient dans un même plan, afin d'éviter que la pression d'une pièce sur l'autre ne tende à produire un mouvement de torsion. Ce plan des axes peut être horizontal, vertical, ou avoir toute autre position, suivant le but qu'on se propose ; mais, pour fixer les idées sur la situation que nous supposerons aux diverses pièces dans nos épures, nous aurons soin d'indiquer toutes les projections *horizontales* par des lettres sans accent, tandis que les lettres accentuées désigneront des projections *verticales,* ou faites sur des plans parallèles à certaines faces qui ne seront point horizontales. Nous appellerons *faces de parement,* celles qui seront parallèles au plan des axes, et les deux autres seront dites les *faces normales ;* dans la *fig.* 1 , les premières sont horizontales, et les secondes verticales.

Cela posé, le *tenon* qui accompagne la pièce A, est une saillie en forme de parallélipipède ou de prisme quadrangulaire ($mnpq$, $m'n'n''m''$), que l'on ménage à l'extrémité de cette pièce, et à laquelle on donne une épaisseur $n'n''$ égale au tiers ou au cinquième de l'équarrissage $m''m''''$; les deux faces ($mnpq$, $m'n'$), ($mnpq$, $m''n''$), parallèles aux parements, sont les *joues* du tenon ; et les deux autres projetées sur $m'n'n''m''$, sont les *faces* d'épaisseur. Enfin, ($n'n''$, np) est le bout du tenon, et ($\dot{m}'m''$, mq) en est la *racine* ou la base ; tandis que les faces $m'm''$ et $m''m''''$ sont les deux *joints* ou les *abouts* de la pièce A.

Quant à la pièce B qui est supposée ici avoir le même équarrissage 'que A, le parallélogramme (mq, $m_2q_3q_4m_4$) est l'*occupation* ou la *portée* de la pièce A ; et la *mortaise* est la cavité rectangulaire ($mnpq$, $m_1m_2q_2q_1$) identique avec le tenon qui doit s'y engager. On appelle aussi *joues* ou *jouées* de la mortaise les faces de celle-ci qui sont en contact avec les joues du tenon : ou plutôt le nom de *jouées* désigne les parties solides de la pièce B qui subsistent en dessus et en dessous de la mortaise ; et comme chacune de ces jouées doit offrir une résistance au moins égale à celle du tenon qui tend à les faire éclater, c'est un motif pour donner à celui-ci une épaisseur qui ne dépasse pas le tiers de l'équarrissage, ainsi que nous l'avons indiqué plus haut.

On ajoute ordinairement une cheville *c* qui traverse à la fois le tenon et les deux jouées de la mortaise ; mais ce moyen de consolidation ne doit être regardé que comme temporaire, et bon pour maintenir les pièces jusqu'à ce que toute la charpente soit montée ; car ces chevilles se pourrissent promptement, et la stabilité du système doit résulter, non pas de leur existence, mais du contact un peu forcé entre les joues du tenon et celles de la mortaise ; tandis

que pour les autres faces, et surtout pour le fond de la mortaise, il doit rester
un peu de jeu, afin de faciliter la mise en joint.

878. Quand les axes des deux pièces se rencontrent obliquement, comme F<small>IG</small>. 2.
D et E dans la *fig.* 2, il faut tronquer le tenon par un plan *mh* perpendiculaire à la face d'entrée de la mortaise, afin d'éviter l'entaille aiguë *mnh* qu'il
faudrait creuser par refouillement dans la pièce E, ce qui serait fort incommode; d'ailleurs, si la pièce D était sollicitée à tourner autour de l'arête *q*,
la partie saillante *mnh* du tenon ferait l'office d'un levier qui tendrait à faire
éclater la portion *nmk* de la pièce E, dans le sens des fibres du bois.

La projection D′ est faite sur un plan vertical, parallèle aux faces normales
de la pièce D; et il en est de même de E′ par rapport à E. Ici nous ferons
observer, une fois pour toutes, que les hachures indiquent des faces *non
parallèles* aux fibres du bois; c'est ce qui arrive pour les deux joints de la
pièce D, projetés sur *qm*, et pour le bout du tenon *ph*, mais non pas pour la
face *pq*; tandis que cette dernière face, considérée comme appartenant à la
mortaise et projetée sur *p′q′q″p″*, est dans une direction qui tranche les fibres
de la pièce (E, E′), et dès lors elle a dû être couverte de hachures.

879. *Embrèvement.* Lorsqu'une des deux pièces doit produire dans l'autre F<small>IG</small>. 3.
un arc-boutement, il est prudent alors d'épauler le tenon au moyen d'un *embrèvement;* c'est une saillie *m′g′q′*, en forme de prisme triangulaire, que l'on
ménage à l'extrémité de la pièce A′, et qui conserve toute l'épaisseur de cette
pièce, tandis que le tenon *g′h′p′q′*, qui est à la suite de l'embrèvement, n'a que
le tiers de cette épaisseur. Les deux triangles projetés sur *m′g′q′* sont les faces
d'épaulement, *g′q′* est la semelle, et *m′g′* l'about de l'embrèvement qui ne doit
avoir que le ⅓ ou le ¼ de l'about *m′h′* du tenon. Ordinairement cet about est
tracé dans une direction perpendiculaire à l'axe de la pièce (B′, B″); d'autres
fois cependant on le dirige perpendiculairement à l'axe de (A′, A″), quand cette
dernière pièce doit pivoter sur sa base pour s'engager dans la pièce (B′, B″).
Relativement à celle-ci, la face oblique *g″q″q′g″* est le *pas* de l'embrèvement.

L'embrèvement est dit *par encastrement,* lorsque la pièce D′ qui s'engage F<small>IG</small>. 4.
dans E′ a une épaisseur moindre que celle de cette dernière; alors la pièce
(E′, E″) présente une espèce de cuvette inclinée *g″q″q″g″* qui reçoit l'embrèvement de D′, et du reste la forme de celle-ci est la même que dans la *fig.* 3.

880. *Embrèvement à deux crans.* Lorsque l'angle formé par les axes des pièces F<small>IG</small>. 5
A′ et B′ est très-aigu, l'occupation de la première pièce sur la seconde aurait et 6.
une grande longueur; et il vaut mieux partager l'embrèvement en deux parties
m′g′q′, *q′r′s′*, qui arc-bouteront plus efficacement la pièce B′. Toutefois, comme

5<small>2</small>

cette dernière pièce offrirait ainsi, pour résister à la pression de bas en haut, un prisme triangulaire $g'q'r'$ dont les fibres sont toutes tranchées par le plan $g'q'$, il serait à craindre que cet effort ne fît déchirer ce prisme dans la direction r'_1g' ; c'est pourquoi on modifie souvent cet assemblage, en lui donnant la forme indiquée dans la *fig.* 6, où le plan $g'q'$ est parallèle à $m's'$. Du reste, on peut aussi ajouter un tenon à ces sortes d'embrèvement.

FIG. 7.   **881.** *Embrèvement à plat joint*, ou *joint anglais*. Dans ce système, la pièce (A', A'') porte deux fourchons projetés sur $m'x'y'$, et l'about de chacun d'eux est formé par un cylindre ayant pour directrice l'arc de cercle $m'x'$ décrit du point y' comme centre; d'ailleurs ces deux fourchons sont séparés par une face plane et verticale ($m'y'$, $m''y''$) qu'on appelle un joint plat.

Les abouts cylindriques tels que $m'x'$ sont employés assez fréquemment par les charpentiers anglais, attendu que cette forme coupe les fibres moins obliquement que le plan horizontal $m'q'$ des *fig.* 3 et 4, et qu'elle permet à la pièce A', en pivotant sur sa base, de s'engager dans la pièce B' plus librement encore qu'avec le plan normal $m'q'$ des *fig.* 5 et 6. Mais cette forme cylindrique étant moins facile à exécuter qu'un simple plan, il y a plus de chances d'erreur à craindre dans la coïncidence exacte de l'about avec l'entaille pratiquée dans la pièce (B', B''); et surtout ici où les deux entailles m_2x_2, m_3x_3, sont séparées par une partie saillante m_3y_3, il est bien difficile d'exécuter ces faces de telle sorte qu'elles appartiennent à un même cylindre; or, si cette condition n'est pas exactement remplie, l'un des fourchons de A' portera déjà sur B', quand l'autre fourchon ne sera pas encore en joint, ce qui présenterait un défaut grave. D'ailleurs, un mouvement de torsion qu'une cause accidentelle pourrait produire, tendrait à faire éclater un des fourchons; de sorte que le système représenté dans la *fig.* 7 ne paraît pas bon à imiter.

FIG. 8.   **882.** *Assemblage à houlice.* On désigne ainsi le tenon triangulaire ($m'n'p'$, $m''p''p'''m'''$) par lequel on a réuni la pièce verticale A' avec la pièce inclinée B'. Ce mode d'assemblage est employé dans les murs ou cloisons faites en pans de bois, et composées de poteaux assemblés dans deux sablières horizontales; les intervalles sont remplis de plâtras reliés par un enduit de plâtre; mais, comme il faut s'opposer aux oscillations horizontales que diverses causes pourraient imprimer à cette cloison *hourdée*, on y intercale des pièces obliques, telles que B', inclinées les unes à droite, les autres à gauche, et que l'on nomme *guettes*, *écharpes* ou *décharges;* dans ces endroits, les potelets verticaux doivent être partagés en deux, comme ici A' et D', que l'on appelle des *tournisses:* enfin, on ajoute quelquefois un embrèvement $e'f'g'$ au tenon $f'g'h'$.

Cette disposition est aussi employée dans les barrières mobiles, afin que la *décharge* reporte le poids du vantail sur les gonds.

883. *Tenons avec renforts.* Lorsque la pièce horizontale (A, A′), qui s'assem- FIG. 9. ble à tenon et mortaise dans (B, B′), doit supporter quelque charge considé-rable, comme il arrive aux solives d'un plancher, il est prudent d'ajouter à la base du tenon un renfort *e′f′g′* qui est dit *carré*, mais qui doit laisser à la jouée de la mortaise une épaisseur $g_1 h_1$ au moins égale au quart de l'équarrissage de la pièce. Quelques charpentiers trouvent préférable, et avec raison, de for-mer l'about de ce renfort par un plan oblique, attendu que cela facilite la mise-en-joint et affaiblit moins la pièce (B, B″); mais alors, il faut placer ce renfort *en dessus du tenon*, ainsi qu'on le voit dans la pièce (D, D″), parce qu'autrement la pesanteur agirait sur la face oblique *m′n′* comme sur un plan incliné, ce qui tendrait à faire sortir le tenon de la mortaise. Cet assemblage est dit *renfort oblique en chaperon*, et il doit laisser à la jouée de la mortaise une épaisseur $r_2 s_2$ égale au moins au tiers de l'équarrissage.

884. *Assemblage à queue d'hironde.* Quand on veut réunir deux pièces FIG. 10. (A, A′) et (B, B′) de manière à résister à une traction dirigée suivant la lon-gueur de la première, on ménage à l'extrémité de celle-ci, mais seulement à mi-bois, une saillie (*efgh, h′g′g″h″*) en forme de trapèze, dont le *collet* ou la racine *eh* est plus petit que la base extérieure *fg*; puis, après avoir taillé dans la pièce B une cavité identique $e_2 f_2 g_2 h_2$, on y engage la queue d'hironde *efgh* en soulevant un peu la pièce A, et dès lors cette dernière ne peut plus se sé-parer de B par suite de tractions horizontales. Mais pour que les fibres ne soient pas tranchées brusquement, ce qui pourrait faire déchirer la queue d'hironde *efgh* dans le sens de ces fibres, il faut donner à chaque épaulement *me, nh*, une largeur comprise entre $\frac{1}{6}$ et $\frac{1}{10}$ de la longueur *mf*, laquelle est ordinairement égale à l'équarrissage *mn*.

Ce mode d'assemblage s'emploie avantageusement pour les solives d'un plancher qui doivent reposer d'une part sur une poutre, et de l'autre sur une sablière scellée dans un mur; car l'expérience et le calcul prouvent qu'une solive ainsi encastrée par les deux bouts, résiste à une charge presque double de celle qu'elle pourrait supporter si elle était simplement appuyée par ses deux extrémités. En effet, on doit bien voir, *à priori*, que les queues d'hironde pla-cées aux deux bouts de la solive, s'opposent à la flexion des fibres que la charge tend à produire, et qui est le commencement de la rupture de la pièce.

On peut aussi ajouter à la queue d'hironde un renfort (*pqrs, r′r″s″s′*), mais FIG. 11. il ne faut pas le faire descendre plus bas que le milieu *s′* de l'épaisseur *s″n′* de

5a.

la pièce (D , D′), afin de ne pas trop affaiblir la jouée de la mortaise qui est pratiquée dans l'autre pièce (E , E′).

PL. 66,   **885.** *Assemblage en onglet,* ou *à tenon et mortaise sur l'arête.* La pièce hori-
FIG. 1. zontale (A′, A″) est la *lisse d'appui* d'une barrière, soutenue par plusieurs *potelets* verticaux, tels que (B, B′); mais pour que les eaux pluviales ne séjournent pas sur cette lisse, on a déversé ses faces, comme l'indique le profil A″ qui représente une section faite perpendiculairement à la longueur de A′; et par une conséquence nécessaire, il a fallu tourner le potelet B′ de manière qu'il fût vu d'angle, comme le montre la coupe horizontale B, afin que ses arêtes allassent rencontrer précisément celles de la pièce A′. Cela posé, on a formé les joints de ces deux pièces au moyen de deux triangles isocèles (*xyz*, *x′y′*), (*xvz*, *x′v′*), qui se coupent suivant l'arête horizontale (*xz*, *x′*); mais, au milieu de ces faces de joint, on a ménagé un tenon rectangulaire (*efgh*, *e′e″f″f′*) qui s'engage dans une mortaise identique pratiquée dans la pièce A′ : ce tenon est vu de profil sur la figure B″ qui représente une projection de la pièce (B, B′), faite sur un plan vertical parallèle à *xz*, et rabattue suivant $x_1 z_1$. On doit se rappeler d'ailleurs que les hachures indiquent des faces qui ne sont point parallèles aux fibres du bois.

FIG. 12.   **886.** DES MOISES. Le mot de *moise* signifiait autrefois la *moitié* d'une poutre fendue en long; et par analogie, on donne aujourd'hui ce nom à deux pièces *jumelles* qui embrassent d'autres pièces principales pour les relier fixement entre elles. Ainsi, *moiser* des pièces, c'est les saisir entre deux moises; car il est rare qu'on emploie une moise unique, quoique avec des entailles à mi-bois et des boulons, cela puisse suffire dans certains cas moins importants; mais alors on la nomme plutôt *décharge* ou *écharpe* ou *lierne,* suivant la position qu'elle occupe. Dans la *fig.* 12, il s'agit de relier entre eux un *tirant* horizontal et un *arbalétrier* incliné; les deux moises A sont entaillées à mi-bois suivant les directions de ces pièces principales, ainsi qu'on le voit sur les projections latérales A′ et A″; et l'adhérence de ces pièces est maintenue par des boulons à écrous, placés en dessous et en dessus de chaque entaille. Souvent, au lieu de deux boulons, on n'en met qu'un seul qui traverse à la fois les deux moises et le tirant; mais cette disposition présente l'inconvénient de couper les fibres de la pièce principale, ce qui diminue la résistance dont elle est susceptible. Par le même motif, on doit se garder de pratiquer aussi une entaille dans le tirant pour recevoir la moise, comme le font quelques constructeurs.

887. La *croix de Saint-André* qui présente un assemblage analogue   est le système de deux pièces disposées en forme de X, mais où chacune d'elles est entaillée à mi-bois, afin que les faces de parement s'affleurent bien. On introduit souvent ce système dans un pan de charpente, pour s'opposer à des oscillations longitudinales ; et dans une cloison hourdée, il remplace la décharge B' (*fig.* 8, *Pl. LXV*) dont nous avons parlé au n° **882.**

888. ENTURES VERTICALES. Enter deux pièces, c'est les joindre dans le sens PL. 66, de leur longueur, au moyen d'entailles nommées *entures;* et les *entes* sont les FIG. 2. pièces entées. Quand il s'agit de deux pièces verticales qui doivent résister seulement aux effets de la pesanteur, le mode le plus simple est l'assemblage *en fausse tenaille* représenté *fig.* 2, où la pièce supérieure M' porte un tenon qui n'occupe en largeur que la moitié de l'équarrissage, et le tiers en épaisseur : l'autre pièce N' présente une mortaise identique ; et lorsque M' et N' sont réunies, on consolide l'assemblage en l'entourant d'une ou deux brides en fer serrées par des écrous à vis. La *fig.* 3 représente l'assemblage à *tenon chevronné*, et dans la *fig.* 4 il est à *tenons croisés.*

889. L'enture de la *fig.* 5 est à *enfourchement* avec des *abouts en fausse coupe,* FIG. 5. pour maintenir les fourchons en joint. Chacune des pièces A' et B' porte deux fourchons et deux entailles qui reçoivent les fourchons de l'autre ; dans (B, B') par exemple, les deux fourchons sont deux pyramides triangulaires qui ont pour bases les triangles (*mvx*, *v'x'*), (*pyz*, *v'z'*), mais qui sont tronquées suivant les plans inclinés (*mgh*, *m'g'h'*), (*pcd*, *p'c'd'*) ; tandis que les entailles sont produites en enlevant deux pyramides tronquées qui auraient pour bases primitives les triangles (*qvz*, *v'z'*), (*nxy*, *v'x'*), et pour bases obliques les triangles (*qef*, *q'e'f'*), (*nik*, *n'i'k'*). D'ailleurs on doit bien observer qu'il reste au centre de l'assemblage une face horizontale (*vxyz*, *x'v'z'*) qui est commune aux deux pièces A' et B', et sur laquelle portera la charge qu'elles auront à soutenir ; ce qui est bien préférable à d'autres combinaisons que l'on a proposées, et où cette charge porte sur les abouts des fourchons, ou bien sur un sommet pyramidal placé au centre (*v'*, *o*) de l'assemblage. Au reste, pour faire étudier plus facilement cette combinaison intéressante, nous avons représenté dans la *fig.* 6 la pièce (B, B') vue isolément, et projetée sur un plan vertical parallèle à la diagonale *mp.*

890. ENTURES HORIZONTALES. La *fig.* 7 représente un *assemblage à tenaille* FIG. 7. pour réunir bout à bout deux pièces horizontales A et B ; cette dernière porte le tenon, et l'autre les deux pinces de la tenaille ; l'ensemble est d'ailleurs consolidé par des chevilles ou quelques clous. D'autres fois on se contente, pour réunir de telles pièces, d'employer un recouvrement *à mi-bois*, comme *e'e"f"f'* dans la *fig.* 8 ; mais ici, en outre, on a garni chacune des pièces B et D d'une queue d'hironde, placée en dessus pour (D, D') et en dessous pour (B, B'). Ainsi, cela forme une enture *à double queue d'hironde*.

FIG. 9.   **891.** *Traits-de-Jupiter.* Si avec les deux pièces horizontales (A, A'), (B, B'), on veut former une poutre ou tirant, on coupera la première suivant la forme anguleuse *l'm'n'p'q'r'*, et l'autre suivant *l' m'q'h'q'r'* ; il restera ainsi de vide un espace *q'h'p'n'* qui est nécessaire pour pouvoir, en faisant jouer les pièces dans la direction *n'q'*, introduire l'angle saillant *m'* de B' et l'angle saillant *q'* de A' dans les entailles correspondantes ; puis, quand les abouts *l'm'* et *q'r'* seront bien mis en joint, on les y maintiendra très-serrés, en insérant de force une clef *γπ* dans le vide rectangulaire *q'h'p'n'*. D'ailleurs, il est toujours prudent de consolider ce système en l'entourant d'une ou deux brides en fer, serrées avec des écrous à vis.

La *fig.* 10 représente un trait-de-Jupiter à double entaille et à deux clefs ; car on peut multiplier plus ou moins ces entailles, et c'est la ressemblance de ces lignes anguleuses avec les zigzags par lesquels les peintres représentent les éclats de la foudre, qui a fait donner à cet assemblage le nom sous lequel il est désigné vulgairement.

Dans la *fig.* 11, les abouts au lieu d'être droits, sont *en fausse coupe*, afin d'éviter qu'une pression latérale ne fasse sortir de sa place une des pièces E' ou F' ; et pour augmenter la fixité, on a encore ajouté à chacune d'elles un tenon, comme *q'x'y'z'* pour F' ; mais la mortaise pratiquée dans (E, E') pour recevoir ce tenon, devra offrir une longueur surabondante, afin de permettre *le jeu* que nous avons dit ci-dessus être nécessaire pour mettre les pièces en joint.

PL. 66,   **892.** *Poutres armées.* Lorsqu'une poutre horizontale A'A est chargée d'un
FIG. 13.   poids considérable, les fibres inférieures s'allongent et se courbent, les fibres supérieures se contractent, tandis qu'une certaine fibre à peu près centrale demeure *invariable* de longueur. Or, comme les bois résistent moins à la contraction qu'à l'extension, on consolidera la pièce principale AA', nommée la *mèche*, en appliquant au-dessus deux *fourrures* B' en D' en forme d'arbalêtriers, lesquelles s'arc-bouteront suivant la face verticale *gh*, et seront embrévées dans la mèche par des *redans* ou entailles *lmn, pqr, xyz*. Cette disposition augmentera la résistance à la flexion, beaucoup plus que si l'on avait simplement superposé à A'A' une autre pièce parallèle ; et d'ailleurs, il y aura une économie notable, puisqu'on emploie, pour ces fourrures, des pièces dont la longueur est moitié

moindre. Dans tous les cas, il faudra relier entre elles la mèche et les fourrures par des boulons ou des brides serrées avec des écrous à vis; en outre,
les abouts *mn*, *qr*,... des embrèvements devront être taillés bien justes, afin de
bander fortement les deux fourrures; mais, comme cette condition serait difficile à remplir pour tous les abouts à la fois, il vaudra mieux laisser un vide
tel que *qrst*, et le remplir ensuite par une clef que l'on enfoncera jusqu'à ce
que l'assemblage soit bien serré. Par un motif semblable, on pourra aussi
insérer un coin de bois dur entre les deux abouts *gh*; et pour que la bride placée en cet endroit ne soit pas exposée à glisser, nous avons abattu l'angle saillant des deux fourrures au moyen d'un pan coupé horizontal *ef*.

883. D'autres fois, on place à côté l'une de l'autre deux poutres jumelles,
en les réunissant par des boulons horizontaux; ou bien on prend un seul corps
d'arbre que l'on refend suivant sa longueur, et après avoir retourné ses deux
moitiés de manière à placer le cœur du bois en dehors et l'aubier en dedans,
on les relie par des boulons horizontaux, ce qui fournit un système dont la
forme extérieure est rectangulaire, et où l'on utilise la force des segments irréguliers qui auraient été enlevés par l'équarrissement de la pièce primitive. Cette
disposition s'emploie fréquemment dans les maisons particulières pour former
ces grosses poutres nommées *poitrails* qui recouvrent une porte cochère ou une
boutique, et qui ont à supporter le poids d'un *trumeau* de fenêtres construit
en moellons ou même en pierres.

894. Lorsqu'il faut construire une poutre ou un tirant d'une grande portée, Fig. 14.
comme de 8 ou 10 mètres dans œuvre, la meilleure disposition est d'employer deux pièces jumelles (A, A'), (A₂, A'), entre lesquelles on place deux
arbalétriers (B, B'), (D, D'), dont les pieds reposent sur deux *coussinets* ou
traverses qui sont assemblées à tenon et embrèvement dans les joues des jumelles. Ces arbalétriers vont s'arc-bouter sur une clef ou poinçon *a'b'c'd'e'f'*
engagé dans les jumelles par une coupe en queue d'hironde, et le tout est
serré par des boulons avec des écrous à vis. Des poutres armées de cette manière ont été employées dans les restaurations qu'on a faites au vieux Louvre
et au Palais-Royal.

CHAPITRE II.

DES COMBLES EN GÉNÉRAL.

PL. 67. **895.** Le *comble* d'un bâtiment est cette partie la plus élevée qui présente un ou plusieurs plans inclinés sur lesquels on applique la *couverture* qui doit garantir tout l'intérieur contre l'intempérie des saisons. Quelquefois, et quand il s'agit d'une construction de peu d'importance, comme d'un hangar ou d'un atelier, le comble ne présente qu'un seul *égout* ou plan incliné (*fig.* 1), et alors on le nomme un *appentis*. Plus ordinairement le comble est *à deux égouts* formés par deux plans inclinés $a'z'$, $b'z'$ (*fig.* 2) qui se rencontrent suivant une horizontale z' parallèle aux deux côtés les plus longs du rectangle sur lequel se projette le bâtiment; et si les murs correspondants aux deux petits côtés s'élèvent en pointe jusqu'au sommet du comble, comme dans les *fig.* 2 et 3, ces faces triangulaires et verticales $a'z'b'$ s'appellent des *pignons*. On les nommerait des *frontons*, si la corniche qui règne à la naissance du comble, s'élevait en rampant le long du pignon (*fig.* 4); et quand une partie de cette corniche se prolonge horizontalement suivant $c'd'$, l'espace triangulaire $c'e'd'$ s'appelle le *tympan* du fronton.

896. Lorsqu'on ne veut pas faire la dépense d'élever un pignon en maçonnerie, dont l'aspect d'ailleurs est toujours peu satisfaisant pour l'œil du spectateur, on termine les quatre murs par un rectangle horizontal, et l'on donne aux deux faces du comble qui passent par les deux longs-côtés, la forme de trapèzes que l'on nomme les *longs-pans*, tandis que les deux autres faces reçoivent la forme de triangles inclinés que l'on appelle les *croupes*, ainsi qu'on le voit indiqué en projection horizontale sur la *fig.* 5. Les quatre arêtes saillantes ao, bo, ce, de, produites par les intersections des longs-pans et des croupes, sont formées par des pièces de charpente que l'on nomme des *arêtiers*, et qui sont taillés en dos d'âne : l'horizontale supérieure eo s'appelle *le faîte* ou plutôt *la ligne de couronnement*.

Dans la *fig.* 5 la croupe est dite *droite;* mais elle serait *biaise* si elle avait la forme représentée *fig.* 7 par le triangle aob.

897. Lorsque deux corps de bâtiment se rencontrent sous un angle droit ou oblique, comme dans la *fig.* 6, les deux combles auxquels nous supposons la même hauteur, viennent se raccorder, et *se nouer* en quelque sorte, suivant quatre arêtes rentrantes projetées sur ik, il, im, in; c'est pourquoi on donne à ces droites le nom de *noues*, ainsi qu'aux pièces de charpente qui les déterminent et qui sont creusées en forme de gouttière. Les noues peuvent être aussi *droites* ou *biaises*.

Si les deux corps de bâtiment, au lieu de se pénétrer, formaient un retour d'équerre, comme dans la *fig.* 7, il y aurait en dehors un arêtier *ec*, et en dedans une noue *ed*.

898. *Combles de pavillon.* Pour un bâtiment dont le plan est un carré *abcd* PL. 67. (*fig.* 8), ou un quadrilatère qui en diffère peu, le mode le plus simple et le plus usité est de former le comble au moyen de quatre *croupes* ou triangles inclinés qui vont se réunir au même point (*o*, *o'*); ce n'est donc autre chose qu'une pyramide quadrangulaire à laquelle on donne ordinairement le nom de *comble en pavillon.*

Quelquefois on préfère de conserver, sur chacune des quatre faces du pavillon '(*fig.* .9), un pignon vertical (*azb*, *a'z'b'*) auquel correspond un comble à deux égouts; alors ces quatre combles se rencontrent en présentant quatre noues (*oa*, *z'a'*), (*ob*, *z'b'*), (*oc*, *z'b'*), (*od*, *z'a'*).

On pourrait combiner ensemble les pignons et les croupes des deux systèmes précédents, en coupant les quatre combles à deux égouts (*fig.* 10) par les faces de la pyramide quadrangulaire (*oabcd*, *o'a'b'*); il y aurait alors quatre arêtiers *oa*, *ob*, *oc*, *od*, et huit noues *ma*, *na*, *nb*, *pb*, *pc*, *qc*, *qd*, *md*; mais ce système est assez compliqué dans l'exécution.

Enfin, tout en conservant les quatre pignons verticaux (*fig.* 11), on pourrait supprimer les combles à deux égouts, et faire passer quatre plans par les arêtes des pignons voisins qui sont contiguës deux à deux, savoir : *av* et *az*, *bz* et *by*, *cy* et *cx*, *dx* et *dv*. Ces plans iraient se couper tous en un même point (*o*, *o'*), et offriraient quatre losanges que l'on peut regarder comme les restes de la pyramide quadrangulaire *oαβγδ* qui aurait été tronquée par les quatre plans verticaux *ab*, *bc*, *cd*, *da*. Ce comble n'aurait point d'angles rentrants, et présenterait quatre arêtiers *oz*, *oy*, *ox*, *ov*, aboutissant aux sommets des pignons : il est représenté, dans la *fig.* 12, comme projeté sur le plan vertical *γδ* parallèle à la diagonale *bd*.

899. *Pente des combles.* Dans un comble à deux égouts, la pente est exprimée par l'angle ω que forme avec l'horizon chacun des plans inclinés; ou bien on l'indique par le rapport de la hauteur du comble, $OZ = h$ (*fig.* 13), avec la demi-largeur $OA = b$, laquelle est la projection horizontale du plan incliné AZ. Cette pente est en général plus faible dans les contrées méridionales de notre Europe que dans les régions du Nord, où l'on adopte ordi-

53

nairement

$$\omega = 60° \quad \text{ou} \quad \frac{h}{b} = \sqrt{3} = \frac{7}{4}\, environ,$$

ce qui suppose que le triangle AZB est équilatéral ; il y a même des combles d'anciens châteaux où la hauteur h égale $2b$, et va jusqu'à $3b$. Une pente aussi roide avait sans doute pour motif d'accélérer l'écoulement des eaux pluviales, et d'éviter que la neige ne s'accumulât autant sur la couverture ; car cela entretient une humidité qui pénètre dans l'intérieur du comble et pourrit les bois, et d'ailleurs l'existence d'une épaisse couche de neige devient une charge qui fatigue les charpentes (*). Mais l'expérience a montré que ces inconvénients étaient peu diminués par l'extrême roideur de la pente ; tandis que la grande élévation d'un comble exigeait l'emploi de pièces très-longues, qu'il fallait encore relier entre elles par d'autres pièces auxiliaires, ce qui produisait des charpentes très-dispendieuses et tellement massives qu'elles écrasaient les murs des bâtiments. En outre, on ne pouvait plus y adapter des tuiles plates, et encore moins des tuiles creuses, qui auraient glissé infailliblement sur un plan aussi incliné ; c'est pourquoi on a diminué beaucoup la pente des combles modernes.

D'un autre côté, lorsque cette pente est beaucoup au-dessous de $\omega = 45°$ ou $h = b$, la capillarité et les courants d'air font remonter les eaux de pluie sous les recouvrements des tuiles et des ardoises : celles-ci ne s'égouttent point ou ne sèchent que fort lentement, et par là elles se détériorent très-vite. En outre, comme l'action horizontale des vents qui viennent choquer le plan incliné d'un comble, se décompose en deux forces dont une tend à remonter la pente, et que cette dernière composante est d'autant plus grande que l'angle ω est plus petit, il arrive assez fréquemment, pour un comble très-surbaissé, que des coups de vent impétueux soulèvent et arrachent les ardoises et les tuiles ; d'ailleurs ces combles ne permettent plus de tirer un parti avantageux de leur capacité intérieure pour y former des greniers praticables. Enfin, sous le rapport de la charpente, ils offrent des inconvénients que l'on comprendra mieux lorsque nous aurons exposé la composition des *fermes;* car 1° on est obligé alors de donner un équarrissage plus fort aux diverses pièces inclinées, telles que les arbalétriers, et le cube de ces bois augmente plus la dépense qu'elle

---

(*) On estime que le poids d'une couche de neige équivaut au *dixième* de celui d'une couche d'eau de même épaisseur et d'égale superficie.

n'est diminuée par leur raccourcissement; 2° la poussée des chevrons sur les sablières augmente beaucoup, et dans l'intervalle de deux fermes qui ne seraient pas très-rapprochées, cette poussée peut faire céder les sablières et déverser les murs du bâtiment.

Ajoutons encore que le genre de couverture adopté pour le comble, doit influer sur la pente qu'on lui donnera. Ainsi, toutes choses égales d'ailleurs, l'angle ω devra être moindre si l'on emploie des tuiles creuses où les eaux de pluie, se rassemblant plus facilement, s'écoulent plus vite, et qui étant plus espacées, chargent moins les chevrons; et même, comme ces tuiles ne sont retenues que par le frottement produit par leur poids, il faudra toujours que ω soit moins que 27°. Tandis qu'on devra augmenter l'inclinaison ω si l'on emploie des ardoises, et encore plus s'il s'agit de tuiles plates, attendu que ces dernières sont disposées de manière à offrir, par suite des recouvrements, *trois épaisseurs* sur chaque point du lattis, et qu'ainsi elles chargeraient trop les chevrons et les pannes, si l'on n'augmentait pas la roideur du comble.

900. D'après les considérations précédentes, on voit que pour fixer convenablement la pente d'un comble, il ne suffit pas de se régler sur les *climats* géographiques ou sur la *latitude*, comme l'avaient proposé M. Quatremère de Quincy dans le *Dictionnaire d'Architecture*, et Rondelet dans son *Art de bâtir*. Le premier voulait que l'angle ω étant nul à l'équateur, il augmentât de 3 degrés par chaque climat géographique, pour les couvertures en tuiles creuses, avec le soin d'ajouter à l'inclinaison ainsi calculée, 6 degrés pour une couverture en ardoises, et 8 degrés si la couverture était en tuiles plates; mais si cette règle s'accorde assez bien avec les pentes usitées dans quelques contrées, comme à Aix, Lyon, Saintes,..., dans un plus grand nombre d'autres pays elle s'écarte beaucoup des inclinaisons consacrées par l'expérience. Pour simplifier cette règle, en évitant la division par climats, qui est incommode, Rondelet prescrivait de prendre l'angle ω égal à *l'excès de la latitude* du lieu *sur celle du tropique* (23°28'), ce qui suppose que dans toute la zone torride la pente serait nulle; puis, il augmentait cette valeur de ω relative aux tuiles creuses, de 6 et 8 degrés comme ci-dessus, pour les ardoises et les tuiles plates; mais cette seconde règle ne s'accorde pas encore bien avec les usages reçus dans les diverses contrées; et pour une latitude de 25° par exemple, elle imposerait une pente qui serait tellement faible (1°32') que les tuiles rejetteraient l'eau en dedans du toit. Ainsi le mieux sera de s'en tenir, dans chaque localité, aux pentes qu'une longue expérience a fait reconnaître comme les plus avantageuses, eu égard au climat plus ou moins pluvieux, à la violence des vents ordinaires, et au genre de couverture que l'on peut se procurer plus facilement dans le pays environnant. A Paris et dans les départements voisins, l'usage le plus ordinaire est d'adopter les valeurs suivantes :

pour tuiles creuses. . . . . $\omega = 18^\circ$ à 26°, ou $\dfrac{h}{b} = \dfrac{1}{3}$ à $\dfrac{1}{2}$;

pour ardoises. . . . . $\omega = 33^\circ$ à 45°, ou $\dfrac{h}{b} = \dfrac{2}{3}$ à 1;

pour tuiles plates . . . . . $\omega = 36^\circ$ à 51°, ou $\dfrac{h}{b} = \dfrac{3}{4}$ à $\dfrac{5}{4}$.

On voit que l'angle de 45° conviendrait à la fois aux ardoises et aux tuiles; et c'est aussi l'inclinaison qui permet de tirer le parti le plus avantageux de la capacité intérieure d'un comble, pour y former des greniers praticables, toujours utiles dans une maison d'habitation.

CHAPITRE III.

DES FERMES.

901. Pour construire un comble à deux égouts, il faut d'abord établir, de distance en distance, plusieurs *fermes* ou pans (*) de charpente verticaux, qui présentent chacun la forme d'un triangle dont la base repose à la fois sur les deux murs de *long-pan*, et qui servent à porter toutes les autres pièces du comble. La composition de ces fermes peut varier avec la grandeur et la destination du comble; mais nous allons commencer par expliquer un des exemples les plus simples.

PL. 67.   Dans la *fig.* 13, on voit d'abord le *tirant* qui est une pièce horizontale, encastrée en partie dans les deux murs de face; elle porte en son milieu une pièce verticale, le *poinçon*, sur lequel viennent s'arc-bouter les deux arbalétriers qui s'y engagent par embrèvement et tenon, et les pieds de ces arbalétriers s'assem-

---

(*) Un *pan* de charpente est le système de plusieurs pièces assemblées fixement les unes avec les autres, mais qui ont toutes leurs axes dans un même plan.

blent dans le tirant d'une manière semblable; ces quatre pièces présentent un système triangulaire, de forme invariable, et qui compose le corps de la ferme. Ensuite, sur les arbalêtriers de deux fermes voisines, on pose deux ou plusieurs cours de *pannes*, pièces horizontales, mais déversées, qui y sont maintenues par des espèces de tasseaux nommés *chantignolles;* ces dernières sont fixées au moyen de deux clous; mais pour plus de sûreté, il est bon de les engager dans l'arbalétrier par un petit embrèvement. Enfin, sur les pannes sont couchés les *chevrons*, dont les pieds reposent sur la *sablière* et s'y engagent par un simple embrèvement; cette sablière est une pièce posée à plat sur le mur, et qui, pour résister à la poussée horizontale que le poids des chevrons exerce contre elle, doit être rattachée fixement aux tirants des deux fermes voisines, au moyen d'un assemblage à tenon et mortaise, ou d'une entaille à mi-bois, comme nous l'expliquerons en détail dans l'épure de la *croupe droite* (n° **908**). Nous verrons aussi alors comment les chevrons s'assemblent deux à deux, par le haut, en s'appuyant sur le *faîtage* qui réunit les poinçons des fermes successives, lesquels s'engagent chacun par un tenon dans ce faîtage (*fig.* 14 et 15); mais quand il s'agit d'une ferme adjacente à la croupe, comme dans la *fig.* 13, c'est le faîtage qui s'engage dans le poinçon, attendu qu'il est d'usage de prolonger ce dernier au-dessus du comble, en forme de pyramide tronquée que l'on recouvre d'une feuille de métal, avec le soin de la faire descendre en bavette par-dessus les ardoises ou les tuiles. Dans ce cas aussi, les deux chevrons qui font partie de la ferme, vont s'assembler dans le poinçon par embrèvement et tenon, comme on le voit sur la *fig.* 13; quant aux pieds de ces deux mêmes chevrons, ils s'engagent dans le tirant, et non dans la sablière.

Toutefois, comme la sablière ne doit jamais être posée en dehors du parement extérieur du mur, il reste toujours entre les pieds des chevrons et le bord de la corniche, un intervalle que l'on recouvre par de petits chevrons nommés *coyaux*, lesquels sont fixés sur les chevrons principaux simplement par deux clous, et qui reposent ordinairement sur l'arête saillante de la sablière: d'ailleurs ces coyaux se trouvent maintenus suffisamment par les *lattes* que l'on y cloue en travers, ainsi que sur les chevrons. Souvent même, pour que le poids des coyaux ne charge pas trop la cymaise qui est la partie la plus fragile de la corniche, on fait aboutir ces coyaux à 8 ou 10 centimètres du bord extérieur, et l'on cloue sur le bas des coyaux une petite planche taillée en biseau, que l'on nomme la *chanlatte*.

Enfin, pour consolider les arbalêtriers qui supportent le poids des pannes, des chevrons et de la couverture, il faut ajouter une *contre-fiche* et une *jam-*

bette, avec le soin de les placer exactement sous une panne, afin que la charge de celle-ci ne fasse pas serpenter l'arbalêtrier; d'ailleurs partout où ces supports rencontreront d'autres pièces sous un angle aigu, on devra les fortifier par un embrèvement dirigé perpendiculairement à la face d'entrée de la mortaise. De même la cuvette *x* que l'on aperçoit ici sur le poinçon, est destinée à recevoir la contre-fiche ou l'aisselier qui soutiendra le faîtage.

902. *Remarques.* La fonction principale du tirant n'est pas de supporter le poinçon, car il y a des fermes (*fig.* 14) où cette dernière pièce ne se prolonge pas jusqu'au tirant, et d'autres dans lesquelles c'est le poinçon qui, étant retenu entre les têtes des deux arbalêtriers, sert à soulever le tirant au moyen d'un étrier en fer ou d'une clef pendante; et ce dernier mode de liaison est surtout utile quand le tirant, ne devant pas porter plancher, est formé de deux parties assemblées à traits-de-Jupiter (n° **891**). Le rôle essentiel du tirant est d'empêcher l'écartement des arbalêtriers et le renversement des murs; car le poids total du comble qui est transporté par les pannes sur les arbalêtriers, produit évidemment une pression dirigée suivant la longueur de ces pièces inclinées; et cette pression, transmise au pied de l'arbalêtrier, s'y décompose en deux forces verticale et horizontale dont la dernière, par son action incessante sur chaque mur isolé, aurait bientôt détruit l'équilibre de ces constructions, qui ne sont faites que pour résister à des pressions verticales. Tandis que, quand les arbalêtriers sont embrévés dans un tirant, c'est cette dernière pièce qui reçoit les deux tractions horizontales, lesquelles se détruisent mutuellement comme étant égales et opposées; et dès lors le mur n'éprouve aucune poussée latérale.

C'est par un motif semblable que l'on fait aboutir tous les chevrons sur une plate-forme nommée *sablière*, laquelle doit être reliée invariablement avec les tirants des deux fermes voisines; car, si chaque chevron reposait sur le mur même, la charge partielle de ce chevron et les mouvements vibratoires que peut lui imprimer le choc des vents, se transmettraient à cet endroit isolé du mur, et bientôt ils l'auraient dégradé ou déversé. Quelquefois même, malgré sa liaison avec les tirants, la sablière se courbe, et le mouvement du mur devient sensible vers le milieu de l'intervalle de deux fermes, quand celles-ci sont trop écartées et que le poids du comble est considérable. C'est pourquoi il ne faut pas éloigner les fermes consécutives de plus de 4 mètres; ou bien il faut augmenter la force des sablières, surtout en largeur, si la disposition des localités oblige à mettre un intervalle plus grand entre deux fermes voisines, comme quand il s'agit d'éviter la rencontre d'une souche de cheminée ou la coïncidence d'une baie de fenêtre ou de porte; car on ne doit jamais faire porter un tirant sur de pareilles ouvertures.

903. *Autres exemples de fermes.* Dans la *fig.* 14, où le comble est plus Pl. 68. exhaussé, on a établi un *entrait* (*) ou tirant auxiliaire *e*, qui a pour objet principal de contre-buter les arbalétriers vers le milieu de leur longueur, pour les empêcher de plier sous le poids des pannes; cet entrait reçoit le poinçon *p* qui s'y engage par un tenon *passant*, lequel est maintenu par une clef *c*. Il résulte de cette disposition que tout l'intervalle entre le tirant et l'entrait reste libre, et qu'on peut y établir des logements qui seront éclairés par des lucarnes ouvertes dans le toit même : c'est ce qu'on appelle un *comble avec entrait retroussé.* Les jambettes *f*, au lieu d'être verticales, ont été dirigées obliquement, afin d'arc-bouter plus efficacement les arbalétriers : mais cela pourrait gêner les mouvements dans l'intérieur du comble. On pourra aussi ajouter des aisseliers *g* pour mieux assurer la fixité des angles, et pour soutenir l'entrait; les autres parties de ce comble sont semblables à celles de la *fig.* 13, excepté le faîtage qui s'assemble ici sur la tête du poinçon, parce qu'il s'agit d'une ferme de long-pan non adjacente à la croupe.

904. Dans la *fig.* 15, on a fait porter l'entrait par deux *jambes-de-force* qui sont des pièces moins inclinées que les arbalétriers ou les chevrons, ce qui permet à ceux qui habitent l'étage inférieur du comble, d'approcher plus près du mur de face ; ces jambes-de-force s'assemblent par embrèvement et tenon dans le tirant et dans l'entrait; et comme le polygone ainsi formé a plus de trois côtés, il faut ajouter des aisseliers pour empêcher les angles de pouvoir varier. Les pannes sont retenues, à droite de l'épure, par de simples chantignolles *a*, *a*, comme dans les fermes précédentes; mais, sur la gauche de l'épure, nous nous sommes servis de tasseaux *b*, *b*, qui s'engagent dans l'arbalétrier par un tenon, et que l'on emploie pour plus de sûreté, quand le comble a beaucoup d'importance; toutefois, ce dernier mode a l'inconvénient d'affaiblir l'arbalétrier par un grand nombre de mortaises.

A la hauteur de l'entrait, la panne *d* de droite est retenue par un simple gousset *e*, taillé suivant la pente et cloué sur l'entrait; mais on peut aussi, comme à gauche, assembler la panne dans l'entrait par tenon et mortaise, et

---

(*) A proprement parler, cette pièce *e* est un *faux entrait*; car le véritable entrait doit, comme dans la *fig.* 15, porter l'assemblage des arbalétriers, et non pas s'engager lui-même dans ceux-ci, comme cela arrive dans la *fig.* 14.

alors on lui donne le nom de *lierne*. Cette dernière disposition est moins simple, mais elle offre l'avantage de relier entre elles les fermes consécutives du comble, et de maintenir leur écartement.

Pour rattacher la sablière aux fermes, ce qui est indispensable (n° **902**), on a employé un *blochet* dont la tête recouvre et saisit la sablière au moyen d'une entaille à mi-bois; et la queue de ce blochet, réduite au tiers de son épaisseur et taillée en queue d'hironde, s'engage dans la jambe-de-force, où elle est maintenue par un coin. D'autres fois on a taillé la tête du blochet en forme de queue d'hironde horizontale, laquelle s'engageait dans la demi-épaisseur de la sablière. Mais toutes ces combinaisons, assez compliquées, exigent beaucoup de main-d'œuvre, et offrent l'inconvénient grave d'affaiblir la jambe-de-force, qui est une pièce très-importante; c'est pourquoi les charpentiers modernes, qui ne s'imposent plus, comme autrefois, la loi rigoureuse de n'employer que le bois pour composer leurs assemblages, remplacent souvent le blochet par une bride en fer *m* (voyez le côté droit de l'épure): cette bride embrasse la jambe-de-force, et ses deux branches aplaties vont se clouer sur la sablière. Nous ne parlons pas des autres parties de cette ferme, attendu qu'elles sont toutes semblables à celles des fermes précédentes.

PL. 68,
FIG. 16.

905. · *Combles brisés* ou *à la Mansard.* Afin de rendre plus commode l'habitation de la partie inférieure d'un comble, sans élever sa hauteur totale au-dessus de la grandeur moyenne, on a imaginé de composer la ferme du *vrai comble* avec un tirant *t*, un entrait *e*, et deux jambes-de-force *j, j*, dirigées presque verticalement; puis, sur cet entrait *e* reposent un poinçon très-court *p* et deux arbalêtriers fort inclinés *a, a*, dont l'ensemble compose la ferme du *faux comble*, lequel, étant étant très-surbaissé, n'offre qu'un réduit inhabitable. D'ailleurs les chevrons, au lieu de s'étendre depuis le faîte jusqu'à la sablière suivant une seule droite, comme dans la *fig.* 15, se trouvent brisés à la hauteur de l'entrait selon les directions *c* et *c'*, parallèles aux pièces *j* et *a*; mais pour soutenir ces chevrons *c, c'*, et tous leurs analogues placés entre deux fermes consécutives, on assemble à tenon dans les deux entraits une pièce horizontale *x* nommée *panne de brisis*, laquelle sert de sablière pour les chevrons supérieurs *c'*. Quant aux chevrons *c* du comble inférieur, ils s'engagent dans la sablière *y*, laquelle est rattachée aux jambes-de-force par des brides ou liens en fer; puis, comme à l'ordinaire, on ajoute des coyaux pour conduire les eaux pluviales jusqu'à l'égout du toit, à moins que ces eaux ne doivent être reçues dans un *chéneau* en plomb établi sur la corniche.

C'est l'architecte F. Mansard, mort en 1666, qui a inventé ces combles brisés, ou du moins qui en a renouvelé l'usage et les a mis fort en vogue par la construction du joli château de Maisons près Saint-Germain-en-Laye; car Bullet, dans son *Architecture*, prétend qu'il a imité en cela les combles du château de Chilly, construit par Métézeau vers 1628; et Krafft, dans son *Recueil de charpente*, fait observer que l'on trouve des combles de ce genre dans la partie du Louvre bâtie sous Henri II, par Pierre Lescot, mort en 1570. Quoi qu'il en soit, on a donné le nom de *mansardes* aux logements établis dans le brisis, et il faut reconnaître que cette disposition offrait une économie notable, en dispensant d'élever les murs aussi haut; d'ailleurs elle s'alliait bien avec la forme des bâtiments de cette époque, et elle faisait distinguer les logements accessoires d'avec les appartements principaux.

Quant à la manière de tracer le profil d'un comble brisé, on a proposé beaucoup de méthodes dont nous allons citer lesprincipales:

1re *méthode* (*fig.* 17). Bullet prescrit de diviser en quatre parties égales le demi-cercle décrit sur la distance AB des abouts des chevrons; et les quatre cordes de ces arcs partiels donneront la direction du brisis et du faux comble.

2° *méthode* (*fig.* 16). Bélidor, dans la *Science des ingénieurs*, a indiqué un tracé qui est généralement préféré; c'est de diviser le demi-cercle AZB en cinq parties égales, et de prendre les cordes inférieures AD et BE pour former le brisis. Quant au faux comble, on l'inscrit dans le reste DZE de la demi-circonférence; mais, en outre, on a soin de placer le tirant un peu plus bas que le diamètre AB, afin d'augmenter la hauteur de la mansarde qui, sans cela, se trouverait plus petite que dans la méthode de Bullet.

3° *méthode* (*fig.* 18). Enfin, sans s'astreindre à inscrire la ferme dans un demi-cercle, ce qui pourrait être gênant dans plusieurs cas, on peut fixer à volonté la hauteur BH du vrai comble, tracer le rectangle ABHG, et après avoir retranché de sa base supérieure une portion HE égale au tiers de la hauteur BH, on tirera la droite BE qui aura une pente égale à 3. Ensuite, on élèvera la verticale CZ égale à la moitié du reste CE, et ZE sera la direction du faux comble dont la pente égalera $\frac{1}{4}$.

CHAPITRE IV.

ÉPURE DE LA CROUPE DROITE.

PL. 69. **906.** Les divers tracés de fermes que nous avons donnés précédemment, n'offraient que des profils où deux dimensions seulement étaient exprimées; il s'agit maintenant de tracer l'épure complète d'un comble, avec toutes les projections nécessaires pour tailler les diverses pièces ainsi que leurs assemblages. La *fig.* 12 indique en plan la forme générale de ce comble qui est composé de deux *longs-pans* et de deux *croupes* triangulaires; et comme c'est dans le voisinage de la croupe que les pièces sont nécessairement plus nombreuses et présentent des combinaisons plus compliquées, c'est aussi cette partie du comble ·que nous allons étudier plus spécialement.

Pour simplifier l'épure, nous supprimerons les arbalétriers, et conséquemment aussi les pannes; de sorte que les chevrons devront s'étendre tout d'une pièce depuis la sablière jusqu'au faîtage. Dans la pratique, cette disposition aurait de graves inconvénients; car dès lors il faudrait employer pour tous les chevrons des bois d'une grande longueur et d'un fort échantillon, ce qui serait très-dispendieux, et comme frais de premier établissement et comme frais d'entretien, attendu que les chevrons étant en contact avec la couverture, se pourrissent plus rapidement que les autres pièces du comble. En outre, quand il faudrait remplacer un chevron de ferme, l'absence momentanée de cette pièce compromettrait l'équilibre du comble entier, puisque le poinçon ne serait plus arc-bouté et maintenu dans sa position verticale par les arbalétriers. Mais, quand il ne s'agit que du tracé de l'épure, les arbalétriers et les chevrons de ferme ont des fonctions et des assemblages tout à fait analogues; ils ne se distinguent que par des équarrissages plus ou moins grands, et quelques légères différences que nous signalerons plus loin (n° **947**); ainsi tous les détails, les coupes et les projections que nous allons donner pour les chevrons, seront applicables aux arbalétriers dont nous faisons ici abstraction, dans la vue de ne pas trop charger l'épure de lignes homologues.

PL. 69,
FIG. 2. **907.** Cela posé, sur un plan vertical perpendiculaire aux murs de long-pan, traçons le profil de ces deux murs, d'après leur écartement qui doit être donné par la question, tant *hors œuvre* que *dans œuvre;* puis, marquons-y l'entaille nécessaire pour loger le tirant, en prenant soin de placer le niveau supérieur A'O'B' de cette pièce un peu plus haut que le dessus de la corniche, d'une

quantité égale à l'épaisseur que l'on veut donner à la sablière; car celle-ci doit affleurer le tirant (*), et présenter la même saillie dans le sens horizontal, sans jamais dépasser ni même atteindre tout à fait le parement extérieur du mur. L'occupation de cette sablière sur le tirant est indiquée ici par un rectangle bordé de hachures, tandis que le petit rectangle entièrement ombré, représente l'assemblage à mi-bois dont nous parlerons plus loin.

Ensuite, plaçons les abouts A' et B' des chevrons à 5 ou 6 centimètres du bord extérieur de la sablière; et après avoir élevé sur le milieu de la distance A'B', une verticale O'Z' telle que son rapport avec la demi-largeur O'A' exprime la pente que l'on veut donner au comble (voyez n° **900**), on tracera le triangle isocèle A'Z'B'; puis, à une distance normale exprimée par l'équarrissage des chevrons, on tracera le second triangle isocèle a'z'b'; et les côtés de ces triangles, tels que A'Z', a'z', seront les traces verticales des *plans de lattis* supérieur et inférieur, entre lesquels tous les chevrons de long-pan se trouveront compris. Ces plans de lattis couperont le plan horizontal des sablières, qui a pour ligne de terre A'B', suivant deux droites (A', EA), (a', ea), qu'on appelle *ligne d'about* et *ligne de gorge* de long-pan; mais quand le tirant s'élève au-dessus de la sablière (*note précédente*), il y a une ligne d'about et une ligne de gorge spéciales pour le tirant, et distinctes de celles de la sablière. Enfin, les deux plans de lattis supérieurs ont pour intersection une horizontale (Z', O'O) qui se nomme la *ligne de couronnement* (**).

(*) Quelquefois, cependant, la sablière est placée un peu plus bas que le niveau supérieur du tirant, surtout quand on veut l'assembler dans cette dernière pièce à tenon et mortaise; mais alors on est obligé de *déjouter* le bord du tirant pour ne pas briser la ligne des coyaux qui s'appuient sur l'arête supérieure de la sablière.

(**) Nous devons prévenir ici le lecteur que la largeur A'B' et la hauteur O'Z', ainsi que la distance OD dont nous parlerons tout à l'heure, ont été réduites à la moitié de la grandeur qu'elles devraient avoir pour se trouver dans un rapport convenable avec les équarrissages adoptés pour les dimensions transversales des diverses pièces; cela revient à dire que nous avons coupé le comble par un plan horizontal plus rapproché du sommet que ne l'était réellement le plan des sablières, ce qui ne change rien à la forme des assemblages, mais permet de renfermer tous les détails de l'épure dans un cadre moins étendu. On pourrait aussi interpréter cette réduction en disant que, pour les longueurs de toutes les pièces, on s'est servi d'une échelle moitié moindre que pour les épaisseurs. Au surplus, les charpentiers ont l'habitude d'employer ainsi, dans toutes leurs *épures de détails*, cette réduction des longueurs à la moitié ou même au quart; mais dans les *ételons* ou dessins sur lesquels ils ne marquent que *les axes* des pièces, ils conservent à toutes les dimensions leur grandeur naturelle.

FIG. 2. **908.** Maintenant, sur le plan horizontal, on tracera le rectangle A'ABB' de telle sorte que les côtés AB et AA' soient à la même distance du parement extérieur de chaque mur de croupe et de long-pan; si donc ces murs ont la même épaisseur, comme cela arrive ordinairement, le point A où se coupent les lignes d'about de croupe et de long-pan, devra être placé exactement sur la diagonale des murs. Ensuite, il faudra marquer sur la projection O'O de la ligne de couronnement, la position O que l'on veut donner à l'angle solide du comble, lequel angle est formé par la rencontre des trois plans de lattis supérieurs de croupe et de long-pan; or, comme la croupe doit avoir une pente plus roide que celle des longs-pans, par des motifs que nous expliquerons plus bas (n° **913**), il faudra toujours que la distance OD soit moindre que OE, et l'on prend ordinairement la première de ces lignes égale aux ⅓ ou aux ¾ de la seconde; toutefois, on doit choisir cette distance OD de manière que la ferme qui sera placée suivant EOF n'aille pas rencontrer une souche de cheminée, ni reposer au-dessus d'une baie de fenêtre ou de porte.

Lorsqu'une fois la projection O de l'angle solide du comble est fixée sur le plan horizontal, on tire les droites OA et OB qui représentent les projections des arêtes saillantes de la croupe, et c'est à cette droite OA qu'il faut terminer la ligne de gorge de long-pan a'a, pour la diriger en retour d'équerre sur la croupe, suivant ab et bb'. Semblablement, les bords extérieurs des sablières α'α, αϐ, ϐϐ', devront se couper deux à deux sur les arêtes OA, OB; et il en sera de même des bords intérieurs. Cette loi de symétrie est observée avec soin par les charpentiers, et il en résulte que les chevrons de croupe auront moins d'épaisseur que les chevrons de long-pan, ce qui s'accorde bien avec la pente plus roide attribuée à la face de croupe; car la charge verticale d'un chevron étant décomposée en deux forces dirigées, l'une suivant la longueur, l'autre perpendiculairement à cette dimension, cette dernière composante diminue évidemment lorsque l'angle ω avec l'horizon vient à augmenter; donc la charge normale des chevrons étant moindre pour la croupe que pour le long-pan, il est convenable que l'épaisseur soit aussi moins considérable.

909. A présent, il faut s'occuper de placer le poinçon, qui a pour base ordinairement un carré, dont la grandeur est assignée par la question. Un des côtés de ce carré devra être inscrit précisément dans l'angle AOB et dirigé parallèlement à AB, afin que deux arêtes verticales du poinçon se trouvent placées exactement dans les plans verticaux OA et OB qui contiennent les arêtes de la croupe : cette condition est imposée par des raisons de symétrie assez évidentes d'elles-mêmes, et aussi par des raisons de stabilité que l'on comprendra mieux quand nous aurons parlé de *l'arétier* qui, en venant embrasser le poinçon, tendrait à le faire tourner autour de son axe. Or, pour satisfaire à ces relations, il suffira de porter le demi-équarrissage de la pièce, sur la droite EOF, de O en *c* et de O en *i*; puis, de mener par ces points *c* et *i* des parallèles à OD, lesquelles viendront rencontrer OB et OA aux points 2 et Q que l'on réunira par une droite 2Q; et ensuite on achèvera le carré 2 — 3 — 4 — Q qui sera la base du poinçon. Il arrivera ainsi que le centre de figure ne sera plus en O, et le poinçon sera dit *dévoyé*, c'est-à-dire écarté de sa *voie* ou position naturelle.

Quant au *tirant*, comme il supporte le poinçon, il faudra le dévoyer pareillement, c'est-à-dire faire en sorte que sa largeur soit divisée par la droite EOF dans le même rapport que l'a été la face 2 — 3 du poinçon. Pour cela, on portera le demi-équarrissage du tirant de O en C; puis, en tirant par ce point C une droite parallèle à OD, laquelle rencontre les deux diagonales O — 2 et O — 3 du poinçon aux points 5 et 6, il suffira de mener par ces points des parallèles à EOF; car on voit bien que l'on aura

$$C5 : C6 :: c2 : c3, \quad \text{et d'ailleurs} \quad (5\text{-}6) = 2 \text{ fois OC.}$$

Enfin, le chevron de ferme dont l'équarrissage sera donné par la question, devra encore être dévoyé semblablement, et par des opérations graphiques entièrement analogues avec les précédentes; c'est pourquoi nous ne les avons pas indiquées sur l'épure. Nous ferons seulement observer que la droite EOF sera dite la *ligne milieu* du chevron ou du tirant, quoiqu'elle ne partage pas leur largeur en deux parties égales; et nous rappellerons que le chevron de ferme s'assemble dans le poinçon par un embrèvement et un tenon dont les saillies sont fixées à volonté sur le profil de la *fig.* 1; tandis que son pied s'engage dans le tirant par un assemblage analogue, lequel occupe tout l'intervalle compris entre les lignes d'about et de gorge. Pour les chevrons du courant qui n'appartiennent pas à une ferme, leur *pas* sur la sablière ne présente qu'un simple embrèvement sans tenon.

Quant à la croupe, il faudra y placer suivant OD une demi-ferme composée: 1° d'un demi-tirant qui s'assemblera dans le tirant de long-pan par un tenon avec renfort, ce qui donnera lieu à une mortaise que l'on voit indiquée sur la *fig.* 1; 2° d'un chevron qui s'assemblera encore dans le poinçon et dans le demi-tirant par embrèvement et tenon. Mais ici il n'y aura aucune raison pour dévoyer ces deux pièces; et leurs équarrissages, qui seront les mêmes que pour le long-pan, devront être divisés par la droite OD en deux parties exactement égales.

Fig. 2. **910.** Dans l'angle A formé par les murs de long-pan et de croupe, il faudra placer un *coyer* ou espèce de tirant destiné à recevoir le pas du *chevron-arêtier* qui sera dirigé suivant l'arête du comble projetée sur OA; et comme cet arêtier se trouvera dévoyé suivant une certaine loi que nous justifierons en parlant de cette pièce, il est nécessaire que le coyer soit dévoyé d'après la même loi dont voici la marche pratique. Après avoir élevé sur OA la perpendiculaire A-7 égale à l'équarrissage du coyer, on tire la droite 7-8 parallèle à la croupe et terminée à sa rencontre avec la ligne d'about du long-pan; puis, on trace parallèlement à A-7 la droite 8-9 comprise entre les deux lignes d'about, ce qui détermine les points 8 et 9 par lesquels on fait passer les arêtes du coyer parallèlement à OA. Ensuite, cette pièce rectangulaire devra être tronquée et limitée par les faces verticales αλ et αγ qui répondent aux sablières de long-pan et de croupe; et il arrivera nécessairement que les deux angles λ et γ seront placés, aussi bien que les points 8 et 9, sur une perpendiculaire à OA; d'ailleurs, on serait tombé directement sur ces points λ et γ, si l'on avait construit le parallélogramme précédent au point α au lieu du point A.

La tête du coyer projetée sur λαγ... se trouve, dans une partie de son épaisseur, engagée dans le mur, et elle s'élève au-dessus jusqu'au niveau des tirants; l'autre bout du coyer va quelquefois s'assembler dans ces tirants, autour du poinçon; mais il vaut mieux, comme ici, établir un *gousset* transversal dans lequel le coyer s'assemble par un tenon avec renfort. Quant au gousset, on le dirige à peu près parallèlement à la diagonale qui réunirait les points D et E, et il s'appuie sur les deux tirants par une entaille à mi-bois; car, si on voulait placer un tenon à chaque bout, il serait fort difficile de *mettre en joint* toutes ces pièces, lorsque déjà les deux tirants se trouvent fixés dans la position qu'ils doivent occuper. On donne le nom d'*enrayure* au système des pièces qui rayonnent autour du poinçon, telles que tirants, goussets, coyers.

Pl. 69,
Fig. 2. **911.** *L'Arêtier* ou *chevron d'arête* a primitivement la forme d'un parallélipipède rectangle dont les arêtes latérales sont dirigées parallèlement à l'arête de croupe projetée sur OA, et dont deux faces sont maintenues dans des plans verticaux; dès lors *le pas* de cette pièce, ou sa section par le plan horizontal des tirants, sera un rectangle tel que HK*nm* (*fig.* 15) dont deux côtés se trouveront nécessairement perpendiculaires à OA. Mais, en outre, on veut s'imposer la condition que la gorge HK de l'arêtier, c'est-à-dire la trace horizontale de sa face inférieure, soit précisément comprise entre les deux lignes de gorge *ad*

et *ae* du long-pan et de la croupe. Or, cette condition que nous justifierons tout à l'heure, se remplira en élevant sur OA (*fig.* 2) une perpendiculaire Aω égale à l'équarrissage que l'on veut donner à l'arêtier; puis, en tirant la droite ωL parallèle à la croupe, et là droite LG parallèle à Aω, on déterminera deux points L et G par lesquels il suffira de mener les lignes GM et LT parallèles à OA; car on démontrera aisément que ces droites couperont les lignes de gorge en des points H et K tels que la ligne HK sera parallèle et égale à LG. Par là l'arêtier se trouve *dévoyé*, attendu que OA ne divise plus sa largeur en deux parties égales. .

Ensuite, comme l'arêtier définitif doit présenter deux faces extérieures qui coïncident avec les lattis supérieurs de long-pan et de croupe, il faudra *délarder* la pièce rectangulaire, c'est-à-dire la couper dans toute sa longueur par ces deux plans de lattis qui ont pour traces les lignes d'about EA et AD. Cela retranchera donc du pas rectangulaire *m*HK*n* (*fig.* 15) les deux triangles AG*m* et AL*n*, et la pièce délardée offrira la forme d'un prisme oblique dont la base sera le pentagone AGHKL (*).

912. Voici maintenant les motifs pour lesquels l'arêtier doit être *dévoyé* de telle sorte que la gorge HK se trouve aboutir précisément sur les lignes *ea* et *ad*. Il en résulte : 1°. que la face inférieure de l'arêtier se rattache exactement aux deux plans de lattis inférieurs qui limitent les chevrons et les *empa-*

(*) Pour dévoyer plus rapidement l'arêtier, et éviter d'avoir à élever une perpendiculaire sur AO, les compagnons charpentiers emploient souvent le moyen suivant : d'une main, le compagnon fait glisser une équerre T (*fig.* 13) sur AO, et de l'autre main, il applique contre la seconde branche de l'équerre une petite règle RR' sur laquelle l'équarrissage donné GL a été marqué; puis, en faisant glisser cette règle en même temps que l'équerre, il cherche à placer les points de repère G et L simultanément sur les droites AD et AE. Ce procédé demande un peu d'adresse de la part de celui qui l'emploie; mais en voici un autre qui n'exige que l'usage du compas, et qui a été donné par M. le colonel Emy dans son *Traité de Charpenterie* :

Avec un rayon AC (*fig.* 14) égal au demi-équarrissage que l'on veut donner à l'arêtier, décrivez un cercle qui coupe en *l* et *g* les deux lignes d'about AD et AE; puis, ramenez par des arcs de cercle le point *l* en L, *g* en G, et tirez GL. Cette droite sera de même longueur que *gl*, à cause des deux triangles rectangles AGL et A*gl* qui sont évidemment égaux; ensuite, dans le triangle AG*y*, l'angle G égal à *g* sera, comme ce dernier, égal à *g*AC; .or celui-ci étant le complément de GA*y*, on a donc

$$y\text{GA} + \text{GA}y = 90°;$$

par conséquent l'angle *y* est droit, et G*y*L se trouve bien perpendiculaire sur la droite A*y*O.

nons de long-pan et de croupe; de sorte que cette face présente la forme d'un *pan-coupé* qui ne laisse ni vide ni saillie entre les lattis inférieurs; et c'est là une condition de symétrie très-utile à observer, surtout quand le comble est visible à l'intérieur.

2°. Il y a économie dans les bois employés; car, en donnant à la gorge une autre position H′K′ (*fig.* 15), laquelle devrait toujours être perpendiculaire sur OA et ne pas sortir de l'angle *dae*, on voit bien que le pas rectangulaire *m′*H′K′*n′* de la pièce aurait plus de longueur que *m*HK*n*; et qu'ainsi le *solide capable* devrait être plus volumineux.

Fig. 15. 3°. Il y a encore économie dans le bois enlevé par le délardement. Car ces parties enlevées étant des prismes de longueurs sensiblement égales, leurs volumes sont proportionnels aux aires des triangles AG*m* et AG′*m′*, ou AL*n* et AL′*n′*; et il est facile de voir que la somme

$$AGm + ALn < AG'm' + AL'n'.$$

En effet, si l'on retranche les parties communes à ces deux sommes, il reste d'une part le trapèze LL′*n′n*, et de l'autre le trapèze GG′*m′m*; or, comme ils ont des hauteurs égales *nn′ = mm′*, le premier est évidemment plus petit que le second.

913. Pour justifier aussi l'usage adopté par les charpentiers, de donner à la croupe une pente plus roide qu'au long-pan, nous ferons observer : 1° que sans cela l'arêtier aurait une longueur très-considérable, ce qui exigerait qu'on lui donnât un plus fort équarrissage, et deviendrait très-dispendieux; 2° que cette roideur de la pente diminue la composante horizontale de la poussée exercée par les chevrons, empanons et arêtiers, sur les demi-tirants, sablières et coyers de croupe: avantage important, parce que ces dernières pièces horizontales n'étant rattachées à la ferme principale que par des tenons, la poussée qu'elles éprouvent pourrait déverser le mur de croupe.

914. Le pied de l'arêtier s'engage dans le coyer par embrèvement et tenon; mais la tête, avant d'atteindre le poinçon, rencontrera les deux chevrons de ferme, ce qui exigera que l'on *déjoute* ces trois pièces par les plans verticaux MP et TR qui concourent vers l'axe du poinçon. Ensuite, l'arêtier devra être creusé suivant les faces verticales PQ et QR qu'on appelle *faces d'engueulement,* et par lesquelles il embrassera le poinçon; ce qui, au moyen de son poids et des autres charges qu'il supporte, suffira bien pour le maintenir en place. Toutefois, quelques charpentiers ajoutent un embrèvement à la tête de l'arêtier; mais alors il est difficile d'assembler cette pièce dans le poinçon, et c'est une complication superflue qui ne produit qu'une perte de main-d'œuvre.

D'autres fois, pour éviter l'angle aigu MPQ, on prolonge de quelques centimètres la face verticale GHM de l'arêtier dans l'intérieur du chevron de ferme, et l'on dirige ensuite le déjoutement MP suivant un plan vertical perpendiculaire au poinçon.

915. Entre le chevron de ferme OD et l'arêtier OA, il faut placer plusieurs FIG. 2. *empanons* ou chevrons plus courts qui s'assemblent dans l'arêtier par un tenon, et sur la sablière par un simple embrèvement. Quant à cette sablière, elle s'engage par un bout dans le coyer au moyen d'un tenon, et dans le tirant par une simple entaille à mi-bois, attendu que si l'on plaçait un tenon à chacune de ses extrémités, il serait impossible de l'introduire dans sa vraie position lorsque les tirant et coyer seraient déjà fixés invariablement; au surplus, on remplace souvent ces tenons par des liens en fer, qui sont plus faciles à fixer librement sur le coyer et sur la sablière. On lira mieux tous ces détails sur la partie BD de la croupe, où nous avons enlevé toutes les pièces en relief, pour laisser voir plus distinctement les pièces horizontales; c'est pour cela que, dans cette partie de l'épure, les pas des pièces sont indiqués par des hachures pleines, attendu qu'ils sont visibles.

Les chevrons du courant, comme *x* et *y*, s'engagent dans les sablières par un embrèvement seul, et dans le haut ils sont simplement posés sur le faîtage; mais les deux chevrons d'une même paire se lient l'un à l'autre par un assemblage à enfourchement, ici le chevron *y* porte le tenon simple, et le chevron *x* les deux fourchons. Quant au *faîte* ou *faîtage*, c'est une pièce horizontale qui a pour profil l'hexagone *f* marqué sur la *fig.* 1, et dont deux côtés coïncident avec les plans de lattis inférieurs; ce faîtage est d'ailleurs engagé dans le poinçon par un tenon avec renfort de chaque côté.

Voilà l'exposition de toutes les données de la croupe droite; mais il reste maintenant à en déduire les diverses projections nécessaires pour tailler chacune des pièces.

916. *Profil de croupe.* C'est la section faite dans la croupe par le plan PL. 69, vertical OD (*fig.* 2), mené perpendiculairement à la ligne d'about AB; ainsi FIG. 3. les triangles rectangles D″O″Z″, d″O″z″, se construiront en prenant leurs bases égales aux lignes OD, Od, de la *fig.* 2, et leurs hauteurs sur le profil de long-pan (*fig.* 1). Semblablement, le profil du poinçon et celui du demi-tirant de croupe s'obtiendront en prenant les largeurs sur la *fig.* 2 et les hauteurs sur la *fig.* 1; et c'est sur ces profils que les charpentiers tracent les embrèvements et les tenons des diverses pièces. On voit (*fig.* 3) que le tenon du demi-tirant est consolidé par *un renfort* placé en-dessus; et sur ce tirant on a aussi marqué les entailles à mi-bois qui reçoivent la sablière et le gousset. · · Enfin, comme les deux droites D"Z" et *d"z"* comprennent entre elles la projection latérale des chevron et empanon de la croupe, si l'on prend la longueur D"M₂ égale à la distance qui sépare le point M (*fig.* 2) de la ligne d'about AD, et que l'on élève la verticale M₂*m"*M", on obtiendra la face de déjoutement du chevron, savoir: *m"*M"V"*v"*. On pourrait semblablement retrouver le contour de la tête de l'empanon, et déduire de là les projections des chevron et empanon sur le lattis supérieur, au moyen du rabattement qui est représenté dans la *fig.* 4; mais comme cela rentre dans la *herse*, nous en parlerons plus loin.

917. *De la herse.* Pour qu'une pièce de charpente soit complétement · connue, il faut se procurer deux projections de cette pièce, faites sur des plans parallèles à ses faces longitudinales; les profils (*fig.* 1 et 3) fournissent déjà une de ces projections; ainsi, pour avoir l'autre, nous allons projeter tous les chevrons et empanons, tant de la croupe que des deux longs-pans, sur les plans de lattis supérieurs, puis développer l'angle trièdre formé par ces trois plans autour du point O (*fig.* 2); et cet ensemble, représenté dans les *fig.* 5 et 6, a reçu le nom de *herse*, quoique souvent aussi, pour abréger, on donne même ce nom à *la projection* d'une pièce isolée *faite sur le plan de lattis supérieur.*

FIG. 5. On construira le triangle rectangle ZDA avec une base égale à la distance DA prise sur la *fig.* 2, et avec une hauteur égale à D"Z" de la *fig.* 3, et l'on obtiendra ainsi la moitié de la face de croupe. De même, pour la face de long-pan, on formera le triangle rectangle ZAE avec une base égale à AE (*fig.* 2), et avec une hauteur égale à Z'A' (*fig.* 1): la droite ZW parallèle à AE représentera la ligne de couronnement entraînée avec le lattis de long-pan situé à droite; pour le lattis situé à gauche, on obtiendrait des résultats semblables qui n'ont pu être indiqués qu'en partie dans le cadre de notre épure.

Il faut à présent projeter sur le lattis supérieur les points ou lignes qui sont dans le lattis inférieur. Or, pour la ligne de gorge de croupe, on devra projeter le point *d"* en *d"₂* sur la *fig.* 3; puis, rapporter la distance D"*d"₂* en D*d₂* · · sur la *fig.* 5, et tirer la droite *d₂*H qui sera la projection à la herse de la ligne de gorge de croupe. Ensuite, si l'on conduit par le point H de la *fig.* 2 un plan H*h* perpendiculaire à la ligne d'about, et que l'on rapporte les distances AG et A*h* sur la *fig.* 5, en élevant la perpendiculaire *h*H, et en traçant les parallèles GM, H*m*, on aura les projections à la herse de l'arête moyenne et de l'arête

inférieure de l'arêtier. On opérera de même pour la *fig.* 6, en se servant du
profil de la *fig.* 1, sur lequel on prendra la distance A′a₂ qu'il faudra porter
de E en e₂ (*fig.* 6), pour obtenir la ligne de gorge Ke₂, projetée à la herse.

Revenons à la *fig.* 5, et après y avoir tracé parallèlement à ZD deux droites
qui en soient éloignées du demi-équarrissage du chevron, menons les horizontales SP, MN, *mn*, à des distances du point Z égales aux intervalles Z″V″,
Z″M″, Z″m₂ mesurés sur la *fig.* 3 ; puis, en joignant avec Z les points M et N
où l'horizontale MN a rencontré les deux arêtes latérales du chevron, on déterminera les deux côtés supérieurs MP et NS des faces de déjoutement. Observons ici que les points M et *m* doivent être sur les arêtes de l'arêtier qui
partent de G et H. Ensuite, si par le point *m* on tire *mp* égale et parallèle
à MP, on aura un parallélogramme MP*pm* auquel devra s'ajouter un triangle
P*pu* pour compléter la face de déjoutement située à droite ; car le plan sécant
qui a opéré le déjoutement s'est prolongé jusque dans le prisme d'embrèvement du chevron. Or, afin d'obtenir ce triangle, on projettera (*fig.* 2) l'extrémité de l'embrèvement sur la droite VP, et la distance de cette projection au
point V devra être portée sur la *fig.* 5 de V en *u*, pour tracer la droite *up* qui
terminera le déjoutement projeté à la herse. On pourra encore remarquer
que les distances VP et VS doivent être les mêmes sur les *fig.* 5 et 2 ; mais nous
n'insisterons pas davantage sur ces détails ni sur quelques autres que le lecteur
interprétera aisément d'après ce que nous venons de dire.

918. Quant à l'empanon de croupe (*fig.* 2), après avoir pris la distance
de sa ligne milieu au point D, on la rapportera sur la *fig.* 5, ainsi que le
demi-équarrissage que l'on portera à droite et à gauche ; et en traçant deux
parallèles à DZ, elles iront rencontrer les arêtes H*m* et GM de l'arêtier en des
points qui donneront le contour 11-12-13-14 de la tête de l'empanon projetée
à la herse ; car cet empanon, qui est compris entre les plans de lattis supérieur
et inférieur, comme les chevrons, doit occuper sur l'arêtier toute la largeur de
la face comprise entre l'arête inférieure HM (*fig.* 2) et l'arête moyenne GM.

Pour le tenon, il est terminé dans la *fig.* 2 par un plan vertical 12-17 perpendiculaire à la face latérale de l'empanon ; ce plan coupera donc les deux *joues*
du tenon qui sont parallèles aux lattis, suivant des arêtes parallèles à AD, lesquelles conserveront la même grandeur en se projetant soit sur le plan horizontal, soit sur la herse. Dès lors, après avoir (*fig.* 5) partagé l'intervalle 11-12 en
trois parties égales, il suffira de mener les arêtes 15-18, 16-17, parallèles à
la ligne d'about, et égales à la longueur 12-17 de la *fig.* 2 ; ensuite le reste du
tenon s'achèvera aisément, comme l'indique notre épure.

Quelquefois, on termine le tenon sur la *fig.* 2 par un plan vertical 12-25 perpendiculaire à la face d'entrée de la mortaise, et c'est même la règle généralement prescrite pour des assemblages horizontaux; mais ici cette forme saillante du tenon exigerait que l'on soulevât l'arêtier pour y assembler chacun des empanons, et ce serait une manœuvre fort incommode. Il est vrai que la direction 12-17 diminue la force du tenon; mais les empanons n'ont pas une grande charge à supporter, et d'ailleurs on les consolide par quelques clous qui les fixent sur l'arêtier.

919. On aurait pu effectuer la herse par parties, et d'une manière plus rapide, en se servant des deux profils *fig.* 3 et *fig.* 1, pour en conclure les *fig.* 4, 9, 10 et 11, qui reproduisent les résultats de la figure générale 5 et 6. En effet, si l'on observe que sur la *fig.* 3 le lattis supérieur de croupe est projeté sur la droite Z″D″, et qu'on imagine que ce lattis a tourné autour de D″Z″ pour se rabattre à gauche, on voit bien qu'il suffira de mener par tous les points V″, M″, m″, D″, d″,..., des perpendiculaires à la charnière D″Z″, pour se procurer toutes les droites que l'on avait eu besoin de rapporter assez longuement sur la *fig.* 5. Quant à l'empanon, il faudra d'abord prendre les distances D″-21, D″-22 (*fig.* 3) égales aux lignes 10-12, 20-13 de la *fig.* 2; puis, en élevant des verticales par les points 21 et 22, on déterminera la projection 11-12-13-14 de la tête de l'empanon sur le profil de la *fig.* 3, et de là on passera à la projection sur la *fig.* 4, ainsi que le montre assez clairement notre épure.

Mais nous devons faire observer que cette marche ne pourrait pas s'appliquer à une croupe biaise; c'est pourquoi il était nécessaire d'exposer d'abord la méthode générale du n° **917.**

PL. 69,   **920.** *Projections de l'arêtier.* Prenons un plan vertical qui soit parallèle à OA
FIG. 7.   et dont la ligne de terre O″A″ pourrait être tracée à une distance arbitraire; mais ici nous l'avons fait passer par le point O″ situé sur la face supérieure du tirant, afin de rappeler que le niveau de cette pièce est le même que celui du coyer sur lequel repose l'arêtier. Ensuite, après avoir élevé la verticale O″Z″ égale à O′Z′ de la *fig.* 1, on tirera la droite A″Z″ qui sera l'arête supérieure de l'arêtier : les deux arêtes moyennes seront projetées sur G′M′, et les deux arêtes inférieures suivant H′Y′. Alors, par la rencontre de ces droites avec les verticales élevées par les points M, P, Q, R, T, on déterminera aisément les deux faces de déjoutement M′M″P″P′, T′T″R″R′, et les deux faces d'engueulement P′Q′Q″P″, R′Q′Q″R″; ces dernières doivent se terminer à la même horizontale Q′R′P′, attendu que cette droite reçoit la projection des deux côtés PQ et QR qui sont eux-mêmes horizontaux.

Il sera facile de marquer l'entrée de la mortaise qui recevra le tenon de l'empanon indiqué dans la *fig.* 2, en menant des parallèles à G'M' qui divisent en trois parties égales la distance des deux arêtes G'M' et H'Y'; mais toute la largeur de cette face sera remplie par *l'occupation* de l'empanon sur l'arêtier, puisque la droite (G'M', GM) est dans le lattis supérieur de croupe, et la droite (H'Y', HM) dans le lattis inférieur.

C'est sur l'espèce de profil représenté par la *fig.* 7 que le charpentier marque la saillie qu'il veut donner à l'embrèvement et au tenon par lesquels l'arêtier s'engage dans le coyer; et nous avons tracé aussi sur cette figure la projection du coyer, afin de mettre en évidence les deux faces de déjoutement $\alpha\gamma$ et $\alpha\lambda$, la mortaise par laquelle la sablière vient s'assembler dans le coyer, et enfin le tenon avec renfort oblique qui réunit le coyer au gousset.

921. Maintenant, projetons l'arêtier sur un plan parallèle à sa face supé- FIG. 8. rieure; ou plutôt (comme les charpentiers exécutent les faces de déjoutement et d'engueulement avant de délarder l'arêtier, et lorsqu'il a encore la forme d'un parallélipipède rectangle), cherchons les intersections des quatre faces verticales MP, PQ, QR, RT, avec la face supérieure de ce parallélipipède : cette dernière est projetée sur la *fig.* 7 suivant la droite A"Z", et nous l'avons rabattue sur la *fig.* 8 en portant à droite et à gauche de *la ligne milieu* A₂z' des distances égales aux deux parties dans lesquelles l'équarrissage HK (*fig.* 2) est divisé par AO.

Prolongeons donc les verticales M"M', P"P', R"R', T"T', jusqu'aux points *m*, *p*, *r*, *t*, où elles rencontrent la face projetée sur A"Z"; puis, ramenons ces points, ainsi que Q', sur la *fig.* 8, au moyen de perpendiculaires à la charnière A"Z" autour de laquelle le rabattement est censé fait; et l'on pourra ainsi tracer aisément le contour *m'p'q'r't'* suivant lequel la face supérieure du parallélipipède est coupée par les quatre faces de déjoutement et d'engueulement.

Semblablement, si l'on rapporte les points M", P", Q", R", T", en *m"*, *p"*, *q"*, *r"*, *t"*, on pourra tracer le contour *m"p"q"r"t"* qui représente la projection, sur la face supérieure, des sections faites dans la face inférieure du parallélipipède par les mêmes plans verticaux de déjoutement et d'engueulement. On verra bien que les deux côtés *m"p"*, *t"r"*, doivent concourir vers le point $\jmath'$ projection du point Y' où la face inférieure va rencontrer l'axe du poinçon, de même que les deux côtés *m'p'*, *r't'*, allaient aboutir au point analogue z'; et d'ailleurs les deux lignes polygonales *m'p'q'r't'*, *m"p"q"r"t"*, ont évidemment leurs côtés respectivement parallèles.

On rapportera aussi sur la *fig.* 8 les limites du tenon et de l'embrèvement

qui accompagnent le pied de l'arêtier, en tirant des perpendiculaires à la droite ·
A″Z″ par les divers points H′, G′, A″,…; au surplus, les charpentiers n'exécutent
point à part cette projection 8, mais ils tracent toutes les lignes dont nous
venons de parler sur la pièce de bois même, lorsqu'elle est couchée latéralement sur la *fig.* 7, ainsi que nous allons l'expliquer dans le paragraphe suivant.

Remarques sur le piqué des bois.

922. Les charpentiers ayant pour principal instrument le fil-à-plomb, sont
obligés de tracer leurs dessins sur une aire *horizontale,* qui n'est autre que le
sol même, convenablement choisi et préparé. Ces dessins portent le nom d'*ételons,* quand ils ne renferment que les *lignes milieux* ou les projections des axes
des pièces; mais quand on y exprime les équarrissages des pièces avec leurs
véritables limites, ainsi que leurs divers modes d'assemblages, tels que tenons,
mortaises, embrèvements, on les nomme *épures;* c'est comme qui dirait : dessin
représentant la preuve ou l'épuration des résultats, par les traces des opérations graphiques qui y ont conduit.

Pour tracer une droite un peu longue sur le sol ou sur une pièce, on emploie
une *ligne* ou cordeau frotté préalablement avec de la craie, et que deux hommes
maintiennent bien tendu et passant par deux points désignés; puis, l'un d'entre
eux soulève le cordeau vers son milieu, sans l'écarter du plan vertical où il était
contenu d'abord; et ce cordeau, abandonné ensuite à sa propre élasticité, va
frapper la surface et y marque le trait demandé. C'est ce qu'on appelle *battre
la ligne,* et c'est ainsi que les charpentiers parviennent à *ligner* et *contre-ligner*
une pièce, c'est-à-dire à faire paraître les projections de son axe sur les quatre
faces longitudinales et opposées deux à deux (*Pl. LXXI, fig.* 5). Pour cela il
faut, à l'emploi du fil-à-plomb et du niveau, joindre quelques précautions dont
le détail serait ici trop fastidieux, et qui d'ailleurs peuvent être pressenties par
le lecteur. Nous dirons seulement qu'après avoir élevé la pièce sur des chantiers
ou morceaux de bois rectangulaires, on doit la placer bien *de dévers,* c'est-à-
dire horizontale dans le sens de sa largeur; tandis qu'elle est dite *de niveau,*
quand est elle horizontale dans le sens de sa longueur. Cette position de dévers
s'obtient en appuyant le niveau dans une direction transversale, et en ajoutant
des cales convenables entre la pièce et les chantiers; mais comme il est souvent
nécessaire de *donner quartier* à une pièce (ou de lui faire faire un quart de révolution), et puis de la ramener ensuite dans sa position primitive où elle était de
dévers, on a soin de marquer la place où l'on avait posé le niveau, par un *trait*

carré qui est une droite *pq* perpendiculaire à la ligne milieu ; car ce niveau, placé dans un autre endroit de la longueur, n'indiquerait plus le même plan horizontal, si la face supérieure était un peu gauche, ce qui arrive souvent. En outre, quand cette face est grossièrement dressée, on fait *une plumée* à l'endroit où l'on veut placer le niveau de dévers, c'est-à-dire qu'on enlève quelques copeaux avec le ciseau de la *bisaiguë* ou avec le rabot, pour aplanir la pièce dans toute sa largeur et sur une longueur de 3 ou 4 centimètres ; alors c'est au milieu de la plumée que l'on marque le trait carré, au moyen d'un *traceret* ou de la pointe d'un compas, et en se guidant sur la *jauge* qui est une petite règle en bois, de 3 centimètres sur 30 environ, laquelle sert aussi à sonder les mortaises.

923. *Mettre sur ligne*, c'est placer une pièce sur les chantiers de manière que les deux lignes milieux *ab* de ses faces supérieure et inférieure se projettent exactement sur la ligne analogue *cd* de l'ételon ; ce qui suppose en outre que la pièce est bien de dévers : on parvient à remplir toutes ces conditions au moyen du fil-à-plomb et de quelques tâtonnements que chacun peut aisément deviner. Toutes les pièces d'un même pan de charpente sont ainsi mises sur lignes, en les faisant reposer les unes sur les autres par leurs extrémités, de manière qu'elles se croisent et soient maintenues de niveau par le secours de chantiers convenables ; et cela forme ce que les charpentiers appellent *le tas*. Mais, comme une même pièce peut faire partie de deux pans distincts, il faut savoir la replacer dans le second cas à la même distance dans le sens de sa longueur, et pour cela on trace, perpendiculairement à cette longueur, une droite *mn* qui est répétée sur l'ételon, et que l'on nomme *trait de ramèneret*. Alors, quand toutes les pièces d'un pan de charpente sont ainsi *mises sur lignes, sur trait ramèneret, de dévers et de niveau*, on procède à l'opération du *piqué des bois* qui a pour but de marquer les limites des joints des pièces et de leurs assemblages. Cette dernière opération, pour être bien comprise, exigerait des détails longs et souvent minutieux ; c'est pourquoi nous conseillerons au lecteur de parcourir un chantier de construction, où, en voyant opérer les charpentiers pendant quelques heures, il en apprendra plus que par de longues descriptions souvent peu intelligibles. Néanmoins, nous allons essayer d'en donner quelque idée, en prenant pour exemple l'arêtier de la croupe droite.

924. La pièce rectangulaire étant préalablement lignée et contre-lignée, on la couche sur la face latérale, et on la met sur lignes par rapport à la *fig.* 7, avec le soin de l'élever au-dessus du sol de 8 ou 10 centimètres, au moyen

PL. 71,
FIG. 5.

PL. 69,
FIG. 7.

de chantiers et de cales qui l'établissent de niveau et de dévers. Alors, si l'on dirige un fil-à-plomb de manière que son centre corresponde exactement au point Q' de l'épure, ce fil s'appuiera contre la face supérieure (actuellement verticale) de la pièce de bois, et il indiquera par sa rencontre avec la ligne milieu de cette face le point désigné par q' sur le rabattement de la *fig.* 8, point que le charpentier marquera immédiatement, en faisant, avec la pointe de son compas, une *piqûre* dans cet endroit de la face. Semblablement, le fil-à-plomb, transporté en Z", m, t, fera connaître les points z', m', t', que l'on *piquera*, ce qui permettra de tracer sur la pièce de charpente les droites m'z', t'z'. Quant aux points p' et r', qui ne tombent pas sur la ligne milieu ni sur les arêtes de la pièce, on placera le fil-à-plomb successivement en p et r; et si dans chacune de ces positions le charpentier *pique* deux points du fil, il pourra tracer deux verticales équivalentes aux droites pp', rr' de notre épure, lesquelles fourniront, par leur rencontre avec les droites m'z', t'z', déjà tracées, les points demandés p' et r', qu'il faudra joindre avec q' pour compléter le tracé du contour m'p'q'r't' sur la face supérieure de la pièce de bois. Il y a d'ailleurs d'autres vérifications que notre épure fournira aisément, et qui peuvent servir à tracer directement les droites q'p' et q'r', au moyen des points où elles vont rencontrer les arêtes latérales de la pièce.

Par des procédés semblables, et en posant le fil-à-plomb successivement sur les points Y', P", R", Q", M", T", le charpentier parviendra à tracer sur la face inférieure de la pièce le contour m"p"q"r"t" de la *fig.* 8; et, comme on le voit, il n'aura nullement besoin de tracer cette *fig.* 8 de notre épure, puisqu'il exécute toutes les opérations qui s'y rapportent, sur la pièce de bois elle-même.

Maintenant, si l'on fait passer un trait de scie par les deux droites m'p', m"p", et un autre par les droites t'r', t"r", on aura mis à découvert les deux faces de déjoutement; celles d'engueulement se creuseront par un trait de scie donné suivant les droites p'q', p"q", et suivant q'r', q"r"; puis, on opérera semblablement pour le tenon et l'embrèvement qui existent au pied de l'arêtier, et il ne restera plus qu'à délarder cette pièce, car c'est par là que finit le charpentier. Or, puisqu'il a tracé sur la face supérieure du parallélipède la ligne milieu A_2z', et sur la face latérale la droite G'M', il pourra aisément faire passer un plan par ces deux droites, en employant soit la scie, soit plutôt la hache, ou l'herminette qui est une hache dont la lame est courbée en forme de cylindre perpendiculaire au manche; et puis, il achèvera le travail avec le rabot ou la varlope. Il opérera de même pour l'autre face de

délardement; et ces deux plans sécants iront modifier les faces de déjoutement et d'engueulement déjà obtenues, en les réduisant aux longueurs qu'elles
doivent offrir effectivement sur l'arêtier définitif.

CHAPITRE V.

CROUPE BIAISE.

925. Les lignes d'about de long-pan et de croupe doivent toujours, comme PL. 70,
nous l'avons dit (n° **908**), être placées à la même distance du parement exté- FIG. 1
rieur du mur, sur chaque face du bâtiment; ainsi, quand le plan de ce bâti- et 2.
ment ne sera pas rectangulaire, la ligne d'about de croupe se trouvera oblique
sur celles des longs-pans, et la croupe sera dite *biaise*, ce qui introduira dans
la forme des pièces quelques modifications dont nous allons étudier seulement
les principales, attendu que les autres s'expliquent d'elles-mêmes. Pour simplifier l'épure et éviter les redites fastidieuses, nous ferons abstraction de toutes
les pièces horizontales, telles que tirant, coyer, sablière, etc., et nous supposerons que toutes les pièces en relief reposent simplement sur un plan horizontal commun, lequel d'ailleurs est rapproché du faîte au quart de sa distance
véritable (*note* du n° **907**). Soient donc A'ABB' les lignes d'about, et A'Z'B'
le profil de long-pan; après avoir fixé convenablement (n° **908**) la position O
de l'angle solide de la croupe, on trace les arêtes OA, OB, et les lignes de
gorge $a'a$, ab, bb', qui doivent se rencontrer deux à deux sur ces arêtes. Le
poinçon est dévoyé comme au n° **909**; mais les deux côtés latéraux 3-2 et 4-Q
de sa base carrée, allant rencontrer les arêtes OA et OB en des points Q et 2
qui déterminent une droite 2Q évidemment parallèle à AB, c'est à cette droite
qu'on limite la base du poinçon, laquelle prend ainsi la forme d'un trapèze
2-3-4-Q.

Les chevrons de ferme doivent être dévoyés par rapport à la ligne milieu
EOF; mais, comme la stabilité de l'équilibre exige que leurs faces latérales
soient situées dans les mêmes plans verticaux, afin que leurs poussées horizontales sur le poinçon soient directement opposées, il ne faudra pas dévoyer
l'un de ces chevrons suivant le rapport des deux parties de la face 4-Q, et l'autre suivant le rapport des deux parties de la face 2-3; on devra donc adopter un rapport commun qui est celui que présente la ligne moyenne du tra-

pèze. Pour expliquer plus clairement cette construction, transportons les données sur la *fig.* 6, et après avoir prolongé le côté Q-2 jusqu'au point *l*, tirons *lm*; alors, en prenant *mp* égale à l'équarrissage que l'on veut donner au chevron, et en achevant le parallélogramme *mpqr*, il est clair que le côté *qr* se trouvera divisé par EOF dans le même rapport que *mn*, ligne moyenne du trapèze; donc c'est par les points *q* et *r* qu'il faudra mener des parallèles indéfinies à EOF pour obtenir la position des deux chevrons dévoyés.

926. Sur la croupe (*fig.* 2), le chevron ne sera pas dévoyé, et ses faces latérales seront dans deux plans verticaux équidistants de la ligne milieu OD qui est elle-même parallèle aux lignes d'about de long-pan; mais comme ces plans vont ici rencontrer les lignes d'about et de gorge de la croupe, en formant un parallélogramme UV*vu* nécessairement distinct du rectangle VV$_2$ *uu*$_2$ suivant lequel le plan horizontal couperait les quatre faces d'équarrissage primitif de la pièce de charpente, on voit qu'il faudra détruire la face supérieure et la face inférieure qui ne coïncideraient pas avec les deux lattis de croupe, et les remplacer par deux nouvelles faces dirigées suivant UV et *uv*. Ainsi le chevron devra être *délardé*, en enlevant dans toute sa longueur les prismes qui répondent aux triangles UVV$_2$ et *uvu*$_2$.

L'arêtier qui répond à OA, sera dévoyé absolument de la même manière que dans la croupe droite (n° **911**); puis, il ira rencontrer le chevron de long-pan et celui de croupe, qu'il faudra déjouter encore comme précédemment. D'ailleurs, les deux projections des *fig.* 7 et 8 s'obtenant d'une manière entièrement identique avec les procédés expliqués aux n°ˢ **920** et **921**, nous croyons superflu d'ajouter ici aucune explication relativement à cet arêtier, non plus que pour celui qui est placé à la gauche de notre épure, suivant OB.

Quant aux empanons, ils peuvent être disposés de deux manières : celui qui est à droite a ses faces latérales dans des plans verticaux parallèles à la ligne milieu OD du chevron de croupe; mais ses faces supérieure et inférieure ne pouvant plus alors coïncider avec les deux lattis de croupe, il faudra encore le *délarder* pour que son pas devienne le parallélogramme *αβγδ* compris entre la ligne d'about et la ligne de gorge de la croupe.

Mais cette disposition produisant une perte de main-d'œuvre, et exigeant des pièces d'un plus fort équarrissage, on a cherché à éviter ces deux inconvénients en *déversant* l'empanon; c'est-à-dire qu'en laissant à la pièce de bois sa forme de parallélipipède rectangle, on applique sa face supérieure sur le lattis de croupe, avec le soin de diriger les arêtes parallèlement à la ligne milieu projetée sur OD; et dès lors les faces latérales se trouvent nécessairement perpendiculaires à ce lattis, et non verticales, ce qui fait que l'empanon est dit *dé-versé*. Dans ce cas, on ne peut plus tracer immédiatement la projection horizon-tale de l'empanon, car on ignore la direction que prendront les côtés $\alpha\delta$, $\beta\gamma$, du parallélogramme qui formera son pas; et il faut pour cela recourir à *la herse* dont nous allons parler tout à l'heure. (*Voyez* n° **931.**)

927. *Remarques.* On pourrait, même dans une croupe biaise, conserver les FIG. 3. empanons *droits*, sans les délarder ni les déverser, en commençant par diriger la ligne milieu OH du chevron de croupe perpendiculairement à la ligne d'a-bout AB; et toutes les pièces se combineraient alors comme dans l'épure de la croupe droite. Mais cette disposition offrirait l'inconvénient grave, que la pous-sée exercée par le chevron de croupe sur le poinçon ne serait plus directement contrebutée par le faîtage OK, et le comble aurait peu de stabilité.

Lorsque le biais est très-prononcé, l'angle B se trouverait très-rapproché de FIG. 4. la ligne milieu EOF de la ferme, si celle-ci demeurait perpendiculaire au long-pan, et alors il serait difficile d'établir simultanément un coyer et un tirant dans cet endroit. Dans ce cas, on dirige la ferme obliquement, en la rendant parallèle à la croupe, comme on le voit dans la *fig.* 4; et alors les empanons peuvent encore être délardés, comme e_2, e_2; ou déversés, comme e_3, e_3; et notre épure montre d'ailleurs comment on raccorde les chevrons biais avec les chevrons droits du comble principal, au moyen d'empanons droits tels que e, ou de chevrons-empanons tels que ε.

928. *Profil de croupe.* Revenons à l'épure principale, et faisons une section PL. 70, par un plan vertical OY perpendiculaire à la ligne d'about de croupe. Si l'on FIG. 5. transporte ce plan parallèlement à lui-même jusqu'en O''Y'', il suffira d'élever la verticale O''Z'' égale à la hauteur O'Z' de la *fig.* 1, et de tirer la droite Y''Z''. On voit bien aussi comment on marquera sur ce profil la trace $y''z''$ du lattis in-férieur, et la section faite dans la face antérieure du poinçon; d'ailleurs, c'est sur ce profil qu'il faudra marquer la saillie des embrèvements et des tenons qui accompagnent la tête et le pied du chevron de croupe.

929. *De la herse.* Nous avons déjà dit qu'on entend par là la projection de FIG. 9. tous les chevrons et empanons sur le lattis supérieur de chaque pan du toit. Ainsi, avec une base A'B' égale à AB de la *fig.* 2, et une hauteur Y''Z' égale à la ligne Y''Z' de la *fig.* 5, on formera le triangle Z'A'B'; puis, après avoir pro-jeté sur la *fig.* 5 le point y'' de la ligne de gorge en y_2 sur le lattis supérieur, on rapportera la distance Y''y_2 suivant Y'y' (*fig.* 9) et l'on tracera par ce point y' une parallèle à A'B', laquelle donnera la projection à la herse de la ligne de gorge. Alors, en projetant sur ces deux parallèles les points U, V, u, v, en

56.

U′, V′, u′, v′, on obtiendra le parallélogramme qui forme sur la herse le pas du chevron; et les arêtes de cette pièce devront être tirées parallèlement à la droite Z′D′ qui représente ici la ligne milieu de ce chevron. Pour limiter la tête de cette pièce, on prendra sur la *fig.* 5 les distances Z″X″ et Z″x, que l'on portera sur la droite Z′Y′ de la *fig.* 9, et l'on tirera des parallèles à A′B′; d'ailleurs, on peut reproduire sur la herse les deux arêtes G′M′N′, H′m′n′ de l'arêtier qui vont rencontrer celles du chevron, car il suffit de projeter les points G et H en G′ et H′, puis de tirer par ces derniers des parallèles à Z′A′. Avec toutes ces relations, et la condition évidente que les points M et M′, P et P′,... doivent se trouver deux à deux sur des perpendiculaires à A′B′, on a plus de données qu'il n'en faudra pour tracer la projection à la herse de la tête du chevron.

930. Quant à l'empanon délardé, on opérera d'une manière semblable, en projetant les quatre angles α, $\mathit{6}$, γ, ∂, qui sont ici connus directement, sur la ligne d'about et la ligne de gorge à la herse; puis on tirera par ces points α', $\mathit{6}'$, γ', ∂', des parallèles à la ligne milieu Z′D′ du chevron précédent. Ces arêtes devront être limitées aux droites G′M′, H′m′; ce qui formera un parallélogramme que l'on partagera en trois ou cinq parties égales, dont la portion moyenne servira de base au tenon. Quant à la face normale $\mu5$ de ce tenon (*fig.* 2), elle est formée par un plan vertical perpendiculaire à l'arêtier, et dont la trace horizontale va rencontrer la ligne d'about au point V (presque confondu ici avec l'angle V du chevron); donc, si l'on projette V en V′ sur la herse, la droite V′μ' sera l'intersection de ce plan normal avec le lattis supérieur, et les arêtes du tenon devront être menées parallèlement à cette ligne V′μ', attendu que les deux *joues* du tenon sont elles-mêmes parallèles au lattis. D'ailleurs, l'horizontale $\mu6$ de la *fig.* 2 fera connaître la largeur qu'il faut donner au tenon sur la herse.

Les autres détails, tels que la projection des embrèvements, etc., sont faciles à interpréter d'après ce que nous avons dit sur la croupe droite; et l'on verra aussi aisément les procédés à employer pour les deux parties latérales de la *fig.* 9, qui représentent les lattis de long-pan. Enfin, nous dirons que la *fig.* 10 offre les projections du chevron et de l'empanon délardé, faites sur un plan parallèle à leurs faces latérales; opérations qui s'expliquent d'elles-mêmes, surtout si l'on observe que les hauteurs O″Z″, O″X₂, O″w″, O″z″, doivent être prises égales aux lignes de mêmes noms sur le profil de la *fig.* 5.

931. Revenons à l'empanon déversé que nous avons dit (n° **926**) devoir être tracé en premier lieu sur la herse, attendu que ses faces latérales sont perpendiculaires au lattis de croupe. Après avoir tracé la ligne milieu $\mathit{t'}\omega'$ (*fig.* 9)

Fɪɢ. 2 et 9.

à la distance convenable et parallèlement à la ligne milieu Z′D′ du chevron, on portera le demi-équarrissage de l'empanon à droite et à gauche de ε′ω′, et dans une direction perpendiculaire ; puis, on mènera par ces extrémités deux parallèles α′μ′, ϐ′ν′, qui comprendront la projection de cet empanon à la herse, et iront déterminer son pas α′ϐ′γ′ϑ′. Ensuite, on projettera les quatre angles de ce parallélogramme en α, ϐ, γ, ϑ, sur la *fig.* 2, et par ces derniers points on mènera des parallèles à OD, ce qui fournira les quatre arêtes latérales de l'empanon en projection horizontale.

A gauche, le tenon aura ses arêtes parallèles à celles de la pièce; mais à droite, et pour éviter l'angle aigu dans la mortaise, on terminera le tenon par un plan perpendiculaire à la face verticale de l'arêtier, et passant par la droite μλφ qui est l'intersection de cet arêtier avec la face déversée de l'empanon. Dès lors ce plan normal aura pour trace horizontale la ligne φρ tirée à angle droit sur l'arêtier; et en joignant le point ρ de la ligne d'about avec l'extrémité μ de l'arête αμ, la droite μρ sera l'intersection de ce plan normal avec le lattis supérieur auquel sont parallèles les deux joues du tenon. Par conséquent les arêtes du tenon devront être menées parallèlement à μρ, et par les points qui divisent l'intervalle μλ en trois parties égales.

Sur la herse, la tête de l'empanon sera le parallélogramme λ′μ′ν′π′, dont il faudra diviser la largeur en trois parties égales pour avoir la base du tenon; puis, si l'on rapporte en ρ′ le point ρ du plan horizontal, la droite ρ′μ′ sera la direction que l'on devra donner aux arêtes du tenon. Enfin, la largeur de ce tenon, mesurée sur une parallèle à la ligne d'about, devra être égale à celle qui existe sur le plan horizontal, ce qui permettra d'achever aisément la projection du tenon à la herse.

Solution directe du problème de l'empanon déversé.

932. Comme ce problème est remarquable par l'emploi de projections et de rabattements divers, et qu'il était célèbre parmi les charpentiers, à qui il servait d'exercice et d'épreuve pour être reçu *Compagnon*, nous allons le reprendre ici en n'employant que les seules données nécessaires, et sans recourir à la herse générale, ainsi que nous l'avions fait au n° **931**. Soient donc AB et AB′ les lignes d'about de croupe et de long-pan; ab et ab′ les deux lignes de gorge; soit O la projection horizontale de l'angle solide du comble; AO sera l'arête saillante de l'arêtier, et en disposant son équarrissage BB′ perpendiculairement à OA, suivant la règle du n° **911**, le pas de cette pièce se trouvera représenté par le pentagone BAB′b′b. On construira ensuite le profil de

PL. 71, FIG. 1.

croupe (*fig.* 2), c'est-à-dire la section que le plan vertical OD perpendiculaire
à la ligne d'about tracerait dans les plans de lattis supérieur et inférieur : enfin, on se donnera la projection horizontale EF de la ligne milieu de l'empanon, laquelle doit être parallèle à la ligne d'about AB′ de long-pan, ainsi que
la ligne milieu OE$_2$ du chevron de croupe; mais cette dernière n'est pas nécessaire ici.

Cela posé, comme les faces supérieure et inférieure de l'empanon qui a la
forme d'un parallélipipède rectangle, doivent coïncider avec les plans de lattis,
et que les arêtes dont EF indique la direction ne sont plus ici perpendiculaires
à ABE, il arrivera nécessairement que les faces latérales, au lieu d'être verticales, se trouveront *déversées.* D'où il résulte que la projection de l'empanon
sur le plan horizontal ne pourra pas être tracée immédiatement d'après la
grandeur de son équarrissage; tandis qu'en projetant d'abord cette pièce sur le
lattis supérieur, elle y sera comprise entre deux droites parallèles que nous
pourrons tracer directement, et c'est cette projection qui porte le nom de
herse, comme étant une partie de la herse générale que nous avons construite
au n° **929.**

933. Pour tracer cette projection à la herse, rabattons d'abord le lattis
supérieur sur le plan horizontal. Alors un point quelconque de EF, par exemple celui qui se projette en G sur la ligne de gorge, et en G′ sur le profil, ira
se transporter en *g*; donc E*g* est la ligne milieu de l'empanon rabattue sur
le plan horizontal; et si on lui mène deux parallèles 2H, 3K, qui en soient
éloignées d'une quantité égale au demi-équarrissage de la pièce, ces parallèles
formeront les limites latérales de l'empanon projeté à la herse. D'ailleurs, si
l'on projette le point *d*′ de la ligne de gorge en *d*″ sur le lattis supérieur, et que
l'on rabatte ce dernier point en *d*$_2$, on obtiendra la droite *d*$_2$*d*$_3$ pour la projection à la herse de la ligne de gorge; et conséquemment le parallélogramme
HK*lm* sera le pas de l'empanon sur la herse.

934. A présent, il est facile de transporter ces résultats sur le plan horizontal. Car les points *m*, *l*, se ramèneront en M, L, sur la ligne de gorge *ad*, au
moyen de perpendiculaires à la charnière ABE, et HKLM sera le pas horizontal de l'empanon; ensuite, les parallèles à EF, menées par les quatre angles
de ce parallélogramme, fourniront les projections des arêtes latérales de la
pièce, qu'il faudra terminer à la face verticale BC de l'arêtier. D'ailleurs, si l'on
construit la projection verticale de cet arêtier, en formant le triangle A′I′Z″
dont la hauteur I′Z″ soit égale à O′Z′, il suffira de projeter sur les droites *b*′*c*′,
B′C′, les quatre points P, N, U, V, pour obtenir la face de contact N′ P′ U′ V′

de l'empanon avec l'arêtier; et en partageant la largeur de ce parallélogamme en cinq parties égales, la portion moyenne sera l'entrée de la mortaise.

Quant au tenon de l'empanon, il est terminé à gauche par le prolongement de la face déversée, ce qui produit deux arêtes parallèles à celles de la pièce; et sur la droite, pour éviter l'angle aigu qu'offrirait la mortaise, on le termine par un plan normal à la face verticale BC, et conduit suivant la droite (NP, N'P') dont la trace horizontale est évidemment en Y. Ainsi, ce plan normal aura pour traces YY' et Y'P'N', et il coupera les deux joues du tenon suivant deux arêtes parallèles à la section qu'il tracerait dans le lattis supérieur. Or il rencontre les deux droites (BC, B'C') et (AO, A'Z'') qui sont dans ce lattis, aux points (N', N) et (Q', Q); donc la droite NQ est la section demandée, et c'est parallèlement à NQ qu'il faudra diriger les arêtes du tenon, après avoir partagé l'intervalle NP en cinq parties égales.

935. Comme c'est la projection à la herse qui doit servir à effectuer les opérations pratiques, attendu que cette projection est parallèle à l'une des faces de la pièce, il faut y rapporter le contour de la tête de l'empanon que nous avons déjà tracé sur l'arêtier, et qui résulte de l'intersection de cet empanon avec le plan vertical BC. Mais pour éviter la confusion des lignes, et attendu que, dans un prisme, toutes les sections parallèles sont identiques, nous allons couper la pièce par un autre plan parallèle à BC, et mené par le point de la ligne milieu qui se trouve projetée horizontalement en G, et rabattu avec la herse en g. Ce plan sécant vertical aura pour trace horizontale la droite GR parallèle à BC : il rencontre en R la ligne d'about qui est dans la face supérieure de l'empanon, et conséquemment il coupe cette face suivant une droite dont le rabattement avec la herse est Rg. Le même plan sécant coupera la face inférieure de l'empanon suivant une droite parallèle à Rg, laquelle devra d'ailleurs passer par le point G où ce plan rencontre la ligne de gorge située dans cette face; mais ce point (G, d') étant projeté sur le lattis supérieur au point d'' (*fig.* 2), ira se rabattre en g'; ainsi la section dont il s'agit s'obtiendra en menant ug'p parallèle à Rg. Alors ces deux dernières formeront avec 2H et 3K un parallélogramme uvnp qui sera la projection à la herse de la tête de l'empanon.

Quant au tenon, après avoir partagé le parallélogramme uvnp en cinq parties égales, on tirera l'horizontale 4-5-6 sur laquelle on prendra deux parties 4-6 et 4-5 égales aux distances analogues tracées sur la projection horizontale du tenon; puis, en menant par le point 6 une parallèle à vn, et par le point 5 une perpendiculaire 5-7, on déterminera l'angle 7 du tenon, qu'il faudra joindre avec le point 4; et le reste du tenon sera dès lors facile à tracer. Cette construction se justifiera en remarquant que toute droite parallèle à la ligne d'about ABD conserve la même grandeur en se projetant sur la herse; et qu'une ligne perpendiculaire à ABD se projette à la herse suivant une droite qui est encore perpendiculaire à cette ligne d'about.

936. Il faut encore projeter sur la herse l'embrèvement qui a la forme d'un prisme triangulaire dont la section orthogonale est le triangle D'δd' tracé à volonté sur le profil de la *fig.* 2. Or les deux arêtes de ce prisme correspondantes aux angles D' et d' sont évidemment représentées par les droites HK et *ml*; quant à la troisième, on projette le point δ en δ' sur le lattis supérieur; puis en rabattant ce plan, δ' vient en δ'' qui fournit la droite α'ς' pour l'arête inférieure de l'embrèvement, projetée à la herse. On ramène ensuite les points α' et ς'· sur le plan horizontal en α et ς; et les deux bases obliques du prisme d'embrèvement, qui sont les prolongements des faces déversées de l'empanon, se trouveront projetées horizontalement sur les triangles HMα et KLς.

PL. 71,
FIG. 4.
937. Il reste enfin à projeter l'empanon sur un plan parallèle aux faces déversées; et pour cela je mène par la ligne milieu dont EF est la projection horizontale, un plan parallèle à ces faces. Ce plan coupera : 1° la face supérieure suivant cette ligne milieu elle-même; 2° le plan horizontal suivant la droite ET parallèle à KL; 3° le plan vertical BC suivant la droite (FT, F'T'); ainsi ce plan sécant renfermera un triangle projeté sur EFT, lequel transporté parallèlement sur la *fig.* 4, et rabattu autour de sa base E''T'', deviendra le triangle E''F''T'' qu'il est facile de construire, puisque l'on connaît un second côté T''F'' qui doit être égal à F'T', et la ligne FF'' sur laquelle doit tomber le sommet. Or, sur le plan de ce triangle perpendiculaire au lattis, la face supérieure de l'empanon est projetée tout entière suivant la droite E''F'' : la face inférieure y sera aussi projetée suivant une droite e''f'' parallèle à la première, et dont la distance E''e'' égalera l'intervalle d'd'' des plans de lattis sur le profil de la *fig.* 2; car, quoique le plan de ce profil et le plan déversé du triangle projeté sur EFT ne soient point parallèles, ils sont l'un et l'autre perpendiculaires aux deux faces supérieure et inférieure de l'empanon; donc ils doivent couper ces faces, chacun suivant deux droites parallèles dont la distance soit la même.

Cela posé, on rapportera sur ces deux lignes E''F'', e''f'', les points H, K, L, M, par des perpendiculaires à la ligne de terre E''T'' : on agira de même pour les points α, ς, de l'embrèvement, en les projetant sur α'ς'' parallèle à E''F'', et qui en soit distante d'une quantité égale à $\delta\delta$' prise sur le profil de la *fig.* 2; car l'horizontale δ, sur laquelle sont situés les angles α, ς, est parallèle à la face supérieure de l'empanon. Quant à la projection de la tête de l'empanon, elle se déduit sans difficulté des divers points N, P, U, V,... déjà marqués sur le plan horizontal.

CHAPITRE VI.

DES NOUES.

938. Considérons deux combles dont les lignes d'about et les lignes de cou- PL. 72. ronnement sont respectivement à la même hauteur, et qui se rencontrent sous un angle quelconque, ainsi que l'indique le plan général de la *fig.* 9. Après avoir tracé à volonté le profil du comble principal (*fig.* 1), on marque sur le plan horizontal les lignes d'about des deux combles A′ABC et AA″, BB″, ainsi que les lignes de couronnement O′O, OO″; ce qui détermine les projections OA et OB des deux arêtes suivant lesquelles se couperont les plans de lattis supérieurs. Alors, par les points a et b où ces arêtes sont rencontrées par la ligne de gorge $a′abc$ du premier comble, on tire les lignes de gorge $aa″$ et $bb″$ du second comble, ce qui permet de tracer le profil de celui-ci (*fig.* 2) avec le soin de lui donner une hauteur $O″Z″ = O′Z′$. Semblablement, les lignes du poinçon et du faîtage de la *fig.* 1, étant prolongées jusqu'à leurs rencontres avec OA et OB, détermineront l'équarrissage du poinçon et du faîtage sur la *fig.* 2; puis, en O on placera un poinçon qui aura pour base le parallélogramme KR-2-3, et qui reposera sur un tirant dirigé suivant la plus courte des deux diagonales AO, BO : ce tirant s'appuierait lui-même sur les deux murs du comble (1), mais nous ferons encore ici abstraction de toutes les pièces horizontales, telles que tirant, coyer, sablière, etc.

939. Maintenant, comme les plans de lattis supérieurs qui se coupent suivant OA, présentent un angle rentrant, il faudra placer dans cette direction une *noue*, c'est-à-dire une pièce creusée en gouttière, et qui sera *biaise* parce qu'ici la droite OA ne partage pas l'angle A′AA″ en deux parties égales. Dès lors cette noue devra être *dévoyée*, au moyen du parallélogramme AωDE, de la même manière et par les mêmes motifs qu'au n° **911** pour l'arêtier d'une croupe; seulement, comme la noue creuse offrirait moins de résistance qu'un arêtier, et que d'ailleurs elle doit porter la charge des chevrons-empanons, on ne place plus la gorge de en dedans des lignes de gorge $a′a$ et $a″a$ des deux longs-pans, mais on la fait passer par l'angle a; de sorte qu'après que la noue aura été *délardée*, ou coupée dans toute sa longueur par les plans de lattis supérieurs ,.

le pas de cette pièce sera le pentagone AD*de*EA. Cette noue s'engagerait par embrèvement et tenon dans un demi-tirant qui irait s'assembler sur le tirant total placé dans la direction BO3...; mais nous avons dit que nous faisions abstraction de ces pièces horizontales.

Quant à la tête de la noue, elle vient embrasser le poinçon par les faces d'engueulement KH et KL; mais comme auparavant elle a rencontré suivant la verticale F, le faîtage qu'il ne faut pas affaiblir, on entaille le dessous de la noue par le plan de lattis inférieur $z''a''u$ du comble (2), ce qui produit la face oblique F*y*HG que l'on termine, ainsi que la face de délardement KAEGH, au plan vertical GH mené par la ligne de couronnement. L'autre face de délardement DAKLP se prolonge aussi jusqu'à la ligne de couronnement OLP; mais comme il reste beaucoup d'espace jusqu'à la contre-noue qui maintient le poinçon, nous avons prolongé le corps de la noue jusqu'au plan vertical ON, avec le soin de déjouter cette noue par le plan de lattis en retour Z′B′, ce qui donne lieu à la face LMNP. Enfin, la rencontre de la face verticale DQ avec le faîtage du comble (1) oblige à entailler la noue par le plan de lattis inférieur $z'a'v$, ce qui produit par-dessous la face oblique Q*x*MN.

Fig. 7. **940.** Pour mieux apercevoir ces diverses faces, projetons la noue sur un plan vertical (*fig.* 7) parallèle à AK. Après avoir pris les hauteurs O′Z′ et O′*z*′ égales aux lignes de mêmes noms sur le profil (1), et avoir tracé les droites A′Z′, *e*′*z*′, ainsi que leurs parallèles E′G′, *u*′*g*′, on projette les divers points F, G, H, K, L,... sur ces lignes, et l'on obtient les faces suivantes qu'il suffira d'indiquer au lecteur.

f′F′*y*′*y*″ est l'intersection de la noue avec la face verticale F*y* du faîtage relatif au comble (2), et le côté (F′*y*′, F*y*) est horizontal.

F′*g*′*h*′*y*′ est la face par laquelle la noue s'appuie sur le faîtage; elle est dans le plan de lattis inférieur $z''a''u$, et c'est pourquoi le côté F′*g*′ fait partie de la droite *u*′*g*′; mais cette face de contact est prolongée jusqu'au plan vertical GH qui produit la face de déjoutement G′*g*′*h*′H′. Il en résulte évidemment que les côtés G′H′ et *g*′*h*′ doivent être horizontaux, et passer respectivement par les points Z′ et *z*′ qui se projettent en O sur GHO.

Enfin, la face d'engueulement par laquelle la noue s'appuie sur le poinçon, et qui se projette horizontalement sur K*y*H, est représentée par K′*k*′*y*″*y*′*h*′H′K′, laquelle a des arêtes communes avec les trois faces précédentes.

Quant à la portion de la tête de la noue qui est située au delà de l'arête intérieure AK, si l'on observe que les points Q et P se confondront en projection verticale avec F et G, d'après la manière dont nous avons dévoyé la noue et les relations établies entre les deux faîtages des combles (1) et (2), on trouvera aisément les faces suivantes :

f' F'$x'x''$ est l'intersection de la noue avec la face verticale Qx du faîtage relatif au comble (1), et le côté horizontal F'x' se confond en projection avec F'y', parce qu'ils sont à la même hauteur.

F'$x'm'n'$F' est la face par laquelle la noue s'appuie sur le faîtage; elle est dans le plan de lattis inférieur $z'a'v$, et c'est pourquoi le côté F'n' fait partie de la droite (u'F', vQ) suivant laquelle ce plan de lattis coupe la face verticale de la noue; mais ici cette face de contact, projetée horizontalement sur QxMN, se prolonge jusqu'à sa rencontre avec la face verticale OMN, de sorte que le côté ($n'm'$, NM) doit aller rencontrer la verticale (O', O'Z'), précisément au point (z', O) qui est dans le lattis inférieur $z'a'a$ du comble (1).

M'N'$n'm'$ est la face verticale MN dont le côté supérieur M'N' doit converger vers Z', par des motifs analogues aux précédents, et attendu que la face de déjoutement (PLMN, G'L'M'N') est située précisément dans le lattis supérieur en retour Z'B' du comble (1).

Enfin, la face d'engueulement projetée sur KxLM est représentée sur le plan vertical par k'K'L'M'$m'x'x''k'$, dont plusieurs côtés sont communs avec les faces précédentes.

544. Maintenant, considérons la noue qui formera l'arête du comble projetée sur BO. Après avoir porté l'équarrissage B5 de cette pièce perpendiculairement à BO, on achève le parallélogramme B-5-6-7, et le pas de cette noue délardée serait 6B7$\lambda b\gamma$. Mais, sous cette forme, elle serait terminée, comme la première noue, par des faces verticales 6Y et 7T, dans lesquelles doivent venir s'assembler les chevrons-empanons $(f), (g), (h), (k), \ldots$; or, ces dernières pièces ayant leurs faces parallèles au lattis du comble (2), ainsi que les joues de leurs tenons, cet assemblage très-oblique serait incommode à effectuer, et les mortaises surtout seraient difficiles à tailler exactement dans la noue, à cause de leur direction biaise. Afin donc d'éviter cet inconvénient grave, on donne souvent à la noue, de chaque côté, une face *déversée* ou normale au lattis, laquelle doit avoir pour largeur la distance des deux droites B''Z'', $b''z''$, qui mesure l'épaisseur des chevrons sur le comble (2); et voici comment on détermine cette face déversée.

Du point 6 où la face verticale 6Y de la noue est rencontrée par la ligne de gorge $b''b$, on abaisse sur le lattis supérieur une perpendiculaire (6ε, $b''\varepsilon'$) qui va percer ce plan au point (ε', ε); alors par le point ε on tire la droite $\varphi\varepsilon$X qui est la projection de l'intersection du lattis supérieur avec le plan normal conduit

57.

par la droite (ϬY, *b″z″*); et la face déversée se trouve projetée sur YϬφX, tandis que la face de délardement est réduite à XφBR, et la face verticale à la portion qui a pour trace Ϭγ.

De l'autre côté de la noue, on tracera de même la normale (*αδ*, *a′δ′*) au lattis supérieur du comble (1), et par le point *δ* on mènera πδS parallèle à BO, ce qui donnera *α*πST pour la face déversée. Alors le pas de la noue ainsi modifiée sera le polygone de sept côtés ϬφBπαλγ.

Quant à la tête de la noue, elle sera terminée par les deux faces d'engueulement RXY, RVU, qui sont verticales et communes avec le poinçon. En dessous, la noue est entaillée par la face verticale θρ du faîtage et par la face oblique de celui-ci, ce qui produit dans la noue une face θρUT située dans le lattis inférieur *z′a′bα*; cette dernière est prolongée jusqu'à son intersection (TU, U′) avec le lattis en retour Z′B′ du comble (1), et la face STUV appartient à ce lattis. Sur l'autre faîtage du comble (2), la noue présente des faces analogues, mais moins nombreuses et faciles à discerner sur notre épure.

On désigne ordinairement cette seconde noue sous le nom de *noue déversée*, et la première s'appelle *noue délardée*; cependant l'une et l'autre sont délardées, et il serait plus correct d'appeler l'une : *noue à faces verticales*, l'autre : *noue à faces déversées*, ou mieux encore : *noue à faces normales*; car il n'en est pas ici comme de l'empanon déversé (n° **932**), où les faces même du parallélipipède primitif avaient été conservées, en les inclinant ou les déversant d'une certaine manière (*).

FIG. 8. **942.** Il nous reste à projeter la noue déversée sur un plan vertical (*fig.* 8) parallèle à l'arête BO. Après avoir projeté sur la ligne de terre les points B, π, *α*, λ,..., et avoir pris les hauteurs O′Z′, O′z′, égales aux lignes de mêmes noms sur le profil (1), on tirera les droites λ′z′, B′Z′, et leurs parallèles π′S′, *α′*T′; puis,

_____

(*) Il est bon d'observer ici que la noue déversée n'exige pas un *solide capable* aussi volumineux que si l'on avait conservé les faces verticales; car, dans ce dernier cas, le rectangle circonscrit au pas de la pièce devrait être λγ6γ, tandis qu'avec les faces déversées, ce rectangle peut être réduit à λγ8π. On pourrait aussi, dans l'épure de la *Coupe droite*, chercher à éviter l'obliquité fort grande du tenon et de la mortaise par lesquels l'empanon s'engage dans l'Arétier, en créant sur cette dernière pièce une face *déversée* ou normale au lattis. Mais si l'on applique à l'Arétier la construction employée pour la Noue au n° **941**, on reconnaîtra que la face normale qui serait exécutée ainsi, se trouverait placée *au-dessus* de la tête de l'empanon, et dès lors elle abandonnerait cette pièce à toute l'action de son poids; tandis que la face verticale que nous avons conservée sur l'Arétier, s'oppose en partie aux effets de la pesanteur.

on projettera sur ces droites les divers points R, ρ, θ, S, T, ...; et l'on obtiendra aisément les faces que nous allons indiquer au lecteur.

θ″θ′ρ′ρ″ est la face verticale du faîtage, et le côté θ′ρ′ doit être tracé parallèlement à la ligne de terre, puisque c'est l'horizontale θρ.

θ′ρ′U′T′ est la face du lattis inférieur, laquelle se détermine en menant par T l'horizontale T^vU′ limitée à la rencontre de la verticale UU′.

S′T′U′V′ est la face de déjoutement, située dans le lattis supérieur en retour; il suffit donc de tirer par le point S′ une horizontale S′V′ (qui doit évidemment passer par Z′), et d'y projeter le point V en V′. D'ailleurs, en traçant le côté V′U′, il devra converger avec S′T′ vers un point 9″ situé sur la verticale 9, et placé à la même hauteur que le point 9′ du profil (1).

Enfin, la face d'engueulement est évidemment R′V′U′ρ′ρ″R″R′ qui a plusieurs côtés communs avec les faces précédentes.

Quant aux faces de l'autre côté de la noue, elles sont faciles à apercevoir d'après tous les détails antérieurs, et le lecteur suppléera bien de lui-même à notre silence.

943. *Des chevrons-empanons.* Ils peuvent être délardés comme (ƒ) et (g), c'est-à-dire compris latéralement entre deux faces verticales parallèles à AB, et conséquemment obliques aux faces supérieures et inférieures qui sont dans les plans de lattis du comble (2): alors cela rentre tout à fait dans l'empanon délardé de la croupe biaise (n° **926**). Nous ferons seulement observer que, pour le chevron (g) qui s'assemble dans la face déversée de la seconde noue, l'about du tenon doit être formé par un plan perpendiculaire à cette face. Or, comme les joues du tenon sont parallèles aux lattis, et conséquemment perpendiculaires aussi à cette face de la noue, il arrivera que les arêtes du tenon seront elles-mêmes perpendiculaires à la face déversée de la noue; donc les projections de ces arêtes devront former des angles droits avec la trace horizontale φβ de cette face déversée, ainsi que l'indique notre épure.

944. Les chevrons (h) et (k) ont été déversés, c'est-à-dire placés comme l'empanon déversé de la croupe biaise (*Pl. LXXI*). Ainsi, sans répéter tous les détails donnés aux n°ˢ **933**, ..., nous tracerons la projection horizontale ƒy de la ligne milieu du chevron (h), laquelle doit être parallèle à AB, et deviendra ƒg″ quand on aura rabattu la berse sur le plan horizontal; puis, après avoir porté le demi-équarrissage de ce chevron (*) à droite et à gauche de ƒg″,

---

(*) Ici nous avons pris cet équarrissage plus grand que celui des autres chevrons, afin de rendre lisibles les détails importants qui se rapportent à cet empanon; mais, dans la pratique, il faut donner à tous les chevrons la même largeur.

et dans une direction perpendiculaire, nous tirerons parallèlement à fg'' deux droites qui rencontreront la ligne d'about aux points l et m, par lesquels on fera passer les deux arêtes supérieures lq, mp, parallèles à fg. Maintenant, si l'on abaisse sur le lattis supérieur la normale $a''i'$, et que l'on rabatte le point i' en i sur la ligne milieu fg'' de la herse, cette normale sera représentée en projection horizontale par ih tracée perpendiculairement à la ligne d'about, et elle ira percer le plan horizontal au point h sur la ligne de gorge; donc fh sera la trace d'un plan normal au lattis et passant par la ligne milieu du chevron; donc aussi les droites lk, mn, tirées parallèlement à fh, seront les traces des deux faces déversées, et $lknm$ sera le pas horizontal de la pièce. Dès lors, il suffira de mener par les angles k, n, des parallèles à fg pour obtenir les deux arêtes inférieures du chevron, que l'on prolongera, ainsi que les arêtes supérieures, jusqu'à leur rencontre avec le lattis inférieur $b''z''$ du profil (2); car ici c'est le chevron (h) qui porte le tenon de l'enfourchement, et le chevron (k) contient les deux fourchons. D'ailleurs, les faces qui forment l'entaille de cet enfourchement sont verticales et parallèles aux arêtes des chevrons, et non pas déversées.

Pour le chevron (k), on pourrait recommencer des opérations semblables sur la ligne d'about $B''B$; mais il suffira de prolonger les arêtes supérieures lq, mp, en deçà de la ligne de couronnement; puis, de placer les arêtes inférieures à droite de celles-là, et à la même distance que sur le chevron (h).

945. Les arêtes de l'about du tenon de ce chevron (k) devront être perpendiculaires à la trace $\varphi6$ de la face déversée de la noue, par les mêmes raisons déjà citées pour (g) au n° 943. Quant à l'about du tenon dans le chevron (h), il devra être formé par un plan perpendiculaire à la face verticale EG de la noue, et mené par l'intersection qr de cette face avec la face déversée du chevron; or, comme cette dernière a pour trace lkr, le point r sera le pied de cette intersection, et rs la trace horizontale du plan de l'about; donc ce plan coupera le lattis supérieur suivant sq, et ce sera là aussi la direction qu'il faudra donner aux arêtes du tenon, puisque les deux joues de celui-ci sont toujours parallèles au lattis.

FIG. 10.   946. De la herse. On sait que c'est le développement de tous les plans de lattis supérieurs qui vont se couper en O, après avoir toutefois projeté sur ces lattis les divers chevrons et empanons. On formera donc les deux trapèzes $12'$-$13'$-O_2A_2 et $13'$-$14'$-B_2O_2 en prenant leurs hauteurs égales à $A''Z''$ ($fig.$ 2), et leurs bases égales aux lignes analogues sur les $fig.$ 4 et 5; puis, si l'on porte la distance $A''i'$ ($fig.$ 2) de $12'$ en $15'$ sur la $fig.$ 10, on pourra tracer la projection 15′-u_2 de la ligne de gorge sur la herse. On fixera sur cette ligne le point u_2, en projetant le point u sur la ligne d'about, et en mesurant la distance de cette projection au point A; le point E_2 se trouvera encore plus simplement, et les droites $E_2 G_2$, $u_2 F_2$, représenteront sur la herse les projections des deux arêtes de la noue qui sont dans les plans de lattis, lesquelles doivent comprendre les abouts des chevrons-empanons. Ceux-ci se traceront en dirigeant leurs arêtes parallèlement à la ligne $A_2 B_2$, et en prenant la distance A_2-18′ égale à A-18; quant au pied 19 de l'arête inférieure qui est sur la ligne de gorge, on commencera par le projeter en 20 sur la ligne d'about, puis on prendra la distance 18′-20′ égale à 18-20, et la perpendiculaire abaissée de 20′ sur la ligne de gorge à la herse donnera le point cherché 19′ de l'arête inférieure du chevron (f_2). Les arêtes de l'about du tenon devront être dirigées parallèlement à la droite 21′-22′ qui s'obtient en prenant la distance 19′-21′ égale à 19-21. Le chevron (h_2) se déterminera par des moyens semblables; et la largeur des joues des tenons s'obtiendra en mesurant sur la *fig.* 4 la grandeur d'une parallèle à la ligne d'about, laquelle doit rester la même sur la herse, ainsi que l'indique notre épure.

Pour la *fig.* 12, qui représente le lattis projeté sur la *fig.* 3, on construira le triangle rectangle $A_2 O_2$-16′ dont l'hypoténuse est déjà connue, et dont les deux autres côtés sont égaux à O-16 et à A′Z′ (*fig.* 1). La ligne d'about $A_2 D_2$ devra être tirée perpendiculairement à A_2-16′, et la projection de la ligne de gorge devra être tracée à une distance mesurée par A′∂′ de la *fig.* 1. On y rapportera les points v_2 et D_2 en projetant les points v et D de la *fig.* 3 sur A′A, ce qui permettra de tracer les projections à la herse $D_2 P_2$ et $v_2 Q_2$ des arêtes de la noue, et le reste s'achèvera comme précédemment. On agira semblablement pour la *fig.* 13, en construisant d'abord le triangle rectangle $O_2 B_2$-17′ dont les côtés sont faciles à trouver; et les autres détails que renferme notre épure s'interprètent assez d'eux-mêmes, ou par ce qui précède, pour qu'il soit superflu d'ajouter de nouvelles explications.

CHAPITRE VII.

DES PANNES ET TASSEAUX.

PL. 73. **947.** Nous allons étudier ici un comble tout à fait complet, c'est-à-dire qui, avec des chevrons, empanons, arêtiers et noues, renferme aussi des *pannes* et conséquemment des *arbalétriers* pour soutenir celles-là, comme nous l'avions indiqué dans les fermes des *Pl. LXVII* et *LXVIII*; mais nous continuerons à faire abstraction des pièces horizontales, telles que tirants, coyers, sablières,..., attendu qu'il n'y aurait rien à changer dans ce que nous avons dit sur ce sujet lors de la *Croupe droite*.

Le plan général tracé sur la *fig.* 10 indique que le comble en question doit recouvrir deux corps de bâtiments qui forment un retour d'équerre, et nous avons adopté cette disposition afin d'avoir l'occasion d'étudier l'agencement des pannes sous les arêtiers et les noues, qui sont les deux circonstances où l'on rencontre le plus de difficultés. On commencera donc par tracer (*fig.* 1) le profil de long-pan du petit comble, en se donnant la demi-largeur O'A' de la ferme et la hauteur O'Z' du poinçon. L'équarrissage assigné pour les chevrons déterminera la parallèle $a'z'$, et celui des pannes la droite $\alpha'\zeta'$ qui représente la face supérieure de l'arbalétrier. Cette dernière pièce s'assemble dans le poinçon par un embrèvement et un tenon dont l'about est horizontal, afin de mieux arc-bouter le poinçon; tandis que pour le chevron, il vaut mieux donner à l'about du tenon une direction perpendiculaire au lattis, afin que le chevron, qui doit aussi recevoir le tenon du *tasseau*, puisse s'assembler plus facilement par une simple rotation sur sa base A', et sans soulever de nouveau le poinçon. Quant à la panne, on lui donne sur ce profil *moyen* un équarrissage M'N'P'Q' qui soit un carré, afin que sur les deux autres profils, dont nous parlerons plus tard, et qui ont une pente plus ou moins roide, la panne ne soit pas modifiée deux fois dans le même sens, ce qui la rendrait ou trop faible ou trop massive. Cette panne est retenue dans sa position par un tasseau qui s'assemble à tenons dans l'arbalétrier et dans le chevron supérieur; quelquefois même on ajoute au-dessous du tenon une *chantignolle* de sûreté, que l'on fixe sur l'arbalétrier avec une broche en fer ou un boulon qui les traverse entièrement.

Ajoutons aussi que, suivant l'usage (*note* du n° **907**), les longueurs de toutes les pièces sont réduites ici au quart de ce qu'elles devraient être, pour se trouver dans un rapport convenable avec les équarrissages adoptés.

948. Maintenant, sur le plan horizontal, il faut tracer les lignes d'about DA, AB, BF, ainsi que les lignes de couronnement OC et CI, en choisissant la projection O du sommet de la croupe de manière à vérifier la relation du n° **908**; puis, après avoir tiré les projections AO et BC des arêtes saillante et rentrante du comble, on trace les lignes de gorge ab, ad, bf, de telle sorte qu'elles se coupent deux à deux sur AO et BC. La même condition doit être remplie par les lignes d'about $\alpha\beta$, $\alpha\delta$, $\beta\varphi$, des arbalêtriers, ainsi que par les lignes de gorge de ces dernières pièces.

Ensuite, on dévoie le poinçon O qui a pour base un carré, suivant la méthode indiquée au n° **909**; les chevrons de ferme E et D se placent comme dans la croupe droite, en dévoyant le premier; et les arbalêtriers qui sont au-dessous occupent des positions homologues qui n'ont pas besoin d'explication.

949. Avant d'aller plus loin, il est bon de tracer le profil de croupe (*fig.* 4), lequel se déduit du plan horizontal (*fig.* 3) en prenant les hauteurs $O''Z''$, $O''z''$, $O''\zeta''$, égales aux lignes homologues du profil (1). La *fig.* 5 représente la ferme sous-faîte dirigée suivant OC, et composée des deux poinçons, du faîtage et des contre-fiches qui empêchent les angles de varier; mais, en outre, nous y avons figuré aussi la coupe $Y'B'$ faite suivant FI dans le grand comble (*fig.* 6), parce qu'elle a des parties communes avec la précédente. Par un motif semblable, sur la *fig.* 1 qui se rapporte spécialement à une coupe faite suivant OE dans le petit comble, nous avons représenté le faîtage et la contre-fiche dirigés suivant CI dans le grand comble.

950. Le chevron d'arêtier A est dévoyé et délardé comme au n° **941**, au moyen d'un parallélogramme construit sur son équarrissage; l'arbalêtrier d'arêtier est dévoyé d'une manière semblable, et la trace horizontale de sa face supérieure est une droite GH que l'on mène par le point α perpendiculairement à OA, tandis que la trace de sa face inférieure est placée dans l'angle formé par les lignes de gorge relatives à ce genre de pièces. Cet arbalêtrier conserve donc la forme d'un parallélipipède rectangle, et n'est point délardé par les plans parallèles au lattis qui auraient pour traces les droites $\alpha\alpha'$ et $\alpha\delta$; car un tel délardement que certains charpentiers ont exécuté quelquefois, produirait une augmentation de main-d'œuvre très-inutile, affaiblirait l'arbalêtrier qui supporte le poids des pannes, et ôterait à ces dernières l'appui qu'elles trouvent en partie, comme nous allons le voir, dans les arêtes saillantes qui aboutissent en G et H. Du reste, la tête de l'arbalêtrier embrasse le poinçon par *engueule-*

58

ment, comme nous l'avons vu pour l'arêtier au n° **914**, et toutes ces pièces se trouvent déjoutées dans leurs parties supérieures, au moyen de plans verticaux conduits par l'axe du poinçon et par les points où elles rencontrent les pièces voisines dans la ferme de croupe et dans celle du long-pan.

951. La noue B qui est à faces déversées, se déterminera comme au n° **941**, en formant un parallélogramme avec son équarrissage, et en recourant aux profils (1) et (5) pour abaisser les deux normales $a'a_2$ et $b'b_2$ qui doivent fournir les arêtes situées dans les lattis supérieurs. La tête de cette noue, après avoir été entaillée par-dessous pour s'appuyer sur les deux faîtages voisins, va saisir le poinçon par deux faces d'engueulement, ainsi que nous l'avons expliqué en détail au n° **939**.

L'arbalêtrier de noue est dévoyé d'une manière semblable, au moyen d'un parallélogramme formé sur son équarrissage; et en menant par les deux angles qui seront sur BA et BF, deux parallèles à BC, les points K et V où elles rencontreront les lignes 6α et 6φ, détermineront une droite KV nécessairement perpendiculaire à BC, et qui sera la trace horizontale de la face supérieure de cet arbalêtrier. La face inférieure aura pour trace une droite parallèle à KV, et menée par l'angle saillant que forment les lignes de gorge des arbalêtriers des lattis (2) et (6). Ainsi cet arbalêtrier ne sera point délardé, mais il conservera la forme d'un parallélipipède rectangle, par les motifs cités au n° **950**; et dans sa partie supérieure, il embrassera le poinçon par deux faces d'engueulement verticales, sans qu'il y ait lieu de modifier cette tête par des déjoutements, comme cela avait été nécessaire pour l'arbalêtrier dirigé suivant AO.

Ajoutons, pour bien faire comprendre l'ensemble du comble général, dont quelques détails seulement ont été marqués sur la *fig.* 10, qu'il doit y avoir un long tirant qui s'appuie sur les angles opposés B_2 et B_3 des murs du bâtiment, et sur lequel reposeront le poinçon C_2, la noue et son arbalêtrier, ainsi que l'arêtier et l'arbalêtrier dirigés suivant B_3C_2. En outre, dans ce tirant principal viendront s'assembler par tenon avec renfort, ou par entaille à mi-bois, deux demi-tirants placés suivant C_2I_3 et C_2D_3, lesquels porteront chacun un chevron de ferme et un arbalêtrier. Enfin, les deux poinçons C_2 et I_2 seront reliés par le faîtage et ses contre-fiches.

Pl. 73. **952.** *Des pannes.* Le cours de pannes qui règne sous le pan de toit AOCB a pour profil le carré M'N'P'Q', et nous appellerons face *externe* celle qui, comme M'N', se trouve en contact avec les chevrons, tandis que la face P'Q' sera dite face *interne;* les deux autres M'Q' et N'P' sont les faces *supérieure* et *inférieure.* Cette panne s'étend depuis le plan vertical BC jusqu'au plan vertical AO; et

pour en déduire celle de croupe, on projette les extrémités M et N des arêtes
externes sur le profil (4) en M″ et N″, puis de ces points on tire les droites M″S″,
N″R″, perpendiculaires au lattis, de sorte que le profil de cette nouvelle panne
est, non plus un carré, mais un rectangle M″N″R″S″; et par là il arrive que les
deux pannes de long-pan et de croupe se touchent dans le plan vertical OA
suivant deux parallélogrammes qui n'ont qu'un seul côté commun, celui qui
réunit les arêtes externes. De même, sur le profil (5) du pan de toit projeté sur
ICBF, on placera les points *m′*, *n′*, à la même hauteur que M″, N″, et on achèvera le rectangle *m′n′t′u′* qui déterminera le cours de pannes relatif au grand
comble; mais, comme vérification, il devra arriver que les angles *m′*, *n′*, correspondent exactement aux points *m*, *n*, où les arêtes externes de la première
panne ont déjà rencontré le plan vertical BC (*).

953. Cela posé, les deux pannes qui doivent se loger entre l'arêtier et son
arbalêtrier y trouveraient leurs chambrées toutes faites, si ces deux pièces étaient
délardées, l'une intérieurement, l'autre extérieurement, par les plans parallèles
au lattis qui ont pour traces *aa′* et *aa″*, *αα′* et *αα″*; mais comme on a voulu éviter
ces opérations qui offrent des inconvénients (n° 950), il faut chercher les entailles que l'on doit pratiquer dans ces pièces pour y loger les pannes. Or, l'arête
horizontale S″ va percer la face verticale G*s* de l'arbalêtrier en un point projeté
en *s*, et elle sort sur la face supérieure par le point S où elle rencontre la droite
*α*O qui est dans le plan S″*α*″*α* de la face interne de la panne; donc la face
supérieure M″S″ de la panne coupera celle de l'arbalêtrier suivant une droite S*g*,
dont l'extrémité *g* s'obtiendra en projetant sur le profil (4) l'arête G*g* suivant G″*g*″,
et en ramenant le point *g*″ en *g*. Dès lors la section faite dans l'arbalêtrier par la
face M″S″ est un triangle projeté S*gs*.

De même, la face inférieure N″R″ de la panne coupera l'arbalêtrier suivant
le triangle projeté sur R*γr*, dont l'angle *γ* pourrait se trouver en marquant la
rencontre de G″*g*″ avec N″R″; mais il suffira de tirer par le point R une parallèle R*γ* à S*g*, attendu que ces deux droites sont les intersections de la même
face GH par deux plans parallèles. Ainsi la panne, en pénétrant dans l'arbalê-

---

(*) Il serait plus rationnel de placer au même niveau les arêtes *internes* de tous les cours de
panne, plutôt que les arêtes *externes;* car les premières sont les plus apparentes quand l'intérieur du comble est visible, tandis que les faces externes ne le sont jamais; et, du reste, le
tracé des assemblages ne serait pas plus difficile. Mais il s'est établi un usage contraire qui
vient, sans doute, de ce que les charpentiers s'exerçaient à la coupe des bois sur de petits
modèles de combles, où les faces externes étaient les plus apparentes.

trier, enlève un prisme triangulaire dont les deux bases sont les triangles S*ys*, R*γr*, et dont les arêtes latérales sont RS, *rs*, *γg*.

Quant aux arêtes externes M″ et N″, elles entreront dans l'arêtier par les points 2 et 4 situés sur l'arête inférieure de cette pièce, et elles y pénétreront jusqu'à leurs rencontres M et N avec la ligne intérieure qui est projetée sur *a*O et a son pied en *a*; de plus, les faces M″S″ et N″R″ couperont la face inférieure de l'arêtier suivant des lignes 2-3, 4-5, parallèles à *g*S, et qui compléteront les bases triangulaires M-2-3, N-4-5, du prisme qu'il faudra enlever de l'arêtier pour y loger la panne. On pourrait d'ailleurs déterminer directement les points 3 et 5, en projetant sur le profil (4) la droite de l'arêtier qui a son pied au point 10, et en opérant comme pour la droite (G*g*, G″*g*″) de l'arbalêtrier.

954. Maintenant, pour la panne M′N′P′Q′ de long-pan, son arête Q′ pénétrera dans l'arbalêtrier suivant *v*Q, et la face Q′M′ coupera la face supérieure de cet arbalêtrier suivant une droite Q*h* dont l'extrémité *h* se détermine comme il suit. On projette sur le profil (1) l'arête H*h* qui devient H′*h*′, et cette dernière ligne allant rencontrer la face Q′M′ en *h*′, c'est ce point qu'il faut projeter en *h*, pour achever le triangle Q*vh*. La face N′P′ produira aussi une section triangulaire P-8-7, dont le côté P-7 sera parallèle à Q*h*; puis, dans le dessous de l'arêtier, il y aura deux triangles semblables correspondant aux arêtes M′M et N′N, lesquels formeront les bases de l'entaille prismatique qui doit être pratiquée sous l'arêtier pour y loger la panne.

Remarque. Les charpentiers évitent souvent, et avec raison, d'exécuter les entailles intérieures qui se rapportent à l'arêtier; et, pour cela, il leur suffit de tronquer le bout saillant des deux pannes par le plan qui contient la face inférieure de l'arêtier, et qui a pour trace horizontale la droite 9-10-11. Cela épargne la main-d'œuvre, et n'enlève rien d'essentiel à l'appui que la panne trouve sur le tasseau. Il n'en est pas de même des entailles pratiquées sur les arêtes saillantes G et H de l'arbalêtrier, lesquelles contribuent efficacement à supporter la panne, et doivent toujours être exécutées.

955. Considérons actuellement la noue OB et l'arbalêtrier correspondant qui doivent recevoir les deux cours de pannes projetées sur M′N′P′Q′ et *m*′*n*′*t*′*u*′ (*fig.* 5). Ici, par opposition avec ce qui arrivait pour l'arbalêtrier d'arêtier O*α*, l'arête (Q′, Q*q*) de la panne pénétrera dans l'arbalêtrier CL par le point 12 de l'arête latérale K-12, et elle s'y enfoncera jusqu'au point *q* situé sur la ligne intérieure 6C; puis, la face Q′M′ coupera la face supérieure KV de l'arbalêtrier suivant une droite 12-λ qui se détermine comme il suit. On projette sur le profil (1) la ligne LC de l'arbalêtrier, laquelle devient L′λ′; et le point λ' où elle va couper M'Q' devra être projeté en λ pour achever le triangle 12-λq.

Pour l'autre panne $m'n't'u'$, on projettera la même droite LC sur le profil (5) où elle devient L''l'; et le point l' étant projeté en l, on tracera le triangle ul-13. Tous les autres triangles relatifs aux entailles prismatiques qu'il faut pratiquer dans l'arbalêtrier et dans la noue, étant semblables et parallèles aux deux que nous venons de construire, 12-$q\lambda$ et 13-lu, il serait superflu d'ajouter ici de nouvelles explications, surtout après les détails déjà donnés aux nᵒˢ **953** et **954.**

956. *Projection latérale du chevron d'arêtier et de son arbalêtrier.* Après avoir Fɪɢ. 7. formé le triangle A'O'Z' avec une base égale et parallèle à OA, et une hauteur O'Z' égale à la ligne de même nom sur le profil (1), on projette sur la ligne de terre O'A' tous les points A, a, G, π,..., et l'on mène des parallèles à A'Z'. Ensuite nous pourrions nous borner à dire qu'il faut projeter sur ces diverses droites, les points M, N, Q, S, s, g,... en M', N', Q', S', s', g',...; mais comme ces derniers points, qu'il faudra reporter sur les pièces de charpente avec beaucoup de précision, ne seraient ainsi déterminés qu'au moyen de deux ou trois projections successives qui pourraient offrir quelques inexactitudes, surtout quant à *la direction* des coupes, les charpentiers ont soin de se procurer des vérifications surabondantes.

Ainsi, après avoir pris les distances O'-14' et O'-15' de la *fig.* 7 égales aux hauteurs des points M'' et S'' (*fig.* 4) au-dessus de la ligne de terre, on tire les horizontales 14'-2'-M' et 15'-s'-S' qui coupent les diverses obliques en des points 2', M', s', S', lesquels doivent correspondre aux projections horizontales 2, M, s, S. Ensuite, si l'on prend O'ω' égale à O''ω'' du profil (4), la droite M'ω' sera la trace de la face supérieure de la panne sur le plan vertical OA, et elle devra passer par le point S' déjà trouvé, et fournir l'angle 3' du triangle M'-2'-3' qui est une des bases de l'entaille prismatique creusée dans l'arêtier. Enfin, le côté $s'g'$ du triangle de l'arbalêtrier devra être parallèle à cette trace M'ω'.

Par des moyens semblables, on se procurera les horizontales 16'-N', 17'-R', et la trace N'R'ψ' de la face inférieure de la même panne, en recourant toujours au profil (4); de sorte que l'entaille creusée dans l'intérieur de l'arêtier, et celle qui est enlevée sur l'arête saillante de l'arbalêtrier, seront représentées ici par les deux prismes

$$\text{M'-2'-3'-N'-4'-5'} \quad \text{et} \quad \text{S'}s'g'\text{R'}r'\gamma'.$$

Pour obtenir les entailles analogues de l'autre côté du plan vertical OA, lesquelles proviennent de la panne du lattis (2), il suffira d'opérer d'une manière tout à fait semblable, mais avec le soin de mesurer sur le profil (1) toutes les hauteurs dont on aura besoin; par exemple, celles qui déterminent les traces M′Q′, N′P′ (*fig.* 7) des faces de la nouvelle panne sur le plan vertical OA. Le lecteur apercevra sans doute aisément sur notre épure les deux entailles prismatiques produites par cette seconde panne, surtout en remarquant que les côtés M′-2′ et N′-4′ sont communs à celle-ci et à la précédente, du moins en projection sur la *fig.* 7.

FIG. 7.　　**957.** *Le tasseau* d'arêtier est supposé ici avoir la même largeur que le chevron d'arêtier, dans le sens perpendiculaire à OA; c'est pourquoi l'entaille pratiquée pour supporter la panne de gauche est un parallélogramme R′-5′-4′-6′ dont le premier côté est le prolongement de N′-5′, et dont le côté opposé part du point 4′ lui-même; mais l'extrémité 6′ est un peu au-dessous du point γ′ relatif à l'arbalétrier, parce que cette dernière pièce est plus large que le tasseau. La seconde entaille pratiquée dans le tasseau pour loger la panne du long-pan de la *fig.* 2, est un autre parallélogramme dont un des côtés coïncide avec N′P′.

FIG. 8.　　**958.** *Projection latérale de la noue et de son arbalétrier.* Il faudra construire le triangle rectangle B′C′Z′ avec une hauteur C′Z′ égale à O′Z′ de la *fig.* 1 ; et après avoir marqué sur la ligne de terre les points b′, K′, 6′, ..., tirer des parallèles à B′Z′. La tête de la noue se décrira aisément d'après ce que nous avons dit au n° **942**; et celle de l'arbalétrier est encore plus facile. Maintenant, après avoir mesuré sur le profil (1) les hauteurs des points M′, N′, θ′, ρ′, au-dessus de la ligne de terre, on reportera ces hauteurs sur C′Z′ (*fig.* 8), et l'on tracera les horizontales m′-20′, n′-22′, ainsi que les obliques m′θ′, n′ρ′, qui seront les traces des deux faces supérieure et inférieure de la panne sur le plan vertical BC. Alors, si l'on tire l'horizontale q′-12′ et la droite 20′-21′ parallèle à la trace m′θ′, on aura déterminé les deux triangles m′-20′-21′, q′λ′-12′, qui résultent de l'intersection de la face supérieure de la panne du lattis (2) dans la noue et dans l'arbalétrier; il n'est pas besoin d'ajouter que ces divers points devront correspondre aux projections analogues sur le plan horizontal, ce qui offrira des vérifications utiles; mais le charpentier préfère, avec raison, les procédés directs que nous venons d'employer.

Semblablement, si l'on tire l'horizontale p′-26′ et la droite 22′-23′ parallèle à la trace n′ρ′, on aura les deux triangles n′-22′-23′ et p′-25′-26′ produits par la face inférieure de la même panne; de sorte que les deux entailles que cette pièce produit sur la noue et dans son arbalêtrier, se trouvent représentées par les deux prismes

$$m'\text{-}20'\text{-}21'\text{-}n'\text{-}22'\text{-}23' \quad \text{et} \quad q'\lambda'\text{-}12'\text{-}p'\text{-}25'\text{-}26'.$$

Pour la panne du lattis (6), qui est projetée sur le profil (5) suivant $m'n't'u'$, on trouvera d'une manière toute semblable les entailles prismatiques qu'elle produit sur la noue et dans l'arbalêtrier; mais il faudra se rappeler que les hauteurs, dont on aura besoin alors, devront être mesurées sur l'axe $C'Y'$ de ce profil (5), et non plus sur la *fig.* 1.

959. *Du tasseau* relatif à la noue. Ce tasseau est supposé encore avoir la FIG. 8; même largeur que la noue, dans le sens perpendiculaire à BC; ainsi l'entaille qu'y produira la panne du long pan (2) sera le parallélogramme $n'\text{-}23'\text{-}24'\text{-}25'$, dont un côté est précisément la trace $n'\rho'$ de la panne, et dont l'autre est le prolongement du côté $22'\text{-}23'$ qui appartient à la noue; mais le sommet $24'$ doit être un peu au-dessus de l'angle $26'$ du triangle relatif à l'arbalêtrier, parce que cette dernière pièce est plus large que le tasseau.

Quant à l'entaille de ce même tasseau, qui doit recevoir la panne du profil (5), ce sera un autre parallélogramme indiqué sur notre épure, et que le lecteur distinguera aisément d'après les détails que nous venons de donner.

Dans la *fig.* 9, nous avons représenté l'arbalêtrier projeté sur un plan parallèle à sa face supérieure; nous y avons marqué aussi le tasseau avec ses entailles; et l'on doit bien voir comment cette projection se déduit de la *fig.* 8.

960. *De la herse.* Le triangle $O_2D_2A_2$ est la moitié du lattis de croupe; le tra- PL. 73, pèze $O_2A_2B_2C_2$ représente le lattis de long-pan du petit comble, compris entre FIG. 11. l'arête OA de la croupe et l'arête CB de la noue sur le plan horizontal; enfin l'autre trapèze $B_2C_2I_2F_2$ est le lattis du grand comble projeté sur la *fig.* 6. Tous ces polygones se construiront comme dans l'épure de *Croupe droite* (n° **917**); et les chevrons ainsi que les empanons s'y placeront comme nous l'avons expliqué alors.

Quant à la panne de croupe, on projettera les points M″, N″, sur le lattis supérieur A″Z″ (*fig.* 4), et l'on rapportera les distances de Z″ à ces projections, sur la *fig.* 11, suivant O_2M_2, O_2N_2, puis l'on tracera par les points M_2 et N_2 des parallèles à A_2D_2; mais pour déterminer la coupe oblique de cette panne, on opérera de la manière suivante. Après avoir projeté le point α'' (*fig.* 4) en δ'' sur le lattis supérieur, on mesurera la distance Z″δ'' que l'on rapportera suivant $O_2\delta_2$, et la droite $\delta_2\alpha_2$ sera la projection à la herse de la ligne d'about $\delta\alpha$ des arbalêtriers, comme la ligne d_2a_2 est celle de la ligne de gorge des chevrons. Cela posé, on projettera les points a et α sur AD (*fig.* 3), et en reportant les distances A-3o, A-31, sur A_2D_2 (*fig.* 11), on élèvera des perpendiculaires qui, par leur rencontre avec d_2a_2 et $\delta_2\alpha_2$, iront déterminer les points a_2 et α_2 par lesquels on tirera parallèlement à A_2O_2 les lignes a_2z_2 et $\alpha_2\zeta_2$. Ces dernières lignes seront les projections à la herse des intersections du plan vertical OA avec les deux plans parallèles au lattis, entre lesquels sont comprises les pannes ; et conséquemment leurs rencontres avec les horizontales tirées par M_2 et N_2, détermineront le parallélogramme qui forme la coupe oblique de la panne. Dans la pratique, au lieu de mener ces longues parallèles, on pourra se procurer directement les points z_2 et ζ_2, en projetant sur $A''Z''$ les points z'' et ζ''.

Pour les pannes des autres pans de toit, on opérera semblablement, avec le soin de mesurer les distances analogues aux précédentes, non plus sur le profil (4), mais sur les profils (1) et (5).

CHAPITRE VIII.

ESCALIER EN BOIS, DIT : COURBE RAMPANTE.

961. Sans rappeler les diverses conditions générales auxquelles doit satisfaire tout escalier, soit en pierre, soit en bois, et que nous avons expliquées avec détails aux n°s 835,..., nous nous occuperons seulement ici des moyens de tailler *le limon,* ou la pièce de charpente, dans laquelle les marches viennent s'assembler du côté opposé au mur de cage ; car, pour des marches en bois, on ne prend pas ordinairement la peine de façonner le dessous ; mais on se contente d'y clouer un lattis sur lequel on applique un enduit de plâtre que l'on dresse à la règle, en lui donnant une forme à peu près identique avec la surface supérieure du limon dont nous allons parler.

PL. 74, FIG. 1.   Soit donc ABC ... LMN la courbe de jour, laquelle est ici composée de deux droites parallèles réunies par un demi-cercle qui leur est tangent. Il faudra tracer une ligne analogue $A_2B_2C_2...L_2M_2$ qui soit partout équidistante de la première, et en concevant deux cylindres verticaux élevés sur ces lignes, ils formeront les faces latérales du limon ; tandis que ses faces supérieure et inférieure seront de même nature que la surface gauche rampante qui contiendra les arêtes saillantes des marches ; c'est pourquoi nous allons commencer par définir cette dernière.

962. Pour fixer d'abord la position de ces arêtes sur le plan horizontal, on trace la ligne de foulée *abc...lm* équidistante de celle de jour (n° **835**) et formée aussi de deux droites parallèles réunies par un demi-cercle ; on la divise en parties égales *ab, bc, cd, de,...., lm*, avec le soin de choisir leur grandeur commune dans les limites qui conviennent à *un giron* de marche (n° **836**) : il est bon aussi de placer une des divisions au sommet *m* du demi-cercle ; et puis, par tous ces points *a, b, c,...*, on mène des normales A*a*, B*b*,... à la courbe de jour. Mais, à cause de la forme discontinue de cette ligne, les normales, après avoir été d'abord parallèles entre elles, viendraient ensuite passer toutes par un même point ; et conséquemment les têtes de marches qui aboutissent sur la partie circulaire du limon, offriraient une diminution considérable et *subite* dans leurs largeurs. Afin donc d'atténuer cet inconvénient, on répartit cette diminution inévitable sur un plus grand nombre de marches, en la rendant d'ailleurs progressive ; et c'est ce qu'on appelle faire *le balancement*.

Soit B*b* la dernière arête que l'on veut conserver normale, et A*a* la précédente : la question se réduit à diviser la longueur BM en *n* parties qui décroissent successivement, et dont la première soit un peu moindre que AB, tandis que la dernière devra surpasser, ou du moins égaler l'arc qui serait compris entre les deux rayons O*m* et O*l*. Cette dernière restriction est nécessaire à admettre, pour que le balancement ne fasse pas tomber sur une dernière tête de marche qui offre une largeur encore moindre qu'elle n'eût été en conservant aux arêtes des directions normales. La question ainsi posée pourrait se résoudre aisément par quelques calculs numériques, si l'on voulait estimer en centimètres la longueur BM ; mais il vaut mieux employer le procédé graphique suivant, qui présente une loi continue et susceptible de s'appliquer à un nombre quelconque de subdivisions intermédiaires.

963. Après avoir tracé deux droites quelconques AX, AY (*fig.* 8), on prendra sur la première *n* + 1 parties égales entre elles, et du reste arbitraires :

$$\text{A}b,\ bc,\ cd,\ de,\ ef, fg,\ gl,\ lm.$$

On portera sur l'autre les deux portions AB et BM de la courbe de jour (*fig.* 1), rectifiées suivant leurs vraies grandeurs (*) ; puis, en tirant les deux droites B*b*, M*m*, elles iront se couper en un point S situé au-dessus de AY,

---

(*) Ici nous avons réduit ces distances AB et BM, afin de ne pas dépasser le cadre de notre épure ; de sorte que les intervalles BC, CD,... que nous allons obtenir, ne sont pas non plus les distances qu'il faudra reporter sur la *fig.* 1 ; mais cela suffit pour indiquer au lecteur le procédé graphique dont il doit se servir.

attendu que ABM est moindre que $(n + 1)$ AB. Alors, si l'on mène les transversales Sc, Sd, Se,..., elles diviseront AM en parties décroissantes, c'est-à-dire que l'on aura

$$\text{AB} > \text{BC} > \text{CD} > \text{DE} > \text{EF}...,$$

comme il est aisé de le démontrer au moyen de la comparaison de quelques triangles. Toutefois, il faudra vérifier si la dernière partie LM ainsi obtenue, est au moins égale à l'arc de la circonférence GM qui serait compris entre les rayons Om et Ol, par la raison donnée au n° **962**; et si cette condition n'était pas remplie, il faudrait répartir le balancement sur un plus grand nombre de marches, et non pas chercher à y satisfaire en variant l'angle YAX; car, en exprimant par l'analyse les relations de ces diverses droites, on trouve que quand cet angle varie, le point S se déplace en restant sur un cercle qui aurait pour rayon Sω parallèle à AY, mais que les divisions formées sur AM demeurent toujours les mêmes.

Si la rencontre des deux droites primitives Bb et Mm avait lieu dans un point S trop éloigné, il suffirait de tracer la ligne $b'm'$ parallèle à AX; et après l'avoir divisé en n parties égales comme bm, on joindrait les points de division correspondants, tels que c' et c, d' et d, e' et e,.... On pourrait aussi effectuer le balancement dont nous nous occupons ici, par la méthode employée dans la coupe des pierres (*Pl. LXIII*).

964. Maintenant, toutes les distances BC, CD, DE,..., trouvées sur la *fig.* 8, devront être reportées sur la courbe de jour (*fig.* 1) suivant BC, CD, DE,..., LM; puis, en tirant les droites Cc, Dd, Ee, Ff,..., on obtiendra les projections horizontales des arêtes saillantes des marches. Ces droites prolongées formeront, par leurs intersections successives, un polygone que l'on pourrait rapprocher indéfiniment d'une courbe continue, en intercalant de nouvelles droites fournies par la subdivision des intervalles bc, cd, de,... de la *fig.* 8; mais les seules arêtes de marches déjà marquées suffiront ordinairement pour tracer la courbe xy, enveloppe de toutes ces droites, laquelle offrira un rebroussement en x et aura pour asymptote la dernière arête normale Bb. Cette courbe dont nous allons avoir besoin pour la génération de la surface de l'escalier, peut être nommée *la développoïde* de la courbe de jour, puisqu'elle remplacera la véritable développée qui nous a servi dans les escaliers en pierre des *Pl. LXI* et *LXII*.

965. Cela posé, imaginons que sur le cylindre vertical qui a pour base la ligne de foulée $abcd...lm$, on ait tracé une *hélice*, c'est-à-dire une courbe dont les ordonnées verticales aient avec les abscisses comptées sur cette base, le rapport constant $\frac{H}{G}$ d'une hauteur de marche avec la largeur uniforme des girons : il est vrai que cette hélice

$$(iabcd...lm, \quad i''A''B''...)$$

commencera ici par être *rectiligne*, puisqu'une portion de la base est une ligne droite; mais elle n'en jouira pas moins dans tout son cours de la propriété énoncée ci-dessus. Ensuite, concevons une droite toujours horizontale qui, en glissant sur cette hélice, reste d'abord normale au cylindre de jour ABC...LM, et qui, à partir de la position Bb, demeure constamment tangente au cylindre vertical xy de la développoïde. Alors, cette droite mobile engendrera une surface gauche rampante (mais qui est *plane* jusqu'à Bb), sur laquelle devront être situées toutes les arêtes saillantes des marches, déjà projetées suivant Aa, Bb, Cc, Dd,....

D'après cela, il sera facile de marquer sur un plan vertical XY (*fig.* 2) parallèle à ABC, les intersections du limon avec les faces dites *marche* et *contremarche*, puisqu'il n'y aura qu'à tracer sur ce plan vertical des horizontales A''B', B''C', C''D',... situées à des hauteurs 2H, 3H, 4H,..., et à les terminer par les verticales parties des points A_2, B_2, C_2, D_2,... de la face intérieure du limon. On doit observer ici que les points A'' et B'' devront tomber sur la projection de l'hélice rectiligne $i''A''B''$...; mais il n'en sera plus de même pour les points C'', D'',..., à cause de la déviation que le balancement a produite dans les arêtes des marches (*).

966. La face supérieure du limon n'est autre chose que la surface gauche précédente, transportée un peu au-dessus, d'une quantité B''6; par conséquent cette face commence par être plane et projetée sur une droite 6α... parallèle à l'hélice rectiligne $i''A''B''$: mais à partir du point 6, cette face devient gauche et elle se trouve terminée par deux courbes 6$\gamma\delta\epsilon$..., 6$\gamma_2\delta_2\epsilon_2$..., que l'on construit

---

(*) Ordinairement on ajoute sur le devant de chaque giron, une saillie composée de quelques moulures cylindriques, comme celles que nous avons marquées à la première marche; mais pour simplifier l'encastrement de la tête de marche dans le limon, on peut ne pas prolonger cette moulure dans l'intérieur de ce limon. Au reste, il est prudent de ne pas tenir compte d'abord de cette moulure, dans la distribution primitive des marches sur le plan horizontal, afin de ne pas s'exposer à des erreurs; mais on l'ajoute ensuite sur les profils qui servent à tailler les marches.

de la manière suivante. On observe que les génératrices de cette nouvelle surface gauche, projetées aussi sur CC_2, DD_2,..., seront représentées sur le plan vertical XY par des horizontales $\gamma\gamma_2$, $\delta\delta_2$,..., élevées au-dessus des points C″, D″,... de la quantité constante B″6; donc il suffira de projeter sur ces horizontales les points où les droites CC_2, DD_2,... sont coupées par les cylindres verticaux ABCD..., $A_2B_2C_2D_2$.... Il faudra aussi y marquer les points de section de ces mêmes génératrices avec le cylindre moyen $A_3B_3C_3D_3$..., parce que nous aurons besoin tout à l'heure de la courbe moyenne $6\gamma_3\delta_3\epsilon_3$... tracée sur la face supérieure du limon.

Quant à la face inférieure, elle est identique avec l'autre, mais placée au-dessous du limon d'une quantité B′6′ qu'il est bon de prendre un peu plus grande que B″6, afin que les entailles creusées dans ce limon pour recevoir les têtes des marches, laissent assez de bois plein en dessous pour offrir une résistance convenable. On mènera donc par le point 6′ une droite 6′α′ parallèle à 6α; puis, en portant sur les verticales déjà tracées, des longueurs

$$\gamma\gamma', \; \gamma_2\gamma'_2, \; \gamma_3\gamma'_3, \; \delta\delta', \; \delta_2\delta'_2, \; \delta_3\delta'_3,...$$

égales toutes à la dimension verticale 66′ du limon, on pourra tracer les trois courbes latérales et moyenne de la face inférieure de cette pièce.

967. Comme il faut composer le limon de plusieurs parties réunies par des assemblages, afin d'économiser le bois, surtout dans cette partie du limon qu'on appelle *échiffre* et qui est projetée sur la courbe GLM, nous placerons un assemblage en H et un autre en K : et pour le premier, nous rendrons les joints parallèles au plan qui serait normal en H à la *courbe moyenne* du limon. Cette courbe est l'intersection du cylindre moyen $A_3B_3C_3$... avec une surface gauche identique à celle de l'escalier, mais qu'il faut concevoir placée à égales distances des faces supérieure et inférieure du limon; par conséquent, l'hélice directrice de cette surface gauche moyenne sera la ligne

$$(tabcd...lm, \; t'a'b'...),$$

dont la première partie est une droite parallèle à $i''A''B''$, menée par le milieu b' de la hauteur 66′ du limon.

968. Cherchons donc le plan tangent de cette surface gauche moyenne; mais d'abord, pour trouver la projection verticale H′ du point de cette surface qui est projeté en H, tirons la droite Hγ tangente au cylindre directeur xy; et comme cette génératrice va rencontrer l'hélice au point h que l'on projettera en h′ sur $t'a'b'$..., il n'y aura plus qu'à tracer l'horizontale h'H′ sur laquelle on rapportera le point H en H′ : on aurait pu aussi prendre simplement le milieu de la portion de verticale HH′, qui se trouve comprise entre les deux courbes moyennes des faces du limon. Maintenant suivant la règle donnée en *Géométrie descriptive* (nᵒˢ **580** et **581**), il faudra recourir à un paraboloïde de raccordement dont les deux directrices seront la droite (ht, $h't'$) et la verticale y ; car ce paraboloïde aura évidemment les mêmes plans tangents que la surface gauche moyenne, tant pour le point h que pour le point y (*voyez* nᵒ **842**), et dès lors pour le point (H, H′) le plan tangent sera aussi commun. Or, quand la génératrice horizontale (Hy, H′h') sera parvenue, en glissant sur les directrices indiquées ci-dessus, à passer par le pied (t, t'), elle aura évidemment la position ty située dans le plan horizontal : si donc nous coupons cette dernière position et la première par le plan vertical A₂B₂H parallèle aux deux directrices, la section faite ainsi dans le paraboloïde et qui doit être rectiligne (*G. D.*, nᵒ **551**), sera la droite (TH, T′H′) ; par conséquent, cette droite combinée avec (Hy, H′h') déterminera le plan tangent du paraboloïde, qui est aussi celui de la surface gauche moyenne, pour le point (H, H′). Mais, sans chercher les traces de ce plan, observons qu'une de ces deux droites, savoir (TH, T′H′), se trouve tout entière dans le plan vertical A₂B₂ du cylindre moyen qui doit couper la surface gauche moyenne suivant la courbe à laquelle nous voulons mener une tangente ; donc cette tangente est précisément (TH, T′H′), et par suite le *plan normal* de la courbe moyenne du limon aura pour traces H′R′ et R′R.

969. A présent, et au lieu de tracer un seul joint normal qui pourrait permettre quelque glissement, portons sur la tangente H′T′, à droite et à gauche du point H, deux distances égales (2 ou 3 centimètres), et par leurs extrémités menons deux plans parallèles à H′R′R, lesquels seront encore sensiblement normaux à l'axe du limon. Ces deux plans, qui ne devront être prolongés que d'un seul côté de la tangente, l'un en dessus, l'autre en dessous, formeront les deux joints normaux de l'assemblage ; et en marquant les points 5, 6, 7, où ils vont rencontrer les trois courbes $6\gamma\delta$..., $6\gamma_2\delta_2$..., $6\gamma_3\delta_3$..., de la face supérieure du limon, ainsi que leurs points de section avec les courbes de la face inférieure, on en déduira sur le plan horizontal les deux courbes qui terminent ces joints normaux : ils seront séparés d'ailleurs par une face plane qui est représentée par un rectangle 1-2-3-4, libre de hachures. On ajoute aussi quelquefois à cet assemblage deux tenons que nous avons figurés sur le plan vertical ; mais la solidité du système résulte surtout de l'adhésion forcée qui s'établit entre les joints normaux du limon et de l'échiffre, au moyen de liens de fer appliqués sur les faces supérieures et inférieures ; ou mieux encore, par un boulon qui traverse ces deux pièces, et que l'on serre fortement avec un écrou à vis. En outre, d'autres boulons horizontaux, scellés dans le mur de cage, rattachent le limon avec ce mur.

970. Pour former l'assemblage des deux parties de l'échiffre en K, adoptons un plan vertical (*fig.* 3) qui soit tangent en m à la ligne de foulée, et dont la ligne de terre mz pourra être supposée à une hauteur arbitraire, par exemple 3H, au-dessous du point K de la courbe moyenne du limon. Alors, en prenant la verticale mK' égale à trois hauteurs de marche, le point K' sera la projection de la génératrice MKm considérée comme appartenant à la surface moyenne; tandis que les génératrices correspondantes, sur les faces supérieure et inférieure du limon, seront projetées aux points μ' et μ'' placés au-dessus et au-dessous de K' d'une quantité égale à la moitié de la dimension verticale 66' (*fig.* 2). Par suite, si l'on trace au-dessous et au-dessus de μ' et μ'', diverses horizontales qui en soient écartées de H, 2H,..., puis, que l'on projette sur ces horizontales les points G, G_2, G_3, L, L_2, L_3, ..., on pourra tracer les courbes

$$\gamma'\lambda'\mu'\ldots, \quad \gamma'_2\lambda'_2\mu'_2\ldots, \quad \gamma'_3\lambda'_3\mu'_3\ldots, \quad \gamma''\lambda''\mu''\ldots, \quad \text{etc.,}$$

qui représentent les courbes latérales et moyennes des faces supérieure et inférieure du limon, dans le voisinage du point (K, K').

971. Cela posé, la tangente K'z de l'hélice moyenne s'obtiendra, comme on sait, en prenant la sous-tangente mz égale à 3G ou trois fois l'arc ml, puisque l'ordonnée mK' est égale à 3H. Dès lors, si l'on fait glisser la droite (MKm, K'), toujours horizontale, sur la tangente K'z et sur la verticale x, on obtiendra un paraboloïde de raccordement dont une seconde génératrice du même système sera évidemment la droite xz située dans le plan horizontal. Or, en coupant ce paraboloïde par le plan vertical Kθ qui est parallèle aux deux directrices, on aura une section rectiligne, savoir la droite (Kθ, K'θ'); et cette droite combinée avec la génératrice (MKm, K') déterminera le plan tangent du paraboloïde qui est aussi celui de la surface gauche moyenne en (K, K'). Mais comme il faudrait couper ce plan tangent par celui qui touche le cylindre moyen en K, pour obtenir la tangente de la courbe moyenne, on voit bien que cette intersection sera précisément la droite (Kθ, K'θ'), laquelle est ainsi la tangente cherchée.

Alors on mènera le plan normal K'S' perpendiculairement à cette tangente; puis, à 2 ou 3 centimètres de distance, à droite et à gauche, on mènera parallèlement à K'S' les deux joints normaux qui, en coupant les courbes $\gamma'\lambda'\mu'$, $\gamma'_2\lambda'_2\mu'_2$, ... déjà tracées, détermineront sur le plan horizontal les deux courbes 15-16-17 et 18-19-20 qui limitent ces faces de joint.

972. *Projection latérale de tout l'échiffre.* Les projections des *fig.* 2 et 3, jointes à la *fig.* 1, déterminent sans doute la forme de l'échiffre d'une manière complète ; mais comme elles sont exécutées sur des plans verticaux différents, elles ne peuvent pas servir immédiatement à tailler cette pièce, et il faut la projeter en totalité sur un plan vertical parallèle aux faces latérales PQ et UV du parallélipipède d'où l'on veut tirer cet échiffre. On devra tracer ces droites parallèles PQ et UV dans une direction telle qu'elles comprennent toute la projection horizontale de l'échiffre, sous la moindre largeur possible ; mais il ne faudra pas marquer dès à présent les deux autres côtés PU et QV du rectangle, attendu que leur position dépendra de la projection (*fig.* 4) que nous allons tracer.

Après avoir élevé par le point H une perpendiculaire à la nouvelle ligne de PL. 74, terre PQ, on prendra la hauteur Y″H″ égale à YH′ de la *fig.* 2, et l'on tracera FIG. 4. l'horizontale H″X″. On projettera en T″ le pied T de la tangente à la courbe moyenne du limon, et cette tangente deviendra ici H″T″ ; on retrouvera de même la normale H″R″, en projetant le point R′ en R d'abord, puis celui-ci en R″ ; et ces deux droites serviront de vérifications pour plusieurs arêtes des joints qui doivent leur être parallèles. Ensuite, après avoir mesuré sur la *fig.* 2 la différence de niveau des points 2 et 3 par rapport au point H′, on tracera sur la *fig.* 4, et à la même hauteur, au-dessus et au-dessous du point H″, les horizontales 1-2, 3-4, sur lesquelles il faudra projeter les points 1, 2, 3, 4, du plan horizontal ; alors on achèvera le parallélogramme de la face tangentielle, dont deux côtés devront se trouver parallèles à la tangente H″T″. Pour la face normale, on placera les trois points de la courbe 5-6-7 sur les verticales élevées par les points analogues de la *fig.* 1, en leur donnant au-dessus de l'horizontale X″H″ les mêmes hauteurs que présentent les points 5, 6, 7, de la *fig.* 2 au-dessus de la ligne H′X′ ; et en tirant les droites 3-5, 4-7, elles devront se trouver parallèles à la normale H″R″. On opérera d'une manière semblable pour la courbe 8-9-10 du joint normal inférieur.

973. Maintenant, traçons l'horizontale E″F′ (*fig.* 4) à une hauteur au-dessus de H″X″ égale à la différence de niveau qui existe entre les deux lignes analogues sur la *fig.* 2, et élevons par le point F, la verticale F′F″ égale à H ; tirons encore l'horizontale F″G′, et par le point G, la verticale G′G″ = H ; puis l'horizontale G″L′, et par le point L, la verticale L′L″ = H. Nous aurons par là fixé la place où il faudra pratiquer, sur la face intérieure du limon, les entailles qui doivent recevoir les têtes des marches.

Ensuite, prolongeons les verticales précédentes de quantités F″φ₂, G″γ₂,

L″λ_2, égales toutes à l'intervalle B″6 pris sur la *fig.* 2; et après avoir tiré les horizontales $\varphi_2\varphi$, $\gamma_2\gamma$, $\lambda_2\lambda$, projetons-y les points F, G, L, de la face extérieure du limon, et alors on aura des points qui permettront de tracer les deux courbes supérieures de l'échiffre, 5$\varphi\gamma\lambda$ et 7$\varphi_2\gamma_2\lambda_2$. Les courbes inférieures 8$\varphi'\gamma'\lambda'$... et 10$\varphi'_2\gamma'_2\lambda'_2$ ... se déduiront des premières en prenant les verticales $\varphi\varphi'$, $\varphi_2\varphi'_2$, $\gamma\gamma'$, ..., égales toutes à la hauteur totale $66'$ du limon.

974. Quant aux faces du second assemblage, il faudra commencer par fixer la position du centre K″ (*fig.* 4) qui doit être sur la verticale élevée par le point K, et à une hauteur au-dessus du giron L″M′ qui égale la distance B′b' (*fig.* 2); car ce centre (K, K″) appartient à la surface gauche moyenne du limon, dont l'hélice directrice est (*tabc* ... *lm*, *t′a′b′*...). Ensuite, après avoir mesuré sur la *fig.* 3 la différence de niveau des points 12 et 13 comparativement à K′, on tracera à la même hauteur au-dessous et au-dessus de K″, deux horizontales sur lesquelles on projettera les points 11, 12, 13, 14, de la *fig.* 1 ; d'ailleurs les points M et M′₂ devront être projetés sur l'horizontale K″x'', ce qui permettra de tracer les deux arcs d'ellipse qui terminent cette face tangentielle. Quant à la courbe 15-16-17 de la face normale, on placera ces trois points à des hauteurs au-dessus de l'horizontale K″x'' qui égalent celles des points analogues de la *fig.* 3 par rapport à K′x'; et l'on agira de même pour la courbe 18-19-20 de la face normale inférieure. Enfin, si l'on veut se procurer des points intermédiaires pour les courbes latérales 11-17, 12-15, 14-20, 13-18, qui sont toutes des arcs d'ellipse, il n'y aura qu'à couper les joints normaux de la *fig.* 3 et les deux cylindres verticaux LMN, $L_2M_2N_2$, par divers plans horizontaux, ce qui fournira des points qui se construiront comme nous l'avons fait ci-dessus pour 15, 16 et 17.

FIG. 4   **975.** Maintenant, traçons un rectangle P′Q′Q″P″ qui enveloppe la projec-
et 5.   tion (4) sous le plus petit espace possible; ce sera la projection d'un parallélipipède compris entre les deux plans verticaux PQ, UV, et qui formera le *solide capable* dans lequel on doit tailler l'échiffre. Dès lors il ne restera plus qu'à trouver les intersections des deux cylindres verticaux EFGLM et $E_2F_2G_2L_2M_2$, avec les faces supérieure et inférieure de ce parallélipipède, lesquelles sont projetées sur la *fig.* 4 suivant les droites P′Q′ et P″Q″. Nous devrions rabattre séparément ces deux faces; mais comme ce sont des plans parallèles qui couperont les cylindres suivant des courbes identiques, nous admettrons, pour abréger, qu'après avoir rabattu la première face suivant le rectangle P′Q′V₂U₂, la seconde face P″Q″ a été transportée jusqu'en P_2Q_2, et rabattue ensuite sur $P_2Q_2V_4U_4$.

Cela posé, prolongeons les verticales qui représentent les génératrices des cylindres du limon, jusqu'aux points

$$f \text{ et } f_2, \quad g \text{ et } g_2, \quad l \text{ et } l_2, \ldots,$$

et par ces points élevons des perpendiculaires à la charnière P′Q′, sur lesquelles nous porterons les longueurs

$$f\!f_2 \text{ et } f_2 f_4, \quad gg_2 \text{ et } g_2 g_4, \quad ll_2 \text{ et } l_2 l_4, \ldots$$

égales aux distances de la ligne PQ aux divers points

$$F \text{ et } F_2, \quad G \text{ et } G_2, \quad L \text{ et } L_2, \ldots;$$

alors on pourra tracer les intersections demandées

$$f_2 g_2 l_2 m_2 \rho_2 \quad \text{et} \quad f_4 g_4 l_4 m_4 \rho_4,$$

lesquelles se composent de deux droites et de deux ellipses dont les points de raccordement π_2 et π_4 sont faciles à trouver, ainsi que les sommets ρ_2 et ρ_4; car, pour ces derniers, il suffira de tracer par le point O (*fig.* 1) un diamètre qui soit parallèle à UV. Toutefois, nous devons faire observer ici que, comme les bords de la pièce de bois peuvent offrir quelques défauts ou n'être pas bien équarris, les charpentiers sont dans l'usage de mesurer les distances dont nous venons de parler, non pas à partir de la trace PQ, mais à compter d'une ligne milieu *uv* que l'on trace à volonté sur la projection horizontale, et qu'il faut ensuite marquer sur la *fig.* 5. D'ailleurs, cette dernière projection n'est point tracée sur le sol par les charpentiers, qui n'ont pas coutume de se servir de *panneaux*, ainsi que le font les tailleurs de pierre; mais ils exécutent les opérations relatives à la *fig.* 5, sur la pièce de bois elle-même, comme nous allons l'indiquer.

976. *Piqué des bois.* Après avoir mis la pièce en chantier sur la projection (4), en couchant le parallélipipède sur sa face latérale, les deux faces supérieure et inférieure seront alors dans les plans verticaux P′Q′ et P″Q″. Si donc on fait correspondre successivement le fil-à-plomb aux points $f, f_2, g, g_2, \ldots$, on pourra, en piquant un ou deux points sur la direction du fil, tracer sur la face même de la pièce les droites $f\!f_2, f_2 f_4, \ldots$, et puis y rapporter les distances des points F et F_2 (*fig.* 1) à la ligne milieu *uv* qui a dû être tracée d'abord sur la pièce; car nous la supposons *lignée* et *contre-lignée*, ainsi que nous l'avons dit au n° **922.** On opérera de même pour la face inférieure projetée sur P″Q″, en plaçant le fil-à-plomb aux points $g_2, g_4, l_2, l_4, \ldots$

977. Lorsqu'on a ainsi tracé sur les deux faces supérieure et inférieure FIG. 6.

(*fig.* 6) les intersections des deux cylindres verticaux de l'échiffre, on débillarde la pièce, c'est-à-dire qu'on la creuse suivant cette forme cylindrique, au moyen d'une scie tournante qui doit suivre les deux contours marqués pour la face concave et pour la face convexe : sauf à perfectionner le trait avec le secours de quelques autres outils, et de manière qu'une règle puisse s'appliquer exactement sur la surface exécutée, en passant par les points de repère f_4 et f_6, g_4 et g_6,.... Maintenant, sur ces génératrices f_4f_5, g_4g_5,..., on porte les longueurs

$$f_2\varphi_2 \text{ et } f_2\varphi_5, \quad g_2\gamma_3 \text{ et } g_2\gamma_5, \quad l_2\lambda_2 \text{ et } l_2\lambda_5,$$

que l'on a mesurées avec le compas sur la *fig.* 4; ce qui permet au charpentier de tracer à la main, sur le cylindre concave, les deux courbes $\varphi_2\gamma_2\lambda_2$ et $\varphi_5\gamma_5\lambda_5$. Il trace de même les courbes analogues sur la face cylindrique convexe; et dès lors il peut enlever tout ce qui excède les deux courbes supérieures et les deux courbes inférieures, et exécuter les deux faces gauches de l'échiffre, en vérifiant si une règle s'applique bien sur ces faces, lorsqu'il l'appuie sur les repères que lui fournissent les points marqués φ_2 et φ_4, φ_5 et φ_6,... dont quelques-unes sont invisibles ici, mais qui résultent tous des génératrices verticales qu'il a tracées sur la pièce dans l'opération précédente. Par là, l'échiffre présentera enfin la forme indiquée dans la *fig.* 7.

978. Le charpentier doit aussi, lorsque la pièce a encore la forme d'un parallélipipède rectangle, tracer les droites X_2X_3, Y'_2Y_4, (*fig.* 5), lesquelles sont les intersections des faces supérieure et inférieure avec le plan horizontal du giron $G''L'$; parce que ces droites lui serviront, quand le solide sera débillardé, à marquer sur le cylindre convexe la trace de ce giron, et conséquemment la place de l'entaille à exécuter pour recevoir la tête de la marche. D'ailleurs, cette trace du giron sert aussi à mesurer sur la *fig.* 4 les hauteurs des points γ, γ_2, λ,... qu'il faut reporter, comme on l'a dit au n° **977**, sur la pièce débillardée; ce qui est plus exact que de compter ces distances, ainsi que nous l'avons fait précédemment, à partir du bord supérieur P'Q' de la pièce, lequel peut offrir des défauts ou une arête mal terminée.

Cet exemple de l'échiffre doit suffire pour donner aux lecteurs une idée assez exacte des procédés que les charpentiers emploient dans le tracé des pièces courbes; mais il reste encore à apprendre certains détails et quelques précautions minutieuses dont la connaissance ne peut bien s'acquérir que dans les chantiers de construction.

NOTE (A).

Des courbes à plusieurs centres. — (N° **607**.)

979. On appelle *anse-de-panier* ou *courbe à trois centres*, une ligne formée Pl. 34, avec trois arcs de cercle AM, MBm, mD, qui sont tangents deux à deux, et Fig. 10. dont les centres doivent être placés sur les axes OA et OB assignés par la question, afin que la tangente soit verticale à la naissance A ou D, et horizontale à la clef. Dès lors, en posant

$$OA = a, \quad OB = b, \quad CA = r, \quad C'B = R,$$

le triangle COC' fournira, entre les inconnues R et r, la relation unique

(1) $(R - r)^2 = (R - b)^2 + (a - r)^2,$ ou $R = \dfrac{a^2 + b^2 - 2ar}{2(b - r)},$

laquelle permet de prendre à volonté un des rayons, et fournirait une infinité de solutions, si l'on ne s'imposait pas quelque autre condition propre à donner au cintre une forme gracieuse et plus continue.

980. *Première méthode.* Ordinairement, on veut que l'arc AM de la naissance soit de 60°; et par suite, le triangle isocèle CC'c devient équilatéral, ce qui rend aussi l'arc MBm de 60°. Alors, si l'on pose

$$OC = x, \quad \text{d'où} \quad r = a - x \quad \text{et} \quad R = a + x,$$

l'équation (1) deviendra

$$x^2 - (a - b)\,x = \frac{(a - b)^2}{2}, \quad \text{d'où}$$

(2) $x = \dfrac{a - b}{2} + \dfrac{a - b}{2}\sqrt{3}.$

On verra bien pourquoi nous rejetons ici la valeur négative de x; et quant à la valeur (2), elle peut se construire comme il suit. On prendra OF $= a - b$ et OG $= \frac{1}{2}$OF : on décrira sur GF, comme diamètre, une demi-circonférence qui coupera l'axe vertical au point H; et la corde GH étant reportée de G en C, donnera OC pour la valeur de x. Alors on formera sur AC un triangle équilatéral AMC, dont le côté MC prolongé ira déterminer le centre C' et le rayon C'M de l'arc de la clef.

981. *Remarque.* Quelques auteurs ont donné une règle plus courte, mais qui

60.

est simplement *une approximation*, bonne pour des cintres de très-petites dimensions ou pour des moulures d'architecture; c'est d'ajouter à la distance OF $= a - b$ le tiers de cette longueur, parce que Oc égale à peu près $\frac{1}{3}(a - b)$. En effet, on a

$$\sqrt{3} = \sqrt{\tfrac{27}{9}} = \tfrac{5}{3} \text{ à o,o6 près;}$$

donc

$$x = \frac{a - b}{2}\left(1 + \sqrt{3}\right) = \tfrac{4}{3}(a - b),$$

valeur qui sera trop petite d'environ o,o3 de la différence $(a - b)$.

982. *Deuxième méthode.* Si l'on veut que le rapport des rayons R et r approche le plus possible de l'unité, ou bien soit *minimum*, on tirera de l'équation (1),

$$\frac{R}{r} = \frac{a^2 + b^2 - 2ar}{2(br - r^2)};$$

puis, en égalant à zéro la différentielle de cette expression, on aura

$$ar^2 - (a^2 + b^2)\, r + \tfrac{1}{2} b\, (a^2 + b^2) = 0,$$

formule qui, combinée avec l'équation (1), conduira aux valeurs suivantes :

$$(3) \qquad r = \frac{\sqrt{a^2 + b^2}}{a}\left[\frac{\sqrt{a^2 + b^2} - (a - b)}{2}\right],$$

$$(4) \qquad R = \frac{\sqrt{a^2 + b^2}}{b}\left[\frac{\sqrt{a^2 + b^2} + (a - b)}{2}\right].$$

Nous avons négligé l'une des valeurs de r, parce qu'elle aurait donné $r > b$, et par suite $R < a$, de sorte qu'alors les deux cercles ne se raccorderaient qu'au delà de la clef, ce qui ne saurait convenir à une voûte; et d'ailleurs la forme, quoique compliquée en apparence, sous laquelle nous avons écrit les valeurs (3) et (4), permet de les construire graphiquement d'une manière très-simple. En effet, après avoir tiré la corde AB, on en retranchera la quantité BE égale à la différence $a - b$; puis, sur le milieu F du reste AE, on élèvera une perpendiculaire FCC′ qui déterminera les centres C et C′ des deux arcs AM et MB. Cette construction se justifie en observant d'abord que

Pl. 34, Fig. 11.

$$AF = \frac{\sqrt{a^2 + b^2} - (a - b)}{2}, \quad BF = \frac{\sqrt{a^2 + b^2} + (a - b)}{2};$$

et qu'ensuite les triangles semblables AOB, AFC, BFC', donnent

$$AC = AF \cdot \frac{AB}{AO}, \quad BC' = BF \cdot \frac{AB}{BO},$$

qui sont bien les valeurs de r et R dans les formules (3) et (4).

Cette construction élégante est indiquée dans le *Traité de la construction des ponts* par Gauthey, vol. I, page 248; seulement, les valeurs des rayons R et r y sont écrites sous une forme qui ne s'adapte pas immédiatement à la solution graphique que l'on cite. C'est là, sans doute, ce qui a fait dire à M. Audoy, dans son excellent *Mémoire sur la poussée des voûtes*, inséré au n° 4 du *Mémorial du génie*, que les formules de Gauthey étaient fausses ; cependant elles sont exactes, et il suffit de multiplier le numérateur et le dénominateur par un certain facteur, pour les rendre identiques avec les nôtres qui sont celles de M. Audoy. Mais ce dernier a eu raison de faire observer que la solution précédente ne rend pas les rayons aussi peu différents qu'il est possible, et nous allons rapporter la solution qu'il donne de ce cas.

983. *Troisième méthode.* Si l'on voulait que la différence des rayons R et r fût un minimum, on tirerait de l'équation (1)

$$R - r = \frac{a^2 + b^2 - 2ar}{2(b-r)} - r,$$

et en égalant à zéro la différentielle de cette expression, on trouverait

$$r^2 - 2br + b^2 = \frac{(a-b)^2}{2},$$

équation qui, combinée avec la formule (1), conduit à

(5) $$r = b - \tfrac{1}{2}(a-b)\sqrt{2},$$

(6) $$R = a + \tfrac{1}{2}(a-b)\sqrt{2}.$$

Nous rejetons celle des valeurs de r qui donnerait $r > R$, parce qu'alors les deux cercles ne se raccorderaient qu'au delà de la clef; et pour construire les expressions (5) et (6), on prendra $OE = OF = (a - b)$, on tirera EF dont la PL. 34, moitié EI devra être portée de E en C et de F en C', ce qui fournira les deux FIG. 12. centres et les rayons CA et C'CM.

984. Mais, dans la *fig.* 12, le cintre est trop pointu vers la naissance, parce que l'arc AM n'est que de 45°, tandis que dans la *fig.* 11 le point de raccordement M est plus élevé; et il l'est encore davantage dans la *fig.* 10 où l'arc

AM = 60°, et où les rayons R et r sont plus grands. Aussi, presque toujours on emploie la première solution (*fig.* 10), surtout pour les arches des ponts qui exigent que la voûte ait une grande capacité intérieure; et c'est ce motif qui fait souvent préférer l'anse-de-panier à l'ellipse dont les demi-axes seraient OA et OB, parce que cette dernière courbe serait généralement en dedans du cintre AMB. En effet, si l'on compare les rayons de courbure de l'ellipse en A et B avec les valeurs des rayons r et R données par la formule (2), savoir :

$$\rho = \frac{b^2}{a}, \quad \rho' = \frac{a^2}{b}, \quad r = a - x, \quad R = a + x,$$

on vérifiera aisément que l'on a

$$\rho < r \quad \text{et} \quad \rho' < R, \quad \text{tant que } \frac{b}{2a} > \frac{1}{3};$$

or, quand le surbaissement est au-dessous de $\frac{1}{3}$, on emploie plus de trois centres.

985. *Anse-de-panier à 5 centres.* Lorsque la hauteur sous clef OB est moindre que le tiers de l'ouverture AOD, on emploie cinq centres, afin de rendre moins sensible le changement de courbure aux points de raccordement. Soient C, C', C″, les trois centres du demi-cintre situé à gauche, centres dont le premier doit toujours être sur le diamètre horizontal AO et le dernier sur la verticale BO; posons d'ailleurs

PL. 34,
FIG. 13.

$$CA = CL = r, \quad C'L = C'M = r', \quad C''M = C''B = R.$$

La question resterait encore indéterminée, même après avoir choisi arbitrairement les rayons extrêmes AC et BC″, ce qui fixe les centres C et C″; car, pour trouver le rayon intermédiaire et son centre, on n'aurait que les deux relations

$$CC' = r' - r, \quad C''C' = R - r'$$

entre trois inconnues; ou bien, l'équation unique

$$CC' + C'C'' = R - r$$

entre les deux distances variables CC' et C'C″, ce qui montre que le centre C' pourra se construire comme chaque point d'une ellipse dont les foyers seraient C et C″, et dont le grand axe égalerait R − r. Seulement, il faudrait que les données R et r satisfissent à la condition

$$CC' + C'C'' > CC''$$

ou
$$(R - r)^2 > (a - r)^2 + (R - b)^2;$$

et puis, on ne devrait admettre, pour la position du centre C', que les points de l'ellipse qui seraient situés dans l'intérieur du triangle COC''.

986. Mais, pour faire cesser cette indétermination et donner au cintre une forme gracieuse, l'usage est d'adopter les conventions suivantes, sans choisir arbitrairement aucun des trois rayons.

On veut : 1°. que $OC'' = 3 . OC$,   ou $R - b = 3 (a - r)$;

2°. Que le point E où le rayon LCC' va couper le diamètre vertical, soit au milieu de OC'', c'est-à-dire que $OE = \frac{1}{2} OC''$;

3°. Que le point D où le rayon MC'C'' va couper le diamètre horizontal, soit au tiers de OC, c'est-à-dire que $CD = \frac{1}{3} CO$.

Alors, si l'on exprime ces trois conditions en fonction de R, r, r', on pourra en déduire une équation du second degré en R, laquelle déterminera ce rayon et par suite les autres r et r'; mais comme cette équation est trop compliquée pour que l'usage en soit commode, on y substitue le procédé suivant.

987. Après avoir choisi à volonté un rayon Aγ, on prend $O\gamma'' = 3 . O\gamma$, et l'on joint le point γ avec le milieu ϵ de $O\gamma''$, ce qui déterminerait le premier arc Aλ. Ensuite, on prend $\gamma\delta = \frac{1}{3}O\gamma$; et la droite $\delta\gamma''$ va couper $\gamma\epsilon$ en un point γ' qui est le centre d'un second arc $\lambda\mu$, avec lequel se raccorderait l'arc $\mu\delta$ que l'on tracerait du rayon $\gamma''\mu$; mais par là, on obtiendrait un cintre dont la hauteur Oδ ne serait pas celle qui est assignée par la question. Toutefois, comme le polygone $O\gamma\gamma'\gamma''$ est évidemment semblable au polygone inconnu OCC'C'', si l'on pose

$$OC = x, \quad OC'' = y, \quad CC' + C'C'' = z,$$
$$O\gamma = p, \quad O\gamma'' = q, \quad \gamma\gamma' + \gamma'\gamma'' = s,$$

on aura les relations du premier degré,

$$\frac{x}{p} = \frac{y}{q}, \quad \frac{x}{p} = \frac{z}{s}, \quad z + a - x = y + b;$$

d'où, en éliminant z, on déduit

$$(7) \qquad x = \frac{(a - b)p}{p + q - s}, \quad y = \frac{(a - b)q}{p + q - s};$$

valeurs faciles à calculer, ou à construire graphiquement, puisque les lignes p, q, s, sont connues par l'essai qui a été fait. Il est même à remarquer qu'ici $q = 3p$; mais nous avons voulu écrire les formules (7) sous une forme qui s'appliquât à tout autre rapport que l'on établirait entre OC et OC″, quoique celui de 1 à 3 paraisse le plus convenable à adopter toujours.

PL. 34,
FIG. 14.
988. On peut étendre la méthode précédente à un cintre composé d'un nombre quelconque $2n + 1$ d'arcs de cercle, pourvu qu'après avoir pris OC^v égale toujours à $3.\mathrm{OC}$, on partage l'intervalle OC^v en n parties égales, et l'intervalle CO en n parties qui soient comme les nombres $1, 2, 3, …, n$. Ainsi, pour les arches du pont de Neuilly qui ont 39 mètres d'ouverture, et qui sont surbaissées au quart, on a pris $n = 5$; et après avoir choisi le rayon AC arbitrairement, et OC^v = $3.\mathrm{OC}$, on a divisé OC^v en 5 parties égales, et OC en 5 parties telles que

$$\mathrm{CD}' : \mathrm{D}'\mathrm{D}'' : \mathrm{D}''\mathrm{D}''' : \mathrm{D}''\mathrm{D}'''' : \mathrm{D}''''\mathrm{O} :: 1 : 2 : 3 : 4 : 5;$$

puis, en joignant C avec E′, D′ avec E″, D″ avec E‴,…, on a formé le polygone CC′C″C‴C^v dont les sommets sont les centres des 6 arcs qui composent le demi-cintre.

Mais, comme par là on arrive à une hauteur OB qui n'est pas toujours celle que l'on veut obtenir, on regardera le polygone précédent comme un essai; puis, en appelant x et y les vraies distances OC et OC^v qui conviennent au cintre dont la hauteur sera b, on obtiendra encore des relations analogues à celles du n° **987**, et finalement les deux valeurs

$$(8) \qquad\qquad x = \frac{(a-b)p}{4p - s}, \quad y = 3x,$$

dans lesquelles s représente la somme des côtés du polygone CC′C″C″C‴C^v, qui a servi à la construction préparatoire.

NOTE (B).

Sur les Ponts biais. — (N° **654.**)

989. Si la voûte que nous avons considérée dans cet article, au lieu de n'a-
voir à traverser que l'épaisseur d'un mur ordinaire, présentait une longueur de
plusieurs mètres dans le sens des génératrices du cylindre, comme il arrive
pour les viaducs ou ponts biais qui se rencontrent dans les chemins de fer, il
faudrait avoir égard, dans le tracé de l'appareil, à la direction suivant laquelle
s'exerce la poussée maximum; direction qui est indiquée par la ligne de l'intrados où le tassement produit la plus grande contraction, lors du décintrement
de la voûte. Or, dans un Mémoire de M. Lefort, inséré aux *Annales des Ponts
et Chaussées*, tome **XVII**, cet ingénieur a prouvé que l'arc de plus grande contraction est la section droite du cylindre, c'est-à-dire la ligne de courbure
maximum. Il en résulte que la poussée la plus grande s'exerce perpendiculairement aux pieds-droits AC' et BD' (*fig.* 1, *Pl. XXXVIII*), et qu'ainsi les angles
aigus A et D' ont à supposer une charge beaucoup plus considérable que les
angles obtus B et C'; aussi des lézardes se manifestent souvent aux environs des
premiers points. Pour obvier à cet inconvénient grave, on a imaginé de partager le berceau total en zones étroites et indépendantes les unes des autres,
dont chacune serait comprise entre deux sections parallèles aux plans des têtes.
Alors, dans chaque berceau partiel, la ligne dont la courbure sera maximum,
du moins parmi toutes les sections verticales qui peuvent être tracées entièrement sur cette portion de cylindre, correspondra évidemment à la diagonale
la plus courte, telle que U'D': ce sera donc là aussi la direction de la poussée
maximum, laquelle approchera d'autant plus d'être *parallèle aux plans de tête*,
que les zones seront plus étroites; or, comme c'est dans ce sens que les culées
résistent davantage, on aura donc obtenu par cette division un accroissement
de stabilité. Cet essai, qui a été exécuté sur plusieurs des ponts biais que présentent les deux chemins de fer de Paris à Versailles, paraît avoir réussi d'une
manière satisfaisante; mais en outre, les ingénieurs ont adopté pour arêtes de
douelle des *trajectoires orthogonales*, c'est-à-dire des lignes qui coupent à angles
droits toutes les sections parallèles aux têtes. Ces trajectoires sont des courbes
gauches qui se construisent graphiquement d'une manière simple, et qui ont
pour asymptotes les deux génératrices situées à la naissance du berceau; mais
pour les calculs, ainsi que pour les détails d'exécution, nous renverrons au Mé-

moire intéressant que nous avons cité plus haut, et où ce mode d'appareil est désigné sous le nom d'*appareil orthogonal parallèle*.

———•———

NOTE (C).

Sur les ombres et le défilement. — (N° **15**.)

990. La théorie des ombres envisagée sous ce point de vue général, ainsi que l'a fait Monge dans son Mémoire de 1774 sur les surfaces développables, offre une grande analogie avec le problème du *défilement* des ouvrages de fortification : question qui occupa beaucoup vers ce temps-là les officiers supérieurs de l'École du Génie de Mézières, et qui paraît avoir été pour Monge l'occasion d'établir les théories rationnelles et les méthodes graphiques de la Géométrie descriptive. A cause de ces rapprochements, nous croyons qu'on lira ici avec intérêt les premiers paragraphes d'un Mémoire inséré dans le IVᵉ cahier du *Journal de l'École Polytechnique*, par M. Say, professeur de fortification à cette École.

Un des principaux objets de tout ouvrage de fortification, est de garantir ceux qui le défendent, de l'effet des armes de ceux qui l'attaquent. Si l'on considère les fortifications sous ce point de vue, le premier soin de l'ingénieur, le plus indispensable, doit être de garantir les défenseurs d'un ouvrage, de l'atteinte des balles et des boulets tirés de plein fouet. C'est là aussi l'objet de cette partie de l'art qu'on appelle le *défilement*.

La règle fondamentale du défilement est celle-ci : il faut disposer les ouvrages de manière que leurs parapets garantissent tout ce qu'il serait dangereux d'exposer aux coups *directs* de l'ennemi. On doit donc considérer principalement trois choses :

1°. L'espace d'où peuvent partir les coups de l'ennemi dirigés contre l'ouvrage qu'on veut défiler. L'ennemi pouvant s'exhausser plus ou moins, cet espace s'étend à une certaine hauteur au-dessus du terrain qui environne l'ouvrage. Il s'étend aussi à une certaine distance horizontale de l'ouvrage : nous en déterminerons bientôt les limites.

2°. L'espace que l'on veut soustraire aux coups de l'ennemi, ou défiler.

3°. La masse des parapets qui, lorsqu'un ouvrage est bien défilé, doit intercepter tous les coups directs, toutes les lignes droites tirées de l'espace contre lequel on veut se couvrir, vers celui que l'on veut couvrir.

J'appellerai *espace extérieur* celui contre lequel on veut se couvrir, et *espace intérieur* celui que l'on veut couvrir.

On doit voir déjà un grand rapport entre la nature des données des problèmes de défilement et celle des données des problèmes d'ombres. Les coups directs remplacent les rayons lumineux de ces derniers problèmes; l'*espace extérieur* remplace le corps lumineux; la masse des parapets remplace le corps opaque. L'ombre absolue de ce corps est l'étendue entière défilée par les parapets; et l'*espace intérieur* doit être renfermé dans cette étendue.

L'*espace extérieur* et le parapet étant donnés, on peut se proposer de déterminer géométriquement les limites de l'étendue défilée. On y parviendra par le même procédé q'on emploierait pour déterminer l'ombre du parapet, si tous les points de l'*espace extérieur* étaient lumineux. Un plan qui se mouvrait en s'appuyant toujours sur le parapet et sur la surface qui termine l'espace extérieur, engendrerait par ses intersections successives une nouvelle surface qui termine l'étendue défilée. J'appellerai la surface ainsi engendrée, *surface de défilement*.

La partie des parapets sur laquelle doit s'appuyer le plan générateur, n'est souvent qu'une seule ligne droite, la crête intérieure du parapet. On voit qu'alors la *surface de défilement* devient un plan passant par cette crête, et tangent à la surface qui termine l'*espace extérieur*.

Ce *plan de défilement* n'est pas seulement tangent à la surface qui termine l'espace extérieur, mais laisse toute cette surface au-dessous de lui, c'est-à-dire que la touchant en un ou plusieurs points, il ne la coupe nulle part. Cette circonstance est essentielle, elle sera sous-entendue partout.

FIN.

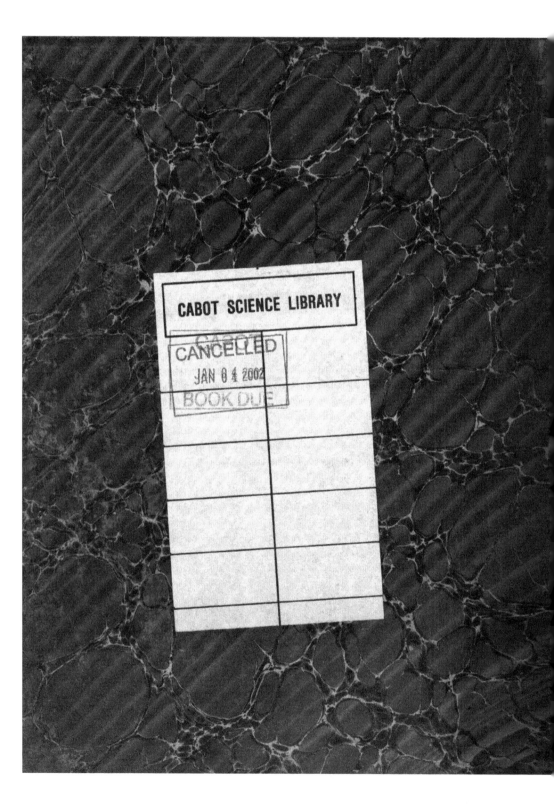

www.ingramcontent.com/pod-product-compliance
Lightning Source LLC
LaVergne TN
LVHW012208040326
832903LV00003B/184